崔铮 等 著

印刷电子学
——材料、技术及应用（第二版）

Printed Electronics:
Materials, Technologies and Applications

YINSHUA DIANZI XUE

中国教育出版传媒集团

高等教育出版社·北京

图书在版编目（CIP）数据

印刷电子学：材料、技术及应用／崔铮等著．-- 2
版．-- 北京：高等教育出版社，2023.12
ISBN 978-7-04-061245-5

Ⅰ.①印…　Ⅱ.①崔…　Ⅲ.①印刷工业-电子学
Ⅳ.①TS8

中国国家版本馆 CIP 数据核字（2023）第 190167 号

策划编辑	刘占伟	责任编辑	任辛欣	封面设计	王 琰	版式设计	张 杰
责任绘图	黄云燕	责任校对	刘丽娴	责任印制	存 怡		

出版发行	高等教育出版社	网　　址	http://www.hep.edu.cn
社　　址	北京市西城区德外大街 4 号		http://www.hep.com.cn
邮政编码	100120	网上订购	http://www.hepmall.com.cn
印　　刷	北京华联印刷有限公司		http://www.hepmall.com
开　　本	787mm×1092mm　1/16		http://www.hepmall.cn
印　　张	32.25	版　　次	2012 年 3 月第 1 版
字　　数	550 千字		2023 年 12 月第 2 版
插　　页	4 页	印　　次	2023 年 12 月第 1 次印刷
购书热线	010-58581118	定　　价	99.00 元
咨询电话	400-810-0598		

本书如有缺页、倒页、脱页等质量问题，请到所购图书销售部门联系调换
版权所有　侵权必究
物 料 号　61245-00

作者简介

崔铮，毕业于东南大学电子工程系，获学士（1981）、硕士（1984）、博士（1988）学位。1989 年由英国国家科学与工程研究理事会全额资助，到英国剑桥大学卡文迪什实验室微电子中心做访问研究员（Visiting Fellow）。1993 年到英国卢瑟福国家实验室微结构中心任高级研究员（Senior Scientist），1999 年成为首席科学家（Principal Scientist）和微系统技术中心负责人（Group Leader）。在英国 20 年期间参与欧洲与英国科研项目 25 项，其中 10 项为项目负责人。2004 年入选英国工程技术学会会士（Fellow）。2009 年 9 月入选国家特聘专家  并全职回国，在中国科学院苏州纳米技术与纳米仿生研究所创建了国内首个印刷电子技术研究中心，开创了国内印刷电子技术研究新领域。已发表科技论文 320 余篇，出版微纳加工方向中英文专著 7 部、印刷电子方向中英文专著 4 部，申请并已获授权专利 70 余件。结合微纳米加工技术与印刷电子技术，领导科研团队开发出一种新型混合印刷金属网格透明导电膜，该项发明获第 14 届中国专利金奖（第一发明人）。印刷电子中心已建成实验室 2600 m²，购置的各种实验设备仪器价值超过 4000 万元。该中心的基础研究方向涵盖有机、无机电子墨水制备，印刷工艺开发，印刷设备研制等；应用研究包括印刷薄膜太阳能电池、印刷薄膜晶体管、印刷有机与量子点发光器件、印刷柔性可拉伸可穿戴电子系统，以及有机电子封装技术。自 2010 年以来，印刷电子中心科研团队成员已发表科研论文 250 余篇，申请专利 130 余件，获得各类科研项目 160 余项，科研经费超亿元，已有多项技术转移到产业并形成相应产品进入市场。

第二版前言

自 2012 年我和我的印刷电子科研团队撰写出版了《印刷电子学》一书以来已经 10 余年了。10 年前,我们出版这本书的初衷是要让国内更多人了解印刷电子技术,因为那个时候"印刷电子"这个名词对国内电子领域的大多数专家都还是陌生的。尽管那时我们自己也称不上印刷电子技术的内行,但我们还是尽力把我们所了解和掌握的知识与信息介绍给国内相同或相关领域的从业者。我在过去 10 年中应邀在国内会议、大学与科研单位作了不下 60 场学术报告,并且在《科技日报》《科技纵览》《科技中国》等期刊上发表了介绍印刷电子的相关文章。我们还在中央电视台"科教频道"的帮助下制作了"神奇的印刷电子"科普节目。同时,我们也坚持每年举办印刷电子技术研讨会,为国内从事印刷电子技术的科研人员与企业家搭建一个专属的交流平台。令我们欣慰的是,10 年后的今天,印刷电子已经为大多数从事电子材料、器件与制造的业内人士所了解。10 年中有了国家自然科学基金支持的印刷电子类项目,科技部也发布了多个印刷电子类重点研发计划,一大批基于印刷电子技术的企业在全国各地涌现。印刷制造有机发光显示与光伏的技术已经开始进入产业化阶段,研究柔性电子器件与各类传感器的技术人员也开始将印刷加工作为必要的或补充的工艺选项。10 年前出版的这本书已经不能满足国内了解这一飞速发展领域的需求。《印刷电子学》一书需要与时俱进,该书第 2 版的撰写和出版正逢其时。

中国科学院苏州纳米技术与纳米仿生研究所印刷电子技术研究中心是我当年只身一人回国创建的,到 10 余年后的今天该中心科研团队成员已超过 80 人。10 余年来我们从零做起,建成了 2600 m^2 的实验室,购买了价值超过 4000 万元的各种设备,开展了从基础研究到应用研究的超过 160 项来自国家、地方与企业的各类科研项目,团队成员发表了 250 余篇科研论文与 150 余篇会议论文,申请了 130 余件发明专利,还成功将我们研发的多项新技术转移到产业,并形成相应产品进入市场。如果说 10 年前我和我的团队对印刷电子还只是"一知半解",如今我们都已成为这一技术领域的专家。中国科学院苏州纳米技术与纳米仿生研究所印刷电子技术研究中心创建之初所规划的研究方向正是《印刷电子学》中相应的各章专题:有机印刷电子材料、无机印刷电子材料、印刷电子制造工艺与相关设备、印刷薄膜晶体管、印刷光伏、印刷发光与显示、印刷柔性可穿戴电子、印刷电子器件封装、印刷电子工程化及其应用。我们组建的团队也是多学科交叉融合的团队,由化学、物理、电子、工程等多学科人员组成。10 余年间,团队成员在这些方向都取得了相应的科研成果,成为这些领域的专家,并有相应的研究论文发表。如果说 10 年前本书的第 1 版还大多是介绍别人的研究工作与成果,如今的第 2 版已经融入了大量我们自己的研究工作与成果,对这些专题我们已经有了充分的发言权。第 2 版仍然按照第 1 版的各章专题安排,并增加了一章关于印刷可拉伸电子技术的介绍。在内容上第 2 版做了全面更新,增加了大量过去 10 年中新发表的国内外相关领域的研究成果,以及作者科研团队的相关研究工作。参加第 2 版各章撰写的团队成员如下:第 1 章,崔铮;第 2 章,崔铮、邱松、马昌期;第 3 章,骆群;第 4 章,崔铮;第 5 章,赵建文;第 6 章,房进、骆群、马昌期;第 7 章,易袁秋强、苏文明;第 8 章,崔铮;第 9 章,袁伟;第 10 章,崔铮。我本人对所有章节做了编辑整理,力求做到统一写作风格,并且各章之间有交叉援引,体现全书的整体性。

在第 1 版前言中我曾介绍过,我在国外 20 年的研究工作背景是微纳米加工技术,回国后进入印刷电子领域并不完全是"跨界",因为印刷本身也是一类具有增材性质的加工技术,虽然在加工尺度上目前还没有达到如集成电路加工一样的水平,但各种融合了纳米材料的墨水/浆料在印刷电子技术中的应用已能够体现所加工的各种器件的微纳米特性。过去 10 年中,通过亲身参与印刷电子技术的研发,我获得了更深刻的体会,我本人也从这种融合中获得启发,触类旁通。例如,我们团队通过结合芯片微纳米加工技术与印刷电子加工技术,创造了一种混合印刷工艺,将传统印刷的加工分辨率提高到 10 倍,并在金属网格型透明导电膜加工制造方面获得巨大成功。10 余年的科研与产业化实践让我对印刷电子有了新的认识:印刷电子本身不是一个行业,而是可以为许多行业"赋能"的技术手段。印刷加工为传统制造提供了新思路,近年来喷墨打印的全方位工业化应用就是实例。《印刷电子学:材料、技术及应用》(第 2 版)虽然聚焦于晶体管、光伏、发光显示、可拉伸电子等几个典型的电子领域,但重点介绍的是如何应用印刷技术来实现这些器件的制备,包括对应的材料与工艺。相信其他行业或其他应用领域也会从中获得启发。10 余年前我曾认为印刷电子是一个产业,经过多年来的亲力亲为,我现在明白了,印刷电子本身并不是一个独立产业,而是以其变革性印刷加工技术通过潜移默化的方式影响着许多产业。希望《印刷电子学:材料、技术及应用》(第 2 版)能够充分说明印刷加工对书中所提及的电子学应用领域的影响,并能够在更广范围内为读者带来收益。

最后,衷心感谢高等教育出版社 10 余年来对我们始终不渝的支持。

2023 年 2 月 1 日于苏州

第一版前言

熟悉我的人都知道,这些年来我一直活跃在微纳米加工技术领域:1989年到英国剑桥大学微电子研究中心开始微纳米加工技术方面的研究,1993年加入英国卢瑟福国家实验室微结构中心后继续从事这方面的研究,自2005年以来已出版了微纳米加工技术及其应用方面的两本中文专著和两本英文专著,在中国科学院物理研究所举办的每两年一期的"全国微纳米加工技术讲习班"上担任主讲,至今这个讲习班已经举办了4期。但我在2009年10月全职回国到中国科学院苏州纳米技术与纳米仿生研究所工作后,却在所里建立了一个印刷电子技术研究中心,开辟了一个新的研究领域。

有意转向研究印刷电子技术的想法在回国前就已经萌生。从事微纳米加工技术研究20年,我深知这一技术领域已经趋向成熟。只要有雄厚的资金,购买先进的微纳米加工设备,一般的技术人员通过培训都能做出漂亮的结果。但要实现批量化与产业化的加工则不是一般投资就能奏效的。看看现在全球还有几家公司能够批量生产最新一代的集成电路,就可以明了微纳米加工技术的最后出路在哪里。微纳米加工技术与印刷电子技术看似无联系,但印刷电子技术的核心是将印刷作为一种电子制造技术,与目前通用的微纳米加工技术仅是形式与方法的不同,两者实际上是相通的。近年来各种纳米材料的发展为用印刷方法制作电子器件提供了极好的机遇。纳米材料在电子器件中的应用一般需要自上而下的传统微纳米加工方法结合自下而上的纳米材料自组装方法来实现,印刷则提供了一个非常简单的将纳米材料集成到电子器件中的途径。几年前我就开始对这种新的加工方法产生兴趣并做了大量调研。在2008年撰写《微纳米加工技术及其应用》(第二版)时将喷墨打印作为一种沉积式加工技术写进了书中。2009年4月回国参加国家自然科学基金委员会"纳米光电器件战略研讨会",我在大会报告中首次提出"大面积印刷方式是低成本产业化纳米加工技术发展的一个有前途的方向"。2009年9月临回国前我专程访问了英国的国家印刷电子技术中心,为回国开展印刷电子这一新的研究领域做了充分准备。

得益于国家引进海外高层次人才的新政策,我有幸于2009年9月入选中共中央组织部第二批"千人计划",为我回国发展创造了绝好的机遇。在中国科学院、苏州纳米技术与纳米仿生研究所与苏州工业园区的大力支持下,我于 2009 年 10 月开始筹建"印刷电子技术研究中心"。在半年多时间内组建了 10 余人的研究团队,部署了"印刷电子材料合成""印刷晶体管技术与应用""印刷电子工艺与设备""印刷电子器件封装技术"4 个研究方向,购置了印刷电子研究的关键设备,建成了包括千级超净实验室与化学实验室在内的 300 m² 的实验室,印刷电子技术的研究与开发在苏州纳米技术与纳米仿生研究所轰轰烈烈地开展起来。

回国后选择研究印刷电子技术除了与我原来的微纳米加工技术背景有密切联系外,另一个重要原因是国内科技界与工业界对这一新兴技术领域还没有给予足够重视。国内科技界在过去 10 多年中专注于有机电子技术的研究,在有机发光(OLED)技术方面投入较大,主要是材料合成方面的研究,参与的科研人员也以化学领域的专家为主。在印刷电子研究方面,除了有少数科研团队购买或自制喷墨打印设备做些零星实验之外,没有形成大的研究方向与系统的研究规划。与国内印刷电子技术研究遭遇冷落的局面形成强烈反差的是,国外尤其是中国周边国家与地区近年来大力开发印刷电子技术。韩国将印刷与柔性电子技术作为国家优先发展的新技术,新加坡也有政府的大力支持。我在 2011 年初到韩国参加印刷电子技术研讨会期间参观了韩国国家印刷电子中心(Korea Printed Electronics Center,KPEC),在该中心的大厅悬挂着一幅世界地图,凡是大力开发印刷电子技术的国家和地区都被标注在地图上,有英国、美国、德国、荷兰、芬兰等,亚洲有韩国、日本、新加坡以及中国台湾地区,唯独中国大陆是空白①。在国外看来,中国没有国家层面上的印刷电子技术研究开发方面的活动。事实也的确如此,我回国后创建的印刷电子技术研究中心是国内首个专门从事印刷电子技术研究的中心。所以在过去两年中我除了领导我的印刷电子中心外,另一个任务就是利用各种场合宣传介绍印刷电子技术,包括在受邀的学术会议与讲座上介绍印刷电子技术,并在 2010 年 7 月举办了国内首届印刷电子技术研讨会。希望通过这些宣传吸引更多的研究者投入到印刷电子技术的研究中,同时希望引起政府与工业界的关注,增加投入力度,避免与国外形成越来越大的差距。撰写本书的想法也正是在这一大背景下形成的。

要吸引更多的人关注印刷电子技术,首先要让更多的人了解印刷电子技术。中国还没有全面介绍印刷电子技术的专业书籍,中国需要这样一本书。

①　韩国政府官员在 2011 年 11 月召开的"国际柔性与印刷电子会议"上宣布,从 2012 年开始的 6 年时间内,政府与工业界将联合投资 1 725 亿韩元(相当于 10 亿人民币),大力发展印刷电子研发与产业。

我在2011年初形成了写书的想法,并得到了高等教育出版社的大力支持。但单凭我一个人无法完成撰写这本书的任务。虽然我过去曾独立撰写了多本微纳米加工技术方面的专著,但微纳米加工技术毕竟是我从事了20多年研究的领域。印刷电子学则是一个全新的领域,也是一个学科交叉性极强的领域。幸好我已经组建了一支年轻的、由多学科人才组成的专门研究印刷电子技术的科研团队,我和我的团队成员共同承担了撰写本书的任务。参加撰写的人员除了我本人外,还有苏州纳米技术与纳米仿生研究所印刷电子技术研究中心的邱松(第2章)、陈征(第3章)、林剑(第4章)、赵建文(第5章)、马昌期(第6章)、苏文明(第7章和第8章),我负责撰写了本书的第1章和第9章,并对全书做了统一检查修改,因此本书是我的研究团队集体努力的结晶。写作群体的成员都通晓各自领域的专业知识,并具有一定研究经验。他们大多在主持相关领域的国家自然科学青年基金研究项目,并在印刷电子技术研究中心负责各自领域的研究工作。撰写第2章的邱松博士具有有机合成化学的专业背景,在中心负责有机半导体材料的合成研究;撰写第3章的陈征博士具有无机纳米材料方面的研究经历,在中心负责开发新型可印刷无机纳米材料;撰写第4章的林剑博士在芬兰做博士后期间曾从事用喷墨打印技术制备电子器件的研究,在中心负责印刷工艺的改进研究;撰写第5章的赵建文博士曾在新加坡从事用碳纳米管墨水制备场效应晶体管的研究,在中心负责印刷晶体管技术特别是基于碳纳米管的印刷晶体管技术研究;撰写第6章的马昌期博士是有机化学领域的专家,曾在德国多年从事有机光伏材料与器件的研究,在中心负责可印刷有机薄膜太阳能电池技术的研究;撰写第7章和第8章的苏文明博士在博士研究生期间和后来的工作中一直从事有机发光材料与器件的研究,并对有机电子器件的封装技术有深入的了解,在中心负责开发柔性有机与印刷电子器件的封装技术。

考虑到印刷电子学本身的多学科性与学科交叉性,读者群可能来自不同学科背景。因此本书各章均以描述基本原理为主,辅以大量实例与图表,避免烦琐的数学描述。作为中国第一本专门介绍印刷电子学的书籍,本书既是一本印刷电子学的入门读物,也具有一定的专业知识深度,适于具备大学物理、化学、电子学基础的读者。每章都附有相关参考文献与网址,可供读者进一步获取详细信息。

需要指出的是,印刷电子技术对我们大家都是一个新领域。我的印刷电子技术研究中心成立也不过一年多时间,参加撰写本书的研究人员还没有积累足够多的自己的研究成果。因此,本书除了包含一些我们自己的研究成果外,主要是介绍与印刷电子相关的一些技术的基本原理,以及国外在这一领域

公开发表的研究成果。在内容方面难免挂一漏万，或有谬误之处，真诚希望相
关领域的专家与广大读者给予批评指正。

　　印刷电子产业是一个新兴产业。中国是全球最大的电子产品生产国，也
是全球最大的电子产品消费国。可以预见，未来印刷电子产品最大的市场在
中国。但我们不能等待国外将技术开发成熟后大举占领中国市场。中国科技
界与工业界应当积极行动起来，发展中国自己的印刷电子技术与产业。希望
本书能为推动这一进程做出贡献。

崔铮

2011 年 9 月 5 日于苏州

目　　录

Table of Content

绪论

第 **1** 章

1.1　什么是印刷电子学

印刷电子学(printed electronics)顾名思义,是基于印刷原理的电子学。更具体一些,是利用传统印刷技术制造电子器件与系统的科学与技术。10 年前,当本书第一版出版时,大多数科技界与产业界人士对"印刷电子"这一名词还很生疏。许多人会将印刷电子与传统印刷技术相混淆,或与电子印刷相混淆。传统印刷是可视图文的印刷,即使是电子印刷也还是传统平面媒体印刷的一个分支,只不过是更多地应用了电子排版与计算机技术等电子手段而已。所以印刷电子不是"电子印刷"。如果给印刷电子学找一个比较相近的领域,它应该是电子学而不是印刷学。更具体些,应该更贴近集成电路电子学,因为印刷电子学也是用于制作集成化的电子系统,只不过是将集成电路的制造工艺换成印刷制造工艺。

以半导体单晶硅为衬底材料的微电子集成电路技术已经发展了 60 余年。现代硅基集成电路的制造已经成为极其复杂的技术领域,从单晶硅衬底材料的制备,到在硅单晶上形成晶体管与互连线所需要的薄膜沉积、光刻、刻蚀、封装等,所涉及工艺步骤多达上千道[1]。最新的制造 7 nm 以下尺度集成电路的极紫外(extreme ultraviolet lithography,EUV)光刻设备造价已达 1.5 亿美元[2],建造一条集成电路生产线耗资 200 多亿美元。如此高昂的投资已使集成电路的生产成为全球只有少数企业能够负担得起的产业。与之形成强烈对比的是印刷制作技术的简单性。图 1.1 比较了集成电路制造中最基本的光刻工艺流程与实现同样目标的印刷工艺流程。传统微纳米加工中的光刻工艺需要在衬底上通过真空蒸镀或溅射沉积功能薄膜,然后沉积光刻胶,用光学掩模曝光、显影,形成光刻胶形式的设计图形,再以光刻胶图形为掩模进行刻蚀,将光刻胶图形转移到功能薄膜上,最后去除光刻胶,形成图形化的功能材料作为电子器件的结构[图 1.1(a)][3]。而印刷加工可以直接将墨水形式的功能材料以图形化方式沉积到衬底表面,然后通过烘焙或烧结工艺将墨水图形转化为固体材料图形[图 1.1(b)]。

印刷加工与我们现在已经熟知的 3D 打印一样,本质上是一种增材制造技术。而图 1.1(a)中所示的集成电路加工是减材制造技术,即需要通过刻蚀将不需要的功能材料去除,从而形成功能材料的图形结构。印刷增材制造具有以下 5 个优点。

(1)不依赖衬底材料的性质。集成电路只能在硅基半导体晶圆上制备,

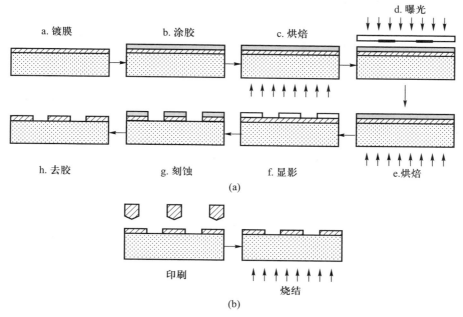

图 1.1 集成电路工艺流程与印刷工艺流程的比较。
（a）传统集成电路工艺;（b）印刷工艺

平板显示中的液晶显示屏只能在玻璃基板上制备,而印刷技术可以在任何材料表面沉积功能材料。这就使得在塑料、纸张、布料等大量低成本柔性材料表面甚至弹性可拉伸材料表面上制造电子器件与电路成为可能。所以,印刷电子与柔性电子密切相关。事实上,印刷是制备柔性电子器件的最佳技术。

（2）印刷制造可以大面积与批量化实现。传统印刷技术已经可以在数米宽的材料表面通过高速连续卷对卷方式印刷报纸或印染布匹。同样的方法也适用于印刷电子功能材料:目前集成电路加工可以实现的最大晶圆尺寸只有 300 mm 直径,而印刷电子技术可以在 1 m² 以上的面积上实现电子器件的制造。

（3）印刷电子制造是低成本的。这种低成本首先来自印刷设备的低成本,通常一台设备就可以完成全部印刷制造环节;其次来自印刷材料的低成本,尤其是各种低成本的塑料或纸张等衬底材料;再次来自高速连续卷对卷批量化印刷方式导致的单个器件的低成本。

（4）印刷增材制造是绿色环保的。一方面增材制造本身减少了原材料浪费,只需在有图形的地方实施增材制造,从而减少了因腐蚀而形成的污染排放;另一方面,印刷本身大多没有高温工艺环节,因此节省了能源、减少了碳排放。

(5) 印刷制造中的喷墨打印方法具有数字化与个性化制造的特征。与 3D 打印的个性化制造特征一样,喷墨打印电子不需要模版,可以快速小批量制造个性化电子产品。

所以,大面积、柔性化、低成本、绿色环保、数字化是印刷电子制造区别于传统电子制造的主要特征,也是印刷电子技术备受关注的重要原因。

电子器件或电路系统之所以能够以印刷方式制作,其关键是必须具备可印刷的电子功能材料。所以,印刷电子学发展的历程也是可印刷电子材料发展的历程。印刷电子学最早起源于有机电子学。自 1977 年有机导体的发现[4],到 1986 年首次报道有机场效应晶体管[5] 以及有机发光二极管[6],从此开启了有机电子学时代。科学界对有机电子学感兴趣,不仅仅是出于科学好奇心,更重要的是有机聚合物材料可以溶解于溶剂而形成溶液态,有可能以印刷方式大批量、低成本地制造电子器件。所以,在有机电子学发展早期即有人开始尝试将有机电子材料进行溶液化处理并用于制作晶体管[7-9]。过去的 35 年是有机电子学发展的历史,也是有机电子材料性能不断提高的历史。以有机半导体为例,从 1986 年到 2020 年,有机半导体的电荷迁移率已经提高了 6 个数量级[10]。特别是更适合印刷的有机聚合物半导体材料,10 年前本书第 1 版出版时其电荷迁移率与有机小分子半导体的还相差一个数量级;到 2020 年已经追平有机小分子半导体材料的电荷迁移率,达到 $10 \text{ cm}^2 \cdot \text{V}^{-1} \cdot \text{s}^{-1}$ 以上(见图 5.17)。过去 10 年取得同样瞩目进展的还包括有机发光材料与有机光伏材料(见第 6 章、第 7 章)。在有机电子技术发展过程中,印刷并不是主流制造技术。由于有机小分子材料在性能上优于聚合物材料,真空蒸镀目前仍是有机电子的主流制造技术。印刷技术作为一种电子制造技术真正受到关注得益于过去 10 年无机纳米材料的应用。纳米尺度的无机固体材料(纳米粒子、纳米线、纳米片、纳米管等)可以通过前驱体或分散制成墨水或油墨,然后用传统印刷工艺制成图案。纳米材料本身的性质赋予了这些图案以电荷传输性能、介电性能或光电性能,从而形成各种半导体器件、光电与光伏器件,真正体现出印刷技术作为一种低成本电子制造技术的优越性[11]。因此,印刷电子学(printed electronics)开始作为一个独立名词出现在发表的文献中,印刷电子技术开始成为一个独立的技术领域。2009 年首次出现了两个以印刷电子学为主题的国际会议,即 LOPE-C(Large-area Organic and Printed Electronics Conference)与国际柔性与印刷电子学学术会议(International Conference on Flexible and Printed Electronics,ICFPE)。2011 年有文章介绍:

"纳米材料正成为印刷电子的代名词"（Nanomaterials are becoming synonymous with printed electronics）[12]。除了独特的功能优势外,纳米尺度的无机材料所制备的墨水可以在更低温度下烧结,可以在低成本柔性塑料基材上印刷制备电子器件,并且相对于有机电子材料具有更好的环境稳定性（见第 3 章）,不需要昂贵的水氧阻隔封装。过去 10 年见证了无机纳米材料在印刷电子技术领域的大规模应用。例如,纳米银粒子与纳米银片已成为印刷导电线路的主体材料;纳米银线成为印刷透明导电膜与可拉伸电路的主体材料;半导体碳纳米管已应用于印刷薄膜晶体管;量子点已应用于印刷液晶显示背光模组与彩色显示屏。借助于无机纳米材料的广泛应用,印刷已经从传统图文领域走入更广阔的工业制造领域。

1.2　印刷电子学的重要性

印刷电子技术有两个硅基集成电路微电子技术所不具备的优势:一是电子材料是通过加成（沉积）方法形成电子器件的,二是电子器件的功能不依赖于衬底材料。第一个特点使印刷制备电子器件成为可能,第二个特点使各种非硅衬底材料特别是塑料等柔性薄膜衬底材料的应用成为可能。由此形成的电子产品具有区别于硅基微电子芯片的鲜明特征,即大面积、柔性化、低成本,并且在制造方法上具有绿色环保与数字化的特点。目前硅基集成电路制造中使用的最大衬底直径不过 300 mm,而印刷技术可以轻松地达到米级的尺寸;采用塑料薄膜衬底材料使无论印刷制造的电子信息处理与显示系统,还是光伏转换或发光照明系统,都可以变得柔性可弯曲,甚至可拉伸;印刷制造的可连续性与大批量化能力,以及基础材料与加工设备的廉价使最后制成品的成本大大低于硅基微电子产品的成本。

那么印刷电子技术是否可以取代硅基微电子技术? 答案是否定的。印刷电子技术的优势是印刷,其劣势也是印刷。印刷的优势体现在大面积、柔性化与低成本上,但目前印刷的精度与最小图形尺寸分辨率还远远不能与集成电路加工技术相比。尽管过去 10 年传统印刷为适应电子制造的需要而取得了惊人的进步,如利用电子束曝光制造的凹版印刷模版已经能够卷对卷印制 250 nm 的电子功能图形,利用静电喷印技术也已可以打印 1 μm 以下尺寸的图形,但集成电路加工技术的进步也没有停步,从 10 年前的 32 nm 工艺已经发展到目前的 3 nm 工艺。除了加工尺度外,有机或无机可印刷电子材料的电荷迁移率比硅基半导体材料的至少还低两个数量级。纯印刷电子产品在性能上与硅基集成电路仍无法相比。如果用性能与成本的二维坐标来标识印刷电子技术与硅基微电子技术的关系,它们应分别属于不同位置,如图 1.2 所示。印刷电子技术在性能上输于硅基微电子技术,但在成本上胜过硅基微电子技术。在大面积、柔性化等特色电子产品应用领域,印刷电子技术有硅基微电子技术无法取代的市场。近年来涌现的柔性混合电子则结合了硅基微电子与印刷电子两者的优势,使电子产品既具有大面积、柔性化与低成本的特征,也具有硅基集成电路的高性能特征。

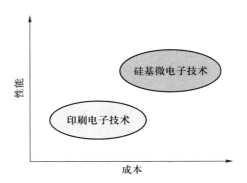

图 1.2　印刷电子技术与硅基微电子技术的比较

在科学研究领域,印刷电子学在科技界获得越来越高的关注度。通过搜索国际著名科技文献数据库 "*Web of Science*" 发现,截至 2022 年 12 月,以 "印刷电子学" (printed electronics) 作为关键词所发表的科技论文达到 3842 篇 (包括论文和专利),而且在过去 5 年(2018—2022) 每年都保持在 300 篇以上。如果不以 "印刷电子学" 作为一个集合名词搜索,则发表文献中同时包含 "印刷(printed)" 与 "电子学(electronics)" 两个关键词的论文达到 22 515 篇,而且在过去 5 年中每年发表的论文都超过 1200 篇。以上说明,印刷作为一种加工方法在电子学领域引发了大量的研究兴趣,印刷为电子学的发展提供了新视角、新方法与新应用。

在工业界,印刷无疑是一项颠覆性(disruptive)的电子制造技术。其大面积、柔性化、低成本、绿色环保、数字化的特征与传统工业制造方法有诸多不同之处。一方面 "印刷" 可以改造传统工业制造方法,另一方面也可以创造新形态(new form factor)、新功能(new functionality)的电子产品。在过去 10 年中已经见证了有机发光二极管(organic light emitting diode,OLED)电视可以用喷墨打印工艺制造,传统透明导电材料氧化铟锡(indium tin oxid,ITO)主导的触摸屏可以用印刷的金属网格或纳米银线透明导电膜取代。根据英国市场调查公司 IDTechEx 的报告,2019 年全球的柔性、印刷、有机电子市场规模为 371 亿美元,到 2020 年已经达到 412 亿美元,预计到 2030 年将达到 740 亿美元[13]。从 2019 年的市场占比来看 其中显示产品占了最大份额(图 1.3)。当然,显示产品中包含了柔性显示与 OLED 显示,这些显示产品目前的制造技术仍然以有机电子材料真空蒸镀和光刻制程为主,但喷墨打印制造的显示屏已经在市场上出现,日本 JOLED 公司自 2018 年以来已经推出喷墨打印 OLED 显示屏产品,韩国三星在其量子点 QD-OLED 显示面板制造中已经采用喷墨打印技术制备了红绿量子点像素,中国的龙头显示企业京东方与 TCL 都已开发了印刷显示产业化制造技术。显然,在图 1.3 所示的 371 亿美元市场中严格分离出印刷电子的市场份额比较困难。印刷更多的是作为制造技术之一参与到各种电子产品的生产制造过程之中。

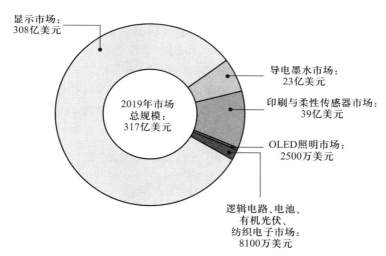

图 1.3　2019 年全球柔性、印刷、有机电子市场概览[13]

印刷电子学的重要性还体现在可以助推柔性电子技术的研究与产业化。自可折叠屏手机商业化以来,柔性电子成为科技界与工业界共同关注的热点领域。除了柔性显示外,柔性与可拉伸性可以为下一代可穿戴电子产品提供更多的应用场景,特别是与医疗健康有关的应用领域。电子器件或系统的柔性化包括两种类型:一种是本征柔性,即所使用的材料都是柔性的;另一种是系统柔性,即系统整体具有柔性,但某些元器件不具有柔性。本征柔性的典型实例是折叠屏手机中的可弯曲显示屏,系统柔性的实例是前述的柔性混合电子,表现在电路系统整体可弯曲,但其中的芯片或某些元器件不可弯曲。

柔性电子器件或系统的制造方法可以是传统微纳米加工方法,即集成电路的加工方法,也可以是印刷方法。而印刷加工的大面积、柔性化、低成本、绿色环保与数字化特征更易于在科研环境中实施,也更接近于大规模工业化制造[14]。

1.3 印刷电子学的多学科性

有机电子学和柔性电子学都已被公认为独立的电子学科,印刷电子学是否可以称为一个独立的学科呢?要回答这个问题,首先需要考察印刷电子学到底有哪些内涵。印刷电子学与有机电子学或柔性电子学都有紧密的联系,但它们之间都不能互相替代。有机电子器件不一定要用印刷方法制作,因此有机电子学不同于印刷电子学;电子墨水材料也可以印刷到刚性衬底上,因此印刷电子学也不同于柔性电子学。印刷电子学的鲜明特征与独立性在于印刷。将印刷应用于电子器件或电路的加工制造引出了一系列科学与技术问题,这些问题牵涉一系列学科领域。按照 *Web of Science* 的分类,所收录的包含"印刷电子学"的论文主要分布在工程、材料、物理与化学等领域(图1.4),体现了印刷电子学的多学科性。

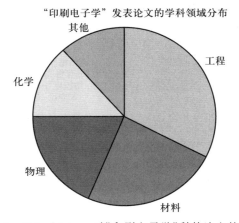

图 1.4 *Web of Science* 对"印刷电子学"科技论文的分类

首先,印刷电子技术需要可印刷的电子墨水或油墨材料,包括有机与无机材料。如何将相关材料墨水化,需要化学与物理方面的知识。不仅是简单的知识,还需要相当强的专业训练背景。墨水材料是印刷电子学的基础。没有合适的、高性能的墨水材料,就谈不上印刷电子技术。有机电子学主要研究的是寻找高电荷迁移率与环境稳定性的新材料,涉及广泛的有机化学合成理论与实践。过去 10 年中,无机纳米材料如各种形态的金属纳米材料、金属氧化物半导体材料以及碳纳米管和石墨烯材料等能够成功应用于印刷电子领域也是得益于这些材料的墨水化。如何将这些材料制备成可印刷或溶液法加工的墨水就需要物理、化学与固体电子学方面的知识,这已经成为一个专门的研究领域。

其次,电子材料墨水化并不是一个简单地将相关固体或粉体材料变成溶液态的问题。墨水需要通过某种印刷方法沉积到特定衬底材料表面。这就牵涉两方面的研究内容:一是能否印得出来,二是能否印得上去。这里不仅涉及物理与化学的专业背景,也包括工程方面的专业背景。所谓印得出来是指墨水与印刷方法的匹配,所谓印得上去是指墨水与衬底材料的匹配。不同印刷方法对墨水的要求是不同的。以墨水的黏度为例,喷墨打印对墨水的黏度要求是非常严格的,必须在 $10\sim20$ cP(1 cP $=1$ mPa·s)。凹版印刷要求墨水黏度在几百 cP,而丝网印刷则要求墨水的黏度在 $10\,000$ cP 以上。对于喷墨打印而言,墨水黏度太高则会堵塞喷嘴,黏度太低则失去对墨水流动的控制。对凹版印刷与丝网印刷而言,墨水的黏度直接影响印刷沉积的厚度。墨水的黏度与墨水中固体材料的含量有关,也与所使用的黏合剂有关。墨水能够印得出来,但不一定印得上去。若要获得高质量的印刷电子结构,需要墨水本身的特性与衬底表面的特性相匹配。衬底表面的重要特性之一是表面的亲/疏水性,或表面能的高低。表面亲水性强,印刷墨水就结合得牢固,且成膜质量好。表面疏水性强,则印刷墨水的横向扩散少,印刷图形的分辨率就高。除了表面能之外,墨水本身是水性的还是溶剂性的也与印刷质量有关。

最后,印刷电子技术是将不同种类的电子材料逐层沉积到衬底上,形成具有一定电荷传输、转换与控制功能的器件,最终的目标是印刷电子器件本身的性能,而不是印刷的视觉效果。印刷导电材料时,要求导电墨水在固化后具有足够好的导电性;印刷半导体材料时,要求半导体墨水与电极材料的功函数或能级相匹配,以获得对电荷传输较强的控制能力;印刷介电墨水时,要求介电层均匀致密,有良好的绝缘性能,不漏电。印刷不同层所使用的墨水不应产生共溶或相互侵蚀,以保证层与层之间有分明的界面。

应当承认,印刷作为一种电子器件加工方法并不是最好的方法。首先,印刷加工的图形分辨率远远不如硅基集成电路的。其次,印刷沉积方法所形成的器件结构表面平整度远不如硅基集成电路的蒸发沉积方法、溅射镀膜方法或气相沉积方法所形成的。这种不平整度会在不同沉积层的界面产生不良效应,从而影响器件的性能。再次,大批量连续印刷中不同器件结构之间的套印精度远不如硅基集成电路加工中的对准精度,造成印刷电子器件的性能均匀性与一致性较差。最后,印刷电子所涉及的印刷本身要比传统的图文印刷复杂得多,传统印刷设备不能直接用来印刷制备电子器件,印刷电子专用设备的研发也是印刷电子工程领域的重要研究内容。

以上分析说明了印刷电子学的多学科性。印刷电子学本身的发展需要多学科的共同努力,印刷电子材料与技术的开发需要包括有机与无机化学、材料物理与表面物理、电子学与机械学等多学科人才的参与。作为一个方兴未艾的学科领域,传统基础科学研究领域的科研人员可以在印刷电子学中找到新的研究热点。有机化学向有机电子学的延伸发展充分说明了这一点。在新技术开发方面,用印刷工艺制作的电子信息显示与处理器件也为信息电子技术领域提供了新的发展空间与机遇。印刷电子学科本身也将在其他多学科的参与之下不断发展进步。

1.4 本书的结构与内容

2012 年本书第一版出版,首次将印刷电子技术系统地介绍给国内读者,从材料、工艺技术以及应用等方面全面介绍了印刷电子学这一新兴学科,目的是使广大科技人员与在校大学生、研究生对这个新技术领域有一个基本的了解。10 余年过去了,印刷电子技术在中国已经蓬勃兴起,中国科技界与产业界对这一新兴技术领域不再陌生。印刷电子本身无论在科学研究与技术开发方面,还是应用与产业化方面,都发生了巨大变化。第二版除了介绍印刷电子技术的基本知识外,还大量增加了对过去 10 年来发展变化的介绍。第二版基本沿用了第一版的体系结构,全书共分为 10 章,除了本章绪论外,还包括:有机印刷电子材料(第 2 章),无机印刷电子材料(第 3 章),印刷电子制造工艺与设备(第 4 章),印刷晶体管原理、结构与制造技术(第 5 章),印刷有机与钙钛矿薄膜光伏技术(第 6 章),印刷发光与显示器件原理、结构与制造技术(第 7 章),印刷电子器件封装技术(第 8 章),印刷可拉伸电子技术(第 9 章),以及印刷电子技术的应用与发展前景(第 10 章)。与第一版相比,增加了印刷可拉伸电子技术的内容。在内容安排上充分体现了印刷电子学的多学科交叉的特点,涵盖了研究与应用印刷电子技术所需要的各方面知识,并介绍了国外相关领域的研究成果与最新进展。

如前所述,印刷电子学起源于有机电子材料的研究,发展于无机纳米材料的开发。因此,有机和无机电子材料是印刷电子学的基础。本书第 2 章与第 3 章分别介绍了有机与无机印刷电子材料。第 2 章中的有机印刷电子材料按照导体材料、半导体材料、介电材料与传感材料分别介绍,其中半导体材料分为有机小分子体系与高分子聚合物体系。由于有机电子材料中发电与发光材料在第 6、7 章中有专门介绍,第 2 章中的有机半导体材料偏重于有机晶体管中使用的各种半导体材料。有机化合物种类繁多,特别是有机分子的可设计性,为有机电子材料提供了无限的发展空间。但并不是所有有机电子材料都是可以印刷的,特别是有机小分子材料,真空蒸镀沉积仍然是其主流加工技术。该章在介绍各种已开发出来的有机电子材料的同时,重点介绍了实现这些材料的可印刷性的条件,例如特殊适用于有机小分子材料的溶液加工方法。

　　有机材料与无机材料应用于印刷电子各有其优缺点(见表 2.1 与表 3.1),但无机材料无论是作为导体还是作为半导体都远胜过有机材料。传统无机材料之所以能够被应用于印刷加工,是依靠其化合物前驱体的溶液化,或者依靠其固体纳米形态的分散液。尤其是纳米形态的无机固体材料(纳米粒子、纳米管、纳米线等),通过分散制备成墨水,即可用印刷方法制备成电子器件。本书第 3 章同样按照导体、半导体与介电材料分类介绍了印刷电子器件制造中常用的一些无机材料的墨水化制备方法。导体材料中包括了各种金属纳米导体、金属氧化物与液态金属,以及碳基导体,如碳纳米管、石墨烯、炭黑及近年来新出现的碳氮化物(MXenes)。半导体材料包括金属氧化物、碳纳米管与硅。介电材料主要介绍了硅氧化物、金属氧化物与复合金属氧化物。

　　印刷电子技术的基本特征是印刷。尽管印刷技术本身已经是成熟的工业化技术,但印刷电子器件完全不同于印刷平面媒体。本书第 4 章介绍的是已经应用于印刷电子加工的各种印刷方法,包括喷墨打印、直接式模版印刷与间接式模版印刷。例如,气流喷墨打印与电流体动力学喷墨打印已经不是传统图文印刷技术;无论喷墨打印还是模版印刷其分辨率均已达到 1 μm 以下,这也不是传统图文印刷所需要的。该章还增加了对涂布技术的介绍,作为一种溶液法加工方法,涂布技术也大量应用于印刷电子。该章在介绍各种印刷方法的基本原理的同时,重点介绍了印刷制备电子器件中的各种科学与技术问题,包括各种印刷方法对电子墨水的要求、印刷后的电子墨水图案与衬底材料的结合问题,以及印前与印后的处理工艺,特别是各种烧结技术等。例如,无机纳米材料的电子墨水主要是纳米粒子与分散剂和溶剂的混合液。用喷墨打印方法打印到衬底表面的墨滴会因为纳米粒子在墨水蒸发过程中的自发运动形成咖啡环效应,即纳米粒子自发聚集在打印墨渍的边缘,造成极不均匀的纳米粒子分布。这种咖啡环效应会严重影响打印电子器件的性能。像这类问题,都是印刷电子制备工艺中所特有的。了解这些印刷电子工艺中的特殊问题无论对已经熟悉平面媒体印刷技术的专业人员还是对初次接触印刷电子技术的人员都将非常有益。

由上可知,印刷电子学主要是指用印刷方法来制备电子器件,而这些电子器件主要包括3大类:晶体管器件、光伏器件与发光器件。晶体管是各种电子信息处理系统的基础元件,与集成电路中的晶体管有同样功能。印刷晶体管可以基于有机半导体材料,也可以基于无机半导体材料,例如碳纳米管或金属氧化物。光伏器件是指可以用印刷方法在柔性衬底上制备的薄膜太阳能电池,包括有机光伏器件与钙钛矿光伏器件。发光器件主要是有机发光二极管器件,既可用于显示,也可用于照明。本书第5、6、7章分别介绍了这3种器件的基本工作原理、基本结构、印刷制备方法与相关应用。之所以分别单独介绍这3类器件,一方面是因为它们代表了印刷电子学的3个重要应用领域,另一方面是因为这3类器件无论在材料方面还是在加工方法方面都有各自的特殊性。

无论是基于无机材料还是有机材料,印刷电子器件都需要某种形式的封装,而有机电子器件(晶体管、发光与显示器件、光伏器件)与印刷纳米银的器件更需要水氧阻隔封装来防止器件老化失效。本书第8章介绍了印刷电子器件的封装技术,主要聚焦于水氧阻隔封装,包括印刷电子器件因水氧侵蚀而失效的现象与原因、水氧阻隔封装机理与测试方法、柔性封装薄膜的结构与制备方法,并专门介绍了柔性薄膜封装在有机发光二极管与有机光伏器件中的应用,以及自本书第一版出版以来这一领域的发展与进步。

作为柔性电子的特例,可拉伸电子技术在过去10年成为科技界关注的热点。印刷电子的增材制造本质决定了印刷制备的电子器件和电路不依赖于基材是否为刚性或柔性,包括可拉伸性,而且可拉伸的电子材料更适于通过印刷来制备成电子器件。为了反映印刷电子在这一新兴领域所发挥的作用,本书增加了一章介绍印刷可拉伸电子技术(第9章),从本征可拉伸与系统可拉伸角度说明可拉伸电子器件与系统的实现方法,用大量实例介绍了印刷加工在可拉伸电子制备中的应用,包括可拉伸晶体管、可拉伸光伏器件与可拉伸发光器件。

印刷电子学不是一门基础科学,而是一个非常贴近应用、贴近市场的技术领域。科技界与工业界对印刷电子技术的极大兴趣与开发动力源于其诱人的应用前景。用印刷电子技术制作的光电、显示、电子信息处理产品具有大面积、柔性化、低成本的鲜明特征,并且在制造方法上具有数字化与绿色环保的特点。一方面印刷制造可以生产区别于传统硅基微电子技术的产品,具有自己独特的市场定位;另一方面印刷制造还能够以潜移默化的方式渗透到其他不同产业,在更广阔的应用领域为新产品赋能。本书第 10 章参照国际有机和可印刷电子协会(Organic and Printed Electronics Association,OE-A)2020年最新版报告,根据目前市场已经存在的和未来可预测的发展,将印刷电子技术的应用分别按柔性显示、有机光伏、电子器件与电路、集成智能系统、有机照明 5 个方面做了介绍。与本书第一版相比,第二版更多地融入了作者亲历的这一领域的发展,以及作者科研团队为印刷电子技术发展与应用所做的贡献,同时也通过亲身实践有了更多的理性思考,对印刷电子技术面临的挑战与发展远景有了更清晰的认识。

　　由于印刷电子学本身的多学科性与学科交叉性,读者群可能具有不同的学科背景,因此本书各章均以描述基本原理阐述为主,辅以大量实例与图表,避免烦琐的数学描述。作为一本专门介绍印刷电子学的书籍,本书既是印刷电子学领域的一本入门读物,也具有一定的专业知识深度,适于作为具备大学物理、化学、电子学基础的读者阅读和参考。由于篇幅所限,本书不可能面面俱到、提供非常详尽的描述,但每一处内容要点都提供了相关的参考文献与信息来源,供读者进一步获取详细信息。希望本书能够引导读者了解印刷电子学与印刷电子技术,并对该学科产生兴趣,进而共同参与到推动中国印刷电子技术发展的行动中来。

参考文献

[1] Zant P V、Microchip Fabrication:A Practical Guide to Semiconductor Processing[M]. 6th ed. New York:McGraw-Hill, 2014.

[2] The $ 150 Million Machine Keeping Moore's Law Alive[EB/OL]. 来自 WIRED 网站, 2021.8.30.

[3] 崔铮. 微纳米加工技术及其应用[M]. 4 版. 北京:高等教育出版社, 2020.

[4] Chiang C K, Fincher C R, Park Y W, et al. Electrical-conductivity in doped polyacetylene [J]. Physical Review Letters, 1977, 39 (17): 1098-1101.

[5] Tsumura A, Koezuka H, Ando T. Macromolecular electronic device:Field-effect transistor with a polythiophene thin film[J]. Applied Physics Letters, 1986, 49 (18): 1210-1212.

[6] Tang C, Van Slyke S A. Organic Electroluminescent Diodes[J]. Applied Physics Letters, 1987, 51:913.

[7] Assadi A, Svensson C, Willander M, et al. Field effect mobility of poly(3-hexylthiophene)

[J]. Applied Physics Letters, 1988, 53 (5): 195-197.

[8] Bao Z, Feng Y, Dodabalapur A, et al. High-performance plastic transistors fabricated by printing techniques[J]. Chemistry of Materials, 1997, 9 (6): 1299-1301.

[9] Sirringhaus H, Kawase T, Friend R H, et al. High-resolution inkjet printing of all-polymer transistor circuits[J]. Science, 2000, 290: 2123-2126.

[10] Yan Y, Zhao Y, Liu Y. Recent progress in organic field-effect transistor-based integrated circuits[J]. Journal of Polymer Science, 2022, 60: 311-327.

[11] Wu W. Inorganic nanomaterials for printed electronics: A review[J]. Nanoscale, 2017, 9: 7342-7372.

[12] Rogers D. Nanomaterials are becoming synonymous with printed electronics[J]. Plastic Electronics, 2011, 3 (6): 35.

[13] Das R, He X. Flexible, Printed and Organic Electronics 2020-2030: Forecasts, Technologies, Markets[EB/OL]. 来自 IDTechEx 网站, 2019.

[14] 崔铮. 柔性混合电子——基于印刷加工实现柔性电子制造[J]. 材料导报, 2020, 34 (1): 01009-01013.

有机印刷电子材料

第 **2** 章

2.1　引言

从真空电子学到固体电子学是人类科学技术发展史上一个革命性进步，基于硅（Si）、锗（Ge）和砷化镓（GaAs）等无机半导体材料的固体电子学造就了当今百亿级晶体管的集成电路技术与产业。当物理学家们在无机半导体领域深度耕耘的时候，化学家们也在寻找有机材料的电学性质。不同于地球上种类有限的无机材料，化学家们可以通过各种化学合成方法创造出种类繁多的有机分子。1977 年化学家们通过在聚乙炔中掺杂首次发现了导电聚合物，颠覆了"塑料不导电"的传统观念，开启了有机电子学这一新科学技术领域[1]。1986年，化学家们又发现了有机半导体，并制成了第一支有机场效应晶体管[2]。尽管当时这个有机晶体管的电荷迁移率比最差的无机非晶硅半导体晶体管还要低 5 个数量级，但这毕竟是首次由人工合成的半导体材料。由有机半导体材料又衍生出有机光伏材料与有机发光材料，形成了目前有机薄膜晶体管（organic thin film transistor，OTFT）、有机太阳能电池（organic solar cell，OSC）与有机发光二极管（organic light emitting diode，OLED）3 大有机电子学领域。

有机印刷电子材料按其分子结构可分为有机小分子材料与有机聚合物材料。有机小分子材料有明确的分子结构、低相对分子质量、明确的能级结构，并具有准晶体结构，更接近无机材料。有机聚合物材料为大分子材料，依据聚合程度的不同而具有不同的相对分子质量。同时，利用不同的有机分子单元进行不同的排列组合可以构造出具有不同电学性质的系列聚合物材料，极大地丰富了有机电子材料体系。在加工方式上，有机小分子材料一般通过真空热蒸发成膜并制备器件，成膜性好，因而制作的器件性能均匀性好。有机聚合物材料只能通过溶液法成膜，虽然其成膜性不如真空蒸镀的小分子材料的，但提供了通过印刷制备有机电子器件的可能性。本书主题是印刷电子学，因此电子材料的可印刷性是本书关注的重点。

有机电子材料的优缺点如表 2.1。在优点方面首先是有机分子的可设计性。有机分子可以人工合成，迄今为止，科学界已合成了上千种有机半导体分子，其中具有电荷迁移率大于非晶硅无机半导体的有近百种。事实上，有机电子学发展了 40 余年至今仍方兴未艾，就是因为不断有新的分子被创造出来，不断打破有机半导体的电荷迁移率的新纪录。有机电子学之所以数十年来不断发展还由于其制作电子器件的方法与工艺不同于无机半导体的，尤其是有机聚合物材料的可溶液化加工性，不需要高温工艺，因此可以在塑料等柔性基材上制备电子器件,尤其是可以大面积印刷制备电子器件。这些完全不同于硅基半导体的加工技术,展现了有机电子材料在大面积柔性电子领域的巨大应用潜力。

当然,有机电子材料也有一些本身固有的缺陷。电荷在有机分子结构中的传输机制完全不同于无机材料,有机导体或半导体无法具有与无机导体或半导体同样量级的电荷迁移率;有机分子易受水氧分子影响而失效;有机聚合物的高分子属性使得不同合成批次之间的一致性差;复杂冗长的合成步骤增加了批量制备的难度;除了有机聚合物外,有机小分子材料也可以通过某些处理步骤实现印刷制备,但可印刷性远不如聚合物材料。

表 2.1　有机印刷电子材料的优缺点

优点	缺点
<ul><li>分子可设计性好</li><li>易溶液化(高分子材料)</li><li>印后处理温度低</li><li>印后柔性好</li></ul>	<ul><li>电荷迁移率低</li><li>环境稳定性差</li><li>批次间一致性差</li><li>难以批量化</li><li>有机小分子材料的可印刷性差</li></ul>

为符合大规模印刷的工艺需要,一般需将有机小分子或聚合物材料经过处理或分散,制成具有不同加工性能的墨水或浆料,并通过适当的印刷技术制成各种功能的电子器件。这就要求可印刷的有机电子材料除了材料本征的良好性能外,还必须具有合适的溶液化能力和成膜性等加工特性。因此,可溶液化和可加工性是选择有机印刷电子材料的重要前提条件。

新型有机印刷电子材料的性质和各方面应用,已有许多综述和专著从各种角度进行了论述。本章主要按照材料的电学性质分类,从结构设计与合成,以及材料的结构调节与性能的关系分别介绍各种新型有机印刷电子材料。其中将重点介绍作为半导体使用的可印刷有机小分子和聚合物材料。

2.2　有机导体材料

根据欧姆定律,当对试样两端加上直流电压 V 时,若流经试样的电流为 I,则试样的电阻 R 为

$$R = \frac{V}{I}$$

式中,电阻 R 的单位为 Ω;电阻的倒数称为电导,用 G 表示:

$$G = \frac{I}{V}$$

电导 G 的单位为 S。电阻和电导的大小不仅与物质的电性能有关,还与试样的面积 S、厚度 d 有关。实验表明,试样的电阻与厚度呈正比,与试样的截面积呈反比:

$$R = \rho \frac{d}{S} \tag{2.1}$$

同样,对电导则有:

$$G = \sigma \frac{S}{d} \tag{2.2}$$

式(2.1)和式(2.2)中,ρ 为电阻率,单位为 $\Omega \cdot m$ 或 $\Omega \cdot cm$;σ 为电导率,单位为 $S \cdot m^{-1}$ 或 $S \cdot cm^{-1}$。显然,电阻率和电导率都不再与材料的尺寸有关,而只取决于它们的性质,因此是物质的本征参数,可用来作为表征材料导电性的尺度。在讨论材料的导电性时,更习惯采用电导率来表示。表 2.2 是一些典型无机材料的电导率。

表 2.2　典型无机材料的电导率

材料类型	电导率/$(S \cdot cm^{-1})$	典型代表
绝缘体	$<10^{-10}$	石英、聚乙烯、聚苯乙烯、聚四氟乙烯
半导体	$10^{-10} \sim 10^{2}$	硅、锗、聚乙炔
导体	$10^{2} \sim 10^{8}$	汞、银、铜、石墨
超导体	$>10^{8}$	铌(9.2 K)、铌铝锗合金(23.3 K)、聚氮硫(0.26 K)

　　有机化合物长期以来一直被看作绝缘体材料,例如我们所熟悉的塑料。1954 报道了芘与溴形成的电荷转移复合物,这是第一个人工合成的导电分子化合物,其电导率 $\sigma = 1\ S \cdot cm^{-1}$[3]。虽然稳定性差,但却引起了人们对有机化合物认识上的巨大改变。1977 年,由 Matsunaga、MacDiarmid 和 Heeger 领导的合作研究中发现,通过掺杂可以使聚乙炔薄膜的电导率大大提高,并首次制备出导电高分子[1],彻底改变了高分子材料属于绝缘体的概念。他们也因此获得 2000 年诺贝尔化学奖。

　　导电高分子(或导电聚合物)除了具有导电性外,还保持了聚合物所特有的成膜性、透明性、黏着性等特点,并且加工成型方便,能加工成各种所需的形状。导电聚合物在导电涂料、导电胶、导电薄膜、导电塑料、导电橡胶、导电电气部件等方面得到广泛应用。

根据导电高分子材料的结构特征和导电机理,可以分成以下两类。

（1）结构型。其主要特征是分子中存在共轭链段,一般统称为共轭高分子。这类分子中的电子能够发生离域,降低了分子中电子的束缚能,进而产生一定的导电性能。结构型导电有机材料主要通过化学合成、光化学合成或者电化学合成方法制备,其导电性能与其化学结构和掺杂状态有直接关系。可以进一步分成电子导电聚合物、离子导电聚合物和氧化还原型导电聚合物。

（2）复合型。通过在塑料或者橡胶中加入炭黑或者金属粉末等导电性填料来制备;常见的产品有导电橡胶、导电涂料、导电黏合剂等,在有机电热元件、电阻器、电磁屏蔽等方面具有广泛的应用。

2.2.1　共轭高分子

共轭高分子也称为本征导电聚合物,其具有共轭的主链结构以促进电子的流动。迄今为止,国内外研究得较为深入的共轭导电高分子有聚乙炔（polyacetylene,PA）、聚苯胺（polyaniline,PANI）、聚吡咯（polypyrrole,PPy）、聚对苯（poly-para-phenylene,PPP）、聚噻吩（Polythiophene,PT）、聚对苯撑乙烯（poly-phenylenevinylene,PPV）、聚呋喃（polyfuran,PF）等[4]。根据导电载流子的不同,结构型导电高分子有两种导电形式:电子导电和离子传导。对不同的高分子,导电形式可能有所不同,但在许多情况下,高分子的导电是由这两种导电形式共同引起的。一般认为,四类聚合物具有导电性:高分子电解质、共轭体系聚合物、电荷转移络合物和金属有机螯合物。其中除高分子电解质是以离子传导为主外,其余三类聚合物都是以电子导电为主。这几类导电高分子目前都有不同程度的发展。下面主要介绍共轭体系聚合物。

2.2.1.1　共轭聚合物的电子导电

共轭聚合物分子中具有 π 电子共轭单元,该共轭体系能够导电必须具备两个条件:① 分子轨道能强烈离域;② 分子轨道能互相重叠。满足这两个条件的共轭体系聚合物,便能通过自身的载流子产生和输送电流。典型代表是聚乙炔,其分子主链中碳碳单键和双键交替排列。由于分子中双键的 π 电子的非定域性,这类聚合物大都表现出一定的导电性[5]。

在共轭聚合物中,电子离域的难易程度取决于共轭链中 π 电子数和电子活化能的关系。理论与实践都表明,共轭聚合物的分子链越长,π 电子数越多,则电子活化能越低,亦即电子越易离域,则其导电性越好。

2.2.1.2　共轭聚合物的掺杂及导电性

尽管共轭聚合物有较强的导电倾向，但电导率并不高。如果完全不含杂质，聚乙炔的电导率只有 10^{-5} S·cm^{-1} 的水平。然而，共轭聚合物的能隙很小，电子亲和力很大，这表明它容易与适当的电子受体或电子给体发生电荷转移。在聚乙炔中添加碘或 As_2O_5 等电子受体，由于聚乙炔的 π 电子向受体转移，电导率可增至 10^3 S·cm^{-1}，接近金属导电的水平[6]。另一方面，由于聚乙炔的电子亲和力很大，也可以从作为电子给体的碱金属接受电子而使电导率上升。这种因添加了电子受体或电子给体而提高电导率的方法称为"掺杂"。

共轭聚合物的掺杂与无机半导体的掺杂不同，其掺杂浓度可以很高，最高可达每个链节 0.1 个掺杂剂分子。随掺杂量的增加，电导率可由半导体区增至金属区。掺杂的方法可分为化学法和物理法两大类，前者有气相掺杂、液相掺杂、电化学掺杂、光引发掺杂等，后者有离子注入法等。掺杂剂有很多种类型，下面是一些主要品种。

（1）电子受体。

卤素：Cl_2，Br_2，I_2，ICl，ICl_3，IBr，IF_5。

路易斯酸：PF_5，As，SbF_5，BF_3，BCI_3，BBr_3，SO_3。

质子酸：HF，HCl，HNO_3，H_2SO_4，$HClO_4$，FSO_3H，$ClSO_3H$，$CFSO_3H$。

过渡金属卤化物：TaF_5，WFS，BiF_5，$TiCl_4$，$ZrCl_4$，$MoCl_5$，$FeCl_3$。

过渡金属化合物：$AgClO_3$，$AgBF_4$，H_2IrCl_6，$La(NO_3)_3$，$Ce(NO_3)_3$。

有机化合物：四氰基乙烯（TCNE），四氰代二次甲基苯醌（TCNQ），四氯对苯醌，二氯二氰代苯醌（DDQ）。

（2）电子给体

碱金属：Li，Na，K，Rb，Cs。

电化学掺杂剂：R_4N^+，R_4P^+（R = CH_3，C_6H_5 等）。

如果用 P_x 表示共轭聚合物，A 和 D 分别表示电子受体和电子给体，则掺杂可用下述电荷转移反应式来表示：

$$P_x + xyA \longrightarrow (P^{+y}A_y^-)_x$$
$$P_x + xyD \longrightarrow (P^{-y}D_y^+)_x$$

电子受体或电子给体分别接受或给出一个电子变成负离子 A$^-$ 或正离子 D$^+$，但共轭聚合物中每个链节（P）却仅有 y（$y \leqslant 0.1$）个电子发生了迁移。这种部分电荷转移是共轭聚合物出现高导电性的极重要因素。当聚乙炔中掺杂剂含量 y 从 0 增加到 0.01 时，其电导率会增加 7 个数量级。

纵观导电聚合物的发展历史，大量的研究工作聚焦于掺杂材料的选择。表 2.3 列出了截止到 2017 年所报道的针对多种导电聚合物所采用的掺杂材料、掺杂方法,及其所获得的电导率。

表 2.3　几种导电聚合物的掺杂及其电导率[5]

导电聚合物类型	掺杂物质	化合物来源	掺杂方法	电导率/$(S \cdot cm^{-1})$
反式聚乙炔	Na^+	$(C_{10}H_8)Na$	液相	80
聚对亚苯	AsF_5	AsF_5	汽相	1.5×10^4
聚对苯撑乙烯	CH_3SO_3H	CH_3SO_3H	非氧化还原	10.7
	AsF_5	AsF_5	汽相	57
聚醋酸乙烯酯	Cl_4^-	$(C_4H_9)_4N(ClO_4)$	电化学	10^{-5}
PPy	AsF_6^-,PF_6^-,BF_4^-	$C_{16}H_{36}AsF_6N$, $(CH_3)_4N(PF_6)$, $(C_2H_5)_4N(BF_4)$	电化学	$30 \sim 100$
	NSA	2-甲基磺酸(NSA)	电化学	$1 \sim 50$
	Cl_4^-	$LiClO_4$	电化学	65
	Cl^-	NaCl	电化学	10
	PSS/Cl^-	$PSS/FeCl_3$	液相	4
	MeOH	MeOH	汽相	0.74
	HSO_4^-	$(C_4H_9)_4N(HSO_4)$	电化学	0.3
	$C_{20}H_{37}O_4SO_3^-$	$C_{20}H_{37}O_4SO_3Na$	液相	4.5
PANI	$C_{10}H_{15}OSO_3^-$	$C_{10}H_{16}O_4S$	液相	300
	HCl	HCl	非氧化还原	10
	I_3^-	I_2	汽相	9.3
	BF_4^-	HBF_4	液相	(2.3×10^{-1})
PBTTT[①]	FTS[②]	$C_8H_4F_{13}SiCl_3$	汽相	$604 \sim 1.1 \times 10^3$
聚(2-(3-甲氧基噻吩)-乙磺酸)	Na_2SO_3	Na_2SO_3	液相	5
PT	Cl^-	$FeCl_3$	汽相	$10 \sim 25$
PANI-PPy	ASPB	阴离子球型聚电解质刷	电化学	8.3

① 聚(2,5-双(3-十四烷基噻吩-2-基)噻吩并[3,2-B]噻吩)。

② 1H,1H,2H,2H-全氟辛基三氯硅烷。

2.2.2   PEDOT：PSS

聚 3,4-乙撑二氧噻吩［poly(3,4-ethylenedioxythio-phene)，PEDOT］是印刷电子领域应用最为广泛的导电聚合物材料。PEDOT 的噻吩环 3,4 位上引入的乙撑二氧基可有效阻止单体二氧乙基噻吩（EDOT）聚合时噻吩环上 C_α－C_β 的连接，从而使聚合物分子链更为规整有序。本征态的 PEDOT 导电性能很差，且不溶解也不熔融。经过聚（对苯乙烯磺酸）根阴离子［poly（4-styrenesulfonate），PSS］掺杂的 PEDOT 则可以很好地分散在水溶液中。形成一种稳定的 PEDOT：PSS 悬浮液。该悬浮液可利用旋涂或多种印刷方法在塑料或玻璃基片上形成一种淡蓝色的 PEDOT：PSS 透明导电膜。典型的 PEDOT：PSS 分子结构如图 2.1 所示。PEDOT：PSS 导电聚合物已经发展为成熟的工业产品。国际上的主要供应商有拜耳（Bayer）公司，产品名称为 Baytron；贺利氏（Heraeus）公司，产品名称为 Clevios；爱克发（AGFA）公司，产品名称为 Orgacon。其中，贺利氏的 PH1000 是应用最为广泛的一款导电聚合物产品。

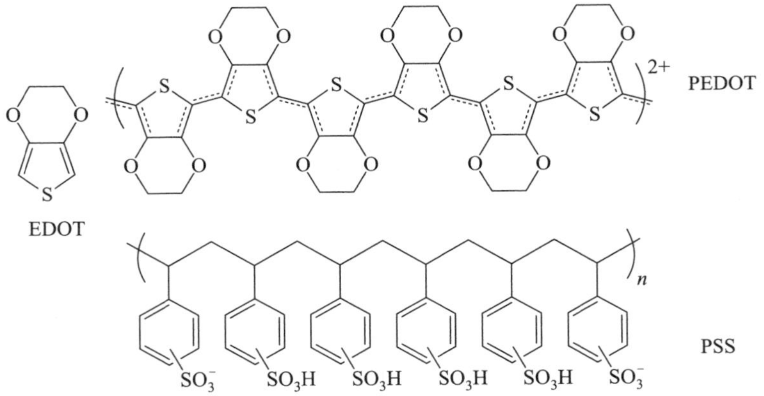

图 2.1   PEDOT：PSS 的分子结构

原始态的 PEDOT：PSS 其导电性并不算高，电导率约为 $1 \text{ S} \cdot \text{cm}^{-1}$。但通过一些处理可以使电导率有几个数量级的改善。处理的原理分为掺杂与去掺杂两类。所谓掺杂即在原始态的 PEDOT：PSS 中加入一些有利于电子运动的分子。PEDOT：PSS 本身已经是经过掺杂的材料，即在 PEDOT 中掺杂了 PSS。为进一步提高电导率的掺杂通常称为二次掺杂，例如在 PEDOT：PSS 悬浮液中加入丙三醇、山梨醇、二甲基亚砜、N-N 二甲基甲酰胺等有机溶剂。去掺杂一般是通过一些手段降低 PEDOT:PSS 中的 PSS 组分,因为 PEDOT:PSS 中的 PSS 只是助力 PEDOT 的溶解性,其本身是绝缘的。减少 PSS 有利于提高 PEDOT:PSS 的导电性。当然,这种去掺杂通常是在 PEDOT:PSS 溶液成膜之后实施。所以,对提高 PEDOT:PSS 导电性的处理方法可分为前处理与后处理。前处理(pre-treatment)是在 PEDOT:PSS 溶液状态实施,例如上述的二次掺杂。后处理(post-treatment)是在 PEDOT:PSS 成膜后实施,例如通过一些溶剂对已形成的 PEDOT:PSS 薄膜进行浸泡或冲洗[7]。表 2.4 列出了对一些商业 PEDOT:PSS 产品进行不同的前处理与后处理导致的电导率改进。

表 2.4　PEDOT:PSS 改性方法及其电导率[8]

商业名称	应用范围	处理溶剂	原始电导率/($S \cdot cm^{-1}$)	改进电导率/($S \cdot cm^{-1}$)
预处理方法				
Clevios PH1000 (H.C.Starck)	电极材料	有机溶剂(EG)	~1	731
Clevios PH1000 (H.C.Starck)	电极材料	有机溶剂(DMSO)	0.549	575
Baytron P (H.C.Starck)	电极材料	有机溶剂(DMSO)	0.8±0.1	80±30
Baytron P (H.C.Starck)	电极材料	有机溶剂(DMF)	0.8±0.1	30±10
Baytron P (H.C.Starck)	电极材料	有机溶剂(THF)	0.8±0.1	4±1
Baytron P VP A14083 (H.C. Starck)	空穴传输材料	酒精山梨醇	24.7±1.3	91.3±1.3
Clevios PH1000 (H.C.Starck)	电极材料	离子液体(EMIM TCB)	0.68	2084
Clevios PH1000 (H.C.Starck)	电极材料	离子液体(BMIM BF4)	0.68	287
Clevios PH1000 (H.C.Starck)	电极材料	有机溶剂(DMSO)	0.68	575
Clevios PH1000 (H.C.Starck)	电极材料	有机溶剂(DMI)	2	812
Clevios PH1000 (H.C.Starck)	电极材料	有机溶剂(EG)	2	801.2
Clevios™ PH1000	电极材料	鞣酸	2.33	25.5
S wt.% DMSO 掺杂 PEDOT:PSS	电极材料	力学过滤提纯	1100	2000
后处理方法				
Clevios™ PH1000	电极材料	有机溶剂(EtOH)	~0.8	1.8
Clevios™ PH1000	电极材料	2-甲基咪唑	~0.8	930
Clevios PH1000	电极材料	有机溶剂(MeOH)	~0.2	370
Clevios PH1000	电极材料	有机溶剂(DMSO)	~0.2	890
Clevios PH1000	电极材料	有机溶剂(EG)	~0.2	960
Clevios PH1000	电极材料	甲基溴化胺	~0.2	1280
Clevios PH1000	电极材料	甲基碘化胺	~0.2	1660

续表

商业名称	应用范围	处理溶剂	原始电导率/ ($S \cdot cm^{-1}$)	改进电导率/ ($S \cdot cm^{-1}$)
Clevios PH1000(H.C.Starck)	电极材料	有机溶剂(EG)	2.5±1.2	971±166
Clevios PH1000(H.C.Starck)	电极材料	硫酸(H_2SO_4)	2.5±1.2	2118±102
Clevios PH1000(H.C.Starck)	电极材料	EG+H_2SO_4	2.5±1.2	1968±150
Clevios PH1000	电极材料	硫酸(H_2SO_4)	0.3	3065
Clevios PH1000	电极材料	磷酸(H_3PO_4)	1	1460
预处理/后处理组合				
Clevios PH1000(H.C.Starck)	电极材料	预处理与后处理均用 EG	~1	1418
Clevios PH1000(H.C.Starck)	电极材料	预处理用 DMI,后处理用 MeOH	2	986.2
Clevios PH1000(H.C.Starck)	电极材料	预处理用 EG,后处理用 MeOH	2	933.5

PEDOT:PSS 由于可采用溶液加工,包括涂布或印刷形成导电薄膜,成膜后透明度高,导电性可大范围调控,因而在众多领域获得广泛应用。

(1) 透明导电膜、导电高分子可制成彩色或无色透明的质轻的导电薄膜,可应用于光电领域的透明电极、触摸屏、透明开关等。

(2) 电极材料。尤以蓄电池的电极材料应用研究最为广泛。这类电池采用导电高分子代替传统的金属或石墨电极,加工方便,有质轻、高比能量的特点。

(3) 电磁屏蔽材料。导电聚合物具有防静电的特性,可以用于电磁屏蔽,是非常理想的电磁屏蔽材料替代品。

(4) 抗静电涂层。添加抗静电剂是高分子材料常用的抗静电方法,能避免材料表面的静电积累和火花放电,对基材的原有物性影响小、工艺简单。

近年来,国内外研究人员在有机光电领域利用 PEDOT:PSS 薄膜替代阳极方面做了大量的研究工作。PEDOT:PSS 透明导电膜柔软易加工,其能级约为 5.2 eV,高于氧化铟锡(ITO)的 4.7 eV,可用于修饰 ITO 阳极以弥补 ITO 阳极存在的缺陷,已经大量应用于有机发光与有机光伏器件中[8]。相关内容将在本书第 6 章与第 7 章进行更详细的介绍。

除了 PEDOT:PSS 外,前面提到的聚乙炔、聚苯撑、聚并苯、聚吡咯、聚噻吩等都是典型的导电型共轭聚合物。不过大部分研究集中在将这些材料作为半导体的晶体管和发光二极管的研究上。另外一些由饱和链聚合物经热解后得到的梯形结构的共轭聚合物也是较好的导电高分子,如热解聚丙烯腈、热解聚乙烯醇等。但这些材料的实际应用尚不普遍,主要问题在于大多数结构型导电高分子在空气中不稳定,导电性随时间明显衰减。此外,导电高分子的加工性往往不够好,也限制了它们的应用。最近华南理工大学黄飞教授团队提出了一种将氧化聚合和还原掺杂相结合的方法,一锅法简易制备出高导电 n 型聚合物——聚(苯并二呋喃二酮)(PBFDO)。该聚合物具有创纪录的电导率,电导率达到 2000 S·cm^{-1},并且具有优异的空气稳定性,在无需额外的侧链或表面活性剂的情况下可以通过与溶剂的强相互作用实现良好的溶解性和溶液加工性[9]。

2.2.3　复合型导电高分子

复合型导电高分子是在本身不具备导电性的高分子材料中掺混入大量无机导电物质,如炭黑、金属粉、箔等。通过分散复合、层积复合、表面复合等方法构成复合导电材料,其中以分散复合最为常用。

与结构型导电高分子不同,在复合型导电高分子中,高分子材料本身并不具备导电性,只充当了黏合剂的角色。导电性是通过混合在其中的导电物质如炭黑、金属粉末等获得的。由于制备方便,复合型导电高分子用作导电橡胶、导电涂料、导电黏合剂、电磁波屏蔽材料和抗静电材料,在许多领域发挥着重要的作用。

任何高分子材料都可用作复合型导电高分子的基质。目前用作复合型导电高分子基料的主要有聚乙烯、聚丙烯、聚氯乙烯、聚苯乙烯、ABS、环氧树脂、丙烯酸酯树脂、酚醛树脂、不饱和聚酯、聚氨酯、聚酰亚胺、有机硅树脂等。此外,丁基橡胶、丁苯橡胶、丁腈橡胶也常用作导电橡胶的基质。

常用的导电填料有金粉、银粉、铜粉、银包铜粉、镍粉、钯粉、钼粉、铝粉、钴粉、镀银二氧化硅粉、镀银玻璃微珠、炭黑、石墨、碳化钨、碳化镍等。

银粉具有最好的导电性,故应用最广泛。炭黑虽电导率不高,但其价格便宜,来源丰富,因此也广为采用。

2.2.4　金属有机分解型材料

金属有机分解(metal-organic decomposition,MOD)型材料,也称为前驱体型金属有机材料,是近年来发展起来的一类新型有机导体材料,广泛应用于印刷电子和 3D 打印电子中的导电线路或图案[10,11]。MOD 墨水主要是溶解在有机溶剂或水溶液中的高浓度金属-有机配合物或金属盐。MOD 油墨最初是非导电的。需要经历温度范围为 150～200 ℃ 的热烧结工艺将金属有机配合物分解成导电的金属单质。与无机金属纳米颗粒墨水相比，MOD 墨水中没有颗粒，因此喷嘴堵塞的概率大幅度降低，并且具有更好的印刷适应性和更长的保质期。MOD 墨水包括银、铜、铝和镍等各种类型的金属有机材料。银 MOD 墨水因为具有良好的导电性和氧化稳定性，成为印刷电子，特别是 3D 打印电子应用中最常用到的 MOD 型材料。

2.3   有机小分子半导体材料

有机半导体材料按相对分子质量可以分为两类：一类是有机小分子化合物，主要包括共轭低聚物及一些稠环分子；另一类是高分子聚合物，主要为非晶的共轭聚合物。本节主要介绍以晶体形式存在的有机小分子半导体材料。与无机半导体一样，有机半导体材料按传输载流子种类的不同也可以分成以传输空穴为主的 p 型材料和传输电子为主的 n 型材料。无机半导体的载流子（电子或空穴）在晶格中的原子之间移动，形成电荷传输。有机半导体中的载流子以跳跃（hoping）方式在分子轨道之间移动。在有机半导体中，类比于无机半导体能级的价带与导带的是最高占据分子轨道（highest occupied molecular orbit，HOMO）与最低未占分子轨道（lowest unoccupied molecular orbit，LUMO）[12]。从两类半导体材料的能级结构来看，p 型半导体材料具有低的电离势（ionization potential，IP）和高的 HOMO，以利于接受空穴；n 型半导体材料具有高的电子亲和势（electron affinity，EA）和低的 LUMO，以利于接受电子。

影响有机小分子半导体材料载流子迁移率高低的因素很多：① 分子轨道能级差（HOMO 与 LUMO 的能量差）足够小，以保证载流子在相邻分子间迁移时不会经历过高势垒；② 固态下分子能够形成紧密、规整的堆积，使分子间具有强的相互作用，以利于载流子在分子间的传输；③ 分子的能级能够与电极材料匹配，便于外部载流子的注入；④ 为降低器件的漏电流，提高器件开关比（开态工作电流与关态漏电流之比），半导体的本征电导率应尽可能低。满足以上要求的有机材料从分子结构上看基本是由芳香单元构成的平面共轭分子，多为稠环芳香化合物和含共轭结构的低聚物。这类材料的特点是易于提纯，能够减少杂质对晶体完整性的破坏，从而达到器件所要求的纯度；一定的平面结构大大降低了分子势垒,有利于载流子高速迁移;易于形成自组装多晶膜,能够降低晶格缺陷,提高有效重叠;较容易得到单晶,更是极大地提高了场效应迁移率。

在利用印刷方法制备电子器件时,则要求材料在满足以上条件的同时,还要具有可溶液化、较好的成膜性以及一定的环境稳定性。而有机小分子溶液黏度普遍较低,不易加工成高质量的薄膜,且多数有机小分子半导体对环境较为敏感。因此,对材料设计和研发提出了更高的挑战。本节将对共轭稠环类有机小分子半导体材料进行介绍。

2.3.1 共轭稠环类有机小分子半导体

稠环化合物具有刚性平面共轭结构,基态到激发态所需的重排能量较小,固态下容易形成分子间紧密堆积的有序薄膜,使分子间具有很强的电子相互作用。并苯类稠环化合物(如蒽、并四苯、并五苯和红荧烯)是其中代表性的材料(图 2.2)。

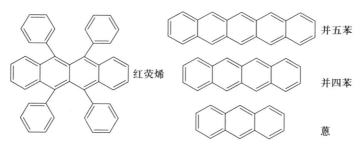

图 2.2 并苯类化合物和红荧烯的分子结构

红荧烯(rubrene)是一类重要的并苯类分子,具有极高的载流子迁移率。2004 年,Rogers 等成功地制备了红荧烯单晶场效应晶体管,在晶体 $a-b$ 面内的 μ_h 达到 15.4 cm^2 · V^{-1} · s^{-1},在 b 轴方向也可达到 4.4 cm^2 · V^{-1} · s^{-1},这些迁移率指标代表了当时有机场效应晶体管的最好水平[13]。但由于苯基取代基的存在,红荧烯在固态下倾向于呈现无规则排列,很难通过一般溶液加工和真空蒸镀的方法制备有序度高的红荧烯薄膜,获得高性能有机晶体管器件。2005 年,Stingelin-Stutzmann 等将红荧烯、超高相对分子质量的聚苯乙烯和二苯蒽以一定比例溶解在甲苯中,通过对溶液旋涂制备的玻璃态薄膜进行热处理,获得了高质量的红荧烯多晶薄膜,从而制备了 μ_h 达 0.7 cm^2 · V^{-1} · s^{-1} 的有机晶体管器件[14],为通过溶液加工制备高迁移率有机晶体管提供了新的方法。

并五苯(pentacene)是 5 个苯环并列形成的稠环化合物,是目前研究最为广泛的有机半导体材料。在单晶中并五苯分子呈鲱鱼骨架排列,相邻平行分子间的垂直距离约为 0.259 nm,因此分子间具有很强的电子相互作用。早在 1997 年,Jackson 等就采用并五苯制备了 $\mu_h > 1.5$ cm$^2 \cdot$ V$^{-1} \cdot$ s^{-1} 的有机场效应晶体管[15]。通过对介电层、薄膜生长条件和器件结构的不断优化,并五苯有机晶体管器件的性能不断提高。2004 年 Jurchescu 等对超高纯度的并五苯单晶用空间限制电流法测定的迁移率高达 35 cm$^2 \cdot$ V$^{-1} \cdot$ s^{-1}[16]。

然而并五苯在有机溶剂中溶解性很差,环境稳定性不好,这对于器件的制备和实际应用都十分不利。因此大量研究者尝试对该类化合物进行功能化和结构调节,图 2.3 展示了一些并五苯衍生物的分子结构。例如,Bao 和 Laquindanum 等采用噻吩环取代并五苯两端的苯环得到 ADT(分子结构 4),该结构可以引入修饰基团以调节溶解性,其空穴迁移率最高可以达到 0.15 cm$^2 \cdot$ V$^{-1} \cdot$ s^{-1}[17]。Takimiya 等合成了二苯基取代的 BTBT(分子结构 5)[18],其薄膜的迁移率最高达到 2 cm$^2 \cdot$ V$^{-1} \cdot$ s^{-1},并且在空气中相当稳定。2007 年该课题组 Ebata 等制备可溶的高迁移率材料 C$_n$-BTBT(分子结构

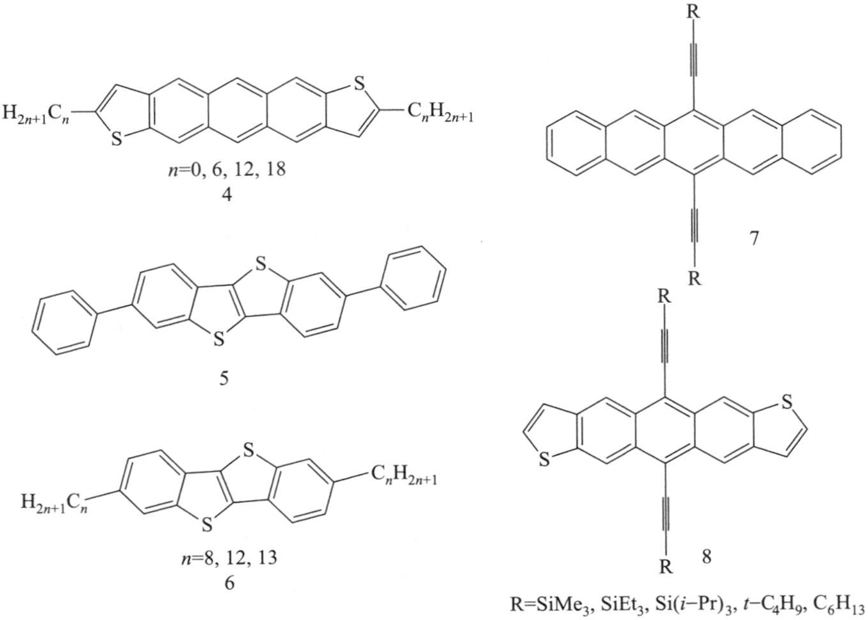

R=SiMe$_3$, SiEt$_3$, Si(i-Pr)$_3$, t-C$_4$H$_9$, C$_6$H$_{13}$

图 2.3 并五苯衍生物 4~8

6)[19],之后在 6 的薄膜中测出了 3.9 cm² · V⁻¹ · s⁻¹ 的高迁移率[20],指出了并苯类材料提高溶解性和增强稳定性的一个重要方向。

　　Anthony 等通过在 ADT 和并五苯的 6,13 位引入硅炔基,合成了一系列取代并苯类化合物(分子结构 7 和 8)。他们通过改变不同的取代基空间尺寸来调节分子在晶态下的堆积模式,以提高载流子传输性能,并改善材料的溶解性。这一尝试获得极大的成功,其中性能最好的是 TIPS-并五苯(图 2.4)。由于其晶态下实现了不同于以往并五苯类材料的鲱鱼骨架排列或者平行柱状排列,而是呈现为二维墙砖式的紧密堆叠排列,从而获得了最高的迁移率。更重要的是,TIPS-并五苯具有良好的溶解性,可以利用溶液法进行沉积,例如涂布或印刷。溶液法制备的器件空穴迁移率达到了 1.42 cm² · V⁻¹ · s⁻¹,已经非常接近真空沉积五并苯器件的性能[21]。当然,这种材料仍存在着光稳定性较差、易发生光异构等缺陷,但已经是目前综合性能最佳的可印刷 p 型有机半导体材料之一,被广泛用于衡量新的有机印刷电子材料性能和优化印刷晶体管器件结构与工艺[22]。

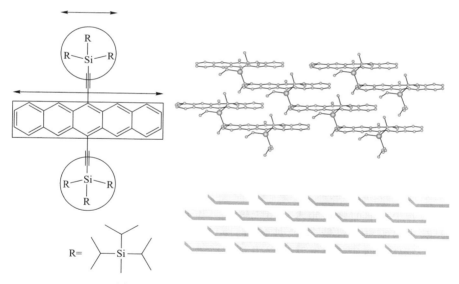

图 2.4　TIPS-并五苯结构及其分子堆积形式

　　相对于 p 型有机小分子半导体材料,只有极少数 n 型有机小分子半导体材料展示了大于 1 cm² · V⁻¹ · s⁻¹ 的载流子迁移率。大多数 n 型有机小分子半导体材料在空气中稳定性差。为了获得更高的电子迁移率,希望有机小分子的 LUMO 能级尽可能低,使电子更容易注入,同时分子间的轨道交叠更紧密,有利于电子的转移。为了提高稳定性,希望分子堆积得更紧密,从而对空气中水氧分子的渗透形成屏障[23]。

　　萘二酰亚胺、苝二酰亚胺类稠环化合物(图 2.5)是目前最稳定的高迁移率 n 型材料,通过在 N 原子上引入烷基或氟代烷基,可以有效调节材料的溶解性和提高器件的稳定性。此类材料的器件在空气中具有良好的稳定性,而其他多数 n 型材料的有机晶体管器件性能需在高真空或惰性气氛中测量。这两类材料也因此得到了 n 型材料中最为广泛的研究。在经过优化的器件制备条件下,图 2.5 中的 9a[24]、9b[25]、9c[26] 薄膜的电子迁移率均能达到 1 cm^2·V^{-1}·s^{-1}以上。

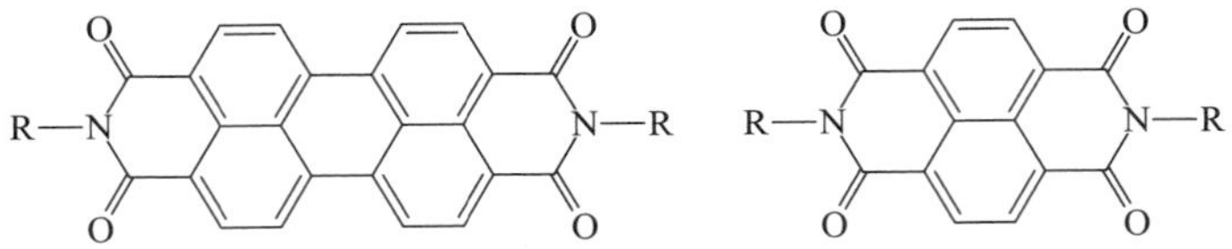

9a R=C$_8$H$_{17}$　　　　　　　　10a R=环己基

9b R=C$_{13}$H$_{27}$　　　　　　　　10b R=C$_6$H$_{13}$

9c R=CH$_2$C$_2$F$_7$

图 2.5　n 型半导体材料苝酰亚胺、萘酰亚胺

2.3.2　有机小分子半导体的溶液化加工

　　一旦有机小分子半导体材料可以溶解于某些溶剂,就可以通过溶液化加工方式制备成连续薄膜,由此构建晶体管等电子器件。但溶剂挥发后,小分子半导体会形成类晶体形态。所谓类晶体形态是指晶体并不是长程有序的周期结构,而是由不同尺寸的晶畴组成。由此所制备的晶体管电荷迁移率与晶畴的大小与取向密切相关。晶畴越大意味着晶畴边界的密度越低,电荷穿越晶畴边界的概率越小,流通越顺畅。同时与晶畴的取向有关。电荷在晶畴取向一致的方向传输能力总是高于垂直于取向方向的传输能力。因此,如何诱导结晶大小与取向成为有机小分子半导体溶液化加工的关键技术。

　　诱导有机小分子结晶取向的核心技巧是"弯月面引导涂布"(meniscus-guided coating, MGC)。图 2.6 给出了 6 种不同形式的 MGC 方法,包括提拉涂(dip coating)、狭缝涂(slot die coating)、刀片涂(blade coating)、拉涂(shearing coating)、棒涂(bar coating)、分区涂(zone casting)[27]。每种方法都会在溶液铺展的前端形成一个弯月面,这个弯月面的表面张力作用促使溶液中的小分子按弯月面的移动方向顺排结晶,形成有取向性的小分子晶体。影响小分子结晶的晶畴大小与取向的参数包括弯月面移动速度、小分子在溶液中的浓度、衬底材料的表面形貌与成膜温度、溶剂的沸点等[28]。

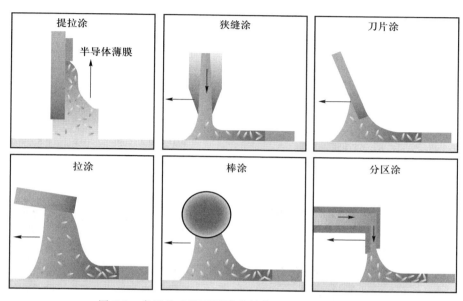

图 2.6　常见的 6 种不同形式的弯月面引导涂布方法

　　苏州大学揭建胜教授团队进一步将弯月面与表面微结构相结合,利用在生长衬底上设计的"漏斗"形状亲/疏溶剂表面微结构,实现了对晶种取向的选择性过滤,进而实现了厘米级以上有机单晶膜的可控制备。该方法可适用于多种小分子有机半导体单晶薄膜的生长。他们通过定向生长的 C8-BTBT 单晶膜制备了 7×8 有机场效应晶体管阵列,其平均迁移率为 8.30 cm^2 · V^{-1} · s^{-1},是未使用"漏斗"取向过滤而获得的多晶 C8-BTBT 薄膜(1.85 cm^2 · V^{-1} · s^{-1})的 4.5 倍[29]。复旦大学的彭娟等最近开发了基于弯月面辅助溶液印刷(meniscus-assisted solution printing,MASP)技术,用于制备高度有序的共轭聚(3-丁基噻吩)-嵌段-聚(3-十二烷基噻吩)(P3BT-*b*-P3DDT)条纹阵列及相应的薄膜晶体管器件。该研究发现晶体管器件的电荷迁移率与条纹的周期结构呈密切的相关性。同时,由于咖啡环效应,MASP 使 P3BT-*b*-P3DDT 溶液在两个几乎平行的板之间发生受限蒸发,进而沉积成周期性条纹(图 2.7)。而利用弯液面控制还可以产生具有尺寸和周期可调的条带阵列结构,并由此可以调控晶体管器件性能。这一研究工作结果表明,通过 MASP 方法可以精确地调控共轭聚合物基材表面的微纳结构,为后续开发印刷薄膜光电器件提供了一种全新的思路[30]。

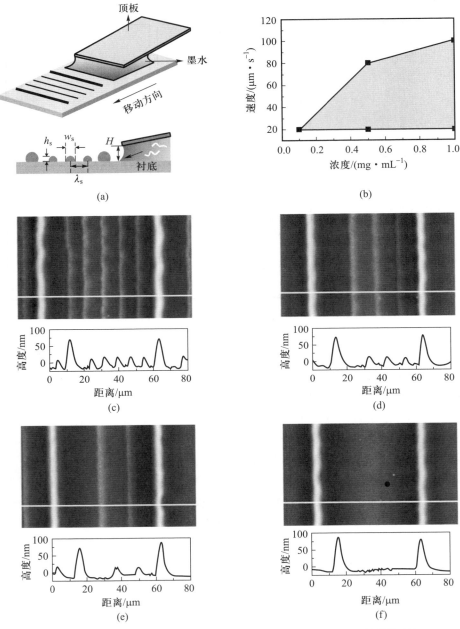

图 2.7   利用弯液面刮涂形成大小不一的有机晶体薄膜并用于晶体管制备

2.4　有机高分子半导体材料

与有机小分子半导体材料相对应的是有机高分子半导体材料(或称聚合物半导体)。小分子与聚合物的一个简单划分方法是依据相对分子质量的大小。小分子材料的相对分子质量一般为几十到几百,聚合物的相对分子质量一般在几万到几十万。还有一类有机材料的相对分子质量介于小分子与聚合物之间,一般为几千,这类材料称为寡聚物,以区别于通常的高聚物。聚合物半导体得到人们高度关注的主要原因首先是聚合物具有优异的机械性能。良好的柔韧性使其易于在柔性衬底上构筑器件,得到可弯曲的"塑料电路"。其次是聚合物具有良好的成膜性能。这意味着聚合物适合低温、大面积溶液加工工艺。另外,聚合物分子的可设计性强,不仅可以不断设计出新的聚合物半导体分子,对现有聚合物进行适当的化学修饰也可以方便地调节材料的电荷迁移性能。聚合物半导体经过 30 余年的发展,已从初期电荷迁移率只有 10^{-5} cm^2 · V^{-1} · s^{-1}到如今已超过 20 cm^2 · V^{-1} · s^{-1}[31]。

作为一种高性能半导体材料,聚合物在结构性质上应满足以下几点。

(1)其轨道能级与电极的功函数能较好地匹配,以实现欧姆接触。外加电压之后,载流子能够顺利地注入材料中。聚合物的轨道能级在液相时可以用电化学来测量,在薄膜状态时可用光电子能谱来测量。

(2)聚合物中电荷传输一般通过局域态跳跃实现,载流子在分子之间传输时需要跨越一个附加势垒。聚合物分子间的前沿轨道应具有足够的重叠,以减少电荷在相邻分子之间迁移时的附加势垒。在轨道重叠较好的 π-π 结构中,载流子传输通常较快。但绝大部分聚合物倾向于形成无定形膜(分子链间 π-π 重叠弱,迁移率低),很难得到有序的晶态薄膜。如果分子的前沿轨道无重叠或重叠很少,由于高的跃迁势垒,载流子在这种体系中几乎不可能传输。

(3)聚合物分子在场效应晶体管内的取向(共轭方向)要尽可能地与电流方向一致。事实证明,聚合物相对于衬底的共轭方向对迁移率有很大的影响,π-π 堆积方向平行于衬底的排列方式有利于载流子传输[32]。

对于实用的半导体,光、电及化学稳定性也必须考虑。对聚合物半导体,还要求其具有良好的溶解性和成膜性,以适应大面积和低成本的溶液加工工艺。

困扰聚合物半导体材料发展的一个难题是聚合物的纯化比较困难,它们不能使用升华、色谱等小分子纯化的手段处理。另外，聚合物合成步骤复杂，造成不同合成批次之间的一致性差。

2.4.1　p 型聚合物

　　p 型材料是指作为电荷传输的载流子主要为空穴的材料。对 p 型材料来说，要求分子的最高占据分子轨道（HOMO）能级和电极的功函数相匹配，以减少空穴的注入势垒。早期研究较多的 p 型材料有聚噻吩类和聚芴类等。第一个有机场效应晶体管就是利用聚噻吩（PT）作活性层设计的，最典型的是聚 3-己基噻吩（poly（3-hexylthiophene，P3HT）[33]。最初 P3HT 的载流子迁移率只有 $10^{-5} \sim 10^{-4}$ cm^2·V^{-1}·s^{-1}[34]，随后 Babel 和 Jenekhe 发现 RR2P3AT 类聚合物中具有己基侧链 RR-P3HT 的迁移率最高。他们认为这是由于己基侧链的 P3AT 的自组织性能较好，从而有利于载流子传输[35]。进而人们发现 P3HT 形成有序微晶结构的能力和聚噻吩骨架的区域规则程度高低有关。分子中头尾（head/ tail，HT）结构比重越大，聚合物的结晶程度也越高。对高 HT 比重（HT > 91%）的 RR-P3HT 来说，在 SiO$_2$ 或聚甲基丙烯酸甲酯（polymethylmethacrylate，PMMA）衬底上成膜时，PT 骨架层和烷基层倾向于平行于衬底排列，π-π 堆积方向平行于衬底，从而有利于载流子在 PT 主链间传输，得到的迁移率可高达 0.1 cm^2·V^{-1}·s^{-1}。

　　尽管这些早期结果已经有了极大改进，但此类分子的载流子传输性能进一步提高已经遇到了瓶颈。聚合物半导体性能的飞跃性提高来自分子的给体-受体（doner-acceptor，D-A）新设计思路，以区别于早期的给体-给体模型。

　　高性能 D-A 类分子一般要满足以下 4 个条件[36]。

　　（1）需要有较高相对分子质量。相对分子质量高意味着分子单元本身体积大，因而聚合物内部的晶界密度低（每个分子是一个晶体单元），载流子传输阻力小，电荷迁移率高。但过高的相对分子质量也会导致分子的溶解性变差，溶液法加工的难度增加。

　　（2）分子骨架（backbone）的共轭性与共面性好。共轭性是有机分子具有导电性的基本条件。所谓共面性（coplanarity）是指分子为平面型骨架，且分子之间有紧密的面-面平行堆积式排列（如图 2.4 所示）。与常见无机固体中的离子键、金属键、共价键不同的是，有机分子之间通过分子键维系。分子键力是一种弱相互作用力。有机分子的晶体一般分为非极性分子晶体与极性分子晶体。对于非极性分子晶体，分子键力主要是范德瓦耳斯色散力与排斥力。极性分子中除了范德瓦耳斯力之外还存在偶极力与诱导力。这些弱作用力导致了有机分子可以有不同的排列与堆积方式[12]。载流子在有机聚合物材料中传输除了聚合物分子内部的传输,还需要跨越晶界。因此,分子排列得越紧密,载流子跨越晶界的阻力越小(势垒越低),该聚合物半导体的载流子迁移率越高。

(3)有合适的 HOMO 与 LUMO 能级。希望 HOMO 能级在 $-5.5 \sim -5.0$ eV 之间。因为有机半导体器件中一般用金做电极,而金的功函数为 5.1 eV。选择 p 型半导体的 HOMO 能级接近金电极的功函数有利于电极与有机半导体之间的空穴传输。大量研究证明,选择这一范围的能级能获得高迁移率的有机聚合物半导体。

(4)有机聚合物半导体成膜的结晶性好、表面形貌平坦。尽管有机聚合物不如有机小分子的结晶性好,难以形成大尺度单晶,但通过溶液沉积形成的有机聚合物薄膜中还是会有微尺度结晶。结晶程度越高,薄膜表面越平滑,载流子的迁移率越高。

近年来,基于 D-A 设计思路发展最成功的一类有机高分子半导体材料是吡咯并吡咯二酮(diketopyrrolopyrrole, DPP)类材料,是具有平面共轭结构并能够增强分子间相互作用力的受体单元,于 2008 年首次应用于有机薄膜晶体管。尽管初期所获得的载流子迁移率并不高,但近 10 余年研究者通过给体调控、侧链工程、成膜工艺等方面对 DPP 分子的大量研究,使 p 型有机高分子半导体的载流子迁移率大幅度提高。例如,通过侧链工程将迁移率提高至 17.8 $cm^2 \cdot V^{-1} \cdot s^{-1}$,通过控制薄膜表面结晶取向将迁移率提高至 23.7 $cm^2 \cdot V^{-1} \cdot s^{-1}$[31]。在此基础上,大量新型电子受体也被引入 D-A 体系,包括苯并二噻吩(benzodithiophene, BDT)、茚并二噻吩(indacenodithiophene, IDT)以及萘二酰亚胺(NDI)、异靛蓝(IID)、二噻吩-二甲酰亚胺(BTI)和噻吩[3,4-c]吡咯-4,6-二酮(TPD)等新型内酰胺类聚合物得到了广泛的研究。例如,斯坦福大学的鲍哲南教授团队近期通过在共轭聚合物分子中引入具有优化的大体积侧基单元,有效提升了聚合物半导体的可拉伸性。利用这一策略合成的基于 BDT、IDT 和 DPP 单元的共轭聚合物获得了优异的电学和机械可拉伸性能(图 2.8)。其制备的可拉伸的薄膜晶体管器件在 75% 应变下显示出 0.27 $cm^2 \cdot V^{-1} \cdot s^{-1}$ 的迁移率,并在 25% 应变下经过数百次拉伸-释放循环后仍保持其迁移率[37]。这些研究成果表明,通过合适的聚合物分子结构设计,可以获得具有优异电学以及机械力学性能的半导体材料,为制备可拉伸电子器件提供了关键的材料基础。

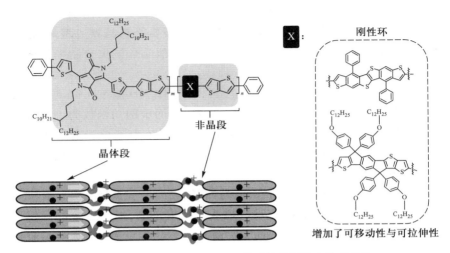

图 2.8   基于 BDT、IDT 基 DPP 单元的共轭聚合物半导体

2.4.2   n 型聚合物

n 型材料是指载流子主要为电子的材料。n 型场效应晶体管(field effect transistor,FET)是 CMOS 电路不可缺少的组成部分。n 型半导体材料的设计原则和 p 型材料的相同,只是 n 型材料的能级应该容易让电子注入其最低未占分子轨道(LUMO)。良好的 n 型半导体材料的 LUMO 能级必须和源、漏电极的功函数接近,以有利于电子从源极注入半导体,从漏极流出半导体。

尽管近年来 n 型 FET 发展很快,但总体来说还是落后于 p 型 FET。n 型 FET 发展滞后的原因主要有两个:① 用来作为器件电极的金属材料如金、银等具有高功函数,有利于向有机半导体分子的 HOMO 中注入空穴(p 型),而不利于向有机半导体分子的 LUMO 中注入电子(n 型)。为了促使电子更为有效地从电极注入半导体,n 型高分子材料的 LUMO 能级应低于 −4.0 eV,但很少有材料能满足这一要求。具有低功函数的金属材料如 Al、Ca、Mg 等虽然电子注入势垒较低,但容易被氧化,且容易和有机半导体发生复杂的反应。② n 型材料对空气中的氧气和水更加敏感,容易生成电子陷阱,器件性能在空气中很快变差。

尽管在过去 10 年中有多种 n 型有机高分子半导体材料开发出来,例如基于苝酰亚胺(PDI)类和萘酰亚胺(NDI)类的聚合物,但真正突破载流子迁移率大于 1 的材料还是来自吡咯并吡咯二酮(DPP)类材料。2012 年报道的一种材料（DPP-DPP）实现了 $3~cm^2 \cdot V^{-1} \cdot s^{-1}$ 的电子迁移率[38]。其他 n 型有机高分子半导体材料包括 2013 年裴坚等报道的一种将苯并二呋喃二酮引入聚对苯撑乙烯（PPV）的衍生物 BDPPV。基于该材料制备的顶栅有机晶体管在空气中的电子迁移率达到 $1.1~cm^2 \cdot V^{-1} \cdot s^{-1}$，是首个在空气中电子迁移率大于 $1~cm^2 \cdot V^{-1} \cdot s^{-1}$ 的 n 型有机高分子半导体材料[39]。最近，瑞典林雪平大学 Fabiano 等报道了基于聚（苯并咪唑并苯并菲咯啉）:聚（乙烯亚胺）（BBL:PEI）的新型 n 型导电电子油墨。BBL:PEI 复合薄膜的 n 型电导率达到 $8~S \cdot cm^{-1}$，同时具有出色的热稳定性、环境稳定性和溶剂稳定性。该类 n 型电子墨水可以应用于有机热电发电材料以及 n 型有机电化学晶体管，对于开发高性能有机电子器件具有重要的意义[40]。

2.4.3 双极型聚合物

双极型场效应晶体管中的载流子可以是空穴，也可以是电子。正栅压下表现为 n 型晶体管的特性，负栅压下表现为 p 型晶体管的特性。但聚合物 FET 一般表现为单极性，即或有利于空穴传输，或有利于电子传输。实现双极性的困难在于使用同一组电极既能向半导体中顺利注入电子，又能顺利注入空穴。我们知道，在 p 型器件中电极功函数要和半导体的 HOMO 能级相匹配，以顺利向其中注入空穴，n 型器件中要和半导体的 LUMO 能级相匹配，以顺利向其中注入电子。例如，对于大多数 D-A 架构的聚合物半导体材料，其 LUMO 能级一般在 $-4.0 \sim -3.3~eV$，与通常使用的金电极功函数相差甚远。对双极性器件来说，无论如何选择电极，都会造成其中一种载流子存在半导体带隙宽一半的注入势垒。因此，电极功函数和半导体材料的能级匹配对实现双极性至关重要。

通过 p 型和 n 型材料共混是实现双极性的一种方式。早期有人将 OC_1C_{10}-PPV 或 P3HT（p 型半导体）和 PCBM（n 型半导体）共混，用两者形成的相互穿插的网状体系作活性层，选用金（Au）作源、漏电极实现了双极性。空穴和电子的场效应迁移率分别约为 $3 \times 10^{-5}~cm^2 \cdot V^{-1} \cdot s^{-1}$ 和 $7 \times 10^{-4}~cm^2 \cdot V^{-1} \cdot s^{-1}$[41]，其中 OC_1C_{10}-PPV 的 HOMO 能级和 Au 的功函数只差 0.1 eV，二者可形成良好的欧姆接触，空穴注入几乎无附加势垒。虽然 PCBM 的 LUMO 能级和 Au 的功函数差 1.4 eV，但由于二者界面有偶极层形成，可将势垒降至 0.76 eV，从而使器件的能级匹配良好，但器件本身的性能并不优异。

如前所述，吡咯并吡咯二酮（DPP）类材料均已有成功应用于 p 型半导体和 n 型半导体的先例，通过进一步的分子设计，DPP 类分子也有可能实现双极性。2012 年报道了将 DPP 单元分别与联二噻吩和并二噻吩共聚，得到的

PDPPT3 与 PDPPTTT 在 150 ℃ 退火处理后获得空穴和电子迁移率分别为 $2.2\ cm^2 \cdot V^{-1} \cdot s^{-1}$ 与 $0.2\ cm^2 \cdot V^{-1} \cdot s^{-1}$[42]。胡文平等最近通过两步 C–H 直接活化的方法合成制备了基于以吡咯并吡咯二酮–苯并噻二唑–吡咯并吡咯二酮（DBD）及其与噻吩/硒吩单元（简称 PDBD-T 和 PDBD-Se）的共聚物。所合成的两个聚合物均具有高且均衡的空穴和电子迁移率，其中 PDBD-Se 在柔性有机场效应晶体管中表现出的空穴和电子迁移率高达 $8.90\ cm^2 \cdot V^{-1} \cdot s^{-1}$ 和 $7.71\ cm^2 \cdot V^{-1} \cdot s^{-1}$。更为重要的是，PDBD-Se 具有良好来的溶液法加工性能，利用喷墨印刷制备的 PDBD-Se 制备了薄膜晶体管及逻辑电路。所得到的晶体管的最大空穴和电子迁移率分别达到 $6.70\ cm^2 \cdot V^{-1} \cdot s^{-1}$ 和 $4.30\ cm^2 \cdot V^{-1} \cdot s^{-1}$。基于此还制备了转换电压接近 VDD/2 的反相器和与非门逻辑电路（图 2.9）。该系列高性能的双极性共轭聚合物为印刷电子和印刷逻辑电路

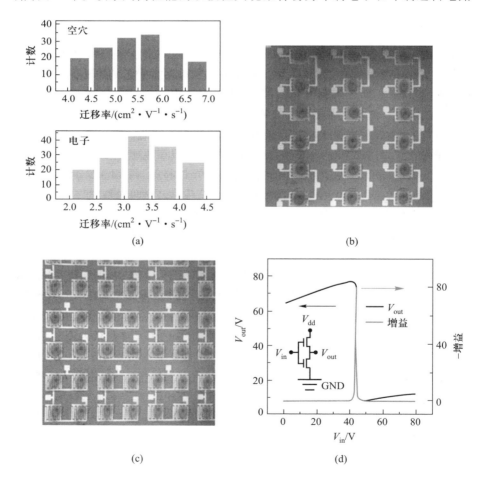

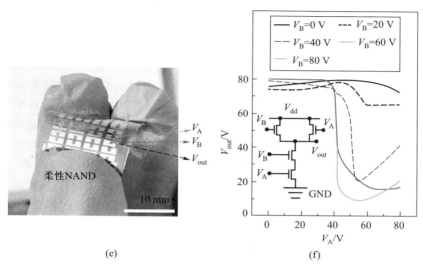

(e)　　　　　　　　　　　　　(f)

图 2.9　基于喷墨印刷制备的 PDBD-Se 基双极性薄膜晶体管及反相器与 NAND 逻辑电路

提供了一种易于处理的印刷工艺[43]。有关更多的通过分子设计与修饰来改进双极性高分子半导体材料的方法可参考文献[31]。

2.5　其他有机印刷电子材料

2.5.1　有机介电材料

　　介电材料又称为绝缘材料,在印刷电子应用的很多方面起着重要作用,包括 FET 器件的介电层、电容器、多层电路的封装层以及电路保护层。以有机薄膜晶体管为例,有机半导体中的载流子主要是在邻近绝缘层的一侧(2~6个分子层)中传输。绝缘层对器件的影响主要有以下几方面。

　　(1)绝缘层的形貌、取向以及表面粗糙度对有机半导体薄膜形态、晶粒的尺寸、分子排列以及电荷传输均有较大的影响。

　　(2)绝缘层的界面性质(如羟基、表面能、紫外光照射等)对有机薄膜晶体管的稳定性、载流子传输有着很大的影响。界面工程已经成为有机电子学的一个重要研究领域[44]。

　　(3)绝缘层的介电常数与器件的阈值电压与操作电压有着密切的联系。

采用高介电常数的绝缘材料能够有效地降低阈值电压。

（4）绝缘层与有机半导体层的界面状况还会影响电极与半导体层的载流子注入情况,在不同绝缘层和半导体界面情况下,电极和半导体层的接触电阻差别可能达到 10 倍之多[45]。

介电材料墨水可以是无机纳米复合材料悬浮液或有机聚合物溶液。无机半导体器件中应用的各种无机介电材料均可以作为有机电子器件中的介电材料,例如最常用的二氧化硅绝缘层。但无机介电材料通常无法通过溶液化加工来制备绝缘层,无机介电材料通常也不具备柔性。在印刷制备大面积柔性化电子器件方面,有机介电材料大有用武之地。与无机介电材料比较,它们具有以下优点:材料种类丰富;表面粗糙度低;表面陷阱密度低;杂质浓度低;与有机半导体及柔性衬底有很好的相容性;能应用于低成本的低温、溶液加工技术,这些与有机薄膜晶体管柔性概念有很好的相容性,使得有机介电材料在柔性电子应用中显示出极大的潜力。

已见报道的用于有机电子器件中的有机介电材料包括:氰乙基普鲁兰多糖（CYEPL）、聚对二甲基苯（paralene）、聚氯乙烯（PVC）、聚甲基丙烯酸甲酯（PMMA）、聚酰亚胺（PI）、聚乙烯苯酚（PVP）、聚苯乙烯（PS）、聚乙烯醇（PVA）、聚四氟乙烯（PTFE）、CYTOP 等。确保所选的介电材料墨水与衬底材料以及其他功能墨水的兼容至关重要,同时还应具备低温加工性、高表面光滑度、高光学透明度和低成本等特性。介电材料有助于对多层电路中的每一层导电走线进行绝缘,以便在形成多层结构时,导电油墨可以彼此叠加而不会短路。光滑且无缺陷的介电层对于为后续层提供更好的可印刷性和电绝缘性也至关重要。

图 2.10 是一些聚合物介电材料的分子结构。表 2.5 总结了近些年来报道的一些以聚合物为绝缘层的有机薄膜晶体管性能。更全面的总结可参考文献[36]。有机介电材料一直是有机电子学中的一个重要研究领域。尽管以上列举了众多可以用作有机电子器件绝缘层的材料,但新材料或对上述材料的修饰改造仍不断涌现[46-48]。例如,Kim 等合成了含有不同肉桂酸酯和全氟苯基官能团的全氟苯乙烯-乙烯基苄基肉桂酸酯共聚物[PFS-co-PVBCi (x:y)]。该系列聚合物具有良好的溶液法加工性能,可用于印刷制备有机薄膜晶体管的栅极电介质薄膜。他们通过电流体动力喷射印刷方法成功地印刷了聚合物电介质薄膜。其中,PFS-co-PVBCi (3:7)具有优异的器件性,最终实现了印刷 PFS-co-PVBCi (3:7)薄膜基柔性 OTFT 和逻辑器件制备[49]。

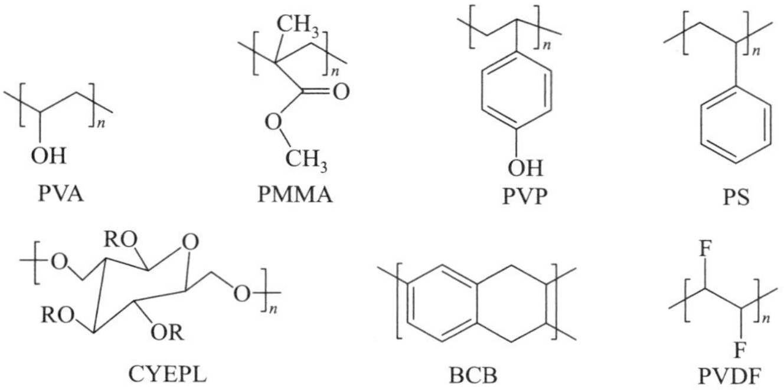

图 2.10　一些聚合物介电材料的分子结构

表 2.5　以聚合物为介电层的有机薄膜晶体管性能汇总

有机介电材料	介电常数	制作方法	有机半导体	迁移率/($cm^2 \cdot V^{-1} \cdot s^{-1}$)	年份
CYEPL	18.5	浇注	α-6T	0.034	1990
	18.5	浇注	α-6T	0.43	1990
	12	旋涂	P3HT	0.04	2004
	13.3	浇注	并五苯	0.18	2006
	13.3	浇注	F8T2	5.4×10^{-3}	2006
PVA	7.8	浇注	α-6T	9.3×10^{-4}	1990
	5.1	旋涂-浇注	并五苯	0.9	2003
	10	旋涂	P3HT	0.03	2004
	8	旋涂	并五苯	0.2	2005
	—	旋涂	并五苯	1.1	2006
	5	旋涂	PCBM	0.05~0.2	2005
	6.1	旋涂	C_{60}	0.16	2008
PI		打印	α,ω-6T	0.07	1994
		浇注	α-6T	0.01	2000
		原位反应	CuPc	0.011	2008
		原位反应	并五苯	0.36	2009
		原位反应	并五苯	1	2004

续表

有机介电材料	介电常数	制作方法	有机半导体	迁移率/(cm²·V⁻¹·s⁻¹)	年份
BCB		旋涂	TFB	0.000 3	2004
PS	2.5	旋涂	P(NDI2OD-T$_2$)	0.4	2009
PVP		旋涂	F8T2	0.02	2000
	4.2	旋涂	并五苯	0.1	2002
	3.6	旋涂	并五苯	3	2002
	3.1	旋涂	并五苯	2.59	2005
		旋涂	P3HT	0.09	2008
		喷墨打印	TIPS-pentacene	1	2009
PMMA		旋涂	α-6T	0.02	1996
	3.2	打印	P3HT	0.1	1999
	3.5	旋涂	并五苯	0.241	2007
	3.6	旋涂	P(NDI2OD-T$_2$)	0.45	2009

2.5.2　有机传感材料

传感技术随着近年来科学技术的进步取得了飞速的发展。作为一种能把各种物理量或者化学量转变为便于识别的光电磁等信号的器件,传感器现在已经广泛应用于环境监测、工业生产过程控制、临床医学诊断等众多领域。尤其是随着 5G 通信技术的发展,物联网时代已经到来,物与网的连接基本上是通过各种传感器实现的。

传感器主要可以分为 3 类:① 物理传感器,用来测量温度、湿度、压力等物理量;② 化学传感器,用化学或者物理的变化响应来检测化学物质或追踪化学反应;③ 生物传感器,作为化学传感的一个分支,通过生物敏感基元来检测某种化学物质或者反映某些生理过程。对上述物理、化学或生物物质敏感的材料可分为无机和有机两大类。无机传感材料以无机半导体与金属氧化物为主。有机传感材料与无机半导体和金属氧化物传感材料相比具有以下优点:① 设计、合成新结构和新功能的自由度大,可以实现传感材料的多样性和传感目标的专一性;② 可以实现多种无机传感材料难以实现的识别功能,尤其在化学和生物领域;③ 可以采用溶液法加工,特别是可以通过印刷制备大面积阵列传感器;④ 传感器可以工作在室温或低温环境,结合有机材料的低温溶液法加工特性,可以构造基于塑料或纸张的低成本柔性传感器。

在本章引言部分曾提到,有机电子材料与无机电子材料相比的一大缺点是环境稳定性差,说明材料的电子特性易受周围环境的液体或气体分子的影响而变化。这一缺点在传感器应用中反而成为优点,说明有机电子材料有更好的传感灵敏度,因此有机传感器更多地应用于化学或生物传感领域。有机传感器的最常见形态是有机场效应晶体管(organic field effect transistor,OFET)。其原理是外界物质(气体或液体)作用于晶体管的有机半导体层,使有机半导体的载流子输运特性发生变化,从而导致晶体管的输出信号发生变化,传感信号直接以晶体管放大的电信号输出。只要选择对某种待检测物质敏感的有机电子材料(小分子或聚合物)作为 OFET 的半导体层,就可以将OFET 作为传感器的敏感元件使用。OFET 技术虽然历经近 40 余年的研究,在真正的电子学领域应用并不成功,还无法基于 OFET 来构筑复杂的集成电路。但近年来在传感器领域,OFET 找到了其用武之地,特别是在生物传感器领域[50]和气体传感器领域[51]。

2.5.3 绿色电子材料

电子工业的快速发展导致电子产品需求的逐年增加和电子产品的升级换代,美国、欧盟、中国和日本每年因此产生的电子垃圾超过 5000 万吨。这些电子垃圾具有超长的降解期,导致严重的环境污染。为了解决这些问题,研究人员越来越关注用可再生和环保的生物质基材料替代不可降解、不可持续和污染的传统材料,用于制造"绿色"电子产品。

纤维素和甲壳素是地球上最丰富的两种生物质资源。与广泛用于电子产品的传统塑料和玻璃材料相比,纤维素和甲壳素基材料具有以下优点:① 它们是可再生和可生物降解的;② 基于强大的氢键网络,生物质材料呈现出很高的强度和韧性;③ 生物质材料的高分解温度和低热膨胀系数使其在加工过程中足够稳定;④ 壳聚糖的高介电常数和独特的双电层(electric double layer,EDL)效应赋予其在电子产品中良好的介电性能;⑤ 纳米结构生物质材料(如纳米纸)独特的光学性能使其能够在光电器件中发挥光管理作用;⑥ 生物质材料骨架上丰富的活性基团使其容易与金属阳离子相互作用,有利于制造电子导电膜;⑦ 生物质材料的亲水特性和高保水能力为制备可持续、低挥发性离子导电凝胶提供了良好的机会,可实现柔性电子应用;⑧ 生物质材料丰富的极性基团使它们容易受到化学修饰,以产生用于电子应用的功能界面层[52]。

目前天然生物质材料并不具备电子应用所需的多功能(例如,电子电导率、离子电导率和超光滑表面)。但是,经过近些年来的研究与努力,通过采用物理、化学和生物技术的不同策略来控制结构,聚集和本体特性,已经开发了显著改善性能的各种一维纤维、二维纳米纸和三维凝胶等功能生物质材料。这些功能材料可以广泛应用于有机发光二极管、印刷电路、光伏器件等各种柔性和印刷电子设备中,作为基板、光/热管理层、电解质、中间隔膜、绝缘层、油墨添加剂等功能材料,并呈现出可拉伸、生物兼容以及自修复等独特的优势。

基于生物质的"绿色"电子材料多数仍处在基础研究阶段,仍有许多重大瓶颈问题,包括:① 生物质成分的质量控制问题;② 缺乏具有高溶解能力,室温工作条件和完全可回收性的新型高性价比"绿色"溶剂;③ 相关器件性能仍远低于目前使用的电子器件;④ 绿色电子产品中不同功能材料的分离和完全回收利用。尽管存在许多挑战,但可再生和可生物降解的生物质材料仍然具有深远的优势,将有助于实现电子产业的可持续和环保目标。

2.6　小结

有机电子材料作为多个学科交汇融合的重要方向,一直吸引着学术界和工业界的极大关注。无数新型有机/聚合物材料伴随着大量新理论、新的制造技术以及新的应用涌现出来。面对日益临近的新型市场与应用,目前整个有机印刷电子领域仍有不少问题等待解决。这些问题主要归纳为两点。

(1)高质量有序薄膜制备方法缺失问题。有机电子材料在器件中基本都是以超薄膜形式存在,而分子的堆积形态对性能的影响远高于材料本身的性能。但现有薄膜制备方法或者成本太高、速度慢,或者加工精度偏低、薄膜质量不高。高性能的器件急需更有效的高质量薄膜制备方法。

(2)材料的稳定性问题。由于有机电子材料的特性,使得环境稳定性成为部分有机材料的短板,进而造成了器件性能不够稳定、重复性不好。这有赖于高稳定性材料的设计与合成,另一个可行的解决方案是开发高效、稳定、廉价的封装技术。

虽然仍存在上述问题,但有机电子材料具有低成本、制造工艺简单、可实现大面积柔性应用等优点,使其可以与印刷技术紧密对接。凭借各个方向持续的迅速发展,有机印刷电子领域必将成功实现产业化。

参考文献

［1］ Chiang C K, Fincher C R, Heeger A J, et al. Electrical-conductivity in doped polyacetylene［J］. Physica Review Letters, 1977, 39（17）: 1098-1101.

［2］ Tsulnura A, Koezuka H, Ando T. Macromolecular electronic device: Field-effect transistor with a polythiophene thin film［J］. Applied Physics Letters, 1986, 49, 1210.

［3］ Akamatsu H, Inokvchi H, Matsunaga Y. Electrical conductivity of the perylene bromine complex［J］. Nature, 1954, 173: 168.

［4］ Namsheer K, Rout C S. Conducting polymers: A comprehensive review on recent advances in synthesis, properties and applications［J］. RSC Advances, 2021, 11: 5659.

［5］ Le T H, Kim Y, Yoon H. Electrical and electrochemical properties of conducting polymers ［J］. Polymers, 2017, 9: 150.

［6］ Bredas J, Street G. Polarons, bipolarons, and solitons in conducting polymers［J］. Acc. Chem. Res., 1985, 18（10）: 309-315.

［7］ Fan X, Nie W, Tsai H, et al. PEDOT: PSS for flexible and stretchable electronics: modifications, strategies, and applications ［J］. Advanced Science, 2019, 6 （19）: 1900813.

［8］ Huseynova G, Kim Y H, Lee J-H, et al. Rising advancements in the application of PEDOT: PSS as a prosperous transparent and flexible electrode material for solution-processed organic electronics［J］. Journal of Information Display, 2020, 21（2）: 71-91.

［9］ Tang H, Liang Y, Huang F, et al. A solution-processed n-type conducting polymer with ultrahigh conductivity［J］. Nature, 2022, 611: 271-277.

［10］ Choi Y, Seong K, Piao Y. Metal-organic decomposition ink for printed electronics［J］. Advanced Materials and Interfaces, 2019, 6（20）: 1901002.

［11］ Shin D-H, Woo S, Yem H, et al. A self-reducible and alcohol-soluble copper-based metal-organic decomposition ink for printed electronics［J］. ACS Advanced Materials and Interfaces, 2014, 6（5）: 3312-3319.

［12］ 黄维, 密保秀, 高志强. 有机电子学［M］. 北京: 科学出版社, 2011.

［13］ Saundar V C, Zaumseil J, Podzorov V. Elastomeric transistor stamps: Reversible probing of charge transport in organic crystals［J］. Science, 2004, 303: 1644.

［14］ Stingelin-Stutzmann N, Smits E, Wondergem H. Organic thin-film electronics from vitreous solution-processed rubrene hypereutectics［J］. Nature Mater., 2005, 4: 61.

［15］ Lin Y Y, Gundlach D J, Nelson S. Stacked pentacene layer organic thin-film transistors with improved characteristics［J］. IEEE Electron Device Letters, 1997, 18: 606.

[16] Jurchescu O D, Baas J, Palstra T T M. Effect of impurities on the mobility of single crystal pentacene[J]. Applied Physics Letters, 2004, 84: 3061.

[17] Laquindanum J G, Lovinger A J, Katz H E, et al. Synthesis, morphology, and field-effect mobility of anthradithiophenes[J]. Journal of the American Chemical Society, 1998, 120 (4): 664.

[18] Takimiya K, Kunugi Y, Konda Y, et al. 2, 7-diphenyl[1] benzoselenopheno[3, 2-b] [1] benzoselenophene as a stable organic semiconductor for a high-performance field-effect transistor[J]. Journal of the American Chemical Society, 2006, 128: 3044.

[19] Ebata H, Izawa T, Miyazaki E. Highly soluble[1] benzothieno[3, 2-b] benzothiophene (BTBT) derivatives for high-performance, solution-processed organic field-effect transistors[J]. Journal of the American Chemical Society, 2007, 129: 15732.

[20] Izawa T, Miyazaki E, Takimiya K. Molecular ordering of high-performance soluble molecular semiconductors and re-evaluation of their field-effect transistor characteristics [J]. Advanced Materials, 2008, 20 (18): 3388.

[21] Park S K, Jackson T N, Anthony J E. High mobility solution processed 6, 13-bis (triisopropyl-silylethynyl) pentacene organic thin film transistors[J]. Appl. Phys. Lett., 2007, 91: 063514.

[22] He Z, Chen J, Li D. Review article: Crystal alignment for high performance organic electronics devices[J]. Journal of Vacuum Science & Technology A, 2019, 37 (4): 040801-1

[23] Zhao Y, Guo Y, Liu Y. 25th anniversary article: recent advances in n-type and ambipolar organic field-effect transistors[J]. Advanced Materials, 2013, 25 (38): 5372-5391.

[24] Chesterfield R J, McKeen J C, Newman C R. Organic thin film transistors based on N-Alkyl perylene diimides: charge transport kinetics as a function of gate voltage and temperature[J]. The Journal of Physical Chemistry B, 2004, 108 (50): 19281.

[25] Tatemichi S, Ichikawa M, Koyama T, Taniguchi T. High mobility N-type thin-film transistors based on N, n'-ditridecyl perylene diimide with thermal treatments[J]. Appl. Phys. Lett., 2006, 89: 112108.

[26] Gsänger M, Hak Oh J, Könemann M. A crystal-engineered hydrogen-bonded octachloroperylene diimide with a twisted core: an n-channel organic semiconductor[J]. Angew Chem Int Ed, 2010, 49 (4): 740.

[27] Lu Z, Wang C, Deng W. Meniscus-guided coating of organic crystalline thin films for high-performance organic field-effect transistors [J]. J. Mater. Chem. C, 2020, 8: 9133-9146.

[28] Chen M, Peng B, Huang S, et al. Understanding the meniscus-guided coating parameters in organic field-effect-transistor fabrications[J]. Advanced Functional Materials, 2020, 30 (1): 1905963.

[29] Deng W, Lei H, Zhang X, et al. Scalable growth of organic single-crystal films via an orientation filter funnel for high-performance transistors with excellent uniformity[J]. Advanced Materials, 2022, 34 (13): 2109818.

[30] Yin Y, Zhu S, Chen S, et al. Rapid meniscus-assisted solution-printing of conjugated block copolymers for field-effect transistors[J]. Advanced Functional Materials, 2022, 32 (14): 2110824.

[31] Yang J, Zhao Z, Wang S, et al. Insight into high-performance conjugated polymers for organic field-effect transistors[J]. Chem, 2018, 4 (12): 2748-2785.

[32] Sirringhaus H, Brown P J, Friend R H, Two-dimensional charge transport in self-organized, high-mobility conjugated polymers[J]. Nature, 1999, 401: 685.

[33] Forrest S R. The path to ubiquitous and low-cost organic electronic appliances on plastic [J]. Nature, 2004, 428: 911.

[34] Assadi A, Svensson C, Willander M. Field-effect mobility of poly (3-hexylthiophene) [J]. Appl. Phys. Lett., 1988, 53: 195.

[35] Babel A, Jenekhe S A. Alkyl chain length dependence of the field-effect carrier mobility in regioregular poly(3-alkylthiophene)s[J]. Synthetic metals, 2005, 148: 169.

[36] 孟鸿, 黄维, 有机薄膜晶体管材料器件和应用[M]. 北京: 科学出版社, 2019.

[37] Mun J, Chen G, Bao Z, et al. A design strategy for intrinsically stretchable high-performance polymer semiconductors: incorporating conjugated rigid fused-rings with bulky side groups[J]. J. Am. Chem. Soc.2021, 143 (30): 11679-11689.

[38] Kanimozhi C, Yaacobi-Gross N, Chou W K, et al. Diketopyrrolopyrrole-diketopyrrolopyrrole-based conjugated copolymer for high-mobility organic field-effect transistors[J]. J. Am. Chem. Soc., 2012, 134 (40): 16532-16535.

[39] Lei T, Dou J H, Cao X-Yu, et al. Electron-deficient poly (p-phenylene vinylene) provides electron mobility over $1\ cm^2\ V^{-1}\ s^{-1}$ under ambient conditions[J]. J. Am. Chem. Soc., 2013, 135 (33): 12168.

[40] Yang C-Y, Stoeckel M-A, Ruoko T-P, et al. A high-conductivity n-type polymeric ink for printed electronics[J]. Nature Communications, 2021, 12 (1): 2354.

[41] Meijer E J, Leeuw D M, Setayesh S. Solution-processed ambipolar organic field-effect transistors and inverters[J]. Nat. Mater. 2003, 2: 678.

[42] Lee J S, So S K, Song S, et al. Importance of solubilizing group and backbone planarity in low band gap polymers for high performance ambipolar field-effect transistors [J]. Chemistry of Materials, 2012, 24 (7): 1316-1323.

[43] Ni Z, Wang H, Zhao Q, et al. Ambipolar conjugated polymers with ultrahigh balanced hole and electron mobility for printed organic complementary logic via a two-step C-H activation strategy[J]. Advanced Materials, 2019, 31 (10): 1806010.

[44] Chen H, Zhang W, Guo X, et al. Interface engineering in organic field-effect transistors:

principles, applications, and perspectives[J]. Chemical Reviews, 2020, 120 (5):
2879-2949.

[45]　Blanchet G B, Fincher C R, Lefenfeld M. Contact resistance in organic thin film
transistors[J]. Appl. Phys. Lett., 2004, 84: 296.

[46]　Zou J, Wang H, Shi Z, et al. Development of high-k polymer materials for use as a
dielectric layer in the organic thin-Film transistors[J]. J. Phys. Chem. C, 2019, 123
(11): 6438.

[47]　Li C, Shi L, Yang W, et al. All polymer dielectric films for achieving high energy density
film capacitors by blending poly(vinylidene fluoride-trifluoroethylene-chlorofluoroethylene)
with aromatic polythiourea[J]. Nanoscale Research Letters, 2020, 15: 36.

[48]　Park H, Yoo S, Won J C, et al. Room-temperature, printed, low-voltage, flexible
organic field-effect transistors using soluble polyimide gate dielectrics[J]. APL Mater.
2020, 8: 011112.

[49]　Tang X, Jo Y, Kwon H-j, et al. Electrohydrodynamic-jet-printed cinnamate-fluorinated
cross-linked polymeric dielectrics for flexible and electrically stable operating organic thin-
film transistors and integrated devices[J]. ACS Applied Materials & Interfaces, 2021, 13
(42): 50149-50162.

[50]　Torsi L, Magliulo M, Manoli K, et al. Organic field-effect transistor sensors: A tutorial
review[J]. Chemical Society Reviews, 2013, 42 (22): 8612.

[51]　Zhang C, Chen P, Hu W. Organic field-effect transistor-based gas sensors[J]. Chemical
Society Reviews, 2015, 44 (8): 2087.

[52]　Su Z, Yang Y, Huang Q, et al. Designed biomass materials for "green" electronics: A
review of materials, fabrications, devices, and perspectives[J]. Progress in Materials
Science, 2022, 125: 100917.

无机印刷电子材料

第 **3** 章

3.1 引言

以半导体集成电路为基础的微电子技术已经历了 60 余年的发展,无机电子材料一直是这个领域的主体和核心功能材料,被广泛应用于集成电路、显示、照明、太阳能电池、传感器等领域。近些年来,越来越多的无机电子材料受到印刷电子学术研究与技术开发领域的重视,特别是无机纳米材料的进步,为印刷无机电子材料提供了更多可能性。与有机电子材料相比,无机电子材料在性能、环境稳定性和可靠性、批量化制备等方面有着更大的优势。基于无机电子材料的印刷电子技术已经在推动印刷电子产业化方面发挥了巨大作用。

导体是所有电子器件和电路必不可少的部分,可印刷无机导体材料是印刷无机电子材料中最先发展的领域,主要门类包括金属、金属氧化物以及新型碳纳米材料。基于微米尺度粒子的银浆、铜浆、碳浆等早已是丝网印刷薄膜开关和键盘、晶硅太阳能电池表面电极,以及血糖试条金属电极的主要导电浆料。过去 10 年印刷电子技术的发展推动了纳米尺度导体材料的应用,包括金属纳米粒子与纳米线、碳纳米管与石墨烯等。这些纳米材料虽然其单体的性质超越其块体的性质,但直接应用纳米单体制造电子器件会遇到极大困难,主要是集成工艺复杂与高成本。而通过其粉体或可溶解的前驱体制备成墨水,则可通过印刷方式实现大规模、低成本产业化应用。目前各种无机导体材料的墨水制备与印刷技术已经走向工业化和市场化。

作为场效应晶体管的核心材料,半导体一直被硅基材料所垄断。硅基集成电路尽管性能优越,但其制造工艺复杂,而且无法在各种柔性衬底上制备晶体管电路。曾有研究尝试将硅制备成墨水并进行印刷,但硅墨水的合成条件苛刻,而且印刷后需要在惰性气氛或真空下进行很高温度的烧结。过去 10 年,金属氧化物与半导体型碳纳米管快速发展,成为印刷晶体管的热门材料。与已经发展多年的有机小分子或聚合物半导体材料相比,这两种材料具有更高的电荷迁移率与更好的环境稳定性。目前可印刷的金属氧化物半导体还需要在保证高性能的前提下进一步降低烧结还原温度,以实现在柔性塑料衬底上印刷制备晶体管。溶液法加工的碳纳米管则已经展示了制备大规模晶体管集成电路的可能性。

在介电材料方面,氧化硅是集成电路工业中的通用无机介电材料,并且一种被称为 SOG(spin-on-glass)的可溶液化加工的硅烷化合物早已被广泛使用。但氧化硅的介电常数有限,新一代集成电路已经转向使用具有更高介电常数的各种金属氧化物材料。这些金属氧化物同时具有制备成墨水并印刷的可能性。以往印刷电子应用中多采用有机聚合物作为绝缘层,因为聚合物在成膜性方面比无机材料更具优势,但是聚合物的介电常数一般较低,为了获得更高的介电常数,一种选择是将无机高介电材料和聚合物复合,这样可兼顾印刷成膜性与更高的介电常数。

表 2.1 已经总结了有机印刷电子材料的优缺点。无机印刷电子材料的优缺点也可以作类似总结,如表 3.1 所示。比较这两张表可以发现,无机电子材料的优点正好对应于有机电子材料的缺点。这也正是无机材料应用于印刷电子领域的优势。无机电子材料的缺点则是墨水制备与后处理工艺。过去 10 年,随着印刷电子技术的发展特别是无机纳米材料的应用,无机材料墨水制备与印刷后处理工艺方面已有了长足的进步。本章将从无机导体、半导体与绝缘体 3 个领域介绍这些方面的进步。

表 3.1　无机印刷电子材料的优缺点

优点	缺点
• 固有的高电荷迁移率 • 环境稳定 • 材料制备技术成熟、来源丰富 • 无批次差别	• 溶液化困难 • 表面活性剂杂质问题 • 后处理温度高 • "咖啡环"效应 • 难以获得与块材料(单体)等同的性质 • 可选择种类有限

3.2　无机导体材料

印刷电子应用中经常使用的无机导体包括金属(固态与液态)、金属氧化物、碳材料等。金属材料是应用最广泛的导体材料。在导体电阻率上,最低的金属导体是银(电阻率为 1.59×10^{-8} $\Omega \cdot m$),其次是铜(电阻率为 1.72×10^{-8} $\Omega \cdot m$),再次是金(电阻率为 2.44×10^{-8} $\Omega \cdot m$)。金是最稳定的导体,但是在价格上,金是银的大约 50 倍,是铜的大约 5000 倍。铜易于氧化,因此铜墨水制备工艺更复杂,也很难在空气中处理。铝也是一种常用的导体材料,铝的电阻率为 2.65×10^{-8} $\Omega \cdot m$,但铝更加不稳定,暴露空气后迅速氧化,在约

100 ps 内即在表面形成厚为 2~6 nm 不导电的氧化膜(Al_2O_3)。银虽然不如金稳定,但在空气中氧化非常缓慢,而且根据相图,氧化银在空气中约 200 ℃以上是热力学不稳定的。所以,虽然银在价格上比铜要高,但银是目前印刷电子中最常用的金属导体材料。其他如锡(电阻率为 $11.4×10^{-8}$ $\Omega \cdot m$)也常见于与上述金属复合形成电子墨水。以镓铟合金为主体的液态金属则直接可以通过印刷沉积,形成图形化导体。金属氧化物导体主要指一类具有光学透明性与高载流子迁移率的半导体材料,例如广泛应用于光电领域的透明导电材料氧化铟锡(ITO)。碳基导体则包括传统石墨、炭黑,以及新型碳纳米材料如碳纳米管与石墨烯。印刷电子应用中主要涉及的是纳米形态的导体材料[1]。

3.2.1   金属纳米粒子

印刷制备金属导体的方法有两种:一种是印刷可溶解的金属盐类化合物,称为前驱体(precursor),然后通过某种烧结方法将金属盐溶液中的金属离子还原成金属单质粒子。另一种是印刷金属颗粒物的分散液,然后通过某种烧结方法去除包覆在金属颗粒表面的分散剂,使金属颗粒之间相互接触或熔融连接。这两种墨水各有优缺点,例如可溶性金属盐溶液不含金属颗粒(particle-free),也没有额外添加的分散剂,是一种真溶液,可以减少喷墨打印喷嘴的堵塞,但墨水中的金属含量有限,一般在 10 wt%~40 wt%的范围。而颗粒分散液型金属墨水能够有更高的金属含量,可大于 80 wt%,印刷的导体能够获得更低的电阻。

金属颗粒按其粒径尺寸可分为纳米颗粒(1~100 nm)、亚微米颗粒(100 nm~1 μm)与微米颗粒(1~1000 μm)。生成金属颗粒的技术路径包括物理方法与化学方法。物理方法又称为自上而下(top-down)方法,即通过不同物理手段将金属块体粉碎成微颗粒,例如干法或湿法机械球磨。化学方法又称为自下而上(bottom-up)方法,通过还原金属离子形成金属原子,进而生长成为金属颗粒[2]。化学法更易于生产粒径均匀的纳米颗粒。基于金属离子还原反应的方法适用于金、银、铜、锡等金属纳米颗粒的制备,只是还原剂有所不同。例如,利用柠檬酸钠还原氯金酸的反应可获得窄尺寸分布的金纳米颗粒[3]。或者将氯金酸水溶液和溴化四甲基铵的甲苯溶液混合,经过搅拌后氯金酸离子溶入甲苯中,再加入十二烷基硫醇和 $NaBH_4$ 的水溶液,可以制备十二烷基硫醇包裹的金纳米颗粒[4]。除了传统的溶液化学方法外,还可以在多孔固体中采用高温还原法[5]、气相浓缩金属法[6]、溶剂中激光烧融金属靶[7]、光还原金属离子[8]和银盐的电解等方法制备金属纳米颗粒。

在印刷电子墨水中,基于金属纳米颗粒的墨水具有重要地位,因为金属纳米颗粒的熔融温度远低于其块体材料的熔融温度。例如,直径在 5 nm 以下的金纳米颗粒的熔点在 300 ℃ 以下,而块体金的熔点在 1000 ℃ 以上[9]。因此,基于金属纳米颗粒的墨水在印刷后可以低温烧结形成导体,允许在不耐高温的衬底材料上印刷制备金属导体结构。

由金属纳米颗粒制备墨水的主要难题是如何防止纳米颗粒之间的自发团聚,以形成颗粒均匀分散的溶液。为了阻止金属纳米颗粒的自发团聚,通常需要利用静电排斥作用和空间位阻作用。在低离子浓度体系中,颗粒表面较易形成厚的双电层抑制团聚。在高离子浓度体系中,需要使用有机长链分子包覆颗粒以阻止团聚[1],如自组装层[10,11]、表面活性剂[12,13]、聚合物[14-16]、树状大分子[17]。如果在合成阶段使用了这些添加剂,还可以改变纳米颗粒的表面能,导致纳米颗粒的各相异性生长。因此也可以利用这些试剂来控制合成不同形状、尺寸的纳米颗粒[18]。

不同应用领域对金属纳米颗粒的尺寸和形状有不同的要求,主要是由于纳米颗粒的尺寸和形状极大地影响墨水的黏度、使用温度等。同样的浓度下,纳米颗粒尺寸越小黏度会越高。颗粒的几何形状不仅影响墨水固化后的颗粒堆积,也会影响最后墨水的黏度,通常球形颗粒黏度较低,而片状颗粒黏度较高。颗粒尺寸分布影响着颗粒堆积,单峰窄分布或者双模的分布有利于堆积效率。所谓双模分布是颗粒有 2 个明显不同的平均颗粒尺寸。金属颗粒在分散液中的固含量越大,墨水黏度越大,过高的固含量会使得流动性变差。为了适应不同的印刷方法,需要综合考虑溶剂的沸点、表面张力和黏度[19]。此外,墨水中还可以添加结晶抑制剂、还原剂、黏合剂、分散剂、表面活性剂、湿润剂、除泡剂等。

3.2.1.1 银颗粒及银前驱体

如前所述,银(Ag)是印刷电子中最重要的也是最常用的可印刷金属导体材料。银纳米颗粒的溶液合成技术是从 Lee-Meisel 或 Creighton 方法改进而来的。Lee-Meisel 方法采用柠檬酸钠作为还原剂,用硝酸银($AgNO_3$)作为金属源制备纳米 Ag 颗粒,但是最后制备的 Ag 颗粒尺寸分布较宽[20]。Creighton 方法使用 $NaBH_4$ 还原 $AgNO_3$ 合成银纳米颗粒,可以获得 10 nm 窄尺寸分布的颗粒[21]。该方法还适合制备其他金属纳米粒子,如 Pt[22]、PD[23]、Cu[24]、Ni[25]等。研究表明采用较强的还原剂如 $NaBH_4$ 易于生成尺寸较小的银纳米颗粒,而使用较弱的还原剂会生成宽尺寸分布的纳米颗粒[20,21,26,27]。为获得尺寸更大的银纳米颗粒有时需要采用两步法,首先用较强的还原剂合成尺寸较小的颗粒,再采用弱些的还原剂使这些小颗粒长大[26,28]。除了 NaBH₄ 和柠檬酸钠可作为还原剂外,还可以使用维生素 C[12,29]、二甲基亚砜[30]、联胺[13,31]、多醇[32,33] 等作为还原剂。在溶液化学方法中合成尺寸较小的颗粒时,通常要使用表面活性剂阻止颗粒团聚,对于有些体系还需要使用稳定剂[13,30,31],这些试剂同时影响着银纳米颗粒的尺寸。多种表面活性剂可以用于银纳米颗粒的合成[33],而有些试剂如聚乙烯醇和柠檬酸钠既是还原剂又是表面活性剂[32,33]。通过调节反应化学的原料与反应的条件,可以合成不同几何形状的银纳米颗粒,如图 3.1 所示[34]。

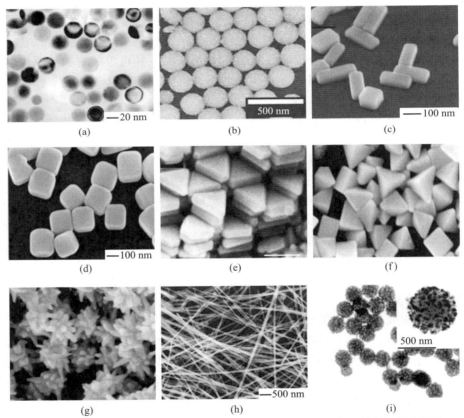

图 3.1 通过不同反应化学的原料与合成条件形成的不同几何形状的银纳米颗粒

在无颗粒型的前驱体银墨水中,常见的一些可溶性银盐化合物包括:硝酸银、新癸酸银、三氟乙酸银、醋酸银、乳酸银、环己烷丁酯银、碳酸银、氧化银、乙烷基己酸银、乙酰丙酮银、乙烷基丁酸银、安息酸银、柠檬酸银等。好的前驱体要有好的溶解度、高的转化比以及较低的分解温度。银盐典型的分解反应以及所需的温度如表 3.2 所示。这些银盐有各自的优缺点。其中硝酸银分解温度较高,而且对光敏感,造成墨水不稳定。研究结果表明,草酸银和柠檬酸银具有优异的墨水稳定性和较低的后处理温度,使用比较广泛。银前驱体墨水中,银盐一般溶解在醇类溶剂中制备成墨水,如何提高银盐在醇中的溶解度以及提高墨水的稳定性是关键。通常会在墨水中添加一些表面配体来改善墨水的性能。常用的表面配体包括胺类、氰化物、硫氰化物等添加剂。Wang 等使用含有长链烷基的一元胺、二元胺等作为配体,可以形成很稳定的银墨水,胺可以部分溶解银的氧化物,同时也可以降低后期薄膜的烧结温度[35]。

表 3.2　一些银盐溶液墨水的分解反应

盐类	分解反应方程式	处理温度/℃
硝酸银($AgNO_3$)	$2AgNO_3 \rightarrow 2Ag + O_2 + 2NO_2$	250~440
碳酸银(Ag_2CO_3)	$Ag_2CO_3 \rightarrow Ag_2O + CO_2$,$Ag_2O \rightarrow 2Ag + 0.5O_2$	>280

除了上述无颗粒型与纳米颗粒分散型银墨水之外,工业上大量使用的是基于微米或亚微米银颗粒混合的银浆材料。之所以称为银浆是因为其黏度远大于上述两种银溶液。溶液型银墨水黏度一般在 0.01 Pa·s 左右,主要应用于喷墨打印,而银浆黏度在 10~100 Pa·s,主要应用于丝网印刷。这些微米或亚微米尺度的银颗粒基本由物理方法制备而成。银浆的配方主要是银粉(~80%)加环氧树脂(~10%),再添加一些固化剂、稀释剂、附着力促进剂、防沉降剂等。这些材料在混料机中充分搅拌混合后再经过三辊轧机充分碾压研磨,形成细度在 10 μm 以下的浆料。图 3.2 展示了无颗粒银墨水、纳米颗粒分散型银墨水与高黏度银浆的外观形态。

3.2.1.2　铜颗粒及铜前驱体

铜(Cu)在地球上的含量是 Ag 的 1000 多倍,所以铜的价格几乎是 Ag 的百分之一。用铜来取代银作为印刷导电墨水一直是印刷电子行业的梦想。但铜的化学活性比银高得多,尤其是纳米尺度的铜颗粒更容易在空气中氧化。防止氧化是制备和使用铜墨水最大的难题。与银墨水一样,铜墨水也分为颗粒分散型与前驱体溶液型。铜纳米粒子的分散与银纳米粒子类似,通过加入有机包覆体可有效防止颗粒的团聚,同时可有效防止铜墨水在烧结过程中发生氧化。常用的有机配体包括聚乙烯吡咯烷酮(polyvinylpyrrolidone,PVP)、油酸、油胺、Tergitol、聚乙二醇(polyethylene,PEG)、聚丙烯亚胺

(a) (b) (c)

图 3.2   3 种不同形态的可印刷导电银：(a) 基于银盐前驱体的无颗粒型墨水；(b) 基于银纳米颗粒分散的墨水；(c) 银粉与树脂混合的银浆

(polypropyleneimine，PAM）等。但这些有机包覆层通常需要在高于 250 ℃ 的高温下处理才能有效分解去除，否则将大大影响烧结后铜导体的导电性[36]。例如，以粒径为 45 nm 的铜纳米粒子在 PVP 作为包覆层和乙二醇（EG）作为溶剂的铜墨水中，经过 325 ℃ 的高温烧结获得 1.72×10^{-7} $\Omega \cdot m$ 的电阻率（是块体铜的 10 倍）[37]。为了避免高温烧结导致柔性塑料衬底的破坏，可以采用高强度脉冲氙灯（IPL）技术（本书第 4 章有详细介绍）来实现印刷铜层的选择性高温烧结。作者科研团队采用这一技术在 PEN 薄膜衬底上印刷制备出铜导体，电阻率为 2.8×10^{-7} $\Omega \cdot m$[38]。为了防止铜纳米粒子的氧化，还可以在合成过程中在铜纳米粒子表面包覆一层银，形成一种核-壳结构。例如，在 40 nm 粒径的铜颗粒表面包覆了 2 nm 的银之后可以在不高于 150 ℃ 的烧结温度下阻止铜的氧化[39]。

铜的前驱体溶液有优异的成膜性能，成膜之后，反应获得金属铜，比颗粒型墨水获得的薄膜更加致密，也具有更加优异的导电性能。铜前驱体墨水中铜盐通常为 Cu（Ⅱ）甲酸盐，也可以使用醋酸铜、乙二醇酸铜、氢氧化铜。采用胺类为配体，使得铜甲酸盐等盐可以在醇类溶剂中形成稳定的墨水[40]。硝酸盐和碳酸盐 Cu（Ⅱ）分解成铜，同时放出 CO_2、N_2 等气体。但是铜盐的分解比较复杂，加热过程中还存在轻微的氧化，所以铜盐分解的产物中除了铜之外，还包含了部分的氧化铜（Cu_2O、CuO）。表 3.3 列出了过去 10 余年中已报道的铜墨水研发成果，包括铜颗粒的粒径范围、所使用的稳定剂种类、衬底材料与烧结温度，以及所获得的印刷铜导电层的电阻率，有关表中数据的文献来源可参见文献[36]。

表 3.3 近年来报道的铜墨水参数

材料	粒径/nm	稳定剂	衬底	烧结方法	电阻率/(μΩ·cm)
Cu	40~50	PVP	玻璃	325 ℃, 真空烧结	17.2
Cu	35~60	PVP	PI	275 ℃, 真空烧结	92.0
Cu	30~65	PVP	PI	200 ℃, 甲酸处理	3.6
Cu	5	NA	玻璃/PI	高强度脉冲氙灯技术	5.0
Cu	5	NA	PI	250 ℃, 甲酸处理	
Cu	7	油酸	BT	200 ℃, 甲酸处理	4.0
Cu	20	NA	玻璃	200 ℃, 氢气烧结	20.0
Cu	40	油酸	PI	250 ℃, 真空烧结	11.0
Cu	40.4	PVP	氧化铝	300 ℃, 5 MPa, 空气烧结	86.0
Cu	30	PVP	PI	高强度脉冲氙灯技术	5.0
Cu	30	PVP	PI	多倍强脉冲光	173.0
Cu	65	PVP	玻璃	250 ℃, 甲酸处理	2.3
Cu	20~50	PVP	PI	高强度脉冲氙灯技术	
Cu	10	乳酸	玻璃	200 ℃, 氮气烧结	9.1
Cu	50~70	NA	PI	808 nm 激光烧结	
Cu	42/108	油酸	玻璃	200 ℃, 氢气烧结	4.0
Cu	25	PVP	PI	Plasma 处理	21.1

续表

材料	粒径/nm	稳定剂	衬底	烧结方法	电阻率/(μΩ·cm)
Cu	15~25	PVP	纸张	160 ℃，氢气烧结	13.4
Cu	100~120	NA	玻璃	空气中 522 nm 激光烧结	5.3
Cu	135	PEG-2000	PI	250 ℃，氮气烧结	15.8
Cu	—	PVP	PET	氢气 Plasma 处理	15.9
Cu	3.5	1-氨基-2-丙醇	PI	150 ℃，氮气烧结	30.0
Cu	45		PI	高强度脉冲氙灯技术	8.9
Cu	100	油酸	PET	高强度脉冲氙灯技术	51.2
Cu	130	明胶	玻璃	200 ℃，3% 氢气烧结	8.2
Cu	<100	PVP	PI	高强度脉冲氙灯技术	7.0
Cu	50	PVP	玻璃/PEN	空气中 532 nm 激光照射	
Cu	30	PVP	玻璃	260 ℃，5% 氢气烧结	6.1
Cu	≤110	油酸	PET	空气中 1062 nm 激光烧结	86.0
Cu	微米级	抗坏血酸	PET	化学烧结	774.0
Cu	61.7	柠檬酸钠	玻璃	200 ℃，氢气烧结	7.6
Cu	3.6/64.6	L-抗坏血酸	PET	高强度脉冲氙灯技术	96.0
Cu	10	咪唑基共聚物	玻璃	不烧结	1200.0
Cu	150	PVP	PET	高强度脉冲氙灯技术	44.0

续表

材料	粒径/nm	稳定剂	衬底	烧结方法	电阻率/(μΩ·cm)
Cu			玻璃/PET	150 ℃,甲酸处理	6.9
Cu	5	异丙胺	玻璃	250 ℃,氢气烧结	4.4
Cu	100~120	PGME	玻璃	532 nm 激光照射,350 ℃ 氮气烧结	1.8
Cu-G CS	45		聚合物	120 ℃,空气烧结	
Cu-Ag CS	42	PAAS	玻璃	250 ℃,氢气烧结	32.0
Cu-Ag CS	13.5	油胺	玻璃	350 ℃,氮气烧结	12.0
Cu-Ag CS	13.5	四甲基氢氧化铵	玻璃	350 ℃ 烧结	13.7
Cu-Ni CS	56/147	油胺	PI	高强度脉冲氙灯技术	—
Cu-Cu 10Sn3 Cs	20~60	油酸	PET	高强度脉冲氙灯技术	16.0
Cu/Ag H	63/21	PVP	PES	175 ℃,真空烧结	38.6
Cu/Ni H	10~80	—	玻璃	200 ℃,氢气烧结	599.0
Cu/Ag H		PVP	PI	高强度脉冲氙灯技术	4.1

3.2.1.3 其他金属导体

除了在印刷电子中常用的银、铜之外,从原理上其他金属材料也可以通过分散纳米颗粒或金属盐溶液制备墨水或浆料,进而印刷制备导体薄膜。例如,金和铂都有相应的墨水和浆料应用于印刷制备电极,锡墨水也可以作为导电墨水。由于锡的熔点是 232 ℃,远远低于金(1064 ℃)和银(961 ℃)的熔点,所以锡墨水可作为助熔剂,降低导电层的烧结温度。研究结果表明,使用 Ag/Sn 复合墨水,烧结工艺从 220 ℃烧结 60 min,降低至 170 ℃烧结 15 min,相应的薄膜方块电阻为 2.29×10^{-3} Ω/□。Cu/Sn 复合墨水也可以降低闪灯烧结的功率[41]。锡(Sn)纳米颗粒可以采用 $NaBH_4$ 还原锡盐的方法制备。使用 2-乙基已酸亚锡为锡盐,$BaBH_4$ 和 PVP 分别是还原剂和稳定剂,可以获得粒径为 4~13 nm 的锡纳米颗粒[42,43]。

尽管铝(Al)极易氧化,但在保护气氛下通过催化反应可以将基于 $AlH_3[O(C_4H_9)_2]$ 的墨水还原成金属铝,使用的催化剂为 $Ti(O\text{-}i\text{-}Pr)_4$,还原温度为 150 ℃[44]。作者科研团队利用基于 $AlH_3O(C_3H_7)_2$ 的前驱体溶液,以 $TiCl_4$ 为催化剂,进一步将还原温度降低到 80 ℃。由此印刷制备的 50 nm 厚的铝电极作为阴极已成功应用于有机发光器件[45]。与银浆的制备方法类似,导电铝浆也可以通过铝粉制备获得,并已在晶硅太阳能电池中作为印刷背电极浆料获得广泛应用。尽管铝容易氧化形成氧化铝绝缘层,但导电铝浆的组分构成与烧结工艺可以有效去除氧化铝绝缘层。导电铝浆一般由铝粉、玻璃粉、有机黏合剂与一些添加剂组成。铝粉粒径一般在 10 μm 左右。印刷好的铝浆在烘干去除有机黏合剂后,进入链式烧结流程。这一流程先是高温熔化玻璃粉,玻璃粉中含有的酸性成分腐蚀铝表面氧化层,使铝颗粒露出新鲜导电表面。然后在冷却过程中熔融玻璃收缩,使铝粉颗粒间接触,实现导电通路。但此方法所需的高温烧结工艺导致无法在柔性衬底材料表面印刷制备铝电极。

3.2.2 金属纳米线

金属纳米线一般指直径为几十纳米,长度超过微米的一维金属材料。在印刷电子领域中研究最多也是应用最广泛的是银纳米线。这是因为银纳米线不仅具有突出的导电性,而且有优良的机械性能。通过印刷或涂布银纳米线溶液制备的导电薄膜还有良好的透光性,可以作为柔性透明电极广泛应用于各种光电与显示器件[46]。图 3.3 展示了银纳米线墨水、涂布法制备的银纳米线薄膜、银纳米线透明导电膜,以及银纳米线导电膜的扫描电子显微镜

（scanning electron microscope,SEM）图像[47]。

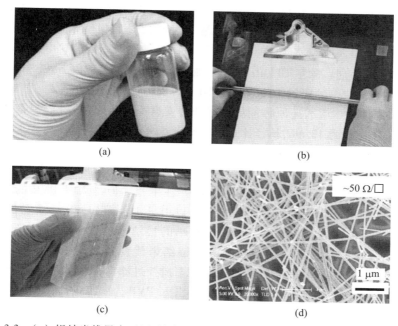

图 3.3 （a）银纳米线墨水;（b）涂布法制备银纳米线薄膜;（c）银纳米线透明导
电膜;（d）银纳米线导电膜的 SEM 图像

  银纳米线的合成方法包括模版法、水热合成法和多元醇法。模版法是使用具有一定孔径的模版,结合电镀、气相沉积或者微流体注入等方法,在模版中形成纳米线。自 Martin 首次报道氧化铝模版用于合成纳米材料以来[48],这种高度取向的多孔氧化铝模版已经广泛应用于一维材料的合成中。在模版法合成过程中,引入光照可以实现在室温下将 $AgNO_3$ 还原成 Ag。将多孔氧化铝模版浸泡在含有 PVA 的 $AgNO_3$ 溶液中,使用高压汞灯（$l>290$ nm,500 W）照射 5 h 可以实现金属纳米的制备[49]。

  水热合成法是指在压力容器中,通过加热水产生的高压来产生材料的反应活性,从而在表面活性剂的作用下制备出纳米线。钱逸泰等使用 PVA 为表面活性剂,通过葡萄糖还原硝酸银的方法获得长度为 800 μm 的银纳米线[50]。使用 $AgNO_3$ 为银源,PVP 为表面活性剂,NaCl 为控制剂,葡萄糖为还原剂,在160 ℃下水热反应 22 h,获得直径为 45~55 nm、长度为 200 μm 的银纳米线[51]。

  多元醇法是目前应用最多的合成方法。多元醇法最早由 Fievet 等在1989 年提出并用于制备铜、钴、镍等金属纳米颗粒[52]。2002 年,夏幼男等首次报道采用多元醇法合成了金、银纳米颗粒[32],随后在 2007 年合成了银纳米线,该方法以金属铂为种晶、硝酸银为银源、乙二醇为还原剂和反应体系的溶剂、聚乙烯吡咯烷酮为表面活性剂[53]。自种晶法是以银纳米颗粒为种晶,在反应体系种引入少量 NaCl[54]、CuCl$_2$[55]、FeCl$_3$[56] 等氯化物,其中,Cl$^-$ 可以充当反应的缓蚀剂。除了 Cl$^-$,Br$^-$ 也有类似的效果。Wiley 等以 NaCl 和 NaBr 为控制剂,制备获得的银纳米线直径为 20 nm,长径比达到 2000[57]。在 NaCl 和 NaBr 控制体系中引入还原性能更加温和的安息香为还原剂,可以制备超细的纳米线,其直径为 13 nm,长径比达到 3000[58]。

在多元醇法制备银纳米线的过程中使用了较多的 PVP。PVP 会选择性地覆盖在银的(100)晶面,相比而言,使得(111)晶面的反应活性更高,从而使得银的生长由各向同性的生长变成各向异性生长。但是大量 PVP 的引入影响了银纳米线的导电性能。尽管 PVP 可以引导银沿着(111)晶面生长,但产物中依然存在银纳米颗粒以及长径比较小的银纳米棒以及不同长径比的纳米线等副产物,需要在后期去除。所以银纳米线合成之后,需要进行纯化。纯化方法包括真空抽滤[59]、滤布过滤、动态搅拌过滤、丙酮沉降、电化学法等。一种改进的合成方法是在合成过程中不引入 PVP。例如在乙二醇还原体系中,使用 AgNO$_3$ 和 NaCl 为原料,两种反应生成的 AgCl 为异质形核核心,由于晶核形成十面体的孪晶结构,(111)晶面能量较低,所以生长过程中按此晶面择优生长,长成纳米线[60]。

印刷银纳米线透明导电薄膜的导电性主要受纳米线间接触电阻的影响,需要通过各种手段降低银纳米线之间的接触电阻。研究人员已经开发了降低银线之间接触电阻的焊接(welding)技术,例如热焊接、等离子体焊接、化学焊接、电化学焊接等[61]。热焊接是最常规的一种方法,但是在柔性衬底上容易引起基材的破坏。作为改进的方法,等离子体焊接和焦耳热焊接的原理与热焊接相似,但是不会破坏衬底。等离子体焊接是利用卤素灯对纳米线薄膜进行照射,使得银纳米线的连接处熔融,同时通过银原子在连接处的熔融、扩散以及再结晶提升连结性能。使用长波紫外、高能电子束[62]、光热协同作用[63]也可以起到类似连接点焊接的效果。焦耳热焊接是利用电极间的接触电阻产生的焦耳热熔化金属而达到焊接的目的。但是上述这些方法用于处理大面积薄膜还存在局限性。化学焊接是使用各种盐溶液处理银线薄膜,因此更容易实现大面积银导电薄膜的处理。例如,Duan 等研究发现,NaBH$_4$ 处理可以有效地去除银纳米线薄膜表面的 PVP,降低纳米线接触处的电阻,实现低温下纳米线的焊接[64];使用 CTAB 溶液浸泡银纳米线薄膜,银线薄膜的品质因子从 566.8 提高至 631.6[65];也可以采用卤素化合物的水溶液,如 NaF、

NaCl、NaBr、NaI 等浸泡处理银纳米线薄膜从而有效降低电极的方块电阻,对 NaF、NaCl、NaBr、NaI 而言,获得电极方阻 9.3 $\Omega/\square$ [66]。此外,将溶剂喷涂处理、滚压处理、NaCl 盐处理三种方法组合成卷对卷的银导电薄膜焊接处理技术,可以获得银纳米线电极的方块电阻达到 5 $\Omega/\square$,550 nm 处的透光率达到 92%,雾度(总的反射率与透过率的比值)为 7.26%[67]。电化学方法是将银纳米线薄膜在 $NaClO_4$ 溶液中 -0.85 V 电压下极化处理。使用这种方法,光学透过性以及导电性都可以得到改善[68]。其他改善银纳米线连接的方法还包括电沉积方法,该方法是将银线薄膜浸在含有 $AgNO_3$ 溶液的池子中,Ag^+ 沉积在纳米线表面,在银线表面外延生长[69]。

近年来铜纳米线也得到了广泛的研究。铜纳米线的合成方法和银纳米线相似,包括模版法、水热合成法、多元醇法等。模版法合成铜纳米线过程中,首先使用磁控溅射方法在多孔氧化铝模版上沉积金层,然后利用电镀法,以 $CuSO_4-5H_2O$ 和 H_3BO_3 水溶液为铜源生长铜纳米线[70]。合成纳米线之后,使用 H_3PO_4 水溶液[71]或者 NaOH 水溶液溶解去除氧化铝模版[72]。水热合成法中,使用 $CuCl_2$ 为铜源,十八烷基胺(octadecylamine,ODA)为还原剂和表面活性剂,水作为溶剂,合成铜纳米线。非水溶液中合成铜纳米线,是采用 Pt 为催化剂的条件下,在十六胺(hexadecylamine,HAD)和十六烷基三甲基溴化铵(cetyltriamoninum bromide,CTAB)中的自催化生长获得的[73]。此外,电纺丝方法也用于制备铜纳米线。

3.2.3 金属氧化物

金属氧化物是指 Zn、In、Sn、Cu、Ga、Cd、Pb 等金属元素的氧化物,是一类带隙大于 3.1 eV 的半导体,但其电子结构的最外层电子具有半径很大的球形 s 轨道,这些 s 轨道又是构成导带的主要成分,因此这类氧化物半导体有很高的迁移率,而且对可见光透明、环境稳定、处理温度相对较低,是一类重要的电子材料。通过对这类材料掺杂可以获得高的电导率,成为透明导体。工业上广泛使用的透明导电材料氧化铟锡(ITO)实际上是氧化物半导体 SnO_2 的简并掺杂物。因为 ITO 是 Sn 元素替位掺杂的 In_2O_3,所以增加 Sn 的浓度可以同时增加载流子浓度和带隙[74],但是 SnO_2 在 In_2O_3 中的固溶性是非常有限的,过高比例会导致相分离。研究表明导电性最高时 Sn 的掺杂浓度为 6%~9%[75]。其他金属氧化物导体包括掺氟的二氧化锡(SnO_2:F,FTO)、掺锑的二氧化锡(SnO_2:Sb,ATO),以及掺铝的氧化锌(ZnO:Al,AZO)[76]。通常金属氧化物通过真空溅射方法沉积薄膜并构筑器件。例如,传统工业制备 ITO 透明导电膜普遍采用真空溅镀工艺。溶液法沉积金属氧化物,特别是印刷制备金属氧化物薄膜与器件是近年来发展起来的新技术[77]。

通过混合一定比例的 In 和 Sn 溶液制成溶胶-凝胶(Sol-Gel)可以涂布或印刷制备 ITO 导电薄膜。一个典型的例子是利用 $InCl_3$ 和 $SnCl_4$ 的醇/水溶液制备 ITO 前驱体,使用喷雾涂布制备 ITO 薄膜,获得了最低为 $8×10^{-4}$ $\Omega\cdot cm$ 的电阻率,同时可见光范围的透过率为 70%~90%[78]。类似的方法还可以用来制备 AZO 导电薄膜,例如将 $Zn(CH_3COO)_2\cdot 2H_2O$ 和 $Al(NO_3)_3\cdot 2H_2O$ 在乙醇胺的稳定作用下溶入醇中制得溶液化的前驱体,这种前驱体旋涂成膜后在 450~600 ℃ 温度范围内退火,得到的薄膜有 80%~90% 的可见光透过率和 $5×10^{-1}$ $\Omega\cdot cm$ 的电阻率[79]。另一个例子是使用 $ZnCl_2$ 和 $AlCl_3$ 的水溶液作为前驱体,在 450 ℃ 退火后,制得了 $1.4×10^{-3}$ $\Omega\cdot cm$ 的电阻率和 80% 的可见光透过率[80]。不同于 ITO 和 AZO,FTO 需要使用 F 离子掺杂,F 元素具有很强的毒性,这方面的报道较少。一个方法是利用 $SnCl_4\cdot 5H_2O$ 和 NH_4F 的水/醇溶液制备薄膜,可获得 10^{-3}~10^{-4} $\Omega\cdot cm$ 的电阻率[78]。这种墨水可以用喷墨印刷的方式成膜,在 425 ℃ 空气中退火后,可获得透过率超过 90%、方块电阻仅为 16 $\Omega/\square$ 的导电薄膜[81]。另一个墨水是采用了 $Sn(CH_3)_2Cl_2$ 和 NH_4F 的水溶液,获得了电阻率为 $4.1×10^{-4}$ $\Omega\cdot cm$ 和可见光透明率为 70%~90% 的 FTO 薄膜[82]。

除了上述金属氧化物前驱体墨水外,还可以通过将金属氧化物颗粒分散在溶剂中制备成导电墨水。金属氧化物纳米粒子可以使用 $InCl_3$ 和 $SnCl_4$ 的醇/水溶液为前驱体,通过喷雾热解反应获得 ITO 纳米晶体。在反应中加入乙醇胺可以减小晶体粒子的尺寸,同时起到稳定 ITO 纳米晶体分散性能的作用。作者科研团队按照上述合成路线制备了 ITO 纳米晶体溶液,印刷成膜后在 300 ℃ 下经过 2 h 的退火,形成透光率为 90%、电阻率为 $8.3×10^{-3}$ $\Omega\cdot cm$ 的 ITO 透明导电膜[83]。通常金属导电氧化物颗粒型墨水成膜后也需要高温处理获得好的透明性和导电性。因此,降低处理温度是两种 ITO 墨水都需要解决的问题。为了降低所需的热处理温度,通常选用更小颗粒的 ITO 纳米颗粒。Kim 等将尺寸约 10 nm 的 ITO 颗粒分散在醇的溶液中制成可印刷墨水,并使用喷墨印刷方法制备了导电薄膜,在 300 ℃ 退火后薄膜的透过率有很大提高,但是电导率仍然比较低[84]。另外一种原位"自燃烧"技术在印刷氧化物薄膜后通过化学反应产生自燃烧,可以将处理温度由原来的大于 400 ℃ 降到 200 ℃[85]。

除了 ITO 之外,IZO、AZO、IGZO 也是研究比较多的金属氧化物导体[86,87]。IZO 是 In 掺杂的 ZnO,AZO 是 Al 掺杂的 ZnO,IGZO 是 In、Ga 掺杂的 ZnO。这些金属氧化物可以采用醇辅助热解或者自燃烧法合成。热解反应是将盐加热分解获得金属氧化物纳米颗粒,通常需要先制备先驱体溶液。以 IZO 为例,通过将锌盐和硬脂酸混合,加热到 270 ℃。当锌盐完全溶解之后,就形成了前驱体盐。将得到的前驱体盐加热分解,并在该过程中注入油酸,便得到尺寸为 10~30 nm 的 IZO 颗粒,获得的纳米颗粒可以在非极性溶剂中良好分散[88]。Sanctis 等使用微波加热可以将反应热解温度降低至 140 ℃[89]。另外,可以使用溶胶-凝胶的方法制备 IZO、AZO 等,即将醋酸锌、氯化锡按照需要的比例溶剂在乙二醇单甲醚溶剂中,以乙醇胺作为稳定剂,形成前驱体墨水并制备薄膜[90]。

3.2.4 碳材料

碳是自然界最重要、最神奇的元素之一。碳材料中碳纳米管、石墨烯、炭黑具有优异的导电性能,是优良导体材料,近年来出现的碳氮化物 MXenes 是一种新型二维导体材料。本节将介绍这 4 种碳基导体材料的特性、制备方法以及溶液墨水化的工艺。

3.2.4.1 碳纳米管

碳纳米管(carbon nanotube,CNT)是一种性状独特的纳米尺寸的一维材料。单壁碳纳米管(single walled carbon nanotube,SWNT)可以看成将石墨烯层上一个原子与距离它手性矢量 C_h 的另一原子重叠卷曲成的管状石墨晶体,如图 3.4 所示,C_h 被称为手性矢量,可用石墨烯晶胞的单位矢量 a_1 和 a_2 表示为 $C_h = na_1 + ma_2$,因此,一般以 (n,m) SWNT 来表示不同类型的单壁碳纳米管,例如扶手椅形($n=m$)、锯齿形(n 或 m 为 0)、螺旋形($n \neq m$,且 n 和 m 都不是 0)。SWNT 的直径一般在 0.5~2 nm,长度从 10 nm 到 1 cm 不等,且不同的长度有不同的应用。SWNT 的电学和光学性质与 n、m 有关,一般情况下,$m-n$ 是 3 的整数倍的 SWNT 是金属型的,其他类型的 SWNT 是半导体型的,半导体型 SWNT 的禁带宽度和直径大致呈反比关系。

SWNT 有优异的电学性能,能应用于透明导电薄膜、连线导线、晶体管、逻辑电路、场发射源、红外发射、电容器、氢存储、催化、高强度材料等。研究发现单根半导体型碳纳米管电荷迁移率可达 10^5 cm^2 · V^{-1} · s^{-1}[91],单根金属型碳纳米管的电导率可达 2×10^5 S · cm^{-1}[92],已经超过了铜的电导率。金属型单壁碳纳米管的电流负载能力可达 10^9 A · cm^{-2}[93]。

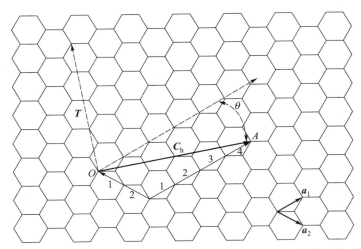

图 3.4 碳纳米管可以看成二维石墨烯层卷曲并使 O 和 A 两点重叠形成的,它的手性矢量就是 O 到 A,图中表示手性矢量 $C_h = 4a_1 + 2a_2$,其中,a_1 和 a_2 表示石墨烯层的晶格矢量

自 1991 年碳纳米管被正式报道以来,人们已经开发了多种制备碳纳米管的方法,包括电弧放电、激光烧蚀、化学气相沉积、火焰法、球磨法、固相热解法、液相合成法等,其中电弧放电、激光烧蚀、化学气相沉积是 3 种最常用的制备方法。电弧放电法制备过程是将直流或者交流电施加在两个石墨电极之间,形成电弧放电,导致碳原子蒸发。蒸发的碳在阴极上冷却,形成碳纳米管或者无定形碳颗粒。激光烧蚀制备碳纳米管是利用强激光脉冲烧蚀放置于加热炉中的石墨,高温蒸发石墨,产生活性的碳原子或者原子簇,形成碳纳米管。电弧放电和激光烧蚀法可以获得高品质的碳纳米管,但是由于需要在3000 ℃ 以上的高温条件下蒸发固态碳源,所以设备复杂,很大程度上限制了其大规模制备。

化学气相沉积(chemical vapor deposition,CVD)方法制备碳纳米管设备要求相对简单、合成温度低,可以在基片表面生长有取向的纳米管阵列结构,已经发展成为制备碳纳米管的主流方法。CVD 法制备碳纳米管是通过催化剂的作用裂解气相碳源,在衬底上形成碳纳米管。1993 年,Yacaman 等首次报道了多壁碳纳米管(multi walled nanotube,MWNT)的 CVD 合成[94]。1996 年,中国科学院物理研究所的解思深研究组首次使用 CVD 法制备了大面积取向分布的多壁碳纳米管[95];而戴宏杰和 Smalley 等同年合成了单壁碳纳米管[96]。1998 年,Kong 等又进一步实现了单根离散碳纳米管的 CVD 制备[97]。

CVD 制备碳纳米管过程中需要持续通过甲烷、乙醇等特定气体作为碳源,因此成本比较高。为了降低成本,研究者也尝试开发固态碳源,如生物质碳源[98],但是这方面的研究较少,而且制备获得碳纳米管中氧含量较高,只适合在电化学领域中应用。

虽然碳纳米管的制备方法很多,但是无论何种 SWNT 生长方法,催化剂和碳源都是控制 SWNT 生长最重要的两个条件,此外生长温度和衬底等也是控制生长的关键。碳纳米管的制备技术不断发展,2009 年,研究者已经能够生长出纯度达 91% 的金属型单壁碳纳米管[99],同年有人报道了控制生长半导体型碳纳米管纯度达 95%[100],甚至可以在一定程度上控制生长手性碳纳米管[101]。2013 年,研究者原位监测了解碳管的形成以及纯化构成中金属催化剂的工作原理,在此基础上提出气固超短接触生长,将单壁碳纳米管的生长纯度提高至 98.5%。通过二氧化碳辅助纯化途径,进一步将纯度提高至 99.5%[102]。

尽管生长的单壁碳纳米管纯度有了很大的提高,但是生长形成的碳纳米管仍然不能满足一些电子技术应用对其导电性或半导体性的不同需求,因此必须对碳纳米管进一步分离提纯,并将其很好地分散在溶液中,现在这些方面都取得了很大的进步[103]。半导体型碳纳米管的分离技术将在 3.3.2 节中详细介绍。作为导体的碳纳米管,其导电性能跟管径直接相关。当管径小于 6 nm 时,可以认为具有良好的导电性能;管径大于 6 nm 时,导电能力下降。碳纳米管的导电性能也可以通过掺杂等方法来改善,如使用碘掺杂可以将双壁碳纳米管的电导率提升至 10^{-7} $\Omega \cdot m$[104]。随着制备技术的不断进步,碳纳米管有望未来在众多应用领域取代铜成为新一代导体材料[105]。

3.2.4.2 石墨烯

石墨烯是碳的一种同素异形体,可以看成是单原子层的石墨片,是目前世界上人工制备的最薄物质。2004 年,英国曼彻斯特大学 Novoselov 等报道使用机械剥离的方法从单晶石墨中获得单层石墨烯,证明了其二维晶体的结构。纯单层石墨烯是一个零带隙的半导体,具有非常独特的能带结构,理论上,石墨烯中的电子和空穴的有效质量为 0,石墨烯层中很多奇特的电性质都是源于这个特点。在石墨烯片层中,电子是非局域化的,具有很高的费米速度(10^6 $m \cdot s^{-1}$)。理论上,石墨烯的室温迁移率可达 2×10^5 $cm^2 \cdot V^{-1} \cdot s^{-1}$。由于石墨烯一般要附着在衬底上,衬底的影响会导致迁移率有所下降。研究表明,附着在 SiO_2 上的石墨烯的迁移率上限可达 40 000 $cm^2 \cdot V^{-1} \cdot s^{-1}$[106]。Kim 等采用悬浮的方式测量了石墨烯的迁移率,当载流子浓度提高时,迁移率会大幅下降,在载流子浓度为 $2 \times 10^{11}/cm^2$ 时,迁移率为 2×10^5 $cm^2 \cdot V^{-1} \cdot$

$s^{-1[107]}$。Firsov 等发现石墨烯薄膜显示了很强的双极性晶体管性质,其电子和空穴的迁移率应该是相同的,化学掺杂后石墨烯载流子浓度达到 $10^{12}/cm^2$ 时,迁移率可达到 10^5 $cm^2 \cdot V^{-1} \cdot s^{-1[108]}$,进一步掺杂的载流子浓度可达 $10^{13}/cm^2$,此时室温迁移率降低至约 10^4 $cm^2 \cdot V^{-1} \cdot s^{-1[109]}$。石墨烯的电导率随着层数 N 的增加而增加,掺杂的石墨烯的方块电阻随层数 N 的变化规律是 62.4 $\Omega/N^{[110]}$。由于单层石墨烯厚度仅 0.34 nm,因此其可见光透过率也非常高,单层石墨烯的透过率为 97.7%[111]。由于其优异的光、电性质,石墨烯可以用于多种电子、光电子领域,特别是用作透明电极。

石墨烯的制备方法主要分为"自下而上"和"自上而下"两种。"自上而下"包括机械剥离法、液相化学剥离法、氧化石墨剥离–还原法;"自下而上"包括碳化硅单晶外延法与 CVD 生长法。机械剥离法通常是将热解石墨通过摩擦等机械方法剥离出石墨烯薄片,这种方法可以获得质量很高的石墨烯,但是却不易量产放大[112]。另一种制备高质量石墨烯的方法是外延法,该方法是在真空与高温下使 SiC 衬底表面的 Si 原子脱附形成石墨烯外延层。这种方法生长的石墨烯物理性质和机械剥离法的石墨烯有所不同,这种石墨烯薄膜质量很高,可以制作超高频器件。虽然 SiC 衬底高昂的价格阻碍其广泛应用,但是应用于超高频器件还是有实用价值的[113,114]。另外一种基于衬底的方法是过渡金属催化的 CVD 方法,这一方法是在一定的有机气氛中热处理带有金属催化剂的衬底,金属中就会溶解一定浓度的碳,在降温过程中,过饱和的碳从金属中析出形成石墨烯,金属催化剂通常是 Ni、Ru、Cu 等[115-118]。这种方法价格相对低廉而又可以获得面积较大且质量较高的石墨烯。国际上多个研究单位通过合作将这种金属催化 CVD 法和转印相结合,实现了卷对卷制造 30 in 幅面的石墨烯透明导电薄膜。首先利用柔性铜衬底催化生长大面积的石墨烯,再采用化学刻蚀和转印方法将石墨烯转移到透明的柔性聚合物衬底上,整个过程实现了卷对卷连续制造,该透明导电膜具有非常高的透过率和导电性:透过率 97.4% 时,方块电阻为 125 $\Omega/\square$,透过率为 90% 时,方块电阻为 30 $\Omega/\square^{[119]}$。

液相化学剥离法是廉价、大批量制备石墨烯的常用方法,易于形成石墨烯墨水并可以通过溶液制膜工艺实现量产放大,因而吸引了学术和工业界的关注和努力。其中一种常用的溶液法是在水溶液中将石墨处理成氧化石墨烯层。氧化石墨烯一般是亲水的,易于分散到水中,但是氧化石墨烯的 sp^3 键使得石墨烯的导电性质变得很差,必须采用化学还原或高温退火的方法提高导电性[120]。现在已有一些化学试剂可用于还原氧化石墨烯。一种常用的还原剂是水合肼,可以直接将水合肼加入氧化石墨烯的水分散液中,从而有效地还原氧化石墨烯。目前,还没有办法完全还原石墨烯,通常还原石墨烯的电性质仍然较差[121]。化学还原石墨烯遇到的一个问题是还原石墨烯通常容易发生团聚。通过提高 pH、添加表面活性剂或者在非水性肼溶液中还原可以获得分散良好的还原石墨烯[122]。

石墨烯和碳纳米管在结构上都是 sp^2 碳化学,因此分散碳纳米管的很多方法和知识都可以用于分散石墨烯,不过石墨烯要求有更平面型的表面活性剂进行分散。采用离子液体、聚电解质[123]、聚乙烯醇[124]作为表面活性剂时可以制备出分散性良好的石墨烯墨水。已经有研究工作将溶液法合成的石墨烯薄膜的方块电阻从 1 MΩ/□ 降至 300 Ω/□,可见光透过率超过 80%[125,126]。溶液制备的石墨烯墨水还可以用于印刷对电导率要求相对较低的器件,如锂电池与超级电容器[127,128]。另一种方法是先用氧化石墨烯(GO)分散后沉积薄膜,然后再通过热处理或化学还原来提高导电性[129]。有报道显示,通过提高石墨烯在溶液中的固含量,可以将丝网印刷的石墨烯导体的电导率提高至 1.49×10^4 S·m^{-1}[130]。

3.2.4.3 炭黑

炭黑是一种无定形碳,是含碳物质在空气不足的条件下经不完全燃烧或者受热分解而得到的产物。炭黑的结构可以用炭黑粒子间聚成链状或者葡萄状的程度来表示。炭黑也是一种电导体,绝大多数炭黑的电阻率为 $10^{-1} \sim 10^2$ Ω·cm。炭黑材料在燃料电池、锂离子电池、超级电容器、纳米尺寸的电子器件等各方面都有应用。2021 年法国国家科学研究中心联合麻省理工学院混凝土可持续性中心成功利用纳米炭黑让水泥具备导电性。通过在水泥混合物中加入体积为 4% 的纳米炭黑颗粒,当施加低至 5 V 的电压时,可以将该水泥样品的温度提高到 41 ℃。由于它能提供均匀的热量分布,这为室内地板采暖提供了可能,可以替代传统的辐射采暖系统,此外这种水泥还可用于道路路面除冰。

炭黑的制备方法包括熔融法、加热法、等离子法、气溶胶法等。熔融法是以石油或煤油(原料油)为原料,雾化后使其部分燃烧形成炭黑。该方法产率高,可大规模控制其粒度和结构等性能,适合批量生产,是目前最常用的制造炭黑的方法。将乙炔加热可得到炭黑,获得的炭黑结晶性高,通常可以作为电子元器件中导电材料的添加剂。通过收集燃烧油或松木产生的烟雾中的烟尘来也能获得炭黑,这种方法早在公元前就开始使用了,但不适合大规模生产。烃类的热解也是合成炭黑的主要方法。将炭黑进行墨水化需要引入多种有机添加剂,从而调节墨水的性质。炭黑墨水分为水系和非水系两种。其中,水系墨水的制备是将环己酮和丙酮的复合溶剂加入醋酸纤维素中,并持续搅拌 2 h,然后将炭黑和醋酸纤维素的溶液混合,获得炭黑的墨水[131]。

3.2.4.4   碳氮化物

碳氮化物(MXenes)是一种分子式可以表示为 $M_{n+1}X_nT_x$ 的二维碳化物和氮化物材料,其中,M 是过渡金属元素(如 Ti、Sr、V、Cr、Ta、Nb、Zr、Mo 等);X 为元素 C 或 N;T_x 为液相刻蚀而引入的阴离子表面官能团;n 为 1~4 不等的值,其取决于结构中过渡金属层的数量。所以根据 n 的不同,MXenes 可以分成 M_2X、M_3X_2、M_4X_3 和 M_5X_4 4 类[132]。2011 年,Gogotsi 课题组报道了世界上第一种 MXenes 材料,Ti_3C_2,该材料是通过氢氟酸(HF)刻蚀 Ti_3AlC_2 制备而得[133]。目前已经报道的 MXenes 种类已经超过 60 种,而且还在不断增加。MXenes 材料家族包括 Ti_3C_2、Ti_2C、Nb_2C、V_2C、$(Ti_{0.5}Nb_{0.5})_2C$、$(V_{0.5}Cr_{0.5})_3$、Ti_3CN、Ta_4C_3。其中,Ti_3C_2 类的 MXenes 材料具有高的导电性和载流子迁移率、功函数可调、光学性能优异等特点,是光电领域研究最广泛的 MXenes 材料。

MXenes 具有优异的导电性能,可以用于制备透明导电电极。Gogotsi 等通过喷涂 Ti_3C_2 制了厚度为 5~70 nm 的导电电极,电极的方阻(R_s)为 0.5~8 kΩ/□,光学透过率为 40%~90%,该类电极具有较优的耐弯曲特性[134]。对于电子器件而言,功函数也是重要的性能参数。MXenes 材料的功函数受到合成方法以及端位基团的影响。通常而言,端位为—O 会提高功函数,而端位为—OH 则会降低功函数[135,136]。

MXenes 的制备方法可以分成自上而下法和自下而上法两类。自上而下法是刻蚀法,分为 HF 刻蚀法[137]、氟盐刻蚀法[138]、熔融盐法[139]、碱刻蚀法和卤素刻蚀法[140]。HF 刻蚀法是最经典的 MXenes 制备方法。在 MAX 材料中 M—A 键是金属键,其化学活性较高,而 M—X 键同时具有金属键和共价键,比 M—A 键更强,因此可以通过 HF 选择性刻蚀 MAX 材料中的 A 层。刻蚀过程中,HF 浓度一般在 10%~50%,在刻蚀中需将 MAX 样品缓慢加入一定量的 HF 溶液中,避免刻蚀反应剧烈发生。Shi 等通过 HF 刻蚀法制备了一种新型 2D Nb_2C-MXenes 纳米片。制备的 Nb_2C 纳米片表现出非常高的光热转换效率和光热稳定性,在癌症的光疗方面表现出了较好的应用前景[137]。自下而上法是使用单个无机原子或分子作为前体,通过化学合成的方法制备 MXenes。与自上而下法相比,自下而上法的优点是节省原材料,而且可以精确控制 MXenes 的元素组成、尺寸大小及表面基团。例如 Chen 等通过镍泡沫诱导的热缩合反应制备了一种高结晶、低缺陷和大表面积的 $g-C_3N_4$ 纳米片(HC-CN)。合成的 HC-CN 作为催化剂在可见光照射($\lambda > 400$ nm)下表现出优异的析氢光催化性能[141]。但是自下而上合成方法在大尺寸 MXenes 制备方面较为困难。

由于 MXenes 材料主要是在溶液中合成的,因此具有优异的溶液加工性能。通过调节 MXenes 溶液的黏度、表面张力等性质,可以适应多种印刷加工方法,已经在锂电池、超级电容器、场效应晶体管、传感器中获得了应用[142]。除了优异的导电性,由于 MXenes 材料功函数可调、光学透过率高,可用作光电子器件的界面修饰材料。Huang 等将溶液法制备的 $Ti_3C_2T_x$ MXenes 作为空穴传输层,结果表明,$Ti_3C_2T_x$ 作为空穴传输层具有良好的透光性、高导电性以及优越的电荷提取能力,应用在有机光伏中相比 PEDOT:PSS 表现出更高的光电转化效率[143]。Wang 等将不同含量的 Ti_3C_2 掺杂到 SnO_2 溶液中作为钙钛矿太阳能电池中电子传输层研究其性能,发现 SnO_2 与 Ti_3C_2 混合,增强了电荷转移,提高了电子迁移率,降低了电子传输层与钙钛矿界面的复合电阻,从而提升了器件的光电流和效率[144]。

3.2.5　液态金属

液态金属是指一种不定型金属,可看作由正离子流体和自由电子气组成的混合物。液态金属的特性包括:在常温下呈液体状态,可流动,具有沸点高、导电性强、热导率高、制造工艺不需要高温冶炼,环保无毒。对液态金属的研究比碳材料晚,但是其在芯片、3D 打印、印刷电子、生物医学、智能机器人等领域都呈现诱人的应用前景[145]。

液态金属主要是镓以及镓的合金。目前开发的合金材料体系包括镓铟锡合金 GaInSn 和镓铟合金 EGaIn。GaInSn 包含 68 wt% Ga、22 wt%.In 和 10 wt%.Sn。EGaIn 合金包含 75.5% 的镓、24.5% 的铟。表 3.4 给出了几种典型液态金属的熔点、电导率、黏度、表面张力等性能参数,并与水做了比较[146]。液态合金的电导率在 10^6 S·m^{-1},优于碳材料的导电性,而熔点均在 30 ℃ 以下,在常温下呈现液态。除了上述液态金属,研究人员同时也开发了半液态金属,如 Ni-EGaIn。液态金属的制备是通过低温熔炼工艺将镓和其他金属材料按照一定的配比混合,通过调控温度使其充分熔合,从而形成新的金属材料。例如 GaIn 合金的制备是先将 Ga 于 60 ℃ 水浴条件下熔融,然后加入 In,升温至 80 ℃ 加热并搅拌,实现均匀混合。

液态金属本身就是液体的,所以几乎和印刷工艺完美兼容。但是液态金属的表面张力大,从表 3.4 可以看出,其表面张力是水的 10 倍,黏度只有水的 1/3。传统丝网印刷或喷墨打印很难印出连续的液态金属图形,因为液态金属会在表面张力作用下自动收缩成液球,而不是连续的图形。清华大学刘静教授团队基于圆珠笔的工作原理,发明了一种液态金属打印技术[147]。该方法通过喷嘴处的金属圆珠滚动,以及圆珠与喷嘴之间的间隙,将液态金属释放并铺展于衬底表面,并确保液态金属与衬底的表面能相匹配,实现了液态金属的连续打印,如图 3.5 所示。

表 3.4　液态金属材料的性能参数

性能	Ga	EGaIn	$Ga_{67}In_{20.5}Sn_{12.5}$	水
熔点/℃	29.8	15.5	10.5	0
密度/(g·cm^{-3})	6.08	6.28	6.36	1
黏度/(mm^2·s^{-1})	0.32	0.27	0.37	1.002
表面张力/(N·m^{-1})	0.70	0.624	0.535	0.072
电导率/(10^7 S·m^{-1})	0.37	0.34	0.38	5.5×10^{-13}

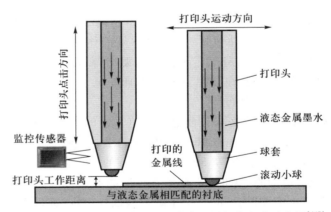

图 3.5　基于圆珠笔工作原理的液态金属打印方法示意图[147]

　　液态金属的另一个应用领域是微流体控制[148],利用液态金属微液滴可以进行微流体输运、载药等。但在实际使用过程中液态金属的液滴分散是一个关键难点。液态金属的分散或者微液滴的制备方法包括超声法[149]、模具法、液流聚集法等[150,151]。超声法是将液态金属整体放到水中,在水浴条件下超声,根据超声时间的变化,液滴的尺寸和性状发生变化。模具法是将液态金属倒入精确设计的模具中,形成特定尺寸的液滴。一般聚二甲基硅氧烷

（PDMS）可以作为模具的材料。液流聚集法是通过将液态金属与 PEG 或甘油等形成高黏度的液体,然后在控制流速的情况下使得液态金属在微流控装置中形成液滴。为了获得更小尺寸的液滴,刘静团队在液态金属液滴分散方面开发了聚氯乙烯包覆协同振动打散法,并通过改变振动频率调节液滴大小,最小的液滴可以达到 100 nm[152]。同时也可以通过电场调控液态金属液滴的尺寸[153]。表面配体在液体金属微液滴制造过程具有调节尺寸以及性状的作用。在液流聚集法中,通过在液态金属中加入 PEG、十二烷基硫酸钠（lauryl sodium sulfate,SDS）等提高液体的黏度,可以有效与液态金属表面的氧化物层作用,稳定液态金属微液滴,避免液滴在收集过程中发生聚集,继而有效稳定地连续收集单分散的微液滴[151]。

3.3 无机半导体材料

半导体材料是现代电子科学技术的基础材料,半导体材料的发展快速推动了半导体微电子和光电子技术的发展。半导体材料的特性是根据其导电特性来定义的,通常电阻率在 $10^{-3} \sim 10^{9} \Omega \cdot cm$ 范围的材料为半导体材料。半导体材料包括硅、锗、碳等元素型,金属氧化物,砷化物、氮化物等 III ~ V 族化合物,硫化物、硒化物、碲化物等 II ~ VI 族化合物型的材料。本节主要介绍溶液法制备的金属氧化物、碳材料、硅材料,包括它们的特性和制备方法。

3.3.1 金属氧化物半导体

3.2.3 节已经介绍了金属氧化物导体材料。由于金属氧化物晶格中缺陷的存在或者通过掺杂可以在氧化物材料的禁带中形成中间能级,使其具备半导体特性。金属氧化物半导体的导电类型可以由缺陷来判断和解释。根据晶格中缺陷的不同或者掺杂种类的不同,金属氧化物半导体可以分为 n 型和 p 型两种半导体材料。金属氧化物中金属间隙原子和氧空位电离后将提供电子,使材料呈现 n 型半导体。例如,对于氧化锌（ZnO）而言,在真空或者还原气氛中加热退火,会在材料中产生氧空位,呈现 n 型半导体特性。事实上,大部分金属氧化物在结构上易于形成氧空位和金属间隙原子两类本征缺陷,导致它们通常呈现 n 型半导体性质,包括氧化锌（ZnO）、二氧化钛（TiO_2）、氧化镉（CdO）、氧化铜（CuO）、三氧化二铁（Fe_2O_3）、氧化锡（SnO_2）、氧化铈（CeO_2）、氧化钒（V_2O_5）、氧化钨（WO_3）、氧化钼（MoO_3）、氧化铌（$N_{b2}O_5$）等。

相反,晶体中含有过量的氧或者金属离子空位时,电离后会产生空穴,使得材料呈 p 型。p 型的金属氧化物较少,典型的为 NiO。

金属氧化物半导体的载流子传输特性除了受本征缺陷浓度的影响外,也可以通过 p 型或者 n 型元素掺杂来实现调控。在 n 型 ZnO 中进行铝掺杂,当三价的铝取代晶格中部分二价的锌时,将产生自由电子以补充铝替位引起的正电荷。由此可见,铝掺杂 ZnO 将引起自由电子浓度的提高,可以提高 ZnO 的电荷迁移率。相反,使用低价态的锂掺杂 ZnO 时,自由电子将被消耗,导致电荷迁移率下降。对于 p 型半导体材料,掺杂低价态的元素,会使材料中的自由空穴浓度增加,导致电荷迁移率提高;掺杂高价态的金属,会使自由空穴浓度降低,导致电荷迁移率降低。

与金属导体墨水的制备方法类似,金属氧化物半导体墨水的制备方法也分为前驱体溶液法和纳米粒子分散法[77]。前驱体溶液法中最经典的方法是溶胶-凝胶法。溶胶-凝胶法是将含有高化学活性的金属盐化合物的前驱体经过水解、缩合化学反应,在溶液中形成透明溶胶体系,溶胶经溶剂挥发缩合形成三维网络结构的凝胶,凝胶干燥、烧结、固化形成纳米结构的金属氧化物。通过溶胶-凝胶方法可以制备金属氧化物纳米粒子,也可以直接将前驱体溶液沉积在衬底上,通过干燥烧结形成薄膜。溶胶-凝胶过程中金属氧化物前驱体的水解可以在水或者醇环境下进行,所以溶胶-凝胶体系分为含水体系和不含水体系。在非水溶液体系中,水解、缩合过程可以通过有机醇来完成。

制备前驱体墨水的金属盐化合物包括乙酸盐、硝酸盐和氯化物等无机盐类,以及有机金属醇盐。金属醇盐比无机盐类具有更高的化学活性,一般需要在惰性气氛或者控制湿度的条件下配置溶液,优点是其高的活性使得热处理温度更低。溶胶-凝胶法制备 ZnO 通常以醋酸锌、氯化锌作为锌源。常用的制备 TiO_2 的金属醇盐为异丙醇钛,主要是通过将异丙醇钛溶解于异丙醇中来进行。常见的金属氧化物半导体墨水的先驱体溶液组分概括如表 3.5 所示。

除了溶胶-凝胶法制备的前驱体墨水,还有其他一些前驱体溶液不需要通过水解也可以转换获得金属氧化物薄膜。例如,用氨-羟基锌水溶液 $Zn(OH)_2(NH_3)_x$[154]、$Zn(NO_3)_2$[155] 形成 ZnO 膜;用钼酸铵[156]、$Mo_2(acac)_2$[157] 和 $Mo(CO)_3(EtCN)_3$[158] 的前体溶液用于制备 MoO_x 薄膜。将 $Zn(OH)_2(NH_3)_x$ 水溶液旋涂在基体上,通过 300 ℃ 热退火,$Zn(OH)_2(NH_3)_x$ 会分解为 ZnO、NH_3 和 H_2O。利用这种方法,可以制备出致密的超薄 ZnO 薄膜。虽然前驱体溶液的墨水配置简单,而且墨水的印刷性能以及分散性能良好,但是前驱体型墨水,尤其是使用溶胶-凝胶法制备的前驱体墨水来制备薄膜,要使其有效转换为金属氧化物晶体,需要较高温度的退火,这样就限制了其在塑料等不耐高温衬底上制备器件的应用。

表 3.5　溶胶-凝胶法配置金属氧化物半导体墨水的前驱体和溶剂体系汇总

金属氧化物	先驱体	溶剂
ZnO	醋酸锌	2-甲氧基乙醇
TiO_2	异丙醇钛、四氯化钛、叔丁醇钛	乙醇、异丙醇
HfO_2	四氯化铪、正丁醇铪	甲苯、乙醇
Al_2O_3	硝酸铝、异丙醇铝	2-乙氧基乙醇、冰醋酸
MoO_3	二(2,4-戊二醇)二氧化钼(VI)异丙醇	乙醇、丙醇、正丁醇
SnO_2	四氯化锡	乙醇、其他溶剂
NiO	醋酸镍、2-镍乙氧基乙酸	2-甲氧基乙醇、单乙醇胺、正己烷

纳米颗粒分散法制备墨水是先通过化学反应合成金属氧化物纳米颗粒,后经过适当添加剂将纳米颗粒在溶剂中分散形成墨水。纳米颗粒的合成可以采用多种方法,如共沉淀法、热注入法、水热/溶剂热法、微波反应法、一锅煮法等。

热注入法是指在表面活性剂或其他前驱体存在的情况下,将前驱体分子溶液注入热溶剂中,在高温下快速成核生长出纳米晶体的一种制备方法。由于成核和生长是两个独立的过程,因此该方法得到的纳米粒子具有良好的单分散的性能,粒径分布范围较窄。采用热注入法可以合成 ZnO、MnO、CeO_2、ZrO_2 等以及核壳结构金属氧化物[159,160]。

水热法或溶剂热法是将前驱体金属盐和配合物溶于水或溶剂中,在高温高压容器中,使得反应保持在温度高于所用溶剂的沸点以上进行的一种化学反应。这种合成方法具有节能,环境友好,材料可回收,产物纯度高,亚稳态和新阶段可以调节,晶体大小、形态、成分以及反应过程容易控制等优点。溶剂热和水热工艺的主要区别在于所用的溶剂不同。水热法以水为溶剂,所以水热法只适用于可溶于水的金属氧化物材料;溶剂热法以有机溶剂为溶剂。水热和溶剂热反应中,纳米颗粒的成核和生长需要几个小时才能完成。高温高压条件有利于促使化学原料的溶解和纳米颗粒的结晶。反应过程中,金属前驱体比、温度、压力、反应时间、配体等是影响颗粒形貌和大小的主要因素[161]。

　　一锅煮法是在低温下混合反应原料,然后逐渐升温至反应温度而进行制备的一种合成方法,该方法简单、易于扩展。而且,也可以获得尺寸均匀性与热注入方法相当的纳米颗粒。Zeng 等使用乙酰丙酮锌[Zn(acac)$_2$]为前驱体合成了 ZnO 纳米颗粒,有机配体可以调节 ZnO 纳米晶体的形貌、尺寸和光致发光性能。通常以 TOPO 为有机配体时,可以获得枝状支化的 ZnO,以油胺和油酸为有机配体时,可以获得六方棱锥的 ZnO 纳米颗粒。同时使用三辛胺和油酸时,ZnO 呈针状和松果状。Zeng 等还通过一锅煮法高产率合成了 Ga$_2$O$_3$、In$_2$O$_3$、ITO 等透明导电氧化物纳米颗粒[162]。

　　溶液法合成的金属氧化物纳米颗粒在表面活性剂的辅助作用下,可以分散在合适的溶剂中,获得纳米颗粒墨水。其中的关键问题是要实现金属氧化物纳米颗粒在溶剂中的长时间稳定有效的分散,所以墨水中通常会引入一定的表面活性剂[163]。大多数纳米金属氧化物是在水和乙醇中合成的,因此它们可以分散在极性溶剂中。为了使得金属氧化物纳米粒子在极性溶剂中的长时间分散,可以使用阴离子表面活性剂。其他如通过溶剂工程也可以调节金属氧化物纳米颗粒墨水的稳定性[77]。

3.3.2　碳纳米管半导体

　　碳纳米管的结构特点已经在 3.2.4.1 节中介绍。半导体型单壁碳纳米管(SWNT)具有极高的电荷迁移率。实验已证实碳纳米管的场效应晶体管迁移率可达 10^5 cm^2·V^{-1}·s^{-1}[91],开关比超过 10^7[164]。SWNT 场效应晶体管包括基于单根碳纳米管、取向排列碳纳米管和随机网络碳纳米管薄膜三种形式。虽然晶体管性能从好到差依次为单根碳纳米管、取向排列碳纳米管、随机网络碳纳米管薄膜,但是随机网络碳纳米管薄膜可以通过简单的溶液法沉积工艺获得。制备成墨水的碳纳米管分散溶液很适合印刷,早在 10 年前就已有报道采用喷墨打印制作碳纳米管晶体管及其电路[165-167],以及采用卷对卷凹版印刷方式在柔性衬底上大规模制备基于碳纳米管晶体管的射频识别标签电路[168]。经过 10 年的研究,基于溶液法加工的碳纳米管晶体管电路已经成为碳基大面积柔性集成电路的一个重要发展方向[169,170]。

　　SWNT 的制备方法在本书的 3.2.4.1 节有简要介绍。目前还没有一种合成方法能够制备 100% 纯度的半导体型 SWNT,一般是半导体型与金属型 SWNT 的混合体,其中半导体型 SWNT 占大约 2/3。在 SWCNT 晶体管中,极少量的金属型 SWNT 会导致晶体管漏电流增加、开关比下降。所以 SWNT 的分离和纯化是实现碳纳米管晶体管高性能的关键,要求半导体型碳纳米管的纯度高于 6 个 9(99.999 9%)。提纯半导体型碳纳米管的方法主要有电泳法、介电泳法、层析法(色谱法)、超速离心法等。传统的电泳法分离 SWNT 是基于在直流电场作用下不同的碳纳米管在溶液中的移动速率不同来实现的,通常分子量低的 SWNT 移动较快,因此可以分离出不同长度和直径的 SWNT。层析法(色谱法)是分离有机物最常用的方法之一,也能用于分离 SWNT。和传统的有机物不同,功能化的碳纳米管在很多种层析固定相如二氧化硅中很难被洗脱出来,因此层析法分离碳纳米管的一个关键是寻找到合适的固定相和表面功能化的组合[171]。为了分离不同直径或电性质的 SWNT,一种常用的方法是 DNA 包裹碳纳米管的离子交换色谱。此方法首先用单链 DNA 在水溶液中将直径小于 1.2 nm 的单根 SWNT 包裹,随后使用离子交换色谱分离。紫外可见吸收、荧光和拉曼光谱都证明这种方法可以成功的分离不同直径和电性质的 SWNT[172,173]。传统的超速离心是分离物质的有效方法,在一定密度的介质中,根据不同物质的沉降速度差异分类,这种方法也可以用于分离碳纳米管。超速离心分离由众多结构参数决定,包括直径和长度,因此通常难以应用于针对单一参数的分离,但是传统的超速离心可以从 SWNT 束的水溶液中分离出表面活性剂包裹的单分散的 SWNT。此外,如果先对特定电性质的 SWNT 进行选择性分散,传统的超速离心也能分离不同电性质的 SWNT,甚至达到手性分离[174]。

另外一种更复杂的分离方法是密度梯度超速离心(density gradient ultracentrifugation,DGU)分离,密度梯度超速离心可以按照物质的浮力密度来分类。在密度梯度超速离心方法中,装入的 SWNT 在离心管中形成密度梯度,随后超速离心旋转,使 SWNT 通过密度梯度沉降到达他们各自的等密度点,最终会在离心管中依据它们的浮力密度而形成不同层。理论上讲,如果溶液中所有 SWNT 包裹的表面活性剂都是均匀的,那么 SWNT 浮力密度将会依赖于它们的直径。实验上,首先选择了 DNA–SWNT 杂化体通过密度梯度超速离心方法进行直径分类[175],但是 DNA 封装化学有一些缺点,如 DNA 在碳管表面缠绕难去除、价格昂贵、不能分散大直径(>1.2 nm)的 SWNT,因此常用的技术是使用表面活性剂包裹 SWNT[176]。例如,使用胆酸钠和十二烷基硫酸钠混合表面活性剂,可以分离出不同电性质的 SWNT。这是因为两种表面活性剂在不同极化的 SWNT 上的结合力不同导致了密度的差异。通过反复使用 DGU 技术,可使 SWNT 纯度达 97%。图 3.6 是试管中由不同管径形成的碳纳米管密度梯度分布示意图(最顶端为最小管径的 SWNT,最低端为 SWNT 集束)以及每种管径的 SWNT 光学吸收谱峰[175]。

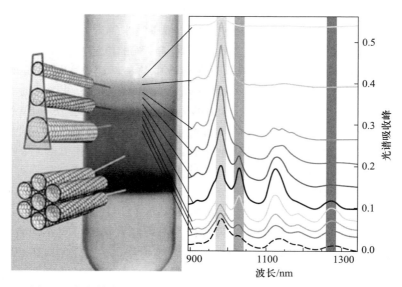

图 3.6   密度梯度超速离心法分离的碳纳米管分布及其光学吸收谱

共轭聚合物包覆法是分离半导体型和金属型碳纳米管最简单的方法,其原理是某些有机共轭分子能够对 SWNT 施行选择性包覆,被共轭聚合物包覆后的 SWNT 可以溶解分散在有机溶剂中,而未被共轭分子包覆的金属型碳纳米管不能溶解于有机溶剂中而成为沉淀物,通过高速离心实现 SWNT 与金属型碳纳米管的分离。图 3.7 是该方法示意图,图中同时展示了作者科研团队用此方法分离的半导体型碳纳米管溶液,其中试管底部为沉淀的金属型碳纳米管,被包覆的 SWNT 溶解在试管的溶剂中[177]。可以用于 SWNT 分离的共轭聚合物主要包括聚芴、聚噻吩、聚咔唑及衍生物等。2007 年,Nicholas 等使用聚 9,9-二辛基芴-2,7-二基(PFO)首次实现聚合物包覆分离碳管,对(8,6)管的分离效率达 60%[178]。2011 年,鲍哲南等利用 rr-P3DDT 分离出高纯度的 SWNT,并制备了性能优异的晶体管,迁移率达 12 cm^2·V^{-1}·s^{-1},开关比超过 10^6[179]。作者科研团队通过大量实验证实,多种商业化的聚合物如:F8T2、PFO-PHA、PFO-BT、PFO-DBT、rr-P3DDT、PFOP、PFO-BP、PFO-TP 和PF8-DPP 等都可以用于 SWNT 的分离,同时证明对 SWNT 的分离效率与共轭单元的大小有密切关系,通常是共轭单元越大,分离效率越高[169]。除了商业共轭聚合物,作者科研团队还合成了一系列新型寡聚噻吩分子,证明对 SWNT也具有良好的分离性能[180]。由于这些共轭聚合物本身具有半导体特性,所以包覆在 SWNT 表面的聚合物不必在后期制作的晶体管中去除。

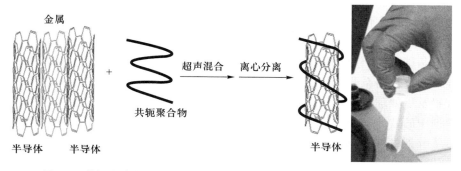

图 3.7　共轭聚合物包覆法分离 SWNT 示意图(右图显示实际分离效果)

　　提纯后的 SWNT 可以分散在特定的溶剂中,形成墨水。一般 SWNT 分离和分散同步进行。在 SWNT 分离之前,会加入分散剂,对 SWNT 进行修饰,所以分离之后的 SWNT,尤其是通过有机分子包覆分离的 SWNT 在有机溶剂中具有良好的分散性能,可以直接使用喷墨印刷等方法制备薄膜晶体管。2020年,北京大学彭练矛团队采用多次聚合物分散和提纯的技术得到了超高纯度的 SWNT 溶液,半导体型碳纳米管的纯度大于 99.999 9%。而且在 4 in 衬底上用溶液法制备出高密度(密度达到 100~200 根/μm)碳纳米管晶体管阵列,突破了发展碳纳米管集成电路的关键材料瓶颈[181]。

　　作为碳纳米管同类家族的石墨烯是一个零带隙半导体,所以它所制作的开关器件最小电流有限,没有关态,不适合做逻辑电路。通过裁减石墨烯可以获得一定的带隙,通常有 3 种方法:制成纳米带或纳米网[182]、加置偏压于双层石墨烯[183]和使石墨烯产生应变[184,185]。制备石墨烯纳米带的方法有光刻[113]、物理掩模版刻蚀、化学法[186]、碳纳米管展开[182]等方法。通常大面积石墨烯的晶体管开关比不超过 10,采用石墨烯纳米带的场效应晶体的开关比可达 $10^4 \sim 10^{6[187,188]}$。目前,虽然已有一些方法使得石墨烯获得了一定的带隙,增加了石墨烯场效应晶体管的开关比,但随着带隙的增大,石墨烯的电荷迁移率会下降[185]。例如,通过喷墨打印石墨烯能够制备出迁移率达 95 cm^2 · V^{-1} · s^{-1} 的晶体管,但其开关比只有 10 左右。另一方面,用一种结合有机半导体材料 PQT-12 的复合石墨烯墨水制备的晶体管可以实现开关比约为 4×10^5,但迁移率只有约 0.1 cm^2 · V^{-1} · s$^{-1[189]}$。

3.3.3　硅半导体

　　硅元素是地壳中丰度第二的元素。工业界已经可以制造出 99.999 999 9%

纯度的硅单晶,并能够制造出高质量、直径为 300 mm 的硅晶圆。硅单晶有很高的化学稳定性,还有非常优良的半导体电学性质,如合适的禁带宽度、高迁移率、易掺杂、高热导率、较长的非平衡少数载流子寿命,是整个集成电路工业的基础材料。与制备其他无机固体材料墨水一样,硅墨水分为粒子分散液体系和溶液体系两种。溶液体系均匀且易于印刷,但寻找合适的可溶解硅化合物及后处理条件是关键。2006 年,Shimoda 等报道了利用环戊硅烷在甲苯溶剂中的紫外聚合获得了可溶解于甲苯的聚硅烷,并采用旋涂和喷墨打印的方法分别将这种“硅墨水”制成了硅薄膜和晶体管,旋涂和喷墨印刷的晶体管的迁移率分别可达 108 $cm^2 \cdot V^{-1} \cdot s^{-1}$ 和 6.5 $cm^2 \cdot V^{-1} \cdot s^{-1}$。但是从环戊硅烷的合成、聚合到沉积硅薄膜的整个工艺流程,对环境中水氧控制的要求非常高[190]。

　　另一种硅墨水的制备路径是将硅纳米颗粒制备成较为稳定的固体分散液。硅纳米颗粒可以采用多种物理和化学方法制备:气相裂解硅烷、溶液法、电化学刻蚀硅片、化学刻蚀、机械研磨硅、激光烧蚀等。气相裂解硅烷可以通过直接加热、激光加热、微波、等离子、微放电等处理方式使硅烷分解而获得硅纳米颗粒[191]。因为较高的晶化、烧结温度以及高性能的硅墨水制备困难,印刷硅薄膜晶体管技术并没有发展起来。2008 年,美国 Kovio 公司曾开发出喷墨印刷硅基晶体管电路及其 RFID 标签,电路工作频率可高达 1 GHz,电子迁移率约 100 $cm^2 \cdot V^{-1} \cdot s^{-1}$。但由于需要较高的烧结温度,RFID 标签必须制作在不锈钢带衬底上。尽管实现了印刷制造并具有一定柔性,但并非低成本,很难取代目前占主流的铝刻蚀 RFID 标签。该产品的商业化最后没有成功。另一家公司 Innovalight 曾发展了用于太阳能电池的硅墨水及其工艺,但也没有实现商业化成功。有人通过机械球磨法制备硅纳米颗粒,并通过丝网印刷在纸基上制备了晶体管,虽然晶体管的迁移率只有 0.3 ~ 0.7 $cm^2 \cdot V^{-1} \cdot s^{-1}$[192],但并不妨碍其在一些低端器件中发挥作用。该技术后来应用于印刷硅温度传感器,并实现了商业化[193]。

3.4　无机介电材料

　　无机介电材料又通称为无机绝缘材料,是可以被外加电场极化的电绝缘材料[194]。介电材料放置在电场中时,电荷不是像在电导体中那样流过材料,而是仅从它们的平衡位置稍微偏移,从而引起电介质极化。电介质极化是指材料中的电子、离子或者分子的正负电荷中心发生相对位移而形成偶极子的过程,即极化效应。衡量介电材料的参数包括介电常数与介电损耗。

介电常数(permittivity)是外加电场(真空中)与最终介质中电场的比值,又称诱电率,与频率相关。介电常数是相对介电常数(ε_r)与真空中绝对介电常数(ε_0)的乘积。相对介电常数也可以用 k 表示,它反映了某种介电材料保持电荷的能力,由电介质材料本身的性质决定,与所加外电场无关。相对介电常数越大,则相对应的极板上产生的感应电荷量也越多。相对介电常数可以通过测量两极板间的电容获得,具体方法为:首先在两块极板之间为真空的时候测试电容器的电容 C_0,然后在同样距离的电容极板间加入电介质后测得电容 C_x,则相对介电常数 $\varepsilon_r = C_x/C_0$。

在交流电压作用下,电介质会消耗一部分电能转变成热能,从而产生损耗,称之为介电损耗。介电损耗主要分为电导损耗、极化损耗和电离损耗等。电导损耗是由电介质的漏电产生的,只有在频率非常低的时候才起主要作用。极化损耗是材料内部的各种转向极化跟不上外高频电场变化而引起的各种弛豫极化所致,中性介质的极化损耗很小,极性较强的介质损耗较大。电离损耗是由电离时的放电引起的,电离导致电容器的介电损耗随电压的增大而增加。

本书 2.5.1 节已经介绍了有机介电材料。与种类繁多的有机介电材料相比,可溶液化加工或印刷的无机介电材料基本为两大类:硅氧化物介电材料与金属氧化物介电材料。另外,有机与无机介电材料相结合还构成一类复合型介电材料。

3.4.1　硅氧化物

二氧化硅(SiO_2)是优异的介电材料,电阻率达到 $10^{16}\ \Omega\cdot cm$,是集成电路中最常用的介电材料。传统 SiO_2 在硅衬底上通过热氧化或者等离子体增强化学气相沉积(plasma enhanced chemical vapor deposition,PECVD)方法制备。在印刷电子中如果用到硅作为衬底材料,通常也通过上述方法制备器件的介电层。硅氧化物也有溶液态,溶液化硅氧材料被称为 SOG(spin-on-glass)的溶胶,可以采用旋涂、浸涂等方法成膜,自然也可以用印刷方法制成图案化的介电层。SOG 是有机溶剂中的 Si—O 网络聚合体,可通过水解浓缩反应制备。它们的薄膜通常有几百纳米厚,均匀且附着力良好。SOG 材料主要有 3 类:① 硅酸盐型;② 有机硅氧化合物;③ 掺杂的有机硅化合物。其中掺杂型的 SOG,有时又被称为 SOD,通常用于扩散掺杂。

硅酸盐型的 SOG 可以通过水解-脱水缩合制备,该过程本质是溶胶-凝胶过程。典型的硅酸盐 SOG 为正硅酸乙酯(TEOS)。通常 SOG 固化需要的热处理温度为 800~900 ℃。这种 SOG 在固化后会形成非常牢固的 Si—O 网络,但同时体积会发生明显的收缩[195]。这种收缩会引起很大的应力,应力典型值约 500 Mpa,大的应力会导致薄膜容易破裂。经过固化后,这种薄膜是热稳定的,不受潮气和 O_2 的影响。

有机硅氧类的 SOG 结构中含有甲基、乙基或者硅氮等基团,其固化的温度相对比较低,只需 150~400 ℃,低温固化的硅氧烷 SOG 已经被用于有机场效应晶体管[196]。但是低温处理的薄膜,通常含有 Si—OH 基团的残留,影响介电层薄膜的性能。运用氧等离子处理可以提高 $Si(OH)_4$ 向 SiO_2 转化的比率。全氢聚硅氮烷(perhydropolysilazane,PHPS)是最常用于获得 SiO_2 薄膜的有机硅前驱体,该材料结构中含有 Si—N、Si—H 和 N—H 键,而且含有较少的烷基,所以作为 SiO_2 的前驱体,转换之后会有小的碳污染。以全氢聚硅氮烷(PHPS)为例,有机硅加热固化转化成 SiO_2 的过程是通过有机硅与水在加热的情况下发生水解反应引起的。

除了加热固化之外,采用深紫外照射辅助的低温处理可以获得 SiO_2 薄膜。Seul 报道在 150 ℃ 固化温度下通过深紫外照射 PHPS,获得了高纯度 SiO_2 薄膜。相比单一热处理获得的薄膜,深紫外处理的介电层使金属氧化物 IZO 薄膜晶体管的漏电流降低了 2~3 个数量级,而且相比单纯热处理的薄膜的稳定性更高[197]。

3.4.2　金属氧化物

集成电路随着晶体管的物理尺寸降低,其 SiO_2 介电层的厚度也不断降低,但介电层的绝缘能力也下降,导致漏电流增加。当 SiO_2 的厚度降低到 1.2 nm 时,CMOS 电路的漏电流已达到 $100 \ A/cm^2$。引起这种现象的原因是 SiO_2 层的介电常数比较低(相对介电常数 $k = 3.9$)。因此,高 k 值介电材料应运而生。无机高 k 介电材料主要是一些金属氧化物,包括 Al_2O_3、HfO_2、ZrO_2、TiO_2 以及 Y_2O_3、Ta_2O_5、La_2O_3 等稀土氧化物。图 3.8 是理论计算预测的金属氧化物包括稀土氧化物的能带带隙与相应的 k 值[198]。这些金属氧化物的 k 值均高于 SiO_2。例如,$Al_2O_3(k \approx 8)$、$Ta_2O_5(k \approx 22 \sim 25)$、锐钛矿 $TiO_2(k \approx 41)$、金红石 $TiO_2(k > 80)$、$HfO_2(k \approx 25)$、$CeO_2(k \approx 23)$、$ZrO_2(k \approx 25)$。

金属氧化物介电材料的制备传统上是使用原子层沉积、激光沉积、磁控溅射、电子束蒸发等。这些方法在获得高质量厚度很薄的薄膜方面具有很

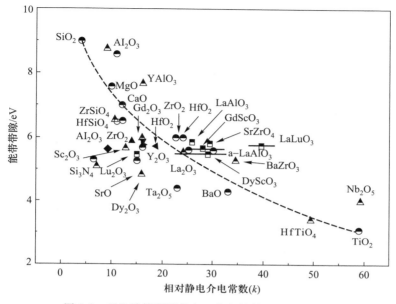

图 3.8 理论计算预测的高 k 介电材料的 k 值和带隙

好的可控性以及重复性。但是这些方法的缺点是设备要求高，需要后续高温处理，故与柔性衬底的兼容性比较差。近年来，溶液法制备高 k 值的金属氧化物取得了较大的发展，其中关于 ZrO_2、HfO_2 以及 Al_2O_3 的介电层溶液法制备研究最多，包括前驱体溶液法与纳米粒子分散溶液法。这两种方法已在本章 3.2.3 节中介绍。表 3.6 列举了 4 种常用金属氧化物介电材料前驱体溶液所依据的原材料。也可以用溶胶-凝胶的方法制备这些金属氧化物纳米颗粒。此外传统制备纳米颗粒的方法都可以用来合成金属氧化物介电材料。由于纳米颗粒形成的薄膜通常致密度较差，因此存在孔洞的问题，而介电层在极薄的薄膜情况下需要具有高的薄膜质量，尤其是致密性要求高。由于前驱体溶液法制备金属氧化物介电层薄膜比纳米颗粒形成的薄膜质量更好，所以研究和应用更加广泛。与前述金属氧化物导体和半导体一样，溶液法加工金属氧化物介电材料通常也需要高温处理，以促成金属氧化物的还原。如何降低处理温度是研究这类金属氧化物介电材料溶液法加工的一个重要方向[199]。

表 3.6   一些金属氧化物介电材料的前驱体原料

金属氧化物	前驱体盐	溶剂
TiO_2	异丙醇钛（TTIP）、四氯化钛、四丁醇钛	乙醇、异丙醇、二甲氧基乙醇
HfO_2	四氯化铪、$Hf(OnBu)_4$	甲苯、醇、水
Al_2O_3	硝酸铝、氯化铝、乙酰丙酮铝、铝醇盐 $Al(Opri)_3$	乙二醇单甲醚、冰醋酸
ZrO_2	异丙醇锆、氯化锆	乙二醇单甲醚

3.4.3   复合金属氧化物

钛酸钡（$BaTiO_3$）是金属钛与钡的混合氧化物,具有高介电常数和低介电损耗。实验发现,六方晶体的钛酸钡的 k 值在 60~120,而四方晶体的钛酸钡的 k 值可达 4000 以上[200]。钛酸钡一般都是由高温固相烧结的方法制备获得,是将组成钛酸钡的各金属元素的氧化物或它们的酸性盐混合、磨细,再经过 1100 ℃ 左右高温的长时间煅烧,通过固相反应形成所需粉体。要将粉末材料加工成高质量、低厚度薄膜的难度比较大,因此通常将其制作成复合材料的溶液,然后印刷加工成介电薄膜。Kim 等使用了一种磷酸化合物（PEGPA）对 $BaTiO_3$ 纳米颗粒表面进行修饰并与 PVP 交联制备了钛酸钡固含量达 37% 的复合材料,该复合材料的介电常数为 14,但表面粗糙度随钛酸钡含量的增加也有明显的增加[201]。Schroeder 等报道了一种水相的高介电绝缘材料。这种材料是将 $BaTiO_3$ 纳米颗粒分散到聚乙烯醇（polyvinyl alcohol,PVA）中得到的,复合物在 2 MV · cm^{-1} 的电场下漏电流低于 10^{-5} A · cm^{-2},介电常数为 9~12[202]。

为获得更高的介电常数,一些高介电常数的聚合物、无机颗粒被用于制作复合材料。Bai 等采用 P（VDF−TrFE）共聚物和 Pb（$Mg_{1/3}Nb_{2/3}$）O_3−$PbTiO_3$ 无机颗粒复合制作介电材料,他们发现通过高能辐射可以提高介电常数,无机物体积分数为 50% 的复合材料介电常数达到了约 250,不过该复合材料的机械性能很差[175]。P（VDF−TrFE）共聚物也用于和钛酸钡复合,当复合材料中钛酸钡体积比为 50% 时,获得了介电常数达 51.5 的介质膜。鸡蛋的蛋清也有很高的介电常数（~80）[203],作者科研团队将蛋清与钛酸钡纳米粒子混合,所制备的悬浮液可以印刷成介电薄膜,其介电常数达 52,介质损耗小于

$0.05^{[204]}$。作者科研团队还将硅烷偶联剂修饰的钛酸钡纳米粒子与聚合物PMMA复合,可以用丝网印刷法制备较厚的介电层,介电常数达21,而且印刷介电层的薄膜质量大大改善[205]。

3.5   小结

用于印刷电子的无机导体、半导体与绝缘体的溶液化方式基本分为两种:可溶解化合物前驱体溶液和颗粒分散型溶液。可溶解化合物墨水通常配方简单,不易堵塞喷墨式的印刷设备,成膜均匀,但是固含量通常不高,后(热)处理与该化合物的分解温度有直接关系。颗粒在液相中的分散早已经被广泛而深入的研究,有大量的理论模型描述这一体系。理论上只需要引入足够的排斥力就可以防止颗粒团聚,这种排斥力可以是空间位阻,也可以是静电力,或两者兼有。随着无机纳米材料的广泛使用和新型可溶型无机化合物的开发,无机电子材料墨水的热处理温度和时间也在不断地降低和缩短,此外颗粒分散也更容易。类似的趋势也发生在其他的无机材料上。人们在研发这些墨水的同时,也积累了很多方法和策略,这些方法和策略将会加速其他材料的墨水研制和简化后(热)处理工艺,从而使得更多无机材料可以像有机材料一样在低温甚至室温下溶液化处理。

过去10年中对无机印刷电子材料的研究呈爆发增长趋势,这主要是因为无机材料固有的高电子性能与高环境稳定性,使得印刷电子器件的性能与稳定性更接近于实用化。最明显的实例是无机导电墨水或浆料在印刷导电电路方面的大规模应用。随着碳纳米管与金属氧化物半导体材料的深入研发,可以预期这两类材料在印刷薄膜晶体管方面将发挥越来越重要的作用。

参考文献

[1] Kamyshny A, Magdassi S. Conductive nanomaterials for printed electronics[J]. Small, 2014, 10 (17): 3515-3535.

[2] Lamer V K, Dinegar R H. Theory, production and mechanism of formation of monodispersed hydrosols[J]. Journal of the American Chemical Society, 1950, 72 (11): 4847-4854.

[3] Turkevich J, Stevenson P C, Hillier J. A study of the nucleation and growth processes in

the synthesis of colloidal gold[J]. Discussions of the Faraday Society, 1951, 11: 55-75.

[4] Brust M, Walker M, Bethell D. Synthesis of thiol derivatized gold nanoparticles in a two-phase liquid-liquid system[J]. J. Chem. Soc., Chem. Commun., 1994, 7: 801-802.

[5] Wang T C, Rubner M F, Cohen R E. Polyelectrolyte multilayer nanoreactors for preparing silver nanoparticle composites: controlling metal concentration and nanoparticle size[J]. Langmuir, 2002, 18 (8): 3370-3375.

[6] Malynych S Z, Chumanov G. Vacuum deposition of silver island films on chemically modified surfaces[J]. J. Vac. Sci. Technol. A, 2003, 21 (3): 723-727.

[7] Mafuné F, Kohno J-Y, Takeda Y, et al. Formation of gold nanoparticles by laser ablation in aqueous solution of surfactant[J]. Journal of Physical Chemistry B, 2001, 105 (22): 5114-5120.

[8] Abid J P W, Wark A W, Brevet P F, et al. Preparation of silver nanoparticles in solution from a silver salt by laser irradiation[J]. Chem. Commun., 2002, 7: 792-793.

[9] Buffat P, Borel J P. Size effect on melting temperature of gold particles[J]. Phys. Rev. A, 1976, 13 (6): 2287-2298.

[10] Whetten R L, Khoury J T, Alvarez M M, et al. Nanocrystal gold molecules[J]. Advanced Materials, 1996, 8 (5): 428-433.

[11] Li X L, Zhang J H, Xu W Q, et al, Mercaptoacetic acid-capped silver nanoparticles colloid: formation, morphology, and SERS activity[J]. Langmuir, 2003, 19 (10): 4285-4290.

[12] Sondi I, Goia D V, Matijevic E. Preparation of highly concentrated stable dispersions of uniform silver nanoparticles[J]. J. Colloid. Interf. Sci., 2003, 260 (1): 75-81.

[13] Maillard M, Giorgio S, Pileni M P. Tuning the size of silver nanodisks with similar aspect ratios: synthesis and optical properties [J]. J. Phys. Chem. B, 2003, 107 (11): 2466-2470.

[14] Velikov K P, Zegers G E, Van Blaaderen A. Synthesis and characterization of large colloidal silver particles[J]. Langmuir, 2003, 19 (4): 1384-1389.

[15] Kodas T T, Hampden-Smith M J, Atanassova P, et al. Metal precursor composition for use in fabricating transparent antenna, comprises metal precursor compound and conversion reaction inducing agent [P]. WO2003032084-A; WO2003032084-A2; US2003180451-A1; EP1448725-A2; AU2002337822-A1; KR2005033513-A; JP2005537386-W; US2006001726-A1; AU2002337822-A8; US2006269824-A1; US2007096062-A1; US2007096064-A1; US2007096065-A1; US2007099330-A1; US2007096063-A1; US2007221887-A1; KR893564-B1; US7629017-B2; US2010034986-A1; US7713899-B2, 2003.

[16] He R, Qian X F, Yin J, et al. Preparation of polychrome silver nanoparticles in different solvents[J]. J. Mater. Chem., 2002, 12 (12): 3783-3786.

［17］ Esumi K, Suzuki A, Yamahira A, et al. Role of poly（amidoamine）dendrimers for preparing nanoparticles of gold, platinum, and silver［J］. Langmuir, 2000, 16（6）: 2604-2608.

［18］ Xia Y N, Xiong Y J, Lim B, et al. Shape-controlled synthesis of metal nanocrystals: simple chemistry meets complex physics?［J］Angew. Chem.-Int. Edit., 2009, 48（1）: 60-103.

［19］ Kim D, Jeong S, Park B K, et al. Direct writing of silver conductive patterns: improvement of film morphology and conductance by controlling solvent compositions［J］. Applied Physics Letters, 2006, 89（26）: 264101.

［20］ Lee P C, Meisel D. Adsorption and surface-enhanced raman of dyes on silver and gold sols［J］. J. Phys. Chem.1982, 86（17）: 3391-3395.

［21］ Creighton J A, Blatchford C G, Albrecht M G. Plasma resonance enhancement of raman-scattering by pyridine adsorbed on silver or gold sol particles of size comparable to the excitation wavelength［J］. Journal of the Chemical Society-Faraday Transactions, 1979, 75: 790-798.

［22］ Sastry M, Patil V, Mayya K S, et al. Organization of polymer-capped platinum colloidal particles at the air-water interface［J］. Thin Solid Films, 1998, 324（1-2）: 239-244.

［23］ Scott R W J, Ye H C, Henriquez R R, et al. Synthesis, characterization, and stability of dendrimer-encapsulated palladium nanoparticles［J］. Chemistry of Materials, 2003, 15（20）: 3873-3878.

［24］ Sinha A, Das S K, Kumar T V V, et al. Synthesis of nanosized copper powder by an aqueous route［J］. J. Mater. Synth. Process, 1999, 7（6）: 373-377.

［25］ Hou Y, Kondoh H, Ohta T, et al. Size-controlled synthesis of nickel nanoparticles［J］. Appl. Surf. Sci. 2005, 241（1-2）: 218-222.

［26］ Shirtcliffe N, Nickel U, Schneider S. Reproducible preparation of silver sols with small particle size using borohydride reduction: For use as nuclei for preparation of larger particles［J］. J. Colloid. Interf. Sci., 1999, 211（1）: 122-129.

［27］ Sharma V K, Yngard R A, Lin Y. Silver nanoparticles: green synthesis and their antimicrobial activities［J］. Adv. Colloid. Interfac., 2009, 145（1-2）: 83-96.

［28］ Rivas L, Sanchez-Cortes S, Garcia-Ramos J V, et al. Growth of silver colloidal particles obtained by citrate reduction to increase the Raman enhancement factor［J］. Langmuir, 2001, 17（3）: 574-577.

［29］ Suber L, Sondi I, Matijevic E, et al. Preparation and the mechanisms of formation of silver particles of different morphologies in homogeneous solutions［J］. J. Colloid. Interf. Sci., 2005, 288（2）: 489-495.

［30］ Patakfalvi R, Diaz D, Velasco-Arias D, et al. Synthesis and direct interactions of silver colloidal nanoparticles with pollutant gases［J］. Colloid. Polym. Sci., 2008, 286（1）:

67-77.

[31] Maillard M, Giorgio S, Pileni M P. Silver nanodisks[J]. Adv. Mater., 2002, 14 (15):
1084-1086.

[32] Sun Y G, Xia Y N. Shape-controlled synthesis of gold and silver nanoparticles [J].
Science, 2002, 298 (5601): 2176-2179.

[33] Manikam V R, Cheong K Y, Razak K A. Chemical reduction methods for synthesizing Ag
and Al nanoparticles and their respective nanoalloys[J]. Mater. Sci. Eng. B-Adv, 2011,
176 (3): 187-203.

[34] Lee S H, Jun B-H. Silver nanoparticles: synthesis and application for nanomedicine[J].
Int. J. Mol. Sci., 2019, 20: 865.

[35] Yang W D, Wang C H, Arrighi V. Effects of amine types on the properties of silver
oxalate ink and the associated film morphology[J]. J. Mater. Sci.-Mater. El., 2018, 29
(24): 20895-20906.

[36] Li W, Sun Q, Li L, et al. The rise of conductive copper inks: challenges and perspectives
[J]. Applied Materials Today, 2020, 18,: 100451.

[37] Park B K, Kim D, Jeong S, et al. Direct writing of copper conductive patterns by ink-jet
printing[J]. Thin Solid Films, 2007, 515: 7706-7711.

[38] Wu X, Shao S, Cui Z, et al. Printed highly conductive Cu films with strong adhesion
enabled by low energy photonic sintering on low T_g flexible plastic substrate [J].
Nanotechnology 2016, 28 (3): 035203.

[39] Grouchko M, Kamyshnya A, Magdassi S. Formation of air-stable copper-silver core-shell
nanoparticles for inkjet printing[J]. J. Mater. Chem., 2009, 19: 3057-3062.

[40] Shin D H, Woo S, Yem H, et al. A self-reducible and alcohol-soluble copper-based
metal-organic decomposition ink for printed electronics [J]. Acs. Appl. Mater. Inter.,
2014, 6 (5): 3312-3319.

[41] Chen X, Wu X, Cui Z, et al. Hybrid printing metal-mesh transparent conductive films
with lower energy photonically sintered copper/tin ink [J]. Scientific Reports, 2017,
7: 13239.

[42] Chee S S, Lee J H. Synthesis of sub-10-nm Sn nanoparticles from Sn (II) 2-
ethylhexanoate by a modified polyol process and preparation of Ag - Sn film by melting of
the Sn nanoparticles[J]. Thin Solid Films, 2014, 562: 211-217.

[43] Zou C D, Gao Y L, Yang B, et al. Size-dependent melting properties of Sn nanoparticles
by chemical reduction synthesis[J]. Transactions of Nonferrous Metals Society of China,
2010, 20 (2): 248-253.

[44] Lee H M, Choi S Y, Kim K T, et al. A novel solution-stamping process for preparation of
a highly conductive aluminum thin film [J]. Advanced Materials, 2011, 23 (46):
5524-5528.

［45］ Fei F, Zhuang J, Cui Z, et al. A printed aluminum cathode with low sintering temperature for organic light-emitting diodes［J］. RSC Adv., 2015, 5: 608-611.

［46］ Preston C, Hu L. Silver Nanowires in Handbook of Visual Display Technology［M］. Switzerland: Springer International Publishing Press, 2016.

［47］ Hu L B, Kim H S, Lee J Y, et al. Scalable coating and properties of transparent, flexible, silver nanowire electrodes［J］. ACS Nano, 2010, 4 (5): 2955-2963.

［48］ Martin C R. Nanomaterials a membrane-based synthetic approach［J］. Science, 1994, 266 (5193): 1961-1966.

［49］ Zhao W B, Zhu J J, Chen H Y. Photochemical synthesis of Au and Ag nanowires on a porous aluminum oxide template［J］. J. Cryst. Growth, 2003, 258 (1-2): 176-180.

［50］ Wang Z H, Chen X Y, Liu J W, et al. Glucose reduction route synthesis of uniform silver nanowires in large-scale［J］. Chem. Lett., 2004, 33 (9): 1160-1161.

［51］ Bari B, Lee J, Jang T, et al. Simple hydrothermal synthesis of very-long and thin silver nanowires and their application in high quality transparent electrodes［J］. J. Mater. Chem. A, 2016, 4 (29): 11365-11371.

［52］ Fievet F, Lagier J P, Blin B, et al. Homogeneous and heterogeneous nucleations in the polyol process for the preparation of micron and submicron size metal particles［J］. Solid State Ionics, 1989, 32-33(1): 198-205.

［53］ Wiley B, Sun Y G, Xia Y N. Synthesis of silver nanostructures with controlled shapes and properties［J］. Accounts Chem. Res., 2007, 40 (10): 1067-1076.

［54］ Coskun S, Aksoy B, Unalan H E. Polyol synthesis of silver nanowires: an extensive parametric study［J］. Cryst. Growth Des, 2011, 11 (11): 4963-4969.

［55］ Korte K E, Skrabalak S E, Xia Y N. Rapid synthesis of silver nanowires through a CuCl- or CuCl2-mediated polyol process［J］. J. Mater. Chem., 2008, 18 (4): 437-441.

［56］ Zhang Y, Guo J N, Xu D, et al. One-pot synthesis and purification of ultralong silver nanowires for flexible transparent conductive electrodes［J］. ACS Appl. Mater. Inter., 2017, 9 (30): 25465-25473.

［57］ Li B, Ye S R, Stewart I E, et al. Synthesis and purification of silver nanowires to make conducting films with a transmittance of 99%［J］. Nano Lett., 2015, 15 (10): 6722-6726.

［58］ Niu Z Q, Cui F, Kuttner E, et al. Synthesis of silver nanowires with reduced diameters using benzoin-derived radicals to make transparent conductors with high transparency and Low haze［J］. Nano Lett., 2018, 18 (8): 5329-5334.

［59］ Lee J, Lee I, Kim T S, et al. Efficient welding of silver nanowire networks without post-processing［J］. Small, 2013, 9 (17): 2887-2894.

［60］ Sim H, Bok S, Kim B, et al. Organic-stabilizer-free polyol synthesis of silver nanowires for electrode applications［J］. Angew Chem. Int. Edit, 2016, 55 (39): 11814-11818.

［61］ Tan D, Jiang C, Li Q, et al. Silver nanowire networks with preparations and applications: a review［J］. J. Materials Science: Materials in Electronics, 2020, 31: 15669-15696.

［62］ Lee S J, Lee Y B, Lim Y R, et al. High energy electron beam stimulated nanowelding of silver nanowire networks encapsulated with graphene for flexible and transparent electrodes［J］. Scientific Reports, 2019, 9: 9376.

［63］ Liang X W, Lu J B, Zhao T, et al. Facile and efficient welding of silver nanowires based on UVA-induced nanoscale photothermal process for roll-to-roll manufacturing of high-performance transparent conducting films［J］. Adv. Mater. Interfaces, 2019, 6 (3): 1801635.

［64］ Ge Y J, Zhang M, Duan, X F, et al. Direct room temperature welding and chemical protection of silver nanowire thin films for high performance transparent conductors［J］. J. Am. Chem. Soc., 2018, 140 (1): 193-199.

［65］ Xu F, Xu W, Mao B X, et al. Preparation and cold welding of silver nanowire based transparent electrodes with optical transmittances > 90% and sheet resistances < 10 ohm/sq［J］. J. Colloid. Interf. Sci., 2018, 512: 208-218.

［66］ Kang H, Kim Y, Cheon S, et al. Halide welding for silver nanowire network electrode［J］. ACS Appl. Mater. Inter., 2017, 9 (36): 30779-30785.

［67］ Lee S J, Kim Y H, Kim J K, et al. A roll-to-roll welding process for planarized silver nanowire electrodes［J］. Nanoscale, 2014, 6 (20): 11828-11834.

［68］ Ge Y J, Liu J F, Duan X F, et al. Rapid electrochemical cleaning silver nanowire thin films for high-performance transparent conductors［J］. J. Am. Chem. Soc., 2019, 141 (31): 12251-12257.

［69］ Kang H, Song S J, Sul Y E, et al. Epitaxial-growth-lnduced junction welding of silver nanowire network electrodes［J］. ACS Nano, 2018, 12 (5): 4894-4902.

［70］ Gao T, Meng G W, Zhang J, et al. Template synthesis of single-crystal Cu nanowire arrays by electrodeposition［J］. Appl. Phys. a-Mater., 2001, 73 (2): 251-254.

［71］ Gelves G A, Murakami Z T M, Krantz M J, et al. Multigram synthesis of copper nanowires using ac electrodeposition into porous aluminium oxide templates［J］. J. Mater. Chem., 2006, 16 (30): 3075-3083.

［72］ Luo X X, Sundararaj U, Luo J L. Oxidation kinetics of copper nanowires synthesized by AC electrodeposition of copper into porous aluminum oxide templates［J］. J. Mater. Res., 2012, 27 (13): 1755-1762.

［73］ Zhang Y, Guo J N, Xu D, et al. Synthesis of ultralong copper nanowires for high-performance flexible transparent conductive electrodes: the effects of polyhydric alcohols［J］. Langmuir, 2018, 34 (13): 3884-3893.

［74］ Habas S E, Platt H A S, Van Hest M F, et al. Low-cost inorganic solar cells: from ink to printed device［J］. Chem. Rev., 2010, 110 (11): 6571-6594.

[75] Hoel C A, Mason T O, Gaillard J F, et al. Transparent conducting oxides in the ZnO-In2O3-SnO2 system[J]. Chemistry of Materials, 2010, 22 (12): 3569-3579.

[76] Afre R A, Sharma N, Sharon M, et al. Transparent conducting oxide films for various Applications: A Review[J]. Rev. Adv. Mater. Sci. 2018, 53: 79-89.

[77] Cui Z ed. Solution Processed Metal Oxide Thin Films for Electronic Applications[M]. Amsterdam: Elsevier, 2020.

[78] Aouaj M A, Diaz R, Belayachi A, et al. Comparative study of ITO and FTO thin films grown by spray pyrolysis[J]. Mater. Res. Bull., 2009, 44 (7): 1458-1461.

[79] Verma A, Khan F, Kumar D, et al. Sol-gel derived aluminum doped zinc oxide for application as anti-reflection coating in terrestrial silicon solar cells[J]. Thin Solid Films, 2010, 518 (10): 2649-2653.

[80] Dghoughi L, Ouachtari F, Addou M, et al. The effect of Al-doping on the structural, optical, electrical and cathodoluminescence properties of ZnO thin films prepared by spray pyrolysis[J]. Physica B-Condensed Matter, 2010, 405 (9): 2277-2282.

[81] Samad W Z, Yarmo M A, Salleh M M. Characterization of fluoro-doped tin oxide films prepared by newly approached of inkjet printing methods [J]. Advanced Materials Research, 2010, 173: 128-133.

[82] Veluchamy P, Tsuji M, Nishio T, et al. A pyrosol process to deposit large-area SnO2 : F thin films and its use as a transparent conducting substrate for CdTe solar cells[J]. Sol. Energ. Mat. Sol. C, 2001, 67 (1-4): 179-185.

[83] Chen Z, Qin X, Cui Z. Ethanolamine-assisted synthesis of size-controlled indium tin oxide nanoinks for low temperature solution deposited transparent conductive films[J]. J. Mater. Chem. C, 2015, 3: 11464.

[84] Hong S J, Kim Y H, Han J I. Development of ultrafine indium tin oxide (ITO) nanoparticle for ink-jet printing by low-temperature synthetic method[J]. IEEE Trans. Nanotechnol, 2008, 7 (2): 172-176.

[85] Kim M-G, Kanatzidis M G, Facchetti A, et al. Low-temperature fabrication of high-performance metal oxide thin-film electronics via combustion processing [J]. Nature Materials, 2011, 10: 382-388.

[86] Kang Y H, Jang K S, Lee C, et al. Facile preparation of highly conductive metal oxides by self-combustion for solution-processed thermoelectric generators[J]. ACS Appl. Mater. Inter., 2016, 8 (8): 5216-5223.

[87] Guillen C, Herrero J. Comparing metal oxide thin films as transparent p-type conductive electrodes[J]. Mater. Res. Express, 2020, 7 (1): 016411 .

[88] Luo S J, Zou J F, Luo H, et al. Synthesis of highly dispersible IZO and ITO nanocrystals for the fabrication of transparent nanocomposites in UV- and near IR-blocking[J]. J. Nanopart Res., 2018, 20 (4): 91.

[89]   Sanctis S, Hoffmann R C, Schneider J J. Microwave synthesis and field effect transistor performance of stable colloidal indium-zinc-oxide nanoparticles[J]. RSC Adv., 2013, 3 (43): 20071-20076.

[90]   Morvillo P, Diana R, Bobeico E, et al. Solution-processed indium doped zinc oxide as electron transport layer for inverted polymer solar cells [C]//18th Italian National Conference on Photonic Technologie, 2016.

[91]   Durkop T, Getty S A, Cobas E, et al, Extraordinary mobility in semiconducting carbon nanotubes[J]. Nano Letters, 2004, 4 (1): 35-39.

[92]   Ebbesen T W, Lezec H J, Hiura H, et al. Electrical conductivity of individual carbon nanotubes[J]. Nature, 1996, 382 (6586): 54-56.

[93]   Yao Z, Kane C L, Dekker C. High-field electrical transport in single-wall carbon nanotubes[J]. Physical Review Letters, 2000, 84 (13): 2941-2944.

[94]   Joseyacaman M, Mikiyoshida M, Rendon L, et al. Catalytic Growth of Carbon Microtubules with Fullerene Structure[J]. Appl. Phys. Lett. 1993, 62 (6): 657-659.

[95]   Li W Z, Xie S S, Qian L X, et al. Large-scale synthesis of aligned carbon nanotubes[J]. Science, 1996, 274 (5293): 1701-1703.

[96]   Dal H J, Rinzler A G, Nikolaev P, et al. Single-wall nanotubes produced by metal-catalyzed disproportionation of carbon monoxide[J]. Chem. Phys. Lett., 1996, 260 (3-4): 471-475.

[97]   Sazonova V, Yaish Y, Ustunel H, et al. A tunable carbon nanotube electromechanical oscillator[J]. Nature, 2004, 431 (7006): 284-287.

[98]   Zhang Z, Mu S C, Zhang B W, Tao L, et al. A novel synthesis of carbon nanotubes directly from an indecomposable solid carbon source for electrochemical applications[J]. J. Mater. Chem. A, 2016, 4 (6): 2137-2146.

[99]   Harutyunyan A R, Chen G G, Paronyan T M, et al. Preferential growth of single-walled carbon nanotubes with metallic conductivity[J]. Science, 2009, 326 (5949): 116-120.

[100]   Ding L, Tselev A, Wang J Y, et al. Selective growth of well-aligned semiconducting single-walled carbon nanotubes[J]. Nano Letters, 2009, 9 (2): 800-805.

[101]   Wang H, Wang B, Quek X Y, et al. Selective synthesis of (9, 8) single walled carbon nanotubes on cobalt incorporated TUD-1 catalysts[J]. Journal of the American Chemical Society, 2010, 132(47): 16747-16749.

[102]   Chen T C, Zhao M Q, Zhang Q, et al. In situ monitoring the role of working metal catalyst nanoparticles for ultrahigh purity single-walled carbon nanotubes [J]. Adv. Funct. Mater., 2013, 23 (40): 5066-5073.

[103]   Hecht D S, Hu L B, Irvin G. Emerging transparent electrodes based on thin films of carbon nanotubes, graphene, and metallic nanostructures [J]. Advanced Materials, 2011, 23 (13): 1482-1513.

[104] Zhao Y, Wei J Q, Vajtai R, et al. Iodine doped carbon nanotube cables exceeding specific electrical conductivity of metals[J]. Scientific Reports, 2011, 1: 83.

[105] Zhang S L, Nguyen, N, Leonhardt B, et al. Carbon-nanotube-based electrical conductors: fabrication, optimization, and applications[J]. Adv. Electron Mater., 2019, 5 (6): 1800811.

[106] Chen J H, Jang C, Xiao S D, et al. Intrinsic and extrinsic performance limits of graphene devices on SiO_2[J]. Nature Nanotechnology, 2008, 3 (4): 206-209.

[107] Bolotin K I, Sikes K J, Jiang Z, et al. Ultrahigh electron mobility in suspended graphene [J]. Solid State Commun., 2008, 146 (9-10): 351-355.

[108] Schedin F, Geim A K, Morozov S V, et al. Detection of individual gas molecules adsorbed on graphene[J]. Nature Materials, 2007, 6 (9): 652-655.

[109] Fang T, Konar A, Xing H L, et al. Carrier statistics and quantum capacitance of graphene sheets and ribbons[J]. Applied Physics Letters, 2007, 91 (9): 092109 .

[110] Wu J B, Agrawal M, Bao Z N, et al. Organic light-emitting diodes on solution-processed graphene transparent electrodes[J]. ACS Nano, 2010, 4 (1): 43-48.

[111] Nair R R, Blake P, Novoselov K S, et al. Fine structure constant defines visual transparency of graphene[J]. Science, 2008, 320 (5881): 1308-1308.

[112] Novoselov K S, Geim A K, Morozov S V, et al. Electric field effect in atomically thin carbon films[J]. Science, 2004, 306 (5696): 666-669.

[113] Berger C, Song Z M, Li X B, et al. Electronic confinement and coherence in patterned epitaxial graphene[J]. Science, 2006, 312 (5777): 1191-1196.

[114] Berger C, Song Z M, Li T B, et al. Ultrathin epitaxial graphite: 2D electron gas properties and a route toward graphene-based nanoelectronics[J]. J. Phys. Chem. B, 2004, 108 (52): 19912-19916.

[115] Reina A, Jia X T, Ho J, et al. Large area, few-layer graphene films on arbitrary substrates by chemical vapor deposition[J]. Nano Lett. 2009, 9 (1): 30-35.

[116] Kim K S, Zhao Y, Jang H, et al. Large-scale pattern growth of graphene films for stretchable transparent electrodes[J]. Nature 2009, 457 (7230): 706-710.

[117] Sutter P W, Flege J I, Sutter E A. Epitaxial graphene on ruthenium[J]. Nat. Mater., 2008, 7 (5): 406-411.

[118] Li D P, Sutton D, Burgess A, et al. Conductive copper and nickel lines via reactive inkjet printing[J]. Journal of Materials Chemistry, 2009, 19 (22): 3719-3724.

[119] Bae S, Kim H, Lee Y, et al. Roll-to-roll production of 30-inch graphene films for transparent electrodes[J]. Nature Nanotechnology, 2010, 5 (8): 574-578.

[120] Mattevi C, Eda G, Agnoli S, et al. Evolution of electrical, chemical, and structural properties of transparent and conducting chemically derived graphene thin films[J]. Advanced Functional Materials, 2009, 19 (16): 2577-2583.

[121] Wassei J K, Kaner R B. Graphene, a promising transparent conductor[J]. Mater. Today, 2010, 13 (3): 52-59.

[122] Allen M J, Tung V C, Kaner R B. Honeycomb carbon: a review of graphene[J]. Chem. Rev., 2010, 110 (1): 132-145.

[123] Weis S, Kormer R, Jank M P M, et al. Conduction mechanisms and environmental sensitivity of solution-processed silicon nanoparticle layers for thin-film transistors[J]. Small, 2011, 7 (20): 2853-2857.

[124] Park Y M, Daniel J, Heeney M, et al. Room-temperature fabrication of ultrathin oxide gate dielectrics for low-voltage operation of organic field-effect transistors[J]. Adv. Mater., 2011, 23 (8): 971-974.

[125] Eda G, Fanchini G, Chhowalla M. Large-area ultrathin films of reduced graphene oxide as a transparent and flexible electronic material[J]. Nature Nanotechnology, 2008, 3 (5): 270-274.

[126] Tung V C, Allen M J, Yang Y, et al. High-throughput solution processing of large-scale graphene[J]. Nature Nanotechnology, 2009, 4 (1): 25-29.

[127] Wei D, Andrew P, Yang H F, et al. Flexible solid state lithium batteries based on graphene inks[J]. J. Mater. Chem., 2011, 21 (26): 9762-9767.

[128] Le L T, Ervin M H, Qiu H W, et al. Graphene supercapacitor electrodes fabricated by inkjet printing and thermal reduction of graphene oxide[J]. Electrochem Commun., 2011, 13 (4): 355-358.

[129] Shin K Y, Hong J Y, Jang J. Micropatterning of graphene sheets by inkjet printing and its wideband dipole-antenna application[J]. Adv. Mater., 2011, 23 (18): 2113-2118.

[130] Kim D S, Jeong J-M, Park H J, et al. Highly concentrated, conductive, defect-free graphene ink for screen-printed sensor application[J]. Nano-Micro Lett. 2021, 13: 87.

[131] Santhiago M, Correa C C, Bernardes J S, et al. Flexible and foldable fully-printed carbon black conductive nanostructures on paper for high-performance electronic, electrochemical, and wearable devices[J]. ACS Appl. Mater. Inter., 2017, 9 (28): 24365-24372.

[132] Gogotsi Y, Anasori B, The rise of MXenes[J]. ACS Nano, 2019, 13: 8491-8494.

[133] Naguib M K, Presser V, Lu, J, et al. Two-dimensional nanocrystals produced by exfoliation of Ti_3AlC_2[J]. Adv. Mater., 2011, 23: 4248-4253.

[134] Hantanasirisakul K, Zhao M-Q, Urbankowski P, et al. Fabrication of Ti_3C_2Tx MXene transparent thin films with tunable optoelectronic properties[J]. Advanced Electronic Materials, 2016, 2 (6): 160005.

[135] Liu Y, Xiao H, Goddard W A. Schottky-barrier-free contacts with two-dimensional semiconductors by surface-engineered MXenes[J]. Journal of the American Chemical Society, 2016, 138 (49): 15853-15856.

[136] Tahini H A, Tan X, Smith X C. The origin of low work functions in OH terminated MXenes[J]. Nanoscale, 2017, 9 (21): 7016-7020.

[137] Lin H, Gao S, Shi J, et al. A two-dimensional biodegradable niobium carbide (MXene) for photothermal tumor eradication in NIR-I and NIR-II biowindows[J]. Journal of the American Chemical Society, 2017, 139 (45): 16235-16247.

[138] Ghidiu M, Lukatskaya M R, Zhao M Q, et al. Conductive two-dimensional titanium carbide 'clay' with high volumetric capacitance[J]. Nature, 2014, 516 (7529): 78-81.

[139] Li Y, Shao H, Lin Z, et al. A general Lewis acidic etching route for preparing MXenes with enhanced electrochemical performance in non-aqueous electrolyte[J]. Nat. Mater., 2020, 19 (8): 894-899.

[140] Jawaid A, Hassan A, Neher G, et al. Halogen etch of Ti_3AlC_2 MAX phase for MXene fabrication[J]. ACS Nano, 2021, 15 (2): 2771-2777.

[141] Xing W, Tu W, Han Z, et al. Template-induced high-crystalline $g-C_3N_4$ nanosheets for enhanced photocatalytic H_2 evolution[J]. ACS Energy Letters, 2018, 3 (3): 514-519.

[142] Abdolhosseinzadeh S, Jiang X, Zhang H, et al. Perspectives on solution processing of two-dimensional MXenes[J]. Materials Today, 2021, 48: 214-240.

[143] Hou C, Yu H, Huang C. Solution-processable $Ti_3C_2T_x$ nanosheets as an efficient hole transport layer for high-performance and stable polymer solar cells[J]. Journal of Materials Chemistry C, 2019, 7 (37): 11549-11558.

[144] Yang L, Dall'Agnese Y, Hantanasirisakul K, et al. $SnO_2 - Ti_3C_2$ MXene electron transport layers for perovskite solar cells[J]. Journal of Materials Chemistry A, 2019, 7 (10): 5635-5642.

[145] Dickey M D. Stretchable and soft electronics using liquid metals[J]. Adv. Mater., 2017, 29: 1606425.

[146] Wang L, Liu J. Advances in the development of liquid metal-based printed electronic inks[J]. Front Mater., 2019, 6: 303.

[147] Zheng Y, He Z Z, Liu J, et al. Personal electronics printing via tapping mode composite liquid metal ink delivery and adhesion mechanism[J]. Scientific Reports, 2014, 4: 4588.

[148] 桂林, 高猛, 叶子, 液态金属微流体学[M]. 上海: 上海科学技术出版社, 2021.

[149] Zhang W, Ou J Z, Tang S Y, et al. Liquid metal/metal oxide frameworks[J]. Adv. Funct. Mater., 2014, 24 (24): 3799-3807.

[150] Hutter T, Bauer W A C, Elliott S R, et al. Formation of spherical and non-spherical eutectic gallium-indium liquid-metal microdroplets in microfluidic channels at room temperature[J]. Adv. Funct., Mater., 2012, 22 (12): 2624-2631.

[151] Thelen J, Dickey M D, Ward T. A study of the production and reversible stability of

EGaIn liquid metal microspheres using flow focusing[J]. Lab. Chip, 2012, 12 (20): 3961-3967.

[152] Chen S, Ding Y J, Liu J, et al. Controllable dispersion and reunion of liquid metal droplets[J]. Sci China Mater., 2019, 62 (3): 407-415.

[153] Tang S Y, Joshipura I D, Lin Y L, et al. Liquid-metal microdroplets formed dynamically with electrical control of size and rate[J]. Adv. Mater., 2016, 28 (4): 604-609.

[154] Bai S, Wu Z W, Xu X L, et al. Inverted organic solar cells based on aqueous processed ZnO interlayers at low temperature[J]. Appl. Phys. Lett., 2012, 100 (20): 203906.

[155] Tecaru A, Danciu A I, Musat V, et al. Zinc oxide thin films prepared by spray pyrolysis [J]. J. Optoelectron Adv. M, 2010, 12 (9): 1889-1893.

[156] Murase S, Yang Y. Solution processed MoO_3 interfacial layer for organic photovoltaics prepared by a facile synthesis method[J]. Adv. Mater., 2012, 24 (18): 2459-2462.

[157] Ganchev M, Sendova-Vassileva M, Vitanov P, et al. Thermal treatment of solution processed nanosized thin films of molybdenum oxide[J]. J. Phys.: Conf. Ser., 2016, 764: 012011.

[158] Hammond S R, Meyer J, Widjonarko N E, et al. Low-temperature, solution-processed molybdenum oxide hole-collection layer for organic photovoltaics[J]. J. Mater. Chem., 2012, 22 (7): 3249-3254.

[159] Kim S Y, Lee I S, Yeon Y S, et al. ZnO nanoparticles with hexagonal cone, hexagonal plate, and rod shapes: synthesis and characterization[J]. B Korean Chem. Soc., 2008, 29 (10): 1960-1964.

[160] Yang Y F, Jin Y Z, He H P, et al. Dopant-induced shape evolution of colloidal nanocrystals: the case of zinc oxide[J]. J. Am. Chem. Soc., 2010, 132 (38): 13381-13394.

[161] Chen S J, Li L H, Chen X T, et al. Preparation and characterization of nanocrystalline zinc oxide by a novel solvothermal oxidation route[J]. J. Cryst. Growth, 2003, 252 (1-3): 184-189.

[162] Song J Z, Kulinich S A, Li J H, et al. A general one-pot strategy for the synthesis of high-performance transparent-conducting-oxide nanocrystal inks for all-solution-processed devices[J]. Angew. Chem. Int. Edit, 2015, 54 (2): 462-466.

[163] Chai M, Amir N, Yahya N. Characterization and colloidal stability of surface modified zinc oxide nanoparticle [J]. Journal of Physics: Conference Series, 2018, 1123: 012007.

[164] Weitz R T, Zschieschang U, Forment-Aliaga A, et al. Highly reliable carbon nanotube transistors with patterned gates and molecular gate dielectric [J]. Nano Lett., 2009, 9 (4): 1335-1340.

[165] Vaillancourt J, Zhang H Y, Vasinajindakaw P, et al. All ink-jet-printed carbon

nanotube thin-film transistor on a polyimide substrate with an ultrahigh operating frequency of over 5 GHz[J]. Appl. Phys. Lett., 2008, 93 (24): 243301.

[166] Okimoto H, Takenobu T, Yanagi K, et al. Low-voltage operation of ink-jet-printed single-walled carbon nanotube thin film transistors[J]. Jpn. J. Appl. Phys., 2010, 49 (2): 02BD09.

[167] Li J T, Unander T, Cabezas A L, et al. Ink-jet printed thin-film transistors with carbon nanotube channels shaped in long strips[J]. J. Appl. Phys., 2011, 109 (8): 084915.

[168] Jung M, Kim J, Noh J, et al. All-printed and roll-to-roll-printable 13.56-MHz-operated 1-bit RF tag on plastic foils[J]. IEEE Trans. Electron Devices, 2010, 57 (3): 571-580.

[169] 赵建文, 崔铮. 印刷碳纳米管薄膜晶体管技术与应用[M]. 北京: 高教出版社, 2020.

[170] Qiu S, Wu K, Li Q, et al. Solution-processing of high-purity semiconducting single-walled carbon nanotubes for electronics devices[J]. Advanced Materials, 2018, 31(9): 1800750.

[171] Zhang H L, Wu B, Hu W P, et al. Separation and/or selective enrichment of single-walled carbon nanotubes based on their electronic properties[J]. Chem. Soc. Rev., 2011, 40 (3): 1324-1336.

[172] Zheng M, Jagota A, Semke E D, et al. DNA-assisted dispersion and separation of carbon nanotubes[J]. Nature Materials, 2003, 2 (5): 338-342.

[173] Strano M S, Zheng M, Jagota A, et al. Understanding the nature of the DNA-assisted separation of single-walled carbon nanotubes using fluorescence and Raman spectroscopy [J]. Nano Letters, 2004, 4 (4): 543-550.

[174] Wei L, Wang B, Goh T H, et al. Selective enrichment of (6, 5) and (8, 3) single-walled carbon nanotubes via cosurfactant extraction from narrow (n, m) distribution samples[J]. Journal of Physical Chemistry B, 2008, 112 (10): 2771-2774.

[175] Arnold M S, Stupp S I, Hersam M C. Enrichment of single-walled carbon nanotubes by diameter in density gradients[J]. Nano Letters, 2005, 5 (4): 713-718.

[176] Arnold M S, Green A A, Hulvat J F, et al. Sorting carbon nanotubes by electronic structure using density differentiation[J]. Nature Nanotechnology, 2006, 1 (1): 60-65.

[177] Xu W, Zhao J, Cui, Z, et al. Sorting of large-diameter semiconducting carbon nanotube and printed flexible driving circuit for organic light emitting diode (OLED)[J]. Nanoscale, 2014, 6: 1589-1595.

[178] Adrian N, Hwang J Y, Doig J, et al. Highly selective dispersion of single-walled carbon nanotubes using aromatic polymers[J]. Nature Nanotechnology, 2007, 2: 640-646.

[179] Lee H W, Yoon Y, Bao Z, et al. Selective dispersion of high purity semiconducting single-walled carbon nanotubes with regioregular poly (3-alkylthiophene) s[J]. Nature

Communications, 2011, 2: 541.

[180] Gao W, Zhao J W, Ma C Q, et al. Selective dispersion of large-diameter semiconducting carbon nanotubes by functionalized conjugated dendritic oligothiophenes for use in printed thin film transistors[J]. Adv. Funct. Mater., 2017, 27 (44): 1703938.

[181] Liu L J, Han J, Peng L M, et al. Aligned, high-density semiconducting carbon nanotube arrays for high-performance electronics[J]. Science, 2020, 368 (6493): 850-856.

[182] Jiao L Y, Wang X R, Dai H J, et al. Facile synthesis of high-quality graphene nanoribbons[J]. Nature Nanotechnology, 2010, 5 (5): 321-325.

[183] Zhang Y B, Tang T T, Girit C, et al. Direct observation of a widely tunable bandgap in bilayer graphene[J]. Nature, 2009, 459 (7248): 820-823.

[184] Ni K, Chen L, Lu G X. Synthesis of silver nanowires with different aspect ratios as alcohol-tolerant catalysts for oxygen electroreduction[J]. Electrochem. Commun., 2008, 10 (7): 1027-1030.

[185] Schwierz F S F. Graphene transistors [J]. Nature Nanotechnology, 2010, 5 (7): 487-496.

[186] Li X L, Wang X R, Zhang L, et al. Chemically derived, ultrasmooth graphene nanoribbon semiconductors[J]. Science, 2008, 319 (5867): 1229-1232.

[187] Lin M W, Ling C, Zhang Y Y, et al. Room-temperature high on/off ratio in suspended graphene nanoribbon field-effect transistors [J]. Nanotechnology, 2011, 22 (26) 265201.

[188] Wang X R, Ouyang Y J, Li X L, et al. Room-temperature all-semiconducting sub-10-nm graphene nanoribbon field-effect transistors [J]. Phys. Rev. Lett., 2008, 100 (20): 206803.

[189] Torrisi F, Hasan T, Wu W, et al. Inkjet-printed graphene electronics[J]. ACS Nano, 2012, 6 (4): 2992-3006.

[190] Shimoda T, Matsuki Y, Furusawa M, et al. Solution-processed silicon films and transistors[J]. Nature, 2006, 440 (7085): 783-786.

[191] Fan J Y, Chu P K. Group IV nanoparticles: synthesis, properties, and biological applications[J]. Small, 2010, 6 (19): 2080-2098.

[192] Harting M, Zhang J, Gamota D R, et al. Fully printed silicon field effect transistors[J]. Applied Physics Letters, 2009, 94 (19): 193509.

[193] Printed Silicon Technology (PST) [EB/OL]来自 PST Sensors 网站.

[194] Scaife B K P. Principles of dielectrics[M]. Oxford: Oxford University Press, 1989.

[195] Chiang C, Fraser D B. Understanding of spin-on-glass (SOG) properties from their molecular structure [C]. Proceedings 6th International IEEE VLSI Multilevel Interconnection Conference, 1989.

[196] Nagase T, Hamada T, Tomatsu K, et al. Low-Temperature Processable Organic-

Inorganic Hybrid Gate Dielectrics for Solution-Based Organic Field-Effect Transistors[J]. Adv. Mater., 2010, 22 (42): 4706-4710.

[197] Seul H J, Kim H G, Park M Y, et al. A solution-processed silicon oxide gate dielectric prepared at a low temperature via ultraviolet irradiation for metal oxide transistors[J]. J. Mater. Chem. C, 2016, 4 (44): 10486-10493.

[198] Yim K, Yong Y, Lee J, et al. Novel high-κ dielectrics for next-generation electronic devices screened by automated ab initio calculations[J]. NPG Asia Mater., 2015, 7: e190.

[199] Xu W, Wang H, Yea L, et al. The role of solution-processed high-κ gate dielectrics in electrical performance of oxide thin-film transistors[J]. J. Mater. Chem. C, 2014, 2: 5389-5396.

[200] Yusoff N H, Osman R A M, Idris M S. Dielectric and structural analysis of hexagonal and tetragonal phase BaTiO$_3$[C]//AIP Conference Proceedings, 2020, 2203: 020038.

[201] Kim P, Zhang X H, Domercq B, et al. Solution-processible high-permittivity nanocomposite gate insulators for organic field-effect transistors[J]. Applied Physics Letters, 2008, 93 (1): 013302.

[202] Schroeder R, Majewski L A, Grell M. High-performance organic transistors using solution-processed nanoparticle-filled high-kappa polymer gate insulators[J]. Adv. Mater., 2005, 17 (12): 1535-1539.

[203] Ragni L, Al-Shami A, Mikhaylenko G, et al. Dielectric characterization of hen eggs during storage[J]. J. Food Engineering, 2007, 82: 450-459.

[204] Wu X, Chen Z, Cui Z. Investigation of solution processable albumen-BaTiO$_3$ nanocomposite and its application in high-k films[J]. Composites Science and Technology, 2013, 81: 48-53.

[205] Wu X, Chen Z. Cui Z. Preparation of BaTiO$_3$/PMMA dielectric Films by Screen Printing [J]. Applied Mechanics and Materials, 2015, 748: 163-169.

印刷电子制造工艺与设备

第 **4** 章

4.1 引言

印刷术是中国对世界贡献的四大发明之一。传统图文印刷技术已经相当成熟[1]。从原理上,印刷可以分为两大类:无版印刷与有版印刷。各种喷墨打印归类于无版印刷,又通称为数字印刷。设计图案通过计算机直接控制打印头运动,以及配合工作台运动,打印出所需的图案。所谓有版印刷,即需要事先将设计图案制成印版,然后通过油墨复制到基材表面。根据油墨从模版向基材转移的方式,有版印刷可分为直接式与间接式两类,即模版直接与承印材料接触或模版通过胶版间接将油墨转印到承印材料上。印刷加工的另一个重要技术是涂布。涂布是非图形化的印刷。

印刷电子虽然借用了传统印刷技术,但由于印刷的对象不是报纸杂志,不是彩色图像,而是电子器件,因此第一位重要的是印刷电子器件的性能。因此对印刷工艺的要求也与传统印刷大不相同。首先,所印刷的墨水或油墨具有电子功能,这与传统印刷油墨大不相同。本书第 2、3 章已经详细介绍了各种有机与无机电子材料及其墨水的制备。电子墨水或油墨的多样性也使各种印刷设备对它们的适印性变得更为复杂。其次,制备电子器件的印刷设备相比于传统印刷需要更高的分辨率与更高的对准精度,以及多层印刷的套印精度。最后,为了使墨水与基材更好地结合,在印前需要对基材表面做某些处理;印好的墨水或油墨图案需要干燥或烧结。特别是烧结工艺,大多数电子墨水只有在烧结后才能体现出其电子性能,例如导电、发电、发光等性能。因此,印刷与烧结构成了印刷电子工艺的两大重要组成部分。

尽管传统印刷设备已经相当成熟,但印刷电子应用提出的新需求大大地推动了这一领域的进步。传统图文印刷并不需要高分辨率,但因为有先进的集成电路加工技术作为标杆,提高印刷分辨率成为印刷电子加工领域在过去 10 年不懈追求的目标,催生了一批新原理印刷技术。例如,基于气流体动力学与电流体动力学原理的喷墨打印技术已经将喷墨打印的分辨率从几十微米提高到微米以下。传统胶印技术也已能印刷 10 μm 以下的精细图形。利用表面形貌与表面化学辅助的混合印刷方法更是丰富了印刷电子加工的工具库。传统图文印刷中,油墨只需要干燥即完成整个印刷过程。但电子油墨基本需要经过烧结才能呈现其电子功能。大多数基于无机材料的电子墨水或油墨需要高温烧结,这与在低成本柔性衬底上制造电子器件的需求是矛盾的。因此,如何在不降低电子功能的前提下降低烧结温度,成为印刷电子加工的一个重要研究方向。这一方面推动了对电子墨水本身的物理化学性质的改进(见第 3 章),另一方面也出现了除常规热烧结之外的新技术,如光子烧结和化学烧结等。

自本书第 1 版出版以来,过去 10 年中印刷电子加工已经独立于传统图文印刷,成为一种新的工业制造技术。作为与 3D 打印同类的增材制造技术,印刷加工凸显了在大面积基材和柔性基材上制造电子器件与电路的优越性和不可替代性。在显示领域,韩国三星电子在 2022 年已将喷墨打印应用于生产 8.5 代(2200 mm×2500 mm)量子点有机发光二极管(QD-OLED)显示屏,中国平板显示龙头企业 TCL 公司也已在 2021 年展示了喷墨打印制备的 65 in 有机发光二极管(OLED)显示屏。在光伏领域,除了早已成熟的晶硅太阳能电池面电极印刷工艺外,通过印刷制备柔性有机与钙钛矿太阳能电池的技术也日趋成熟。在电子电路领域,喷墨打印已开始在印刷制备电路板中应用。韩国科研人员通过 10 年研发,实现了在塑料薄膜基材上卷对卷连续凹版印刷晶体管及其电路。因此,系统了解针对电子制造的印刷加工技术是理解印刷电子技术的基础之一。本章不是面面俱到地重复在传统图文印刷中已经相当成熟的印刷技术,而是针对印刷电子加工的特点,着重介绍过去 10 年中在这一领域的发展与进步。

4.2　喷墨打印

4.2.1　分类和应用优势

喷墨打印(inkjet printing),顾名思义,即功能墨水是以墨滴方式喷出来并落在基材上实现印刷的。在所有印刷技术中,喷墨打印属于无版印刷,也是非接触式印刷,即喷头本身不与承印材料直接接触。根据墨滴喷出的方式,喷墨打印有两种工作方式:连续喷墨(continuous inkjet,CIJ)与按需喷墨(drop on demand,DOD)。连续喷墨方式即墨滴连续喷出,打印墨滴是通过静电或气流对非打印墨滴实施偏转实现的,这种喷墨方式基本上用于图文印刷。印刷电子加工中的喷墨打印主要是按需喷墨工作方式。用于图文印刷的传统喷墨打印技术已有 50 余年的历史,最早的喷墨打印技术专利出现于 20 世纪 70 年代。但用于图文印刷的喷墨打印难以实现高分辨率,目前最先进的传统喷墨打印也只能实现 30 μm 左右的等间距线宽[2]。其原因一方面是受限于喷墨工作原理,另一方面在图文印刷中并不需要非常高的分辨率。印刷电子加工的需求则完全不同。为了制造电子器件,需要喷墨打印的分辨率尽可能高,因为已有集成电路加工的精细度作为标杆在先,而且大多数电子器件需要精细器件结构才能实现高性能。因此,过去 10 年中为适应印刷电子加工的需求出现了一些新原理的喷墨打印技术,例如,基于气流体动力学原理的喷墨打印与基于电流体动力学原理的喷墨打印。这些新原理的喷墨打印技术不仅可以将打印分辨率提高到 1 μm 量级,而且对墨水的组分和黏度要求更宽容,可以适应电子墨水的多样化需求。

喷墨打印在印刷电子加工中具有以下几方面的优势:

(1)喷墨打印可以适应宽范围黏度的墨水,从数 cP(1 cP = 1 mPa·s)到上万 cP。印刷电子器件所用的一些高性能墨水一般为高纯度的液相分散体系,包括溶液、胶体以及悬浊液等。这类墨水的黏度一般小于 20 cP,某些实验室自制的墨水黏度甚至仅有几 cP,远远低于大部分有版印刷工艺对墨水黏度的最低要求。以传统喷墨打印为代表的印刷工艺正好适用于这类低黏度油墨,从而填补了传统印刷方法在超低黏度油墨领域的空白。另一方面,新型喷墨打印技术如气流体喷印和电流体喷印等可以打印高黏度电子油墨,将黏度范围延伸到传统丝网印刷油墨范畴。

(2)作为非接触式印刷,喷墨打印无须与承印材料发生接触就能完成油墨的印刷。这一方面显著减少了传统的接触式印刷工艺对承印衬底的弯曲度、粗糙度和强度方面的限制,另一方面也避免了喷头与承印材料之间可能存在的交叉污染或者损坏,更适合用于在易损坏或者易污染的承印材料上的印刷。因此喷墨打印对于各类承印材料具有广泛的适用性。

(3)作为无版印刷技术,喷墨式印刷允许用户将所设计的图案立即付诸打印,并可以做到即时修改设计,省略了制版等印前工艺所需的资金和时间成本。这方面的优势尤其在小批量、个性化印刷方面更为突出。

(4)喷墨打印是数字化印刷,更容易实现多种材料的打印与多层图形的套印。对于传统的有版印刷而言,一块印版通常只能印刷一种材料,多种材料的套印只能通过多印版逐次印刷来实现,生产线被迫拉长,而且印版之间需要精密套准。而喷墨打印则可以在计算机的统一控制下,将本来需要多道工序套印的生产过程简化为多喷头同时打印,更容易控制套印精度,大幅降低了工艺难度。特别是在印刷零星分布的小面积图案时,喷墨打印所具有的优势更为明显。

(5)相对于有版印刷工艺的供墨方式,喷墨打印在生产过程中的油墨消耗量更少,有利于节约原材料和降低成本。同时喷墨式印刷工艺的超低量油墨消耗也意味着溶剂挥发的减少,对于工厂操作人员来说毒性更小,环境更为友好。

　　有鉴于上述优势,过去十几年中喷墨打印在电子制造领域获得了广泛应用。特别值得强调的是,喷墨打印方法所具有的使用简单、耗费材料少、无须制版、承印材料范围广等特点决定了该法尤其适合在实验室中使用。因此该方法成为学术界研究印刷电子器件最常用的印刷方法,在产业界也已经得到了广泛的关注,例如喷墨打印用于大尺寸显示屏的制造。

4.2.2 传统喷墨打印

　　如前所述,本章将广泛应用于图文印刷的喷墨打印技术归类于传统喷墨打印,而传统喷墨打印技术中应用于印刷电子加工的主要是按需喷墨方式。按需喷墨是指设备只在承印材料需要覆盖油墨时才喷出墨滴的喷墨打印方法。驱动墨滴喷出的方法主要是热泡驱动和压电驱动,如图 4.1 所示。

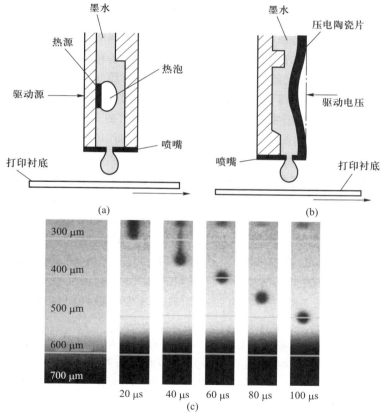

图 4.1 喷墨打印工作原理:(a)热泡驱动;(b)压电驱动;(c)墨滴形成实时图像

热泡喷墨通过电阻加热方法使墨水中的易挥发组分汽化产生气泡。由于气泡的膨胀作用,将一定量的墨水从喷嘴中挤出,实现喷射墨滴的效果[图4.1(a)]。当加热电压为 0 时,电阻式热源停止加热,气泡因冷却而收缩破裂,从而使墨室重新充墨。压电喷墨通过对压电材料施加一定电压,利用压电材料在电场作用下所产生的形变,使墨腔体积发生变化而挤出墨滴,并使其从喷嘴系统中射出[图4.1(b)]。而当外加电压为 0 时,压电材料恢复原有形状,使墨室得以重新充墨。墨滴并不是在喷嘴处形成,而是在墨水流喷出后收缩形成[图4.1(c)]。热泡喷墨的前提是墨水能够在加热后汽化形成热泡,因此对墨水的种类有限制。另外,热源加热与冷却都需要一定时间,这也限制了喷墨的速度或喷墨打印头的工作频率。与热泡喷墨相比,压电喷墨对墨水成分没有特殊要求,并且有更高的工作频率。同时,压电材料的形变可以精确控制,喷墨量更小,即所喷射的墨滴更小、打印分辨率更高[1]。因此印刷电子所采用的喷墨打印设备基本都是压电喷墨方法[3]。

喷墨打印设备的核心是喷墨打印头。全世界能够生产喷墨打印头的制造厂家包括柯尼卡、爱普生、京瓷、惠普、柯达、富士、XAAR 等。国内目前能够批量生产喷墨打印头的企业只有苏州锐发喷墨打印科技有限公司。尽管全球能够生产喷墨打印设备的制造厂商众多,但都依赖于这几家公司提供的喷墨打印头。图4.2 展示了两种在国内大学与科研机构中比较流行的压电式喷墨打印机和一种工业型喷墨打印机。Dimatix 公司的 DMP-2800 系列喷墨打印机[图4.2(a)]结构简单轻便、各项功能比较全面,可基本满足一般的实验需要。该公司所生产喷墨打印机的特色在于将墨盒和喷头(包括 16 个喷嘴以及相关控制电路)都集成到一起的卡匣(cartridge),采用这种可以随时拔插的卡匣的打印机就意味着拥有可轻松替换的墨盒与喷头,从而可以做到快速更换墨水而无须清洗墨盒与喷头,极大地方便了实验室操作。MicroFab 公司的 JetLab 系列喷墨打印机[图4.2(b)]则采用了 4 个独立的毛细管型喷头。每个喷头独立可控并配备独立供墨管路,可打印 4 种不同墨水材料。Kateeva 公司生产的工业型喷墨打印机[图4.2(c)]则已经在电视屏面板生产中使用,可以在 2 m×2 m 尺寸以上的玻璃基板喷墨打印封装材料或红绿蓝像素材料。

对于使用者来说,对喷墨打印最为关注的指标是分辨率和成膜质量。影响这两项指标的因素众多,其中大部分与印刷设备本身无关,而是基于印刷过程各个环节中墨水运动的细节。传统喷墨打印要求低黏度、高沸点墨水,墨水黏度范围在 5~20 cP。低黏度代表流动性好,高沸点代表不易挥发。这两个性质可以防止喷嘴堵塞,而喷墨打印最容易出现的问题就是喷嘴堵塞。

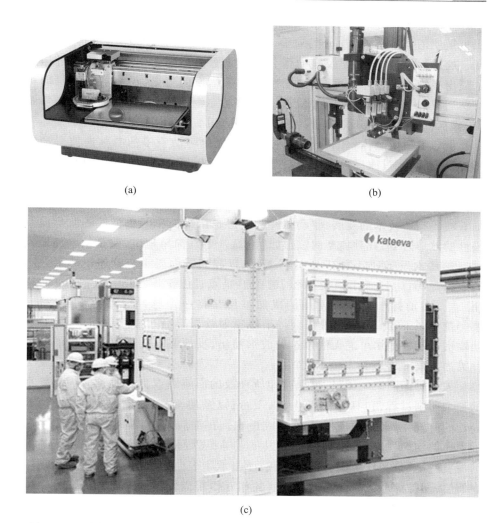

(a)　　　　　　　　　　　(b)

(c)

图 4.2　几种实验室型与工业型喷墨打印机：(a) Dimatix 公司的 DMP2831 喷墨打印机；
(b) MicroFab 公司的 JetLab 喷墨打印机；(c) Kateeva 公司的工业型喷墨打印机

　　传统喷墨打印的分辨率大概在 $20\sim150\ \mu m$ 的范围内，具体的数值取决于两个方面：打印时所喷射出墨滴的大小，以及墨滴在承印材料表面的流动行为。喷射液滴尺寸的决定因素包括喷嘴的直径、生成液滴所用的电脉冲波形以及墨水本身的表面张力等物理性质。减小喷射墨滴尺寸最直接的办法是缩减喷嘴的直径，例如 Dimatix D-128 系列喷头的喷嘴直径从 $21\ \mu m$ 减小到

9 μm 时,标准喷射墨滴的体积随之从 10 pL[①] 降到 1 pL。但目前的喷头很少大批量使用直径小于 9 μm 的喷嘴,因为过细的喷嘴即使没有被固体颗粒堵塞,也会因为墨水的黏度及表面张力而产生极大的喷射阻力,很难通过压电法喷出墨滴。在这种情况下,出于防止喷嘴堵塞的考虑,小喷嘴喷墨打印机对所用墨水在固体颗粒尺寸、黏度、表面张力、挥发速度等方面的要求非常苛刻,成本将会大幅攀升,从而限制了大范围应用。

调节喷射墨滴体积的另外一种方法是优化驱动喷墨的电脉冲波形和电压,其原理是通过改变喷头腔体中压电元件挤压墨水的方式,起到调节所喷射墨水体积的作用[3]。其中最简单的方法是改变驱动喷墨的电压:驱动电压越高,压电元件形变越大,所喷射的墨滴也就越大,同时喷射速度也会加快。随着喷墨打印技术的发展,驱动脉冲的波形也由最简单的单极性的波形向双极性的波形转变,几种典型的波形如图 4.3 所示。简单地讲,就是从单纯地往外"推"墨水发展到既"推"又"拉"墨水,以起到帮助墨滴与腔体内墨水分离的效果,从而达到减小墨滴体积、避免卫星点(主墨滴之外的散落点)的作用[4-8]。目前打印机中最常用的成熟波形是将一个脉冲分解为"拉—推—推—拉"4 个阶段,可以使墨水获得最佳喷射效果。但在实际应用中,一些物理性质极端的墨水可能无法用这种波形喷出,反而需要其他比较原始的波形种类才能喷射出来。

关于打印图案的质量,喷墨打印所涉及的影响因素更加复杂。一滴墨水的整个印刷过程,包括墨滴的生成、飞行,以及墨滴在承印表面的自发运动等,都有可能对最终的成膜质量造成影响。在墨滴的生成阶段,需要关注墨滴大小的均匀程度,是否有拖尾和卫星点等;飞行阶段则需要考虑墨滴的溶剂挥发速度、是否发生偏移,以及墨滴撞击承印表面的影响;而墨滴到达承印表面后,还需要考虑墨滴因为与表面的相互作用而发生的干燥行为和自发运动。喷射到非渗透性承印表面之后的墨水通常在一定时间内仍然具有良好的流动性,通过改善墨滴与承印材料表面的相互作用也有助于控制打印分辨率。相同体积的墨滴在不同接触角的承印材料上所形成的墨点面积有很大的差别,极端情况下会相差数倍。接触角是衡量材料表面亲疏水性的标识量,接触角越小表示材料的表面能越大,亲水性越好。图 4.4(a)演示了衬底表面能以及墨滴表面张力对墨滴在衬底表面的浸润性的影响。显然,衬底的表面能越高,材料亲水性越好,墨滴在衬底表面的浸润性越好,墨滴铺展面积越大;墨水的表面张力越高,墨滴在衬底表面的浸润性越差,墨滴铺展面积越

---

① 皮升,容量计量单位。1 pL = 10^{-12} L。

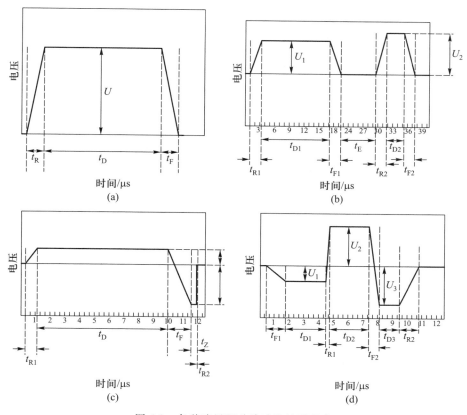

图 4.3　各种喷墨驱动脉冲的波形程序

小。图 4.4（b）、（c）则展示了同样体积墨滴打印在亲水表面和疏水表面的形状差异。另外,由于表面张力的作用,墨水具有从疏水区域向亲水区域自发运动的本能,利用此原理可以先在承印材料上形成高表面能图案,通过墨水的自发运动使墨水在高表面能区域形成打印图形。

　　喷墨打印中最经典的问题是"咖啡环"效应,即墨水在承印表面上的最终干燥结果呈四周高中间低的特殊形貌[9]。关于咖啡环产生有多种解释[10-14],通常认为是液滴干燥过程中由于边界被钉扎在原地无法移动,而且挥发速度高于液滴中央,引发液体由中央向边际流动,同时带动溶质在干燥过程中由中间向边际移动,最终在液滴的最外沿留下了大部分的溶质,如图 4.5 所示。图 4.6 是喷墨打印碳纳米管墨水在墨滴干燥后形成的"咖啡环"。可以有多种方法缓解和避免咖啡环的生成,如用不同沸点和表面张力的溶剂配制混合溶

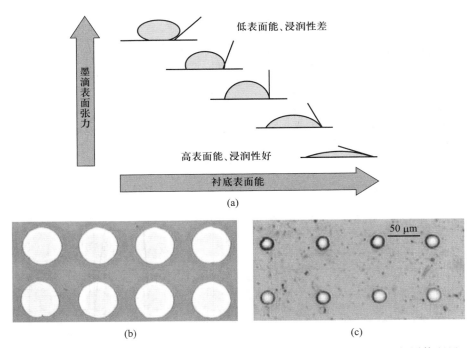

图 4.4 （a）衬底表面能与墨水表面张力对墨水润湿性的影响；（b）、（c）相同体积墨滴在亲水表面（b）和疏水表面（c）的大小差异

剂，增加墨滴与承印表面的接触角，减少墨水的流动性等[15-18]。但咖啡环效应并不是一无是处，对于某些特定应用可以利用这一效应形成某些特殊结构的打印图形[19]。

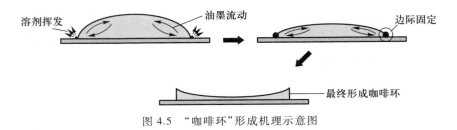

图 4.5 "咖啡环"形成机理示意图

喷墨打印图案的表面平整度与墨水的挥发速度密切相关：当墨水挥发速度太快时，墨滴就不能相互融合形成均一的薄膜；而墨水挥发速度太慢时，由于干燥过程中墨水的自发运动仍然会产生不平整现象。打印图案的边缘出

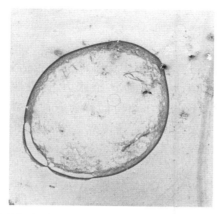

图 4.6　喷墨打印碳纳米管墨水在墨滴干燥后形成的"咖啡环"

现锯齿等现象,可以通过改变墨水的挥发速度来得到改善。因此,理论上通过控制调节墨水挥发性、墨滴大小、墨水温度、承印材料温度、墨水与承印表面接触角、墨水挥发过程中物理性质的变化等因素,就有可能达到最完美的打印状态。有文献分析了几种典型喷墨打印直线的成膜状态,包括孤立点、圆齿线、均一线、膨胀线和多层硬币等[图 4.7(a)],总结出喷墨打印的效果与油墨干燥速度和点间距之间的关系如图 4.7(b)所示[18]。可见为了得到均匀平整的打印线形,墨滴落点间距与干燥时间都需要适中。

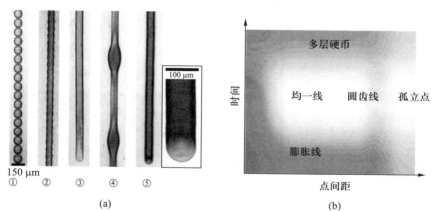

图 4.7 (a) 几种典型的喷墨打印线的状态,图中直线状态分别为①孤立点,② 圆齿线,③ 均一线,④ 膨胀线,⑤ 多层硬币;(b) 打印效果与干燥速度和点间距之间的关系示意[18]。

4.2.3　气流喷印

　　传统喷墨打印在印刷电子应用中面临的挑战包括分辨率不够高、对墨水的物理性质要求苛刻,即墨水的黏度、表面张力、挥发性等必须控制在相当窄的范围内。气流喷印(aerosol jet printing)作为一种新型喷墨打印技术可以在一定程度上克服传统喷墨打印的这些缺点。气流喷印是与喷墨打印截然不同的喷墨式印刷方法,其工作原理如图 4.8 所示。首先需要对墨水进行雾化

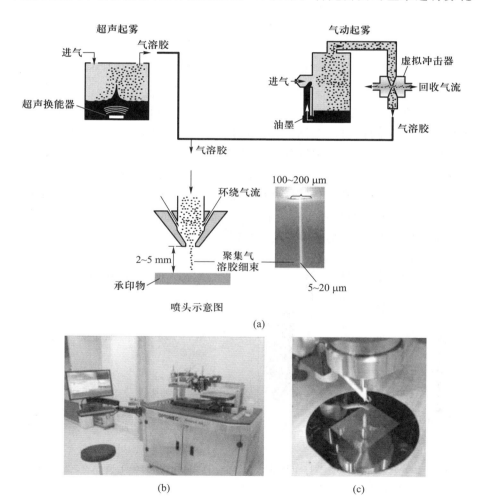

图 4.8　(a)气流喷印原理示意图;(b)Optomec 公司的 AJ-300 打印机;(c)喷嘴特写

操作,使墨水分散成直径在 1~5 μm 的液相颗粒并与输运气体混合形成气溶胶(aerosol),因此也被称为气溶胶喷印。起雾方式包括超声起雾和压缩空气起雾两种。在气流喷印的工作过程中,雾化的墨水液滴通过输运气流输送到喷头处。为保证所喷射的气溶胶态墨水能最终形成稳定的细束,喷头部分设计成夹层结构,在喷嘴的气溶胶细束外围另有一圈环绕的喷射气流,对喷出的雾化墨水实施气体动力学聚焦(aerodynamic focusing)[20],将气溶胶的主要落点控制在小于喷嘴直径的 1/10 的范围内,并且保持喷出的墨水束在距离喷嘴 2~5 mm 处粗细保持均匀。如图 4.8 中所示,尽管喷嘴的物理直径为 100~200 μm,墨水气溶胶束直径只有 5~20 μm。

由上述工作原理可以看出,气流喷印打印机属于连续喷墨式印刷,所喷出的实质上是含有大量微型油墨液滴的连续气流,而不像传统喷墨打印那样每次只喷射一滴独立的墨滴。气流喷印需要中断喷射时只有通过在喷口外的挡板来阻止油墨喷出[图 4.8(c)中的喷嘴特写],类似于照相机的快门。因此气流喷印所打印的并不是由大量墨点组成的点阵式图案,而是通过一系列连续或者断开的线条来组成所需的图案。在整个打印过程中,喷头固定不动,油墨从喷嘴中连续喷射,而载有承印物的工作平台则在计算机控制下按照预先规划好的运动轨迹移动,形成精确的油墨线条,最终组成打印图案。气流喷印技术在 2000 年初提出[21],后来美国 Optomec 公司将这一技术转化成商品化气流喷射打印机,该公司申请了一系列该项技术的专利[22-27],"Aerosol Jet"同时也是该公司气流喷印技术设备的注册商标。图 4.8(b)中展示的是该公司所生产的 AJ-300 型号的打印设备。

与 4.2.2 节介绍的传统喷墨打印相比,气流喷印有以下优点:

(1)墨水的黏度范围大大扩展。传统喷墨打印要求墨水黏度范围严格控制在 5~20 cP 之间,否则要么无法阻止墨水的自然泄漏(黏度过低),要么无法喷出墨滴(黏度过高)。气流喷印可以允许墨水黏度在 1~1000 cP 范围内。低黏度墨水(1~10 cP)可以通过超声起雾,高黏度墨水(10~1000 cP)可以通过气动起雾。黏度范围的扩展大大降低了对打印墨水的要求,扩展了墨水的种类。

(2)打印分辨率大大提高。由于气体动力学聚焦作用,打印分辨率不再决定于喷嘴的直径与墨滴体积。同时由于气溶胶中的液滴颗粒的直径小、比表面积大,其干燥速度远高于传统喷墨打印,使墨滴到达承印材料表面后的流动性显著降低,也有利于实现高分辨率打印的效果。传统喷墨打印一般难以实现 20 μm 以下的打印线宽,气流喷印可以实现 10 μm 以下打印线宽。作者所在印刷电子中心利用 AJ-300 打印机打印出 5 μm 的银线条[图 4.9

（a）］。

（3）由于对雾化墨水的气体动力学聚焦作用,使喷嘴到承印物表面的工作距离远大于传统喷墨打印。传统喷墨打印的喷嘴到打印表面的距离不大于 0.5 mm,气流喷印可以将这一工作距离增加到 5 mm,因此可以在一定范围内在有高低落差的承印物表面上打印而保持线条粗细不变［图 4.9（b）］。

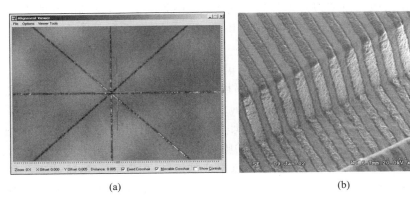

(a)   (b)

图 4.9　（a）气流喷印实现 5 μm 银线条打印；（b）在有高低差表面的打印

（4）由于喷嘴直径大大增加,气流喷印可以打印含有较大固体颗粒的液态分散墨水体系。实践证明,含固体颗粒直径在 3 μm 以下的液相分散体系在经过适当处理后均有可能用气流喷印来打印。由于含无机纳米材料的电子墨水大多为颗粒状、片状和线状固体分散体系,这些墨水体系用传统喷墨打印机打印通常很容易堵塞喷头,而气流喷印不存在这些问题。随着印刷电子技术的发展,一系列过去无法喷墨打印的材料重新进入研究人员的视野,如石墨烯、纳米线/棒,以及较高黏度的介电杂化材料等。气流喷印在这些新材料的研究方面可发挥独特的作用。

经过 10 余年的发展,气流喷印已在众多领域获得应用[28]。例如,在电子领域就包括了被动元器件（电阻、电容、电感、天线、电路互联）、主动元器件（晶体管、有机发光、光伏、燃料电池）与各种传感器的印刷制备。近年来,气流喷印也在 3D 印刷电子与生物材料打印方面得到了应用。

尽管气流喷印的优势相当明显,但与传统喷墨打印技术相比还是存在一些短板。作者所在的印刷电子技术研究中心于 2010 年在国内最先引进了气流喷印设备。过去 10 余年在使用气流喷印技术过程中积累了丰富经验,也总结出该项技术的一些不足:

（1）该打印机的工作原理独特,只有稳定的气流参数才能保证良好的打印效果,通过调节气流来改变打印参数的做法存在一定的滞后效应。这个特点决定了该设备只能进行连续式印刷,很难改成按需供墨。

(2)与传统喷墨打印的逐滴喷射模式相比较,喷射气溶胶的工作模式增加了研究油墨自发运动的难度,大量的雾化液滴很难进行跟踪和研究。

(3)气流喷印打印机是单喷头工作。虽然近年来 Optomec 公司开发出了多喷头设备,但喷头数量仍然只限于 4 个[图 4.17(b)],这不同于传统喷墨打印可以在 1 个喷墨卡匣上开上千个喷嘴,可以平行喷出大量墨滴。因此,气流喷印在打印大面积图案时速度很慢。

(4)虽然气流喷印设备的气路已经进行了优化,所喷射的雾化液滴群还是很难保证完全聚拢到一起,因此散落在打印图案主体外的卫星点数量比常规的喷墨打印图案更多。

(5)气流喷印设备所喷射的雾化液滴体积只有 10 fL① 的级别,比表面积很大,溶剂的挥发速度比常规的喷墨打印更快。如果油墨太容易挥发,则打印到承印材料表面油墨即时成为固体粉末,严重影响成膜效果和附着力。因此在配制油墨时需要充分考虑挥发性方面的因素。

4.2.4　电流体动力学喷印

电流体动力学(electrohydrodynamics,EHD)属于流体力学的一个分支,主要研究电场对流体介质的作用。早期研究发现,在充满液体介质的毛细管与平板电极之间施加高电场,可以将毛细管中的液体拉出。在静电力作用下,毛细管出口处的液体先呈现锥状,称为泰勒锥(Taylor cone)。进一步提高电场强度可导致液滴或液流喷射。电流体动力学最先应用在静电雾化[29]、静电纺丝[30]和液态金属离子源[31]等领域。随着印刷电子技术的发展,出现依据这一原理的喷墨打印技术[32]。基于该方法的喷墨打印工艺通常称为电流体动力学喷印(EHD printing),或电流体喷印(E-Jet)。与传统喷墨打印以及气流喷印相比,电流体喷印可以获得更高的分辨率和更大的墨水黏度范围,因而受到印刷电子领域的广泛关注[33]。

电流体动力学喷印系统的基本组成如图 4.10 所示,图 4.11 是华中科技大学开发的电流体动力学喷印设备。作为喷头的毛细管由一个注射泵推送提供流体,毛细管与工作台之间通过高压电源产生一个强静电场。毛细管端口的液体在静电力作用下以液滴形式(dripping mode)或连续液流形式(jetting

---

① 飞升,容量计量单位。1 fL $= 10^{-15}$ L。

mode)沉积到工作台上的承印材料表面。通过计算机控制工作台的移动,在承印材料表面形成打印图形。传统喷墨打印完全依赖外力对墨水腔的变形将墨滴从喷头"挤"出来,电流体动力学喷印则是通过静电力将油墨从喷头"拉"出来(图 4.12)。对于传统喷墨打印而言,当喷嘴的直径减小到 10 μm 以下时,即使没有固体颗粒堵塞喷嘴,油墨也会因为自身的黏度及表面张力而产生极大的喷射阻力,很难通过压电法喷出墨滴。以电流体动力学为工作原理的喷印技术则可以克服墨水黏度产生的阻力,允许使用黏度高达 10 000 cP 的油墨。而且由泰勒锥形成的液流直径远小于毛细管喷嘴的直径,一般可以比喷嘴直径小两个数量级[34]。已有报道用电流体动力学喷印制备了最小直径为 50 nm 并且高宽比达 17 的金纳米柱[35]。

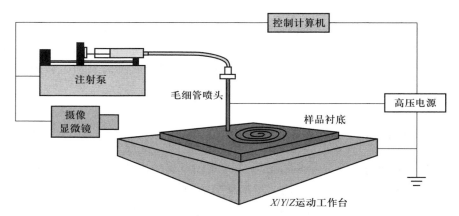

图 4.10　电流体动力学喷印系统基本组成

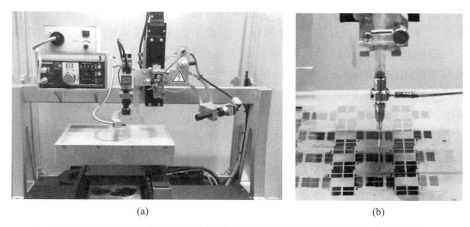

(a)   (b)

图 4.11　华中科技大学开发的电流体动力学喷印系统设备(a)与喷头特写(b)

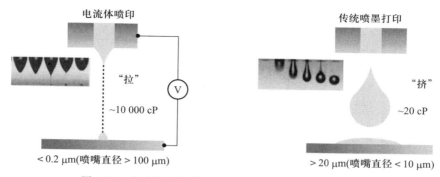

图 4.12 电流体动力学喷印与传统喷墨打印的比较[36]

电流体动力学喷印是一个非常复杂的过程,有诸多参数会影响喷印质量。这些参数包括:油墨的流速、电场强度、喷嘴直径、喷嘴与工作台的距离、油墨的导电性、黏度与表面张力等[34,37]。这些参数之间存在相互制约关系。例如,不同流速与电场的组合会导致油墨喷出的形态不同。图 4.13 是实验归纳出的流速与电场对喷印铜纳米粒子分散油墨状态的影响。该图表示,喷印状态随外加电压的不同而区分为液滴喷射、微液滴喷射、稳定液流喷射与多液流喷射 4 种状态。在流速增加的情况下,每种状态需要的电场强度也增加。另外,小喷嘴直径可以降低对电场强度的要求;高黏度墨水较易获得高稳定喷射液流,但也将增加液流的直径;高表面张力则需要高外加电场;高导电性墨水更易于形成高分辨率喷射液流,而低导电性墨水则难以维持稳定连续液流[33];

与前述的传统喷墨打印和气流喷印相比,电流体动力学喷印既可以按需喷印墨滴(脉冲电场),也可以像气流喷印一样喷印连续液流,并且比前两种技术有更高的打印分辨率与更大的油墨黏度适用范围。电流体动力学喷印系统结构简单,既不像传统喷墨打印那样在喷头方面有很高的技术门槛,也不像气流喷印那样被一家公司垄断所有技术。虽然市场上也有商业化电流体动力学喷印设备,如日本的 SuperInkJet(SIJ)产品与国内武汉华威(华中科技大学技术)的产品,但全球许多科研团队都开发了自己的电流体动力学喷印系统,开展了电流体喷印在电子与生物领域的应用。由于电流体喷印本身涉及的多参数复杂过程很难标准化,也使其更多地作为一种科研工具,而非生产工具。与气流喷印一样,电流体动力学喷印也很难实现多喷头打印,主要是因为喷头之间的高电场会互相干扰。最近国内华中科技大学团队在硅晶圆上通过微加工技术制备了多喷嘴电流体喷头,初步得到电流体喷印结

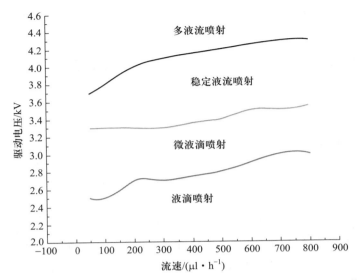

图 4.13 油墨流速与施加电压对电流体动力学喷印状态的影响（金属毛细管喷嘴内径：410 μm，喷嘴距打印表面 2 mm，油墨为铜纳米粒子分散液）[34]

果，为开发多通道喷印技术做出有益尝试[38]。作为一种高分辨率喷墨打印技术，电流体动力学喷印在电子器件制备与生物材料打印方面获得广泛应用[37]。

4.2.5 其他喷墨打印

以上介绍的几种喷墨打印技术在油墨喷出方式上各有不同，包括传统喷墨打印的热泡式、压电式，以及新型喷墨打印的气流体动力学式与电流体动力学式。实际上，还有一种更传统的油墨输出方式，并早已在工业界广泛使用，这就是机械推送方式（extrusion），其典型设备即点胶机（dispenser）。图 4.14 是机械推送点胶机的工作原理[39]。基本组成包括毛细管式墨水喷头、压缩空气源与控制阀。除了用压缩空气（compressed air）推送外，也可以使用电磁阀（solenoid valve）或注射泵（syringe pump）推送。最简单的点胶装置可以就是一个医用注射器。取决于推送力的施加方式，推挤出的墨水可以是不连续的墨滴也可以是连续的液流。

点胶机是电子工业的常用设备，主要用于芯片或元器件封装。所谓"胶"是指聚合物形态的封装胶，一般具有较高黏度。生物应用领域也用到这类设

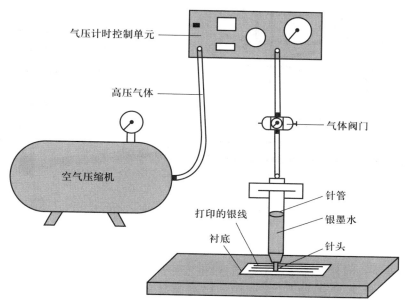

图 4.14　基于点胶原理的喷墨打印系统组成

备,即点样仪。将生物材料如 DNA 滴到玻璃载片上,形成液点阵列来测试对不同药物分子的反应,是新药开发的重要工具[40]。这一方法也是 3D 打印的主要方法[41,42]。基于点胶机原理的喷墨打印已用于印刷电子制造[43,44]。它的特点是可以打印高黏度墨水,或更准确地称为油墨。对于金属导电油墨而言,高黏度通常意味着高金属含量,打印的图形具有更好的导电性。市场上已经出现了基于点胶原理的专用于印刷电子的打印机,如图 4.15 所示的两款商业打印机。SonoPlotter 允许打印的油墨黏度大于 450 cP,允许的打印线宽可以小于 5 μm。Voltera 的打印机则主要用于印制电路板(printed circuit board,PCB),打印线宽为 200 μm。XTPL 公司于 2020 年底推出了一款基于点胶原理的喷墨打印机,打印机喷孔最小尺寸为 1.5 μm,打印分辨率从 1 μm 到 10 μm,打印墨水黏度上限到 100 万 cP。该款打印机已经在打印高黏度、高固含量纳米银浆方面展示了卓越能力,特别是在具有一定高度差的表面打印,例如可以将一定厚度的集成电路与柔性 PCB 电路通过打印银墨水互联起来[45]。

　　另外一种类似于喷墨打印的技术是激光诱导前向转印(laser induced forward transfer,LIFT),其原理如图 4.16 所示[46]。由聚焦激光束产生的瞬间热应力,致使透明薄膜(施主)背面沉积的材料膨胀断裂,下落在承印材料(受

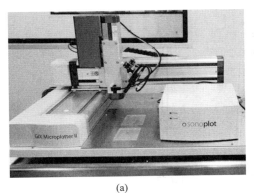

(a)   (b)

图 4.15   基于点胶原理的商业喷墨打印机:(a) SonoPlot 公司的打印机;(b) Voltera 公
司的打印机

主)表面。这一方法的优点是适用材料广泛,从低黏度到高黏度墨水(墨水黏
度为 $1\sim10^6$ cP),例如用于丝网印刷的高黏度银浆也可以通过 LIFT 技术打
印[47],打印分辨率取决于聚焦的激光束斑大小。各种电子器件,从电阻、电
容、电感到晶体管都可以用这种方法打印制备[48]。

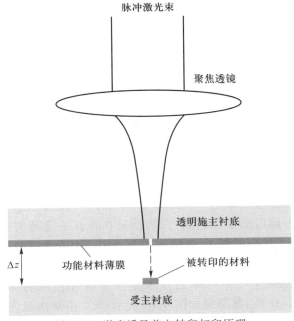

图 4.16   激光诱导前向转印打印原理

4.2.6　3D 喷墨打印

喷墨打印的非接触印刷特点使这一方法特别适合在非平面承印材料表面打印电子材料,为 3D 印刷电子制造奠定了基础[49]。与 3D 增材制造一样,印刷电子加工本质上也是一种增材制造。因此,随着 3D 打印的发展,3D 印刷电子技术也快速发展起来。在 3D 表面打印电子墨水可以有 3 种实施方式。

(1) 3D 承印物体不动,让喷墨打印头随 3D 形貌的变化而移动。这种打印方式可以通过将打印头装置在一个普通机械臂上实现,如同传统机器人的机械手。图 4.17(a)是日本 Yamagata 大学 Tokito 教授实验室的一台 3D 喷墨打印机,可以通过机械臂在 3D 表面喷墨打印电子材料。图 4.18(a)是用这种方式在鸡蛋表面打印的电路。

(2) 喷墨打印头不动,安放 3D 承印物体的工作台做 5 轴运动,保证承印物的任意一点在打印时与喷墨打印头垂直。图 4.17(b)是 Optomec 公司气流喷印 3D 打印机。图中 4 个喷头下方分别有 4 个 5 轴工作台,可以将放置在上面的物体做 5 轴转动。图 4.18(b)是用这种方式在手机注塑件表面打印的电路。

(a)　　　　　　　　　　　　　　　(b)

图 4.17　(a) 机械臂式 3D 喷墨打印系统;(b) 5 轴工作台式 3D 喷墨打印系统

(3) 喷墨打印头不动,工作台做升降运动。这种方式可以在倾斜表面打印,也可以与 3D 增材制造相结合,将不同材料堆积成 3D 结构,例如打印多层

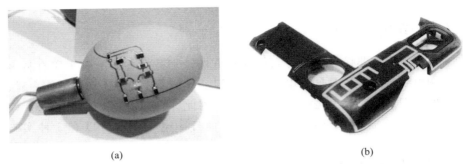

（a）　　　　　　　　　　　　　　（b）

图 4.18　（a）机械臂喷墨打印的 3D 电路；（b）5 轴工作台喷墨打印的 3D 电路

电路[50]。这种多层结构更准确地应该称为 2.5D，因为只在高度方向有变化。这种打印方式可以将电子电路埋在其他材料中，与其他功能结构成为一体。Nano Dimension 公司推出的 DragonFly 打印机属于这一类型的喷墨打印设备。

　　3D 印刷电子加工为构筑功能电子系统提供了新的自由度，是近年来印刷电子技术研究开发的新热点。尤其在传感器领域，已经报道了大量印刷电子加工与 3D 增材制造相结合构成的各种物理量传感器与生物传感器[51]。

4.3　直接式模版印刷

　　与非接触数字化工作方式的喷墨打印不同，模版印刷需要事先将设计图案制作成一个模版，然后通过模版将设计图形印刷复制到承印材料表面。模版印刷有直接与间接两种方式：直接式是载墨的模版与承印材料直接接触印刷；间接式是载墨模版将油墨先转印到有一定柔性的胶版上，再通过胶版将油墨图形印到承印材料表面。直接式模版印刷主要包括丝网印刷（screen printing）、凹版印刷（gravure printing）、凸版印刷（relief printing）。

4.3.1　丝网印刷

　　丝网印刷的模版是镂空的网版。网版一般是尼龙丝编制的网，丝网表面待印图案由通透与非通透区域组成。丝网印刷的工作原理非常简单：在印刷时将印版置于承印物上方，随后对堆积在印版上方的油墨进行移动刮压，使其透过印版的通透区域渗漏到承印物表面，从而实现图像的复制，如图 4.19

所示。丝网印刷一般采用高黏度油墨(500~10 000 cP),以确保油墨在无外力的作用下不会自行渗漏到承印物上。

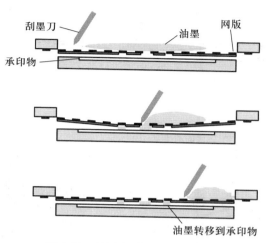

图 4.19 丝网印刷的原理示意图

根据印刷方式的不同,丝网印刷可分为以下 3 种形式(工作原理示意图如图 4.20 所示)。

(1) 平对平[图 4.20(a)]。也是最传统的网版印刷方法。所用印版和承印材料均为平面,如图 4.19 所示。通过刮墨刀使油墨穿过网孔转移到承印材料上。

(2) 平对卷[图 4.20(b)]。该法主要用于在连续柔性基材表面印刷,所用印版为平面。印刷时,印版与压印滚筒旋转同步运动并刮墨,保证油墨穿过网孔后转移到承印材料的正确位置上。

(3) 卷对卷[图 4.20(c)]。所用印版为滚筒状,承印材料为平面。印刷时,印版、承印材料和做支撑的压印滚筒同步移动,油墨从滚筒状的印版转移到承印材料的正确位置上。

网版的结构如图 4.21 所示,其版基由网框和丝网构成,图案化的模版则覆盖于丝网上,形成含有图像信息的印刷网版。影响丝网印刷质量的因素包括网框的稳定性,丝网的目数、直径、材质、特性、编织,以及模版的质量,其中对丝网印刷分辨率具有决定性作用的参数是丝网的目数(单位长度中的丝线数目)和丝径(丝网纤维的直径)。丝网参数与印刷分辨率之间的关系已经有多种计算公式表达[52],但大体上丝网印刷所能达到的分辨率应该近似等于网版上两倍丝径加一个网孔开口的尺寸,其中网孔开口的大小可通过目数和丝

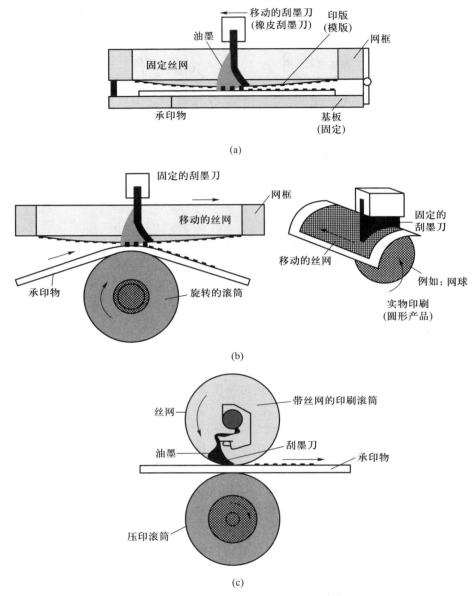

图 4.20   三类丝网印刷的工作原理示意图:(a) 平对平;(b) 平对卷;(c)卷对卷

径直接换算得到。由此可以看出,高目数的丝网印刷分辨率较高,有利于印出比较精细的图案。不过特定目数的丝网所适用的油墨物理性质如黏度、细度等参数范围通常比较窄,使用高目数网版的同时也必须对油墨进行相应的改进。另一方面,在保证网版强度的情况下,丝径的减小也有利于提高印刷质量:在相同的丝网目数下,丝径减小可以增加开口面积,意味着油墨透过更加容易,而且分辨率也有所提高。

制作网版常见的材料有传统的蚕丝,现代的聚合物材料如尼龙、涤纶,以及金属(主要是不锈钢)等。制作方法包括手工制版、照相感光制版、喷墨制版、以及激光曝光制版等。目前最高效的网版模版生产方法是通过激光直接曝光制版。在计算机的控制下,使用激光束直接对涂有感光材料的丝网进行曝光获得模版图案。该法的分辨率和精确性均可以做到非常理想。传统丝网由于存在网线,印刷分辨率受到限制。更高分辨率的丝网印刷一般采用直接镂空的网版,即直接在硬质片材如不锈钢片上制作出镂空的图案,油墨直接透过镂空图案印刷到承印材料表面。这种网版比较适用于纯线条图形的印刷。传统丝网印刷的分辨率很难做到 $80~\mu m$ 以下,但用镂空网版可以做到 $50~\mu m$ 以下。曾有报道以硅片做网版基材,通过光刻与刻蚀工艺制作镂空线条结构,实现了最小 $22~\mu m$ 精细线条的丝网印刷[53]。

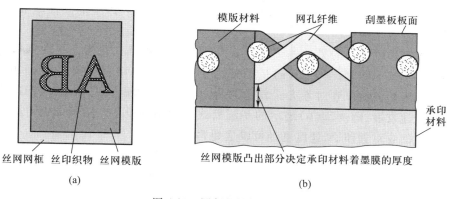

(a)　　　　　　　　　　　　　　(b)

图 4.21　网版的结构示意图

与其他印刷方式相比,丝网印刷有以下几个优点。

(1)设备投资低、技术门槛低、制版费用低,是所有工业印刷技术中成本最低的技术。

(2)对油墨的适应性强。理论上,凡是可以从网孔中漏印下来的材料,无论属于油性或水性的液体,还是粉末状的物质,均可以配制成为适合丝网印刷的油墨。

(3)对承印物的适应性强。丝网印刷可适用于不同材质、不同表面的承印材料。

（4）墨层厚实。网版印刷所得的墨层厚度通常可达 $10\sim100~\mu m$，远厚于其他几种印刷方式。特别是在导电油墨的性能不太理想的情况下，较厚的印刷功能层可以有效提高器件的性能。

（5）油墨自发性流动少。由于丝网印刷所用的油墨黏度比较高，可以有效减少油墨的自发性运动，避免很多低黏度油墨印刷所存在的问题，如"咖啡环"问题。

丝网印刷在印刷电子制造中的所面临的首要挑战在于不适合印刷大部分的有机和聚合物电子功能材料。实验室中所配制的有机和聚合物电子溶液的黏度通常较低，在配制网版印刷所用油墨时需要添加大量的连结料、填料、助剂等辅助材料才能满足工艺条件。这些杂质所带来的问题就是印刷所得薄膜的电学性能显著下降，或者印后需要高温处理过程。例如，丝网印刷所用的银浆大部分采用添加导电树脂的方法来增加黏度，因此电导率比金属银材料有明显的下降，需要利用丝网印刷的图案厚度优势来弥补。而对于一些有机或者聚合物半导体材料的溶液来说，增加过多的辅助材料会对其半导体性能造成严重影响，很难将这些材料配成黏度 500 cP 以上的高性能油墨，因此不适合丝网印刷。

丝网印刷工艺的另外一个挑战在于生产速度仍然比较慢。平面网版的印刷是单幅面印刷，图 4.22(a)是平面丝网印刷设备实物。当然，单幅面印刷不妨碍承印基材以卷对卷方式输送，因此可以成卷印刷。近年来，圆网印刷方式快速发展，图 4.22(b)展示的是圆筒式丝网印刷设备。圆网印刷可以实现真正的卷对卷印刷，速度已经可以达到 50 m/min。

丝网印刷技术很早就被用于各种传统的电路板、薄膜开关、电子显示屏板等电子元件的制造[54]，以及晶硅太阳能电池板面电极的印刷[55]，也有尝试用丝网印刷制造有机或聚合物材料的太阳能电池[56]。丝网印刷也早已是血糖试条大规模制造的主要方法[57]。不论是刚性材料还是柔性材料，甚至是布料或纸张，都可以通过丝网印刷在上面制备电子器件与光电子器件。近年来，随着印刷电子研究领域的扩大，采用丝网印刷的方法制备其他功能电子器件的报道也逐渐增加[58]。无论从油墨调配还是印刷工艺来看，丝网印刷都是目前印刷电子产业界使用最成熟的生产工艺。不过由于要求的黏度比较高，丝网印刷通常用来印刷导体、电阻和介电材料这几种比较容易实现高黏度油墨的电子功能材料，特别是在印刷无机纳米粉体材料所配制的油墨方面有明显的优势。

图 4.22　丝网印刷设备实物照片：(a) 平面丝网印刷机；(b) 圆筒式丝网印刷机

4.3.2　凹版印刷

凹版印刷(gravure printing)是一种古老的有版印刷工艺,因所用印版的有效图文部分相对空白部分凹陷进去而得名。凹版印刷的工作原理比较简单,在印刷时先将整个印版涂满油墨,再利用刮墨刀将空白部分的油墨刮掉,而留在凹陷区域的油墨则可以在压力的作用下直接转移到承印物的表面,如图 4.23 所示[1]。

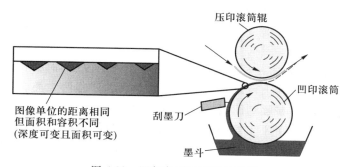

图 4.23　凹版印刷的原理示意图

凹版印刷所用的印版空白部分必须要保持在同一平面上或者同一圆周上。而设计图案部分则由密集的凹坑组成,称为网穴。网穴的深度和形状可以有多种变化,网穴周围比较高的部分则称为网墙。图 4.24 所示是典型的菱形网穴,其中白色区域是网墙,黑色区域是网穴。改变网穴的深度和开口面积可以调节网穴的着墨量。凹版印刷的质量很大程度上取决于所用凹印版的表面结构,例如网穴的开口形状、面积和深度等参数,调整这些参数可以控制其传递的油墨量和着墨面积,从而获得理想的印刷墨层厚度和细节表现。而网墙部分可以有效支撑印刷过程中的刮墨刀,并防止网穴之间油墨的相互流动,从而基本保证印版各处网穴中的油墨量均符合设计标准。然而,网穴和网墙的存在同样也导致了凹版印刷的图案边缘比较粗糙,锯齿状的图案边缘已经成为凹版印刷的重要特征。在印刷细线、电极沟道等精细图案时,这个问题会更加突出。可以采用线雕凹版的印版来印刷这类图案,即直接将载墨凹陷区制成要印制的线条形状,可以获得边缘光滑的高分辨率线型图案[59]。

图 4.24　典型菱形网穴的光学显微镜照片(亮区为网墙、暗区为网穴)

凹印版的材料通常是钢或者铁质的主体上镀的镍层、铜层和铬层。凹版的制版方法众多,大体上可以分为雕刻凹版和腐蚀凹版两大类。前者主要包括手工雕刻凹版、机械雕刻凹版、电子雕刻凹版、激光雕刻凹版和电子束雕刻凹版等;后者则包含了手工雕刻腐蚀凹版、照相凹版、照相加网凹版、道尔金凹版和激光蚀刻凹版。其中,目前最常见的制版方法是电子雕刻法,可以在计算机的控制下利用雕刻刀直接刻出满足印刷需要的菱形网穴。该法速度快、成本低,可以精确雕刻出不同开口面积和深度的网穴,适合绝大部分凹版印刷设备制版的需要。此外常见的制版方法还有激光雕刻凹版,其原理与电子雕刻类似,只是雕刻刀由激光束烧蚀来代替,网穴的结构呈圆形且深浅可调。传统雕版方法制备的凹版分辨率有限,能够实现的最高印刷分辨率在 20 μm 左右。为实现印刷电子器件所要求的高分辨率,有报道采用芯片加工中的微光刻与刻蚀方法制备凹版,获得了小于 5 μm 的精细线条印刷,并通过凹版印刷制备出短沟道有机晶体管[60]。

凹版印刷的优点包括:① 适合使用黏度较低的油墨,黏度范围在 50 ~ 500 cP 之间。同时对油墨的兼容性比喷墨打印好,可以使用含较大固体颗粒的油墨;② 印刷原理和机械结构简单,较容易实现高速生产,特别是在印刷低黏度油墨时,高速凹印反而有助于提高印刷质量;③ 所用的印版拥有独特结构网穴结构,可以印刷厚度达 5 μm 的图案,也可以通过调节图案中各部位的厚度来表现丰富的阶调层次;④ 凹版印刷多采用挥发性油墨,适合用于印刷非吸收性的承印材料,与印刷电子产品制造的需求相符;⑤ 所用的凹印版表面镀有铬,质地坚硬耐用,使用寿命长。

凹版印刷设备大致可以分为平面凹版印刷和卷对卷凹版印刷两大类。早期使用的凹版印刷机多为平面凹版印刷,即使用平面的凹印版逐张进行印刷。平面凹印由于结构简单、手工操作方便,可以在大学或科研机构的实验室中使用,例如 Labratester 系列的桌面式凹版印刷机[图 4.25(a)]。工业型凹版印刷机则全部是卷对卷工作方式,印版制作在滚筒上,如图 4.25(b)所示,实现连续高速的印刷。但凹印版的制版成本比较昂贵,只有凹版印刷的印刷量足够大时才能符合经济效益。凹版印刷在电子器件的各个领域都有应用,包括场效应晶体管[61]、太阳能电池[62]、发光器件[63]、射频识别(radio frequency identification devices, RFID)标签电路[64]、透明导电膜[65],以及各类导电电极的制备[66-70]。

(a)　　　　　　　　　　　　　(b)

图 4.25 (a) 实验室用桌面式凹版印刷机;(b) 工业用卷对卷式凹版印刷机

4.3.3   凸版印刷

凸版印刷（relief printing）与 4.3.2 节介绍的凹版印刷的区别是印版的图案部分高于非图案部分。在印刷时，沾有油墨的凸起部分直接与承印材料接触，将油墨留在承印材料表面上。凸版印刷的优势在于所印的图案可以与印版图案高度吻合，避免了非接触式、凹版式印刷所遇到的油墨在承印材料表面会自发流动的问题。不同于凹版印刷中使用的刚性印版，凸版印刷的印版材质为橡胶或树脂等柔性材料。因此，凸版印刷又称为柔性版印刷（flexographic printing）[1]。另外，实验室中比较常见的微接触印刷也属于一种凸版式的印刷方法。

凸版印刷设备的主体结构包括柔性印版、网纹辊（anilox roller），以及供墨系统。油墨通过供墨系统填充到网纹辊上的载墨孔里，再通过网纹辊上的载墨孔转移到柔性印版的凸起部分表面，最后柔性印版与承印材料接触实现印刷，如图 4.26 所示。这种富有弹性的柔性凸版以及网纹辊上墨的设计为柔性版印刷带来了显著的优势，弥补了传统刚性凸版印刷的一系列不足。这些优势包括：① 由于通过网纹辊上墨，印刷所采用的油墨黏度通常在 $50 \sim 200$ cP 范围内，使电子功能油墨的配制难度大为降低；② 柔性凸版适用于各种柔性、刚性以及表面粗糙的承印材料，并且在印刷时对承印材料的压力较小；③ 柔性版印刷所得图案的墨层厚度通常比较薄，且具有表面平整、边缘锐利的特点；④ 柔性凸版制作难度小，成本大幅降低，生产周期有效缩短。

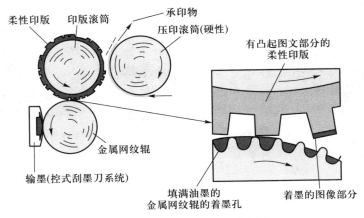

图 4.26   柔版凸印刷原理示意图

柔性版印刷分为平面型与卷对卷型工作方式,大批量印刷主要是卷对卷印刷。柔性版印刷由于着墨均匀且墨层较薄,印刷边缘清晰,是报纸及书刊杂志的主要印刷方法。在印刷电子方面,有报道用柔性版印刷制备有机晶体管[71,72],以及制备用于透明导电膜的金属网格[73]。高质量的电子油墨柔性版印刷与多种参数有关[74]。柔性版印刷在印刷电子领域的挑战在于,所用的柔性印版通常耐印性比较差,在大批量印刷电子产品的情况下需要频繁更换印版,这方面与凹版印刷恰好相反。

柔性版印刷的分辨率取决于柔性印版本身的分辨率,传统柔性印版的制版方法很难将分辨率做到 50 μm 以下,用芯片制造中的微纳米加工技术可以制作出微纳米尺度的印版,由此衍生出微接触印刷(microcontact printing)或软光刻(soft lithography)技术[75]。该法通常使用富有弹性的聚二甲基硅氧烷(PDMS)作为印章材料。PDMS 印章可以在实验室中自行制备。将商品化的PDMS(例如 Dow Corning 公司的 Sylgard 184)加入固化剂,倒入放有图案模版的容器中,常温下放进真空环境中除去搅拌液体中的气泡。再将样品置于60 ℃ 环境下固化 2 h,或者 100 ℃ 下 1 h。完全固化后小心剥离 PDMS 下方的图案模版,即可得到 PDMS 印章,如图 4.27(a)所示。微接触印刷的原理也非常简单:首先在 PDMS 的凸版上沉积一层油墨薄膜,然后将带有薄膜的凸版与承印表面接触,凸出区域上的油墨转移到承印材料上,从而完成印刷,如图4.27(b)所示。这个过程也被形象地称为“盖章”(stamping),所用的 PDMS 凸版也被称为印章(stamp)。PDMS 软印章可以在比较粗糙的表面进行印刷,分辨率可小于 100 nm[76]。由于该法分辨率高,适用范围广,操作简单易行,在实验室中被广泛采用[76,77],属于微纳米加工中一种比较重要的复制技术[78]。

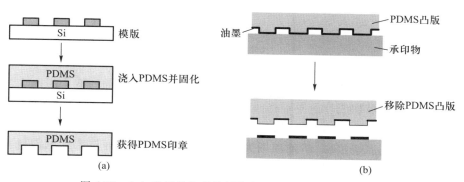

图 4.27 (a)微接触印章的制作方法;(b)微接触印刷原理

虽然微接触印刷不是商业化的印刷工艺,在标准化和对准精度上有所欠缺,但其易得、易用、高分辨率的特点还是吸引了不少研究者的兴趣。微接触印刷所面临的首要挑战是 PDMS 材料的软弹性。PDMS 的这种特点保证了印章可以在比较粗糙的表面进行微接触印刷,但同时也有可能因此导致图案的变形。同时,作为印章材料的 PDMS 在交联固化之后虽然不会再次溶解,但遇到一些溶剂时还是会发生溶胀现象,使印章发生明显的变形。为减少印章变形对微接触印刷精确度的影响,可以采用提高弹性模量的改进型 PDMS 或其他弹性材料,以及采用复合结构印章等方法[79]。

4.4　间接式模版印刷

间接式模版印刷属于有版印刷的范畴,但模版上的图案不是直接印到承印材料上,而是通过某种中间媒介再印或转印到承印材料上。在传统图文印刷中,间接式模版印刷有一个专用英文名词为"offset printing",是指印版上的着墨图案先印到一个中间载体,然后再转印到承印材料上。这个中间载体一般是橡胶等柔性材料,所以中文将"offset printing"翻译成"胶印"。传统图文印刷转移的是油墨,而印刷电子应用中的油墨有更广泛的含义,代表某种具有电子功能的材料。除了电子油墨通过胶印转移外,金属薄膜烫印也是一种转移方法,甚至固体电子元器件也可以用转印的方法安放到衬底材料表面。电子功能材料还可以利用事先构建的表面几何形貌或表面化学形貌辅助转印。因此,本节介绍的间接式模版印刷不仅包括传统图文印刷的胶印方法,还包括电子材料的转印方法,以及通过表面形貌与表面化学辅助的印刷方法。

4.4.1　胶印

传统图文胶印的工作原理如图 4.28(a)所示。印版上的图案由表面亲油区域与亲水区域构成。上墨辊将油性油墨附着在亲油区域,上水辊在亲水区附着一层水膜。由于油水不相容,有水膜附着的区域挂不上墨。有油墨图案的辊与中间的胶辊接触,将油墨图案转移到胶辊上,胶辊再与承载承印材料的辊轮接触,实现油墨在承印材料表面的印刷。

由于中间胶辊具有良好的柔软性,可以很好地与承印材料表面接触,因此胶印的图形边缘锐度更好。与凹版或凸版印刷相比,印版的寿命更长,印版制作成本更低,更适合于大批量印刷,是报纸书刊印刷的主流技术。但胶

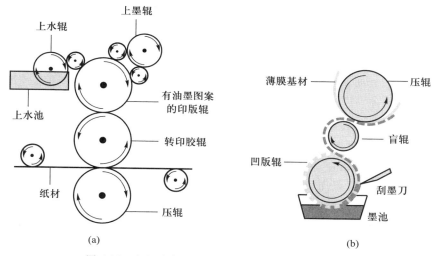

图 4.28 （a）胶印工作原理；（b）凹版胶印工作原理

印要求使用高黏度油墨,油墨黏度一般在 40 000 cP,而且要求是油性油墨,因此,并不能适应印刷电子各种功能油墨的需求。印刷电子中更多使用的是凹版胶印(gravure offset printing),其工作原理如图 4.28(b)所示[80]。与普通胶印唯一不同的是将亲油印版换成凹印版,上墨后的凹印版将油墨图案转印到中间胶辊上,然后通过中间胶辊再印到承印材料表面。凹版胶印可以使用低黏度油墨,在保留凹版印刷优势的基础上采用柔性的中间载体与承印材料接触,可在刚性物质或者表面粗糙甚至形状不规则的物质上实现印刷,扩大了可以应用的承印材料范围。早在 1994 年就有文献报道用凹版胶印制备传感器[81]。此后一直持续有这方面的研究,所印刷的功能材料以金属导电材料为主[82-90],也包括聚合物等其他材料[91]。用凹版胶印已经可以将银浆油墨的线宽印到 5 μm[92]。凹版胶印的印刷图形尺寸最终取决于凹版上的图形尺寸。用微纳米加工中的电子束曝光与刻蚀方法[78],可以制备更精细的凹版,日本旭化成(Asahi Kasei)公司报道用电子束曝光制作的凹版已将印刷图形尺寸降低到 250 nm,并实现了卷对卷连续印刷大面积(70 mm×70 mm)铜网格透明导电膜[93]。

4.4.2 转印

转印(transfer printing)是将一种材料上的油墨图案或物体转移到另一种

材料上的技术。图 4.29(a)所示是一种直接转印方法[94]。原始图案称为施主(donor),承印基材称为受主(receiver)。实现转印的关键是被转印材料与施主材料的结合力小于其与受主材料的结合力。施主上的图案可以用各种方法产生,包括以上介绍的不同印刷技术,或者芯片加工的光刻技术。转印对象并不一定是油墨图案。与之前介绍的模版印刷不同,施主上的图案或结构只能转印一次。

金属烫印是转印的最典型应用实例。将带有金属箔的薄膜覆盖于承印材料的表面,通过专用的金属烫印版加热加压后,金属箔与印版接触的部分与承印材料紧密结合,同时离型剂的作用使金属箔与载体薄膜发生分离。随后烫印薄膜脱离,承印材料留下金属图案。除了金属箔图案的转印外,印刷的导电银浆也可以转印。例如,将丝网印刷的纳米银线电极从玻璃上转印到弹性 PDMS 材料上[95],或者将真空抽滤的纳米银线图形从过滤膜转印到弹性 PDMS 材料上[96]。

转印也可以借助印章(stamp)完成,这是一种间接转印方法,这种方法通常用于将刚性衬底上的电子元器件如集成电路(integrated circuit, IC)、固体发光二极管(light emitting diode, LED)等转移到柔性衬底上。如图 4.29(b)所示,弹性印章将待印元件从施主材料上拾起,然后放在受主材料上。实现成功转印的关键是:在拾起过程中印章表面与元件的黏性(表面能)大于元件与施主表面的黏性,以确保元件能被印章剥离施主表面;在放下过程中元件与受主表面的黏性大于元件与印章的黏性,以确保元件顺利脱离印章黏附到受主材料表面[97]。表面黏性或表面能的这些差异可以通过对表面的物理或化学改性实现。对于黏弹性材料印章,这种表面黏性差异可以通过印章与转印元件的接触速度差异实现,即在拾取元件时快速提起印章,在转印元件时缓慢提起印章[98]。尽管这种方式很简单,但可靠性较差,因为由接触速度差异产生的黏性差异并不足以保证百分之百的拾取与剥离。近年来已经开发出一些借助其他手段的更可靠的转印方法[99]。还有报道将水作为施主,让金属薄膜结构漂浮在水面上,然后利用水的浮力与可沉浸性将金属薄膜结构转移贴敷到一个 3D 物体表面[100]。

上述利用 PDMS 印章转印的方法需要将印章剥离以实现转印。最近有人利用食用蔗糖的糖浆作为印章实现了微结构的大面积转移印刷[101]。方法是先将蔗糖与水混合加热至焦糖化的糖浆,倾倒在要转移的微图案或结构上,随后通过蒸发加热去除所含的水,冷却固化并形成糖衣。再将糖衣揭下后贴附到目标衬底上,通过加热使糖衣软化,使其再次获得流动性,于是糖衣中裹含的微图案完美地贴附在衬底上。最后用水将糖衣溶解去除,完成转移印

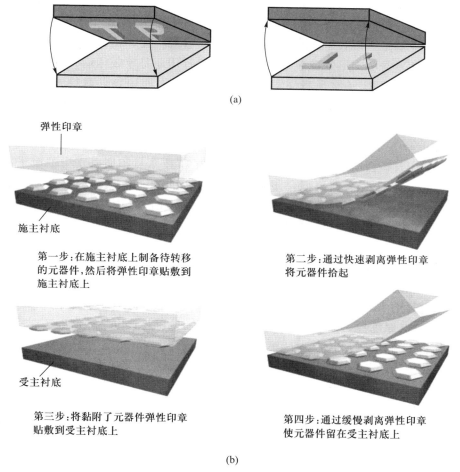

图 4.29 （a）直接转印示意图；（b）间接转印示意图

刷。由于糖衣是透明的,转移过程可以精确定位,精确度可以达到微米级。而且该方法对目标衬底的形状或曲率半径没有任何限制,甚至可以将数千个直径为 1 μm 的硅制微圆点转移到直径为 100 μm 的钉尖上。该方法的巧妙之处在于通过水溶解不留痕迹地去除了印章。

4.4.3 表面形貌辅助印刷

以上介绍的印刷方法要么依赖于喷墨,要么依赖于模版。喷墨印刷的分辨率受限于墨水到达承印材料表面后的自发流动现象。尽管电流体动力学喷印等技术可以实现微米量级的印刷分辨率,但这些技术还不能用于进行大批量工业制造。模版印刷虽然可以实现卷对卷规模化印刷,但印刷分辨率受限于模版本身的图形分辨率。而且无论喷墨打印还是模版印刷,所印材料的厚度均有限,即无法实现高深宽比的印刷结构。以印刷导电材料为例,这些印刷方法制备的导电电极都不能同时做到细线宽与高导电性。例如,4.4.1 节介绍的凹版胶印虽然可以印刷 5 μm 宽的银线,但所印刷银线的厚度只有 0.6 μm[92]。

　　作者科研团队结合芯片加工中的纳米压印技术与印刷电子中的电子墨水技术,开发了一种新型混合印刷方法(hybrid printing),通过表面几何形貌来辅助电子墨水的印刷,获得高分辨率与高深宽比的印刷结构。图 4.30(a)比较了传统喷墨打印与新型混合印刷方法的区别。通过压印技术在柔性基材表面形成沟槽结构,然后在沟槽中填充电子墨水。这种方法虽然还是印刷电子墨水,但印刷的分辨率则决定于压印沟槽的宽度,可以高于目前传统印刷分辨率的 10 倍以上,同时具有高深宽比。图 4.30(b)是填充在沟槽中的银浆经过烧结后的剖面电镜照片,可以看出其深宽比达到 1:1,即印刷 5 μm 宽的银线,其厚度也可以达到 5 μm。作者科研团队已将该混合印刷方法应用于制备金属网栅型(metal-mesh)柔性透明导电膜,用于取代显示触摸屏中传统的氧化铟锡(ITO)透明导电膜。在同样的光学透光率前提下,金属网栅透明导电膜的方阻低于 ITO 透明导电膜 100 倍,并且有更好的柔性。这一技术已在国内触摸屏龙头企业实现大规模生产,其触摸屏产品已进入市场[102]。作者科研团队近年来在填银基础上再通过电镀铜进一步增加了导电结构的深宽比,获得了只有 0.03 Ω 的全球最低方阻透明导电膜,并且仍然保持 86% 的光学透过率,透明导电膜的优质因数(figure of merit,FOM)高达 80 000[103]。

　　还有一些其他表面形貌辅助印刷方法,例如利用光刻与刻蚀在硅片表面生成 V 形沟槽,在沟槽底部填充银浆。利用 V 形槽底部横向缩减的结构获得了小于 200 nm 宽的银线条[104]。但这种方法无法实现高深宽比结构,因此银线条的导电性有限,其沟槽形成方法也无法在柔性衬底上实现。也有报道用光刻方法在导电玻璃衬底上的光刻胶中形成网格沟槽,然后电镀形成埋入式金属网格线,最后通过热压方法将金属网格从导电玻璃衬底转移到柔性塑料衬底中[105]。或者利用某些聚合物材料从熔融态到固态的干燥过程会产生龟裂的现象,在裂纹中填充导电墨水,形成金属网格[106]。

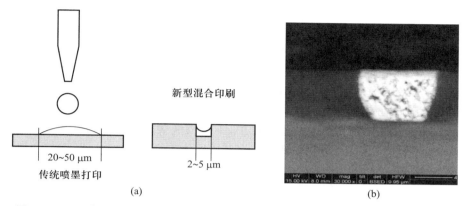

图 4.30 （a）传统喷墨打印与新型混合印刷的比较；（b）埋入沟槽内材料的剖面电镜
照片（图中标尺：4 μm）

4.4.4 表面化学辅助印刷

除了 4.4.3 节介绍的用表面几何形貌作为模版的辅助印刷方法外，还可以通过改变表面化学状态来形成辅助印刷的模版。例如利用化学镀的原理实现图形化印刷。化学镀是在物体表面沉积金属薄膜的一种常用工业技术[107]。与电镀（electroplating）的区别是化学镀不需要外加电源，因此化学镀又称为无电电镀（electroless plating），是水溶液中的金属离子被还原剂还原，并且沉淀到被镀物体表面上的过程。化学镀液的组成包括：金属盐，还原剂，络合剂，以及具有稳定、加速或增强表面活性的添加剂。如果将还原后的金属原子以图形化的方式固定在承印材料表面，就会导致图形化的金属层沉积。这就是近年来发展起来的"聚合物辅助金属沉积"（polymer assisted metal deposition，PAMD）技术[108]。

PAMD 方法分为 3 步（图 4.31）[109]：① 先在承印材料表面涂布一层聚合物材料，称为锚定聚合物（anchoring polymer）；② 将能够诱导金属原子沉积的催化分子以图形化印刷方式固定到聚合物上；③ 通过化学镀将金属沉积在有催化分子的图形化区域。锚定聚合物涂层（10~100 nm）的作用是使承印材料表面能够捕捉并锁定催化分子。最常用的锚定聚合物有聚乙基三甲基氯化铵（PMETAC）与聚丙烯酸（PAA），分别对带负电荷的催化分子（如氯钯酸根或氯金酸根）与对带正电荷的催化分子（带正电的硝酸铅根）有强吸附作用。可以与这两种催化分子产生反应的金属包括金、银、铜、镍。将锚定了催化分子的承印材料置于化学镀池中,经过还原的金属原子则只在有催化分子的表面沉积,从而形成图形化金属薄膜。由于锚定聚合物与承印材料表面有很强的结合力,而催化分子则与锚定聚合物有很强的结合力,导致沉积的金属层与承印材料表面有很强结合力。因此,用 PAMD 方法沉积的金属薄膜不易脱落。这使得这一方法特别适合在织物类承印材料上制备金属电极,制备的织物电极耐洗、耐揉搓与耐拉伸[110]。特别值得指出的是,在用 PAMD 方法沉积铜时,由于沉积过程发生于化学镀液中,不与空气接触,不存在传统印刷铜墨水时发生的氧化问题,是制作低成本铜电极的优选方法。

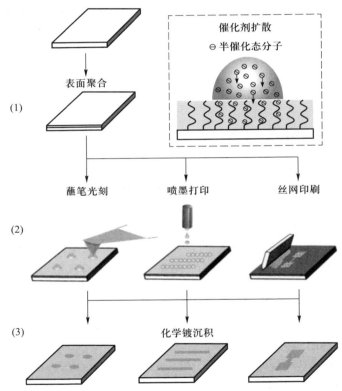

图 4.31　聚合物辅助金属沉积步骤:(1)涂布锚定聚合物;(2)印刷催化分子;(3)化学镀

　　另外一种普遍使用的方法是通过表面化学改性实现电子墨水的选择性沉积。最简单的化学改性是改变表面能。图 4.32 举例了一种改变表面能的方法[111]。先在塑料基材表面沉积一层聚对二甲苯基(parylene),使基材表面呈疏水性,然后利用紫外光通过光学掩模对基材表面辐照,导致被辐照区域的聚对二甲苯基分子键断裂,由疏水性变成亲水性。将金纳米粒子分散液涂布于基材表面,只有亲水区域才能附着金墨水,从而形成图形化的金沉积层。表面能的图案化也是提高喷墨打印图形分辨率的常规方法之一[112]。

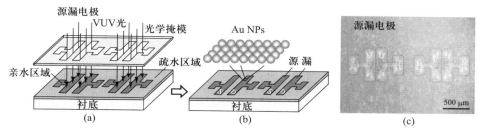

图 4.32　一种利用表面能图形化沉积金纳米粒子墨水的方法:(a) 紫外辐照对表面改性;(b) 涂布金纳米粒子分散液;(c) 选择性沉积金纳米粒子形成的电极

4.5　涂布印刷

涂布(coating)也是一种印刷,是非图形化的印刷。此处的涂布特指湿法涂布(wet coating),以区别于真空蒸镀或等离子溅射等干法薄膜沉积。湿法涂布是将墨水、浆料等溶液型材料沉积到物体表面的方法,与以上介绍的各种图形化印刷方法同属于印刷电子中的溶液法加工之一。涂布方法有多种,包括浸涂(dip coating)、旋涂(spin coating)、喷涂(spray coating)、刮涂(knife coating)、狭缝涂(slot die coating)、滚筒涂(roller coating)、凹版涂(gravure coating)等[113]。图 4.33 是这 7 种涂布方法的原理示意图。浸涂将衬底垂直浸入液池中再向上提拉,在提拉过程中借助液体在衬底表面的附着力形成涂层;旋涂将溶液滴在衬底上,并借助高速旋转使液滴均匀铺展,旋转过程中伴随溶剂挥发,在衬底表面形成涂层;喷涂将溶液以气溶胶或静电场方式雾化成微液滴,然后通过气动、超声或静电场驱动方式喷射沉积在衬底表面形成涂层;刮涂通过刮刀(doctor blade)将滴在衬底上的溶液均匀刮平形成涂层;狭缝涂使溶液通过一个条形狭缝,以精确定量方式铺展到衬底形成涂层;滚筒涂先将溶液施加于圆形滚筒表面,然后通过滚筒与衬底表面旋转接触,将溶液转移到衬底表面形成涂层;凹版涂与凹版印刷原理相似,只是此处的凹印版没有图形,而是均匀分布凹坑的网纹辊,通过网纹辊与基材接触形成均匀涂层。

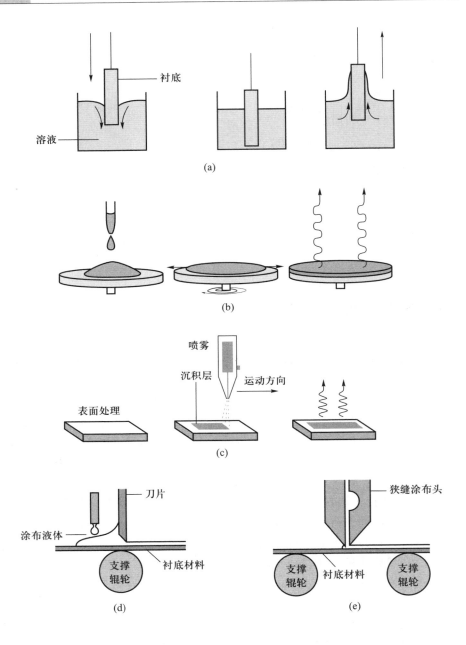

(a)

(b)

(c)

(d)

(e)

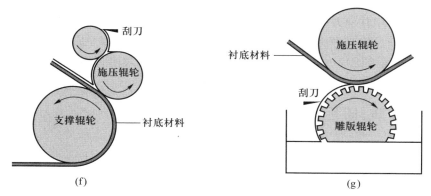

图 4.33 常见涂布方法:(a) 浸涂;(b) 旋涂;(c) 喷涂;(d) 刮涂;(e) 狭缝涂;
(f) 滚筒涂;(g) 凹版涂

　　湿法涂布的涂层厚度取决于多项参数。就涂布方法而言,有自计量涂布、计量修饰涂布与预计量涂布之分[114]。浸涂、旋涂、滚筒涂均属于自计量涂布,涂布量取决于溶液与涂布设备的共同作用;计量修饰涂布如刮涂,基材表面先施加溶液,然后通过刮刀与基材表面间隙来控制涂布量;狭缝涂和凹版涂属于预计量涂布,涂布量通过狭缝开口宽度或网纹辊凹坑深度预先控制。喷涂也属于预计量涂布,涂层厚度由喷出的溶液量决定。当然,最终涂布层的厚度与质量还决定于墨水溶液或浆料油墨在基材表面的流变性。湿法涂布一般很难获得微米以下的涂层厚度,涂层质量还与干燥过程有关,这一点与干法涂布不同。

　　与传统工业涂布技术不同,印刷电子加工对涂布技术的精度要求更高。在以上介绍的 7 种涂布技术中,旋涂、狭缝涂与微凹版涂布(micro gravure coating)更容易实现高精度[115]。普通凹版涂布的涂布辊直径为 125 ~ 250 mm,而微凹版涂布辊的直径为 20 mm(涂布宽幅为 300 mm) 到 50 mm(涂布宽幅为 1600 mm),而且没有一般凹版涂布所具有的压紧背辊。凹版涂布辊直径越小,与被涂材料的线接触就越小。由于微凹版辊与被涂支持体接触面很小,而且又没有压紧背辊,所以可实现很薄的涂层。已有报道用微凹版涂布获得了最小 20 nm 厚度的涂层[116]。

　　印刷电子加工中大量用到湿法涂布技术。在不需要图形化结构的场合,涂布是在承印材料表面形成墨水或油墨层的常用技术。例如,太阳能电池需要制备大面积电子功能层,涂布是最经济实用的薄膜制备方法[117,118]。而且以上介绍的 7 种涂布技术中除了旋涂之外,都可以实现卷对卷涂布,容易进行工业化大规模生产制造[119]。即使在需要图形化的场合,也可以先涂布制作薄膜,然后用其他方法对薄膜进行图形化操作,包括激光加工或光刻加工等。例如,先通过涂布方法制备金属氧化物或纳米银线透明导电膜,然后用激光刻蚀方法将透明导电层图形化,由此形成可用于触摸屏的透明导电电极[120]。

4.6   印前、印后处理工艺

4.6.1   印前表面处理

印刷前对承印材料表面的处理包括表面能处理与表面平整性处理。对于使用水性溶剂的油墨,承印材料的亲水化处理是一道重要的工序,直接影响印刷电子产品的分辨率、均匀度和材料附着力。承印材料的亲水化处理,本质上就是通过改变材料表面的化学基团来达到增加表面能的目的。图 4.34 比较了亲水表面与疏水表面对墨水附着性的影响。表面亲疏水性通过水珠在表面的接触角来表征,接触角越小,亲水性越好。对于印刷电子中所用的各种衬底而言,氧化反应是最主要的亲水化处理方式。最常见的亲水化处理方式是利用等离子体或臭氧直接氧化材料的表面,具体手段包括等离子处理、电晕、紫外等。另外,一些强氧化剂溶液如强酸——重铬酸钾溶液也可以用于样品的处理,但该类方法通常具有强腐蚀性,也存在废液处理的问题。

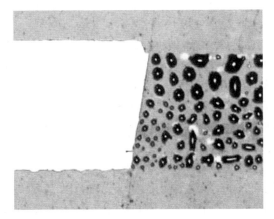

图 4.34   亲水表面(左)与疏水表面(右)对墨水附着性的影响

在上述方法中,电晕(corona)处理在产业界被广泛采用。电晕处理的工作原理是利用高电压(电场强度~100 kV·cm^{-1})在材料表面所产生的空气放电等离子体及其衍生物与材料发生氧化反应,从而达到亲水化的目的。另外一种工业化表面处理技术是大气电浆(atmospheric plasma)。大气电浆通过高频电场产生,频率为 10~100 kHz,电压在数千伏。大气电浆处理要比电晕处理对表面的损伤低一些。大多数塑料薄膜(如聚烃薄膜)属非极性聚合物,表面张力较低,一般在 29~30 mN·m^{-1}。若某物体的表面张力低于 33 mN·m^{-1},已知的油墨无法在上面附着牢固。大气电浆或电晕使空气电离后产生的各种离子在强电场的作用下,加速冲击塑料薄膜,使塑料分子的化学键断裂而降解,并增加表面粗糙度和表面积。放电时还会产生大量的臭氧,臭氧是一种强氧化剂,能使塑料分子氧化,产生羰基与过氧化物等极性较强的基团,从而提高了其表面能,即表面亲水性。与在真空环境下的等离子处理相比,大气电浆不需要封闭的低压腔体,也不需要高纯气体的供应,更加适合在大规模的工业化生产中使用。在实验室中,更多采用的是真空等离子处理方式。虽然真空等离子处理的条件相对苛刻,但优势也非常明显:可以针对性地使用高纯度气体以获得特定的等离子,整个过程温和可控,可通过参数来获得最佳的处理效果。除了亲水化效果外,氧化反应还可以去除材料表面的油污等成分,保证材料整体的表面能均一化。需要注意的是,以上介绍的处理方法对表面的改性是有时效的,应当尽量缩短表面处理与印刷之间的间隔时间[121]。

除氧化处理外,改善承印材料表面能的常用方法还有表面自组装处理[122]。所谓表面自组装处理,就是利用修饰材料分子与承印材料之间的相互作用,使其在承印材料表面自发附着一层修饰材料的方法。经过处理的承印材料表面通常有序排列一层修饰材料,其表面能将与修饰材料对外基团的表面能相近,从而达到改善材料表面能的目的。

对于粗糙或渗透性强的表面需要附加涂层来改善表面的适印性。以典型的低成本纸张衬底为例,纸张由大量的纤维组成,表面粗糙而且渗透性强,很难直接用于电子器件的印刷,需要进行涂层处理以改善性能[123]。另一类需要表面平整化和防渗透处理的材料是纺织物。在印刷电子墨水或浆料前需要在织物表面印刷一层防水层打底,例如紫外光固化聚氨酯,在未加打底层与有了打底层的织物表面印刷的银浆电极有明显差别(图 4.35)[124]。其他材料如聚合物薄膜也有可能需要增加涂层以改善表面粗糙度或者表面张力等物理性质。

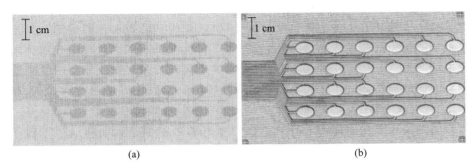

图 4.35　在无聚氨酯打底（a）与有聚氨酯打底（b）的织物表面印刷的银电极

4.6.2　印后热处理

　　热处理是印刷电子功能墨水或浆料之后的常规工艺。传统图文印刷中的墨水需要干燥，因此需要烘干等热处理操作。在印刷电子制造中，电子墨水需要的不仅仅是干燥，大多数电子墨水的功能只有通过烧结（sintering）才能体现。以无机电子墨水为例，对于颗粒分散型电子墨水，通过分散纳米粒子获得的墨水中有溶剂、表面活性剂和其他一些添加剂。表面活性剂是有机材料，包覆在粒子表面以防止团聚。相对于电子墨水的功能性而言，表面活性剂属于杂质，需要去除。普通干燥仅仅是去除了溶剂，包覆于粒子表面的活性剂只有在高温烧结下才能去除，如图 4.36 所示。烧结工艺具有两个基本目的：① 减少或去除油墨中的稳定剂、黏合剂、表面活性剂、增溶剂、增黏剂等辅助成分，使有效成分颗粒能够互相接触；② 在高温作用下使功能材料的微小颗粒互相融合，形成较大的颗粒甚至连成一个整体[125]。对于溶液型电子墨水而言，只有高温烧结才能诱导还原反应，实现其电子功能（见第 3 章）。

　　有机电子材料在印刷后的热处理工艺是退火（annealing）。有机小分子或聚合物电子材料在溶液法沉积成膜时大部分呈无定形态或多晶态，并且伴随有大量的缺陷存在，退火处理可以有效改善这些有机或聚合物膜的微观形态，达到提高其电学性能的作用[126]。除了热退火还有其他一些退火方法如溶剂-蒸汽退火[127,128]。退火工艺在有机电子器件溶液法制备中应用广泛[129-131]。

　　在实验室中，最常用的干燥和烧结的方法是直接使用加热台或者烘箱，在特定的温度下进行适当时间的热处理即可。这类热处理的温度可以精确

图 4.36 印刷颗粒分散型电子墨水的热处理工艺:干燥与烧结

控制,产品受热均匀,可以获得最理想的效果。存在的问题是耗费时间长,一次可烘干的样品少,仅适合实验室中采用。工业生产中常见的烘干设备包括热风烘干与红外烘干两类,已经有大量成熟的设备用于大规模生产,可实现随印随烘。通常热风烘干设备更适合于溶剂的挥发,可以随时带走溶剂蒸汽;而红外烘干设备的加热效果更理想,适合用于较高温度的烧结操作。典型的热处理温度在 125 ℃ 到 250 ℃ 之间,并需要数十分钟的加热时间。在卷对卷印刷产线上,烘干与烧结通常以隧道炉形式存在。隧道炉具有一定的长度(直线式或回转式)以保证卷对卷传送的承印材料在热环境下有足够停留时间。

4.6.3　光子烧结

4.6.2 节介绍的热烧结工艺是对墨水与承印材料整体加热,但并不是所有承印材料都能够承受长时间的高温烘烤,尤其是印刷电子中大量使用的柔性塑料薄膜基材。例如,印刷电子中用得最多的聚对苯二甲酸乙二醇酯(polyethylene terephthalate,PET)能够承受的温度不超过 150 ℃。另一种聚酰亚胺(polyimide,PI)可以承受 250~400 ℃ 的高温,但使用 PI 的成本远高于PET。对于金属导体或金属氧化物半导体墨水,烧结温度通常在 300 ℃ 以上。对于这两类墨水的印刷制备,近年来有两条技术路线:一是发展低温烧结墨水;二是采用光子烧结(photonic sintering)技术。

在低温烧结墨水方面,一种途径是减小颗粒直径。实验早已证明,金属颗粒的熔融温度随颗粒直径的减小呈指数下降[132]。印刷电子中的金属纳米颗粒型墨水(粒径小于 100 nm)通常可以将烧结温度降至 150 ℃ 以下,满足在PET 基材上烧结的要求。当然,低温烧结会影响金属颗粒的熔融连接程度,从而影响印刷层的电导率。另一种通过化学方法实现低温烧结的技术将在

4.6.4 节介绍。为了同时满足高温烧结金属颗粒型墨水又不损伤不耐高温的衬底材料,近年来发展了光子烧结技术。光子烧结利用了金属粒子对某些特定波长光的强吸收产生加热,同时衬底材料对这些光的弱吸收而不产生高热,实现既烧结金属颗粒又不损伤衬底的双重目的。光子烧结有两类:近红外烧结与紫外闪灯烧结。

近红外(near infrared,NIR)是指波长在 780～1100 nm 之间的红外辐射。不同于传统宽光谱红外烘干加热,PET 类的有机聚合物对近红外近于 90% 透明,而金属颗粒墨水对近红外则呈现 90% 吸收。因此,近红外辐照可以实现对金属颗粒墨水的高温烧结而不损伤塑料薄膜衬底,同时烧结时间大大缩短。图 4.37 比较了传统烘箱、传统红外与近红外烧结使银墨水达到相同导电性所需要的时间。烘箱需要 600 s,宽谱红外需要 84 s,而近红外只需要 2.1 s[133]。作者科研团队通过实验发现,近红外烧结在 4 s 内可以使银墨水层的温度升高到 700 ℃(红外灯功率 360 kW·m^{-2}),实现快速烧结。继续延长烧结时间,电阻下降趋缓,银墨水中的银纳米颗粒(粒径 50～150 nm)也随烧结时间增加而熔融成连续态(图 4.38)[134]。

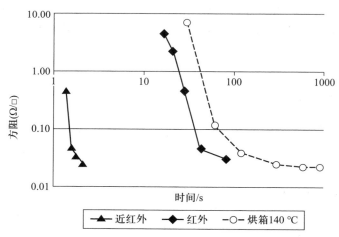

图 4.37　传统烘箱、传统红外与近红外烧结银墨水的比较

紫外闪灯烧结以高压脉冲氙灯作为强脉冲光源(intensive pulse light,IPL),辐射光谱范围从紫外区一直到红外区(波长为 200～800 nm)。脉冲闪灯烧结的时间在毫秒量级,大大短于近红外烧结。闪灯烧结同样只在金属纳米颗粒中吸收,在聚合物薄膜材料中无吸收的特点,特别适合于烧结金属纳米颗粒墨水,包括降低金属纳米线间接触电阻,在印刷金属导电结构方面获

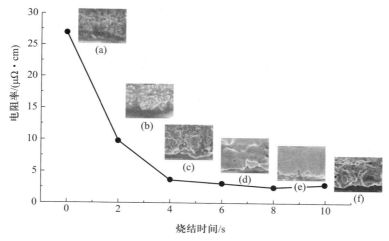

图 4.38　近红外烧结银墨水的电阻变化与印刷银墨水层的形貌变化

得广泛应用[135]。在金属纳米颗粒墨水中,铜纳米颗粒最容易氧化。闪灯烧结可以在极短时间内去除铜纳米颗粒表面包覆层并熔融形成连续结构,是铜墨水烧结的首选方法[135]。作者科研团队利用紫外闪灯烧结纳米铜墨水,在闪灯电压为 3 kV、脉冲宽度为 4 ms 下,通过一次辐照可以使旋涂在玻璃衬底上的纳米铜墨水从完全不导电到电阻率降至 94.1 $\mu\Omega \cdot cm$[136]。

　　光子烧结还可以通过激光实现。理论上讲,若激光波长与墨水材料的吸收峰相近,其能量转换效率会较高,形成与激光光斑一致的烧结点。激光烧结的特点是光斑可实现图形化扫描,因而可以直接形成烧结图形,从而制备印刷电子器件与电路。其方法是先在基材上涂布纳米银浆层,然后激光扫描电路图形,清洗掉未烧结的纳米银浆,在基材表面留下烧结的纳米银结构[137]。

4.6.4　其他烧结技术

　　除了以上介绍的热烧结与光子烧结技术外,近些年来还发展出一些其他烧结方法。这些方法大多用于实验室,主要目的是在尽可能低的温度下获得最好的电子墨水烧结效果。

　　热压烧结(hot pressing sintering)是一种广泛用于粉末冶金的烧结方法。基于烧结的基本原理,在加热的基础上,通过施加压力增强烧结动力,促进颗粒烧结,形成致密化薄膜。在烧结过程中,压力起到了两方面的作用,一是增加纳米颗粒间接触面积或接触点数目;二是压力可以促使形成更为均匀和致密的微观结构。该烧结方法具备简单、价格低廉的优点,同时可以降低热烧结的温度[138]。

等离子烧结(plasma sintering)是通过激发出的高能等离子活性物质分解包覆在纳米颗粒外层的有机包覆物,通过断链作用,形成小分子化合物。这些分解后得到的小分子化合物在低压等离子中很容易挥发,留下脱去包覆层的金属纳米颗粒,从而促使颗粒间发生连结行为。利用低压氩等离子烧结的方法,将银纳米颗粒墨水在玻璃片、聚碳酸酯(PC)、PET 上进行烧结,使导电性达到块体银的 30%[139]。

电烧结(electrical sintering)是指通过在印刷的图案上施加外电压,利用电流对金属层的局部进行加热处理,从而实现烧结的方法。局部电流促使纳米颗粒失去其外层包覆物,相邻颗粒连结在一起,形成致密导电层。该方法的优势在于烧结时间短(通过在几毫秒到几秒内)。由于其特殊的作用机理,只有金属颗粒型墨水可以用此方法,没进行过特殊预处理的金属有机化合物或者盐基墨水无法用此烧结方法。目前,电烧结方法作为一种快速烧结方法,已用于不同衬底材料上的银纳米颗粒烧结,可实现在玻璃、聚酰亚胺(PI)、PET、纸等基材上的烧结行为,同时不损坏衬底材料[140]。

化学烧结是在金属颗粒表面包覆可以通过化学方法破坏的稳定剂。例如,以聚丙烯酸钠包覆的银纳米粒子(粒径为 15 nm)制备的银墨水中加入氯化钠(NaCl),喷墨打印后在干燥过程中随着水溶剂的蒸发而导致氯化钠浓度增加,氯化钠可以自发地破坏聚丙烯酸钠包覆层,使银纳米粒子互相接触并建立导电通路,实现了银墨水的室温烧结[141]。类似的技术路线还可以实现金墨水[111]与银包铜墨水[142]的室温烧结。

4.7　小结

本章介绍的印刷方法可以分为两大类:有模版印刷与无模版印刷。每一类又依据模版形式或工作原理具体分成不同方式的印刷,如图 4.39 所示。需要强调的是,不论有版还是无版都可以按照基材输送方式进行张对张(sheet to sheet)或卷对卷(roll to roll)印刷,实现规模化生产制造。传统印刷方式的各项技术指标,如适用墨水黏度、成膜厚度、最小可印尺寸与印刷速度,列于表 4.1。所谓传统印刷方式是指目前图文印刷中使用的印刷方法。为适应印刷电子制造所开发的新型印刷方法,在适应墨水黏度与印刷分辨率方面都已突破传统印刷的指标范围。例如,电流体动力学喷印与气流喷印都具有更宽的墨水黏度范围与更高的分辨率,而且传统的推挤式喷墨打印与传统凹版转印,由于采用更细的喷嘴和更精细的模版,都已经实现了 1 μm 以下印刷分辨率。

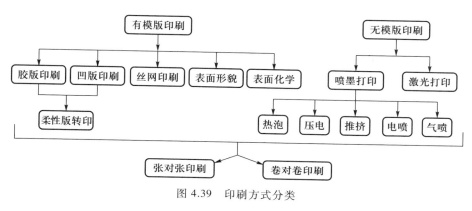

图 4.39　印刷方式分类

表 4.1　各种传统印刷方式的技术指标

印刷方式	适用油墨黏度/cP	单次成膜厚度/μm	可印最小尺寸/μm	印刷速度/(m²·s⁻¹)
喷墨打印	5～20	0.05～1	>20	≤0.5
丝网印刷	500～10 000	≤100	>50	0.1～10
凹版印刷	50～500	0.8～8	>20	3～60
柔性版印刷	50～200	0.8～2.5	>50	3～30
胶版印刷	>50	0.5～6	>20	0.1～30

需要指出的是,很多涉及溶液型电子材料的加工场合会使用"溶液化加工"(solution process)这一说法。溶液化加工不仅包括图形化印刷,即图 4.39 中所列出的印刷方式,也包括涂布。涂布是非图形化的印刷。如 4.5 节所介绍,涂布本身就包括多达 7 种不同方式。涂布形成的薄膜可以直接成为电子器件的功能层,也可以通过光刻与刻蚀实现图形化。

印刷电子用的印刷与传统图文用的印刷只是"形似"而已,各方面要求都远高于传统印刷。首先,印刷电子使用的电子墨水种类远远多于传统图文印刷的;其次,印刷电子所要求的精度远高于传统图文印刷的;第三,印刷电子要实现的是电子功能,而不是视觉效果,因此对印刷质量的评价更为复杂。电子器件的印刷加工是一个系统工程。除了印刷设备本身外,要考虑墨水材料与印刷设备的匹配,墨水与衬底材料的匹配,印刷前的衬底材料处理与印刷后的墨水干燥、烧结。最优印刷结果,即最佳电子器件性能,是各种参数最优化的总和。过去的 10 年见证了印刷电子加工已跨出传统图文印刷范畴成为一个独立技术领域,未来该领域将发展得更加成熟,成为科学研究与大规模生产不可替代的新型电子加工技术。

参考文献

［1］ Kipphan H. Handbook of Print Media［M］. Berlin：Springer,2001.

［2］ Zapka W. Handbook of Industrial Inkjet Printing：A Full System Approach［M］. Germany：Wiley-VCH,2018.

［3］ Kwon K-S,Rahman M K, Phung T H. Review of digital printing technologies for electronic materials［J］. Flex. Print. Electron. 2020, 5：043003.

［4］ Shin P, Sung J. The effect of driving waveforms on droplet formation in a piezoelectric inkjet nozzle ［C］//2009 11th Electronics Packaging Technology Conference （EPTC 2009）, 2009：158-162.

［5］ Kwon K, Kim W. A waveform design method for high-speed inkjet printing based on self-sensing measurement［J］. Sensors and Actuators A：Physical, 2007, 140（1）：75-83.

［6］ Dong H M, Carr W W, Morris J F. An experimental study of drop-on-demand drop formation［J］. Physics of Fluids, 2006, 18（7）：072102.

［7］ Kwon K S. Experimental analysis of waveform effects on satellite and ligament behavior via in situ measurement of the drop-on-demand drop formation curve and the instantaneous jetting speed curve［J］. J. Micromech. Microeng., 2010, 20（11）：115005.

［8］ Shin P, Sung J, Lee M H. Control of droplet formation for low viscosity fluid by double waveforms applied to a piezoelectric inkjet nozzle［J］. Microelectronics Reliability, 2011, 51（4）：797-804.

［9］ Singh M, Haverinen H M, Dhagat P, et al. Inkjet printing-process and its applications［J］. Advanced Materials, 2010, 22（6）：673-685.

［10］ Deegan R D, Bakajin O, Dupont T F, et al. Capillary flow as the cause of ring stains from dried liquid drops［J］. Nature, 1997, 389（6653）：827-829.

［11］ Deegan R D, Bakajin O, Dupont T F, et al. Contact line deposits in an evaporating drop ［J］. Phys. Rev. E, 2000, 62（1）：756-765.

［12］ Sommer A P, Rozlosnik N. Formation of crystalline ring patterns on extremely hydrophobic supersmooth substrates: Extension of ring formation paradigms[J]. Cryst. Growth Des., 2005, 5 (2): 551-557.

[13] Hu H, Larson R G. Marangoni effect reverses coffee-ring depositions[J]. J. Phys. Chem. B, 2006, 110 (14): 7090-7094.

[14] Deegan R D. Pattern formation in drying drops[J]. Phys. Rev. E, 2000, 61 (1): 475-485.

[15] de Gans B J, Schubert U S. Inkjet printing of well-defined polymer dots and arrays[J]. Langmuir 2004, 20 (18): 7789-7793.

[16] Tekin E, de Gans B J, Schubert U S. Ink-jet printing of polymers - from single dots to thin film libraries[J]. Journal of Materials Chemistry, 2004, 14 (17): 2627-2632.

[17] Tekin E, Smith P J, Schubert U S. Inkjet printing as a deposition and patterning tool for polymers and inorganic particles[J]. Soft Matter, 2008, 4 (4): 703-713.

[18] Soltman D, Subramanian V. Inkjet-printed line morphologies and temperature control of the coffee ring effect[J]. Langmuir, 2008, 24(5): 2224-2231.

[19] Sun J, Kuang M, Song Y. Control and application of "coffee ring" effect in inkjet printing [J]. Progress in Chemistry, 2015, 27 (8): 979-985.

[20] Fernández J, Moraand D L, Riesco-Chueca P. Aerodynamic focusing of particles in a carrier gas[J]. Journal of Fluid Mechanics, 1988, 195: 1-21.

[21] Marquez G J, Renn M J, Miller W D. Aerosol-based direct-write of biological materials for biomedical applications[J]. MRS Proceedings, 2001, 698: 521.

[22] King B H, Renn M J, Essien M, et al. Material depositing apparatus for depositing aerosol stream on planar/non-planar target, has deposition flowhead that combines aerosol with annular sheath gas flow and extended nozzle attached to output of flowhead[P]. US2006008590-A1;US7938079-B2.

[23] Renn M J, King B H, Essien M, et al. Mask-less, non-contact direct printing of mesoscale structures of various materials onto heat-sensitive targets e. g. substrates, by laser-processing deposit of material at temperature as high as damage threshold temperature of target[P]. US2007019028-A1.

[24] King B H, Ramahi D H, Woolfson S B, et al. Material deposition assembly comprises sheath inlets that performs fluid connection with sheath plenum enclosing exit of aerosol channel and entrance of anisotropic nozzle[P]. WO2009029938-A2;US2009090298-A1; WO2009029938-A3; TW200924852-A; KR2010067098-A; IN201001759-P4; CN101842166-A;JP2010538277-W.

[25] Xia Y, Zhang W, Ha M J, et al. Printed sub-2 V gel-electrolyte-gated polymer transistors and circuits[J]. Advanced Functional Materials, 2010, 20 (4): 587-594.

[26] Brennan J D, Hossain S M Z, Luckham R E, et al. Development of a bioactive paper sensor for detection of neurotoxins using piezoelectric inkjet printing of sol-gel-derived

bioinks [J]. Analytical Chemistry, 2009, 81 (13): 5474-5483.

[27] Renn M J, King B H, Paulsen J A, et al. Aerosol jet deposition head for direct printing of aerosolized materials onto heat sensitive targets, has combination chamber where sheath gas flow and aerosol streams are combined [P]. WO2006065978-A2; US2006175431-A1; EP1830927-A2; IN200703077-P4; KR2007093101-A; CN101098734-A; US2008013299-A1; JP2008522814-W; TW200626741-A; SG158137-A1; TW315355-B1; US2010173088-A1; US2010192847-A1; US7938341-B2.

[28] Wilkinson N J, Smith M A A, Kay R W, et al. A review of aerosol jet printing- a non-traditional hybrid process for micro-manufacturing [J]. The International Journal of Advanced Manufacturing Technology, 2019, 105: 4599-4619.

[29] Hayati I, Bailey A I, Tadros T F. Mechanism of stable jet formation in electrohydrodynamic atomization [J]. Nature, 1986, 319 (6048): 41-43.

[30] Bhardwaj N, Kundu S. C. Electrospinning: A fascinating fiber fabrication technique [J]. Biotechnology Advances, 2010, 28: 325-347.

[31] Cui Z, Tong L. Dynamical characteristics of liquid metal ion sources [J]. J. Vac. Sci. Technol. B, 1989, 7: 1813.

[32] Park J U, Hardy M, Rogers J A, et al. High-resolution electrohydrodynamic jet printing [J]. Nature Materials, 2007, 6: 782-789.

[33] Mkhize N, Bhaskaran H. Electrohydrodynamic jet printing: introductory concepts and Considerations [J]. Small Sci., 2021, 2100073.

[34] Choi K-H, Rahman K, Muhammad N M. Electrohydrodynamic Inkjet-Micro Pattern Fabrication for Printed Electronics Applications [M]//Recent Advances in Nanofabrication Techniques and Applications. London: IntechOpen, 2011.

[35] Galliker P, Schneider J, Eghlidi H, et al. Direct printing of nanostructures by electrostatic autofocussing of ink nanodroplets [J]. Nature Communications, 2012, 3: 890.

[36] 黄永安. 电流体动力喷印技术 [M]//柔性印刷电子产业发展研究报告, 崔铮. 科钛传媒, 2021.

[37] Cai S, Sun Y, Wang Z, et al. Mechanisms, influencing factors, and applications of electrohydrodynamic jet printing [J]. Nanotechnology Reviews, 2021, 10: 1046-1078.

[38] Pan Y, Chen X, Huang Y, et al. Fabrication and evaluation of a protruding Si-based printhead for electrohydrodynamic jet printing [J]. J. Micromech. Microengineering, 2017, 27 (12): 125004.

[39] Wang F, Mao P, He H. Dispensing of high concentration Ag nano-particles ink for ultra-low resistivity paper-based writing electronics [J]. Scientific Reports, 2016, 6: 21398.

[40] Machekposhti S A, Mohaved S, Narayan R J. Inkjet dispensing technologies: Recent advances for novel drug discovery [J]. Expert Opinion on Drug Discovery, 2019, 14 (2):

101-113.

[41] Truby R L, Lewis J A. Printing soft matter in three dimensions [J]. Nature Communications, 2016, 540: 371-378.

[42] Zhou L Y, Fu J, He Y. A review of 3D printing technologies for soft polymer materials [J]. Adv. Funct. Mater., 2020, 30: 2000187.

[43] Ge Y, Plötner M, Berndt A, et al. All-printed capacitors with continuous solution dispensing technology[J]. Semicond. Sci. Technol., 2017, 32: 095012.

[44] Kim D H, Ryu S S, Shin D W, et al. The fabrication of front electrodes of Si solar cell by dispensing printing[J]. Materials Science and Engineering B, 2012, 177: 217-222.

[45] Ma S, Kumaresan Y, Dahiya A S, et al. Ultra-thin chips with printed interconnects on flexible foils[J]. Adv. Electron. Mater., 2021, 8(5): 2101029.

[46] Willis D A, Grosu V. Microdroplet deposition by laser-induced forward transfer[J]. Appl. Phys. Lett., 2005, 86: 244103

[47] Sopeña P, Fernández-Pradas J M, Serra P. Laser-induced forward transfer of conductive screen-printing inks[J]. Applied Surface Science, 2020, 507: 145047.

[48] Bian J, Zhou L, Wan X, et al. Laser transfer, printing, and assembly techniques for flexible electronics[J]. Adv. Electron. Mater., 2019, 5: 1800900.

[49] Zhang H, Moon S K, Ngo T H. 3D printed electronics of non-contact ink writing techniques: Status and promise[J]. Int. J. Precis. Eng. and Manuf.-Green Tech., 2020, 7: 511-524.

[50] Espalin D, Muse D W, MacDonald E, et al. 3D Printing multifunctionality: Structures with electronics[J]. Int. J. Adv. Manuf. Technol., 2014, 72: 963-978.

[51] Khosravani M R, Reinicke T. 3D-printed sensors: Current progress and future challenges [J]. Sensors and Actuators A, 2020, 305: 111916.

[52] 郑德海. 现代网版印刷工艺[M]. 北京: 化学工业出版社, 2004.

[53] Hyun W J, Lim S, Ahn B Y, et al. Screen printing of highly loaded silver inks on plastic substrates using silicon stencils[J]. ACS Appl. Mater. Interfaces, 2015, 7: 12619-12624.

[54] 李耀霖. 厚膜电子元件[M]. 广州: 华南理工大学出版社, 1991.

[55] Cheek G C, Mertens R P, Vanoverstraeten R, et al. Thick-film metallization for solar-cell applications[J]. IEEE Transactions on Electron Devices, 1984, 31 (5): 602-609.

[56] Krebs F C, Jorgensen M, Norrman K, et al. A complete process for production of flexible large area polymer solar cells entirely using screen printing-First public demonstration[J]. Solar Energy Materials and Solar Cells, 2009, 93 (4): 422-441.

[57] Nagata R, Yokoyama K, Clark S A, et al. A glucose sensor fabricated by the screen printing technique[J]. Biosensors and Bioelectronics, 1995, 10 (3): 261-267.

[58] Cao X, Chen H, Zhou C, et al. Screen printing as a scalable and low-cost approach for

rigid and flexible thin-film transistors using separated carbon nanotubes[J]. ACS Nano, 2014, 8(12): 12769-12776.

[59] 邓普君, 等. 凹印基础知识[M]. 北京: 印刷工业出版社, 2008.

[60] Grau G, Cen J, Kang H, et al. Gravure-printed electronics: recent progress in tooling development, understanding of printing physics, and realization of printed devices[J]. Flex. Print. Electron., 2016, 1: 023002.

[61] Hambsch M, Reuter K, Stanel M, et al. Uniformity of fully gravure printed organic field-effect transistors[J]. Materials Science and Engineering: B, 2010, 170 (1-3): 93-98.

[62] Voigt M M, Mackenzie R C, Yau C P, et al. Gravure printing for three subsequent solar cell layers of inverted structures on flexible substrates[J]. Solar Energy Materials and Solar Cells, 2011, 95 (2): 731-734.

[63] Kopola P, Tuomikoski M, Suhonen R, et al. Gravure printed organic light emitting diodes for lighting applications[J]. Thin Solid Films, 2009, 517 (19): 5757-5762.

[64] Jung M, Kim J, Cho G, et al. All-printed and roll-to-roll-printable 13.56-MHz-operated 1-bit RF tag on plastic foils[J]. IEEE Transactions on Electron Devices, 2010, 57 (3): 571-580.

[65] Lin, J, Gu W, Cui Z. Gravure printed network based on silver nanowire for transparent electrode[C], NSTI -Nanotech, 2012, p 702.

[66] Hrehorova E, Rebros M, Pekarovicova A, et al. Gravure printing of conductive inks on glass substrates for applications in printed electronics[J]. Journal of Display Technology, 2011, 7 (6): 318-324.

[67] Sung D, Vornbrock A D, Subramanian V. Scaling and optimization of gravure-printed silver nanoparticle lines for printed electronics[J]. IEEE Transactions on Components and Packaging Technologies, 2010, 33 (1): 105-114.

[68] Noh J, Yeom D, Cho G, et al. Scalability of roll-to-roll gravure-printed electrodes on plastic foils[J]. IEEE Transactions on Electronics Packaging Manufacturing, 2010, 33 (4): 275-283.

[69] Vornbrock A D, Ding J M, Sung D, et al. Printing and scaling of metallic traces and capacitors using a laboratory-scale rotogravure press[C]//Flexible Electronics & Displays Conference and Exhibition, 2009, 54-60.

[70] Voigt M M, Guite A, Chung D Y, et al. Polymer field-effect transistors fabricated by the sequential gravure printing of polythiophene, two insulator layers, and a metal ink gate [J]. Advanced Functional Materials, 2010, 20 (2): 239-246.

[71] Makela T, Jussila S, Kosonen H, et al. Utilizing roll-to-roll techniques for manufacturing source-drain electrodes for all-polymer transistors[J]. Synthetic Metals, 2005, 153 (1-3): 285-288.

[72] Kaihovirta N, Makela T, He X H, et al. Printed all-polymer electrochemical transistors on

patterned ion conducting membranes [J]. Organic Electronics, 2010, 11 (7): 1207-1211.

[73] Deganello D, Cherry J A, Gethin D T, et al. Patterning of micro-scale conductive networks using reel-to-reel flexographic printing[J]. Thin Solid Films, 2010, 518 (21): 6113-6116.

[74] Zhong Z W, Chen S H, Shan X C, et al. Parametric investigation of flexographic printing processes for R2R printed electronics[J]. Materials and Manufacturing Processes, 2020, 35 (5): 564-571.

[75] Zhao X M, Xia Y N, Whitesides G M. Soft lithographic methods for nano-fabrication[J]. Journal of Materials Chemistry, 1997, 7 (7): 1069-1074.

[76] Perl A, Reinhoudt D N, Huskens J. Microcontact printing: Limitations and achievements [J]. Adv. Mater., 2009, 21 (22): 2257-2268.

[77] Brehmer M, Conrad L, Funk L. New developments in soft lithography[J]. J. Disper. Sci. Technol., 2003, 24 (3-4): 291-304.

[78] 崔铮. 微纳米加工技术及其应用[M]. 4 版. 北京: 高等教育出版社, 2020.

[79] Choo B, Song N, Kim K, et al. Ink stamping lithography using polydimethylsiloxane stamp by surface energy modification[J]. Journal of Non-Crystalline Solids, 2008, 354 (19-25): 2879-2884.

[80] Ohsawa M, Hashimoto N. Bending reliability of flexible transparent electrode of gravure offset printed invisible silver-grid laminated with conductive polymer[J]. Microelectronics Reliability, 2019, 98: 124-130.

[81] Leppavuori S, Vaananen J, Lahti M, et al. A novel thick-film technique, gravure offset printing, for the realization of fine-line sensor structures[J]. Sensors and Actuators A-Physical, 1994, 42 (1-3): 593-596.

[82] Hagberg J, Leppavuori S. Method for the manufacture of high quality gravure plates for printing fine line electrical circuits[C]. Device and Process Technologies for MEMS and Microelectronics, 1999, 3892: 313-320.

[83] Lahti M, Leppävuori S, Lantto V. Gravure-offset-printing technique for the fabrication of solid films[J]. Applied Surface Science, 1999, 142(1-4): 367-370.

[84] Lahti M, Lantto V. Passive RF band-pass filters in an LTCC module made by fine-line thick-film pastes[J]. Journal of the European Ceramic Society, 2001, 21 (10-11): 1997-2000.

[85] Knobloch A, Bernds A, Clemens W. An approach towards the printing of polymer circuits [C]. Electronics on Unconventional Substrates-Electrotextiles and Giant-Area Flexible Circuits, 2003, 736: 277-281.

[86] Pudas M, Hagberg J, Leppavuori S. Printing parameters and ink components affecting ultra-fine-line gravure-offset printing for electronics applications [J]. Journal of the

European Ceramic Society, 2004, 24 (10-11): 2943-2950.

[87] Markku L. Gravure offset printing for fabrication of electronic devices and integrated components in LTCC modules[D]. PhD Thesis, Oulu: University of Oulu, 2008.

[88] Lee T M, Noh J H, Kim C H, et al. Development of a gravure offset printing system for the printing electrodes of flat panel display[J]. Thin Solid Films, 2010, 518 (12): 3355-3359.

[89] Lee T M, Noh J H, Kim I, et al. Reliability of gravure offset printing under various printing conditions[J]. Journal of Applied Physics, 2010, 108 (10): 102802.

[90] Shiokawa D, Izumi K, Sugano R, et al. Development of a silver nanoparticle ink for fine line patterning using gravure offset printing[J]. Jpn. J. Appl. Phys., 2017, 56: 05EA04.

[91] Pudas M, Hagberg J, Leppavuori S. Gravure offset printing of polymer inks for conductors [J]. Progress in Organic Coatings, 2004, 49 (4): 324-335.

[92] Ohsawa M, Hashimoto N. Flexible transparent electrode of gravure offset printed invisible silver-grid laminated with conductive polymer[J]. Materials Research Express, 2018, 5 (8): 085030.

[93] 旭化成推出适用于触控感应器的导电性薄膜[EB/OL]. 来自材料世界网, 2019. 3.27.

[94] Hines D R, Ballarotto V W, Williams E D. Transfer printing methods for the fabrication of flexible organic electronics[J]. J. Appl. Phys., 2007, 101: 024503.

[95] 袁伟, 林剑, 顾唯兵, 等. 基于银纳米线柔性可延展电路的印刷制备[J]. 中国科学, 2016, 46(4): 044611.

[96] Lin Y, Yuan W, Su W, et al. Facile and efficient patterning method for silver nanowires and its application to stretchable electroluminescent displays [J]. ACS Appl. Mater. Interfaces, 2020, 12: 24074-24085.

[97] Zhou H, Qin W, Yu Q, et al. Transfer printing and its applications in flexible electronic devices[J]. Nanomaterials, 2019, 9: 283.

[98] Meitl M A, Zhu Z-T, Kumar V, et al. Transfer printing by kinetic control of adhesion to an elastomeric stamp[J]. Nature Materials, 2006, 5: 33-38.

[99] Linghu C, Zhang S, Song J, et al. Transfer printing techniques for flexible and stretchable inorganic electronics[J]. npj Flexible Electronics, 2018, 26: 1-14.

[100] LeBorgne B, De Sagazan O, Crand S, et al. Conformal electronics wrapped around daily life objects using an original method: Water transfer printing[J]. ACS Applied Materials & Interfaces, 2017, 9: 29424-29429.

[101] Zabow G. Reflow transfer for conformal three-dimensional microprinting[J]. Science, 2022, 378: 894-898.

[102] Cui Z, Gao Y. Hybrid Printing of high resolution metal mesh as transparent conductor for touch panel and OLED [C]//Dig. Tech. Pap. Soc. Inf. Disp. Int. Symp., 2015,

46：398.

［103］ Chen X, Su W, Cui Z, et al. Printable high-aspect ratio and high-resolution Cu grid flexible transparent conductive film with figure of merit over 80000［J］. Adv. Electron. Mater., 2019, 1800991.

［104］ Horváth B, Křivová B, Bolat S, et al. Fabrication of large area sub-200 nm conducting electrode arrays by self-confinement of spincoated metal nanoparticle inks［J］. Adv. Mater. Technol., 2019, 4：1800652.

［105］ Khan A, Lee S, Guo L J, et al. High-performance flexible transparent electrode with an embedded metal mesh fabricated by cost-effective solution process［J］. Small, 2016, 12（22）：3021-3030.

［106］ Liu P, Huang B, Peng L, et al. A crack templated copper network film as a transparent conductive film and its application in organic light-emitting diode［J］. Scientific Reports, 2022, 12：20494.

［107］ 郑雅杰, 邹伟红, 易丹青, 等. 化学镀铜及其应用［J］. 材料导报, 2005, 19（9）：76-82.

［108］ Liu X, Zhou X, Zheng Z J, et al. Surface-grafted polymer assisted electroless deposition of metals for flexible and stretchable electronics［J］. Chem. Asian. J., 2012, 7：862-870.

［109］ Yu Y, Yan C, Zheng Z J. Polymer-assisted metal deposition（PAMD）：A full-solution strategy for flexible, stretchable, compressible, and wearable metal conductors［J］. Adv. Mater. Technol., 2014, 26：5508-5516.

［110］ 马飞祥, 袁伟, 苏文明, 等. 导电织物制备方法及应用研究进展［J］. 材料导报（A）, 2020, 34（1）：01114-01125.

［111］ Minari T, Kanehara Y, Liu C, et al. Room-temperature printing of organic thin-film transistors with π-junction gold nanoparticles［J］. Adv. Funct. Mater., 2014, 24：4886-4892.

［112］ Zhang Q, Chen Z, Cui Z, et al. High-resolution inkjet-prnited oxide thin-film transistors with a self-aligned fine channel bank structure［J］. ACS Applied Materials & Interfaces, 2018, 10（18）：15847-15854.

［113］ Maenosono S, Okubo T, Yamaguch Y. Overview of nanoparticle array formation by wet coating［J］. Journal of Nanoparticle Research, 2003, 5：5-15.

［114］ 李路海, 涂布复合技术［M］. 2 版, 北京：文化发展出版社, 2016.

［115］. Xu S B, Xu W C. Printed electronics based on precision coating［J］. Applied Mechanics and Materials, 2013, 312：550-553.

［116］ Hwang J K, Bae S, Kim D S. A development and evaluation of micro-gravure coater for printed electronics［J］. Jpn. J. Appl. Phys., 56 2014, 53：05HC12.

［117］ Pérez-Gutiérrez E, Lozano J, Gaspar-Tánori J, et al. Organic solar cells all made by blade and slot-die coating techniques[J]. Solar Energy, 2017, 146: 79-84.

[118] Patidar R, Burkitt D, Hooper K, et al. Slot-die coating of perovskite solar cells: An overview[J]. Materials Today Communications, 2020, 22: 100808.

[119] Park J, Shin K, Lee C. Roll-to-roll coating technology and its applications: a Review [J]. International journal of precision engineering and manufacturing, 2016, 17 (4): 537-550.

[120] Henley S J, Cann M, Jurewicz I, et al. Laser patterning of transparent conductive metal nanowire coatings: simulation and experiment[J]. Nanoscale, 2014, 6: 946-952.

[121] Liebe G, Beß M. Surface pretreatment for wettability adjustment [M]//Zapka W, Ed. Handbook of Industrial Inkjet Printing: A Full System Approach. Germany: Wiley-VCH, 2018.

[122] Prime K, Whitesides G. Self-assembled organic monolayers: model systems for studying adsorption of proteins at surfaces[J]. Science, 1991, 252 (5009): 1164-1167.

[123] Osterbacka R, Tobjork D. Paper Electronics[J]. Advanced Materials, 2011, 23 (17): 1935-1961.

[124] Yang K, Torah R, Tudor J, et al. Waterproof and durable screen printed silver conductive tracks on textiles[J]. Textile Research Journal, 2013, 83 (19): 2023.

[125] Volkman S K. Mechanistic studies on sintering of silver nanoparticles[J]. Chemistry of Materials, 2011, 23 (20): 4634-4640.

[126] Kanai K, Miyazaki T, Suzuki H, et al. Effect of annealing on the electronic structure of poly(3-hexylthiophene) thin film[J]. Physical Chemistry Chemical Physics, 2010, 12 (1): 273-282.

[127] Conboy J C, Olson E J C, Adams D M, et al. Impact of solvent vapor annealing on the morphology and photophysics of molecular semiconductor thin films[J]. The Journal of Physical Chemistry B, 1998, 102 (23): 4516-4525.

[128] Yang Y W, Wang C H, Cheng Y C, et al. Origin of high field-effect mobility in solvent-vapor annealed anthradithiophene derivative[J]. Organic Electronics, 2010, 11 (12): 1947-1953.

[129] Hüttner S, Sommer M, Chiche A, et al. Controlled solvent vapour annealing for polymer electronics[J]. Soft Matter, 2009, 5: 4206-4211.

[130] Xiong Z, Liu C. Optimization of inkjet printed PEDOT: PSS thin films through annealing processes[J]. Organic Electronics, 2012, 13 (9): 1532-1540.

[131] Shin S Y, Jan M, Cheon H J, et al. Nanostructure-assisted solvent vapor annealing of conjugated polymer thin films for enhanced performance in volatile organic compound sensing[J]. Sensors and Actuators B: Chemical, 2022, 351: 130951.

[132] Baffat P, Borel J P. Size effect on melting temperature of gold particles[J]. Phys. Rev. A. 1976, 13: 2287-2298.

［133］ Cherrington M, Claypole T C, Deganello D, et al. Ultrafast near-infrared sintering of a slot-die coated nano-silver conducting ink［J］. J. Mater. Chem., 2011, 21: 7562-7564.

［134］ Gu W, Yuan W, Cui Z, et al. Fast near infrared sintering of silver nanoparticle ink and applications for flexible hybrid circuits［J］. RCS Advances, 2018, 8（53）: 30215-30222.

［135］ Jang Y-R, Joo S-J, Chu J-H, et al. A review on intense pulsed light sintering technologies for conductive electrodes in printed electronics［J］. International Journal of Precision Engineering and Manufacturing-Green Technology, 2021, 8: 327-363.

［136］ Gu W, Cui Z. Intense pulsed light sintering of copper nanoink for conductive copper film ［J］. Applied Mechanics and Materials, 2015, 748: 187-192.

［137］ 顾唯兵, 林剑, 崔铮, 等. 光子烧结技术在印刷电子技术中的应用研究进展［J］. 影像科学与光化学, 2014, 32: 303-313.

［138］ Xu L Y, Yang G Y, Jing H Y, et al. Pressure-assisted low-temperature sintering for paper-based writing electronics［J］. Nanotechnology, 2013, 24（35）: 355204.

［139］ Reinhold I, Hendriks C E, Eckardt R, et al. Argon plasma sintering of inkjet printed silver tracks on polymer substrates［J］. J. Mater. Chem., 2009, 19: 3384-3388.

［140］ Escobedo P, Carvajal M A, Banqueri J. Comparative study of inkjet-printed silver conductive traces with thermal and electrical sintering［J］. IEEE Access, 2019, 7: 1909-1919.

［141］ Grouchko M, Kamyshny A, Florentina C, et al. Conductive inks with a "built-in" mechanism That Enables Sintering at Room Temperature［J］. ACS Nano, 2011, 5（5）: 3354-3359.

［142］ Dai X, Xu W, Zhang T, et al. Room temperature sintering of Cu-Ag core-shell nanoparticles conductive inks for printed electronics［J］. Chemical Engineering Journal, 2019, 364: 310-319.

印刷晶体管原理、结构与制造技术

5.1 引言

自 1947 年世界上第一个半导体晶体管出现以来,基于无机半导体材料(尤其是单晶硅)的晶体管器件与集成电路成为电子工业的基石。然而硅集成电路的制造需要采用光刻和真空沉积系统,同时要在超净室里和高温环境下得以实现,导致其工艺复杂、成本高。各种新型有机和非硅无机半导体材料的出现为晶体管发展开辟了新方向,即薄膜晶体管技术,为基于晶体管的微电子技术拓展了新应用领域,包括近年来快速发展的柔性电子应用。薄膜晶体管虽然可以通过集成电路加工的光刻、腐蚀与真空沉积技术制造,但溶液化的有机和无机半导体材料、导电材料与介电材料的发展,使得印刷加工薄膜晶体管成为可能。本书第 2、3 章已经介绍了有机和无机电子材料及其相应的墨水制备技术,第 4 章介绍了各种印刷电子加工技术。本章将重点介绍基于印刷加工的薄膜晶体管技术,包括场效应晶体管(field effect transistor,FET)的工作原理、基本参数、基本结构,有机和无机薄膜晶体管特点,薄膜晶体管的印刷制造技术,以及印刷薄膜晶体管的各种应用。

5.2 晶体管的分类

晶体管由源、漏、栅电极,有源层和介电层 5 部分组成,其中源、漏电极与有源层直接接触,栅电极与半导体层之间被介电层隔离,是一种三端口(即源、漏和栅)有源器件,其两个端口(源电极和漏电极)之间的电阻由第三端(栅极)控制。它具有放大、开关、振荡、混频和频率变换等作用,是半导体微电子技术、现代通信技术和显示技术等的核心电子元器件。

半导体是导电能力随外加电场的变化会发生明显改变的一类材料。在半导体中,参与导电的载流子有空穴(hole)和电子(electron)。图 5.1 是按载流子类型划分的 3 种晶体管的转移曲线,其中图 5.1(a)和图 5.1(b)分别为以空穴为载流子的 p 型(p type)器件和以电子为载流子的 n 型(n type)器件的转移曲线,图 5.1(c)是空穴和电子都参与导电的双极型(ambipolar type)晶体管的转移曲线。转移曲线是描述晶体管特征的最基本的关系曲线。

场效应晶体管是电场控制半导体导电能力的有源器件,可以通过调节输入电压来控制输出电流。场效应管按结构分为结型和绝缘栅型两大类。结型场效应管因有两个 PN 结而得名,绝缘栅型场效应管则因栅极与其他电极完全绝缘而得名。目前在绝缘栅型场效应管中,应用最为广泛的是金属-氧化物-半导体场效应晶体管(metal-oxide-semiconductor field effect transistor, MOSFET)。MOS 代表的是一种晶体管结构,即金属电极与半导体层之间是氧化物介电层。

　若按导电方式来划分,场效应管又可分成耗尽型与增强型。结型场效应管均为耗尽型,绝缘栅型场效应管既有耗尽型的,又有增强型的。场效应晶体管可分为结场效应晶体管和 MOS 场效应晶体管。而 MOS 场效应晶体管又分为 n 沟道耗尽型和增强型,以及 p 沟道耗尽型和增强型 4 大类(如图 5.2)。

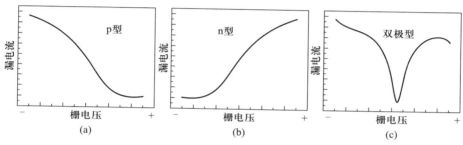

图 5.1　不同极性晶体管的转移曲线:(a) p 型;(b) n 型;(c) 双极型

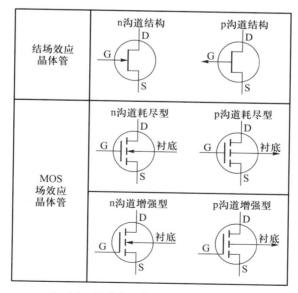

图 5.2　场效应晶体管分类结构示意图

5.3   晶体管的基本原理

5.3.1   金属-氧化物-半导体场效应晶体管(MOSFET)的基本原理

图 5.3 为 n 沟道 MOSFET 工作原理示意图,其中 S 代表源电极(source),D 代表漏电极(drain),G 代表栅电极(gate)。MOSFET 的源电极与漏电极在 p 型衬底上通过掺杂扩散形成两个 n 型杂质区(图 5.3 中的 n^+ 表示该区域)。通过干氧氧化或湿氧氧化的方法在源电极与漏电极之间的衬底上生长一层一定厚度的、致密的二氧化硅介电层。器件的栅电极从介电层上引出或直接用掺杂的多晶硅作为栅电极,栅电极与源漏电极之间是绝缘的。在与介电层平面平行的方向上,处在源漏电极之间的区域是电流的通道,称为晶体管的沟道(channel),如图 5.3 中标明的 n 部分。

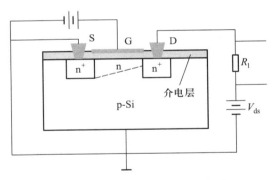

图 5.3   n 型 MOSFET 工作示意图

n 型 MOSFET 的工作原理如下:当没有施加栅电压时,源漏电极被沟道隔开,两个 n 型掺杂区加上 p 型衬底等效于两个背对背的二极管。无论源漏电极之间加上正电压还是负电压,沟道内都不会产生电荷,因此就不能导电,源漏电极之间的电流为零。当栅电压为小于阈值电压(或开启电压)时,MOSFET 晶体管没有原始沟道,介电层下面的 n 掺杂硅衬底里没有"反型层"。这时源漏电极之间即使加一电压,也不会产生电流,因而漏电流值为 0 A。但当栅极电压大于阈值电压(或开启电压)时,则介电层下面出现"反型层",这时 p 型表面变成 n 型,在半导体表面形成 n^+-n-n^+ 结构,出现了 n 型沟道。如果在源漏电极之间加一电压,在电场作用下,电子就会从源电极经过沟道流向漏电极,便形成了漏电流。很明显,漏电流大小与沟道厚度有关,而沟道厚度是受栅电压控制的:当栅电压加大时,沟道变厚,漏电流增大。因此漏电流的大小随栅压大小而改变,如在输出端加一负载 R_1,则负载电阻上的输出电压信号将随栅电压变化而变化,栅电压很小的变化,就会引起输出电压信号发生很大变化,从而达到信号放大的作用[1-3]。

　　薄膜晶体管(thin film transistor,TFT)也是一种场效应器件。图 5.4 是薄膜晶体管结构示意图。图中,V_{ds} 代表源漏电极之间的电压;V_g 代表栅电压。根据半导体有源层性质的不同,薄膜晶体管分为无机薄膜晶体管和有机薄膜晶体管。由于有机半导体和无机半导体材料在结构上存在较大的差别,载流子的传输机制不完全相同。本书第 2 章与第 3 章已经对有机和无机半导体材料做了介绍。

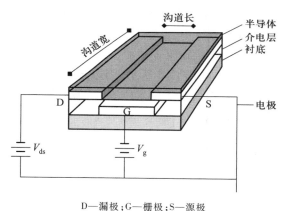

D—漏极;G—栅极;S—源极

图 5.4　薄膜晶体管结构示意图

5.3.2　载流子及其迁移率

5.3.2.1　半导体载流子

　　半导体材料中的载流子包括电子和空穴,无机半导体中的电流大小很大程度上由导带上的电子数目和价带中的空穴数目决定,因此载流子的浓度是半导体的一个重要的参数。通常情况下电子和空穴的浓度与状态函数及费米分布函数有关。为了更好地了解载流子在半导体中的浓度,在此先简单介绍载流子浓度与状态函数和费米分布函数之间的关系。

　　导带电子的分布为导带中允许量子态的密度与某个量子态被电子占据的概率的乘积,如式(5.1):

$$N(E) = g_c(E) \times f_F(E) \qquad (5.1)$$

式中，$f_F(E)$ 是费米-狄拉克概率分布函数；$g_c(E)$ 是导带中的量子态密度。在整个导带能量范围对上式积分，便可以得到导带中单位体积的总电子浓度。

同理，价带中空穴的分布为价带允许量子态的密度与某个量子态不被电子占据的概率的乘积。其表达式可写为式（5.2）：

$$P(E) = g_v(E) \times [1 - f_F(E)] \qquad (5.2)$$

在整个价带能量范围对上式积分，就能得到价带中单位体积的总空穴浓度。

半导体材料的费米能级不仅与材料本身特性有关，还与材料的纯度有重要关系。根据晶体中是否含有杂质原子，可把半导体材料分为本征半导体和非本征半导体。不含杂质原子的半导体材料称为本征半导体；在这类半导体中，导带中的电子浓度值等于价带中的空穴浓度值。而将掺入定量的特定杂质原子，使热平衡状态电子和空穴浓度不同于本征载流子浓度的材料称为非本征半导体。在非本征半导体中，电子和空穴两者中的一种载流子将占据主导作用。本征半导体的费米能级位于禁带中央附近；而非本征半导体费米能级随掺入杂质原子而改变。如图 5.5 所示，当电子浓度高于空穴浓度时，为 n 型半导体，$E_F > E_{Fi}$；当空穴浓度高于电子浓度时，为 p 型半导体，$E_F < E_{Fi}$[4]。

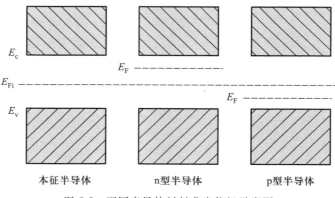

图 5.5　不同半导体材料费米能级示意图

5.3.2.2　载流子迁移率

在半导体中，电子与空穴称为载流子，其净流动产生电流。载流子输运有 3 种机制：① 迁移运动，即由电场引起的载流子运动；② 扩散运动，即由于浓度梯度引起的载流子流动；③ 半导体的温度梯度也能引起载流子运动，在实际研究过程中，人们通常忽略这种效应。

在弱电场情况下，空穴的平均迁移速度与电场强度呈正比，空穴迁移电流方向与外加电场方向相同,它们之间的关系可表示为式(5.3);电子的平均迁移速度也与电场强度呈正比,但电流方向与外加电场方向相反,其表达式可写为式(5.4)。式中,μ_p 与 μ_n 为空穴与电子迁移率。它描述了粒子在电场作用下的运动情况。迁移率的单位通常为 $cm^2 \cdot V^{-1} \cdot s^{-1}$。

$$V_{dp} = \mu_p E \tag{5.3}$$

$$V_{dn} = -\mu_n E \tag{5.4}$$

电子和空穴的迁移率同时也是温度与掺杂浓度的函数,对迁移电流都有贡献,所以总迁移电流密度是电子迁移电流密度与空穴迁移电流密度之和。

在半导体中载流子的迁移率还受到晶格散射(声子散射)和电离杂质散射这两种散射机制的影响。用溶液法制备薄膜晶体管的过程中,墨水中少量杂质如溶剂和分散剂等会残留在有源层中,同时有些半导体材料在溶液化分散过程中其表面会产生一些缺陷,这些都会导致器件性能下降。例如,在制备用于印刷的半导体碳纳米管墨水过程中,所使用的超声分散会使碳纳米管表面产生一些缺陷,同时在碳纳米管表面存在许多表面活性剂,它们都可能成为载流子的散射中心。因此,碳纳米管表面缺陷和吸附的杂质越多,载流子散射中心越多,载流子在有源层中的迁移率就越小,导致器件电性能下降。这些将在后面陆续提到。

5.3.3 晶体管的基本参数

场效应晶体管的基本参数主要包括器件的迁移率、阈值电压(即开启电压)(threshold voltage,用 V_t 或者 V_{th} 表示)、亚阈值摆幅、工作电压范围、开关比、迟滞大小、跨导 g_m 和器件稳定性等。这些参数可以通过测量薄膜场效应晶体管的输出特征曲线和转移特征曲线获得。

5.3.3.1 薄膜晶体管的特征曲线

与传统硅基晶体管不同,薄膜晶体管可以看作是一个平板电容器。导电的栅电极作为电容器的一个极板,源漏电极和与其所接触的有源层作为电容器的另一个极板,如图5.6(a)所示。

当栅电压(V_g)为零时,由于半导体的本征电导率很低,即使在漏电极施加源漏电压(V_{ds}),也几乎没有漏电流(I_{ds})通过,此时晶体管处在关闭状态,这种状态下晶体管的漏电流为关态电流(I_{off}),如图5.6(b)所示。当栅电极施加一负电压时,根据电容器效应,源电极端的空穴在栅电压作用下会从源电极注入有源层,并在有源层与介电层的界面累积起来。此时在源电极与漏电极之间施加一个负的电压,则在沟道区积累的空穴就会在源漏电压的驱动下

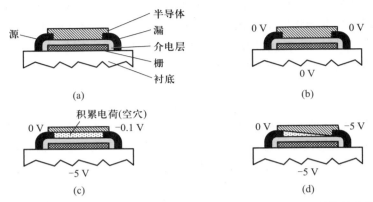

图 5.6   薄膜晶体管工作示意图:(a) 薄膜晶体管结构示意图;(b) 晶体管在关闭状
态区;(c) 晶体管工作在线性区;(d) 晶体管工作在饱和区

迁移运动,形成电流,此时的器件处于开启状态,如图 5.6(c) 所示。随着源漏
电压的增加并达到一定值时,沟道区被夹断,由于夹断区的沟道电阻很大,因
此增加的源漏电压几乎都施加于夹断区,而导电沟道两端的电压基本没有变
化,进而沟道电流也不再随着源漏电压的增加而增加,沟道电流达到了饱和,
如图 5.6(d) 所示。图 5.7 为薄膜晶体管的两种特征曲线,即输出特征曲线与
转移特征曲线。测量源漏电极之间的电流随着源漏电压的变化,得到晶体管
的输出特征曲线 (I_{ds}-V_{ds}),如图 5.7(a);测量源漏电极之间的电流随着栅电
压的变化,得到晶体管的转移特征曲线 (I_d-V_g),如图 5.7(b)。关于这两个特
征曲线的详细描述如下。

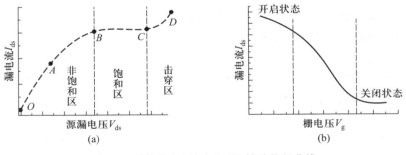

图 5.7   晶体管(a)输出和(b)转移特征曲线

1. 输出特征曲线

输出特征曲线可分为 4 个区:线性区、过渡区、饱和区(恒流区)和击穿区。

（1）线性区。当源漏电压很小时，整个沟道长度范围内的电势都近似为零，栅电极与沟道之间的电势差在沟道各处近似相等。这时沟道就像一个与源漏电压无关的固定电阻，故漏电流与源漏电压呈线性关系，如图 5.7（a）中的 OA 段所示。

（2）过渡区。随着源漏电压的增大，由漏电极流向源电极的沟道电流也相应增大，使得沿着沟道由源电极到漏电极的电势由零逐渐增大。漏端电压由于与栅电压同极性，部分抵消栅电极电场在有源层建立的电荷区厚度，沟道电阻增加，而且随源漏电压的增大而增大，使得漏电流随源漏电压的增加速率变慢，曲线偏离直线而逐渐向下弯曲，如图 5.7（a）中 AB 线段所示。当源漏电压增大到饱和源漏电压或夹断电压时，沟道厚度在漏极处减薄到零，沟道在漏极处消失，该处只剩下耗尽层，这时称为沟道被夹断。通常把线性区和过渡区称为非饱和区。

（3）饱和区（恒流区）。当源漏电压进一步增大时，沟道夹断点向漏电极方向移动，在沟道与漏区之间隔着一段耗尽区。当自由电子到达耗尽区边界时，将立刻被耗尽区内的强电场扫入漏区。这时电子在耗尽区迁移速度达到饱和，漏电流几乎不随源漏电压变化而改变，如图 5.7（a）中的 BC 段。

（4）击穿区。当源漏电压增加到某一值，导致靠近漏端处的 PN 结反向击穿。此时漏电流中出现突然增大的反向击穿电流，如图 5.7（a）中的 CD 段。

2. 转移特征曲线

晶体管转移特征曲线指对应于某一定漏电压下，漏电流与栅电压之间的关系曲线。图 5.7（b）所示为 p 型晶体管转移特征曲线。在某一漏电压下，漏电流随栅电压的减小没有明显变化，这段区域称为晶体管关闭状态；当栅电压减小到某一值时，漏电流随栅电压的减小快速增加，达到某一栅电压下，漏电流随栅电压的减小没有明显变化，此时称为晶体管开启状态。根据转移特征曲线可以判断晶体管器件的极性。如果漏电流随栅电压减小而增加或减小的晶体管称为单极性晶体管（p 型或 n 型）；如果漏电流随源漏电压的变化不是单一地增加或减小，而是出现两个区域，即一部分随源漏电压减小而增加，另一区域随的源漏电压增加而增大，这样的晶体管称为双极性晶体管，如图 5.1 所示。从测量的转移曲线能够得到：① 参与导电载流子特性，即载流子是电子还是空穴或电子和空穴同时参与导电；② 可以用来计算器件的迁移率、阈值电压、开关比等。

5.3.3.2　薄膜晶体管的重要参数

1. 器件迁移率

载流子迁移率是薄膜晶体管的一个重要参数，描述了在电场作用下沟道

有源层中载流子的运动能力。通过晶体管的转移特征曲线能够计算得到晶体管器件的迁移率,如式(5.5)表示[1]:

$$I_{ds} = \pm \frac{\mu C_i}{2} \times \frac{W}{L} \times \left[2(V_g - V_t)V_{ds} - V_{ds}^2 \right] \qquad (5.5)$$

式中,V_g 为栅电压;V_t 为晶体管阈值电压(或开启电压、夹断电压);W 为沟道宽度;L 为沟道长度;μ 为沟道中载流子迁移率;C_i 为介电层单位面积电容:

$$C_i = \frac{\varepsilon_0 \varepsilon_{SiO_2}}{d_i}$$

式中,ε_0 为真空电容率(8.85×10^{-12} F·m^{-1});ε_{SiO_2} 为二氧化硅的介电常数;d_i 为二氧化硅层厚度。

通常规定漏到源的电流方向为电流的正方向,漏源电压的正负按此规定。这样对于 n 型和 p 型晶体管,上面的特征方程式分别取正号和负号。当 V_{ds} 较小时(工作在线性区),晶体管电流-电压简化方程式与完整方程式符合较好。通过测量相关电流、电压,以及晶体管的沟道几何尺寸,代入上述公式即可以得到相应的载流子迁移率。

对于薄膜晶体管,尤其是通过溶液法加工制备的薄膜晶体管器件,在薄膜制备过程中,半导体表面通常会有其他杂质或在表面形成一些缺陷;另外对于许多薄膜晶体管来说,组成薄膜的半导体材料之间存在许多连接点(junction)(如有机半导体多晶体中的晶界或碳纳米管之间的接触点等),这些都不利于载流子在有源层中的传输,因此有源层的载流子迁移率不仅与有源层材料本身特性有关,还与制作工艺有着紧密关系,如单根碳纳米管的迁移率可以达到 10^4 cm^2·V^{-1}·s^{-1},但碳纳米管薄膜的迁移率通常不高(低于 100 cm^2·V^{-1}·s^{-1},化学气相沉积定向生长碳纳米管阵列迁移率会更高一些),尤其溶液法得到的无序碳纳米管网络薄膜晶体管的迁移率往往更低,这些主要与碳纳米管的排列方式、碳纳米管长度以及表面缺陷和吸附的杂质等都有重要关系。正如前面所描述的,薄膜晶体管的电性能与薄膜特性有重要联系,同时介电层与有源层间的界面状态、表面形貌、源漏极特性等也会严重影响薄膜晶体管的迁移率。

在计算薄膜晶体管器件的迁移率时,也有文献使用薄膜晶体管在饱和区时栅电压和漏电流的关系来计算其迁移率,即在饱和区时,迁移率可根据式(5.6)计算:

$$\mu = \left(\frac{d\sqrt{I_{ds}}}{dV_g} \right)^2 \times \frac{2L}{WC_{ox}} \qquad (5.6)$$

式中，I_{ds} 和 V_g 分别为漏电流和栅电压；L 和 W 代表沟道的长度和宽度，C_{ox} 表示栅介电层的单位面积电容，可以通过式（5.7）计算：

$$C_{ox} = \frac{\varepsilon_0 \varepsilon_r A}{d} \tag{5.7}$$

其中，ε_r 为介电层材料的介电常数；ε_0 为真空电容率；A 为单位面积；d 为二氧化硅薄膜的厚度。

场效应晶体管的迁移率 μ 值还可以直接利用晶体管器件转移曲线线性区的斜率来计算，如式（5.8）：

$$\mu = 10^4 \times \left(\frac{dI_{ds}}{dV_g} \right) \times \frac{L}{W} \times \frac{1}{C_{ox} V_{ds}} \tag{5.8}$$

以介电层为二氧化硅为例（$\varepsilon_r = 3.9$），当二氧化硅厚度为 300 nm 时，通过计算就可以得到 C_{ox} 的值约为 1.15×10^{-4} F·m^{-2}。针对这一特例，场效应晶体管的迁移率 μ 值的计算可以进一步简化为式（5.9）：

$$\mu = 10^4 \times \left(\frac{dI_{ds}}{dV_g} \right) \times \frac{L}{W} \times \frac{1}{1.15 \times 10^{-4} V_{ds}} \tag{5.9}$$

所以只要测量转移曲线在线性区的斜率（dI_{ds}/dV_g）、沟道的长度 L 和宽度 W，以及源漏电压 V_{ds}，就可以根据式（5.9）计算得到相应的迁移率。但实际上测量得到的转移曲线往往不能完全代表沟道区间薄膜的特性。如图 5.8（a）所示，载流子不仅可以从沟道中的有源层通过（白色箭头表示），同时可以从沟道以外的有源层中传输（灰色弯曲箭头所示）。因此实际测得的电流是沟道区间电流和沟道外电流之和，所以通过这种方法计算得到的迁移率比实际值要大一些，尤其对于沟道长宽比大［长宽的定义见图 5.8（a）］的薄膜晶体管器件，计算出来的数值与实际数值相差更大。如果采用高精度印刷方法使半导体材料只印刷在沟道里，如图 5.8（b）所示，则通过转移特征曲线得到的

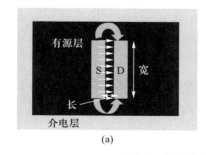
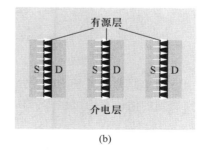

(a)   (b)

图 5.8　载流子在有源层的传输示意图

薄膜晶体管器件迁移率才能真实反映器件的电性能。

对于薄膜晶体管来说，迁移率不仅可以通过上述的计算方法得到，同时也可以通过测量薄膜的霍尔迁移率来判断，尤其对于通过旋涂、喷涂和热蒸镀得到的大面积薄膜晶体管器件而言，测量霍尔迁移率显得尤为必要。下面简单介绍霍尔效应和霍尔迁移率测量等相关内容[4]。

霍尔效应是电场和磁场对运动电荷施加力的作用所产生的效应，它是磁电效应的一种。如果对半导体薄膜样品沿 z 方向加以磁场 B，沿 x 方向通以工作电流 I，则在 y 方向将产生出电动势 V_H，这一现象称为霍尔效应，如图 5.9 所示，其中 V_H 称为霍尔电压。实验表明，在磁场不太强时，电位差 V_H 与电流强度 I 和磁感应强度 B 成正比，与薄膜厚度 d 成反比，其关系可用式（5.10）表示：

$$V_H = \frac{R_H I B}{d} \quad 或 \quad V_H = K_H I B \tag{5.10}$$

式中，R_H 为霍尔系数，K_H 为霍尔元件的灵敏度，单位为 $mV \cdot mA^{-1} \cdot T^{-1}$。霍尔效应是由于形成电流的作定向运动的带电粒子即载流子在磁场中所受到的洛伦兹力作用而产生的。

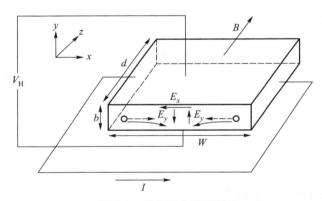

图 5.9　霍尔效应原理图

当 p 型单晶薄膜置于沿 z 轴方向的磁场 B 中时，在 x 轴方向通以电流 I，则空穴受到的洛伦兹力可用式（5.11）表示：

$$F = qvB \tag{5.11}$$

式中 v 为电子的漂移运动速度。向下的电流使空穴积累在薄膜的底部，产生电场 E_y，稳态时沿 y 方向没有净电流，沿 y 轴的霍尔电场力刚好与洛伦兹力平衡，使载流子沿 x 方向运动。其关系可用式（5.12）表示：

$$F_e = qE_H = -eE_H = -\frac{eV_H}{b} \tag{5.12}$$

式中，e 为电子的电荷量。达到稳定状态时：

$$qE = qvB \tag{5.13}$$

即

$$\frac{eV_H}{b} = evB \tag{5.14}$$

得

$$V_H = vBb \tag{5.15}$$

若 p 型单晶中的空穴浓度为 p，则流过薄膜横截面的电流为

$$I = pebdv \tag{5.16}$$

得

$$v = \frac{I}{pebd} \tag{5.17}$$

将式(5.17)代入式(5.15)得

$$V_H = \frac{BI}{ped} \tag{5.18}$$

式中，规定 $R_H = 1/(pe)$ 为霍尔系数，它表示材料产生霍尔效应的本领大小；$K_H = 1/(ped)$ 为霍尔元件的灵敏度，通常，为获得较大的霍尔电压 V_H，K_H 值愈大愈好。因 K_H 和载流子浓度 p 呈反比，而半导体的载流子浓度远比金属的载流子浓度小，所以采用半导体材料作霍尔元件灵敏度较高。又因 K_H 和样品厚度 d 成反比，为了得到更大的霍尔电压，测试样品的厚度通常控制在 0.2 mm以下。

载流子的迁移率为

$$J_x = pe\mu_n E_x \tag{5.19}$$

将电流密度和电场强度换算为电流和电压，则式(5.19)变为

$$\frac{I_x}{bd} = \frac{ep\mu_n V_x}{W} \tag{5.20}$$

得到空穴的迁移率为

$$\mu_p = \frac{I_x L}{epV_x bd} \tag{5.21}$$

同理，弱电场下电子的迁移率为

$$\mu_n = \frac{I_x W}{enV_x bd} \tag{5.22}$$

由式(5.18)可知,如果霍尔元件的灵敏度 R_H 已知,测出控制电流 I 和产生的霍尔电压 V_H,则可测定霍尔元件所在处的磁感应强度为 $B = V_H/(IK_H)$,于是可得

$$R_H = \frac{V_H d}{IB} \tag{5.23}$$

因此对厚度为 d 的半导体样品,在均匀磁场和控制电流 I 作用下,可测出霍尔电压 V_H 和磁感应强度 B,通过计算就可得到霍尔系数 R_H。由于 $R_H = 1/(ne)$ 或 $R_H = 1/(pe)$,故通过测定霍尔系数可以确定半导体材料的载流子浓度 p(或 n)(p 和 n 分别为空穴浓度和电子浓度)。

综上所述,通过测量霍尔效应可以判断半导体材料的导电类型、载流子浓度及载流子迁移率等重要参数。但是测量薄膜霍尔迁移率时,样品需要满足以下几个条件:① 接触点应该在薄膜的边界上;② 电极(接触点)应尽可能小;③ 薄膜的厚度应非常均匀,薄膜连续,不存在孤立的空洞等。

2. 工作电压

器件从开启状态转换到关闭状态所需要的电压范围,称为晶体管的工作电压。

3. 器件电容

薄膜晶体管的电容大小对器件的性能影响非常大,提高器件的电容能够有效地降低器件的工作电压。薄膜晶体管的电容可以通过式(5.24)计算得到:

$$C_i = \frac{\varepsilon_0 \varepsilon_r}{d_i} \tag{5.24}$$

由式(5.24)可以推出,两种途径可以提高器件电容:或使用高介电常数的介电材料;或减小介电层薄膜厚度。目前最常用的方法是通过原子层沉积,在有源层表面沉积一层很薄的(10 nm 左右)、致密的高介电常数的介电材料,如氧化铪(HfO_2)或氧化铝等来提高器件的电容,使器件工作电压降低,电流迟滞变小,从而提高器件性能。采用高电容介电材料如离子胶作为介电层也能够显著提高器件的电容,构建的器件工作电压非常低。基于有机材料溶液法构建高电容介电层的方法有交联反应和自组装两种方法。通过这两种方法可以得到高电容超薄聚合物和单层或多层纳米级有机薄膜介电层。

4. 阈值电压(V_t)

阈值电压又叫开启电压,它是晶体管一个非常重要的参数。对于增强型的 MOS 晶体管,必须使栅电压(V_g)达到一定值时使衬底中的空穴(n 沟道)或电子(p 沟道)全部被排斥和耗尽,绝大多数的自由电子或自由空穴被吸收到

表面层,使表面变成了自由电子或自由空穴为多数载流子的反型层,反型层使源漏电极连通,构成了源漏电极之间的导电沟道,通常把开始形成导电沟道所需的栅电压值称为该器件的开启电压或阈值电压。

薄膜晶体管工作的阈值电压 V_t 可以用式(5.25)表示:

$$V_t = V_s + V_{ms} - \frac{Q_{ss} + Q_B}{C_i}　\eqno(5.25)$$

式中,C_i 为栅介电层单位面积电容;V_s 为有源层薄膜表面能带弯曲的表面势;V_{ms} 为栅电极与有源层之间的接触电势差;Q_{ss} 是由介电层中的固定电荷、可动离子和界面态(将它们等效为表面态电荷)所产生的感应电荷密度;Q_B 为耗尽区饱和时有源层表面电荷的面密度。通过式(5.25)可以计算得到晶体管的阈值电压。从式中可以看出,阈值电压与介电层的厚度、介电常数、金属-半导体功函数、耗尽区电离杂质电荷面密度、栅介电层中的电荷密度等有着密切关系。

阈值电压除了可以通过上述方法计算得到,也可以从晶体管的转移特征曲线 $I_d^{1/2}$-V_g 中求得(如图 5.10)。在 $I_d^{1/2}$-V_g 曲线的线性区,直线的斜率延长线在栅电压 V_g 轴上的截距即为阈值电压。对于薄膜晶体管器件而言,其阈值电压主要受有源层的性质、有源层与源漏电极的接触和有源层与介电层界面陷阱密度、介电层的厚度和介电常数等有关。不同介电层材料构建的器件其阈值电压也就不同,介电常数大的介电层材料阈值电压一般较小,在保证器件不漏电的前提下,介电层厚度越薄,器件的电容值越大,器件的阈值电压越小。

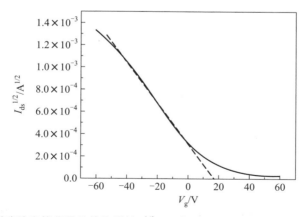

图 5.10　印刷碳纳米管薄膜晶体管器件 $I_d^{1/2}$-V_g 曲线[线性区曲线的斜率所在的直线延长线在栅电压 V_g 轴上的截距为阈值电压(虚线延长线),即阈值电压约为 16.5 V]

5. 亚阈值摆幅(subthreshold swing,SS)

晶体管表面处于弱反型状态的情况就称为亚阈区。亚阈区在 MOSFET 的低压低功率应用中,以及在数字电路中用做开关或者存储器时,有很重要的意义。将亚阈区转移特性的半对数斜率称为压阈区栅源电压摆幅,如式(5.26)表示:

$$SS = \frac{dV_g}{d(\log I_{ds})} \tag{5.26}$$

亚阈值摆幅是在一定的漏源电压下,漏源电流增加一个数量级所需要的栅电压增量。亚阈值摆幅越小,表示晶体管的栅电压控制能力越强,晶体管性能越好。它与衬底杂质浓度和栅氧化层厚度有关,衬底杂质浓度越高,栅氧化层厚度越厚,则 SS 越大,晶体管性能越差。

根据计算的 SS,可以通过式(5.27)估算出有源层和介电层界面附近的界面电荷密度:

$$N_{SS}^{max} = \left[\frac{SS\log(e)}{kT/q} - 1 \right] \cdot \frac{C}{q} \tag{5.27}$$

式中,k 是玻尔兹曼常量;T 是绝对温度;q 是电子的电量;C 是栅介电层的单位面积电容。

6. 电流开关比

电流开关比为固定源漏电压的情况下,工作在饱和状态时的源漏电流(开态电流)与栅电压为零时的漏电流(关态电流)的比,它反映的是器件对电流的调制能力。

当器件工作在线性区时,开态电流 I_{on} 为

$$I_{on} = \frac{WC_i}{2L} \mu \left(V_g - V_t - \frac{V_{ds}}{2} \right) \cdot V_{ds} \tag{5.28}$$

当器件工作在饱和区时,开态电流 I_{on} 为

$$I_{on} = \frac{WC_i}{2L} \mu (V_g - V_t)^2 \tag{5.29}$$

当器件工作在夹断区即关态时,关态电流 I_{off} 为

$$I_{off} = q(n\mu_e + p\mu_p) \frac{Wd}{L} V_{ds} \tag{5.30}$$

式中,q、n、μ_e、p、μ_p、W、d、L 分别代表电荷量、电子密度、电子迁移率、空穴浓度、空穴迁移率、沟道宽度、沟道长度和有源层厚度。电流开关比值越高表示器件的切换速度越快,器件性能越好。在实际应用中,高的电流开关比是实现有效驱动以及低电压工作必不可少的条件。

7. 迟滞现象

迟滞现象是当反向扫描栅电压时,所得到的转移曲线与正向扫描不重合,如图 5.11 中的曲线 1[5]。薄膜晶体管器件尤其是通过溶液方法得到的薄膜晶体管,其转移曲线会出现严重的迟滞现象。主要归因于在器件制备过程中溶剂(如水等)以及其他杂质吸附在介电层和有源层里面[6]。当栅电压反向扫描时,电荷聚集在有源层内或介电层中或器件的界面中(有源层与介电层的界面),从而形成明显的迟滞现象。当用离子胶(ion gel)作为介电层并采用顶栅结构时,离子液能够有效屏蔽碳纳米管薄膜中的表面活性剂,器件的迟滞问题基本消除,即正向扫描 I_{ds}-V_g 曲线与反向扫描时曲线基本重合,如图 5.11 中的曲线 2。另外衬底表面自组装单层功能分子后也能有效消除薄膜晶体管的迟滞现象。

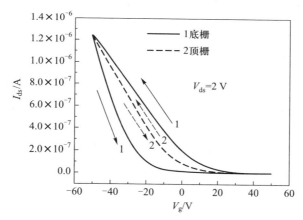

图 5.11 气流喷墨印刷碳纳米管薄膜晶体管的转移曲线

8. 器件的稳定性

薄膜晶体管器件通常对环境的变化非常敏感。大多数有机薄膜晶体管遇到空气中的氧气、水蒸气以及遇到光线的时候,都会严重影响其电性能。通常情况下有机薄膜晶体管在空气中的稳定性不好,需要封装等技术处理后,才能保持稳定性。而无机薄膜晶体管稳定性通常都比较好,如氧化锌、氧化铟等金属氧化物薄膜晶体管以及碳纳米管薄膜晶体管器件在空气中均非常稳定。

9. 跨导 g_m

跨导是指在 V_{ds} 恒定时,I_{ds} 的微变量与引起这个变化的 V_g 的微变量之比,它代表在源漏电压为常数时,栅电压对沟道电流的调制作用,其关系式如下:

$$g_{\mathrm{m}} = \frac{\Delta I_{\mathrm{ds}}}{\Delta V_{\mathrm{g}}} \qquad (5.31)$$

跨导相当于转移特征曲线上工作点处切线的斜率,单位是 S,常用 mS 表示。g_{m} 的值一般为 $0.1 \sim 10$ mS。g_{m} 不是一个恒量,它与 I_{ds} 的大小有关,g_{m} 可按其定义从转移特征曲线上求出。

当 V_{ds} 值较小的时候,晶体管导通且工作于线性区和非饱和区,漏电流与跨导 g_{m} 之间的关系可表示为

$$g_{\mathrm{m}} = \frac{\partial I_{\mathrm{ds}}}{\partial V_{\mathrm{g}}} = \frac{\mu W C}{L} V_{\mathrm{ds}} \qquad (5.32)$$

5.4　薄膜晶体管结构与制造技术

5.4.1　薄膜晶体管结构

正如前面所叙述的,薄膜晶体管通常由源电极、漏电极、栅电极、有源层和介电层这 5 部分组成。源漏电极之间的半导体有源层通道称为沟道,源漏电极之间的距离称为沟道长度,而源漏电极的宽度称为沟道宽度。沟道长度对晶体管的性能具有决定意义,高性能晶体管的特征之一就是短沟道。

三个电极的相对位置因选用不同的工艺程序产生不同的器件结构。根据栅电极的位置与材料不同,分为底栅(bottom-gate)薄膜晶体管、顶栅(top-gate)薄膜晶体管、侧栅(side-gate)薄膜晶体管以及液栅(liquid-gate)薄膜晶体管,如图 5.12 所示。

目前最常见的薄膜晶体管是底栅型薄膜晶体管[图 5.12(a)]。这主要是因为有些有源层如有机半导体材料的化学和物理性质不稳定性,制备器件介电层的工艺条件,如溶液法制备介电层或者热生长溅射法制备无机介电层时,会对有源层的形态和质量产生不良影响,从而降低器件性能。所以有源层的制备通常放在介电层制备之后,形成底栅器件结构。例如,以具有良好导电性的重掺杂硅衬底作为栅电极,在硅表面通过氧化得到不同厚度的二氧化硅作为介电层,然后通过印刷或真空蒸镀沉积半导体层。而生长了二氧化硅层的硅晶圆可直接在市场上购买,对研究晶体管特性如源漏电极性质、有源层特性以及电子输运特性等很方便,因此大多数发表论文中的底栅薄膜晶体管都构建在二氧化硅/硅衬底上。

顶栅和侧栅薄膜晶体管是为了更方便地控制单个薄膜晶体管以及构建

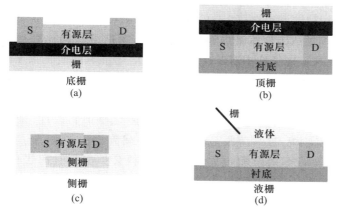

图 5.12　常见薄膜晶体管结构示意图（S 表示源电极，D 表示漏电极）

更为复杂电子器件和逻辑电路等，如图 5.12（b）和（c）所示。尽管顶栅薄膜晶体管构建工艺相对更加复杂，在介电层的沉积过程中会使有源层中引入杂质或缺陷，从而降低薄膜晶体管的电性能，如导致低的迁移率和低的开关比等，但顶栅薄膜晶体管具有一些优势。例如，器件电流迟滞小和阈值电压低等。侧栅薄膜晶体管相对于顶栅和底栅薄膜晶体管的优点是不需要在衬体表面沉积介电层，因而构建过程最简单。但侧栅对薄膜晶体管的调节能力相对有限，与底栅薄膜晶体管相比，表现出更低的开关比和更低的迁移率。液栅型薄膜晶体管以液体（例如水）作为介电层，通过电化学方法来调节薄膜晶体管器件的电性能。这种类型的薄膜晶体管器件多以碳纳米管或石墨烯作为半导体层，主要应用在化学和生物传感、药物筛选等方面[7,8]。

　　根据源漏电极与有源层沉积的顺序不同，薄膜晶体管还可分为底接触结构和顶接触结构，如图 5.13 所示。

图 5.13　底接触（a）和顶接触（b）晶体管结构示意图

　　底接触结构的主要特点是源漏电极构建在介电层之上，然后在源漏电极上沉积有源层[图 5.13(a)]。顶接触结构是在衬底表面先沉积有源层,再在有源层表面构建源漏电极[图 5.13(b)]。这两种不同结构的晶体管各有优缺点,例如,顶接触结构晶体管的源漏电极与有源层的接触比底接触结构的要好很多,而且顶接触结构中有源层受栅电极电场影响的面积大于源漏电极在底层的结构,导致器件具有较高的载流子迁移率。另外顶接触结构中有源层不受源漏电极的影响,有源层可以在介电层表面上大面积沉积,同时还可以通过物理或化学方法对介电层表面进行功能化修饰和改性,来改善有源层薄膜的结构和形貌,提高薄膜晶体管器件的载流子迁移率,但是这种结构也有一些缺点,如在电极沉积过程时,电极材料会扩散到有源层中,导致晶体管器件关态电流增加,开关比下降,尤其对于窄沟道器件而言,这种现象更加明显。

作者科研团队通过实验发现,在其他条件相同的情况下(如印刷银电极为源和漏电极,沟道尺寸大小、介电层以及碳纳米管沉积条件等都一样),底接触和顶接触结构的印刷碳纳米管薄膜晶体管器件性能有明显差异。图 5.14 (a)是底接触的印刷碳纳米管薄膜晶体管结构示意图,图 5.14 (b)、(c)分别是其转移曲线与输出曲线。图 5.14(d)是顶接触的印刷碳纳米管薄膜晶体管结构示意图,图 5.14 (e)、(f)分别是其转移曲线与输出曲线[9]。比较两个器件的转移曲线与输出曲线可知,顶接触比底接触结构晶体管表现出更高的迁移率和更小的回滞。底接触碳纳米管薄膜晶体管的回滞约为 240 mV,而顶接触碳纳米管薄膜晶体管的回滞约为 170 mV。顶接触和低接触的碳纳米管薄膜晶体管器件的有效迁移率分别为 8.8 $cm^2 \cdot V^{-1} \cdot s^{-1}$ 和 2.4 $cm^2 \cdot V^{-1} \cdot s^{-1}$。此外,顶接触器件的稳定性也要明显优于底接触器件的。对于这种类型的印刷薄膜晶体管器件而言,采用顶接触时能够得到性能更好的器件。

底接触结构晶体管的优点是可以通过光刻的方法同时制备栅电极和源漏电极,构建工艺大大简化。采用气流喷墨打印方法在其表面构建碳纳米管薄膜时,可以边印刷边测量器件电性能,通过控制印刷次数来调节器件电性能。近年来薄膜晶体管在生物和化学传感器方面的应用得到了越来越多的关注,对于薄膜晶体管传感器来说,需要有源层暴露在检测环境中,因此底接触结构晶体管在化学和生物传感方面具有较大的优势。但是在底接触结构中,半导体薄膜的沉积受到电极边界的影响,尤其是有机半导体薄膜受电极边界的影响最大。在电极边界的影响下有机半导体的排列有序度大大降低,晶界显著增多,从而限制了载流子的注入。对于印刷氧化物薄膜晶体管,也通常采用底接触来改善半导体氧化物与金属电极之间的接触,提升器件性能。当采用稳定性极高的金属电极(如金电极)作为源漏电极时,可直接把金

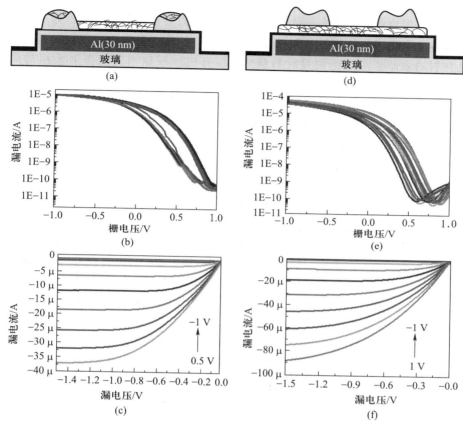

图 5.14 （a）底接触的印刷碳纳米管薄膜晶体管结构示意图；（b）底接触结构晶体管转移曲线；（c）底接触结构晶体管输出曲线；（d）顶接触的印刷碳纳米管薄膜晶体管结构示意图；（e）顶接触结构晶体管转移曲线；（f）顶接触结构晶体管输出曲线

属半导体氧化物薄膜沉积在电极表面，然后经过高温退火来改善金属电极与半导体薄膜之间的接触，可得到高开关比、高迁移率的印刷金属氧化物薄膜晶体管器件。

5.4.2 薄膜晶体管的特点

根据有源层材料的性质不同可以把薄膜晶体管分为有机和无机薄膜晶体管。由于有机半导体与无机半导体物理和化学性质相差比较大，导致有机和无机薄膜晶体管电性能存在明显差异。下面对有机和无机薄膜晶体管各自的特点做简单介绍。

有源层材料为有机半导体的薄膜晶体管称为有机薄膜晶体管。本书第 2 章对各种有机半导体材料已做了详细介绍。有机薄膜晶体管的优点是：① 有机材料的来源非常广泛而且材料质轻；② 有机薄膜晶体管制作工艺相对简单、成本较低，特别是可以通过溶液法加工制备；③ 与硅基晶体管相比，有机薄膜晶体管可以与柔性衬底有良好的相容性，可以构成廉价柔性电子电路。自 1986 年第一次报道有机薄膜晶体管以来，有机半导体材料性能逐年提高。如 1992 年报道的并五苯有机半导体晶体管器件的迁移率只有 $0.002\ \text{cm}^2 \cdot V^{-1} \cdot s^{-1}$，到 2003 年时器件的迁移率已经达到 $5\ \text{cm}^2 \cdot V^{-1} \cdot s^{-1}$，同时开关比约为 10^6。甚至有报道称高纯无缺陷的并五苯单晶的迁移率可以达到 $35 \sim 58\ \text{cm}^2 \cdot V^{-1} \cdot s^{-1}$[10]。由于近年来高迁移率有机半导体材料的合成、薄膜物理和器件构建工艺等方面研究的快速发展，有机薄膜晶体管的迁移率、开关电流比等性能，尤其是迁移率有大幅度提高，使有机薄膜晶体管在实际中的应用成为可能[11]。有机半导体材料具有来源广泛、分子结构可控性好、成膜方法众多且价格低廉等特点，使得有机薄膜晶体管相对无机场薄膜晶体管具有一定的发展优势。随着新材料和新工艺的出现，印刷有机薄膜晶体管器件的性能、稳定性以及大规模制备和应用都有很大进步[12]。

但有机薄膜晶体管电性能与传统的无机晶体管相比还存在较大差距，主要表现为载流子迁移率低；电性能在空气中容易退化（大多数有机半导体对光、氧气和水等物质非常敏感）；聚合物的制备可控性较差；绝大部分有机半导体材料为 p 型半导体材料，n 型有机半导体材料极少，且多数 n 型有机半导体材料的迁移率特别低，不利于实现互补逻辑电路；有机材料也不能在高温、高湿等极端环境下工作；大多数有机半导体溶解度不好或只能溶解在环保性不好的有机溶剂中。另外，有些有机薄膜晶体管器件的制作需在无水、无氧或避光条件下进行，大大限制了大规模制备与应用。

有源层材料为无机半导体的薄膜晶体管称为无机薄膜晶体管器。本书第 3 章对各种无机半导体材料已做了详细介绍。印刷薄膜晶体管中用到的无机半导体材料主要是半导体型单壁碳纳米管与半导体型金属氧化物。无机薄膜晶体管器件相对于有机薄膜晶体管器件具有如下优点：① 无机半导体材料的物理化学性能更稳定，制备的无机薄膜晶体管器件性能也更稳定，重复性更好；② 通常无机半导体材料的迁移率高于有机半导体的迁移率，如单根碳纳米管的迁移率可以达到 $10^4\ \text{cm}^2 \cdot V^{-1} \cdot s^{-1}$ 以上，即使溶液法得到的碳纳米管薄膜晶体管，其迁移率也可以达到 $70\ \text{cm}^2 \cdot V^{-1} \cdot s^{-1}$ 左右。无机半导体材料不仅可以分散在有机溶剂中，还可以分散在水溶液中。例如，在表面活性剂辅助下碳纳米管能够很好地分散在水溶液中,得到稳定性好的印刷墨水。

无机半导体材料的制备或有源层构建过程中通常需要较高的温度或特定仪器设备。如碳纳米管的制备温度通常都高于 500 ℃。另外,合成的碳纳米管含有金属碳纳米管、其他类型碳素材料和催化剂等,严重影响器件性能。因此碳纳米管的后处理工艺在器件构建过程中就显得尤为重要,尤其是半导体型碳纳米管的分离提纯,本书 3.3.2 节专门详细介绍了各种半导体型碳纳米管的分离提纯方法。随着半导体型碳纳米管分离提纯技术的不断发展以及印刷工艺的不断优化,印刷碳纳米管薄膜晶体管器件的性能已有质的飞跃。作者科研团队印刷制备的碳纳米管薄膜晶体管实现了 10^7 的开关比,其迁移率可高达 42 $cm^2 \cdot V^{-1} \cdot s^{-1}$[13]。

无机半导体薄膜晶体管的另一大类是金属氧化物薄膜晶体管。近年来,溶液法加工的金属氧化物薄膜晶体管技术有了快速发展[14],有报道基于 InO_x/AlO_x 的金属氧化物薄膜晶体管其迁移率达到 52 $cm^2 \cdot V^{-1} \cdot s^{-1}$(开关比为 10^6)[15]。作者科研团队采用自对准限域技术,无须额外的掩模,就可以实现印刷 10 μm 线宽的氧化物沟道,并且将沟道层限制在栅电极上方,所获得的印刷氧化物薄膜晶体管器件具有较好的性能,迁移率和开关比分别在 3 $cm^2 \cdot V^{-1} \cdot s^{-1}$ 和 10^8 左右,阵列器件均匀性良好[16]。作者科研团队还通过自对准限域印刷技术构建了氧化铟/铟镓锌氧化物($In_2O_3/IGZO$)异质结金属氧化物薄膜晶体管,性能获得大幅度提升,迁移率达到 14.5 $cm^2 \cdot V^{-1} \cdot s^{-1}$[17],并制备了 64×64 的独立栅结构的印刷氧化物异质结(薄膜晶体管阵列,器件的平均迁移率大于 15 $cm^2 \cdot V^{-1} \cdot s^{-1}$,开关比超过 10^8[18]。溶液法加工的金属氧化物薄膜晶体管在构建过程中普遍需要高温退火处理(高于 200 ℃),导致金属氧化物薄膜在柔性电子领域的应用受到了一定限制,近年来已经发展出多种降低金属氧化物薄膜晶体管退火温度的技术[19]。

5.4.3 薄膜晶体管制造技术

5.4.3.1 电极的构建技术

薄膜晶体管要求源漏电极材料电阻率低、与半导体的接触为欧姆接触且界面的肖特基势垒小,在选择电极材料时要考虑其功函数是否与半导体的能带间隙匹配。通常制作电极所选用的金属材料有铝、银、钛、铬、钼、钨、钽、金、钯和镍等。除了金属材料以外还有其他一些无机材料如碳纳米管、石墨烯、石墨烯氧化物等,和一些有机导电材料如聚 3,4-乙撑二氧噻吩(PEDOT)等都可以充当电极材料。在薄膜晶体管器件构建过程中,电极构建方法主要包括以下几种。

1. 传统微纳米加工技术

源漏电极通常是金、铬、钛、钼和镍等金属材料。晶体管源漏电极以及栅电极的构建通常采用芯片加工中常用的真空热蒸发、电子束蒸发、等离子体溅射等金属薄膜沉积技术并结合光刻与刻蚀等微纳米图形化技术[20]。金属电极图形化方法包括光刻法和荫罩版(shadow mask)法两种,如图 5.15 所示。光刻法采用紫外曝光掩模版和湿法或干法刻蚀工艺将金属薄膜图形化成源漏电极结构。用这种方法构建的晶体管器件表现出优越的电性能,但制造工艺复杂,需要光刻设备,成本较高。荫罩版法是在电极蒸镀或溅射时,在衬底表面加上一个有镂空图案的掩模版,热蒸发或溅射分子通过掩模版上的图案化透光区直接沉积到衬底表面,形成相应的图形化电极结构。该方法简单、快速,加工过程中不需要溶剂,不会对有源层产生影响,是实验室构建场效应晶体管器件较为广泛应用的一种方法。然而该方法受到模版上的镂空图形尺寸的限制,无法实现较小的电极尺寸。如果模版图案尺寸太小,在电极蒸镀过程中,金属分子由于横向热运动会使相邻源漏电极之间也发生金属沉积,从而导致沟道直接相通。对于荫罩版法直接沉积金电极而言,金与硅衬底的结合能力不强,电极容易脱落。为了增加与硅衬底的结合力,通常在镀金前先蒸镀一层钛或铬以增加电极与硅衬底的结合力。

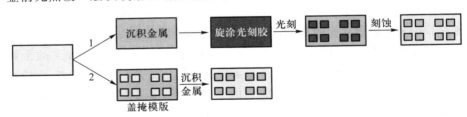

图 5.15　电极制备过程示意图

2. 涂布技术

本书 4.5 节已经对涂布技术做了介绍。在各种涂布技术中,喷涂或旋涂方法简单,成本低,是目前制备薄膜晶体管电极、有源层和介电层常用的方法。喷涂是通过喷枪或雾化器,借助于压力或离心力将液态材料分散成均匀而微细的雾滴,沉积于衬底表面的成膜方法。它可以分为空气喷涂、无空气喷涂、静电喷涂以及上述基本喷涂形式的各种派生的方式等。通过控制气压、喷涂液浓度、衬底与喷嘴的距离、喷涂时间等来控制薄膜的厚度。旋涂是把液态材料涂覆在衬底上,通过控制旋转速度、喷涂液浓度、衬底表面性质

（如疏水性或亲水性等）来控制薄膜的厚度、均匀程度等的工艺。喷涂和旋涂主要用于非金属电极制备，包括碳基功能材料（碳纳米管、石墨烯以及还原型石墨烯氧化物等）和一些有机导电材料。例如，通过喷涂方法制备碳纳米管薄膜电极，并构建有机薄膜晶体管器件[21]；通过旋涂方法在二氧化硅衬底表面沉积还原性石墨烯氧化物[22]。也有报道用浸涂方法在玻璃表面构建石墨烯氧化物薄膜，该薄膜经过高温还原后变为导电薄膜，再通过光刻得到石墨烯电极阵列，构建了大面积的有机电子器件[23]。

3. 印刷技术

随着各种适合印刷的导电墨水技术的发展，大量传统与新型印刷方法已应用于构建薄膜晶体管电极，包括传统喷墨打印、气流体与电流体喷墨打印、凹版印刷以及各种混合印刷技术等。这些技术已在本书第 4 章做了全面介绍。印刷技术尽管简单且成本低，但其图形化的分辨率与膜厚控制仍不如微纳米加工技术。因此真空蒸镀与光刻技术在晶体管电极构建过程中仍然是最常用的方法，或者将微纳米加工与印刷联用。例如，通过紫外曝光在衬底表面形成亲疏水图形区域，然后通过刮涂金墨水构建金电极，所得到的薄膜晶体管电极已经与传统光刻技术得到的电极在性能上没有本质差别[24]。

5.4.3.2 有源层的构建技术

有源层是载流子传输的通道，影响薄膜晶体管的基本性能。构建有源层的有机和无机半导体材料性质上相差甚远，因此所采用的加工技术相对于其他部分的构建更加多样化。目前构建有源层常用的技术主要包括旋涂、喷涂、滴涂、蒸镀、磁控溅射、印刷等，下面对这些技术做简单介绍。

（1）旋涂和喷涂技术。

首先制备某种半导体材料溶液，可以是纳米颗粒分散型溶液或者前驱体型溶液，再通过旋涂和喷涂沉积到衬底上。这种方法构建的有源层是非图形化的，构建独立的晶体管还需要通过对涂层进行图形化加工实现，例如薄膜沉积后通过进一步光刻工艺实现图形化。

（2）滴涂技术。

滴涂法，又叫点胶法，也是一种喷墨打印方法（见 4.2.5 节），是构建有源层最简单且非常有效的一种方法。如图 5.16（a）所示，用一个普通注射器将半导体墨水滴到源漏电极之间的沟道内，待溶液挥发后用适当溶剂冲洗，干燥后再重复上面步骤，直到薄膜晶体管器件的电流值达到预定值[25]。图 5.16（b）是滴涂形成的碳纳米管薄膜的原子力显微镜（atomic force microscope，AFM）照片。可以看出，薄膜中碳纳米管分布非常均匀，碳纳米管长度在 $1\sim3~\mu m$ 范围内。得到的薄膜晶体管器件表现出高的开关比（大于 10^4）和高的开态电流（5×10^{-6} A）[26]。

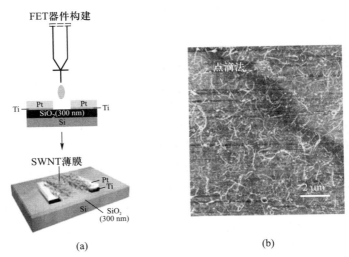

(a)   (b)

图 5.16　（a）滴涂法构建碳纳米管薄膜晶体管器件示意图；（b）碳纳米管薄膜的 AFM 照片

（3）蒸镀技术。

有机小分子可以通过真空蒸镀法沉积成膜。有机小分子在真空条件下受热蒸发后，在温度远低于蒸发源温度的衬底表面凝聚，形成连续的有机薄膜。通常情况下需把真空度控制在 10^{-3} Pa 以下。在蒸发过程中，蒸发速度和膜厚是两个重要的控制要素。

（4）印刷技术。

喷墨打印是构建薄膜晶体管有源层的最普遍应用的印刷方法，而且已广泛应用于构建有机半导体和无机半导体薄膜晶体管的有源层。可以喷墨打印的半导体有源层材料包括金属氧化物薄膜、碳纳米管薄膜、有机小分子与聚合物半导体薄膜等[27]。例如，通过喷墨打印方法在玻璃以及柔性衬底表面构建了高性能的氧化铟、氧化锌等金属氧化薄膜晶体管[28]；气流喷墨打印构建的碳纳米管薄膜晶体管迁移率高达 40 $cm^2 \cdot V^{-1} \cdot s^{-1}$ 左右，开关比在 10^7 左右[5]。喷墨打印诱导生成的有机小分子单晶半导体实现了 31.3 $cm^2 \cdot V^{-1} \cdot s^{-1}$ 的高迁移率[29]。

（5）其他方法。

其他一些有源层构建方法包括：① 转印法。通过转印把化学气相沉积石墨烯转移到柔性和刚性衬底，并构建液栅石墨烯薄膜晶体管[30]。② 毛细微成形法。通过毛细管作用力使墨水进入到图形化的 PDMS 模版里，待溶剂蒸发后即可得到图形化的有源层阵列[31]。③ 印章法。用 PDMS 为印章模版，把化学气相沉积方法制备的碳纳米管、硅纳米线、氮化镓和砷化镓纳米线等通过印章转移到其他衬底表面来构建薄膜晶体管器件和简单逻辑电路[32]。④ 定向生长法。本书 2.3.2 节介绍了诱导有机小分子结晶取向的"弯月面引导涂布"方法，利用有机小分子在溶剂挥发过程中会沿弯月面运动方向定向排列的特点，构建与沟道平行的有机单晶半导体，可以获得超常的载流子迁移率[33]。类似方法也可以构建有序碳纳米管阵列，包括碳纳米管的定向生长技术[34]。⑤ 磁控溅射法。主要用来沉积金属氧化物半导体薄膜，像氧化锌等无机半导体可以通过磁控溅射在不同衬底表面构建有源层薄膜[35]。

5.4.3.3 介电层的构建技术

介电层是构建薄膜晶体管另一个重要的组成部分。介电材料的物理和化学性质与薄膜晶体管器件的阈值电压、开关态电流、有效迁移率和亚阈值斜率等有密切关系，介电层的性能好坏也直接影响薄膜晶体管性能的好坏。例如，介电层的厚度影响器件的漏电流和阈值电压；介电层表面的粗糙度直接影响介电层与有源层之间的相互作用以及器件的迁移率；介电层沉积过程中固定电荷累积及其他的结构缺陷会对器件的可靠性和稳定性产生影响；介电材料的介电常数大小直接影响到栅电容的大小，在相同条件下介电常数越大，薄膜晶体管的阈值电压和工作电压越低。为了减小薄膜晶体管的阈值电压和工作电压，必须采用合适的高介电常数介电材料作为介电层。介电层在薄膜晶体管中具有举足轻重的地位。很多研究者认为，发展与半导体相匹配的性能优异的介电层材料是今后薄膜晶体管研究的一个重要方向。本书第2、3 章分别对印刷电子技术中常用的各种有机与无机介电材料做了详细介绍，本节主要介绍制备薄膜晶体管介电层的一些常用技术。

（1）直接氧化技术。

直接氧化主要针对硅材料而言，即在硅衬底表面直接干氧化或湿氧化，使硅衬底表面形成一层致密的二氧化硅薄膜，作为介电层。通过控制氧化条件可以得到不同厚度的二氧化硅，目前常用的是 300 nm 厚的二氧化硅，这种预先沉积了二氧化硅层的硅晶圆可以直接从厂商处购得。此外，一些活泼金属如铝和钇等在氧等离子体或在空气加热条件下可在其金属表面形成一层致密的氧化物薄膜（氧化铝或氧化钇），这些介电薄膜可直接充当介电层。

（2）原子层沉积技术。

原子层沉积（atomic layer deposition，ALD）是一种将物质以单原子膜形式一层一层地沉积在衬底表面的方法。原子层沉积与普通的化学沉积有相似之处。但在原子层沉积过程中，新一层原子膜的化学反应是直接与之前一层相关联的,这种方式使每次反应只沉积一层原子[36]。原子层沉积可以沉积出高度均质的绝缘薄膜,氧化铝、氧化铪、氮化硅是薄膜晶体管中常用的介质薄膜。ALD 可以精确控制薄膜厚度到埃级别。相对于其他方法而言,原子层沉积的薄膜成分和厚度的均匀性更好,是目前构建薄膜晶体管介电层最常用的方法之一[37]。

（3）涂布技术。

有机材料具有绝缘性能良好、成本低和易制备成溶液等特点。旋涂和浸涂是广为应用的有机绝缘薄膜制备方法,能够制备致密、均匀、绝缘性能良好的有机介质层。有文献报道通过旋涂方法在衬底表面形成一层聚(4-乙烯苯酚)衍生物薄膜,再在其表面构建有机和无机薄膜晶体管器件,所有器件表现出优越的电性能,如低的工作电压、高的开关比等[38]。在需要高的介电常数的场合可以使用无机/有机杂化材料。

（4）自组装技术。

分子自组装技术可以单独形成高质量介电层,也可以在已有无机介电层表面通过自组装单分子层增强其介电性质。例如,有机磷酸化合物和硅氧烷偶联剂通过自组装在衬底表面形成单分子层,在改善有机和无机薄膜晶体管器件电性能方面有明显效果[39]。在氧化铝介电层表面经有机磷酸化合物功能化修饰后,器件表现出低的工作电压(1~2 V)、高的开关比(>10^5)、低的亚阈值振幅(60 mV/dec),同时器件的迟滞现象明显降低[40]。

（5）印刷技术。

前面介绍的用于构建电极与有源层的印刷技术均可用于构建介电层,如通过气流喷墨打印离子胶介电墨水[41],卷对卷印刷 PMMA/BaTiO$_3$ 杂化介电层[42],或者通过转移技术把 PDMS 转移到其他衬底表面,再构建源漏电极和有源层[43]。

以上介绍的原子层沉积法、旋涂法、自组装和印刷/转移等技术都是构建有机和无机薄膜晶体管介电层常用的方法,而且都有自己的优点。如原子层沉积法能够得到高介电常数、超薄(10 nm)、致密的介电薄膜;旋涂法方法非常简单,不需要昂贵仪器设备;自组装方法能够消除器件迟滞问题,提高载流子迁移率等;印刷技术可以快速、大面积构建介电层等特点。

5.5 印刷薄膜晶体管

凡薄膜晶体管的组成部分(源电极、漏电极、栅电极、介电层和有源层)通过溶液法(包括滴涂、浸涂、旋涂、喷涂、刮涂、狭缝涂布、喷墨打印、丝网印刷、凹版印刷等)构建而成的薄膜晶体管,统称为印刷薄膜晶体管。如果薄膜晶体管的所有组成部分(源电极、漏电极、栅电极、介电层和有源层)都是通过印刷制备的,则一般称为全印刷(all-printed 或者 fully-printed)薄膜晶体管。通常由于溶液化材料本身或印刷方法本身的缺陷,全印刷的薄膜晶体管难以获得最佳性能,大多数已报道的印刷薄膜晶体管只是某些部分采用了印刷制备,特别是有源层的印刷制备。

可用于构建薄膜晶体管有源层的半导体材料有很多,如多晶或非晶硅半导体、Ⅲ~Ⅴ族半导体、有机半导体、钙钛矿、纳晶半导体、半导体型碳纳米管、二维半导体和金属氧化物半导体等。有些半导体材料不容易墨水化(如硅、Ⅲ~Ⅴ族半导体),或稳定性较差(如钙钛矿、纳晶和二维材料),因此真正适合溶液法或印刷技术的半导体材料主要是有机半导体、碳纳米管和金属氧化物半导体。根据有源层材料的不同,可将印刷薄膜晶体管分为印刷有机薄膜晶体管和印刷无机薄膜晶体管。印刷有机薄膜晶体管可分为印刷小分子薄膜晶体管和印刷聚合物薄膜晶体管。印刷无机薄膜晶体管可分为印刷碳纳米管、金属氧化物、钙钛矿、纳晶和二维材料薄膜晶体管等。由于篇幅有限,本章节主要介绍印刷有机薄膜晶体管、碳纳米管薄膜晶体管、金属氧化物薄膜晶体管,并简单介绍由新型二维纳米半导体材料构建的薄膜晶体管等。

5.5.1 印刷有机薄膜晶体管

有机电子学的发展一直以能够溶液法加工作为终极目标,因为只有溶液法加工才能体现出有机电子材料的优越性,即大面积、柔性化与低成本[44]。在有机电子的三大主体技术中(光伏、发光、晶体管),有机光伏与有机发光显示都已发展出工业化印刷制造技术,唯有有机晶体管还没有形成大规模工业化制造,其主要原因是溶液化的有机半导体材料还没有发展到能够提供足够好的性能,并在大规模制造中保持足够的一致性与稳定性。

如本书第 2 章所介绍的,有机半导体可以分为小分子和聚合物两种类型。按照载流子传输类型进一步划分为 p 型和 n 型。常见有机半导体包括 p 型小分子有机半导体(TIPS-pentacene,C8-BTBT,C10-DNTT,diF-TES-ADT)和 n 型小分子有机半导体(C60,NDI3HU-DTYM2,6,13bis((triisopropylsilyl)ethynyl)-5,7,12,14-tetraazapentacene(TIPS-TAP))等,以及 p 型聚合物有机半导体(如 poly(3-hexylthiophene-2,5-diyl)(P3HT),indacenodithiophene-co-benzothiadiazole(IDTBT),PCDTPT,poly(2,5-bis(3-alkylthiophen-2-yl)thieno[3,2-b] thiophenes）（PBTTT））和 n 型聚合物有机半导体（poly ｛［N，N9-bis（2-octyldodecyl）-naphthalene-1，4，5，8-bis（dicarboximide）-2，6-diyl］-alt-5，59-（2，29-bithiophene）｝（P（NDI2OD-T2）），NDI-Ph，NDI-DTYA2 等），其中尤以聚合物半导体的发展更令人瞩目[45]。以往有机聚合物半导体的载流子迁移率总是低于有机小分子半导体的，一般要相差一个数量级，但近年来聚合物半导体的载流子迁移率已经追平了小分子材料的。图 5.17 展示了过去 35 年来有机小分子与聚合物半导体载流子迁移率的发展演化[46]。聚合物半导体也是实现印刷制备有机薄膜晶体管的最佳材料。随着有机半导体材料的性能（如稳定性和电性能）的提升，有机薄膜晶体管的稳定性和器件性能也在不断提升，并逐步朝实用化方向发展[47]。

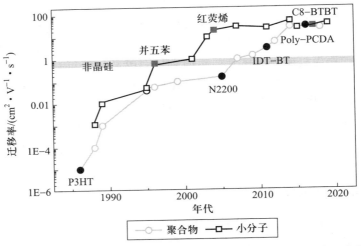

图 5.17　过去 35 年来有机小分子与聚合物半导体载流子迁移率的演化

印刷有机薄膜晶体管的关键工艺是有机半导体层的印刷制备，有关方法已经在上节有源层制备中做了介绍，其中聚合物半导体层的制备比较简单，因为聚合物半导体本身只能通过溶液法加工来制备有源层，各种印刷方法尤其是喷墨打印都可以制备有机薄膜晶体管的有源层。例如，利用电流体动力学喷印的方法在超柔性聚合物薄膜上制备了全印刷有机薄膜晶体管器件，得到迁移率约为 1 $cm^2 \cdot V^{-1} \cdot s^{-1}$，开关比超过 10^6[48]；通过全喷墨印刷技术在纸衬底上制备了全印刷有机薄膜晶体管，载流子迁移率为 0.087 $cm^2 \cdot V^{-1} \cdot s^{-1}$[49]。通过丝网印刷技术制备出全印刷顶栅有机电化学晶体管器件，并构建出解码器和 7 位移位寄存器，其中每一个单元至少包含 100 个全印刷电化学晶体管器件[50]。

由溶液型小分子半导体印刷制备的有机薄膜晶体管总体上性能好于聚合物半导体的薄膜晶体管,这是因为小分子溶液挥发后能形成准晶体结构,有利于载流子的传输,但有一个晶体取向的问题(见 2.3 节)。选择的溶液法加工方法应当有利于使小分子晶体的取向与晶体管沟道长度方向一致,以获得最大的载流子迁移率。已报道的诱导晶体取向的溶液加工方法包括在旋涂时将衬底材料放到偏离旋转中心轴的位置,小分子溶液液滴在离心力的作用下在溶剂挥发过程中形成沿径向方向的有机单晶半导体薄膜,如图 5.18 所示[51]。所制备的有机薄膜晶体管器件其最高迁移率可达到 43 $cm^2 \cdot V^{-1} \cdot s^{-1}$。这种成膜方法工艺简单、成本低,是实验室构建高质量有机半导体薄膜常用的一种方法。还有一种微柱剪切法来控制溶液印刷有机半导体晶体的成核,从而控制薄膜的形态来获得高度取向的有机半导体薄膜。该溶液剪切方法形成的薄膜晶体管的平均值和最大值迁移率分别为 8.1 $cm^2 \cdot V^{-1} \cdot s^{-1}$ 和 11 $cm^2 \cdot V^{-1} \cdot s^{-1}$[52]。2.3.2 节介绍的"弯月面引导涂布"方法也是控制有机小分子半导体晶体取向的常用方法[53]。

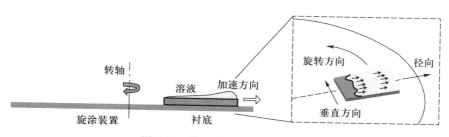

图 5.18　偏心旋涂工艺的示意图

由此可知,通过溶液加工虽然可以制备有机薄膜晶体管,但大多数已报道的薄膜晶体管中仅有有机半导体这一层是通过溶液法技术得到的,其他部分(如电极和介电层)都是用传统芯片加工工艺得到的。例如,金属电极通过真空蒸镀金属并光刻制备;介电层直接利用硅基表面的二氧化硅层,或者原子层沉积方法制备。真正要做到全印刷有机薄膜晶体管还困难重重,这是由于多层结构(包括电极、介电层、半导体层和连接线等)中各层的物理化学性质相差甚远,各层之间存在印刷兼容性等问题、印刷工艺与传统光刻工艺的精度差距问题,以及印刷电极和印刷介电层的质量与传统芯片加工工艺制备的电极和介电层还存在较大差距,导致全印刷的有机薄膜晶体管器件的性能还远低于部分印刷的器件的性能。

实现全印刷是有机薄膜晶体管发展的终极目标。印刷的每个部分的性质都会严重影响器件整体性能。只有每个印刷的部分都达到最优，印刷器件和电路性能（如处理速度）才能得到提高。高质量可印刷油墨、器件各个界面的特性、各层之间的接触以及所采用的印刷技术是构建高性能全印刷有机薄膜晶体管器件的关键因素。每一层的油墨参数和印刷图案的要求都不同，这意味着应选择特定的印刷技术来适应每一层的要求。高分辨率印刷技术有望能进一步缩减器件尺寸，提高器件性能以及集成度等，开发高分辨率印刷技术在印刷薄膜晶体管领域将具有越来越重要的意义[54]。解决这些挑战需要同时考虑材料和工艺，包括改善导电油墨组成，开发可印刷的介电层以及印刷制备高度有序和高分辨率的半导体薄膜等，才能最终实现具有实用价值的完全通过印刷制备的薄膜晶体管器件与电路[50]。

5.5.2   印刷金属氧化物薄膜晶体管

自 2000 年以来，基于 ZnO、In_2O_3 和 SnO_2 等非晶态金属氧化物半导体（metal oxide semiconductor）的研究开始活跃起来。这些材料通常表现出较高的固有载流子浓度，但在薄膜晶体管应用中很难控制沟道中的电导。2004年，Hosono 等在这些氧化物中引入多组分，制备出非晶金属氧化物半导体（In-Ga-Zn-O，IGZO），使得薄膜晶体管性能取得了重大突破，从而引起了学术和工业界的高度关注[55]。IGZO 薄膜晶体管显示出与非晶硅薄膜晶体管（a-Si TFT）同样出色的均匀性，但具有更高的迁移率、更低的关态电流以及更高的开关比。除了 IGZO，近年来发现其他多组分的非晶氧化物半导体如 In-Zn-O（IZO）、Zn-Sn-O（ZTO）、Hf-In-Zn-O（HIZO）、In-Sn-Zn-O（ITZO）等同样表现出优越的电性能[56]。以金属氧化物半导体为有源层的薄膜晶体管，因其具有较高的迁移率、容易大面积制备、可柔性化、组分可调，并且在可见光波长范围内透明等特点，已经开始在有机发光二极管（organic light emitting diode，OLED）显示面板驱动技术里取代低温多晶硅（low temperature polysilicon，LTPS）晶体管，受到产业界和科研界越来越多的关注。尽管目前制造金属氧化物薄膜晶体管的主流技术仍然是真空溅镀与光刻方法，但由于金属氧化物易于溶液化（见 3.2.3 节、3.3.1 节），因此基于溶液法制备金属氧化物薄膜晶体管的技术取得了突飞猛进的发展。

目前，文献报道基于溶液法制备金属氧化物薄膜晶体管有源层的技术主要有旋涂、喷墨打印和涂布等，下面分别对这些技术做简单介绍。

（1）旋涂法。

由于旋涂法所需要的设备投资小、薄膜制备工艺简单等优势，成为实验室制备金属氧化物薄膜晶体管的首选技术。近年来，旋涂工艺制备金属氧化物薄膜晶体管的研究热点主要围绕低温工艺制备高性能金属氧化物薄膜晶体管展开。通常溶液法加工的金属氧化物有源层需要在 400 ℃ 以上高温退火才能实现金属氧化物前驱体向金属氧化物半导体的转换，但高温退火工艺不利于通过溶液加工在塑料等低温柔性基材上制备薄膜晶体管。一种通过氧自由基辅助分解的方法可以在 250 ℃ 退火温度下制备高质量氧化铟薄膜[57]。该方法将 $In(ClO_4)_3$ 和 $In(NO_3)_3$ 以等摩尔比混合，NO_3^- 分解出的氧自由基可以促进 ClO_4^- 在更低温度下反应并释放出热量，反应产物进一步促进 ClO_4^- 的分解并释放出的更多的氧气，可以有效抑制有源层中氧空位的生成，从而实现低温下 $In(ClO_4)_3$ 向 In_2O_3 的转变，所制备的氧化铟 TFT 的饱和载流子迁移率可达到 14.5 $cm^2 \cdot V^{-1} \cdot s^{-1}$。

一般情况下，旋涂制备的单层金属氧化物薄膜存在一定数量的孔洞，导致薄膜晶体管的迁移率和稳定性都不太理想。通过旋涂多层有源层不仅能提高薄膜的致密性，还可以通过优化沟道层中氧化物半导体材料的组分，实现对氧化物薄膜晶体管器件性能的调节。例如，通过旋涂的方式交替沉积 In_2O_3 和 ZnO 薄膜，获得超薄（<10 nm）的氧化物异质结和超晶格沟道。即使薄膜在低温处理的条件下（≤200 ℃），所得的氧化物薄膜晶体管的饱和迁移率和开关比分别达到 13 $cm^2 \cdot V^{-1} \cdot s^{-1}$ 和 10^8，且器件的开启电压几乎为 0 V，回滞可忽略不计。性能的增强归因于 In_2O_3/ZnO 异质界面处形成了二维电子气，并且氧化物的沉积顺序会影响电子的传输，先沉积 In_2O_3 后再沉积 ZnO 薄膜可大幅度提升薄膜晶体管器件性能[58]。

（2）喷墨打印。

旋涂制备的金属氧化物薄膜需要进一步通过光刻和刻蚀等工艺来实现图形化。而喷墨打印是一种可以直接实现薄膜图案化沉积的技术，既简化了薄膜晶体管的制备工艺，还可以减少材料的浪费。如本书 4.2 节所述，喷墨打印到基材表面的墨滴在干燥前有一个自发流动过程。金属氧化物墨水在基材上的润湿行为以及薄膜在干燥过程的成膜质量等都与衬底表面特性和墨滴的相互作用有密切关系，而薄膜质量直接影响晶体管器件性能。作者科研团队对喷墨打印水基 IGZO 前驱体墨水在衬底表面的亲疏水特性、墨水组分等对成膜质量的影响（如致密性、厚度和咖啡环效应等）进行了深入研究[59]，发现通过对衬底表面修饰可以将打印点阵的最小周期从 100 μm 降低到 50 μm（如图 5.19 所示）。采用添加聚乙烯吡咯烷酮（PVP）的氧化物前驱体的墨水,可以控制墨滴在衬底上三相线移动,解决了疏水衬底上印刷点过度回缩导致的对准精度下降和薄膜厚度过大的问题,以及有效抑制了咖啡环效应。经过衬底表面性质与前驱体墨水组分的双重优化,喷墨打印制备的 IGZO 薄膜晶体管的最大迁移率可达 $6.2\ cm^2 \cdot V^{-1} \cdot s^{-1}$,开关比超过 10^7。

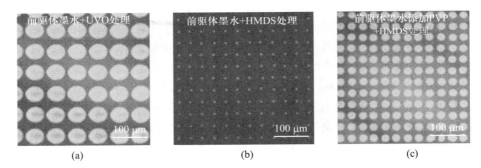

图 5.19　喷墨打印 IGZO 点阵:(a) 亲水衬底上,前驱体墨水未添加 PVP;(b) 疏水衬底上,前驱体墨水未添加 PVP;(c) 疏水衬底上,前驱体墨水添加 PVP

　　针对传统喷墨打印分辨率不高的问题,作者科研团队开发了一种自限域对准工艺[60]。通过在衬底表面制备亲疏水图形,并结合喷墨打印技术得到 5 μm 米宽的金属氧化物沟道,并且将沟道层限制在栅电极上方,所获得的 IGZO 薄膜晶体管迁移率大于 $3\ cm^2 \cdot V^{-1} \cdot s^{-1}$,且开关比超过 10^7,阵列器件均匀性良好(如图 5.20)。进一步利用氧化物前聚体墨水溶液的自限域特性,采用喷墨印刷制备出异质结薄膜(In_2O_3/IGZO),所得到的异质结薄膜晶体管性能得到显著提高,器件的最大迁移率可达 $14.5\ cm^2 \cdot V^{-1} \cdot s^{-1}$,是单层 IGZO 薄膜晶体管迁移率的两倍左右。通过偏压稳定性研究发现,异质结叠层结构可以改善界面缺陷,使得 In_2O_3/IGZO 薄膜晶体管显示出优异的偏压应力稳定性(如图 5.21)[17]。

　　(3) 涂布工艺。

　　除旋涂之外,其他涂布工艺也可快速获得大面积高质量均匀的金属氧化物薄膜,并且能够满足工业化大批量生产。Yoon[61]等利用涂布技术并结合自组装技术实现了大面积图形化的氧化物薄膜晶体管阵列制备。在 2 V 的工作电压下,其迁移率为 $5\ cm^2 \cdot V^{-1} \cdot s^{-1}$,开关比为 10^5。墨水配比、印刷工艺和后处理工艺等有待进一步优化,以提升器件性能。

　　溶液法加工金属氧化物薄膜晶体管的终极目标是实现全印刷,其中喷墨打印是全印刷制备中最普遍采用的方法。2015 年,Jang[62]等首次报道了使用

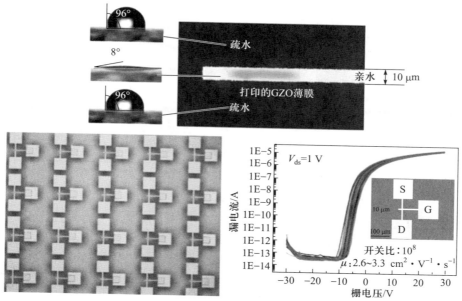

图 5.20   采用自对准技术构建的喷墨打印 IGZO 薄膜晶体管器件

全喷墨印刷的方式在玻璃衬底上制造出单个高性能氧化物薄膜晶体管。通过系统优化墨水成分,用 PMMA 对衬底进行修饰并结合紫外光处理来改善衬底的亲水性,在衬底加热的条件下印刷氧化物薄膜,从而消除了印刷薄膜的咖啡环效应。该全印刷薄膜晶体管是由锑(Sb)掺杂的氧化锡(ATO)作为栅电极,氧化锆(ZrO$_2$)作为介电层,喷墨印刷的 ATO 和氧化锡(SnO$_2$)作为源、漏电极和半导体层。由此方法制作的全印刷氧化物薄膜晶体管器件在工作电压小于 5 V 时能够正常工作,其饱和迁移率和开关比分别为 11 cm^2·V^{-1}·s^{-1} 和 10^6,亚阈值摆幅仅为 180 mV/dec。

2017 年华南理工大学兰林峰课题组在印刷纯溶剂刻蚀超薄疏水层制备的疏水图案的辅助下,结合喷墨打印技术,首次实现了全喷墨印刷氧化物薄膜晶体管的阵列,如图 5.22 所示[63],解决了氧化物薄膜晶体管叠层、跨线印刷的墨滴铺展图案难以控制的问题。所开发的工艺避免了墨水的繁琐的优化过程,实现了液滴的铺展和钉扎的有效控制,抑制了印刷薄膜的咖啡环效应,也避免了相邻印刷图形间的相互影响而造成的印刷薄膜变形等问题。全印刷制备的 IGZO 底栅薄膜晶体管的形貌非常均一,阵列中的器件的平均迁移率为 7.4 cm^2·V^{-1}·s^{-1}(最高迁移率为 11.7 cm^2·V^{-1}·s^{-1}),开关比超过 10^7,且器件表现出零回滞特性。

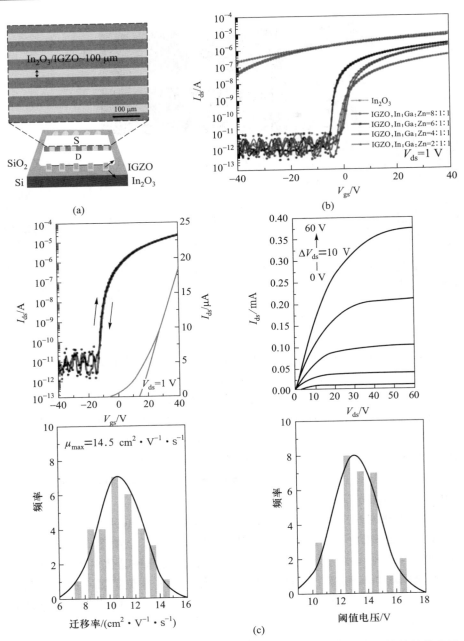

图 5.21　（a）印刷的 In_2O_3/IGZO 异质结沟道层的光学照片，以及薄膜晶体管结构的示意图；（b）具有不同含 In 质量比的印刷 In_2O_3 和 IGZO 薄膜晶体管的转移曲线；（c）印刷 In_2O_3/IGZO 异质结沟道层薄膜晶体管的迁移率和阈值电压的典型转移、输出曲线和统计图

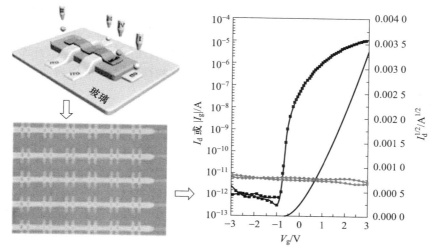

图 5.22　集成多层印刷氧化物薄膜技术制备的全印刷氧化物薄膜晶体管及其器件性能

2018 年,Sharma 等开发设计了一种新的全印刷制造方案[64],使用 IGZO 作为半导体材料,氧化铟(ITO)作为电极,固体高分子电解质(CSPE)作为介电层,制备出高性能的全印刷氧化物场效应晶体管(迁移率约为 15.5 cm^2 · V^{-1} · s^{-1},开关比大于 10^5,阈值电压为 -0.16 V)和反相器。该研究发现,喷墨打印的 ITO 层中的 Sn 元素在烧结过程中会扩散到 IGZO 层中,在两者之间形成了 In-Sn-Zn-O(ITZO)界面,该界面在控制掺杂浓度的同时还可以确保全印刷晶体管具有与溅射 ITO 电极晶体管同样出色的电学性能。

尽管近年来印刷金属氧化物薄膜晶体管的基础技术不断改进,其基本性能可与真空制备的同类产品相媲美,但要想真正实用化还需要克服一系列挑战:① 旋涂工艺制备的氧化物半导体薄膜往往需要使用紫外曝光工艺来实现图形化,这其中需要用到有机溶剂。这些有机溶剂不仅难分解、易残留,还会造成薄膜中纳米空洞的出现,限制氧化物半导体薄膜退火温度的进一步降低,造成低温制备的氧化物薄膜晶体管的电学性能普遍偏低;② 喷墨打印氧化物薄膜晶体管受限于喷墨打印设备的低分辨率,难以大面积制备均匀性良好的短沟道氧化物薄膜晶体管器件;③ 由于喷墨打印机的定位精度以及墨水铺展等因素,全印刷金属氧化物薄膜晶体管的膜层之间的高精度对准难以实现,尤其是源漏电极与栅电极之间存在较大的交叠面积,造成较大寄生电容,难以满足众多领域的应用需求。

　　总体而言,溶液法已经成为制备氧化物薄膜晶体管的重要方法。未来不仅要将研究放在墨水配方、表面改性、新材料的开发和新颖的后处理方法上,还要不断改进印刷技术,开发高精度高通量的印刷设备,深入研究影响印刷薄膜晶体管工作频率、可重复性、稳定性和耐偏压性的关键因素。实现在低成本柔性衬底上进行高产量和高分辨率的氧化物薄膜晶体管阵列的制备,促进大面积柔性氧化物电子器件的发展。

5.5.3　印刷碳纳米管薄膜晶体管

　　单壁半导体碳纳米管与有机或金属氧化物半导体材料相比电学性能更优异、稳定性更好,而且用碳纳米管制造的晶体管等微型电子元件具有发热量更少以及运行频率更高等优点,使基于单壁碳纳米管的薄膜晶体管在电子、生物、医学、材料和环境监测等领域的研究得到广泛关注。单壁碳纳米管合成方法比较成熟,但有一个无法克服的缺点,即 CVD 方法制备的单壁碳纳米管都是金属型和半导体型碳纳米管的混合物,其中三分之二为半导体型,三分之一为金属型。由这种混合碳纳米管制备的薄膜晶体管有源层中存在着大量导电通路,使晶体管漏电流增加,开关比降低,如图 5.23 所示[65]。为

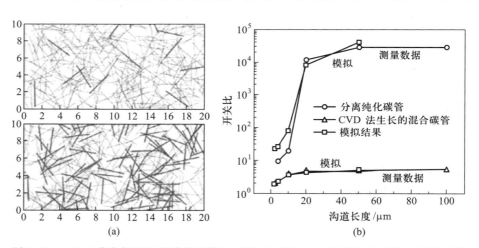

图 5.23　(a) 经分离提纯后的碳纳米管(上图)和 CVD 方法直接生长的混合碳纳米管(下图)组成的随机碳纳米管网络,其中重黑线代表金属型碳纳米管,轻黑线代表半导体型碳纳米管　(b)由(a)中两种碳纳米管网络构成的晶体管开关比(模拟数据和测量数据对照)

了得到高性能的半导体型碳纳米管墨水,碳纳米管必须先分散到某一溶液中,再经过物理或化学方法选择性消除或分离金属型碳纳米管、催化剂以及其他类型的碳素物质(详见第 3 章),得到半导体型碳纳米管溶液。再通过调节溶剂种类、墨水的黏度等改变碳纳米管墨水的物理特性,可以得到不同印刷方法所需的半导体型碳纳米管墨水。

当半导体型碳纳米管的纯度不高时,印刷薄膜晶体管的沟道长度对晶体管性能产生重要影响。例如,用 95% 纯度半导体型碳纳米管溶液(梯度密度高速离心分离提纯)构建的薄膜晶体管迁移率随沟道长度的增加而减小,而化学气相直接表面生长方法的混合碳纳米管薄膜晶体管器件的迁移率随沟道长度增加而增加[65]。这种现象是由碳纳米管的长度不同引起的。经过分离提纯的碳纳米管其长度通常只有 $1\sim2~\mu m$,因此器件的迁移率主要受载流子在碳纳米管薄膜中的逾渗传输的影响。当器件的沟道长度从与碳纳米管长度相当的值逐渐增大时(到 $100~\mu m$ 或更大时),碳纳米管之间的搭接点越来越多,载流子的迁移变得越来越困难,从而使器件的迁移率逐渐变小。而化学气相沉积方法直接表面生长的混合碳纳米管平均长度约为 $20~\mu m$,较长的碳纳米管有利于减小碳纳米管之间的接触点,更有利于电子的传递,使器件的迁移率明显增加。而且当沟道长度数倍于碳纳米管的长度时,金属型碳纳米管对晶体管开关比的影响也大大降低。曾有报道用浮法 CVD 生长的混合碳纳米管(长度 $\sim10~\mu m$)制备的薄膜晶体管达到 $35~cm^2\cdot V^{-1}\cdot s^{-1}$ 的迁移率和 6×10^6 的开关比[66]。

近年来随着半导体型碳纳米管分离提纯技术的进步,要求薄膜晶体管的沟道尽可能短,使分离提纯的半导体型碳纳米管能够直接与源漏电极接触,减少碳纳米管之间的接触点,同时增加源漏电极之间的半导体型碳纳米管密度,从而增加薄膜晶体管的输出电流。北京大学彭练矛团队在 2020 年报道了将半导体型碳纳米管的纯度提高到 99.999 9%,并在 4 in 硅晶圆上通过溶液提拉方法将高纯度半导体型碳纳米管顺排沉积到沟道长度为 100 nm 的源漏电极之间,碳纳米管的排列密度达到 $100\sim200$ 根/μm[67]。

作者科研团队自 2010 年以来开始从事印刷碳纳米管薄膜晶体管的研究,包括高纯度半导体型碳纳米管分离技术与碳纳米管薄膜晶体管及其电路技术,已经积累了丰富的经验,发表了数十篇研究论文,相关研究成果已集中体现在 2020 年出版的《印刷碳纳米管薄膜晶体管技术与应用》专著[68]中。在印刷制备碳纳米管薄膜晶体管方面,作者科研团队主要采用了滴涂与喷墨打印技术,包括传统喷墨打印与气流喷墨打印。气流喷墨打印的碳纳米管薄膜晶体管迁移率已达到 $40~cm^2\cdot V^{-1}\cdot s^{-1}$ 左右,开关比在 10^7 左右。其他研究团队报道的方法还包括旋涂、喷涂、浸涂等方法。例如,斯坦福大学鲍哲南教授团队采用喷涂和旋涂法构建出可拉伸、全碳纳米管薄膜晶体管器件,其构建过程如图 5.24 所示[69]。其中源、漏和栅电极通过喷涂技术构建而成,半导体型碳纳米管有源层和有机介电层通过旋涂方式制备。浸涂法是把清洗干净的二氧化硅、玻璃、PET 等基材直接浸入半导体型碳纳米管溶液中,让半导体型碳纳米管自然沉降在衬底表面,得到均一、致密的碳纳米管薄膜。用这种方法可以得到大面积均匀的碳纳米管薄膜,但沉积时间往往需要 24 h 以上,同时会在衬底表面或器件的界面引入大量的陷阱态,这样的器件往往表现出较大的回滞。

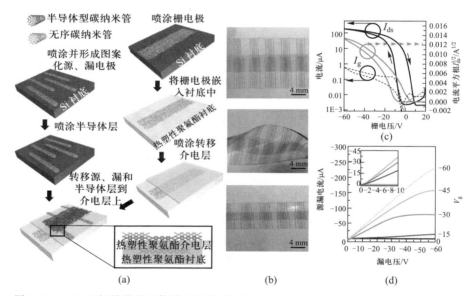

图 5.24　(a) 可拉伸薄膜晶体管器件构建流程图;(b) 同一器件在无压力、扭曲和拉伸 100% 时的光学照片图,图中的刻度为 4 mm;(c)、(d) 在 V_{ds} 为 −60 V 时碳纳米管薄膜晶体管器件的典型转移特征曲线(c)和输出特征曲线(d),器件的沟道长度和宽度分别为 50 μm 和 4 mm;插图中的栅电压变化范围为 0~−10 V[69]

　　为了实现全印刷碳纳米管薄膜晶体管,除了印刷碳纳米管有源层外,电极与介电层也应通过印刷制备。作者科研团队在过去 10 年中做了多方面尝试,表 5.1 列出了除碳纳米管有源层外其他部分所采用的材料与印刷方法,包括对应的晶体管栅极结构与所获得的性能。在国际上,韩国成均馆大学 Cho 教授组从 2010 年以来一直致力于通过卷对卷(roll-to-roll,R2R)凹版印刷技术在 PET 基材上制备全印刷薄膜晶体管的研究开发,并最早报道了基于全印刷底栅碳纳米管薄膜晶体管的 RFID 电子标签[42]。其制备过程是首先在 PET 上通过卷对卷印刷技术得到银底栅电极,再在底电极表面通过卷对卷印刷技术印刷一层钛酸钡复合介电材料,退火处理后再印刷源漏电极和碳纳米管。早期由于采用的碳纳米管墨水没有经过分离提纯处理,导致构建出的全印刷碳纳米管薄膜晶体管器件性能不好,其开关比只有 $10^2 \sim 10^3$,迁移率也不到 $1\ cm^2 \cdot V^{-1} \cdot s^{-1}$。后来用分离提纯的半导体型碳纳米管墨水构建出碳纳米管薄膜晶体管迁移率达到 $9\ cm^2 \cdot V^{-1} \cdot s^{-1}$,开关比超过 10^5[70]。图 5.25 为卷对卷印刷碳纳米管薄膜晶体管器件,包括单个碳纳米管晶体管器件、碳纳米管晶体管阵列以及相应的印刷设备、沟道中的碳纳米管扫描电镜图[71]。该团队经过多年开发已经将卷对卷四版全印刷碳纳米管薄膜晶体管的技术臻于完善,并在 2020 年报道了应用这一技术制备的碳纳米管薄膜晶体管 4 位编码器[72]。

表 5.1　全印刷碳纳米管薄膜晶体管除有源层外所使用的材料、方法、栅电极结构与性能

序号	材料和印刷方式			器件结构	性能	
	源漏电极	栅电极	介电层		开关比、迁移率 /$(cm^2 \cdot V^{-1} \cdot s^{-1})$	
1	铜电极,杂化印刷 +化学镀技术	银, 喷墨打印	离子胶, 喷墨打印	侧栅结构	10^3	3
2	金电极,喷墨印刷 +化学镀	银, 喷墨打印	PI,旋涂	顶栅结构	10^6	20
3	金电极,杂化印刷 +电刷镀技术	银, 喷墨打印	$BaTiO_3$+PMMA 旋涂	顶栅结构	10^4	5

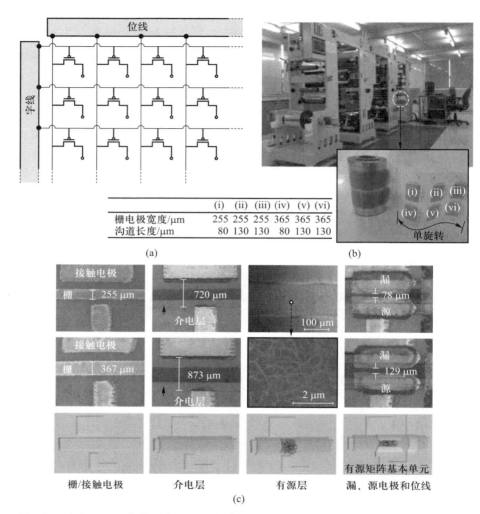

图 5.25 （a）R2R 凹版印刷在 PET 上构建的 20×20 个全印刷碳纳米管薄膜晶体管所组成驱动电路结构示意图；（b）R2R 凹版印刷机照片，插图为卷对卷印刷的 20×20 个碳纳米管薄膜晶体管阵列单元电路与沟道尺寸；（c）印刷碳纳米管薄膜晶体管光学照片与碳纳米管分布扫描电镜照片

5.5.4 其他薄膜晶体管

除了以上介绍的有机、金属氧化物和碳纳米管薄膜晶体管外，近年来还

出现了一些基于新型半导体材料的薄膜晶体管,如钙钛矿晶体管、二维材料晶体管和纳晶晶体管。钙钛矿材料在太阳能电池与发光二极管中已展现了大有希望的应用前景,其固有的高载流子迁移率也在薄膜晶体管应用中引起关注[73],但稳定性较差严重影响了钙钛矿薄膜晶体管的进一步发展。2020年英国剑桥大学 Sirringhaus 教授团队系统研究了钙钛矿晶体管器件不稳定的机理,提出一种抑制其不稳定性、提高器件性能的方法,即在钙钛矿中加入能消除应变的阳离子如 Cs 和 Rb 离子(其中 Cs 和 Rb 离子充当钝化/晶化修饰剂)来减小钙钛矿晶体管中的空位浓度和离子迁移,使钙钛矿晶体管器件的迁移率超过 $1~cm^2 \cdot V^{-1} \cdot s^{-1}$,连续测试 10 h 器件的阈值电压只有 2 V 左右的漂移,与此同时器件的回滞也非常小。用这些钙钛矿薄膜在柔性衬底上构建开关比达到 10^4 的晶体管器件,即使在弯折情况下也能够正常工作[74]。另一个技术路径是增加钙钛矿的结晶性[75]。

新型二维(2D)材料如石墨烯、硫化钼、硫化钨、硒化钨等的出现也启发人们将它们用于高性能薄膜晶体管[76]。除了用化学气相沉积生长、机械剥离法和液相剥离法制备高质量的 2D 材料外,溶液法加工如刮涂和喷墨打印技术已用于制备石墨烯(或还原型氧化石墨烯)电子器件或石墨烯透明电极。用还原型氧化石墨烯为沟道和电极材料构建出全碳薄膜晶体管器件,其迁移率和开关比分别为 $8~cm^2 \cdot V^{-1} \cdot s^{-1}$ 和 10^4。像硫化钼、硫化钨、硒化钨等有直接带隙的 2D 半导体材料通常分散在 N-甲基吡咯烷酮(NMP)溶剂中,可通过印刷方式构建 2D 薄膜晶体管器件和电路。特别是 Kelly 等在 2017 年报道了通过液相分离方法制备各种 2D 半导体墨水(硫化钼、硫化钨、硒化钨等),并制作出全印刷 2D 晶体管器件[77]。

在纳晶材料方面,有报道用硒化镉(CdSe)纳晶在柔性衬底(PI)上构建出大面积、低电压高速数字和模拟电路。CdSe 纳晶晶体管呈 n 型特性。当 V_{ds} 为 5 V 器件的开关比高达 10^4 以上时,所构建的 5 阶环形振荡器具有低的工作电压、高工作频率和较低的延迟时间。此外,还构建出 7 kHz 的放大器以及或非门和与非门等电路[78]。

总之,近年来有关印刷薄膜晶体管的报道越来越多,特别是全印刷薄膜晶体管,且器件的性能也在不断提升,并在朝大面积、柔性化和 3D 集成以及复杂电路集成方向蓬勃发展。通常印刷电极包括丝网印刷银纳米线和银纳米颗粒以及气溶胶喷墨打印银电极、印刷金电极以及杂化印刷电极、印刷碳纳米管电极和印刷 PEDOT:PSS 电极等;印刷介电层主要是印刷离子胶、固态电解质、有机介电层、二氧化硅介电层、含氟铁电有机介电层以及氧化石墨烯等;印刷有源层有碳纳米管、有机半导体、氧化物半导体和二维材料等。由于构建印刷晶体管器件的每一种印刷墨水的黏度、表面张力、浓度、组分等有很大区别,通常一种印刷技术很难实现全印刷晶体管器件,构建高性能印刷晶体管器件往往需要两种或多种印刷方式(如凹版印刷、丝网印刷、喷墨打印、刮涂和喷涂等技术)才能得以实现。

5.5.5　印刷薄膜晶体管的表界面效应

电极、有源层和介电层的表面形貌与印刷晶体管电性能有着密切关系。电极和介电层的表面粗糙度对薄膜晶体管器件的性质,尤其是载流子的迁移率有着非常大的影响。有源层的表面粗糙度、均一性、连续性等也严重影响薄膜晶体管器件性能。不论有机还是无机介电层,当其表面粗糙度大于 0.3 nm 时,器件的迁移率会明显下降。对于底栅结构的薄膜晶体管器件,其表面粗糙度主要来自衬底、栅电极和介电层。而对于顶栅薄膜晶体管器件而言,有源层表面的粗糙度起主导作用。例如,有机薄膜晶体管的有源层 NDI2OD-DTYM2(naphthalene diimide fused with 2-(1,3-dithiol-2-ylidene)malonitrile groups)通过旋涂、喷涂以及喷墨打印方法得到了不同表面形貌的有源层,其中喷墨打印得到的薄膜晶体管器件迁移率在 $0.08 \sim 0.3 \ \mathrm{cm}^2 \cdot \mathrm{V}^{-1} \cdot \mathrm{s}^{-1}$,而旋涂和喷涂两种方法得到的薄膜晶体管器件的迁移率在 $0.2 \sim 0.45 \ \mathrm{cm}^2 \cdot \mathrm{V}^{-1} \cdot \mathrm{s}^{-1}$。主要原因是喷墨打印得到的有源层表面粗糙度明显大于其他两种方法得到的薄膜表面粗糙度,如图 5.26 所示[79]。另外,薄膜晶体管器件构建在疏水衬底表面比构建在亲水衬底表面的迁移率更高、工作电压更低。其原因目前还没有定论,但普遍认为与介电材料和半导体材料是否容易吸附环境中的水汽有重要联系。衬底表面的陷阱对薄膜晶体管的电性能也有非常大的影响,在印刷薄膜晶体管构建过程中,衬底表面或印刷的介电层表面必须保持高的清洁度和均一性等,因此在器件构建过程中,衬底表面或印刷的介电层表面的清洗和前处理等显得非常重要。

印刷薄膜晶体管的界面主要是半导体有源层与电极界面、有源层与介电层界面和介电层与电极界面。这些界面的特性对器件各性能指标有决定性影响。栅电极表面的表面能与介电层的表面能相差较大时往往会导致栅电极与介电层接触不好,在界面形成一些缺陷导致器件的阈值电压偏高。介电层表面经过氧等离子体等处理后,使介电层表面的表面能升高,能够显著增加电极与介电层之间的结合力,从而降低栅电极与介电层界面缺陷。由于载流子从电极注入半导体层后主要在靠近介电层一侧的有源层里以及有源层与介电层交界面传输,因此半导体与介电层的界面性质对器件的工作电压、

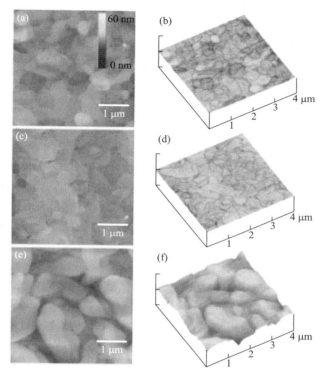

图 5.26　溶液法构建的 NDI2OD-DTYM2 AFM 照片：(a)、(b)旋涂方法；
(c)、(d)喷涂方法；(e)、(f)喷墨打印方法

电流迟滞、迁移率、开关比等影响非常大。半导体与介电层之间未做任何修饰或前处理时,在半导体与介电层界面处将存在大量的缺陷及其电荷陷阱态,这些都会导致载流子在沟道内的输运能力下降,影响晶体管器件的电性能。通过对界面改性后可以使有源层薄膜的微观结构发生改变而使载流子输运能力提高。如在衬底表面功能化修饰单层 3-氨丙基三乙氧基硅烷(APTES)、十八烷基三氯硅烷(OTS)、11-氰基十一烷基三甲氧基硅烷(CTS)和 11-溴代十一烷基三甲氧基硅烷(BTS)等硅烷偶联剂后或衬底在真空干燥箱中 200 ℃ 处理 2 h 后,可以显著增加衬底与碳纳米管之间的结合力[80]。

　　有机半导体与无机半导体的一个重要差别是有机半导体暴露在空气中不会形成氧化膜保护层,因此可以直接与薄膜晶体管的其他材料接触形成接触界面。这些界面包括有机半导体与源漏电极的界面、与栅介电层的界面以及与空气的界面(图 5.27)。有机半导体与金属电极接触时,在金属-半导体

界面处就形成了肖特基势垒,它控制了电荷的传递和电容的特性。金属-半导体系统的势垒高度由金属的功函数和界面态决定。金属的功函数大小与金属表面性质有关,当表面被污染(或有其他物质被吸附到电极表面)时,实测值与理论值就会有偏差。薄膜晶体管在工作时要求载流子能够顺利从电极注入有源层。这就要求电极材料与半导体材料之间具有良好的能级匹配,使载流子的注入势垒最低,电极与半导体实现较好的欧姆接触,这样能够显著提高器件的性能。对于有机薄膜晶体管而言,载流子从电极向有源层的注入通常认为是电子注入有机半导体的 LUMO 能级和空穴注入有机半导体的 HOMO 能级中。阴极功函数与有机半导体的 LUMO 能级之间和阳极功函数与有机半导体的 HOMO 能级之间的势垒分别是电子和空穴注入时所需克服的势垒。构建 n 型半导体材料的有机薄膜晶体管器件时,选用低功函数的电极材料如铝、钙和镍等,有利于电子的注入。对 p 型有机薄膜晶体管器件而言,选用较高功函数的电极材料如金、ITO、铜和铬等,有利于空穴的注入。也可以对金属电极进行表面修饰来降低表面势垒。例如,金电极经过五氟硫代苯酚(pentafluorobenzene thiol, PFBT)功能化修饰后,能够使基于 NDI2OD-DTYM2 有机晶体管的迁移率由 $0.2\ cm^2 \cdot V^{-1} \cdot s^{-1}$ 左右提高到 $0.55\ cm^2 \cdot V^{-1} \cdot s^{-1}$,主要原因是经过修饰的金电极的功函数由 5.1 eV 变为 4.77 eV,半导体与金电极接触更好,有利于载流子传递[79]。对电极进行修饰降低金属电极的功函数的技术在无机薄膜晶体管器件中也得到了广泛的应用。在碳纳米管薄膜晶体管器件中,金电极表面通常要自组装一层硫醇单分子层来降低金电极的功函数。

有机半导体接触空气后吸收的水氧分子会对电荷在接触界面的传输产生影响,使其偏离理想状态[81]。有机分子吸收的水氧形成电荷陷阱态。这些非理想界面使得按原来理想状态计算的载流子迁移率发生重大偏差,这种偏差甚至可以高达一个数量级[82]。到目前为止,改善界面的研究主要集中在真空蒸镀型有机薄膜晶体管[83],因为真空蒸镀形成的材料层有严格的界面区分,而溶液加工形成的界面受到溶剂渗透与互溶影响,难以有严格的物理界面。有关溶液加工型有机薄膜晶体管的界面工程研究报道不多。

对于碳纳米管薄膜晶体管而言,碳纳米管之间也形成接触界面。这些界面以及有源层中的杂质等都可以成为载流子的散射中心,导致器件的载流子迁移率显著下降。例如,由于碳纳米管表面吸附表面活性剂等其他物质,溶液法构建的碳纳米管薄膜晶体管器件迁移率通常不高。当去除碳纳米管之间的表面活性剂等杂质时,器件性能有明显改善。当在碳纳米管薄膜表面涂上一层 PDMS(道康宁 3140)时,器件性能的载流子迁移率会提高 3~4 倍,主

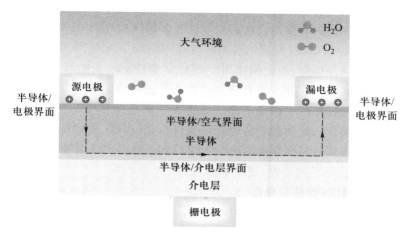

图 5.27　有机薄膜晶体管的界面[81]

要是 PDMS 里的纳米二氧化硅能够有效地去除碳纳米管之间的表面活性剂,使碳纳米管之间接触更好,更有利于载流子的传输,从而使器件的迁移率显著提高、电流迟滞变小等[84]。

5.6　印刷薄膜晶体管器件的应用

随着新型介电材料墨水、导电墨水的出现以及印刷工艺和技术的不断进步,各种类型的印刷薄膜晶体管器件(如底栅、顶栅、侧栅、多栅和双栅、液栅结构以及 p 型、n 型和双极性等)相继被开发出来,并开展了多领域应用研究。下面介绍印刷薄膜晶体管器件在逻辑电路、新型传感(如化学、生物、光电和压力传感器)、光电类神经元器件、抗辐照和印刷显示等方面的一些应用实例。

5.6.1　反相器与逻辑电路

大多数金属氧化物半导体材料和有机半导体材料分别表现出更好的 n 型和 p 型特性。尽管一直在开发新型 p 型金属氧化物和 n 型有机半导体材料,但总体上性能都不如它们对应的 n 型和 p 型材料好。碳纳米管的电子和空穴载流子迁移率均很高,但由于受空气中的水氧的影响,印刷碳纳米管薄膜晶体管器件往往表现为 p 型特性。只有在真空或封装条件下碳纳米管薄膜晶体管才能表现出完美的双极性特性。由双极性晶体管构建的 CMOS 电路称为类 CMOS 电路。也可以通过控制电极功函数或掺杂等手段选择性得到 p 型或 n 型碳纳米管薄膜晶体管,由此构建出 p 型和 n 型性能匹配的真正的 CMOS 电路。此外 p 型碳纳米管和 p 型有机薄膜晶体管还可分别与 n 型氧化物薄膜晶体管构建出性能良好的 CMOS 电路。这类 CMOS 电路称为杂化 CMOS 电路。当然单独的 p 型或 n 型薄膜晶体管器件也可构建 pMOS 或 nMOS 反相器及逻辑电路。本节主要介绍印刷类 CMOS、CMOS 和杂化 CMOS 薄膜晶体管器件及其电路(反相器、环形振荡器、逻辑电路)。

5.6.1.1   类 CMOS 器件和电路

以原子层沉积的氧化铪为介电层并经过原子层沉积的氧化铝薄膜封装的顶栅及碳纳米管薄膜晶体管可以呈现双极性特性,图 5.28(a)展示的是作者科研团队在 PET 衬底上制备的 216 个碳纳米管薄膜晶体管,及其所构建的 108 个类 CMOS 反相器、或非门以及环形振荡器。采用了气流喷墨打印半导体型碳纳米管作为有源层,电子束沉积的金电极为源漏电极,原子层沉积的氧化铪作为介电层,印刷的银导线为顶电极和连接导线[85]。图 5.28(b)和(c)分别是薄膜晶体管的转移曲线和输出曲线。薄膜晶体管表现出双极性特征,说明源电极和漏电极都会注入空穴和电子,空穴和电子有效迁移率分别达到 46.2 $cm^2 \cdot V^{-1} \cdot s^{-1}$ 和 33.2 $cm^2 \cdot V^{-1} \cdot s^{-1}$。在 $V_{dd} = 0.1$ V 时,器件的开关比约为 2×10^5,p 型器件的亚阈值摆幅值分别是 117 mV/dec 和 101 mV/dec,n 型器件的亚阈值摆幅值分别是 84 mV/dec 和 80 mV/dec。这种顶栅晶体管的工作电压低(-2~2 V)、回滞小,这归功于氧化铪薄膜完全包覆了碳纳米管,使器件的有效电容增加,从而提高了栅的调控能力,还有助于降低氧化铪与碳纳米管之间的陷阱态密度,因而减小了晶体管的回滞。类 CMOS 反相器是由两个顶栅双极性碳纳米管薄膜晶体管构建而成。通过打印的银线连接两个晶体管的栅电极,同时把一个晶体管的源电极与另一个晶体管的漏电极连接起来。图 5.28(d)和(e)是类 CMOS 反相器的输出电压与增益。当工作电压分别为 0.5 V、0.75 V、1 V 和 1.25 V 时,电压增益可以分别达到 9、18、24 和 33。类 CMOS 反相器的晶体管的沟道长度在 20 μm 左右。尽管器件的寄生电容没有消除,其工作频率仍然可达到 10 kHz 以上[86]。

作者科研团队还利用上述印刷的双极性碳纳米管薄膜晶体管构建了或非逻辑门。一个或非门由两个并联的双极性薄膜晶体管和两个串联的双极性薄膜晶体管组成,如图 5.29(a)所示。当一端或两段输入电压为 2 V 时,此时的输出电压为 0 V;当 V_A 和 V_B 为 0 V 时,工作电压为 2 V 下,输出电压为

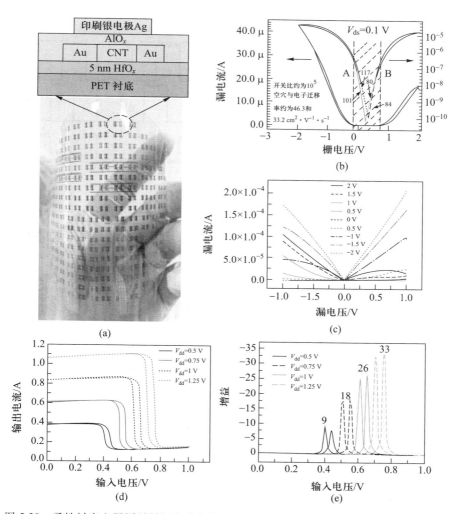

图 5.28 柔性衬底上用原子层沉积的氧化铝为介电层印刷的银为顶电极构建的顶栅碳纳米管薄膜晶体管器件和类 CMOS 反相器:(a) 晶体管结构与 PET 衬底上的反相器阵列;(b) 双极性晶体管的转移曲线;(c) 双极性晶体管的输出曲线;(d) 反相器的电压输出特性;(e) 反相器的电压增益特性

1.5 V,如图 5.29(b);把 6 个 CMOS 反相器连接起来可以构成一个 5 阶环形振荡器,如图 5.29(c)所示。图 5.29(d)显示的是环形振荡器的输出特性,在工作电压为 2 V 时,其振荡频率为 1.7 kHz。通过增加半导体型碳纳米管的密度,按比例缩小沟道长度,减小寄生电容和增加印刷的银线的导电性等措施可以提高环形振荡器的工作频率。

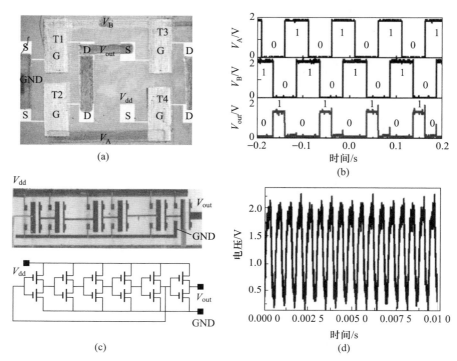

图 5.29 （a）印刷双极性碳纳米管薄膜晶体管组成的或非逻辑门；（b）或非逻辑门的输入、输出电压；（c）印刷双极性碳纳米管薄膜晶体管组成的 5-阶环形振荡器；（d）环形振荡器的输出特性曲线

5.6.1.2 CMOS 器件和电路

　　真正的 CMOS 电路由一个 p 型与一个 n 型晶体管组成。如前所述，半导体型碳纳米管通常为 p 型，但可以通过特殊手段使其转换为 n 型，这些手段包括化学掺杂和调控半导体型碳纳米管墨水特性等方法。

　　（1）化学掺杂法。

　　作者科研团队在晶体管沟道中选择性地沉积含有给电子能力较强的化合物，如乙醇胺（ethanolamine），然后通过合适的后处理（如退火和光交联等）形成一层致密、均匀且具有一定阻隔水氧能力的薄膜，实现对印刷碳纳米管薄膜晶体管极性的转换[87]。具体过程是：先印刷制备碳纳米管薄膜晶体管阵列，这些晶体管都是 p 型，然后利用喷墨打印对其中部分晶体管沉积乙醇胺，使这些晶体管转换为 n 型，最后通过喷墨打印银电极，将这些 p 型和 n 型碳纳米管薄膜晶体管连接构成 CMOS 反相器,如图 5.30(a)所示。由于 n 型和 p 型碳纳米管薄膜晶体管器件的电学性能非常对称,其电压输出特性曲线的高低电平转换点接近理想值 $V_{DD}/2$,因而表现出非常高的噪声容限[高电平噪声

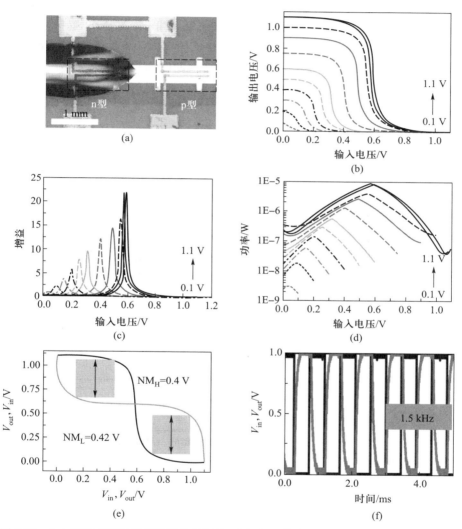

图 5.30 (a) 印刷 CMOS 反相器的光学照片;(b) 电压输出特性曲线;(c)、(d) 反相器在不同输入电压 V_{DD} 下的电压增益(c)和功耗(d);(e) CMOS 反相器在输入电压为 1.1 V 时的噪声容限;(f)印刷 CMOS 反相器在输入 1.5 kHz($V_{DD}=1$ V)方波信号下的动态响应

容限(NM_H)和低电平噪声容限(NM_L)分别为 0.4 V($NM_H = 72.7\%\ V_{DD}$)和 0.42 V($NM_L = 76.4\%\ V_{DD}$)]。在输入电压为 1.1 V 时,印刷 CMOS 反相器电压增益达到 22[图 5.30(b)~(f)]。由两个并联 p 型器件和两个串联 n 型器件可以组成 CMOS 与非门(NAND)电路,其中 n 型器件由表面修饰 p 型器件实现,如图 5.31(a)~(b)所示。图 5.31(c)是与非门(NAND)逻辑电路图。当 A 和 B 端(V_{in})输入电压为 1 V 时设为逻辑数字"1",A 和 B 端(V_{in})输入为 0 V 时设为逻辑数字"0"。当一个或两个输入同时为"0"时,观察到"1"的输出特性。相反,当两个输入都是"1"时,输出电压都是"0"[图 5.31(d)]。这表明制备的与非门(NAND)能够很好地实现特定逻辑功能。

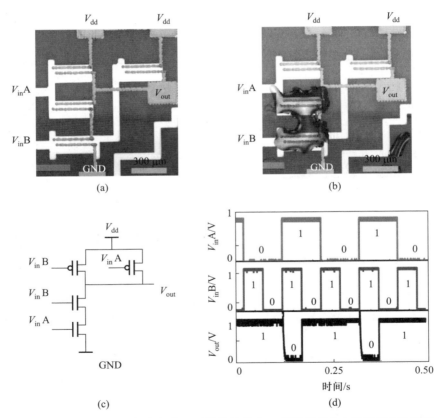

图 5.31   (a)、(b)与非门在部分 p 型器件转换为 n 型器件前(a)和后(b)的光学照片;(c)与非门逻辑电路示意图;(d)与非门输出特征曲线

（2）调控半导体型碳纳米管墨水特性。

作者科研团队开发了一系列新型共轭聚合物分子，并研究了它们分离提纯半导体型碳纳米管的效果，发现用 PF8-DPP 和 P-DPPb5T 分离的碳纳米管为有源层时，顶栅薄膜晶体管呈现 n 型特性，而 PFO-BT、F8T2、PFO-DBT、PFO-P、PFO-BP 和 PFO-TP 分离的半导体型碳纳米管为有源层时，印刷顶栅薄膜晶体管器件表现为 p 型特性[88]。将这些不同极性的碳纳米管墨水分别打印制备薄膜晶体管，可以构建 CMOS 反相器、与非门和环形振荡器。印刷 CMOS 反相器在输入电压为 0.5 V、0.75 V、1 V、1.25 V 和 1.5 V 时，其电压增益分别是 12、19、22、26 和 30。在 $V_{dd}=1.5$ V 时，噪声容限能达到 84%，是目前报道的反相器中噪声容限最高的。在 10 kHz 时，印刷 CMOS 反相器依然有良好的反向特性，并且电压损失仅为 2%、延迟时间仅为 15 μs。在 V_{dd} 为 1.5 V 时，最高功耗仅为 0.1 μW。

以上以碳纳米管为例介绍了 CMOS 电路的构建。对于有机薄膜晶体管器件而言，n 型有机半导体材料和 n 型有机晶体管器件相关研究相对滞后，主要是 n 型有机材料对空气中的水氧比较敏感，导致 n 型有机晶体管器件的稳定性不好。2016 年发表的一个工作将 p 型与 n 型有机晶体管做成叠层结构，如图 5.32 所示。n 型在下，p 型在上，并通过上下连接组建了 CMOS 反相器、11-阶环形振荡器和全加器逻辑电路[89]。这种 3D 叠层结构的优点是，由于 n 型晶体管先于 p 型晶体管制作，p 型晶体管的介电层同时起到对下层 n 型晶体管的封装作用，有效隔离了空气中水氧对 n 型有机半导体的破坏，保证了器件的长期稳定性。所制备的 CMOS 电路在空气中放置 8 个月后仍能正常工作。

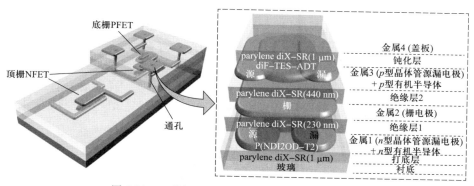

图 5.32　n 型与 p 型叠层有机晶体管结构示意图

5.6.1.3　杂化 CMOS 器件和电路

如前所述,碳纳米管和有机薄膜晶体管呈 p 型特性,而金属氧化物薄膜晶体管则表现为 n 型特性。通过印刷方式把它们集成起来就构成了杂化 CMOS 电路。作者科研团队开展了基于氧化物(n 型)和碳纳米管(p 型)薄膜晶体管构建杂化 CMOS 反相器的研究,制作流程如图 5.33 所示:① 用喷墨打印将金属氧化物 IZO 墨水选择性地沉积在 HfO_2(厚度为 50 nm)/Si 衬底上以形成金属氧化物半导体线,在空气中 300 ℃退火 2 h;② 通过光刻、电子束沉积和剥离工艺在 HfO_2 上制作金源漏电极;③ 用气流喷墨打印在金源漏电极之间的沟道中沉积半导体型碳纳米管墨水,再用甲苯清洗沟道,以上过程重复 3 次,然后将器件在空气中 120 ℃热台退火 30 min,获得 p 型晶体管;④ 在喷墨打印的金属氧化物线上通过热蒸镀方式沉积 150 nm 的铝源漏电极,获得 n 型金属氧化物晶体管器件;⑤ 用气流喷墨打印银连接线,将 n 型氧化物晶体管和 p 型碳纳米管晶体管的漏极连接起来,获得杂化 CMOS 反相器[90]。实验测量证明,所制备的 p 型与 n 型晶体管的转移特性高度匹配与互补。高介电常数 HfO_2 作为介电层使印刷晶体管器件的栅调控能力极强,使器件表现出低的工作电压和较小的亚阈值摆幅等特性。杂化 CMOS 反相器的电压增益高达 45。反相器的静态功耗为 2 nW;在反相器的反转电压(~1 V)下,最大静态功耗为 0.4 μW;静态功耗随着输入电压的进一步增加而降低,当输入电压达到 2 V 时,其功耗仅为 0.5 nW。除了 p 型碳纳米管与 n 型金属氧化物杂化外,p 型有机半导体也可以与 n 型金属氧化物杂化。Kumagai 等在 2017 年报道了通过溶液加工 IZO 金属氧化物与 C10-DNBDT-NW 有机小分子半导体制备了杂化

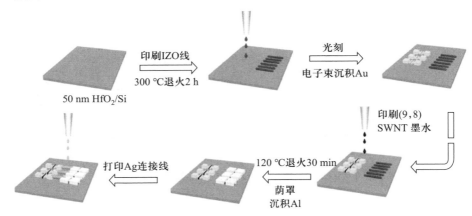

图 5.33　基于印刷氧化物和碳纳米管薄膜晶体管的杂化 CMOS 反相器制备流程

CMOS 反相器,反相器的增益高达 890[91]。

5.6.2 新型传感器

在印刷薄膜晶体管器件的有源层、源漏电极以及介电层表面吸附了特定物质(如气体、纳米功能材料、生物分子,如 DNA、抗原抗体或微生物的代谢物等)后会影响相应部位的电性能变化。由于晶体管具有信号放大功能,即使只是非常微小的变化,通过晶体管的放大作用后也能够检测到这些细微差别,因而是一种非常理想的传感平台,可以构建出光、电、气体、生物、化学等各种传感器。

研究发现,氨气或二氧化氮分子被吸附到薄膜晶体管沟道中的半导体型碳纳米管表面会成为载流子散射中心,从而导致了晶体管回滞的增大和开态电流的降低。作者科研团队通过喷墨打印半导体型碳纳米管构建出氨气和二氧化氮气体传感器,如图 5.34(a)所示。图 5.34(b)和图 5.34(c)是对氨气与二氧化氮的响应曲线,图 5.34(d)是传感器检测二氧化氮的选择性[92]。

有机半导体对环境气氛非常敏感,因此通常需要良好的封装保护才能正常工作和保持长期稳定性。利用有机半导体的这一特性也可以制备高灵敏度传感器。图 5.35(a)是以 TIPS-pentacene 有机小分子半导体为敏感层的有机薄膜晶体管氨气传感器。工作电压在 1~−5 V 区间时,晶体管器件的开关比高达 10^7,且耐偏压稳定性和空气稳定性都非常好。当传感器暴露在氨气环境下时,传感器的漏极栅电压发生变化。图 5.35(b)是不同氨气浓度下传感器的输出电压响应。传感器连续在线测试 12 h,其输出信号没有观察到明显变化,如图 5.35(c)所示[93]。

在半导体型碳纳米管薄膜表面沉积一层介电层作为浮栅,再在浮栅上进行功能化修饰也可以得到不同功能的传感器,这类传感器表现出极高的灵敏度。例如,在碳纳米管晶体管有源层上沉积一层极薄的金属钇,再在空气中经过高温处理把金属钇转变为氧化钇,利用氧化钇作为浮栅介电层,在浮栅氧化钇表面沉积一层致密的金纳米粒子作为探针,将 DNA 单链固定在金纳米颗粒表面,可以构建出高灵敏度生物传感器[94]。

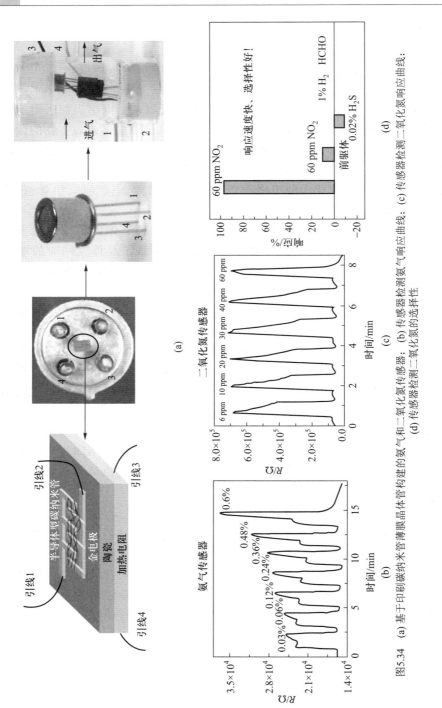

图5.34 (a) 基于印刷碳纳米管薄膜晶体管构建的氨气和二氧化氮传感器；(b) 传感器检测氨气响应曲线；(c) 传感器检测二氧化氮响应曲线；(d) 传感器检测二氧化氮的选择性

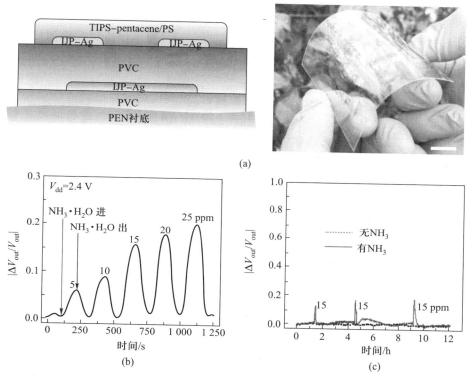

图 5.35　（a）印刷有机薄膜晶体管传感器结构与实物；（b）传感器对不同浓度氨气的
响应曲线；（c）传感器连续在线测试 12 h 输出电压响应

5.6.3　类神经元器件

　　类脑计算主要分为两类，一类是基于软件模拟，另一类是基于硬件设备。基于硬件的类脑计算可以突破传统计算体系中的"冯诺依曼瓶颈"，因而备受研究学者的关注。神经信号的传递是通过化学（神经递质）或电学形式进行的。突触是人脑神经元之间的连接点。突触神经元受周围环境的影响产生一个沿轴突传递的动作电位，轴突末梢（突触前膜）受到刺激并通过突触囊泡向突触间隙释放神经递质，神经递质扩散至下一神经元的树突（突触后膜）最终引起突触后神经元中电位或电流改变（兴奋性突触后电位/电流，EPSP/EPSC）。突触权重体现了神经元间的信息传递，会在一系列神经活动的作用下发生变化，也就是突触塑性。突触塑性根据突触权重改变维持的时间可划分为短时程塑性（short-term plasticity，STP）与长时程塑性（long-term plasticity LTP）。典型的短时程塑性比如双脉冲易化（paired pulse facilitation，PPF），长时程塑性比如长时程增强（long-term enhancement，LTE）和长时程抑制（long-term depressed，LTD）。此外，突触塑性还包括尖峰依赖时序塑性（spike timing dependent plasticity，STDP）等[95]。

　　生物突触可以通过电子器件进行仿真，构成人工突触。已经有许多类型的电子器件用于构建人工突触和神经形态系统，例如忆阻器、场效应晶体管和相变存储器等。其中，晶体管的结构设计和材料选择均相对灵活，其三端结构能够同时实现信号的接收与读取，可以通过增加栅电极数目在单个器件中进行多端控制。诸多优势使得晶体管在模拟突触仿生功能方面从一众电子器件中脱颖而出。尽管类神经元器件的研究还处于初期阶段，但目前已有关于氧化物、有机半导体和低维材料等类神经元器件的相关报道。本节通过典型实例来介绍基于溶液法构建的类神经元晶体管器件。

5.6.3.1　金属氧化物材料

　　金属氧化物是人工突触构建过程中常用的材料，如氧化铟镓锌（IGZO）、氧化铟锌（IZO）以及氧化铟锡（ITO）等[96-98]，而具有双电层效应的电解质则被广泛用于制备该类器件的栅介电层。电解质中的离子在栅电压的调控下实现迁移并就栅电压的大小出现静电耦合或电化学掺杂现象，从而模拟生物突触中的短程塑性或长程塑性。例如，将水性的质子导体氮化碳/聚乙烯吡咯烷酮（C_3N_4/PVP）复合电解质通过滴涂法成膜，用于制备 IZO 突触晶体管[96]。由于具有很好的质子传导特性，器件的操作电压很低，能够实现典型的突触行为，模仿生物记忆与遗忘的过程，并且模拟了"巴甫洛夫狗"现象。此外，通过增加共面栅极数目，能够实现"AND"和"YES"逻辑操作等。

　　IGZO 是另一种常用的氧化物沟道材料，结合壳聚糖电解质可制得多栅突触晶体管[97]。这种晶体管能被用于时空信息处理并模拟不同时空输入序列的树突判定。此外，人脑的声音定位作为时空信息处理的典型案例被成功模拟。

　　ITO 也常被用于脑启发电子器件中。最近，一种使用海藻酸钠生物聚合物电解质作为栅极电介质的亚 10 nm 沟道长度的 ITO 晶体管被报道[98]。该晶体管能够模拟人体对疼痛的感知以及敏化调节。如对于伤害的敏化调节可以通过调节类神经元晶体管沟道的厚度实现。该研究成果对未来电子皮肤和类人机器人等的构建具有重要参考价值。

5.6.3.2　有机材料

　　有机材料是一种非常适用于构建神经元器件的材料。其价格低廉、柔韧性好、与 CMOS 技术兼容,并且适用于溶液法制备,因此在大面积生产以及柔性电子和神经形态计算中均有很大的应用潜力。例如,以 C8-BTBT 和聚丙烯腈(PAN)分别作为晶体管沟道和介电层,二者界面处的电荷陷阱效应增强,可以应用于模拟人工突触[99]。此外,将有机半导体材料 PDPP4T 与生物材料叶绿素的混合溶液用简单的旋涂法制成晶体管的活性层,有效提高了器件的光响应能力,实现光刺激突触晶体管的功能[100]。

并五苯作为另一种有机半导体材料常被用于构建神经形态器件。并五苯与 CsPbBr$_3$ 钙钛矿量子点形成的 type II 型能带排列能够有效促进激子分离从而实现电荷的捕获和释放,因此能够模拟重要的突触行为[101]。最近,有报道将硝酸处理的氮化碳(C$_3$N$_4$)用作紫外线响应的浮栅层可以得到一种对紫外光有高度选择性的并五苯突触晶体管[102],类似于脊椎动物视网膜中可以检测特定波长光的视锥细胞,能够将信息强度预先处理而后传递到大脑。更重要的是,将这种紫外光响应突触晶体管与紫外线透射率调制器集成在一起能够开发出一种智能系统来检测和阻挡紫外线(图 5.36)。

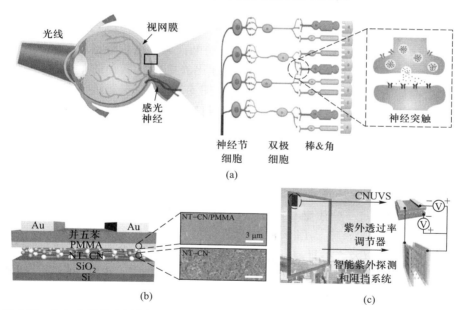

图 5.36 (a) 人眼示意图与视网膜多层结构;(b) 紫外光响应的类神经元器件结构图;(c) 检测和阻挡紫外线的智能系统[102]

5.6.3.3　低维材料

　　除了氧化物和有机材料,低维材料也被用于构建人工突触晶体管器件。这些低维材料包括硅纳米晶、碳纳米管、二硫化钼等。硼掺杂的硅纳米晶对紫外到近红外的光均有强烈吸收,因此被用来制作光响应突触晶体管[103]。同时突触器件可以通过底栅输入电压从而进行电信号的调控。除模拟EPSC、PPF、STDP 等重要的突触塑性外,实验中还模拟了通过依米汀治疗酒精中毒的味觉厌恶学习以及识别 MNIST 数据库中手写数字且准确率在 94% 左右[104]。

　　近年来,模拟神经形态的碳纳米管薄膜晶体管器件的研究越来越多。作者科研团队已开发出多种印刷碳纳米管突触晶体管,并详细研究了其类神经元方面的功能。图 5.37(a)展示了将旋涂制得的均苯四甲酸二酐-co-4,4′-氧二苯胺薄膜作为栅介质,喷墨打印银电极和半导体型碳纳米管网络作为栅电极和沟道材料构建的印刷碳纳米管类神经元器件[105]。印刷碳纳米管晶体管的突触性能通过栅电极输入的电脉冲序列获得,并且在同一个器件中实现了低通滤波[图 5.37(b)]和高通滤波[图 5.37(c)]特性。此外通过在两个银侧栅中输入不同频率的电压信号可以调制出 NAND 逻辑 [图 5.37(d)]。通常突触晶体管需要多个栅电极,且只能通过栅电极调节电信号的输入。作者所带领的科研团队使用轻掺杂硅作底栅构建出光电信号耦合的单一栅印刷碳纳米管晶体管,如图 5.37(e)所示[106,107]。图 5.37(f) ~ (i)显示,p 掺杂和 n 掺杂硅作底栅电极的印刷碳纳米管晶体管器件分别对光呈现正向和负向响应特性,但对光电信号均展示出低通滤波特性。并且单一栅的 p 型器件在光电信号的共同作用下成功实现了 NOR 逻辑功能。除了使用轻掺杂硅作衬底,还可以添加对光敏感的材料实现碳纳米管晶体管器件对光的响应。作者科研团队将一种稳定性好的无铅钙钛矿 $CsBr_3I_{10}$ 与碳纳米管结合形成 type II 型能带排列,有效促进了光生电子和空穴的分离,从而实现且提高了碳纳米管晶体管器件的光响应[108]。用该种类型器件可模拟一些重要的突触行为(如EPSC 和 PPF)以及人类排演行为即 STM 到 LTM 的转变等。

　　二维原子层材料在纳米器件的开发中也极具潜力。其中,单层二硫化钼的直接带隙展现出独特的光电特性,因此可以用于制备突触晶体管器件。已报道利用聚乙烯醇(PVA)质子传导而产生的双电层效应构建了具有多输入端的二硫化钼突触晶体管,该晶体管通过设计多个输入栅和一个调制栅,实现了尖峰相关的逻辑运算/调制、乘法神经编码以及神经元增益调制等[109]。

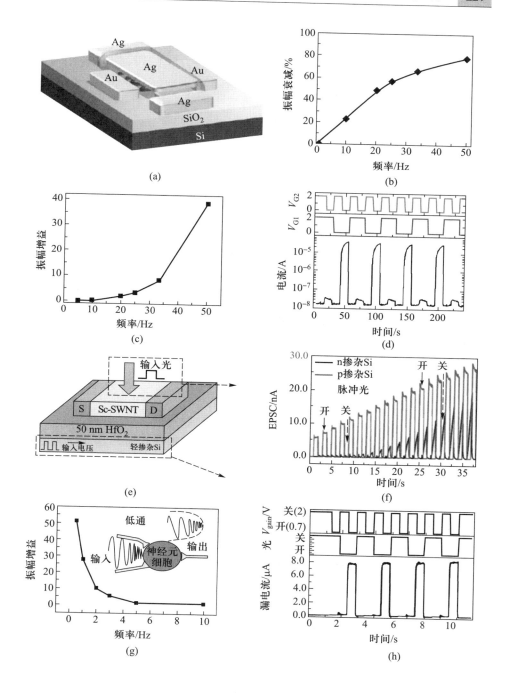

(a)

(b)

(c)

(d)

(e)

(f)

(g)

(h)

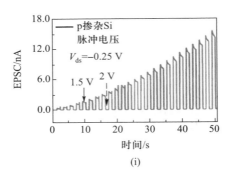

图 5.37　（a）~（d）印刷银双侧栅电极碳纳米管突触晶体管[105]的器件结构（a）、低通滤波特性（b）、高通滤波特性（c）、NAND 逻辑（d）；（e）~（i）轻掺杂硅作底栅的光电双控单一栅碳纳米管突触晶体管[106,107]的器件结构（e）、光脉冲信号的 EPSC（f）、低通滤波特性（g）、NOR 逻辑（h）和电脉冲信号的 EPSC（i）

　　目前的突触塑性模拟多集中于单个突触器件的基础塑性，能够模拟更复杂突触塑性以及真正应用的类神经元器件还有待进一步开发。从制备工艺上来看，使用溶液法制备的突触器件仍较少，尤其是对材料利用率高且可大面积制作的印刷突触器件的研究更加有限。

5.6.4　抗辐照器件

　　航天航空、深空探测技术和核能技术中，电子元器件尤其是晶体管的抗高能辐照能力是一个极其关键的参数。硅基 CMOS 技术是当今大多数电子产品依赖的主流技术，但硅基晶体管抗辐照能力不理想，即使在低剂量（64 rad/s）辐照下，当总辐照剂量达到 1 Mrad 时晶体管性能就会发生严重的漂移，且性能很难快速恢复，导致电路或装备失效[110]。碳纳米管具有超强碳碳键和超薄结构，使碳纳米管展现出超强的抗辐照能力，加上碳纳米管具有超轻、超柔、超高的电子和空穴迁移率以及对短沟道效应，使其成为轻、柔、超低工作电压、超低功耗、超强抗辐照电子器件和集成电路的首选半导体材料。氧化物半导体材料具有较大的带隙，也是一种可用于制作抗辐照薄膜晶体管的理想半导体材料。虽然半导体型碳纳米管和半导体氧化物都具有超强的抗辐照能力，但早期用这些材料制作的薄膜晶体管器件的抗辐照能力远远低于预期。

　　研究表明，薄膜晶体管器件的抗辐照能力不仅与半导体材料的结构和性质有关,还与构建晶体管的其他材料如介电材料和衬底材料以及器件结构有密切关系。通过封装或减薄介电层都有助于提高碳纳米管和氧化物薄膜晶体管的抗辐照能力。2019 年北京大学彭练矛教授课题组发现,用 10 nm 厚的氧化铪(高介电常数)薄膜作为介电层的顶栅碳纳米管薄膜晶体管和电路可以大幅度提升其抗辐照能力。在高剂量率辐照下(560 rad/s),碳纳米管薄膜晶体管和静态随机存储器经过 2.2 Mrad 辐射总剂量照射后仍能正常工作,是当时已报道的抗辐照性能最好的薄膜晶体管器件和电路[111]。但传统的氧化铝、氧化铪和二氧化硅等为介电材料构建的碳纳米管晶体管和电路经过高能粒子辐射后,高能粒子辐射过程中产生的激发电荷容易积累在介电层或器件的界面中,使器件的阈值电压、关态电流、亚阈值摆幅等都发生明显变化,最终导致器件和电路失效。

作者科研团队与北京大学彭练矛团队合作研究发现,采用高电容、超强抗辐照的离子液体作为介电层或复合介电层时,能够显著提升印刷碳纳米管和氧化物薄膜晶体管的抗辐照能力。图 5.38(a)是通过喷墨打印在玻璃衬底上构建的侧栅碳纳米管和氧化物薄膜晶体管器件。其中印刷的离子胶作为介电层,电子束沉积的金电极为源漏电极、栅电极和连接导线。图 5.38(b)表

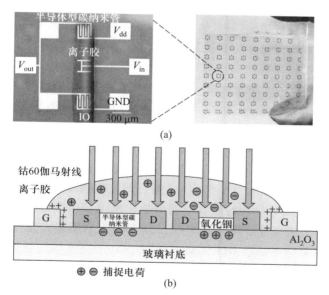

(a)

(b)

图 5.38　(a)玻璃衬底上构建的印刷碳纳米管和氧化铟薄膜晶体管器件以及杂化
　　　　CMOS 反相器;(b)在高能粒子辐照下的电荷分布示意图

示印刷的薄膜晶体管器件在高能粒子（Co-60 λ 射线）辐照下印刷薄膜晶体管器件内部（介电层内部、有源层与衬底的界面处）的电荷分布特征。当印刷碳纳米管和氧化物薄膜晶体管器件采用离子胶作为介电层时，在 560 rad/s 的高剂量辐照下，印刷薄膜晶体管器件及其所构建的电路经过 3 Mrad 总剂量辐照后仍然能够正常工作，且其损伤能够完全、快速恢复[112]。但离子胶介电层呈半固体状，抗溶剂性能差、加工兼容性不好，严重阻碍器件尺寸进一步缩减和高密度集成等；此外，抗辐照机理还不清楚，其工作频率是否还有提升空间等都有待进一步深入研究。

5.6.5　显示驱动电路

无论是传统液晶显示，还是新一代有机发光二级管（organic light emitting diode OLED）显示，每个显示像素都需要一组（至少两个）薄膜晶体管来驱动。目前显示背板驱动晶体管的主流半导体材料是非晶硅与低温多晶硅，制造方法依赖真空溅射沉积与光刻制程。碳纳米管、金属氧化物和有机半导体这三种材料有望应用于背板驱动电路，而且加工方法有可能采用溶液法印刷工艺。

最早用溶液法构建碳纳米管薄膜晶体管显示驱动电路的是美国南加州大学周崇武教授科研团队[65]。他们从 2009 年起就开始从事这方面研究，包括用浸泡方法和喷墨打印方法沉积 CVD 生长的碳纳米管薄膜，在硅片、玻璃和柔性衬底上制备出碳纳米管薄膜晶体管器件和驱动电路，并点亮了外接的 LED 和 OLED。后来用高纯的半导体型碳纳米管溶液，通过浸泡的方法构建出 20×25 阵列驱动电路以及 OLED 像素阵列，其中 75% 的像素点都能点亮。通过调节输入电压可以控制驱动电路的输出电流大小从而可控 OLED 的亮度。作者科研团队也尝试了在玻璃衬底印刷构建 15×15 碳纳米管薄膜晶体管驱动电路和像素阵列[113]。印刷碳纳米管薄膜晶体管的开关比和迁移率分别可以达到 10^6 和 20 cm^2·V^{-1}·s^{-1}。通过调控印刷碳纳米管驱动电路的电源电压和扫描电压可以调控驱动电路的输出电流（$10^{-10} \sim 10^{-4}$ A），从而可以控制 OLED 的发光亮度。在开启状态下，大部分像素能够点亮，足以证明印刷碳纳米管晶体管能够驱动 OLED 发光，但 OLED 的亮度均匀性以及驱动电路对 OLED 亮度的可调控能力还不太理想。中国科学院金属研究所孙东明科研团队利用聚合物分离纯化的半导体型碳纳米管在柔性衬底上成功构建出大面积（64×64）的碳纳米管驱动电路和 OLED 像素阵列[114]。图 5.39 是他们基于碳纳米管薄膜晶体管构建的 OLED 驱动电路和有源 OLED 像素阵列。驱动电路和有源 OLED 像素结构均为传统的 2T1C（2 个晶体管+1 个电容）结构。

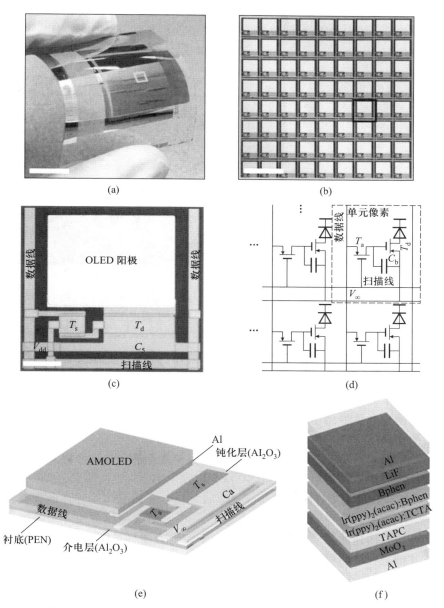

图 5.39　柔性碳纳米管基驱动显示器件:(a) 柔性碳纳米管基驱动电路阵列光学照片图(图中标尺为 1 cm);(b) 图(a)局部放大的光学照片(图中标尺为 300 μm);(c) 单个像素光学照片图(图中标尺为 50 μm);(d) 主动驱动有机发光器件阵列电路示意图;(e) 单个像素示意图;(f) 有机发光器件的结构示意图

图 5.40 是柔性 64×64 主动驱动 OLED 点亮时的光学照片以及在弯折情况下的发光特性。即使在弯折情况下,所有像素点也都能正常发光,且发光强度也相对均匀。

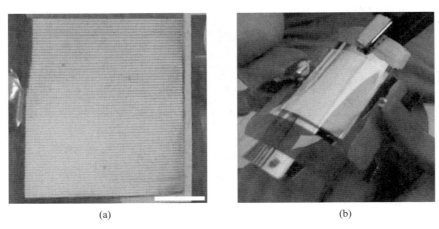

(a)　　　　　　　　　　　　　　　　　　(b)

图 5.40　(a) 柔性 64×64 主动驱动有机发光器件点亮时的光学照片(图中标尺为
5 mm);(b) 在弯折情况下的发光特性[114]

　　金属氧化物薄膜晶体管的迁移率、开关比、关态电流以及耐偏压稳定性等都比较理想,是构建显示驱动电路最理想的半导体材料。目前真空溅射金属氧化物半导体薄膜晶体管已开始在显示面板生产中采用,印刷金属氧化物半导体薄膜晶体管用于显示像素驱动还处于研究阶段。华南理工大学兰林锋科研团队通过喷墨打印技术制备出氧化物背板驱动电路阵列,并构建出量子点显示器[115]。除了源漏电极 ITO 是通过磁控溅射外,氧化物薄膜晶体管的其他组成部分如沟道材料(InGaO)、介电层材料(氧化铝薄膜)和顶栅电极(ITO)都是通过喷墨打印构建而成。印刷氧化物薄膜晶体管器件的开关比在 10^6 以上,迁移率在 $2.22 \sim 3.12$ cm^2 · V^{-1} · s^{-1}。用这种类型的开关晶体管和驱动晶体管构建的驱动电路能够控制量子点发光器件的开启和关闭等状态。在此基础上在玻璃衬底上构建出基于量子点的显示面板,并能够实现图形化显示等功能(图 5.41)。

　　有机薄膜晶体管虽然在性能与环境稳定性方面不如碳纳米管与金属氧化物,但有机半导体具有天然柔性,甚至可拉伸性。早期英国 Plastic Logic 公司曾将有机薄膜晶体管用于驱动柔性电子纸显示。近年来出现了可拉伸的有机半导体材料,并将这些材料应用于可拉伸显示。斯坦福大学鲍哲南教授科研团队首次报道了本征可拉伸的有机聚合物半导体材料,并制备成可拉伸

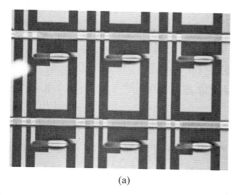 

(a)   (b)

图 5.41　(a)印刷氧化物薄膜晶体管背板像素光学照片图；(b) 基于印刷氧化物薄膜晶体管背板的显示面板工作时的光学照片[115]

的薄膜晶体管[116]。2020 年该科研团队展示了全面可拉伸的有机发光单元阵列,包括可拉伸的衬底、电极材料和可拉伸的介电材料(PFPE-DMA),以及喷墨打印制备的可拉伸有机薄膜晶体管阵列[117],并将有机电化学发光单元通过溶液法垂直集成到可拉伸有机薄膜晶体管上。该有机电致发光阵列在弯曲、扭曲和拉伸等状态下也不会影响其器件性能。把该有机电致发光阵列贴在人体皮肤上能够承受 30%应变下的反复测试。

以上这 3 种材料虽然都已被尝试用于印刷制备的显示背板驱动电路,但真正实现实用化还都面临一些难题。印刷有机半导体材料的迁移率普遍偏低,且稳定性较差。印刷碳纳米管薄膜晶体管的关态电流偏高,而且截止电压区间太小以及耐光和偏压稳定性等不太理想。印刷金属氧化物薄膜晶体管器件的迁移率还不够高,后处理温度通常高于 400 ℃。因此,要构建出全印刷氧化物薄膜晶体管器件还需要寻找合适的电极材料和介电材料等。

5.7　小结

晶体管是绝大多数电子系统中的核心元器件。印刷电子如果不能印刷制造晶体管,不能称为真正的印刷电子。所以,印刷电子从发展之初,即有机电子时代,就已经将印刷晶体管作为核心目标。过去 10 年中,有机半导体材料的性能有了大幅度提高,基于碳纳米管与金属氧化物的无机半导体材料也进入印刷晶体管的研究视野,印刷设备与工艺也有了大幅度改进。作者科研团队在过去 10 年的亲身科研实践已经证明,用共轭化合物分离技术可以获得高纯半导体型碳纳米管墨水,所构建的印刷碳纳米管薄膜晶体管器件的迁移率和开关比分别超过 50 $cm^2 \cdot V^{-1} \cdot s^{-1}$ 和 10^7,同时工作电压范围在 ±2 V 之间。通过自限域对准技术构建的大面积(64×64 或 320×240)印刷氧化物异质结晶体管器件的迁移率和开关比分别可以高达 30 $cm^2 \cdot V^{-1} \cdot s^{-1}$ 和 10^8,且回滞非常小,耐偏压稳定性也非常好。

　　然而,用集成电路加工技术得到的晶体管进步更快。以集成电路中的晶体管为衡量标准,印刷薄膜晶体管在性能、集成度、稳定性与一致性方面还差得很远,距离实用化还有相当大的距离。在今后相当长的一个时期,印刷薄膜晶体管仍然是印刷电子的主要科研方向之一。但这并不妨碍印刷薄膜晶体管在一些对电子器件要求不是太高、晶体管数目要求不是太多或对柔性化有特殊要求的应用领域,如传感器、新型类神经元电子器件和可穿戴电子器件等率先取得突破。除此之外,随着印刷精度的不断提升以及印刷晶体管性能不断提升,印刷氧化物薄膜晶体管器件有望在新型显示领域里有所作为。高性能的印刷碳基电子器件和电路与硅基电子的 3D 集成技术的发展可能会推动印刷电子向高端产业方向发展,如在新一代人工智能芯片技术和面向航天航空所需要的抗辐照芯片技术等领域。

参考文献

[1] 陈金松. 模拟集成电路:原理、设计、应用[M]. 合肥:中国科学技术大学出版社,1997.

[2] 陈星弼,张庆中. 晶体管原理与设计[M]. 2版. 北京:电子工业出版社,2006.

[3] 施敏,伍国珏. 半导体器件物理[M]. 3版. 西安:西安交通大学出版社,2008.

[4] 刘恩科. 半导体物理学[M]. 6版. 北京:电子工业出版社,2006.

[5] Zhao J W, Lin J, Cui Z, et al. Fabrication and characterization of thin-film transistors based on printable functionalized single-walled carbon nanotubes [C]//NSTI Nanotechnology Conference & Expo-Nanotech, Boston, US. 2011, 1: 192-195.

[6] Fakhri M, Johann H, Görrn P, et al. Water as origin of hysteresis in zinc tin oxide thin-film transistors[J]. ACS Appl. Mater. & Interfaces, 2012,4(9): 4453-4456.

[7] Dong X C, Shi Y M, Huang W, et al. Electrical detection of DNA hybridization with single-base specificity using transistors based on CVD-grown graphene sheets[J]. Advanced Materials, 2010, 22 (14): 1649-1653.

[8] Pui T S, Sudibya H G, Luan X N, et al. Non-invasive detection of cellular bioelectricity

based on carbon nanotube devices for high-throughput drug screening[J]. Advanced Materials, 2010, 22 (29): 3199-3203.

[9] Wei M, Robin M, Portilla L, et al. Air-stable N-doped printed carbon nanotube thin film transistors for CMOS logic circuits[J]. Carbon, 2020, 163: 145-153.

[10] Jurchescu O D, Baas J, Palstra T T M. Effect of impurities on the mobility of single crystal pentacene[J]. Applied Physics Letters, 2004, 84 (16): 3061-3063.

[11] Kumar B, Kaushik B, Negi Y. Organic thin film transistors: Structures, models, materials, fabrication, and applications: A review[J]. Polymer Reviews, 2014, 54 (1): 33-111.

[12] Bracciale M P, Kim C, Marrocchi A. Organic electronics: An overview of key materials, processes, and devices[M]//Marrocchi, A. Sustainable Strategies in Organic Electronics,. Woodhead Publishing, 2022.

[13] Qian L Zhao J, Cui Z, et al. Electrical and photoresponse properties of printed thin-film transistors based on poly (9, 9-dioctylfluorene-co-bithiophene) sorted large-diameter semiconducting carbon nanotubes[J]. The Journal of Physical Chemistry C, 2013, 117: 18243-18250.

[14] Chen R, Lan L. Solution-processed metal-oxide thin-film transistors: A review of recent developments[J]. Nanotechnology, 2019, 30: 312001.

[15] Huh J-E, Park J-T, Lee J-H, et al. Effects of process variables on aqueous-based AlOx insulators for high-performance solution-processed oxide thin-film transistors[J]. Journal of Industrial and Engineering Chemistry, 2018, 68: 117-123.

[16] Zhang Q, Chen Z, Cui Z, et al. High-Resolution Inkjet-printed oxide thin-film transistors with a self-aligned fine channel bank structure[J]. ACS Applied Materials & Interfaces, 2018, 10: 15847-15854.

[17] Liang K, Zhao, J, Cui Z, et al. High-performance metal-oxide thin-film transistors based on inkjet-printed self-confined bilayer heterojunction channels[J]. Journal of Materials Chemistry C, 2019, 7 (20): 6169-6177.

[18] Shao S, Zhao J, Cui Z, et al. Large-area, inkjet-printed, high-performance metal oxide bilayer heterojunction thin film transistors with independent gates and inverters[J]. Journal of Materials Science & Technology, 2021, 81: 26-35.

[19] Xu W, Li H, Xu J-B, et al. Recent advances of solution-processed metal oxide thin-film transistors[J]. ACS Appl. Mater. & Interfaces, 2018, 10: 25878-25901.

[20] 崔铮. 微纳米加工技术及其应用[M]. 4版. 北京: 高等教育出版社, 2020.

[21] Southard A, Sangwan V, Cheng J, et al. Solution-processed single walled carbon nanotube electrodes for organic thin-film transistors[J]. Organic Electronics, 2009, 10 (8): 1556-1561.

[22] Li B, Cao X H, Ong H G, et al. All-carbon electronic devices fabricated by directly

grown single-walled carbon nanotubes on reduced graphene oxide electrodes[J]. Advanced Materials, 2010, 22 (28): 3058-3061.

[23] Wobkenberg P H, Eda G, Bradley D, et al. Reduced graphene oxide electrodes for large area organic electronics[J]. Advanced Materials, 2011, 23 (13): 1558-1562.

[24] Minari T, Kanehara Y, Sakamoto K, et al. Room-temperature printing of organic thin-film transistors with π-junction gold nanoparticles [J]. Adv. Funct. Mater., 2014, 24: 4886-4892.

[25] Zhao J W, Lee C W, Li L J, et al. Solution-processable semiconducting thin-film transistors using single-walled carbon nanotubes chemically modified by organic radical initiators[J]. Chemical Communications, 2009, 46: 7182-7184.

[26] Zhao J W, Lin C T, Li L J, et al. Mobility enhancement in carbon nanotube transistors by screening charge impurity with silica nanoparticles[J]. Journal of Physical Chemistry C, 2011, 115 (14): 6975-6979.

[27] Chung S, Cho K, Lee T. Recent progress in inkjet-printed thin-film transistors[J]. Adv. Sci., 2019, 6: 1801445.

[28] Kim M G, Kanatzidis M G, Facchetti A, et al. Low-temperature fabrication of high-performance metal oxide thin-film electronics via combustion processing [J]. Nature Materials, 2011, 10 (5): 382-388.

[29] Minemawari H, Yamada T, Matsui H, et al. Inkjet printing of single-crystal films[J]. Nature, 2011, 475: 364-367.

[30] Li X S, Zhu Y W, Cai W W, et al. Transfer of large-area graphene films for high-performance transparent conductive electrodes[J]. Nano Letters, 2009, 9 (12): 4359-4363.

[31] He Q Y, Sudibya H G, Yin Z Y, et al. Centimeter-long and large-scale micropatterns of reduced graphene oxide films: fabrication and sensing applications[J]. ACS Nano, 2010, 4 (6): 3201-3208.

[32] Meitl M A, Zhou Y X, Rogers J A, et al. Solution casting and transfer printing single-walled carbon nanotube films[J]. Nano Letters, 2004, 4 (9): 1643-1647.

[33] Chen M, Peng B, Huang S, et al. Understanding the meniscus-guided coating parameters in organic field-effect-transistor fabrications[J]. Adv. Funct. Mater., 2020, 30: 1905963.

[34] Shekhar S, Stokes P, Khondake S I. Ultrahigh density alignment of carbon nanotube arrays by dielectrophoresis[J]. ACS Nano, 2011, 5 (3): 1739-1746.

[35] Shih C W, Chin A, Lu C F, et al. Remarkably high hole mobility metal-oxide thin-film transistors[J]. Scientific Reports, 2018, 8: 889.

[36] George S M. Atomic layer deposition: An overview[J]. Chem. Rev., 2010, 110 (1): 111-131.

[37] Zhang X-H, Domercq B, Wang X, et al. High-performance pentacene field-effect

transistors using Al2O3 gate dielectrics prepared by atomic layer deposition (ALD)[J]. Organic Electronics, 2007, 8 (6): 718-726.

[38] Roberts M E, Queralto N, Bao Z N, et al. Cross-linked polymer gate dielectric films for Low-voltage organic transistors[J]. Chemistry of Materials, 2009, 21 (11): 2292-2299.

[39] Acton O, Ii G, Ma H, et al. π-σ-phosphonic acid organic monolayer-amorphous sol-gel hafnium oxide hybrid dielectric for low-voltage organic transistors on plastic[J]. Journal of Materials Chemistry, 2009, 19 (42): 7929-7936.

[40] Acton O, Hutchins D, Arnadottir L, et al. Spin-cast and patterned organophosphonate self-assembled monolayer dielectrics on metal-oxide-activated Si[J]. Advanced Materials, 2011, 23 (16): 1899-1902.

[41] Cho J H, Lee J, Xia Y, et al. Printable ion-gel gate dielectrics for low-voltage polymer thin-film transistors on plastic[J]. Nature Materials, 2008, 7 (11): 900-906.

[42] Jung M, Noh J, Cho G, et al. All-printed and roll-to-roll-printable 13.56-MHz-operated 1-bit RF tag on plastic foils[J]. IEEE Transactions on Electron Devices, 2010, 57 (3): 571-580.

[43] Sundar V C, Zaumseil J, Rogers J A, et al. Elastomeric transistor stamps: Reversible probing of charge transport in organic crystals[J]. Science, 2004, 303 (5664): 1644-1646.

[44] Luszczynska B, Matyjaszewski K, Ulanski J. Solution-Processable Components for Organic Electronic Devices[M]. Germany: Wiley-VCH, 2019.

[45] Yang J, Zhao Z, Wang S, et al. Insight into high-performance conjugated polymers for organic field-effect transistors[J]. Chem, 2018, 4: 2748-2785.

[46] Yan Y, Zhao Y, Liu Y. Recent progress in organic field-effect transistor-based integrated circuits[J]. J Polym Sci., 2022, 60: 311-327.

[47] Matsui H, Takeda Y, Tokito S. Flexible and printed organic transistors: From materials to integrated circuits[J]. Organic Electronics, 2019, 75: 105432.

[48] Fukuda K, Takeda Y, Tokito S, et al. Fully-printed high-performance organic thin-film transistors and circuitry on one-micron-thick polymer films[J]. Nature Communications, 2014, 5: 4147.

[49] Mitra K Y, Polomoshnov M, Baumann R R, et al. Fully inkjet-printed thin-film transistor array manufactured on paper substrate for cheap electronic applications[J]. Advanced Electronic Materials, 2017, 3 (12): 1700275.

[50] Ersman P A, Lassnig R, Strandberg J, et al. All-printed large-scale integrated circuits based on organic electrochemical transistors[J]. Nature Communications, 2019, 10: 5053.

[51] Yuan Y B, Giri G, Bao Z N, et al. Ultra-high mobility transparent organic thin film transistors grown by an off-centre spin-coating method[J]. Nature Communications, 2014,

5：3005.

[52] Diao Y, Tee B C K, Bao Z N, et al. Solution coating of large-area organic semiconductor thin films with aligned single-crystalline domains[J]. Nature Materials, 2013, 12 (7)：665-671.

[53] Lu Z, Wang C, Deng W, et al. Meniscus-guided coating of organic crystalline thin films for high-performance organic field-effect transistors[J]. J. Mater. Chem. C, 2020, 8：9133-9146.

[54] Fukuda K, Someya T. Recent progress in the development of printed thin-film transistors and circuits with high-resolution printing technology [J]. Adv. Mater., 2017, 29：1602736.

[55] Nomura K, Ohta H, Hosono H, et al. Room-temperature fabrication of transparent flexible thin-film transistors using amorphous oxide semiconductors [J]. Nature, 2004, 432：488-492.

[56] Xu W Y, Li H, Xu J B, et al. Recent advances of solution-processed metal oxide thin-film transistors[J]. ACS Applied Materials & Interfaces, 2018, 10 (31)：25878-25901.

[57] Gao P X, Lan L F, Peng J B, et al. Low-temperature, high-mobility, solution-processed metal oxide semiconductors fabricated with oxygen radical assisted perchlorate aqueous precursors[J]. Chemical Communications, 2017, 53 (48)：6436-6439.

[58] Khim D, Lin Y H, Anthopoulos T D, et al. Impact of layer configuration and doping on electron transport and bias stability in heterojunction and superlattice metal oxide transistors[J]. Advanced Functional Materials, 2019, 29 (38)：1902591.

[59] Wu S J, Chen Z, Cui Z, et al. Inkjet printing of oxide thin film transistor arrays with small spacing with polymer-doped metal nitrate aqueous ink [J]. Journal of Materials Chemistry C, 2017, 5 (30)：7495-7503.

[60] Zhang Q, Chen Z, Cui Z, et al. High-resolution inkjet-printed oxide thin-film transistors with a self-aligned fine channel bank structure[J]. ACS Applied Materials & Interfaces, 2018, 10 (18)：15847-15854.

[61] Lee W J, Park W T, Park S, et al. Large-scale precise printing of ultrathin sol-gel oxide dielectrics for directly patterned solution-processed metal oxide transistor arrays [J]. Advanced Materials, 2015, 27 (34)：5043-5048.

[62] Jang J, Kang H, Subramanian V, et al. Fully inkjet-printed transparent oxide thin film transistors using a fugitive wettability switch. Advanced Electronic Materials, 2015, 1 (7)：1500086.

[63] Li Y Z, Lan L F, Peng J B, et al. All inkjet-printed metal-oxide thin-film transistor array with good stability and uniformity using surface-energy patterns [J]. ACS Applied Materials & Interfaces, 2017, 9 (9)：8194-8200.

[64] Sharma B K, Stoesser A, Monda S K, et al. High-performance all-printed amorphous

oxide FETs and logics with electronically compatible electrode/channel interface. ACS Applied Materials & Interfaces, 2018, 10 (26): 22408-22418.

[65] Wang C, Zhang J, Zhou C, et al. Wafer-scale fabrication of separated carbon nanotube thin-film transistors for display applications[J]. Nano Lett., 2009, 9 (12): 4285-4291.

[66] Sun D M, Timmermans M Y, Mizutani T, et al. Flexible high-performance carbon nanotube integrated circuits[J]. Nature Nanotechnology, 2011, 6: 156-161

[67] Liu L, Han J, Peng L M, et al. Aligned, high-density semiconducting carbon nanotube arrays for high-performance electronics[J]. Science, 2020, 368: 850-856.

[68] 赵建文, 崔铮. 印刷碳纳米管薄膜晶体管技术与应用[M]. 北京: 高等教育出版社, 2020.

[69] Chortos A, Koleilat G I, Pfattner R, et al. Mechanically durable and highly stretchable transistors employing carbon nanotube semiconductor and electrodes [J]. Advanced Materials, 2016, 28 (22): 4441-4448.

[70] Lau P H, Takei K, Javey A, et al. Fully printed, high performance carbon nanotube thin-film transistors on flexible substrates[J]. Nano Letters, 2013, 13 (8): 3864-3869.

[71] Lee W, Koo H, Sun J, et al. A fully roll-to-roll gravure-printed carbon nanotube-based active matrix for multi-touch sensors. Sci. Rep., 2015, 5: 17707.

[72] Park H, Sun J, Cho G, et al. The first step towards a R2R printing foundry via a complementary design rule in physical dimension for fabricating flexible 4-bit code generator[J]. Adv. Electron. Mater., 2020, 6: 2000770.

[73] Lin Y-H, Pattanasattayavong P, Anthopoulos T D. Metal-halide perovskite transistors for printed electronics: challenges and opportunities[J]. Adv. Mater., 2017, 29: 1702838.

[74] Senanayak S P, Abdi-Jalebi M, Kamboj V S, et al. A general approach for hysteresis-free, operationally stable metal halide perovskite field-effect transistors [J]. Science Advances, 2020, 6 (15): 4948.

[75] Zhu H, Liu A, Noh Y-Y. Perovskite transistors clean up their act[J]. Nature electronics, 2020, 3: 662-663.

[76] Glavin N R, Rao R, Varshney V, et al. Emerging applications of elemental 2D materials. Adv. Mater., 2020, 32: 1904302.

[77] Kelly A G, Hallam T, Backes C, et al. All-printed thin-film transistors from networks of liquid-exfoliated nanosheets[J]. Science, 2017, 356 (6333): 69-72.

[78] Stinner F S, Lai Y M, Straus D B, et al. Flexible, high-speed CdSe nanocrystal integrated circuits[J]. Nano Letters, 2015, 15 (10): 7155-7160.

[79] Zhao Y, Di C, Gao X, et al. All-solution-processed, high-performance n-channel organic transistors and circuits: toward low-cost ambient electronics[J]. Adv. Mater., 2011, 23: 2448-2453.

[80] Vosgueritchian M, LeMieux M C, Dodge D, et al. Effect of surface chemistry on

electronic properties of carbon nanotube network thin film transistors. ACS Nano, 2010, 4 (10), 6137-6145.

[81] Wu X, Jia R, Pan J, et al. Roles of interfaces in the ideality of organic field-effect transistors[J]. Nanoscale Horiz., 2020, 5: 454-472.

[82] Paterson A F, Singh S, Anthopoulos T D, et al. Recent progress in high-mobility organic transistors: a reality check[J]. Adv. Mater., 2018, 30: 1801079.

[83] Chen H, Zhang W, Guo X, et al. Interface engineering in organic field-effect transistors: Principles, applications, and perspectives[J]. Chem. Rev., 2020, 120: 2879-2949.

[84] Zhao J W, Lin C T, Zhang W J, et al. Mobility enhancement in carbon nanotube transistors by screening charge impurity with silica nanoparticles[J]. J. Phys. Chem. C, 2011, 115: 6975-6979.

[85] Xu W, Zhao J, Cui Z. Flexible logic circuits based on top-gate thin film transistors with printed semiconductor carbon nanotubes and top electrodes[J]. Nanoscale, 2014, 6 (24): 14891-14897.

[86] Zhang X, Zhao J, Dou J. Flexible CMOS-like circuits based on printed P-type and N-type carbon nanotube thin-film transistors[J]. Small, 2016, 12 (36): 5066-5073.

[87] Xu Q, Zhao J, Pecunia V, et al. Selective conversion from P-type to N-type of printed bottom-gate carbon nanotube thin-film transistors and application in CMOS Inverters[J]. ACS Applied Materials & Interfaces, 2017, 9 (14): 12750-12758.

[88] Gao W, Zhao J, Ma C-Q. Selective dispersion of large-diameter semiconducting carbon nanotubes by functionalized conjugated dendritic oligothiophenes for use in printed thin film transistors[J]. Adv. Funct. Mater., 2017, 27: 1703938.

[89] Kwon J, Takeda Y, Tokito S, et al. Three-dimensional, inkjet-printed organic transistors and integrated circuits with 100% yield, high uniformity, and long-term stability[J]. ACS Nano, 2016, 10 (11): 10324-10330.

[90] Luo M, Zhao J, Cui Z. High-performance printed hybrid CMOS inverters based on indium-zinc-oxide and chirality enriched carbon nanotube thin film transisotrs[J]. Adv. Electron. Mater., 2019, 5: 1900034.

[91] Kumagai S, Murakami H, Watanabe S. Solution-processed organic-inorganic hybrid CMOS inverter exhibiting a high gain reaching 890[J]. Organic Electronics, 2017, 48: 127-131.

[92] Zhang X, Zhao J, Cui Z. Sorting semiconducting single walled carbon nanotubes by poly (9, 9-dioctylfluorene) derivatives and application for ammonia gas sensing [J]. CARBON, 2015, 94: 903-910.

[93] Feng L, Tang W, Guo X, et al. Unencapsulated air-stable organic field effect transistor by all solution processes for low power vapor sensing [J]. Scientific Reports, 2016, 6 (1): 20671.

[94] Liang Y Q, Xiao M M, Zhang Z Y, et al. Wafer-scale uniform carbon nanotube transistors

for ultrasensitive and label-free detection of disease biomarkers[J]. ACS Nano, 2020, 14 (7): 8866-8874.

[95] Magee J C, Grienberger C. Synaptic plasticity forms and functions[J]. Annual Review of Neuroscience, 2020, 43: 95-117.

[96] Li J, Yang Y-H, Chen Q, et al. Aqueous-solution-processed proton-conducting carbon nitride/polyvinylpyrrolidone composite electrolytes for low-power synaptic transistors with learning and memory functions[J]. Journal of Materials Chemistry C, 2020, 8 (12): 4065-4072.

[97] He Y, Nie S, Liu R, et al. Spatiotemporal information processing emulated by multiterminal neuro-transistor networks. Adv. Mater., 2019, 31 (21): e1900903.

[98] Feng G, Jiang J, Wan Q, et al. A sub-10 nm vertical organic/inorganic hybrid transistor for pain-perceptual and sensitization-regulated nociceptor emulation[J]. Adv. Mater., 2020, 32 (6): e1906171.

[99] Dai S, Wu X, Liu D, et al. Light-stimulated synaptic devices utilizing interfacial effect of organic field-effect transistors[J]. ACS Applied Materials & Interfaces, 2018, 10 (25): 21472-21480.

[100] Yang B, Lu Y, Huang J, et al. Bioinspired multifunctional organic transistors based on natural chlorophyll/organic semiconductors[J]. Adv Mater, 2020, 32 (28): e2001227.

[101] Wang Y, Lv Z, Chen J, et al. Photonic synapses based on inorganic perovskite quantum dots for neuromorphic computing[J]. Adv. Mater., 2018, 30 (38): e1802883.

[102] Park H L, Kim H, Lim D, et al. Retina-inspired carbon nitride-based photonic synapses for selective detection of UV light[J]. Adv. Mater, 2020, 32 (11): e1906899.

[103] Yin L, Han C, Zhang Q, et al. Synaptic silicon-nanocrystal phototransistors for neuromorphic computing[J]. Nano Energy, 2019, 63: 103859.

[104] Kim S, Choi B, Choi S J. Pattern recognition using carbon nanotube synaptic transistors with an adjustable weight update protocol[J]. ACS Nano, 2017, 11 (3): 2814-2822.

[105] Feng P, Zhao J, Cui Z, et al. Printed neuromorphic devices based on printed carbon nanotube thin-film transistors[J]. Advanced Functional Materials, 2017, 27 (5): 1604447.

[106] Shao L, Li M, Zhao J, et al. Optically and electrically modulated printed carbon nanotube synaptic transistors with a single input terminal and multi-functional output characteristics. Journal of Materials Chemistry C, 2020, 8 (20): 6914-6922.

[107] Shao L, Zhao J, Cui Z, et al. Optoelectronic properties of printed photogating carbon nanotube thin film transistors and their application for light-stimulated neuromorphic devices[J]. ACS Applied Materials & Interfaces, 2019, 11 (12): 12161-12169.

[108] Liu Z, Dai S, Wang Y, et al. Photoresponsive transistors based on lead-free perovskite and carbon nanotubes[J]. Adv. Funct. Mater., 2020, 30: 1906335.

［109］ Jiang J, Guo J, Wan Q, et al. 2D MoS2 neuromorphic devices for brain-like computational systems［J］. Small, 2017, 13: 1700933.

［110］ Flament O, Torres A, Ferlet-Cavrois V. Bias dependence of FD transistor response to total dose irradiation［J］. IEEE Transactions on Nuclear Science, 2003, 50 (6): 2316-2321.

［111］ Zhu M G, Xiao H S, Yan G P, et al. Radiation-hardened and repairable integrated circuits based on carbon nanotube transistors with ion gel gates. Nature Electronics, 2020, 3 (10), 622-629.

［112］ Luo M, Shao S, Zhang Z. Radiation-hard and repairable complementary metal-oxide-semiconductor circuits integrating printed n-type indium oxide and p-type carbon nanotube field-effect transistors［J］. ACS Applied Materials & Interfaces, 2020, 12 (44): 49963-49970.

［113］ Xu W, Zhao J, Cui Z. Sorting of large-diameter semiconducting carbon nanotube and printed flexible driving circuit for organic light emitting diode (OLED)［J］. Nanoscale, 2014, 6 (3): 1589-1595.

［114］ Zhao T Y, Zhang D D, Sun D M, et al. Flexible 64 × 64 pixel AMOLED displays driven by uniform carbon nanotube thin-film transistors［J］. ACS Applied Materials & Interfaces, 2019, 11 (12): 11699-11705.

［115］ Li Y Z, Lan L F, Peng J B, et al. Inkjet-printed oxide thin-film transistors based on nanopore-free aqueous-processed dielectric for active-matrix quantum-dot light-emitting diode displays［J］. ACS Applied Materials & Interfaces, 2019, 11 (31): 28052-28059.

［116］ Oh J Y, Rondeau-Gagné S, Bao Z N. Intrinsically stretchable and healable semiconducting polymer for organic transistors［J］. Nature, 2016, 539: 411-415.

［117］ Liu J, Wang J C, Bao Z N, et al. Fully stretchable active-matrix organic light-emitting electrochemical cell array［J］. Nature Communications, 2020, 11 (1): 3362-3372.

印刷有机与钙钛矿薄膜光伏技术

第 **6** 章

6.1 引言

近年来,全球温室效应愈演愈烈,而化石能源的使用是造成温室效应的主要原因。2020 年,中国政府在联合国气候变化大会上表态,要在 2030 年实现碳达峰,2060 年实现碳中和。要达到这一目标,中国需要在今后 40 年大规模增加可再生能源与清洁能源的使用,包括:太阳能发电要增加到 16 倍;风能发电增加到 9 倍;核能发电增加到 6 倍;水力发电增加到 2 倍[1]。整体而言,目前利用太阳能的光伏发电在全球的能源消耗的占比还不高。根据国际能源署的预测,到 2023 年光伏发电仅能够满足全球电力需求的 4% 左右[2]。

太阳能光伏发电是利用半导体材料在光照下发生的光生伏打效应(photovoltaic effect)将太阳能直接转换为电能。根据所用半导体材料的不同,光伏发电可分为:① 晶体硅基光伏发电;② 化合物半导体薄膜光伏发电;③ 染料敏化光伏发电;④ 有机薄膜光伏发电;⑤ 钙钛矿光伏发电;⑥ 量子点光伏发电等。其中硅系光伏发电中包括了单晶硅光伏、多晶硅光伏和薄膜硅光伏等[3,4]。单晶硅光伏发电的光电转换效率是硅基光伏中效率最高的,通常为 24% 左右,甚至可达 26% 以上[5,6]。但由于单晶硅原材料价格成本较高,致使单晶硅光伏器件成本价格居高不下。多晶硅光伏在制备工艺上较单晶硅电池简单,而且使用的多晶硅原料价格也比单晶硅的低,因此,多晶硅的价格较单晶硅的价格低,但多晶硅器件的光电转换效率也比单晶硅低(20%)[5]。非晶硅光伏使用了薄膜光伏技术,降低了原材料的使用量,而且器件的制备工艺也相对简单,是近年来发展较快的一种新型光伏技术。但目前薄膜硅光伏器件的效率多在 10% ~ 12% 之间,同单晶硅光伏的效率相比有较大的差距[5]。总体而言,硅基光伏是目前市场上最广泛应用的太阳能发电技术,其技术成熟、工艺设备完善、成本较低,目前全球 90% 以上的光伏发电都是基于晶体硅光伏技术[7],未来硅基光伏仍然会是大规模太阳能发电的最主要的光伏技术。

除了晶体硅外,无机半导体薄膜光伏如砷化镓(GaAs)、碲化镉(CdTe)、铜铟镓硒(CIGS)等也是目前光伏技术产品的一个重要门类[8]。这类光伏器件的制备工艺较为复杂,需要采用高温真空物理沉积的方法制备,成本相对较高,但其光电转换性能良好,光电转化效率可达 20% ~ 23%[5]。基于 Ⅲ ~ Ⅴ 族化合物的多结光伏具有目前最高的光电转换效率,可达 47.2%,同时电池自身具有轻柔、抗辐照、可靠性高等特点,在航天航空、无人飞行设备等领域具有不可替代的优势。但这一类电池对衬底材料要求能够承受高温，而且制备工艺复杂，成本方面不具备优势，因此，这几类光伏技术不是晶硅光伏发电最理想的替代技术。

染料敏化太阳能电池（dye sensitized solar cells，DSSC）是一种光电化学电池。同传统的无机硅电池相比，染料敏化太阳能电池的优点在于它简单的制备工艺，成本低廉，光电转换效率可达 10% 以上，而其制作成本仅为硅太阳能电池的 1/5～1/10。但这一类电池通常使用二氧化钛（TiO_2）及稀有金属钌（Ru）或锇（Os）的配合物作为吸光染料，而且需要使用液态有机溶剂（乙腈）来配制支持电解质，不利于使用塑料等廉价衬底材料，也影响了器件的使用寿命[9]。

有机薄膜光伏是基于有机半导体材料的光电转换产生电能的光伏技术[10,11]。与无机半导体材料相比，有机半导体材料可以通过化学合成的方法大量制备，具有廉价易得等优点。如本书第 2 章所介绍，有机电子材料分为有机小分子与有机聚合物两大类，其中有机小分子材料主要通过真空蒸镀制备薄膜，有机聚合物材料主要通过溶液法制备薄膜。本章介绍的印刷有机薄膜光伏主要是有机聚合物光伏，也包括一些近年来开发的可以溶液化加工的中、小分子材料。由于有机分子的可设计性，经过近年来材料化学家们的探索，已开发出一系列新型有机聚合物材料，实现了溶液法加工的有机光伏电池效率的快速发展。2018 年，南开大学陈永胜教授团队设计并通过溶液法制备了具有高效、宽光谱吸收特性的叠层有机太阳能电池，转化效率达到17.3%[12]。2022 年，中国科学院化学研究所侯剑辉科研团队报道的叠层有机太阳能电池更是突破了 20% 的转换效率[13]。中国科学院国家纳米科学中心丁黎明科研团队在 2020 年报道了 18.22% 的单结有机太阳能电池转换效率，在 2021 年进一步将转换效率提高到 18.69%[14]。北京航空航天大学、上海交通大学以及英国帝国理工合作报道的单结有机太阳能电池效率突破了19%[15]更为重要的是，由于有机半导体材料同柔性的塑料衬底有良好相容性，而且各层薄膜可以采用溶液法工艺进行加工制备，因此，有机薄膜光伏器件可采用连续卷对卷（roll-to-roll，R2R）方式印刷生产，有利于降低单位能量输出的成本[16]。

钙钛矿是 2009 年以来快速发展的一类新型光伏材料。日本桐荫横大学Miyasaka 等基于染料敏化太阳能电池的结构，制备了第一个钙钛矿类太阳能电池[17]。虽然彼时的效率仅为 3.8%，且因为采用 I_3^-/I^- 液体电解质而导致器件非常不稳定，但后续经过包括韩国的 Park[18]、Seok[19]，英国的 Snaith[20]，瑞士的 Grätzel[21]，以及国内的韩宏伟[22]、韩礼元[23]、游经碧[24]、赵一新[25]、谭海仁[26]等多个课题组的一系列研究,已实现了效率和稳定性的多重突破。目前实验室内钙钛矿太阳能电池的光电转换效率已达到 25.8%,与目前市场较为成熟的铜铟镓硒 CIGS(23.4%)、碲化镉 CdTe(22.1%)以及多晶硅电池(22.8%)太阳能电池技术相比,钙钛矿太阳能电池可以采用溶液法制备,与印刷工艺相兼容,在未来的实际应用具有很强的成本优势,成为近年来光伏产业关注的重点[27]。

随着纳米晶半导体材料合成技术的发展,以 CdX 及 PbX(X=S、Se、Te)等为代表的纳米晶半导体材料在薄膜光伏电池中的应用也得到了快速的发展。CdX 以及 PbX 纳米晶半导体材料具有宽的光谱吸收能力(可达 1200 nm 以上)、良好的带隙调节能力以及优异的溶剂分散性,使其成为印刷薄膜光伏电池技术的一种重要的材料之一。特别是,纳米晶半导体材料还具有多激子效应[28,29],有可能突破 Shockley-Queisser 的效率极限,因此有机会将效率从 33%提高到 45%以上[30],因而成为关注的重点[31,32]。近年来,基于量子点纳米晶半导体材料的新型薄膜光伏电池的光电转换效率也获得了很大的提升。最近由澳大利亚新南威尔士大学王连州教授科研团队报道了其光电转换效率达到 16.6%[33]。

根据美国国家可再生能源实验室于 2020 年发布的各类光伏电池实验室最高认证效率[34],Ⅲ~Ⅴ族化合物多结电池的最高效率已经达到了 40%以上,市场上最为常见的硅基和化合物(如 CIGS、GdTe 等)光伏电池的效率主要集中在 26%左右。最近 10 年间快速发展的有机、钙钛矿、量子点薄膜光伏电池的效率在 15%~25%之间,虽然不及多结Ⅲ~Ⅴ族化合物电池的效率,但也接近了硅及化合物基光伏电池的效率。本章主要介绍可以溶液法加工特别是印刷制备的有机薄膜光伏技术,包括工作原理、材料与制备工艺等,并简要介绍了印刷钙钛矿太阳能电池的相关技术。

6.2　有机薄膜光伏器件的工作原理与性能表征

6.2.1　工作原理

与无机半导体材料不同,有机半导体材料受光照激发后产生的是受库仑作用束缚着的空穴-电子对,即激子(exciton)。激子中的电子与空穴间的结合能为 0.2~0.5 eV,很难解离成可自由移动的载流子。为了实现激子的正负电荷分离,在有机薄膜光伏器件中通过使用电子给体(donor)和电子受体

（acceptor）的组合来形成异质结。给体通常为 p 型半导体材料，例如 P3HT（3-己基噻吩的聚合物）；受体通常为 n 型半导体材料，例如 PCBM（富勒烯衍生物）。图 6.1 以激发有机电子给体材料分子为例，描述了有机薄膜光伏器件的 5 个基本物理过程（图中的相对高度代表能级位置）[35]。

（1）光子的吸收与激子的产生。有机半导体材料受光激发后，电子从最高占据分子轨道（HOMO）跃迁到最低未占分子轨道（LUMO）形成激发态的分子，即激子。

（2）激子的扩散。受光产生的激子能够发生自由扩散。如果激子在扩散过程中被淬灭或以其他方式失活，则会造成能量损失，导致器件转换效率的降低。

（3）电子转移与载流子的生成。激子在其有效寿命时间内如果能够到达电子给-受体界面，外加电子给体的 LUMO 与受体的 LUMO 之间的能级差大于激子的束缚能，激子则在界面间发生电荷分离，生成可自由移动的载流子（电子与空穴）。

（4）载流子的传输。电荷分离后产生的电子与空穴分别在各自体相内传输。如果电子与空穴在传输过程中发生复合或者被淬灭，将降低器件的转换效率。

（5）电荷的收集与电流的产生。自由载流子达到电极界面并被外电路收集，形成电流。上述的 5 个过程前后连贯，共同决定着有机薄膜光伏器件的光电转换效率。

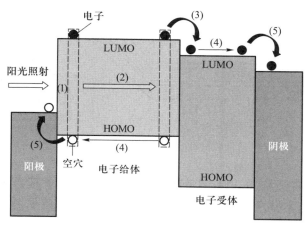

图 6.1 有机光伏器件工作的五个基本物理过程：（1）光子的吸收与激子的产生；（2）激子的扩散；（3）电子转移与载流子的生成；（4）载流子的传输；（5）电荷的收集与电流的产生

6.2.2　基本结构

　　有机薄膜光伏器件通常是一种三明治式的夹心结构,即功能有机光活性薄膜层被包夹在两个电极之间,如图 6.2 所示。有机光活性层是有机薄膜光伏器件的核心。光伏器件的重要物理过程,如激子的产生、激子的扩散、载流子的产生与传输等均发生在这一薄膜层内。因此,光活性薄膜的组成与结构是影响器件光电转换效率的关键[36]。

　　有机光活性薄膜由电子给体与电子受体材料组成。通常,溶液法加工制备的有机薄膜光伏电池为体相异质结型电池,即给受体相之间没有明显的边界,如图 6.2 所示。体相异质结内电子给体与受体材料在纳米尺度范围内发生相态分离,形成电子给受体材料的穿插互锁结构。这样的穿插互锁结构降低了电子给受体界面间的距离,减小了激子产生后需要扩散到给受体界面间的距离;同时这种穿插互锁结构扩大了电子给受体材料间的界面面积,有效地提高了激子在界面间的电子转移效率。已有研究表明,有机体相异质结内电荷分离的效率可接近 100%[37,38]。但由于体相异质结内电子给体或受体材料体相并不是垂直连续分布的,因此,已分离的电子与空穴在传输过程中,容易发生复合淬灭,影响器件的光电转换效率。

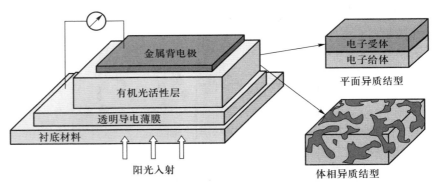

图 6.2　有机薄膜光伏器件的三明治式夹心结构以及有机光活性薄膜的结构类型

　　除了体相异质结外,也有利用溶液法加工制备平面异质结型电池的文献报道[39-41]。与体相异质结电池不同的是平面异质结结构中电子给体材料与受体材料顺序叠加,形成有序的异质结界面(图 6.2)。这种异质结结构有利于载流子在体相内的传输。但由于有机半导体材料激子的寿命较短,扩散距离通常仅为 4~20 nm[42-44],因此对平面异质结光伏电池的有机薄膜厚度有较大限制。然而,也有报道通过调节聚合物材料的溶解性能,结合溶液法制备工艺的优化,制备出准平面异质结光伏电池[45]。该工作巧妙利用上层溶液在成膜过程中溶剂会对下层薄膜进行渗透的机理,在给受体界面处形成一种局部体相异质结的结构,从而提高了给受体界面之间的接触面积,实现了效率的提升。一些对比试验结果也表明,利用这样的顺序多层沉积方法也可以制备出高效率的有机薄膜光伏电池[46],为后续连续制备大面积有机薄膜光伏电池提供了一些新的工艺思路。

随着对有机薄膜光伏器件物理过程的深入理解,一些辅助功能材料也被应用到有机薄膜光伏器件中,形成辅助功能薄层,以改善器件中有机-电极界面间的性能,提高器件的整体工作效率。器件的结构也从简单的单层扩展到多层结构[47,48]。此外,最初的有机太阳能电池均是以 ITO 电极为阳极,金属电极为阴极的正向结构。为了提高器件的稳定性,扩展器件对太阳能光谱的响应能力,提高器件的稳定性,包括叠层电池(tandem cells)结构[49-51]、倒置器件(inverted solar cells)结构[52,53]、三元或者多元活性层体系电池(ternary solar cell)[54,55]等新型的器件结构也被应用到有机薄膜光伏技术中。这其中,具有结构倒置的有机薄膜光伏电池由于使用了高功函数的金属作为顶电极,与有机薄膜光伏电池的印刷制备工艺更兼容,也因此是印刷制备有机薄膜光伏电池的主要器件结构(详见 6.4 节)。

6.2.3 性能表征

有机薄膜光伏电池虽然在工作原理上区别于无机光伏电池,但器件性能的表征与无机光伏电池完全相同,主要包括器件的电流-电压(I-V)输出特性曲线以及开路光电压、短路光电流、填充因子与转换效率[56]。

6.2.3.1 电流-电压输出特性曲线

有机薄膜光伏器件的电流-电压(I-V)输出特性曲线是表征器件效能的一个重要手段。理想的有机薄膜光伏器件在没有光照的情况下表现为典型的二极管整流效应(图 6.3)。当器件受到光照时,整个电流-电压输出特性曲线同暗曲线相比向下方移动。从光照下的电流-电压输出特性曲线可以得到光伏器件的几个重要物理参数:开路光电压(V_{oc})、短路光电流(I_{sc})、填充因子(FF)、器件最大输出功率(P_{max})以及器件的光电转换效率(η)。

开路光电压(V_{oc})是指在光照的情况下,电流 $I=0$ 时器件产生的外电路电压。此时电池外电路断开,在电池异质结界面受光产生的载流子在异质结界面附近积累,产生了电动势差别,即光生电压。研究结果表明,有机薄膜光

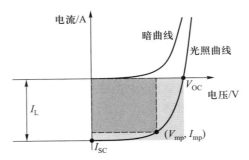

图 6.3   典型的有机光伏电池电流-电压输出特性曲线

伏器件的开路光电压同器件的异质结界面间电子受体的 LUMO 与电子给体的 HOMO 之间面电子的势垒呈线性正比关系[57]。一般认为,电子在给受体界面间的转移过程需要克服库仑束缚作用,其驱动能量大约为 0.3 eV。因此,有机薄膜光伏器件中通常还有 0.3 V 左右的电压损失,其经验关系可以描述为

$$V_{OC} = (E_{LUMO}^{A} - E_{HOMO}^{D} - 0.3 \ eV)/e, (V) \tag{6.1}$$

式中,E_{LUMO} 为电子受体材料的 LUMO 轨道能级;E_{HOMO} 为电子给体的 HOMO 能级。而随着新型非富勒烯受体材料的开发成功,近期的一些研究结果表明给受体界面间电子转移过程的驱动力可以小于 0.3 eV[58,59],而材料中的非辐射能量损失成为限制器件开路电压的一个最为重要的原因。因此,近年来材料开发的新的热点在于如何降低非辐射能量损失,进而提高器件的开路电压以及整体效率[60,61]。

短路光电流密度(J_{SC})是指外电路短路,被异质结分开的自由载流子全部流经外电路,在回路中产生最大的电流密度(mA/cm^2)。短路光电流同器件中产生的载流子的数目直接相关。因此,短路光电流同器件对光子的吸收效率、激子产生后发生电荷分离的效率以及电荷在有机薄层内的传输效率有关。

填充因子(FF)的定义为光伏电池能够提供的最大功率(P_{max})同 V_{OC} 与 I_{SC} 的乘积之比:

$$FF(\%) = \frac{P_{max}}{V_{OC} \cdot I_{SC}} = \frac{V_{max} \cdot I_{max}}{V_{OC} \cdot I_{SC}} \tag{6.2}$$

式中,P_{max} 为光伏器件在负载上能够输出的最大功率;I_{max}、V_{max} 分别为在最大输出功率时的电流和电压值。从光伏电池的电流-电压输出特性曲线来看,填充因子是器件在其最大输出功率时的矩形面积同边长分别为 V_{OC}、I_{SC} 的矩形面积的比值(图 6.3)。填充因子表示了电池伏安特性曲线的好坏。近年来,高效率的有机薄膜光伏器件的填充因子已经超过 0.80[62]。

太阳能电池的光电转换效率(η)定义为光伏电池的最大输出功率 P_{max} 与入射光强(P_{in})的比例,即

$$\eta(\%) = \frac{P_{max}}{P_{in}} = \frac{V_{max} \cdot I_{max}}{P_{in}} = \frac{V_{OC} \cdot I_{SC} \cdot FF}{P_{in}} \tag{6.3}$$

应当特别指出,上述表征器件物理性能的参数同测试的条件,尤其是入射光的强度与光谱分布情况密切相关。通常人们所说的器件的光电转换效率是在温度为 25 ℃,光强为 1000 W/m² ,AM 1.5 标准太阳发射光谱的条件下测得。

6.2.3.2 光谱响应特性

有机薄膜光伏器件的光谱响应特性是表征器件在受到某一特定波长的光子激发后转换成为外电路所收集的电子的效率。光伏器件的光谱响应特性也被表述为器件光电转换量子效率(quantum efficiency,QE)。根据实际的研究过程,器件的量子转换效率还可分为外量子效率和内量子效率两种。

外量子效率(external quantum efficiency,EQE)是指器件外电路所收集的电子数同入射的某一特定波长的光子数之间的比率,即入射到电池上的每一个光子生成被外电路所收集的电子数。内量子效率(internal quantum efficiency,IQE)则是表征器件所收集的电子数同器件所吸收的某一特定波长的光子数之比值,即电池中被吸收的每个光子生成被外电路所收集的电子数。由于入射的光子并不一定都能够被器件所吸收,因此,内量子效率剔除了因透射或反射等因素而不被器件所吸收的那部分的光照,是器件内部工作效率的一个重要描述表征。

在有机光伏器件中,只有能量大于半导体材料的禁带宽度的光子才能够被吸收,产生电子-空穴对;而那些能量小于禁带宽度的光子(即长波长光子)则不能使半导体材料发生电子跃迁,因而不生成高能激子及自由载流子。因此,有机薄膜光伏器件的光谱响应通常表现出一个响应截止波长。该截止波长由有机半导体材料的光谱带宽所决定。图 6.4(a)为基于 P3HT:PC$_{60}$BM 的有机薄膜光伏电池器件在 AM 1.5 标准太阳光谱照射下的典型 I–V 输出曲线。从图中可以看出器件的开路光电压 V_{OC} 为 0.60 V,短路光电流 I_{SC} 为 12.5 mA/cm² ,填充因子 FF 为 0.59,器件的光电转换效率 η 为 4.5%。图 6.4(b)为该器件的 EQE 光谱与 P3HT 薄膜的吸收光谱比较。从图中可以看出 P3HT:PC$_{60}$BM 光伏器件的光谱响应的截止波长同 P3HT 的吸收截止波长非常一致,大约为 675 nm,相应于光谱带宽为 1.85 eV。这是由于富勒烯衍生物 PC$_{60}$BM 在可见光区的吸收很弱,因此,以富勒烯衍生物作为电子受体材料的有机薄膜光伏器件的光谱响应能力主要由电子给体材料的光谱特性所决定。

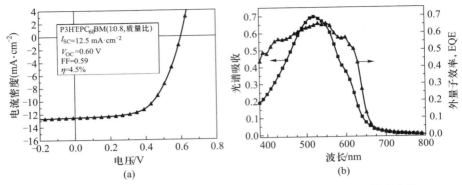

图 6.4　（a）基于 P3HT:PC$_{60}$BM 的有机薄膜光伏的器件的 I–V 输出曲线；

（b）P3HT:PC$_{60}$BM 器件的外量子效率谱同 P3HT 薄膜吸收光谱的比较

6.2.4　影响性能的主要因素

有机薄膜光伏器件对外输出的性能是上述 5 个物理过程协同作用的结果，每一个物理过程都是决定器件对外输出效率的关键。由于其物理过程的复杂性，目前还很难建立定量描述影响器件对外输出效率的物理模型。但随着有机薄膜光伏器件研究的深入，影响有机薄膜光伏器件效率的规律可以被归纳为以下几个方面。

6.2.4.1　有机半导体材料的吸光能力

有机半导体材料对太阳光谱的采集能力决定了器件吸收光子转化成为激子的能力，进而直接影响了器件对外输出电子的多少。有机半导体材料对太阳光谱的采集能力表现在两个方面。

（1）有机半导体材料的摩尔消光能力。有机半导体材料的摩尔消光能力表征不同材料在相同摩尔量下对太阳光的吸收能力。对于薄膜样品，半导体材料的消光能力越高，其在相同薄膜厚度下能够吸收太阳光越多。由于有机半导体材料的电荷传输能力通常较弱，一般要求有机薄膜不能太厚，以免电荷在传输过程中被复合或者湮灭，造成器件效率的下降。因此，有机薄膜光伏器件中尽可能采用消光能力强的有机半导体材料，确保在较小的薄膜厚度下实现大部分太阳光的吸收。

（2）有机半导体材料吸收光谱与太阳光谱的匹配度。太阳发射光谱是一个近乎连续的光谱，但其能量分布并不均匀。图 6.5 为 AM 1.5 标准太阳光谱的辐射照度及其积分曲线。从图中可以看出太阳光谱的辐射照度密集的区域在 500~900 nm 之间。然而有机共轭半导体材料的最大吸收波长通常在可见光区（400~700 nm），与太阳光谱并不匹配（以 P3HT 吸收光谱为例，参见图 6.5），限制了器件对长波长光子的吸收，影响了器件的光电转换效率。降低有机半导体材料的光谱带隙，将能够扩展有机半导体材料对太阳光谱的响应范围，有利于提高器件的光电转换性能。2015 年以来，北京大学占肖卫发展了非富勒烯电子受体材料，近年来该方向取得了长足的发展。稠环类和非稠环类的电子受体材料在长波区域都具有优异的吸光能力，极大提高了电池的光谱利用范围。

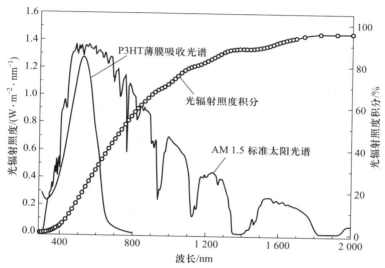

图 6.5　AM 1.5 标准太阳能光谱辐射照度与积分曲线以及与 P3HT 薄膜吸收光谱的比较

6.2.4.2　有机半导体给受体材料间的能级匹配

如式（6.1）所示，有机薄膜光伏器件的开路光电压同电子给体的 HOMO 能级与电子受体的 LUMO 能级之间的差值呈线性相关[57]。因此有机半导体给受体材料间的能级匹配直接影响着器件的 V_{OC}。图 6.6 为电子给受体材料能级匹配关系对器件性能影响的示意图。理想的器件组成中，电子给体的 HOMO 能级与电子受体的 LUMO 能级间需要有足够的能级差，实现高的器件开路光电压；同时给体的 LUMO 能级同受体的 LUMO 能级间还需要有足够的能级差（~ 0.3 eV）以驱动电子给受体间的电子转移过程［图 6.6（a）］。如果电子给体材料的 HOMO 太高，将导致光伏器件的开路光电压的下降，影响了器件的光电转换效率［图 6.6（b）］。反之，如果电子给体材料 LUMO 太低，则将导致电子给受体材料间的电子转移过程驱动力不足，影响器件激子发生电荷分离的效率[图 6.6(c)]。因此,降低有机半导体材料的光谱带隙来扩展材料对太阳能光谱的响应能力的过程中,需要注意到半导体材料给受体之间的能级匹配问题。Brabec 等计算了以 $PC_{61}BM$ 作为电子受体时光伏器件的输出性能同给体材料的带宽与 HOMO 能级的关系。结果表明,器件的最高效率可达 10% 以上,而最佳的电子给体材料的光谱带宽为 1.4~1.5 eV,其 HOMO 轨道能级大约为 -5.4 eV[63]。2020 年,邹应萍等通过进一步优化理论计算模型,推算出通过降低有机半导体材料的非辐射失活效率,基于受体-给体-受体(A-D-A)结构的非富勒烯受体型单结有机薄膜光伏电池的最高效率可以达到 20% 以上[64],而通过合理地利用具有不同光谱带隙的有机半导体制备的叠层电池效率有望突破 25%[65,66],具备与传统晶硅光伏电池竞争的能力[67]。

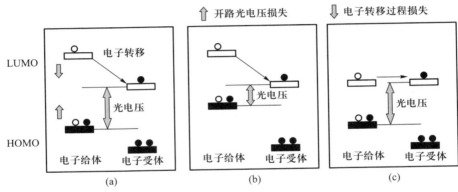

图 6.6 半导体材料能级结构调整对器件性能影响示意图

6.2.4.3 有机光活性薄膜的微观结构

有机薄膜光伏电池电子给受体异质结的理想结构如图 6.7(a)所示。其中,电子给体同电池的正极相连,电子受体直接同负极相连,而且电子给体与电子受体间应呈现一种均衡的垂直穿插结构,以确保分离后的电子和空穴能够直接有效地向电极传输,减少电荷在传输过程中的复合或湮灭。与此同时,电子给受体材料的穿插互锁结构能够提高电子给受体间的界面面积,提高电荷分离的效率。然而实际上体相异质结功能薄膜的相态分离是一种复杂的高度交叉的网络结构[图 6.7(b)][68]。影响与调控有机薄膜微观结构是有机聚合物光伏电池制备过程中的一个关键与挑战。目前已有实验结果表明,提高光活性层内聚合物分子的结晶性能够提高材料的电荷传输性能,进而提高器件的效率。目前,已有一些报道关于光活性层薄膜层加工工艺与其微观形貌及器件性能之间的经验性规律[69-71],包括溶剂组分的组成[72,73]、给受体材料之间的比例[74]、光活性薄膜的热退火[75,76]与溶剂退火[77]等。这些经验性的规律虽然并不具有完全的通用性,但还是能够为开发高效有机光伏器件提供有意义的经验指导。

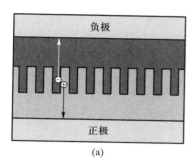 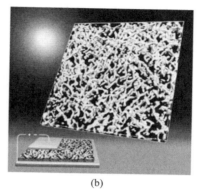

(a)   (b)

图 6.7 (a) 有机体相异质结的理想的相态分离结构;(b) 通过透射电镜三维重构的 P3HT:PCBM 薄膜形貌图[68]

一直以来,有机光活性薄膜形貌的研究手段非常有限。最为常用的表征方法是用原子力显微镜来表征光活性薄膜的二维表面形貌,但原子力显微技术并不是研究纳米薄膜三维微观结构的手段。近年来发展的透射电子显微三维重构技术则为研究有机光伏薄膜三维微观形貌提供了一个有效的手段[68,78]。利用三维重组技术,可以直观地描述异质结内电子给体与受体的分布情况。在此基础上,Janssen 及 Schmidt 等首次实现了有机光伏薄膜三维形貌的定量分析。他们利用统计数学的方法分析了电子给受体异质结界面面积大小以及空间最小间距分布规律,并结合激子扩散以及电子转移规律推算出激子有效淬灭的分布情况,实现有机光活性薄膜的微观结构与器件性能的定量化关联,是有机薄膜光伏器件研究中的一个大的突破[79]。

相对于体相异质结结构电池,平面异质结型有机光伏器件中薄膜形貌对器件性能的影响则要简单。在平面异质结电池中,电子给体材料与电子受体材料顺序叠加形成异质结界面。由于异质结界面并非完全平整,而且电子给受体材料在异质结界面间常常发生扩散渗透,影响了器件的性能[39,41]。随着对有机光伏电池活性层微观结构认识的不断深入,近期的研究结果表明,在聚合物体相异质结薄膜中,除了常规的给体相、受体相外,体系中还存在由给体和受体混合形成的第三相[80]。在这个第三相中,给体、受体材料相互之间以分子级相容形成无定形结构,因此也经常称为非晶共混相(amorphous intermixed phase)（图 6.8）。这一非晶共混相的组分直接影响了光伏电池器件内部电荷的产生与扩散过程[81]，是影响光伏电池的能量转化效率的重要因素。同时，由于这一非晶共混相是一种热力学非平衡相，因此，这一相态在热力学上并不能稳定存在，也是影响活性层形貌稳定性的重要因素之一[82-84]。因此，非晶共混相的定量表征方法、结构组成及其与器件效率与稳定性的关系将成为有机薄膜光伏电池未来研究的一个重要内容与方向。

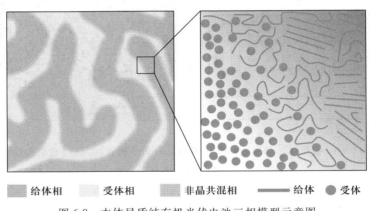

给体相　　受体相　　非晶共混相　　给体　　受体

图 6.8   本体异质结有机光伏电池三相模型示意图

总体而言，有机薄膜光伏器件的整体性能表现是由多个复杂物理过程所决定的。除了上述的三个因素外，功能半导体材料自身的结构特性、半导体材料的电荷传输性能，以及器件内功能薄层的界面性能都是影响器件效能的因素。实现有机薄膜光伏器件的最大效率输出是一个复杂工程，需要从材料的组合、器件结构的设计以及器件加工过程等多方面协调组合，优化器件的每一个物理环节。随着对有机薄膜光伏电池的工作机理以及形貌调控过程的控制，包括采用多元有机共混的策略，有机薄膜光伏电池的效率得到了大幅提升。目前，实验室规模的单结有机薄膜光伏器件的光电转换效率已经达到了 18.2%[34]，而在文献报道中光电转换效率已经达到 19.6%[15]。

6.3   有机薄膜光伏电池材料

根据材料在有机光伏器件中所起的功能的不同，有机薄膜光伏材料可以分为衬底材料、电极材料、半导体光吸收材料以及电极修饰材料等。有机薄膜光伏材料的选择除了考虑实现器件效率最大化外，还要充分考虑有机光伏器件的印刷工艺制备对材料性能的要求,以实现有机光伏器件低成本制造的目标。

6.3.1 透明衬底材料

有机薄膜光伏器件的一侧通常为金属电极,如银、铝等,另一侧则需要采用透明导电电极,以实现太阳光的有效入射。制备透明导电电极,首先需要透明的衬底材料。透明衬底材料除了要求透光性好外,还要考虑其与透明导电薄膜之间的附着性能及其同器件的制备方法的相容性等相关问题。最为常见的透明衬底材料是玻璃。一方面,玻璃价格便宜且具有良好的透光性,另一方面玻璃还具有耐热、耐酸等良好的后续加工性能。但玻璃是一类刚性的衬底材料,具有质脆,不易变形等缺点,并不适用于柔性连续卷轴生产工艺制备。高分子聚合物薄膜,如聚对苯二甲酸乙二酯(polyethylene terephthalate,PET)、聚酰亚胺(polyimide,PI)、聚萘二甲酸乙二醇酯(Polyethylene naphthalate,PEN)、聚碳酸酯(polycarbonate,PC)、聚酰亚胺[poly(4,4'-oxydiphenylene-pyromellitimide),Kapton]、聚醚砜(polyethersulfone,PES)、聚乳酸衍生物(poly-L-lactide,PLLA)等具有质地柔软、质量轻、可卷曲、良好的透光性等优点,成为制备柔性有机薄膜光伏的主要衬底材料。

6.3.2 透明导电电极

透明导电电极是指具有高透光率和高电导率的薄膜电极。常见的透明导电薄膜可以分为:透明导电金属氧化物薄膜、导电高分子聚合物薄膜、基于碳纳米管与石墨烯透明薄膜、金属网格透明导电薄膜以及基于金属纳米线透明导电电极等。

6.3.2.1 透明导电金属氧化物薄膜

透明导电金属氧化物是一类非常广泛使用的透明导电薄膜。本书 3.2.3 节已经介绍了作为导体的金属氧化物材料。有机光伏中最常用的是氧化铟锡(indium tin oxide,ITO)[85]。一方面,ITO 薄膜的沉积方法非常成熟,薄膜厚度、导电性能以及透光率等都能够精确有效的调控;另一方面,ITO 薄膜兼具了良好的电荷传输性能与透光率,是目前实验室制备有机薄膜光伏器件的首选透明导电电极。除了玻璃衬底的 ITO 薄膜外,基于塑料衬底的柔性 ITO 薄膜也被用于制备有机薄膜光伏器件,如:PET/ITO[86-89]、PEN/ITO[90,91]等。虽然 ITO 薄膜具有上述的诸多优势,但 ITO 薄膜的价格因使用贵重金属铟而居高不下。Krebs等分析了基于目前技术制备的柔性有机薄膜光伏器件的成本组成,结果表明 ITO 薄膜的成本占光伏器件原材料成本的 55% 以上,占器件全部生产成本的

30%左右[92]。价格低廉的无铟透明金属氧化物导电薄膜包括掺氟的二氧化锡（$SnO_2:F$, FTO）薄膜[93-95]、掺铝的二氧化锌（ZnO:Al, AZO）薄膜[96-98]、氧化钛（TiO_2）[99]等。这些修饰后的透明导电氧化物在有机薄膜光伏器件中均表现出与 ITO 相似的效果,但大多的透明金属氧化物导电薄膜需要通过真空沉积的方法制备,其制备成本相对较高。这也使溶液法制备金属氧化物材料成为近年来的一个重要研究热点[100,101]。溶液法加工主要包括金属氧化物纳米粒子分散溶液以及溶胶凝胶前驱体溶液两种方法。针对透明电极所需的高导电性要求,目前报道的溶液法制备的透明金属氧化物薄膜主要有 ITO[102,103]与 AZO[104]等。需要指出的是,纳米粒子金属氧化物溶液成膜之后,由于界面之间的非致密连接,电荷容易在纳米粒子之间的界面处发生散射而导致导电性不高[105],因此,金属氧化物溶液成膜后通常需要一个高温退火烧结工艺（~500 ℃）来提高导电性[102],导致这一工艺无法满足柔性基材应用。Marks 等在 2011 年报道了一种通过退火过程中进行"自燃烧"的方法,可大幅降低金属氧化物的退火烧结温度（降至~250 ℃）[106,107],提升了溶液法制备金属氧化物导电膜在柔性基材方面应用的可行性。但整体上看,溶液法制备金属氧化物的方阻大多在 100 Ω/□ 以上,尚无法满足大面积的应用需求[101]。目前报道的基于溶液法制备金属氧化物电极的印刷薄膜光伏电池多为掺了银纳米线的复合电极[108]。

6.3.2.2 导电高分子聚合物薄膜

以 PEDOT:PSS 为代表的导电聚合物材料也是制备透明导电薄膜的一个良好的选择。它是一种水溶性复合物,可以通过旋涂、丝网印刷、喷墨印刷等各种工艺进行薄膜制备,具有良好的加工性能,本书 2.2.2 节有专门介绍。此外,PEDOT:PSS 薄膜在可见光区透光性好,电导率高（可达 1400 S·cm^{-1} 以上）[109],可以直接作为电极用于制备有机薄膜光伏器件[110-112]。除此之外,PEDOT:PSS 也常被用作空穴传输材料旋涂在 ITO 薄膜表面,用于调节有机光学活性层同 ITO 薄膜间的界面性能[113],是有机薄膜光伏技术中非常常见的功能性材料[114]。例如,新加坡南洋理工大学的欧阳教授[115]以及中国科学院宁波材料技术与工程研究所的葛子义科研团队就立足于 PEDOT:PSS 基导电薄膜做了系统的研究工作,包括与银纳米线复合的透明电极,提升了 PEDOT:PSS 的导电性能,满足了柔性有机及钙钛矿太阳能电池的应用需求[116,117]。

6.3.2.3 基于碳纳米管和石墨烯的透明导电薄膜

碳纳米管与石墨烯均具有良好的导电性能,也被用于制备透明导电薄膜。Barnes 等的研究结果表明,基于碳纳米管薄膜的方阻可以下降到 20 Ω/□ 左右,接近于 ITO 薄膜的导电性能[118]。而石墨烯薄膜的电阻要较大些。为了降低碳管以及石墨烯薄膜的电阻,通常需要增加薄膜的厚度,但这往往导致薄膜的透光率下降[119]，因此，利用碳管以及石墨烯制备高效的透明导电薄膜的一个关键在于如何提高材料的透光率与电阻之间的比率。到目前为止，基于二者的透明导电膜的性能较 ITO 玻璃还有比较大的差距，未能达到有机薄膜光伏大面积器件对透明导电薄膜的技术指标（1~10 Ω/□，平均透光率>80%）。

6.3.2.4　金属纳米薄膜、金属网格透明导电薄膜与基于金属纳米线的透明导电电极

导电性良好的金属材料在其厚度小于 20 nm 时对光的吸收以及反射率都会减小，表现出很好的透光性。因此，金属纳米薄膜也可以在有机薄膜光伏器件中用作透明导电电极[120-122]。应当注意的是，真空蒸镀或溅镀的金属透明导电薄膜在厚度较低时，表面金属材料容易形成岛状结构而影响薄膜的导电性和透光率。常用的金属薄膜透明电极的方阻难以做到小于 10 Ω/□，这是因为所有薄膜类的透明电极（包括 ITO）都存在方阻与透光率的矛盾。若要方阻低必须增加导电层的厚度，而增加导电层厚度则会降低透光率。

金属网格透明电极可以克服上述矛盾。金属网格透明电极的透光率可以通过改变网线间距调节，方阻则决定于金属网线的导电性。原理上两者是相互独立的。Tvingstedt 和 Inganäs 报道了利用化学镀方法制备了 20~40 μm 宽、100~800 μm 间距的平行栅银导线[123]。该银栅的透光率为 85%，其方阻为 0.5 Ω/□。Galagan 等则利用丝网印刷方法在 PEN 薄膜上制备了线宽 160 μm、间距 5 mm 的蜂窝状银网格，网格的方阻为 1 Ω/□，平均透光率在 70%左右[图 6.9（a）]。尽管金属网格仅在金属部分导电，在上面利用旋涂的方法沉积一层高导电性的 PEDOT:PSS 薄膜后就可以形成连续导电的透明导电电极。利用其制备的大面积（2 cm×2 cm）有机薄膜光伏器件的填充因子可达 0.53，效率达 1.9%，比利用 ITO/PEDOT:PSS 电极的电池提高了一倍[图 6.9（b）][124]。金属网格型透明电极的透光率可以通过改变网线间距调节，方阻则决定于金属网线的导电性。原理上两者是相互独立的，但以上用传统印刷方法制备的金属网格线由于金属层的厚度有限，要增加导电性只有增加线宽，而线宽增加又会降低导电薄膜的透光率。为此，作者科研团队发展了一种新型混合印刷方法（见本书 4.4.3 节），将金属材料埋入预先制备的沟槽内，在不增加线宽的前提下可以通过增加沟槽深度来增加埋入的金属量，真正实现了导电性与透光性的相互独立。用这种混合印刷工艺制备的金属网格已经实现了 0.03 Ω/□ 的方阻，同时仍然具有 86%以上的透光率[125]。由于金属网格线宽可以控制在 5 μm 以下，远小于前述两种金属网格的线宽，因此肉眼完全不可见[图 6.10（a）]。用这种金属网格透明电极取代 ITO，使有机太阳能电池的转换效率从 3.04%提高到 5.85%，并且填充因子做到 0.61[图 6.10

（b）]$^{[126]}$。近期,作者科研团队使用非晶 ITO 修饰的金属栅电极为透明导电电极,获得了 25.42 cm^2 柔性单个有机太阳能电池的认证效率超过 12%,这为实现大面积柔性太阳能电池模组提供很好的子电池结构$^{[127]}$。

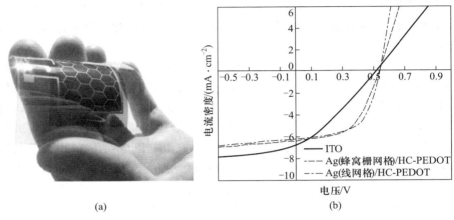

图 6.9　（a）面积为 2 cm×2 cm 的柔性有机薄膜光伏器件；（b）有机薄膜光伏器件的电流-电压输出特性曲线比较

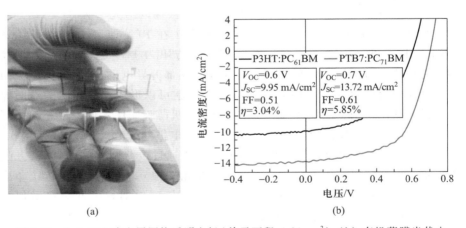

图 6.10　（a）埋入式金属网格透明电极（单元面积:1.21 cm^2）；（b）有机薄膜光伏电流-电压输出特性曲线

另一种形式的金属网格透明电极是利用金属纳米线作为网格线。本书 3.2.2 节已经介绍了金属纳米线的合成方法,在透明电极中最常用的是银纳米线。银纳米线经过分散后以溶液形式涂布成薄膜,成膜过程中形成相互交叉堆叠的网络结构,因此也是一种金属网格,只不过作为网格线的银纳米线具

有纳米尺度的线径,能够确保光波的衍射透过,同时具备了优异的导电性和
光学透过率。特别是,银纳米线材料具有优异的挠曲性能,已经作为透明电
极材料被广泛应用到柔性光电、柔性显示以及柔性触控等领域[128,129]。通常
银纳米线在交叉搭接处会产生较大的接触电阻,但已发展出多种物理和化学
方法可以使接触点熔融,降低银纳米线网络薄膜的整体电阻(3.2.2 节),可以
使银纳米线网络薄膜的方阻降低至 5 Ω/□[130]。作者科研团队较早开始了以
印刷银纳米线作为有机光伏器件透明电极的研究,曾经利用喷墨打印银纳米
线制备了有机光伏器件的透明顶电极[图 6.11(a)][131]。最近利用凹版印刷

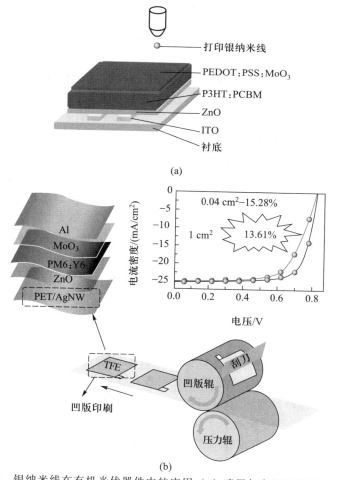

图 6.11 银纳米线在有机光伏器件中的应用:(a) 喷墨打印银纳米线顶电极;
(b) 凹版印刷银纳米线底电极

工艺制备了大面积银纳米线透明底电极,并实现了在印刷薄膜光伏电池领域的应用[图 6.11(b)][132]。此外,利用非晶 ZnO 修饰银纳米线获得复合电极,在大面积柔性太阳能电池方面显示更加优异的均匀性以及机械弯折性能[133],不仅在柔性有机太阳能电池中,也在柔性钙钛矿太阳能电池中取得了高效的性能[134]。

6.3.3   有机半导体材料

在有机薄膜光伏器件中,光学活性层是整个器件的核心部分。光学活性层由 p 型和 n 型有机半导体组成。选取电子给体材料与电子受体材料的组合,最大限度地降低器件各个物理过程中的能量损失,提高器件的光电转换效率,是目前有机薄膜光伏技术领域的主要的研究内容。本书 2.3 节与 2.4 节已经介绍了主要在有机薄膜晶体管中应用的有机半导体材料。本节将简要介绍可以溶液法加工特别是印刷加工的有机薄膜光伏中应用的各类功能半导体材料。

6.3.3.1   p 型有机半导体材料

PPV 衍生物是有机聚合物光伏器件早期研究(1995—2003)中最常使用的 p 型半导体材料[135]。它的特点是相对分子质量大、溶液法加工性能好。但它也具有光稳定性差、光谱可调节范围窄等缺点。PPV 类衍生物的吸收光谱的最大吸收波长位于 $450\sim580$ nm 之间,同太阳发射光谱并不匹配。基于 PPV 材料的有机光伏器件的光电转换效率一般在 2%~3.5% 之间[136],并不是一个理想的 p 型有机半导体材料。2003 年,Padinger 等报道了利用聚噻吩类衍生物 P3HT 作为 p 型半导体材料体相异质结有机光伏器件[137]。同 PPV 相比,结构规整的 P3HT 具有更强的分子间相互作用,更高的电荷迁移率($10^{-4}\sim10^{-2}$ cm^2·V^{-1}·s^{-1})以及向红外波长偏移的吸收光谱(图 6.12)。

P3HT 具有合成简单、成本低的特点。早期基于 P3HT 的有机薄膜光伏器件的效率只有 0.4%,后来通过对有机薄膜光伏器件退火处理提高至 3.5%。这一性能的提高被认为是薄膜在退火时发生了 P3HT 分子的结晶过程,提高了材料的电荷传输性能[76]。Marks 等通过对器件结构的优化,在器件中引入空穴注入层 NiO$_x$,进一步将以 P3HT 为电子给体、PC$_{60}$BM 为电子受体的有机薄膜光伏的效率提高到 5.2%[138]。P3HT 的缺点是有较高的 HOMO 能级与较低的开路电压。为了提高开路电压,中国科学院化学研究所侯剑辉科研团队在 P3HT 的相邻噻吩上引入吸电子的羧酸酯基取代物,合成了聚合物 PDCBT,使 PDCBT:PC$_{71}$BM 电池开路电压达到 0.91 V,效率提升至 7.2%[139]。

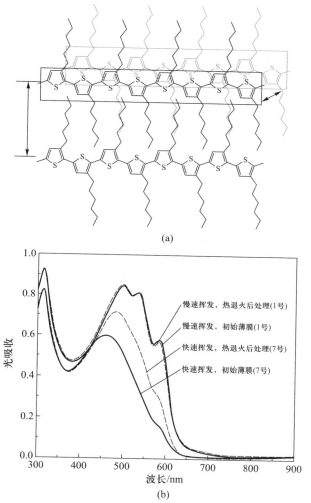

图 6.12　P3HT 分子间强烈的 π–π 相互作用示意图(a),以及由此引起的光谱红移(b)[77]

针对 P3HT 较高的 HOMO 能级,中国科学院化学研究所李永舫科研团队合成了高 LUMO 能级的富勒烯(C_{60})衍生物 ICBA 与之匹配,制备的体相异质结电池的光电转换效率达到 6.5%[140,141],后续基于 $IC_{70}BM$ 受体,其光电转换效率提升至 7.4%[142]。但 P3HT 的光谱带宽为 1.85 eV,它只能吸收光谱波长小于 670 nm 的可见光。这部分太阳光的能量仅占太阳能光谱的 44% 左右。随着非富勒烯小分子受体的出现[143],非富勒烯受体能够更多地利用 P3HT 吸收之外的光谱,而且 P3HT 类的聚噻吩类衍生物成本低,因此 P3HT 类的研究一直是有机光伏领域的常青树[144-146]。目前,基于 P3HT 作为聚合物给体的有机光伏电池效率已达到 12.85%[147]。

在非富勒烯小分子受体被开发之前的富勒烯衍生物时代,普遍使用 PC$_{60}$BM/PC$_{70}$BM 作为受体材料,针对其吸收和能级,多从两个方面来设计给体材料来提高有机光伏电池的光伏性能:一方面是降低有机共轭半导体材料的光谱带宽,扩展材料的光谱响应;另一方面是降低有机共轭半导体材料的 HOMO 能级,提高开路电压。已报道的一些高性能 p 型半导体聚合物化学结构如图6.13 所示。

(1) 苯并噻二唑(BT)类。

BT 结构含有缺电子亚胺键,为受电子单元。BT 具有轴对称结构、共轭平面大的特征,有利于 π 电子离域和电荷传输,并且由于其较高的氧化电位而表现出较好的空气稳定。化合物 PCPDTBT 分子结构中利用环戊二噻吩作为电子给体单元,BT 作为受电子单元构建了具有共轭电子推拉交替结构的共轭高分子。这种分子内的电子推拉结构使其吸收光谱发生红移。PCPDTBT 的光谱带隙宽度为 1.46 eV[72],从带隙上来说是一个理想的 p 型共轭有机光伏半导体材料[63]。最初报道的数据显示,利用 PCPDTBT 作为电子给体,PC$_{70}$BM 作为电子受体的有机薄膜光伏器件的光电转换效率为 3.5%[148,149]。随后,在器件的制备过程中,通过在混合溶液中加入高沸点的有机溶剂作为添加剂,促进共轭高分子的结晶过程,改善有机光活性层的薄膜形貌,将器件的光电转换效率提高到 5.5%[72],这一使用添加剂优化本体异质结微观形貌的策略也极大地推动了有机光伏电池的发展[150]。基于 PCPDTBT 实现了第一个光电转换效率超过 6%的叠层器件[151]。

高分子材料 PCDTBT 则利用咔唑作为电子给体基团,结合苯并噻二唑电子受体单元,使分子中形成电子推拉结构,扩展了材料的光谱响应范围。同PCPDTBT 相比,咔唑单元的引入使 PCDTBT 具有更低的 HOMO 电子能级(-5.5 eV)。基于 PCDTBT:PCBM 的有机光伏器件的光电转换效率达到了6.1%[152]。利用硅桥联的环戊二噻吩与苯并噻二唑形成的 PSBTBT 是一个同PCPDTBT 具有非常相似结构的导电共轭高分子,利用其制备的有机光伏器件的效率也可达 5.1%[153]。2014 年华南理工大学陈军武等合成了基于 BT 单元窄带隙聚合物 FBT-Th$_4$(1,4),该聚合物具有较强的链间聚集性质,并且具有较高的空穴迁移率,因而表现出很好膜厚容忍性,其最高效率达 7.64%[154]。同年,香港科技大学颜河等也报道了一系列基于 BT 单元的结晶性聚合物,其中PffBT4T-2OD 的性能效率达到 10.8%[155],在此基础上他们进一步优化 PffBT4T-

2OD 的烷基链,合成了 PffBT4T-C9C13,通过非氯溶剂制备了效率达到 11.7% 的光伏器件,是由 NREL 认证的最高效率(11.5%)的富勒烯体系光伏器件[156]。

（2）苯并二噻吩（BDT）类。

BDT 单元为给电子单元,其具有大共轭平面、中心对称结构,并且 BDT 合成简单、结构可修饰。自从有机光伏电池应用以来,BDT 单元被应用到不同的给受体材料中,已成为有机光伏领域的明星结构单元。2008 年,Yang 等报道了一系列基于 BDT 的聚合物给体材料,实现了通过不同受体单元来调控材料带隙和能级的目的,显示了极大的前景。2009 年,Yu 等合成了一系列 BDT 的共聚物(其中代表性化合物 PTB7 的化学结构参见图 6.13)[157,158]。这一系列化合物中噻并[3,4-b]噻吩（TT）单元与 BDT 的大 π 共轭体系的共同作用使分子具有良好的平面性,同时 TT 单元能够稳定聚合物分子共轭链中的醌式结构,降低材料的光谱带宽(~ 1.6 eV)[152]。利用 BDT-TT 这一系列分子制备的有机薄膜光伏器件的效率突破 7%,是首个实现单结有机薄膜光伏器件效率突破 7% 的高分子材料。2011 年吴宏斌等以 PTB7:PC$_{71}$BM 为活性层,通过界面修饰醇溶性芴类聚合物（PFN）作为阴极修饰层,获得了 8.37% 的效率[160]。2012 年他们在反向结构器件中引入 PFN,获得了效率高达 9.21% 的 PCE,是当时文献报道的最高值[161]。2013 年,Chen 等在 BDT 上引入二维共轭的噻吩侧基,合成了经典聚合物 PTB7-Th,基于 PTB7-Th:PC$_{71}$BM 的 PSCs 获得了效率高达 9.35% 的 PCE[162]。随后,通过界面修饰、微观形貌调控等方式,PTB7-Th:PC$_{71}$BM 为活性层器件的效率超过 10%（因此该材料也被称为 PCE10）,并且 PTB7-Th 在非富勒烯有机光伏电池中体现出很好的性能。2015 年,占肖卫课题组报道了 A-D-A 性的非富勒烯小分子受体 ITIC,与之匹配的聚合物给体就是 PTB7-Th[143]。在非富勒烯体系中,基于 PTB7-Th 的电池效率达到 14.62%[163],2018 年陈永胜等报道了首个效率超过 17% 的叠层电池,其中后电池就是使用的 PTB7-Th[66]。另外,由于 PTB7-Th 在人眼敏感光谱范围内较低的吸收,该材料在半透明电池中也有突出的表现[164,165]。

另外,针对 BDT 聚合物的 HOMO 能级偏高的问题,侯剑辉等通过在 BDT 单元上引入二维共轭的氟取代噻吩基[166]和间位烷氧基苯基[167]等方式,有效降低了材料的 HOMO 能级,提高了开路电压。这类降低 HOMO 能级的方式已应用在具有温度依赖聚集性质的 PBDB-T 这一材料中,合成了一系列高性能的聚合物给体材料,其中代表性的聚合物为 PM6（也称为 PBDB-TF）。基于 PM6 材料,13%、14%、15%、16%、17% 的效率先后被报道出来[168]。最近,丁黎明等报道了一种高性能的 p 型聚合物 D18,与非富勒烯受体 Y6 搭配,效率超过了 18%[169]。

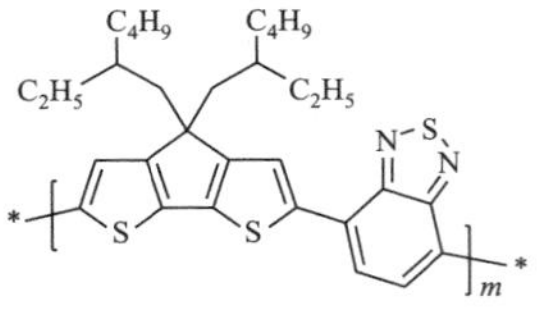

PCPDTBT

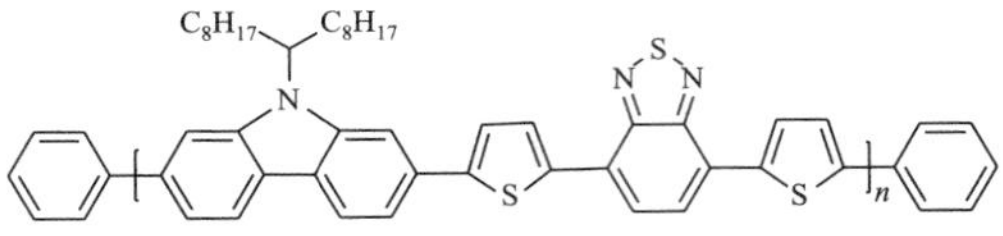

PCDTBT

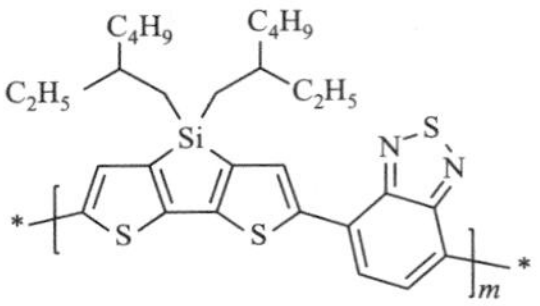

PSBTBT

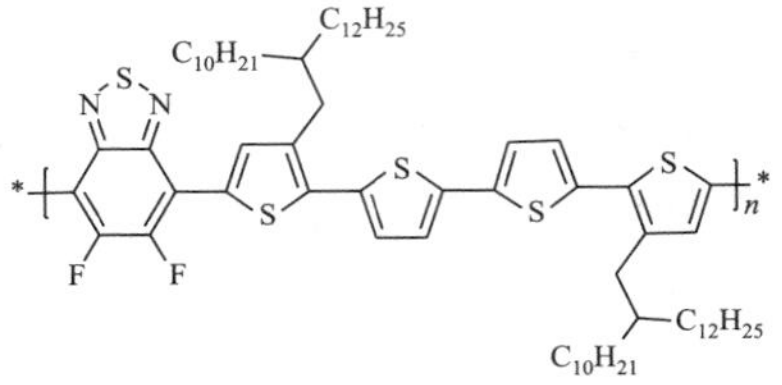

FBT−Th₄(1,4)

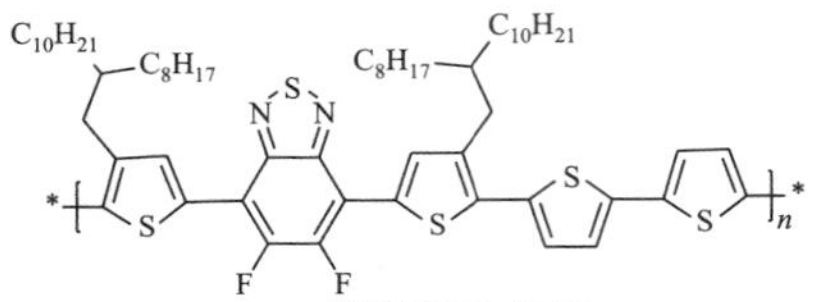

PffBT4T−2OD

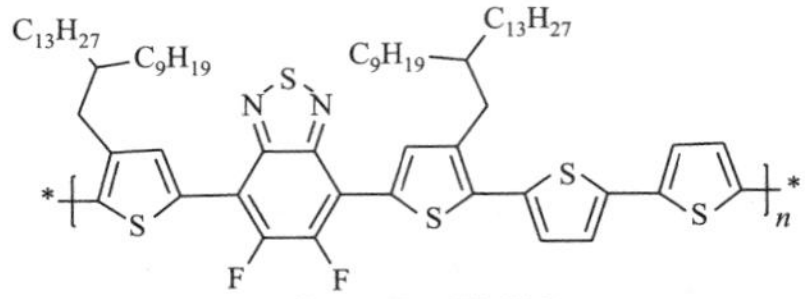

PffBT4T−C9C13

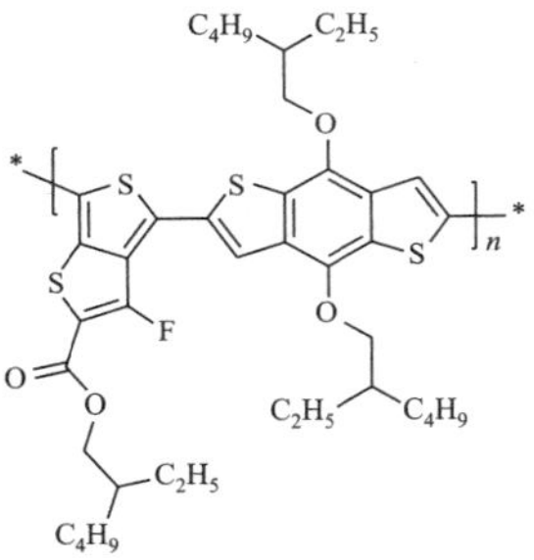

PTB7

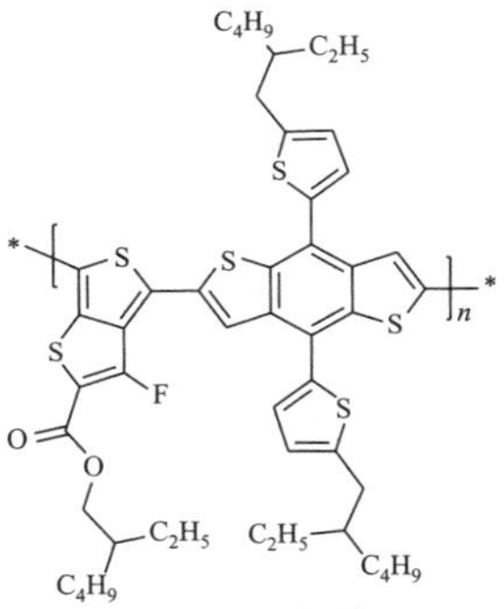

PTB7−Th

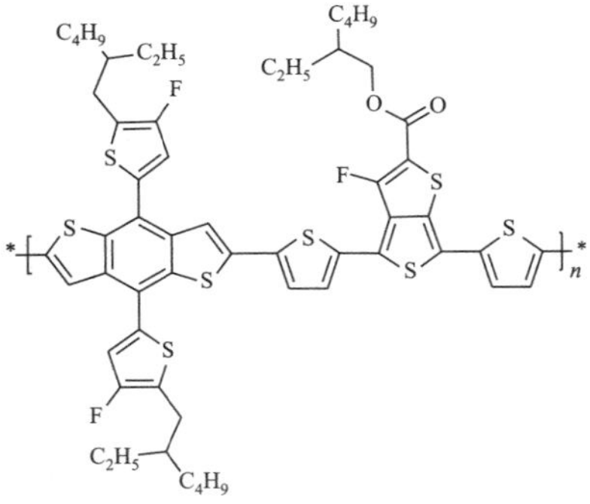

PBT−3F

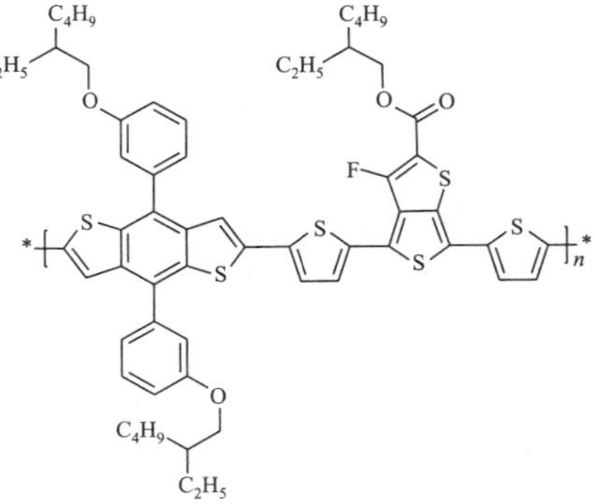

PBT−OP

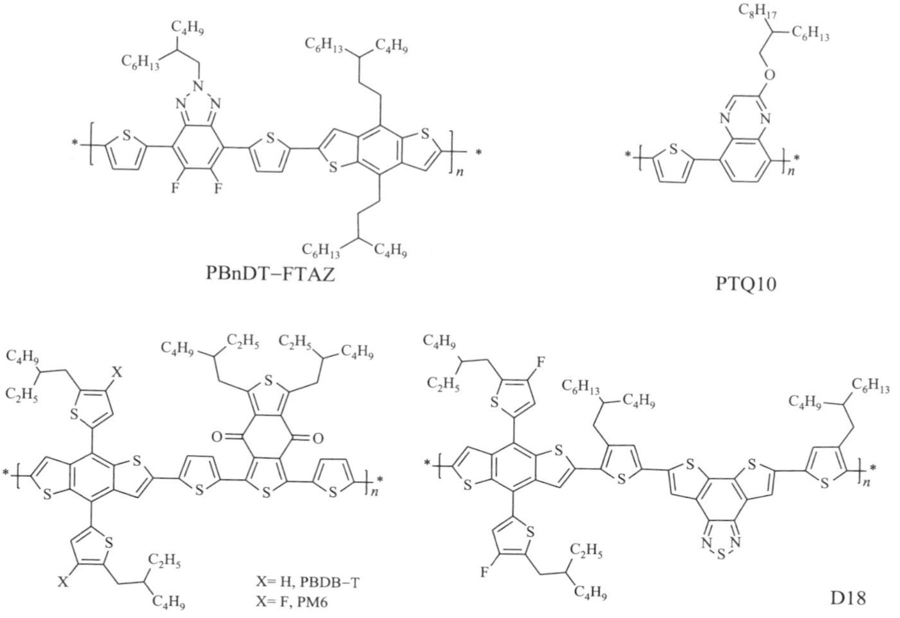

图 6.13　p 型有机聚合物半导体材料

（3）苯并三唑类（BTz）。

You 等结合了 BDT 和 BTz 为电子受体单元制备了共轭聚合物 PBnDT-FTAZ（也常简称为 FTAZ）[170,171]。PBnDT-FTAZ 分子中两个氟原子的引入，可以降低材料分子的 HOMO 轨道能级（~ -5.4 eV），提高器件的开路光电压（~0.75 V）。利用其制备的有机薄膜光伏器件的光电转换效率可达 7.2%[171]。值得一提的是，利用 PBnDT-FTAZ 制备的有机薄膜光伏器件的光活性层厚度可达微米级，使得这类材料与常规印刷工艺之间有良好的相容性[171]。随着非富勒烯小分子受体的发展，一系列基于 BDT 为电子给体、BTz 为电子受体单元的聚合物被开发出来，从而推动了 BTz 类电池效率的提高[172]。

需要指出的是，由于各种调控聚合物能级光谱结构策略的使用，使得聚合物结构复杂化，导致聚合物合成过程困难，成本显著上升。因此，开发高性能低成本的聚合物是有机光伏电池长远发展的重要领域。2018 年李永舫等基于喹喔啉和噻吩结构设计了一个合成简易、成本低的宽带隙聚合物给体材料 PTQ10，与 IDIC 非富勒烯受体共混时在 100~300 nm 的膜厚范围内均能获得超过 10% 的效率，优化加工工艺后可以实现高达 12.7% 的效率[173]。

高分子聚合物半导体材料具有相对分子质量大、溶液加工性能好等优势,但由于分子结构的不规整性以及相对分子质量分布的不确定性,导致合成批次间存在性能差异,影响了在器件上应用的可重复性。近年来,开发具有分子结构单一确定的中小分子型有机半导体材料成了一个新的方向[174,175]。各种构型的小分子被开发出来,如线性分子[176,177]、星形分子[178]、树形分子[179,180]等,其中线性分子(图 6.14)展现出更高的光电转换效率,目前这一类材料的光电转换性能已经基本接近共轭高分子类材料,并且这类材料具有分子结构单一确定、材料纯度高、可重复性好等优势,在有机薄膜光伏器件领域具有非常良好的发展前景。线性分子的设计原则是在共轭分子中通过共轭桥(π)连接给电子单元(D)和受电子单元(A),通过改变给受体单元的推拉(push-pull)电子能力和 π 桥,来调节材料的带隙和 HOMO/LUMO 能级[181]。根据线性分子 D、A 位置的变化,线性分子可以分为:D-A、D-A-D、D-A-D-A、A-D-A 和 A-D-A-D-A 构型。

(1) D-A 构型。2011 年,Würthner 等报道了系列 D-A 结构的花菁类染料分子,该分子结构简单,其中 HB366:PCBM 器件效率达到 4.5%[182]。2018,侯剑辉等将 D-A 构型的分子作为可挥发性固体添加剂来提高电池性能[183]。

(2) D-A-D 构型。2008 年起,Nguyen 等报道了一类含咯并吡咯二酮(DPP)受单子单元的小分子衍生物[176,184-186],其中具有代表性的为 DPP(TBFu)$_2$,效率达到 4.4%。

(3) D-A-D-A-D 构型。2011 年,Bazan 等报道了 D-A-D-A-D 型小分子给体,之后他们不断优化分子结构[187]。同年他们与 Heeger 等合作报道了 DTS(PTTh$_2$)$_2$,通过调节小分子给体与 PC$_{70}$BM 富勒烯的组分比例、优化 DIO 添加剂比例获得了 6.7% 的最佳器件效率[188]。这是当时可溶性小分子在器件性能上的一次飞跃,从低于 5% 的效率直接提高到了接近 7%,促进了有机可溶性小分子个体材料的发展。进一步,2012 年,Bazan 等在苯并噻二唑(BT)通过 F 修饰,合成了 p-DTS(FBTTh$_2$)$_2$,将器件的光伏性能突破到 7%[189]。

(4) A-D-A 构型。2009 年,南开大学陈永胜等报道了以寡聚噻吩为给体、以二氰基乙烯为受体的 A-D-A 型小分子 DCN7T[190],之后他们在这类分子中做了大量系统性的工作[191],将基于 p-型小分子的能量转化效率不断推高,其中 DRCN5T:PC$_{70}$BM 的电池实现了 10.08% 的器件效率,这也是小分子给体有机光伏电池的光电转换效率突破 10% 的首次报道[192]。同时,A-D-A 结构的高性能小分子给体也不断被开发出来,其中性能特殊的材料中间核多使用 BDT 单元,如 2013 年李永舫等合成的基于茚二酮受体末端的小分子 D2 性能可达 6.7%[193]。2015 年,Sun 等报道了具有液晶行为的小分子 BTR,

BTR:PC$_{71}$BM电池效率达到 9.3%,同时表现出很好的膜厚容忍性[194]。近年来,BTR 系列分子等基于非富勒烯小分子受体同样表现出优异的性能,目前报道的效率已经超过 15%[195,196]。2016 年,中国科学院国家纳米科学中心魏

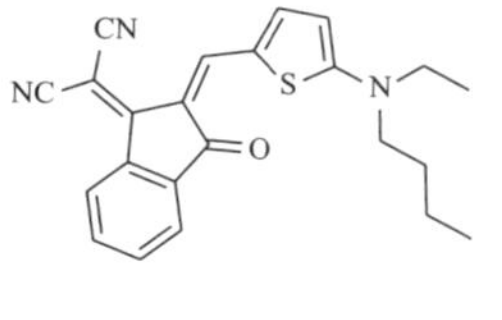

HB366

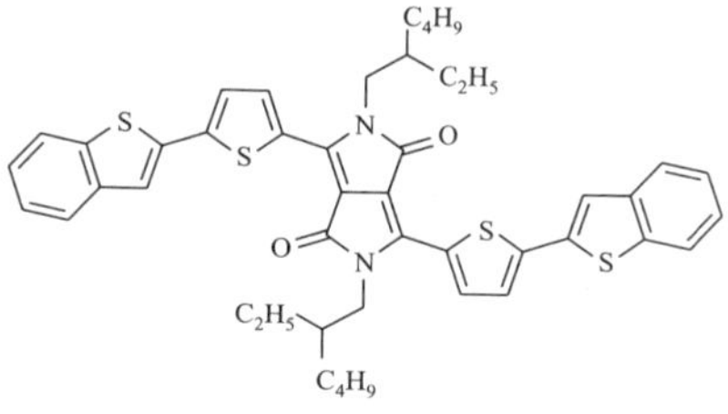

DPP(TBFu)$_2$

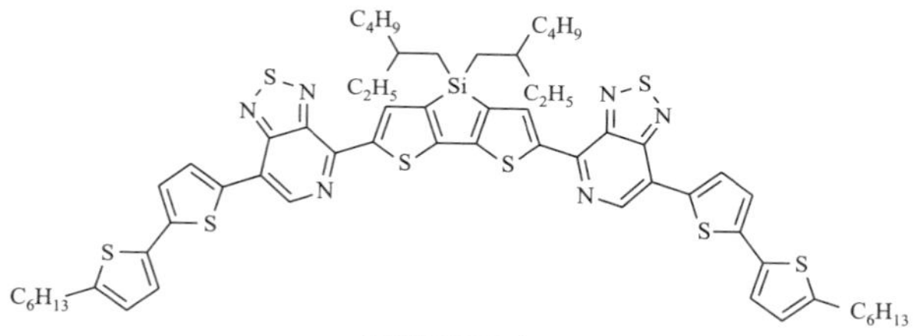

DTS(PTTh$_2$)$_2$

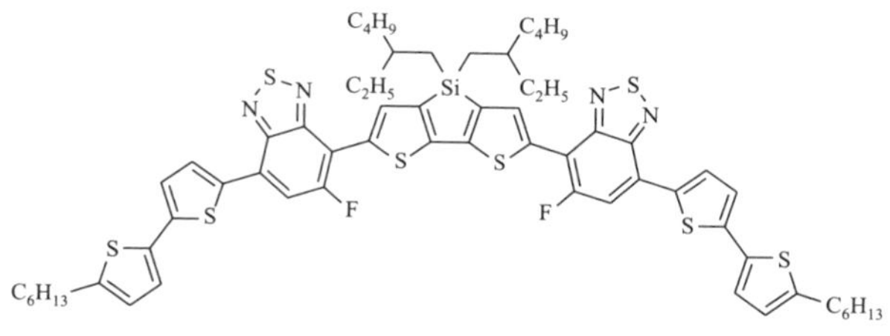

p-DTS(FBTTh$_2$)$_2$

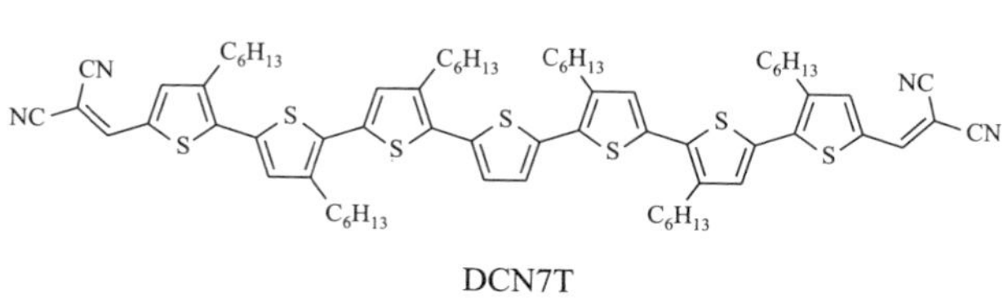

DCN7T

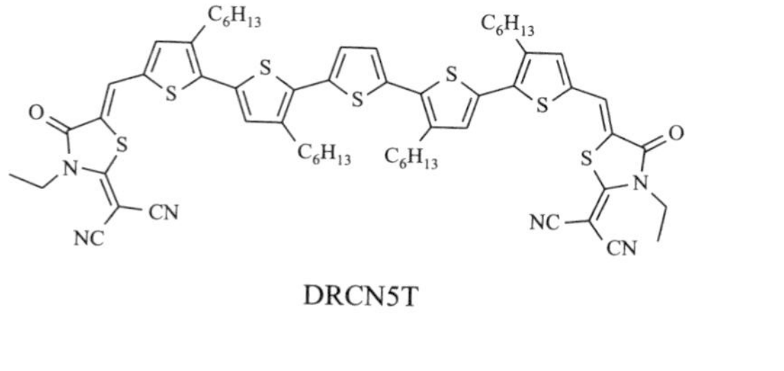

DRCN5T

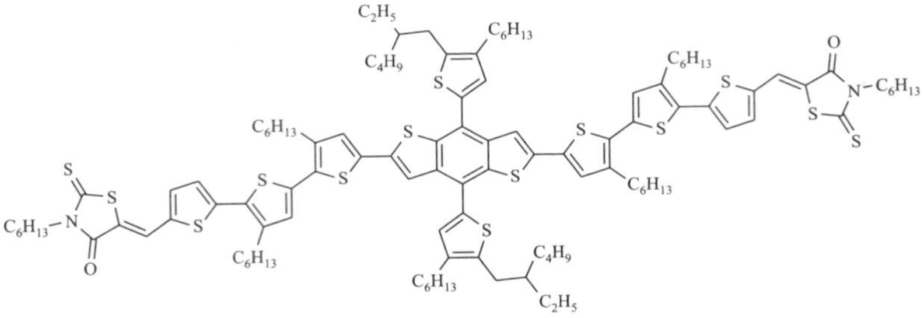

BTR

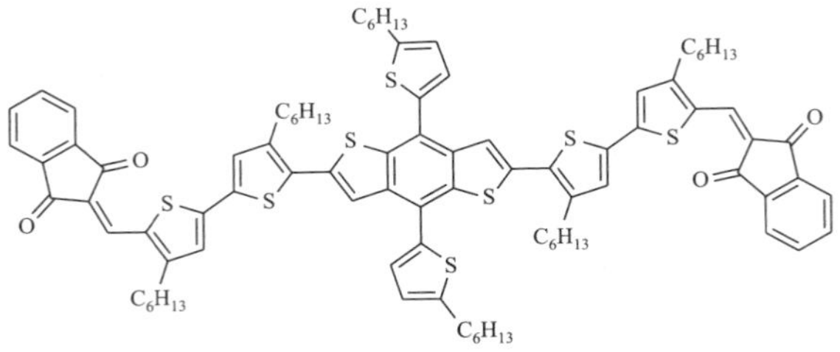

D2

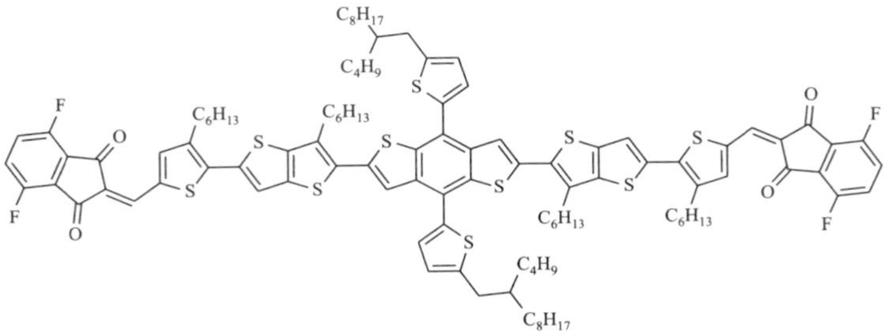

BTID-2F

图 6.14   p 型线性分子有机半导体材料的化学结构

志祥等报道了在茚二酮受体端修饰 F 元素的方式，其中 BTID-2F：$PC_{70}BM$ 电池的效率超过了 11%[197]。

（5）A-D-A-D-A 构型。这类可以看作是 A-D-A 构型的一种拓展，在 p 型分子中报道不常见，但这一构型在 n 型小分子中极大地推动了有机光伏电池的发展。

6.3.3.2   n 型有机半导体材料

在有机薄膜光伏器件中，常用的 n 型半导体材料是可溶性富勒烯（C_{60}）的衍生物。最典型的例子是基于 C_{60} 的 [6,6]-苯基-丁酸甲酯衍生物（PC_{60}

BM)。PC$_{60}$BM 有较高的电子迁移率(10^{-3} cm^2·V^{-1}·s^{-1})以及低的 LUMO 轨道能级(约 -4.1 eV)[198],是一类综合性能优良的 n 型有机半导体材料。由于 C$_{60}$分子的空间对称性高,其衍生物的低能电子跃迁是对称性禁阻的,因而 PC$_{60}$BM 存在着吸光率不足的缺点。富勒烯 C$_{70}$衍生物则由于其分子的不对称性,提高了材料在可见光区(400~600 nm)的吸光能力(图 6.15)。PC$_{70}$BM 具有同 PC$_{60}$BM 相似的电子性能,包括 HOMO/LUMO 能级以及电子迁移能力。因此,利用 PC$_{70}$BM 作为电子受体的材料可以弥补 PC$_{60}$BM 在可见光区内吸光不足的缺点,但 C$_{70}$衍生物的价格较 C$_{60}$衍生物的价格要高许多。

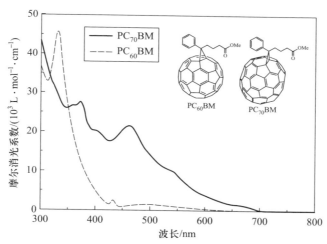

图 6.15　PC$_{70}$BM 与 PC$_{60}$BM 的化学结构及其吸收光谱比较

　　由于 PCBM 的 LUMO 能级太低,也影响了器件的光电转换效率。以 P3HT:PC$_{60}$BM 为例,PC$_{60}$BM 的 LUMO 能级为 -4.1 eV,同 P3HT 的 LUMO 能级(-3.1 eV)相比有 1.0 eV 的能级差。虽然给体 LUMO 与受体 LUMO 能级之间的差值大有利于电子转移过程,但电子的跃迁过程实际上造成了能量的损失。提高受体材料的 LUMO 能级,一方面能够降低电子转移过程中的能量损失,同时能够提高电子给体材料的 HOMO 能级与受体材料 LUMO 能级之间的差值,有利于提高光伏器件的开路光电压。Blom 等研究了富勒烯 C$_{60}$的双加成产物 bis-PC$_{60}$BM 的电化学性质,结果表明,bis-PC$_{60}$BM 分子中共轭体系受到更大的破坏,LUMO 能级较单加成产物 PC$_{60}$BM 提高了 100 mV。利用 P3HT:bis-PC$_{61}$BM 制备的有机光伏电池器件的开路光电压提高到了 0.73 V,较基于 PC$_{60}$BM 的器件的开路光电压有 0.15 mV 的提高[199]。中国科学院化学研究所李永舫科研团队利用 C_{60} 与苊的 Diels-Alder 加成反应制备了双加成产物 ICBA[140]。ICBA 的 LUMO 能级较 $PC_{60}BM$ 提高了 0.17 eV。利用其与 P3HT 共混制备的有机薄膜光伏器件的开路光电压可达 0.84 V，器件的光电转换效率达 6.5%[141]。除了上述的富勒烯衍生物外，还有一些其他取代修饰的富勒烯衍生物，如 SIMEF[41]、ThCBM[200] 等。

虽然，富勒烯受体是有机光伏前期发展的主导性 n 型半导体材料，但其光谱范围窄、能级难以调控的缺点也限制了其效率的进一步提升。因此，开发具有更高光谱吸收能力的非富勒烯受体便成为研究的重点。图 6.16 是一些非富勒烯 n 型有机半导体材料的化学结构。有机光伏电池发展早期就已有使用非富勒烯 n 型小分子的报道。例如将芳香稠环酰亚胺衍生物 PV 作为 n-型材料。这类基于苝酰亚胺的小分子也一直在不断发展[201]。2008 年，Ooi 等在本体异质结器件中采用 EV-BT 作为 n-型小分子受体[202]。早期这类分子的效率不高，普遍低于富勒烯体系。n 型小分子在前期发展中多集中在苝酰亚胺和萘酰亚胺这类具有较大共轭平面的分子上，这类分子共混膜中易聚集形成较大的相分离。因此，一个重要的思路就是抑制聚集，如 SF-PDI$_2$ 也可以获得可 9% 以上的效率[203]。但这类材料吸收光谱仍然较窄，主要集中在 300 ~ 650 nm，消光系数也不高。

2014 年，占肖卫等报道了 A-D-A 构型的 n 型小分子 ITIC，在 PTB7-Th 体系中实现了非富勒烯材料对富勒烯材料（$PC_{60}MB$）效率的超越[143]。同年，Iain McCulloch 等合成了 n 型小分子 FBR，在 P3HT 体系中实现非富勒烯材料对富勒烯材料效率的超越[204]。这类 A-D-A 构型的 n 型小分子引起了开发 n 型小分子的热潮，推动了有机光伏电池效率屡创新高。A-D-A 构型的 n 型小分子包括三个基本组成部分：中间稠环核给电子单元、两端的强吸电子单元和保证溶解性的侧链单元。各种结构单元被应用到 A-D-A 构型 n 型小分子中，使得这类分子结构特别丰富。在 A-D-A 型 n 型小分子的基础上，中南大学邹应萍等提出了中间稠环核上引入弱吸电子单元的策略，从而设计了一系列 A-DAD-A 构型的 n 型小分子 Y6[205,206]。Y6 分子一经报道就引起了领域内的广泛关注[64]，目前，基于这类分子的光电转换效率已经超过了 18%[206]，而且这类分子通过印刷法制备的大面积器件也展示了优异的性能[207]。更详细的介绍可以参考近期一些综述文章[208,209]。

除 n 型小分子外，另一种重要 n 型材料就是 n 型聚合物材料。其中一类是 PDI 或 NDI 结构的聚合物受体。2014 年，Mori 等把有机场效应晶体管中应用的 n 型聚合物（N2200）应用到有机光伏电池中作为受体材料，与 PTB7-Th 共混制备了全聚合物有机太阳能电池，效率达到 5.7%[210]。近年来通过优化

N2200 的相对分子质量、优化溶剂添加剂,选择合适的光谱互补的给体材料,基于 N2200 全聚合物电池效率超过了 11%[211,212]。2016 年,赵达慧等通过乙烯基与 PDI 单元聚合反应得到 PDI-V 受体材料,基于 PTB7-Th:PDI-V 体系,在无须溶剂添加剂和后处理的简单条件下实现了 7.5% 的器件效率[213]。之后通过优化主链构象,把效率提升到 8.6%[214]。2015 年,刘俊等提出了一种 B-N 类的 n 型聚合物 P-BNBP-T,后续基于 B-N 类的 n 型聚合物制备的小分子给

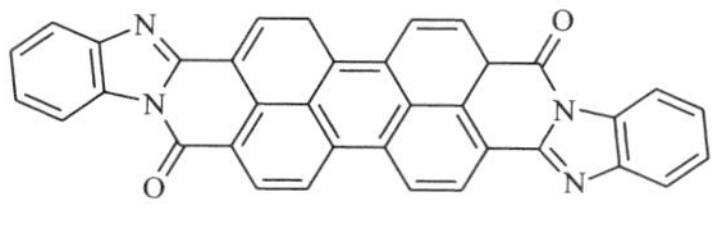

PV

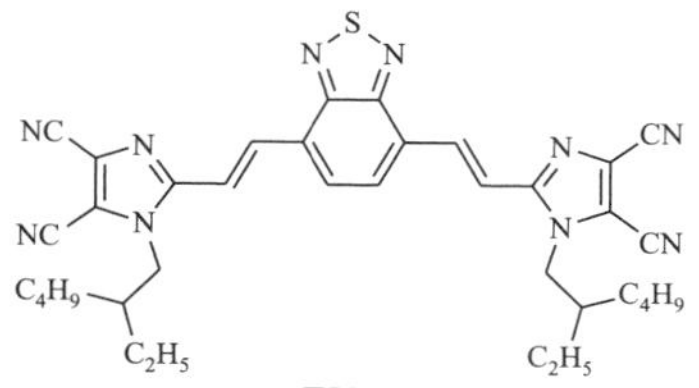

EV–BT

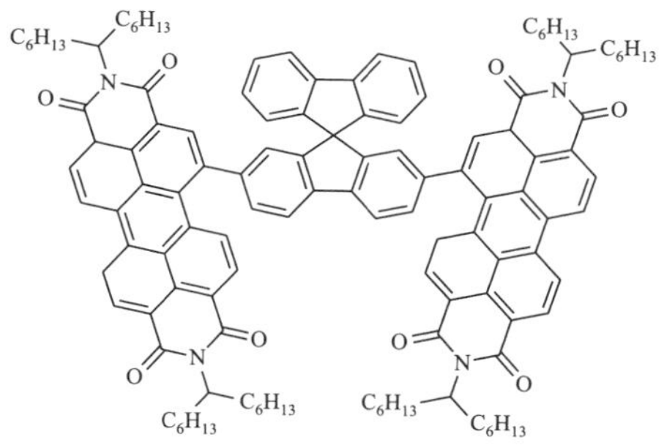

SF–PDI₂

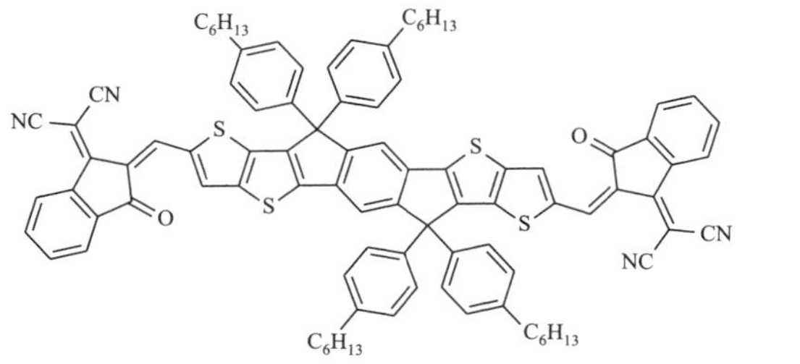

ITIC

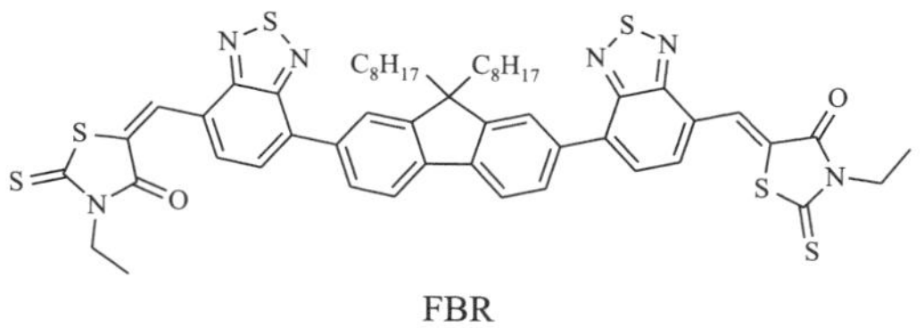

FBR

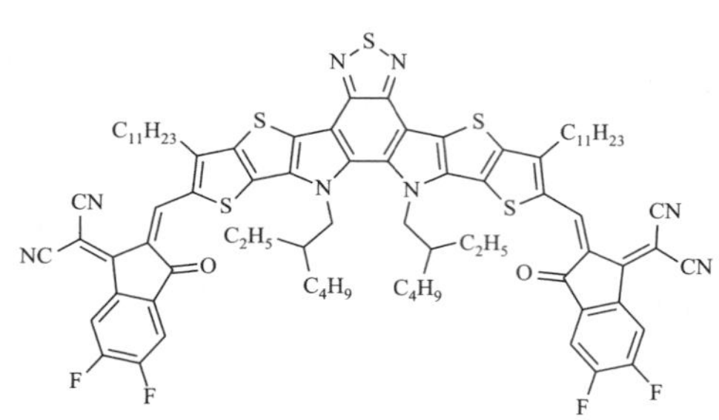

图 6.16　新型非富勒烯 n 型有机半导体材料的化学结构

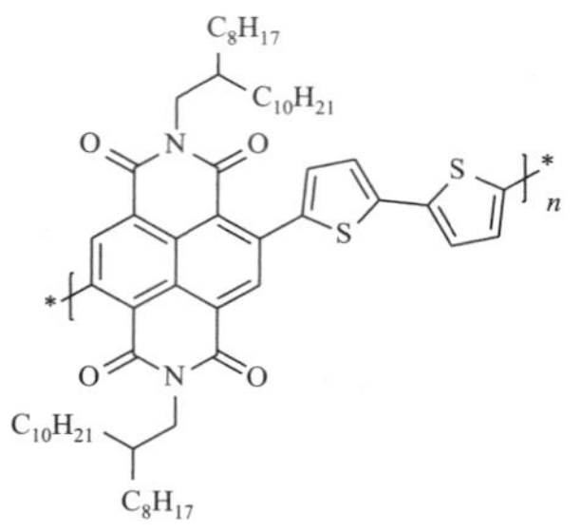

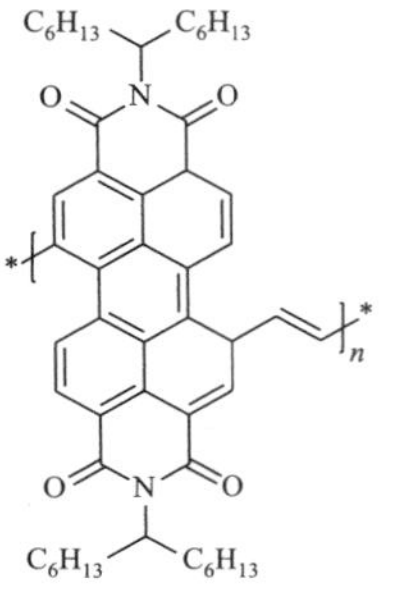

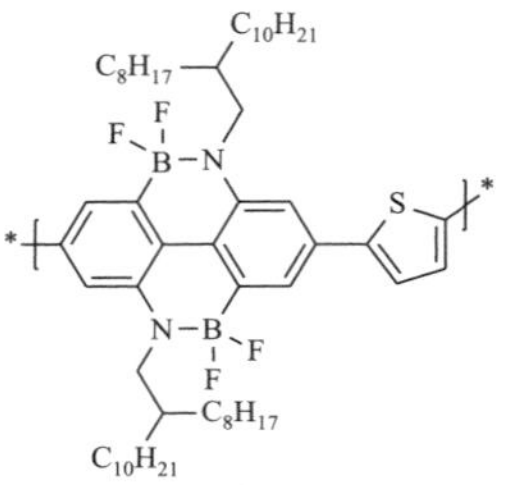

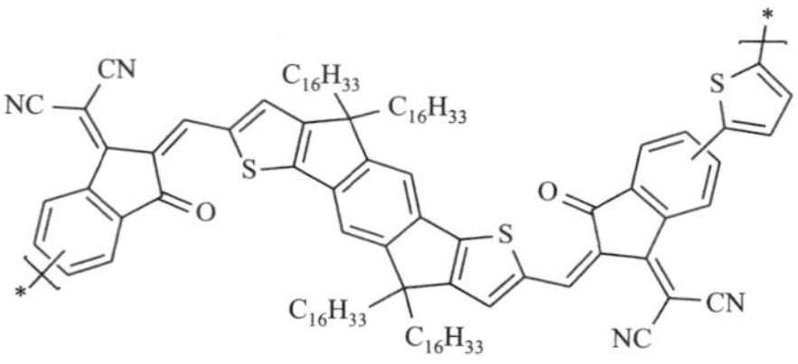

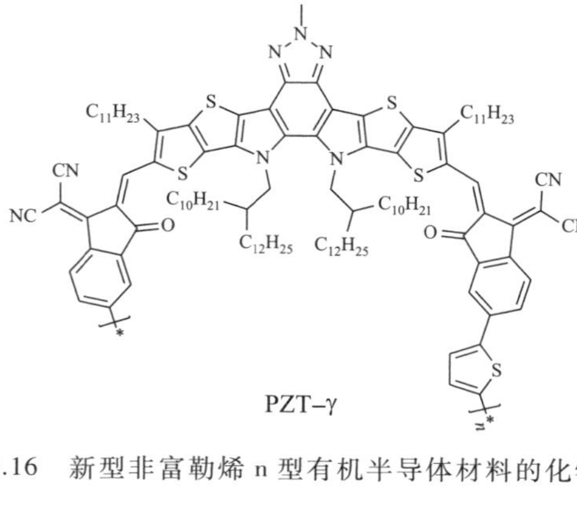

体:聚合物受体电池性能超过了 8%[203,215]。2019 年,随着 A-D-A 型小分子的快速发展,李永舫等提出了 n 型小分子聚合物化的全新思路,合成了 n 型聚合物 PZ1[216]。全聚合物太阳能电池以其良好的稳定性和柔性在最近几年得到迅速发展[217]。基于类似 Y6 骨架结构的聚合物(如 PZT-γ)相继报道,能量转化效率不断突破,实验室小面积器件光电转换效率已经达到 18%[218]。

6.3.4　无机半导体材料

　　除了有机功能半导体材料外,无机半导体材料也被用于制备有机薄膜光伏器件。在已有的文献报道中,p 型无机半导体材料多数是作为吸光物质用于制备敏化太阳能电池[219,220]。而在有机薄膜光伏器件中,则多数是利用 n 型无机半导体材料与 p 型共轭有机材料的共混制备有机薄膜光伏器件[221]。这可能是由于高性能 p 型共轭有机半导体的选择多于 n 型有机半导体材料。出于溶液法加工制备有机光伏器件的需要,这些无机半导体材料通常制备成纳米尺度的颗粒分散溶液。制备这类有机-无机杂化光伏器件一般选用较为成熟的 PPV 或 P3HT 作为电子给体材料。n 型无机半导体材料的组成包括 CdSe[222-224]、ZnO[79,225]、TiO_2[226,227] 以及 $CuInSe_2$[228] 等。有机-无机杂化薄膜光伏器件的光电转换效率在 1%～3% 之间,略逊色于用富勒烯衍生物作为受体的光伏器件。

6.3.5　界面修饰层材料

　　有机薄膜光伏器件中功能有机薄膜同电极之间的界面性能是影响器件效能的一个重要因素。为了能够消除界面间的势能壁垒,提高电荷(包括空穴和电子)的注入效率,在有机薄膜光伏器件中,通常使用空穴注入层、电子注入层、激子阻挡层等的辅助缓冲层来提高器件的效率和稳定性[47,48,229]。最为常见的功能辅助材料是 PEDOT:PSS。本章 6.3.2 节已经介绍了 PEDOT:PSS 作为高性能的导电高分子材料用于制备透明电极。由于它的功函数大约为 -5.2 eV,同 ITO 的功函数非常匹配。PEDOT:PSS 的使用可以降低空穴注入的势垒,同时有效平整 ITO 界面,降低短路现象[230,231]。但 PEDOT:PSS 对 ITO 导电膜有腐蚀作用。文献中也有利用 MoO_3(功函数为 -5.3 eV)[232]、V_2O_5(功函数为 -4.7 eV)[232]、NiO_x[138]等作为空穴注入层取代 PEDOT:PSS 的报道。其中 V_2O_5 可以实现溶液法制备,同印刷工艺具有很好相容性,在未来极有可能取代 PEDOT:PSS 成为新一代的空穴注入缓冲材料。

　　有机薄膜光伏器件中,最为常见的电池负极是 LiF/Al,LiF 的厚度通常仅为 1 nm 左右。一般认为,LiF 的引入可以在 Al 电极之间的 LiF 层形成一个偶极层,可以增大器件的开路电压。Lu 等最近报道利用 LiF 掺杂的 C_{60} 作为光伏器件负极缓冲层,该缓冲层的引入有助于阻挡器件中产生的空穴,从而提高器件的工作效率[233]。在光伏器件电池负极的修饰中,常见的材料还有 $ZnO^{[234,235]}$、$TiO_2^{[152]}$ 等。

6.4　倒置结构与叠层有机光伏电池

6.4.1　倒置结构有机光伏电池

　　传统的有机薄膜光伏器件结构为:ITO/PEDOT:PSS/光活性有机层/LiF/Al,如图 6.17(a)所示。其中透明导电的 ITO 电极作为电池的正极,金属铝作为电池的负极。选择低功函数的金属铝作为电池的负极是为了让其同电子受体材料的 LUMO 能级相匹配,提高电子的注入效率。然而低功函数金属作为电池的负极容易被空气中的氧气和水氧化,影响器件的长期稳定性。已有的研究结果也表明氧气分子能够通过铝膜中的针孔缺陷进入器件内部,引起器件的衰减,降低器件的使用寿命[236]。针对这一问题,出现了倒置结构的有机光伏器件(inverted organic solar cells)[52],如图 6.17(b)所示。在倒置结构的有机光伏电池器件中,透明导电薄膜作为电池器件的负极,而阳极则可以采用高功函数的金属,如银、金等,从而提高器件对水氧的稳定性。此外,在倒置结构器件中,酸性的 PEDOT:PSS 远离了 ITO 导电薄膜,降低了 PEDOT:PSS 对 ITO 的腐蚀作用[237],有利于提高器件的长期使用寿命。除此之外,高功函数的金属背电极,如银电极,可以采用印刷的方法沉积制备,提高了有机薄膜光伏器件的印刷制备可行性。因此,倒置型有机薄膜光伏器成为近年来有机薄膜光伏器件的主流结构。

　　在倒置结构有机光伏电池中,ITO 导电膜的高功函数(-4.8 eV)不利于电子的注入,因此在倒置型有机薄膜光伏器件中通常使用 n 型半导体材料来修饰 ITO 电极,如:$ZnO^{[238-240]}$、$TiOx^{[241,242]}$ 等。在器件的另外一端,则通常采用 PEDOT:PSS 作为空穴注入层修饰银电极[52]。除此之外,还有利用 MoO_3 作为空穴注入层取代 PEDOT:PSS 的文献报道[53]。虽然 MoO_3 是一个良好的空穴注入材料,但需要真空镀膜的方法制备,与印刷制备工艺并不兼容。Lin 等报道了利用溶液法制备 V_2O_5 空穴传输薄膜的方法[243]。V_2O_5 的价带为 -4.7 eV,与金属银的功函数非常配。利用 V_2O_5 作空穴传输层的器件效率可

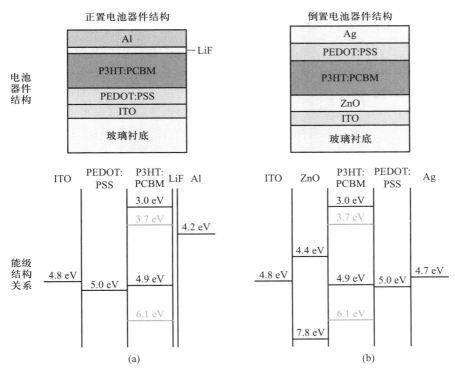

图 6.17　基于 P3HT:PC_{61}BM 的正置(a)与倒置(b)光伏电池器件结构与能级关系比较

达 3.56%,没有 V_2O_5 缓冲层的光伏器件的效率仅为 2.52%。他们还报道了利用 TiO_x 纳米棒作为电子注入辅助材料,制备了结构为 ITO/ZnO/TiO_x(NR)/Plexcore®/NiO/Ag 的倒置光伏器件。该器件的光电转换效率达到 5.6%,接近传统正置结构的光伏器件效率。应当注意到的是,该器件所有的功能薄膜均采用湿法加工制备,具有非常良好的实用前景[240]。

6.4.2　叠层有机光伏电池

　　有机半导体材料的最大吸收波长通常在可见光区(400~650 nm),与太阳发射光谱并不匹配,限制了单结有机薄膜光伏器件的光电转换效率。利用叠层有机太阳能电池(tandem organic solar cell)结构将具有不同带隙宽度的有机半导体制备的单结电池通过中间透明导电电极按串联或者并联的方式在垂直于衬底的方向上叠加,则可以弥补单一有机半导体材料的光谱吸收缺陷,拓宽器件的光谱响应能力,最大限度地利用太阳能。2007 年首次报道了溶液法加工的以 PCPDTBT 与 P3HT 作为光活性层的双结叠层电池器件[151]。在该器件中,PCPDTBT:PC$_{60}$BM 混合薄膜同 ITO/PEDOT:PSS 以及上层的 TiO$_x$ 形成了前结光伏电池;而 P3HT:PC$_{70}$BM 则成为器件的后结电池的光活性层[图 6.18(a)]。P3HT 的光谱吸收截止于 650 nm,而 PCPDTBT 的光谱吸收可达 900 nm。二者的组合能够使叠层电池的光谱响应范围覆盖可见-近红外光波段。在该光伏器件中,太阳光透过前结电池的 PCPDTBT:PC$_{60}$BM 吸收太阳光产生正电荷,并向 ITO 电极移动,而负电荷则向中心的 TiO$_x$ 层迁移;透过前结电池的太阳光经中间 TiO$_x$ 层进入 P3HT:PC$_{70}$BM 层并被其吸收,P3HT:PC$_{70}$BM 层内产生的负电荷向金属电极铝移动并被外电路收集;而正电荷则向中间的 TiO$_x$ 层移动,并与前结电池产生的负电荷在此发生中和。因此,中间透明的 TiO$_x$ 薄膜是前后双结电池产生的电荷发生中和的地方。这样的叠层电池实际上是两个单结电池以一种串联的方式连接。理想的串联叠层电池的开路光电压为前后两个单结电池的开路电压之和,而器件的短路光电流则受光电流小的那结电池的限制。在图 6.18(a)的叠层光伏器件中,开路光电压表现为前后单结电池开路电压的加和,达到 1.24 V,而器件的短路光电流同比单结电池有所下降,为 7.8 mA/cm^2。该器件具有良好的填充因子 0.67,器件的整体光电转换效率达到了 6.5%,比单结电池的效率有很大的提

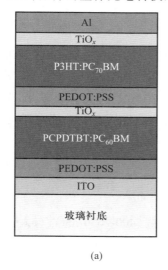

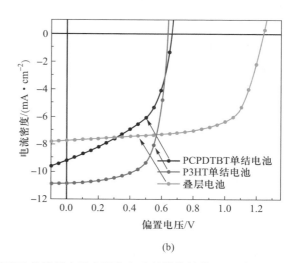

(a)   (b)

图 6.18   (a)基于 P3HT 与 PCPDTBT 的叠层有机太阳能电池的器件结构;(b)单结与叠层电池的电流-电压特性曲线比较

高[图6.18(b)][151]。如果将两个单结电池并联,则可获得两个单结电池之和的短路电流,如2017年报道的并联叠层有机太阳能电池实现了17.92 mA/cm^2的短路电流密度和11.08%的光电转换效率[244]。近年来通过采用新型有机半导体材料与倒置结构[图6.19(a)],串联叠层电池的转换效率已提升到17.3%,同时提高了开路电压与短路电流[图6.19(b)][12]。2022年中国科学院化学研究所侯剑辉研究团队报道的叠层电池取得了20.2%的转换效率[13]。

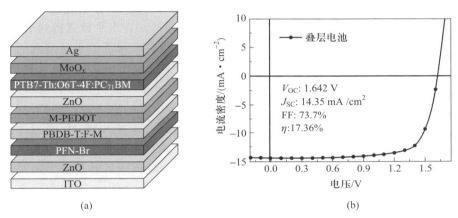

图6.19　(a)获得17.3%转换效率的串联叠层有机太阳能电池的结构;(b)串联叠层有机太阳能电池的电流-电压特性曲线

6.5　有机薄膜光伏器件印刷制备技术

有机太阳能电池的制备方法分为两类:真空蒸镀与印刷。有机小分子半导体一般通过真空蒸镀方法沉积成薄膜,当然小分子材料也可以通过分散型溶液进行印刷沉积(见本书2.3节)。有机聚合物半导体则完全可以通过溶液法加工。如本书第4章所介绍,溶液法加工包括图形化的印刷与非图形化的涂布。除了有机半导体材料外,其他如透明电极等也可以用溶液法加工(6.3.2节)。因此,完全可以通过溶液法加工制备整个有机太阳能电池模组。早在2009年,丹麦技术大学Krebs教授就已经系统总结了可以制备有机太阳能电池的各种溶液法加工方法[245],包括各种涂布技术与印刷技术。这些技术到目前为止没有本质性变化,只是设备更先进,并开始向工业化规模发展。本书第4章已经对印刷电子中常用的涂布与印刷技术做了全面介绍。本节主要介绍与制备有机太阳能电池相关的一些溶液加工技术,特别是可以卷对卷(roll-to-roll,R2R)工业化生产的技术。此处所述的溶液加工包括非图形化溶液加工(涂布)与图形化溶液加工(印刷)。

6.5.1 旋涂技术

在有机薄膜光伏的实验室研究中最为广泛使用的成膜方法是旋涂(spin coating)。旋涂成膜技术是将配制好的聚合物溶液滴加在水平放置的衬底上,通过衬底的高速旋转将大多数的溶液甩出,随后衬底上留下的少量溶液随着溶剂的挥发,在衬底上形成聚合物薄膜。旋涂成膜技术具有以下的 3 个优势:① 操作简单,不需要复杂的工艺步骤;② 有机高分子薄膜的厚度、表面形貌以及内部结构等可以通过调节溶液浓度以及旋转速度的组合进行调节,旋涂制备的有机高分子薄膜具有良好的均一性和稳定性,重复性好;③ 制膜速度快,兼容性好,适用面广。然而,旋涂法也有一些缺点与不足:① 旋涂法比较浪费材料。旋涂制膜过程中,绝大部分的高分子溶液由于旋转离心力而被甩离基板,造成材料的浪费;② 旋涂制膜不具有图案化的功能,制膜过程会在基板的整个平面沉积上薄膜,很难实现光伏器件的集成化制备;③ 旋涂成膜的过程不适用于工业化的连续大规模生产。

6.5.2 刮刀涂布

刮刀涂布(doctor blading)是将高分子溶液倾倒在衬底上,然后用刮刀刮去多余的涂料,同时将涂层表面平滑化(见图 4.33),简称刮涂。刮刀涂布通过调控刮刀同衬底材料间的距离来控制生成薄膜的厚度。与旋转涂膜方法不同,刮刀涂布法在实际操作中原料溶液的损失可以减少到 5% 以下。而且,刮刀涂布机通常提供了一个加热平台,能够为衬底进行加热处理。与旋涂法相似,刮刀涂布也是一种不具有图案化功能的印刷方式。另外,刮刀涂布过程中溶剂的挥发过程比较慢,对于易于结晶的有机聚合物材料,往往会在涂布过程中发生快速聚集,影响了有机薄膜的质量。因此,溶剂的选择与溶剂挥发的速度对高分子薄膜成膜质量影响很大[246,247]。

刮刀涂布是实验室研究人员制备大面积有机太阳能电池的首选加工方法,也是目前这个领域中研究最广泛、最成熟的技术。刮刀涂布使用的墨水基本可以采用旋涂方法使用的墨水,墨水的溶剂、浓度、比例基本可以参考旋涂工艺,这大大降低了研究的工作量和难度。刮涂制备有机太阳能电池中优化最多的工艺参数是衬底温度,这不仅影响薄膜的厚度[248],也最大限度地影响着薄膜的形貌[249]。通过多年的研究,刮涂有机太阳能电池效率取得了很大的进展,而且已经将小面积的工艺逐渐放大到大面积尺寸的电池。2019年,华南理工大学黄飞等通过刮涂法制备了 216 cm² 的 PTB7-Th:PC$_{71}$BM 电池模组,效率达到 5.6%,同样面积的半透明电池的效率也达到了 4.5%[250]。2020 年,德国 Brabec 研究组报道了面积为 26 cm²、效率为 12.6%,以及面积为 204 cm²、效率为 11.7%的有机太阳能电池组件,这是目前有机电池太阳能电池模组的最高效率[251]。这一工作正是采用了刮涂方法来实现的。

高效的太阳能电池都是共混异质结结构,即给体和受体共混之后,一步成膜。近年来,研究人员发现采用分步涂布方法制备的有机薄膜能获得与一步成膜相当甚至更好的器件效率。分步涂布工艺一般是将有机聚合物给体先涂布在衬底上,然后再涂布有机小分子受体材料,虽然两种材料是先后涂布的,但是通过使用合适的溶剂,在第二步沉积时,第一步沉积的给体薄膜会被溶解重新成型,最后形成的薄膜依然是共混异质结的结构。但是预沉积的给体可以对共混异质结薄膜的形貌起到很好的调控作用,尤其是可以调节薄膜的垂直相分离。马伟等还利用分步方法刮涂制备双层体异质结有机活性层,并利用原位的广角散射和原位的吸收光谱考察了薄膜晶体的动力学过程,结果显示先沉积的 PBDB-T:IT-M 可以为后沉积的 PBDB-T:FOIC 形成更多的晶核[252]。

对于大面积印刷或者涂布而言,由于薄膜干燥速度相比于旋涂更慢,薄膜形貌受到衬底的影响更大,所以实现高效率印刷器件时,对界面层的要求比旋涂更高。作者科研团队发现,在同样的 ZnO 薄膜上刮涂法制备活性层得到的器件,性能和重复性均不及旋涂法制备的电池。通过降低 ZnO 薄膜的表面粗糙度,则可以提升界面层与活性层之间的界面兼容性,有效提升涂布有机太阳能电池的性能,且性能可以超过旋涂法制备的器件[253]。

6.5.3 狭缝涂布

刮刀涂布法设备要求简单,但也存在供墨不稳定、成膜过程可控性差等问题。与刮刀涂布法不同,狭缝涂布技术中墨水沿着墨路进入到涂布头中,在一定的压力下通过涂布头内精密设计的墨水分布调节机构(缝隙)确保墨水从很宽的涂布头中均匀挤出,进而在承印物上沉积下来(图 4.33)。这一方法中墨水在一封闭腔室内流动,同时能够均匀与地从涂布头中挤出,是一种预计量涂布。具有墨水输出稳定、成膜更加均匀可控等优点,是制备大面积均匀薄膜的一种理想方式[254]。与刮涂法一样,狭缝涂布也需要一个去溶剂干燥工艺步骤。干燥后的膜厚通常只有干燥前(湿膜)膜厚的 1/10。当然这一方法在图案化方面也有不足,只能提供条状图案的印刷制备。鉴于光伏器件主要是条形结构,可以通过控制狭缝宽度来产生条形涂层,且狭缝涂布具有设备工艺相对简单、速度快、易于大面积制备等优点,成为目前有机太阳能电池实验室以及产业应用研究的最为重要的方法之一。

闵杰等使用狭缝涂布法,通过优化给墨速度和涂布速度获得了高质量薄膜。基于这种工艺获得的电池效率达到 12.9%,柔性衬底上的电池效率也超过了 12%[255]。通过调节合适的墨水和衬底温度可以获得合理的分子聚集状态,而且使用不同溶剂加工都可以获得相当的器件效率。例如针对 PM6:Y6 电池使用加热的涂布头与工作台[图 6.20(a)],分别用氯苯、三甲苯、邻二甲苯 3 种溶剂获得了电池效率 15.2%、15.4% 和 15.6%[256]。此外,在卷对卷狭缝

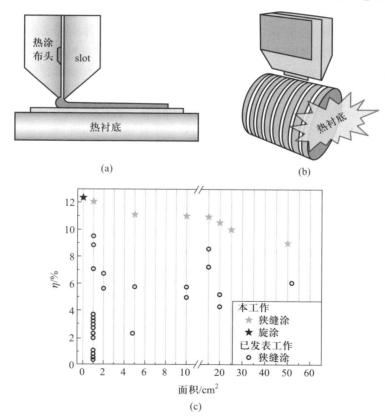

(a)   (b)

(c)

图 6.20   (a)平面狭缝涂布中加热涂布头与工作台;(b)卷对卷涂布中加热卷辊;(c)常温卷辊与加热卷辊获得的不同面积狭缝涂布有机太阳能电池转换效率比较

涂布有机太阳能电池过程中对卷辊加热［图 6.20（b）］，可以在大面积有机太阳能电池上获得了比常温卷辊更高的转换效率［图 6.20（c）］[257]。

6.5.4 丝网印刷

丝网印刷是一种图形化印刷方法，已经广泛应用于无机太阳能电池工业中，例如用丝网印刷导电银浆制备晶硅太阳能电池的表面电极。早在 2001 年，Jabbour 等便报道了利用丝网印刷制备基于 MDMO-PPV：PCBM 的有机薄膜光伏器件[258]。由于丝网印刷要求油墨有较高的黏度和较低的挥发性，早期的丝网印刷制备光伏器件的工作主要集中在 PPV：PCBM 体系上[259-262]。这是因为 PPV 衍生物有较高的相对分子质量（可达 100 000 Da[①]），容易制备黏度高的印刷油墨。后来，随着 P3HT 在有机光伏器件上的应用研究的深入，利用丝网印刷制备光伏薄膜的工作也逐渐转向了 P3HT：PCBM 体系。Zhang 等比较了不同溶剂对丝网印刷方法制备光活性层的薄膜形态的影响，发现利用氯仿作为溶剂通过丝网印刷制备的 P3HT：PCBM 薄膜近似于旋涂法制备的薄膜形态，器件也表现出最大的光电转换效率，可达 4.23%[263]。Krebs 等报道了一系列利用丝网印刷制备的基于聚噻吩衍生物：ZnO 的有机光伏薄膜光伏器件，包括全部由丝网印刷制备的有机太阳能电池[264,265]。随着有机半导体材料的发展，对光活性层的厚度与表面形貌的要求越来越严格，而丝网印刷与狭缝涂布相比难以获得精确的膜层厚度控制，所以目前高性能非富勒烯受体光活性层体系采用丝网印刷技术来制备鲜有报道。目前丝网印刷主要用于沉积有机薄膜光伏器件中的 PEDOT：PSS 以及背电极等。

6.5.5 喷墨打印

喷墨打印也是一种图形化印刷方法（见本书第 4 章）。喷墨打印的油墨一般要求有较低黏度和挥发性。Brabec 等系统地研究了不同的溶剂组分对喷墨印刷制备 P3HT：PCBM 薄膜的表面形貌以及器件效能的影响[266,267]。结果表明，利用高沸点的二氯苯与低沸点的均三甲苯的混合溶剂（0.68:0.32）是制备用于基于 P3HT：PCBM 的喷墨印刷油墨的最佳溶剂组合。利用该混合溶液可以制备出表面平整的有机高分子薄膜，器件的光电转换效率可达 3.5%[268]。此外，四氢化萘与氯苯（1:1）的组合也是制备表面平整的有机薄膜的理想溶

---

① 1 Da = 1.66054×10^{-27} kg。

剂组合[269]。喷墨打印是数字印刷,不需预先制备模版,提供了有机太阳能电池形状设计的自由度[270]。喷墨打印也是一种非接触式印刷,可以在已经制备好的光伏活性层上打印添加其他材料,例如,作者科研团队用喷墨打印纳米银线制备了透明顶电极[131]。Gupta 等全面比较了丝网印刷与喷墨打印在制备有机光伏器件中各自的优缺点,认为可以将两种方法结合起来,发挥它们各自的优势[271]。但是对于喷墨印刷制备有机太阳能电池光活性层而言,薄膜的相分离形貌控制存在较大的难点。由于当前的高效率有机半导体材料在喷墨印刷要求使用的高沸点溶剂中会形成过度聚集的形貌,影响薄膜中的激子解离和电荷传输。高温印刷可以对分子的过度聚集有较好的抑制作用,但却会导致垂直相分离形貌调控困难。作者科研团队开发了高温条件下的给受体分步印刷工艺,使得分子聚集和薄膜组分的相分离形貌问题得到协同解决,进而实现了喷墨印刷有机太阳能电池效率超过 13%[272]。

6.5.6 凹版印刷

凹版印刷是一种网点化的大面积可图案化的印刷技术,并具有高分辨率的优点。凹版印刷过程中油墨经过包括上墨、转印、流平、干燥 4 个步骤。凹版印刷用于有机太阳能电池的制备早在 2010 年就有报道[273]。M. M. Voigt 等利用凹版印刷制备了包括 TiO_x 电子传输层、P3HT:PC 61 BM 活性层,以及 PEDOT:PSS 空穴传输层在内的三层功能层,获得器件效率仅为 0.6%[274]。其后,M. M. Voigt 等又通过墨水流变特性和印刷参数的同调控,使得凹版印刷有机太阳能电池的效率提升至 1.2%。S. Logothetidis 等则在 2016 年制备了全凹版印刷的有机太阳能电池模组,使用 P3HT:PC 61 BM 为活性层,器件采用倒置结构,模组面积为 8 cm^2,效率达到 2.0% 左右[275]。从 2016 年至今,凹版印刷有机太阳能电池的发展滞后于涂布技术。但是作者科研团队在 2021 年利用凹版印刷技术实现了银纳米线大面积透明导电薄膜的制备,且在柔性有机太阳能电池中的应用呈现出优异的器件性能[276]。

6.5.7 有机太阳能电池规模化制备

有机薄膜太阳能电池与晶硅太阳能电池比较,优势在于大面积、柔性化与低成本。实验室研究中,只需要制备 0.04 cm^2 面积的光伏器件,就可以得到专业标定机构验证转换效率并发表研究成果。在实际应用中,光伏器件的尺寸越大,转换效率越低。而光伏器件做成模组后效率会进一步降低。所以过去近 20 年中,实现大面积有机太阳能电池的转换效率提升一直是一个重要研究方向。可喜的是,这方面的进步也是显著的。图 6.21(a)总结了自 2005 年以来,有机太阳能电池在小于 1 cm^2 的面积、大于 1 cm^2 的面积以及光伏模组的转换效率提升,图 6.21(b)则显示了以各种溶液法加工方法制备的大于 1 cm^2 面积的有机光伏器件转换效率也逐年提升。

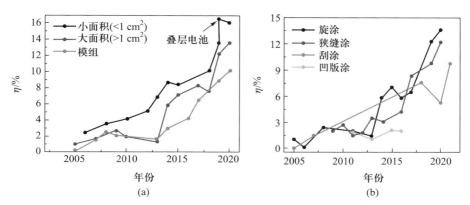

图 6.21　(a)有机光伏器件小面积、大面积与模组的转换效率进展[277];(b)不同溶液法加工方法制备的大面积(≥1 cm^2)有机光伏转换效率进展[278]

　　为了同时实现大面积与柔性化,以及低制造成本,卷对卷(R2R)规模化印刷制备有机光伏是必不可少的。以上介绍的各种涂布与印刷方法中除了旋涂外都可以通过 R2R 方式来制备有机光伏器件。2009 年,丹麦工业大学 Krebs 等率先尝试实验室规模的 R2R 印刷有机光伏薄膜器件的研究(图 6.22),尽管器件最终的工作效率只有 ~ 0.1%[279]。后期该团队利用 R2R 的方法制备了大面积(120 cm^2)倒置结构光伏器件,光电转换性能达到 2.1%,接近当时用常规方法制备的器件性能[280]。这一开创性的研究工作为后续 R2R 制备有机薄膜太阳能电池奠定了良好的基础,但真正实现规模化 R2R 制备大面积高性能的柔性有机太阳能电池还面临诸多挑战。这些挑战包括[278]:

　　(1)溶液加工的透明电极尚不能同时满足高导电、高透明、高表面平整性与高挠曲性。常规的 ITO 和铝电极需要真空溅射和蒸镀制备。溶液法涂布的纳米银线还不能单独作为透明电极使用,需要与 ITO 或有机导电高分子材料(PEDOT:PSS)结合使用。

　　(2)涂布或印刷的有机活性层通常较厚,而有机光伏中的一些功能层需要超薄膜厚。例如,电子传输层的厚度一般要求在 5~20 nm。只有降低光电转换功能对膜厚的敏感性,才能获得高效率印刷制备的有机光伏器件。

（3）不同涂布或印刷方法对墨水或油墨的黏度与表面张力要求不同,很难使所有功能材料溶液适应同一种印刷方法。狭缝涂布应该是最接近于印刷所有功能层的方法,但透明电极层通常需要丝网印刷或喷墨打印方法制备。例如,2021 年有报道用狭缝涂布实现了电荷传输层与给体/受体光活性层的沉积,使非富勒烯型倒置结构的有机太阳能电池转换效率达到 11%,但用作顶电极的银浆是用刮涂方法制备的[281]。利用表面贴合(lamination)技术也是一种途径:用 R2R 工艺分别制备柔性顶电极与底电极,然后将它们贴合在一起,光学活性层作为中间夹层[282]。

（4）尽管近年来已出现多种高转换效率的有机光伏给受体材料,但到目前为止还都是一些实验室研究结果。规模化印刷制造有机光伏器件需要具备低成本大批量合成这些材料的能力,而且还要保证批次之间的一致性与稳定性。这些都还没有通过实践证明。另外,规模化制造需要大量的有机溶剂,传统卤素类溶剂对环境有危害,发展绿色环保溶剂是近年来有机光伏领域的研究热点之一,但目前使用绿色溶剂的光伏器件效率还不高。

（5）有机半导体材料的一大弱点是受环境中水氧的影响而快速失效。为了保持有机光伏器件的长期工作稳定性,必须采取有效的阻隔水氧的封装措施。在规模化制造中,封装材料与工艺必须低成本,与光伏器件本身的制造相容,而且能够保证薄膜光伏良好的柔性与机械强度。有关有机电子的水氧阻隔封装技术将在本书第 8 章详细介绍。

总之,规模化制造有机太阳能电池方面还有很多技术难题需要解决。面对晶硅太阳能电池发电成本不断降低的优势,有机太阳能电池还需要在大面积器件的转换效率、长期工作稳定性、低成本印刷制备、低成本封装与开发合适的应用场景等多领域取得突破。

6.6　钙钛矿太阳能电池印刷制备技术

最近这几年来,可溶液法加工的钙钛矿太阳能电池成为薄膜光伏技术研究的一个最新热点。钙钛矿太阳能电池的效率提升非常迅速,在 10 年时间从最初的只有 3.8%,到目前实验室最高效率已经达到 25.7%[34]。钙钛矿太阳能电池是以钙钛矿半导体材料作为吸光层的一种新型薄膜光伏电池技术。钙钛矿半导体材料通常以通式 ABX_3 来表示。其中 A 位为甲胺(MA)、甲脒(FA)等一价有机阳离子或无机 Cs 离子等;B 位主要为 Pb^{2+}、Sn^{2+}、Ge^{2+} 等二价阳离子;X 位则主要为 Cl^-、Br^-、I^- 等一价卤素阴离子。钙钛矿的结构示意图

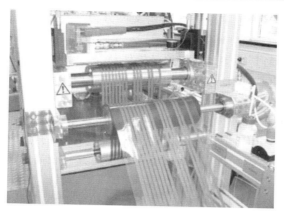

图 6.22 R2R 涂布制备有机光伏活性层

如图 6.23 所示。其中，X 位卤素阴离子位于八面体的顶点，B 阳离子位于八面体的中心，而 A 阳离子位于 BX_6 八面体之间的间隙。钙钛矿结构的稳定性可以由式(6.4)的容忍因子 t 来表示[283]：

$$t = (R_A + R_X) / [2^{1/2}(R_B + R_X)] \qquad (6.4)$$

式中，R_A、R_B、R_X 分别代表 A 位、B 位、X 位离子的半径。当容忍因子 t 处于 0.813~1.107 范围内时，钙钛矿结构处于稳定状态。因此，钙钛矿材料还可以通过使用同一价态的不同元素通过不同的混合比例来制备，这一方面使得钙钛矿半导体材料的种类异常丰富，另一方面也非常有利于钙钛矿半导体材料光电性能的有效调控。这也是钙钛矿太阳能电池快速发展的重要原因之一。

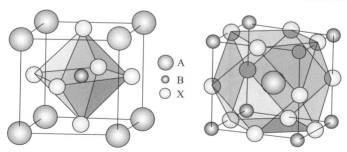

图 6.23 钙钛矿材料晶体结构示意图

钙钛矿太阳能电池结构与前述的有机薄膜光伏电池类似，一般由透明导电电极、空穴传输层、电子传输层、钙钛矿活性层以及背电极组成。根据空穴传输层与电子传输层的相对位置，钙钛矿太阳能电池可分为 n-i-p 型（倒置）

和 p-i-n 型（正置）结构,其中正置结构又可分为介孔结构和平面结构[284],如图 6.24 所示。钙钛矿半导体活性层主要起吸收光子并产生载流子的作用。钙钛矿半导体材料是一类离子型的半导体材料,可以溶解于强极性的有机溶剂,如二甲基亚砜（DMSO）、N,N-二甲基甲酰胺（DMF）、γ-丁内酯（GBL）等。载流子传输层（ETL、HTL）则主要用于优化界面能级结构,改善界面的分离并传输来自钙钛矿活性层中的载流子,其不仅会影响器件的光电性能,对钙钛矿的稳定性也会产生重要影响。因此,载流子传输层的选择对于高效的钙钛矿太阳能电池而言至关重要。载流子传输层应具有较高的载流子迁移率、较低的缺陷密度,与钙钛矿材料有较好的能级匹配。目前常见的空穴传输层材料主要有[285]Spiro-OMeTAD、PTAA、P3HT、PEDOT:PSS、氧化镍（NiO$_x$）等。而常见的电子传输层材料包括[286,287]TiO$_2$、SnO$_2$、ZnO 和富勒烯衍生物 PCBM。这些常见的界面修饰材料可以很好地分散在溶剂中。这也使得全溶液法制备钙钛矿太阳能电池成为可能。有关钙钛矿太阳能电池的原理、材料与技术的发展已经有多篇最新综述文章和专著发表[288-291],本节只关注有关钙钛矿太阳能电池的溶液法制备技术。

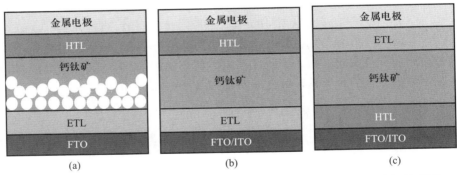

图 6.24   钙钛矿太阳能电池的结构:（a）介孔结构;（b）平面 n-i-p 型（倒置）结构;
（c）平面 p-i-n（正置）结构

6.6.1   旋涂技术

实验室中钙钛矿薄膜通常采用旋涂的方法[17]。首先要将 PbI$_2$ 和 MAI（由于钙钛矿成分不同,钙钛矿前驱体成分有所调整）溶解在极性溶剂中,然后将前驱体溶液滴到基材上,通过旋涂或者印刷等方法在基材上沉积一层预制薄膜。然后通过加热退火的方式,促使钙钛矿结晶进而获得目标薄膜。为解决直接旋涂成膜带来的薄膜粗糙度大、成膜致密性不够等问题,后来开发了反溶剂法来提升钙钛矿薄膜的质量[19]。这一方法是在钙钛矿前驱体溶液旋涂过程中,将非极性溶剂,如甲苯、氯苯、乙腈等滴到衬底上。其原理是通过反溶剂更加快速地去除溶剂,并且反溶剂混合到溶液中能够降低前驱体的固有溶解度从而大大提高结晶速率。通过反溶剂方法制备的钙钛矿器件性能创造了当时最高的器件效率纪录[19],并且该方法具有高度通用性,适用于不同组分的钙钛矿体系和不同器件结构,是目前常用的制备方法[292]。

除了一步结晶法外,将沉积 PbI_2 以及有机胺盐分成两步来进行也是制备钙钛矿太阳能电池的一种非常有效的方法。这一方法首先由 Grätzel 在 2013 年报道[21]。他们先通过旋涂方法将 PbI_2/DMF 溶液涂在介孔的 TiO_2 薄膜中,然后将 PbI_2/TiO_2 薄膜浸入 CH_3NH_3I 的异丙醇溶液中。溶液中的 CH_3NH_3I 会自发扩散到介孔中的 PbI_2 中,进而转化成钙钛矿晶体,完成薄膜的制备。相比于一步法,两步法在介孔 TiO_2 中能够获得更好的钙钛矿薄膜质量,进而获得高效率(> 15%)的钙钛矿太阳能电池。此外,两步成膜法在制备方法上具备了更多的灵活性,可以利用不同的有机溶剂和有机胺盐进行反应而获得不同组分的钙钛矿薄膜,特别是对于印刷制备而言具有很好优势[293]。

虽然旋涂法易于制备小面积钙钛矿太阳能电池,但也存在材料浪费严重、与连续制备工艺不兼容以及无法实现图案化制备等问题,并不适用于大面积钙钛矿薄膜的制备。因此,与工业大规模生产更兼容的丝网印刷[22,294]、刮刀涂布、狭缝涂布、喷墨打印等方法也被应用于大面积钙钛矿薄膜的制备,并实现了高效率钙钛矿太阳能电池及组件的制备。

6.6.2　丝网印刷

钙钛矿薄膜的最优厚度通常在 1 μm 以内,丝网印刷并不适合直接印刷制备钙钛矿薄膜,但却非常适合介孔纳米材料的印刷制备。2014 年,华中科技大学韩宏伟教授团队首次报道了基于丝网印刷制备的高稳定性钙钛矿太阳能电池[22]。在这一器件中,厚度分别为 1 μm、2 μm、10 μm 的介孔 TiO_2、ZrO_2 以及碳电极均通过丝网印刷的方法制备,然后将钙钛矿前驱体溶液滴加在印制的介孔层中,后续的加热退火工艺不但完成了溶剂的去除,也实现了钙钛矿在介孔层内的生长。他们通过使用 5-氨基戊酸(5-AVA)作为添加剂,有效地改善了钙钛矿的成膜质量以及与介孔材料之间的接触,实现了 12.8% 的认证效率。更为重要的是,这一方法制备的电池具有非常良好的稳定性,器件在光照 1000 h 内效率并没有明显降低。这一开创性的工作极大地推动了印刷钙钛矿太阳能电池技术的开发。例如,英国 Swansea 大学的 Watson 研究组[294],利用这一方法制备了面积大约为 198 cm² 的钙钛矿太阳能电池组件[295]。2017 年,韩宏伟科研团队将丝网印刷钙钛矿太阳能电池的效率进一步提升到了 14% 以上,并实现效率 10% 以上的印刷钙钛矿太阳能电池组件制备[296]。最近,他们还通过封装工艺的优化,证实了钙钛矿太阳能电池可以通过 IEC61215 的可靠性测试,连续稳定工作 9000 h[297],为钙钛矿太阳能电池走向应用奠定了良好的基础。图 6.25 是该团队创业公司湖北万度光能生产的高稳定印刷钙钛矿太阳能电池板。

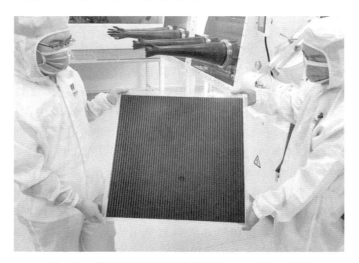

图 6.25　湖北万度光能的印刷钙钛矿太阳能电池板

6.6.3　涂　布

涂布是有机太阳能电池的主流制备技术,也在钙钛矿光伏电池制备中广泛应用。此处的涂布方法是指除旋涂之外的刮刀涂布、狭缝涂布与喷涂等可以制备大面积电池的技术。早期制备钙钛矿光伏器件是基于真空蒸镀的方法[298]。2015 年,Jen 等首先报道了基于刮涂法制备 $MAPbI_3-xCl_x$ 的钙钛矿太阳能电池,实现了 12.21% 的光电转换效率[299,300]。随后,黄劲松等通过优化钙钛矿薄膜的厚度[301]、衬底的温度[302]以及钙钛矿薄膜组分[303],实现了基于刮涂钙钛矿薄膜的光伏电池效率的大幅提升,最终将刮涂制备的钙钛矿太阳能电池的效率提高到 19.0%[303]。最近,他们通过使用有机二胺(bilateral alkylamine,包括:1,3-丙二胺、1,6-己二胺、1,8-辛二胺)作为添加剂,改善了刮涂薄膜的成膜质量,进一步将刮涂制备的 0.08 cm² 的钙钛矿太阳能电池的效率提高到 21.52%,且 1 cm² 的电池效率也达到了 20%[304]。与此同时,由于有机二胺的引入还极大地提高了钙钛矿太阳能电池的稳定性能(图 6.26)。

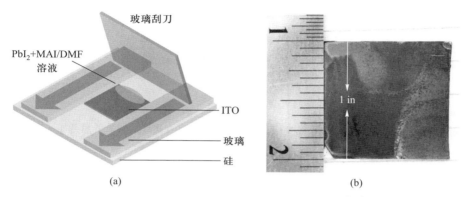

图 6.26　基于刮涂法制备的大面积钙钛矿薄膜[301]

　　尽管刮涂法可以在实验室中制备出高效率的钙钛矿太阳能电池,但这一方法并不适用于工业的大规模制备。相比之下,狭缝涂布较刮涂更适合工业化连续制备。因此,狭缝涂布成为研究工业化制备大面积钙钛矿太阳能电池的重要方法[305]。2015 年,Hwang 等首先报道了利用狭缝涂布方法实现连续制备钙钛矿薄膜[306]。他们采用两步法来实现钙钛矿薄膜的生长。首先利用狭缝涂布方法制备 PbI₂ 薄膜,并在其上方利用狭缝涂布完成 MAI 的沉积。他们在涂布头的后方增加了一个气枪,通过气体吹扫加速溶剂的干燥速度,以促进钙钛矿薄膜的生长。同时,他们也发现涂布过程中衬底的温度对于钙钛矿薄膜的质量有很大的影响,衬底温度为 70 ℃ 时钙钛矿薄膜生长质量最好,实现了效率达到 11.96% 的钙钛矿太阳能电池。图 6.27(a)是集成了气枪与衬底加热功能的卷对卷狭缝涂布系统示意图,图 6.27(b)是卷对卷狭缝涂布设备实物照片。其他利用狭缝涂布制备钙钛矿太阳能电池的工作还包括 Galagan[307]、Watson[308]、程一兵[309]、Kim[310]、Krebs[311]、Jaramillo[312] 等的研究工作。在喷涂技术方面,2014 年 Barrows 等首次报道利用超声喷涂方法一步成膜,所制备的钙钛矿光伏电池达到 11% 的转换效率[313]。

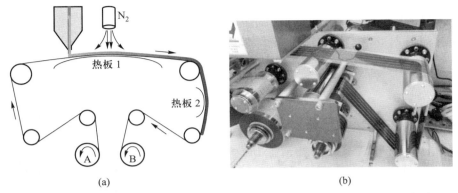

图 6.27　（a）具有气枪装置与衬底加热功能的卷对卷狭缝涂布装置示意图[314]；
（b）卷对卷狭缝涂布制备钙钛矿光伏电池系统[306]

6.6.4　喷墨打印

　　喷墨打印工艺早在 2014 年便被应用于钙钛矿太阳能电池的制备。Yang 等首次报道了利用喷墨技术将 MAI 溶液沉积在预先制备的 PbI$_2$ 薄膜上，实现了基于介孔 TiO$_2$ 的钙钛矿太阳能电池的制备，器件最优效率达到 11.6%[315]。中国科学院化学研究所宋延林科研团队系统地研究了喷墨打印制备钙钛矿薄膜的工艺技术，通过优化衬底温度以及钙钛矿薄膜的组分，最终实现最高效率为 12.3%的钙钛矿太阳能电池的制备[316,317]。同样地，Venkataraman 等则利用喷墨打印的方法实现 MAI 和 FAI 混合阳离子的钙钛矿薄膜的制备。通过优化 MA 与 FA 的比例，可以调节钙钛矿薄膜的生长质量，进而影响器件的性能。最终制得的器件效率达到 11.1%[318]。Mathies 等也利用喷墨打印来制备钙钛矿薄膜及太阳能电池，他们详细比较了打印速度以及真空干燥处理对钙钛矿薄膜质量以及性能的影响，发现喷墨打印的速度越快，钙钛矿薄膜的厚度和晶粒越大，而真空干燥处理也有助于高质量钙钛矿薄膜的生长。通过优化工艺，利用喷墨打印工艺制备的钙钛矿太阳能电池效率达到 11.3%[319]。最近，德国卡尔斯鲁厄大学的 Paetzold 报道了喷墨制备界面层与活性层的钙钛矿太阳能电池（图 6.28）[320]，通过优化墨水配方、喷墨打印工艺、加热温度等，最终实现了在空气环境中制备效率大于 17%的电池。值得说明的是，所有的喷墨工艺都是在开放的空气环境中制备的，所获得的器件具有良好的空气稳定性能，器件在 85 ℃的条件下工作 40 h 并无明显的性能衰减，展示出良好的应用性能。由于喷墨打印所采用的是图案化非接触式印刷与大面积制备，因此有可能是未来快速制备大面积钙钛矿太阳能电池的一种有效方法[321]。

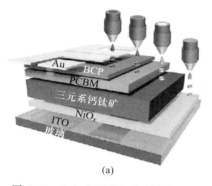 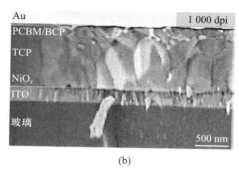

(a)　　　　　　　　　　　　　　　(b)

图 6.28　（a）全喷墨打印制备钙钛矿太阳能电池示意图；（b）打印的活性层与界面层电镜照片

　　由于钙钛矿材料具有易于调节的光学带隙、高光子吸收系数、高缺陷密度容忍度、高电荷迁移率、小的激子结合能、大的载流子扩散系数等一系列优点，使得钙钛矿薄膜光伏技术发展极为迅速。特别是由于钙钛矿薄膜半导体材料可以通过溶液法结合后续的退火工艺进行制备，钙钛矿太阳能电池与规模化印刷工艺也具有良好的相容性，利用印刷制备钙钛矿太阳能电池已经得到了多方验证，并且已开始工业化大规模制造。国内企业包括协鑫纳米、纤纳光电、万度光能等企业基本上都是采用印刷方法制备大面积钙钛矿太阳能电池，国外也有数家企业开始钙钛矿太阳能电池的产业化与商业化尝试[288]。目前钙钛矿太阳能电池存在两个致命问题：① 含有重金属元素铅，可能会对环境造成潜在的危害[322]；② 光伏稳定性差[323~325]。因此，开发非铅钙钛矿太阳能电池以及提高钙钛矿太阳能电池的稳定性是目前研究的重点[326]。由于钙钛矿材料具有易于调节的光学带隙、高光子吸收系数、高缺陷密度容忍度、高电荷迁移率、小的激子结合能、大的载流子扩散系数等一系列优点，使得钙钛矿薄膜光伏技术发展极为迅速。特别是由于钙钛矿薄膜半导体材料可以通过溶液法结合后续的退火工艺进行制备，钙钛矿薄膜光伏电池与规模化印刷工艺也具有良好的相容性，是未来大面积柔性薄膜光伏领域有力的候选技术。

6.7　小结

在过去的十多年里,有机及钙钛矿太阳能电池技术取得了极其快速的发展,特别是在新型有机半导体材料的设计合成、功能界面材料开发、器件结构的优化设计等方面取得了长足的发展。目前,实验室规模的有机和钙钛矿光伏器件的效率分别已经超过 18% 和 25%,在光电转换效率上逐渐靠近了无机薄膜光伏器件。但要实现这类新型薄膜光伏器件技术的真正实用化,还需要进一步提高大面积器件模组的效率以及稳定性。就印刷光伏电池技术研究而言,目前世界范围内多个研究机构,包括荷兰的 Holst 研究中心、比利时的 IMEC、丹麦的国家可再生能源实验室、美国国家可再生能源实验室以及澳大利亚的 VICOSC 联合团队等,都加大了印刷薄膜光伏技术的研究投入。可以预见在不久的将来,印刷薄膜光伏器件将在效率、寿命以及制造成本等多个方面上的取得突破,真正实现薄膜光伏器件的产业化。各类柔性的有机薄膜光伏产品也会逐渐出现在人们的日常生活中。

参考文献

［1］ Mallapaty S. How China could be carbon neutral by mid-century[J]. Nature, 2020, 586: 482-483.

［2］ IEA, Solar PV power generation in the Sustainable Development Scenario, 2000-2030. IEA, Paris. 2020.6.2.

［3］ Wenham S R, Green M A. Silicon solar cells[J]. Progress in Photovoltaics: Research and Applications, 1996, 4 (1): 3-33.

［4］ 黄庆举, 林继平, 魏长河, 等. 硅太阳能电池的应用研究与进展[J]. 材料开发与应用, 2009, 24 (6): 93-96.

［5］ Green M A, Dunlop E D, Hohl-Ebinger J, et al. Solar cell efficiency tables (version 56) [J]. Progress in Photovoltaics: Research and Applications, 2020, 28 (7): 629-638.

［6］ Yoshikawa K, Kawasaki H, Yoshida W, et al. Silicon heterojunction solar cell with interdigitated back contacts for a photoconversion efficiency over 26%[J]. Nature Energy, 2017, 2 (5): 17032.

［7］ Okil M, Salem M S, Abdolkader T M, et al. From crystalline to low-cost silicon-based solar cells: a review[J]. Silicon, 2022, 14: 1895-1911.

［8］　王育伟，刘小峰，陈婷婷，等. 薄膜太阳电池的最新进展［J］. 半导体光电，2008，2：151-157.

［9］　杨丽，辛钢，吴丽琼，等. 柔性染料敏化太阳电池［J］. 化学进展，2009，21（10）：2242-2249.

［10］　密保秀，高志强，黄维，等. 基于有机薄膜的太阳能电池材料与器件研究进展［J］. 中国科学 B 辑，2008，38（11）：957-975.

［11］　Brabec C, Dyakonov V, Scherf U. Organic Photovoltaics：Materials, Device Physics, and Manufacturing Technologies［M］. Weinheim：Wiley-VCH Verlag, 2008.

［12］　Meng L, Ding L, Chen Y. Organic and solution-processed tandem solar cells with 17.3% efficiency［J］. Science, 2018, 361：1094-1098.

［13］　Zhong Z, Wang J. Hou J, Tandem organic solar cell with 20.2% efficiency［J］. Joule, 2022, 6（1）：171-184.

［14］　Jin K, Xiao Z, Ding L. 18.69% PCE from organic solar cells［J］. Journal of Semiconductors, 2021, 42：060502.

［15］　Zhu L, Zhang M, Xu J, et al. Single-junction organic solar cells with over 19% efficiency enabled by a refined double-fibril network morphology. Nature Materials, 2022, 22：656-663.

［16］　Carlé J E, Helgesen M, Hagemann O, et al. Overcoming the scaling lag for polymer solar cells［J］. Joule, 2017, 1（2）：274-289.

［17］　Kojima A, Teshima K, Shirai Y, et al. Organometal halide perovskites as visible-light sensitizers for photovoltaic cells［J］. Journal of the American Chemical Society, 2009, 131（17）：6050-6051.

［18］　Kim H-S, Lee C-R, Im J-H, et al. Lead iodide perovskite sensitized all-solid-state submicron thin film mesoscopic solar cell with efficiency exceeding 9%［J］. Sci. Rep., 2012, 2：591.

［19］　Jeon N J, Noh J H, Kim Y C, et al. Solvent engineering for high-performance inorganic-organic hybrid perovskite solar cells［J］. Nat. Mater., 2014, 13（9）：897-903.

［20］　Lee M M, Teuscher J, Snaith H J, et al. Efficient hybrid solar cells based on meso-superstructured organometal halide perovskites［J］. Science, 2012, 338（6107）：643-647.

［21］　Burschka J, Pellet N, Gratzel M, et al. Sequential deposition as a route to high-performance perovskite-sensitized solar cells［J］. Nature, 2013, 499：316-319.

［22］　Mei A, Li X, Grätzel M, et al. A hole-conductor-free, fully printable mesoscopic perovskite solar cell with high stability［J］. Science, 2014, 345（6194）：295-298.

［23］　Chen W, Wu Y, Han L, et al. Efficient and stable large-area perovskite solar cells with inorganic charge extraction layers［J］. Science, 2015, 350（6263）：944-948.

［24］　Jiang Q, Zhao Y, Zhang X, et al. Surface passivation of perovskite film for efficient solar cells［J］. Nature Photonics, 2019, 13：460-466.

［25］ Wang Y, Dar M I, Grätzel M, et al. Thermodynamically stabilized β-CsPbI$_3$ based perovskite solar cells with efficiencies 18%［J］. Science, 2019, 365 (6453)：591-595.

［26］ Xiao K, Lin R, Han Q, et al. All-perovskite tandem solar cells with 24.2% certified efficiency and area over 1 cm2 using surface-anchoring zwitterionic antioxidant［J］. Nature Energy, 2020, 5 (11)：870-880.

［27］ Rong Y, Hu Y, Han H, et al. Challenges for commercializing perovskite solar cells［J］. Science, 2018, 361 (6408)：8235.

［28］ Semonin O E, Luther J M, Choi S, et al. Peak external photocurrent quantum efficiency exceeding 100% via MEG in a quantum dot solar cell［J］. Science, 2011, 334 (6062)：1530-1533.

［29］ Beard M C, Luther J M, Semonin O E, et al. Third generation photovoltaics based on multiple exciton generation in quantum confined semiconductors［J］. Accounts of Chemical Research, 2013, 46 (6)：1252-1260.

［30］ Böhm M L, Jellicoe T C, Tabachnyk M, et al. Lead telluride quantum dot solar cells displaying external quantum efficiencies exceeding 120%［J］. Nano Letters, 2015, 15 (12)：7987-7993.

［31］ Jean J, Mahony T S, Bozyigit D, et al. Radiative efficiency limit with band tailing exceeds 30% for quantum dot solar cells［J］. ACS Energy Letters, 2017, 2 (11)：2616-2624.

［32］ Kim T, Lim S, Yun S, et al. Design strategy of quantum dot thin-film solar cells［J］. Small 2020, 16 (45)：2002460.

［33］ Hao M, Bai Y, Zeiske S, et al. Ligand-assisted cation-exchange engineering for high-efficiency colloidal Cs1-xFAxPbI$_3$ quantum dot solar cells with reduced phase segregation ［J］. Nature Energy, 2020, 5 (1)：79-88.

［34］ Best research cell efficiencies. 来自美国国家可再生能源实验室 (National Renewable Energy Laboratory, NREL)网站.

［35］ Blom P W M, Mihailetchi V D, Koster L J A, et al. Device physics of polymer：fullerene bulk heterojunction solar cells［J］. Advanced Materials, 2007, 19 (12)：1551-1566.

［36］ Yang X, Loos J. Toward high-performance polymer solar cells：the importance of morphology control［J］. Macromolecules, 2007, 40 (5)：1353-1362.

［37］ Janssen R A J, Sariciftci N S, Heeger A J. Photoinduced absorption of conjugated polymer/C$_{60}$ solutions：evidence of triplet-state photoexcitations and triplet-energy transfer in poly (3-alkylthiophene)［J］. The Journal of Chemical Physics, 1994, 100 (12)：8641-8645.

［38］ Brabec C J, Zerza G, Cerullo G, et al. Tracing photoinduced electron transfer process in conjugated polymer/fullerene bulk heterojunctions in real time［J］. Chemical Physics Letters 2001, 340 (3-4)：232-236.

［39］ Lee K H, Schwenn P E, Smith A R G, et al. Morphology of all-solution-processed "bilayer" organic solar cells[J]. Advanced Materials, 2011, 23 (6): 766-770.

[40] Alam M M, Jenekhe S A. Efficient solar cells from layered nanostructures of donor and acceptor conjugated polymers[J]. Chemistry of Materials, 2004, 16 (23): 4647-4656.

[41] Matsuo Y, Sato Y, Niinomi T, et al. Columnar structure in bulk heterojunction in solution-processable three-layered p-i-n organic photovoltaic devices using tetrabenzoporphyrin precursor and silylmethyl[60]fullerene[J]. Journal of the American Chemical Society, 2009, 131 (44): 16048-16050.

[42] Halls J J M, Pichler K, Friend R H, et al. Exciton diffusion and dissociation in a poly(p-phenylenevinylene)/C$_{60}$ heterojunction photovoltaic cell[J]. Applied Physics Letters, 1996, 68 (22): 3120-3122.

[43] Pettersson L A A, Lucimara S R, Inganäs O. Modeling photocurrent action spectra of photovoltaic devices based on organic thin films[J]. Journal of Applied Physics, 1999, 86: 487-496.

[44] Theander M, Yartsev A, Zigmantas D, et al. Photoluminescence quenching at a polythiophene/C$_{60}$ heterojunction[J]. Physical Review B, 2000, 61 (19): 12957.

[45] Wu Q, Wang W, Wu Y, et al. High-performance all-polymer solar cells with a pseudo-bilayer configuration enabled by a stepwise optimization strategy[J]. Advanced Functional Materials, 2021, 31(15): 2010411.

[46] Zhao Y, Wang G, Wei Z, et al. A sequential slot-die coated ternary system enables efficient flexible organic solar cells[J]. Solar RRL, 2019, 3 (3): 1800333.

[47] Ma H, Yip H-L, Huang F, et al. Interface engineering for organic electronics[J]. Advanced Functional Materials, 2010, 20 (9): 1371-1388.

[48] Po R, Carbonera C, Bernardi A, et al. The role of buffer layers in polymer solar cells[J]. Energy & Environmental Science, 2011, 4 (2): 285-310.

[49] Ameri T, Dennler G, Brabec C J, et al. Organic tandem solar cells: a review[J]. Energy & Environmental Science, 2009, 2 (4): 347-363.

[50] Siddiki M K, Li J, Galipeau D, et al. A review of polymer multijunction solar cells[J]. Energy & Environmental Science, 2010, 3 (7): 867-883.

[51] Sista S, Hong Z, Yang Y, et al. Tandem polymer photovoltaic cells-current status, challenges and future outlook[J]. Energy & Environmental Science, 2011, 4 (5): 1606-1620.

[52] Hau S K, Yip H-L, Jen A K Y. A review on the development of the inverted polymer solar cell architecture[J]. Polymer Reviews, 2010, 50 (4): 474-510.

[53] Zhang F, Xu X, Tang W, et al. Recent development of the inverted configuration organic solar cells[J]. Solar Energy Materials and Solar Cells, 2011, 95 (7): 1785-1799.

[54] Chen Y, Ye P, Zhu Z, et al. Achieving high-performance ternary organic solar cells through tuning acceptor alloy. Advanced Materials, 2017, 29(6): 1603154.

［55］ Ameri T, Khoram P, Min J, et al. Organic ternary solar cells: A review. Advanced Materials, 2013, 25(31): 4245-4266.

［56］ Kippelen B, Bredas J-L. Organic photovoltaics［J］. Energy & Environmental Science, 2009, 2: 251-261.

［57］ Brabec C J, Cravino A, Meissner D, et al. Origin of the open circuit voltage of plastic solar cells［J］. Advanced Functional Materials, 2001, 11 (5): 374-380.

［58］ Liu J, Chen S, Qian D, et al. Fast charge separation in a non-fullerene organic solar cell with a small driving force［J］. Nature Energy, 2016, 1 (7): 16089.

［59］ Qian D, Zheng Z, Yao H, et al. Design rules for minimizing voltage losses in high-efficiency organic solar cells［J］. Nature Materials, 2018, 17 (8): 703-709.

［60］ Xie Y, Wang W, Huang W, et al. Assessing the energy offset at the electron donor/acceptor interface in organic solar cells through radiative efficiency measurements［J］. Energy & Environmental Science, 2019, 12 (12): 3556-3566.

［61］ Classen A, Chochos C L, Brabec C J, et al. The role of exciton lifetime for charge generation in organic solar cells at negligible energy-level offsets［J］. Nature Energy, 2020, 5 (9): 711-719.

［62］ Zhang X, Li C, Xu J, et al. High fill factor organic solar cells with increased. dielectric constant and molecular packing density. Joule, 2022, 6(2): 444-457.

［63］ Scharber M C, Mühlbacher D, Brabec C J, et al. Design rules for donors in bulk-heterojunction solar cells-towards 10% energy-conversion efficiency［J］. Advanced Materials, 2006, 18 (6): 789-794.

［64］ Yuan J, Zhang H, Zhang R, et al. Reducing voltage losses in the A-DA′D-A acceptor-based organic solar cells［J］. Chem., 2020, 6 (9): 2147-2161.

［65］ Firdaus Y, Le Corre V M, Anthopoulos T D, et al. Key parameters requirements for non-fullerene-based organic solar cells with power conversion efficiency >20%［J］. Advanced Science, 2019, 6 (9): 1802028.

［66］ Meng L, Zhang Y, Chen Y, et al. Organic and solution-processed tandem solar cells with 17.3% efficiency［J］. Science, 2018, 361 (6407): 1094-1098.

［67］ Xie Y, Huang W, Cao Y, et al. High-performance fullerene-free polymer solar cells featuring efficient photocurrent generation from dual pathways and low nonradiative recombination loss［J］. ACS Energy Letters, 2019, 4 (1): 8-16.

［68］ van Bavel S, Veenstra S, Loos J. On the importance of morphology control in polymer solar cells［J］. Macromolecular Rapid Communications, 2010, 31 (21): 1835-1845.

［69］ Li G, Shrotriya V, Yang Y, et al. Manipulating regioregular poly(3-hexylthiophene): [6,6]-phenyl-C61-butyric acid methyl ester blends-route towards high efficiency polymer solar cells［J］. Journal of Materials Chemistry, 2007, 17 (30): 3126-3140.

［70］ Chen L-M, Hong Z, Yang Y, et al. Recent progress in polymer solar cells: manipulation of polymer: fullerene morphology and the formation of efficient inverted polymer solar cells [J]. Advanced Materials, 2009, 21 (14-15): 1434-1449.

[71] 高玉荣, 马延丽. 体异质结型聚合物太阳能电池[J]. 化学进展, 2011, 23 (5): 991-1013.

[72] Peet J, Kim J Y, Coates N E, et al. Efficiency enhancement in low-bandgap polymer solar cells by processing with alkane dithiols[J]. Nature Materials, 2007, 6: 497-500.

[73] Yao Y, Hou J, Yang Y, et al. Effects of solvent mixtures on the nanoscale phase separation in polymer solar cells[J]. Advanced Functional Materials, 2008, 18 (12): 1783-1789.

[74] van Duren J K J, Yang X, Loos J, et al. Relating the morphology of poly (p-phenylene vinylene)/methanofullerene blends to solar-cell performance [J]. Advanced Functional Materials, 2004, 14 (5): 425-434.

[75] Ma W, Yang C, Heeger A J, et al. Thermally stable, efficient polymer solar cells with nanoscale control of the interpenetrating network morphology[J]. Advanced Functional Materials, 2005, 15: 1617-1622.

[76] Yang X, Loos J, Veenstra S C, et al. Nanoscale morphology of high-performance polymer solar cells[J]. Nano Letters, 2005, 5 (4): 579-583.

[77] Li G, Shrotriya V, Huang J, Yang Y, et al. High-efficiency solution processable polymer photovoltaic cells by self-organization of polymer blends[J]. Nature Materials, 2005, 4 (11): 864-868.

[78] van Bavel S S, Loos J. Volume organization of polymer and hybrid solar cells as revealed by electron tomography[J]. Advanced Functional Materials, 2010, 20 (19): 3217-3234.

[79] Oosterhout S D, Wienk M M, Janssen R A J, et al. The effect of three-dimensional morphology on the efficiency of hybrid polymer solar cells[J]. Nature Materials, 2009, 8: 818-824.

[80] Collins B A, Gann E, Guignard L, et al. Molecular miscibility of polymer-fullerene blends [J]. The Journal of Physical Chemistry Letters, 2010, 1 (21): 3160-3166.

[81] Ferron T, Waldrip M, Pope M, et al. Increased charge transfer state separation via reduced mixed phase interface in polymer solar cells[J]. Journal of Materials Chemistry A, 2019, 7 (9): 4536-4548.

[82] Li N, Perea J D, Brabec C J, et al, Abnormal strong burn-in degradation of highly efficient polymer solar cells caused by spinodal donor-acceptor demixing [J]. Nature Communications, 2017, 8: 14541.

[83] Li M, Balawi A H, Janssen R A J, et al. Impact of polymorphism on the optoelectronic properties of a low-bandgap semiconducting polymer[J]. Nature Communications, 2019, 10 (1): 2867.

[84] Gao M, Liang Z, Geng Y, et al. Significance of thermodynamic interaction parameters in

guiding the optimization of polymer: nonfullerene solar cells [J]. Chemical Communications, 2020, 56 (83): 12463-12478.

[85] Armstrong N R, Veneman P A, Ratcliff E, et al. Oxide contacts in organic photovoltaics: characterization and control of near-surface composition in indium-tin Oxide (ITO) electrodes[J]. Accounts of Chemical Research, 2009, 42 (11): 1748-1757.

[86] Bradley D D C, Huang J, de Mello A J, et al. High efficiency flexible ITO-free polymer/fullerene photodiodes[J]. Phys. Chem. Chem Phys, 2006, 8 (33): 3904-3908.

[87] Krebs F C, Biancardo M, Winther-Jensen B, et al. Strategies for incorporation of polymer photovoltaics into garments and textiles[J]. Solar Energy Materials and Solar Cells, 2006, 90 (7-8): 1058-1067.

[88] Kim H K, Jeong J A, Choi K H, et al. Characteristics of flexible ITO electrodes grown by continuous facing target roll-to-roll sputtering for flexible organic solar cells [J]. Electrochem Solid St, 2009, 12 (5): 169-172.

[89] Kim H K, Choi K H, Jeong J A, et al. Characteristics of flexible indium tin oxide electrode grown by continuous roll-to-roll sputtering process for flexible organic solar cells [J]. Solar Energy Materials and Solar Cells, 2009, 93 (8): 1248-1255.

[90] Chang H J, Gong S C, Jang S K, et al. Post annealing effect of flexible polymer solar cells to improve their electrical properties[J]. Current Applied Physics, 2010, 10 (4): E192-E196.

[91] Fonrodona M, Escarré J, Villar F, et al. PEN as substrate for new solar cell technologies [J]. Solar Energy Materials and Solar Cells, 2005, 89 (1): 37-47.

[92] Krebs F C, Tromholt T, Jorgensen M. Upscaling of polymer solar cell fabrication using full roll-to-roll processing[J]. Nanoscale, 2010, 2 (6): 873-886.

[93] Baek W H, Choi M, Yoon T S, et al. Use of fluorine-doped tin oxide instead of indium tin oxide in highly efficient air-fabricated inverted polymer solar cells[J]. Applied Physics Letters, 2010, 96 (13): 133506.

[94] Shin W S, Kim J R, Cho J M, et al. Improvement of the performance of inverted polymer solar cells with a fluorine-doped tin oxide electrode[J]. Current Applied Physics, 2011, 11 (1): S175-S178.

[95] Qin P, Fang G, Sun N, et al. Organic solar cells with p-type amorphous chromium oxide thin film as hole-transporting layer[J]. Thin Solid Films, 2011, 519 (13): 4334-4341.

[96] Kim S W, Ihn S G, Shin K S, et al. ITO-free inverted polymer solar cells using a GZO cathode modified by ZnO[J]. Solar Energy Materials and Solar Cells, 2011, 95 (7): 1610-1614.

[97] Park H-K, Kang J-W, Na S-I, et al. Characteristics of indium-free GZO/Ag/GZO and AZO/Ag/AZO multilayer electrode grown by dual target DC sputtering at room temperature for low-cost organic photovoltaics[J]. Solar Energy Materials and Solar Cells, 2009, 93

（11）：1994-2002.

［98］ Park J-H, Ahn K-J, Park K-I, et al. An Al-doped ZnO electrode grown by highly efficient cylindrical rotating magnetron sputtering for low cost organic photovoltaics［J］. Journal of Physics D: Applied Physics, 2010, 43（11）：115101.

［99］ Park J-H, Kim H-K, Lee H, et al. Highly transparent, low resistance, and cost-efficient Nb: TiO$_2$/Ag/Nb: TiO$_2$ multilayer electrode prepared at room temperature using black Nb: TiO$_2$ target［J］. Electrochemical and Solid-State Letters, 2010, 13（5）：J53-J56.

［100］ Zilberberg K, Meyer J, Riedl T. Solution processed metal-oxides for organic electronic devices［J］. Journal of Materials Chemistry C, 2013, 1（32）：4796-4815.

［101］ Song J, Kulinich S A, Zeng H, et al. A general one-pot strategy for the synthesis of high-performance transparent-conducting-oxide nanocrystal inks for all-solution-processed devices［J］. Angewandte Chemie International Edition, 2015, 54（2）：462-466.

［102］ Alam M J, Cameron D C. Investigation of annealing effects on sol-gel deposited indium tin oxide thin films in different atmospheres［J］. Thin Solid Films, 2002, 420-42: 76-82.

［103］ Körösi L, Scarpellini A, Petrik P, et al. Sol-gel synthesis of nanostructured indium tin oxide with controlled morphology and porosity［J］. Appl. Surf. Sci., 2014, 320: 725-731.

［104］ Aktaruzzaman A F, Sharma G L, Malhotra L K. Electrical, optical and annealing characteristics of ZnO: Al films prepared by spray pyrolysis［J］. Thin Solid Films, 1991, 198（1）：67-74.

［105］ Němec H, Kužel P, Sundström V. Far-infrared response of free charge carriers localized in semiconductor nanoparticles［J］. Phys. Rev. B: Condens. Matter Mater. Phys., 2009, 79：115309.

［106］ Kim M-G, Kanatzidis M G, Marks T J, et al. Low-temperature fabrication of high-performance metal oxide thin-film electronics via combustion processing［J］. Nature Materials, 2011, 10（5）：382-388.

［107］ Park J W, Kang B H, Kim H J. A review of low-temperature solution-processed metal oxide thin-film transistors for flexible electronics［J］. Advanced Functional Materials, 2020, 30（20）：1904632.

［108］ Kim A, Won Y, Woo K, et al. All-solution-processed indium-free transparent composite electrodes based on Ag nanowire and metal oxide for thin-film solar cells［J］. Advanced Functional Materials, 2014, 24（17）：2462-2471.

［109］ Kim Y H, Sachse C, Machala M L, et al. Highly conductive PEDOT: PSS Electrode with optimized solvent and thermal post-treatment for ITO-free organic solar cells［J］. Advanced Functional Materials, 2011, 21（6）：1076-1081.

［110］ Na S-I, Kim S-S, Jo J, et al. Efficient and flexible ITO-Free organic solar cells using highly conductive polymer anodes[J]. Advanced Materials, 2008, 20 (21): 4061-4067.

[111] Hau S K, Yip H-L, Zou J, et al. Indium tin oxide-free semi-transparent inverted polymer solar cells using conducting polymer as both bottom and top electrodes[J]. Organic Electronics, 2009, 10 (7): 1401-1407.

[112] Zhou Y, Li F, Barrau S, et al. Inverted and transparent polymer solar cells prepared with vacuum-free processing[J]. Solar Energy Materials and Solar Cells, 2009, 93 (4): 497-500.

[113] Hu Z, Zhang J, Hao Z, et al. Influence of doped PEDOT: PSS on the performance of polymer solar cells[J]. Solar Energy Materials and Solar Cells, 2011, 95 (10): 2763-2767.

[114] Jiang Y, Liu T, Zhou Y. Recent advances of synthesis, properties, film fabrication methods, modifications of poly (3, 4-ethylenedioxythiophene), and applications in solution-processed photovoltaics[J]. Advanced Functional Materials, 2020, 30 (51): 2006213.

[115] Yu Z, Xia Y, Du D, et al. PEDOT: PSS films with metallic conductivity through a treatment with common organic solutions of organic salts and their application as a transparent electrode of polymer solar cells[J]. ACS Applied Materials & Interfaces, 2016, 8 (18): 11629-11638.

[116] Song W, Huang J, Ge Z. All-solution-processed metal-oxide-free flexible organic solar cells with over 10% efficiency[J]. Advanced Materials, 2018, 30 (26): 1800075.

[117] Peng R, Ge Z, Wang M. Improving performance of nonfullerene organic solar cells over 13% by employing silver nanowires-doped PEDOT: PSS composite interface[J]. ACS Applied Materials & Interfaces, 2019, 11: 42447-42454.

[118] Barnes T M, Bergeson J D, Tenent R C, et al. Carbon nanotube network electrodes enabling efficient organic solar cells without a hole transport layer[J]. Applied Physics Letters, 2010, 96 (24): 243309.

[119] Wang Y, Chen X, Zhong Y, et al. Large area, continuous, few-layered graphene as anodes in organic photovoltaic devices[J]. Applied Physics Letters, 2009, 95 (6): 063302.

[120] Berredjem Y, Bernede J C, Djobo S O, et al. On the improvement of the efficiency of organic photovoltaic cells by the presence of an ultra-thin metal layer at the interface organic/ITO[J]. Eur. Phys. J.-Appl. Phys., 2008, 44 (3): 223-228.

[121] Koeppe R, Hoeglinger D, Troshin P A, et al. Organic solar cells with semitransparent metal back contacts for power window applications[J]. Chemsuschem, 2009, 2 (4): 309-313.

[122] Ghosh D S, Betancur R, Chen T L, et al. Semi-transparent metal electrode of Cu-Ni as a replacement of an ITO in organic photovoltaic cells[J]. Solar Energy Materials and Solar

Cells, 2011, 95 (4): 1228-1231.

[123] Tvingstedt K, Inganäs O. Electrode grids for ITO free organic photovoltaic devices[J]. Advanced Materials, 2007, 19 (19): 2893-2897.

[124] Galagan Y, Andriessen R, Fan C-C, et al. ITO-free flexible organic solar cells with printed current collecting grids[J]. Solar Energy Materials and Solar Cells, 2011, 95 (5): 1339-1343.

[125] Chen X, Su W, Cui Z, et al. Printable high-aspect ratio and high-resolution Cu grid flexible transparent conductive film with figure of merit over 80 000[J]. Adv. Electron. Mater., 2019, 5(5): 1800991.

[126] Mao L, Li Y, Chen L. Flexible silver grid/PEDOT: PSS hybrid electrodes for large area inverted polymer solar cells[J]. Nano Energy, 2014, 10: 259-267.

[127] Han Y, Hu Z, Zha W, et al. 12.42% monolithic 25.42 cm^2 flexible organic solar cells enabled by an amorphous ITO-modified metal grid electrode. Advanced Materials, 2022, 34: 2110276.1-2110276.11.

[128] Cao W, Li J, Xue J, et al. Transparent electrodes for organic optoelectronic devices: A review[J]. Journal of Photonics for Energy, 2014, 4 (1): 040990.

[129] Shi Y, Xin Z, Liu R. Synthesis and applications of silver nanowires for transparent conductive films[J]. Micromachines, 2019, 10 (5): 10050330.

[130] Park J H, Hwang G-T, Kim S, et al. Flash-induced self-limited plasmonic welding of silver nanowire network for transparent flexible energy harvester [J]. Advanced Materials, 2017, 29 (5): 1603473.

[131] Lu H, Lin J, Ma C-Q, et al. Inkjet printed silver nanowire network as top electrode for semi-transparent organic photovoltaic devices [J]. Appl. Phys. Lett., 2015, 106: 093302.

[132] Wang Z, Han Y, Ma C-Q, et al. High power conversion efficiency of 13.61% for 1 cm^2 flexible Polymer Solar Cells Based on Patternable and Mass-Producible Gravure-Printed Silver Nanowire electrodes [J]. Advanced Functional Materials, 2021, 30 (4): 2007276.

[133] Pan W, Han Y, Wang Z, et al. An efficiency of 14.29% and 13.08% for 1 cm^2 and 4 cm^2 flexible organic solar cells. enabled by sol-gel ZnO and ZnO nanoparticle bilayer electron transporting layers[J]. Journal of Materials Chemistry A, 2021, 31: 16889-16897.

[134] Kang J, Han K, Sun X, et al. Suppression of Ag migration by low-temperature. sol-gel zinc oxide in the Ag nanowires transparent electrode based flexible perovskite solar cells. Organic Electronics, 2020, 82: 105714.

[135] Brabec C J, Sariciftci N S, Hummelen J C. Plastic solar cells[J]. Advanced Functional Materials, 2001, 11 (1): 15-26.

[136] Wienk M M, Kroon J M, Verhees W J H, et al. Efficient methano [70] fullerene/

MDMO-PPV bulk heterojunction photovoltaic cells[J]. Angewandte Chemie International Edition, 2003, 42 (29): 3371-3375.

[137] Padinger F, Rittberger R S, Sarififtci N S. effects of postproduction treatment on plastic solar cells[J]. Advanced Functional Materials, 2003, 13 (1): 85-88.

[138] Irwin M D, Bruce D, Hains A W, et al. p-Type semiconducting nickel oxide as an efficiency-enhancing anode interfacial layer in polymer bulk-heterojunction solar cells [J]. Proceedings of the National Academy of Sciences, 2008, 105 (8): 2783-2787.

[139] Zhang M, Guo X, Ma W, et al. A polythiophene derivative with superior properties for practical application in polymer solar cells[J]. Advanced Materials, 2014, 26 (33): 5880-5885.

[140] He Y, Hou J, Li Y, et al. Indene-C_{60} bisadduct: a new acceptor for high-performance polymer solar cells[J]. Journal of the American Chemical Society, 2010, 132 (4): 1377-1382.

[141] Zhao G, He Y, Li Y. 6.5% efficiency of polymer solar cells based on poly (3-hexylthiophene) and indene-C_{60} bisadduct by device optimization [J]. Advanced Materials, 2010, 22 (39): 4355-4358.

[142] Guo X, Cui C, Li Y, et al. High efficiency polymer solar cells based on poly (3-hexylthiophene)/indene-C_{70} bisadduct with solvent additive[J]. Energy & Environmental Science, 2012, 5 (7): 7943-7949.

[143] Lin Y, Wang J, Li Y, et al. An electron acceptor challenging fullerenes for efficient polymer solar cells[J]. Advanced Materials, 2015, 27 (7): 1170-1174.

[144] Xiao B, Tang A, Cheng L, et al. Non-fullerene acceptors with A2 = A1-D-A1 = A2 skeleton containing benzothiadiazole and thiazolidine-2, 4-Dione for high-performance P3HT-based organic solar cells[J]. Solar RRL, 2017, 1 (11): 1700166.

[145] Xu X, Zhang G, Yu L, et al. P3HT-based polymer solar cells with 8.25% efficiency enabled by a matched molecular acceptor and smart green-solvent processing technology [J]. Advanced Materials, 2019, 31 (52): 1906045.

[146] Yang C, Zhang S, Hou J, et al. Molecular design of a non-fullerene acceptor enables a P3HT-based organic solar cell with 9.46% efficiency [J]. Energy & Environmental Science, 2020, 13 (9): 2864-2869.

[147] Wang Q, Li M, Geng Y, et al. Calculation aided miscibility manipulation enables highly efficient polythiophene: nonfullerene photovoltaic cells[J]. Science China Chemistry, 2021, 64 (3): 478-487.

[148] Zhu Z, Waller D, Gaudiana R, et al. Panchromatic conjugated polymers containing alternating donor/acceptor units for photovoltaic applications [J]. Macromolecules, 2007, 40 (6): 1981-1986.

[149] Mühlbacher D, Scharber M, Morana M, et al. High photovoltaic performance of a low-

bandgap polymer[J]. Advanced Materials, 2006, 18 (21): 2884-2889.

[150] McDowell C, Abdelsamie M, Toney M F, et al. Solvent additives: key morphology-directing agents for solution-processed organic solar cells [J]. Advanced Materials, 2018, 30 (33): 1707114.

[151] Kim J Y, Lee K, Heeger A J, et al. Efficient tandem polymer solar cells fabricated by all-solution processing[J]. Science, 2007, 317 (5835): 222-225.

[152] Park S H, Roy A, Heeger A J, et al. Bulk heterojunction solar cells with internal quantum efficiency approaching 100%[J]. Nature Photonics, 2009, 3 (5): 297-302.

[153] Hou J, Chen H-Y, Yang Y, et al. Synthesis, characterization, and photovoltaic properties of a low band gap polymer based on silole-containing polythiophenes and 2, 1, 3-benzothiadiazole[J]. Journal of the American Chemical Society, 2008, 130 (48): 16144-16145.

[154] Chen Z, Cai P, Ma Y, et al. Low band-gap conjugated polymers with strong interchain aggregation and very high hole mobility towards highly efficient thick-film polymer solar cells[J]. Advanced Materials, 2014, 26 (16): 2586-2591.

[155] Liu Y, Zhao J, Li Z, et al. Aggregation and morphology control enables multiple cases of high-efficiency polymer solar cells[J]. Nature Communications, 2014, 5 (1): 5293.

[156] Zhao J, Li Y, Yang G, et al. Efficient organic solar cells processed from hydrocarbon solvents[J]. Nature Energy, 2016, 1 (2): 15027.

[157] Liang Y, Feng D, Wu Y, et al. Highly efficient solar cell polymers developed via fine-tuning of structural and electronic properties [J]. Journal of the American Chemical Society, 2009, 131 (22): 7792-7799.

[158] Liang Y, Xu Z, Xia J, et al. For the bright future -bulk heterojunction polymer solar cells with power conversion efficiency of 7.4% [J]. Advanced Materials, 2010, 22 (20): E135-E138.

[159] Liang Y, Yu L. A new class of semiconducting polymers for bulk heterojunction solar cells with exceptionally high performance[J]. Accounts of Chemical Research, 2010, 43 (9): 1227-1236.

[160] He Z, Zhong C, Huang X, et al. Simultaneous enhancement of open-circuit voltage, short-circuit current density, and fill factor in polymer solar cells [J]. Advanced Materials, 2011, 23 (40): 4636-4643.

[161] He Z, Zhong C, Su S, et al. Enhanced power-conversion efficiency in polymer solar cells using an inverted device structure[J]. Nature Photonics, 2012, 6 (9): 591-595.

[162] Liao S-H, Jhuo H-J, Cheng Y-S, et al. Fullerene derivative-doped zinc oxide nanofilm as the cathode of inverted polymer solar cells with low-bandgap polymer (PTB7-Th) for high performance[J]. Advanced Materials, 2013, 25 (34): 4766-4771.

[163] Li H, Xiao Z, Ding L, et al. Thermostable single-junction organic solar cells with a

power conversion efficiency of 14. 62% [J]. Science Bulletin, 2018, 63 (2095-9273) : 340.

[164] Li Y, Lin J-D, Forrest S R, et al. High efficiency near-infrared and semitransparent non-fullerene acceptor organic photovoltaic cells [J]. Journal of the American Chemical Society, 2017, 139 (47) : 17114-17119.

[165] Li Y, Guo X, Forrest S R, et al. Color-neutral, semitransparent organic photovoltaics for power window applications[J]. Proceedings of the National Academy of Sciences, 2020, 117 (35) : 21147-21154.

[166] Zhang M, Guo X, Hou J, et al. Synergistic effect of fluorination on molecular energy level modulation in highly efficient photovoltaic polymers [J]. Advanced Materials, 2014, 26 (7) : 1118-1123.

[167] Zhang M, Guo X, Hou J, et al. An easy and effective method to modulate molecular energy level of the polymer based on benzodithiophene for the application in polymer solar Cells[J]. Advanced Materials, 2014, 26 (13) : 2089-2095.

[168] Zheng Z, Yao H, Hou J, et al. PBDB-T and its derivatives: A family of polymer donors enables over 17% efficiency in organic photovoltaics[J]. Materials Today, 2020, 35: 115-130.

[169] Liu Q, Jiang Y, Ding L, et al. 18% Efficiency organic solar cells[J]. Science Bulletin, 2020, 65 (4) : 272-275.

[170] Zhou H, Yang L, Stuart A C, et al. Development of fluorinated benzothiadiazole as a structural unit for a polymer solar cell of 7% efficiency [J]. Angewandte Chemie International Edition, 2011, 50 (13) : 2995-2998.

[171] Price S C, Stuart A C, Yang L, et al. Fluorine substituted conjugated polymer of medium band gap yields 7% efficiency in polymer-fullerene solar cells[J]. Journal of the American Chemical Society, 2011, 133 (12) : 4625-4631.

[172] Cui C, Li Y. High-performance conjugated polymer donor materials for polymer solar cells with narrow-bandgap nonfullerene acceptors[J]. Energy & Environmental Science, 2019, 12 (11) : 3225-3246.

[173] Sun C, Pan F, Li Y, et al. A low cost and high performance polymer donor material for polymer solar cells[J]. Nature Communications, 2018, 9 (1) : 743.

[174] Boudreault P L, Najari A, Leclerc M. Processable low-bandgap polymers for photovoltaic applications[J]. Chemistry of Materials, 2011, 23 (3) : 456-469.

[175] Walker B, Kim C, Nguyen T-Q. Small molecule solution-processed bulk heterojunction solar cells[J]. Chemistry of Materials, 2011, 23 (3), 470-482.

[176] Walker B, Tamayo A B, Dang X-D, et al. Nanoscale phase separation and high photovoltaic efficiency in solution-processed, small-molecule bulk heterojunction solar cells[J]. Advanced Functional Materials, 2009, 19 (19) : 3063-3069.

［177］ Liu Y, Wan X, Chen Y, et al. Efficient solution processed bulk-heterojunction solar cells based a donor-acceptor oligothiophene［J］. Journal of Materials Chemistry, 2010, 20（12）: 2464-2468.

［178］ Shang H, Fan H, Liu Y, et al. A solution-processable star-shaped molecule for high-performance organic solar cells［J］. Advanced Materials, 2011, 23（13）: 1554-1557.

［179］ Hernandez Y, Nicolosi V, Lotya M, et al. High-yield production of graphene by liquid-phase exfoliation of graphite［J］. Nature Nanotechnology, 2008, 3（9）: 563-568.

［180］ Ma C-Q. Conjugated dendritic oligothiophenes for solution-processed bulk heterojunction solar cells［J］. Frontiers of Optoelectronics in China, 2011, 4（1）: 12-23.

［181］ Roncali J. Synthetic principles for bandgap control in linear π-conjugated systems［J］. Chemical Reviews, 1997, 97（1）: 173-206.

［182］ Bürckstümmer H, Tulyakova E V, Deppisch M, et al. Efficient solution-processed bulk heterojunction solar cells by antiparallel supramolecular arrangement of dipolar donor-acceptor dyes［J］. Angewandte Chemie International Edition, 2011, 50（49）: 11628-11632.

［183］ Yu R, Yao H, Hou J, et al. Design and application of volatilizable solid additives in non-fullerene organic solar cells［J］. Nature Communications, 2018, 9（1）: 4645.

［184］ Tamayo A B, Walker B, Nguyen T-Q. A low band gap, solution processable oligothiophene with a diketopyrrolopyrrole core for use in organic solar cells［J］. The Journal of Physical Chemistry C, 2008, 112（30）: 11545-11551.

［185］ Tamayo A B, Dang X-D, Nguyen T-Q, et al. A low band gap, solution processable oligothiophene with a dialkylated diketopyrrolopyrrole chromophore for use in bulk heterojunction solar cells［J］. Applied Physics Letters, 2009, 94（10）: 103301.

［186］ Liu J, Walker B, Nguyen T-Q, et al. Effects of heteroatom substitutions on the crystal structure, film formation, and optoelectronic properties of diketopyrrolopyrrole-based materials［J］. Advanced Functional Materials, 2013, 23（1）: 47-56.

［187］ Welch G C, Perez L A, Hoven C V, et al. A modular molecular framework for utility in small-molecule solution-processed organic photovoltaic devices［J］. Journal of Materials Chemistry, 2011, 21（34）: 12700-12709.

［188］ Sun Y, Welch G C, Heeger A J, et al. Solution-processed small-molecule solar cells with 6.7% efficiency［J］. Nature Materials, 2012, 11（1）: 44-48.

［189］ van der Poll T S, Love J A, Nguyen T-Q, et al. Non-basic high-performance molecules for solution-processed organic solar cells［J］. Advanced Materials, 2012, 24（27）: 3646-3649.

［190］ Liu Y, Zhou J, Chen Y, et al. Synthesis and properties of acceptor-donor-acceptor molecules based on oligothiophenes with tunable and low band gap［J］. Tetrahedron, 2009, 65（27）: 5209-5215.

[191] Chen Y, Wan X, Long G. High performance photovoltaic applications using solution-processed small molecules [J]. Accounts of Chemical Research, 2013, 46 (11): 2645-2655.

[192] Kan B, Li M, Chen Y, et al. A series of simple oligomer-like small molecules based on oligothiophenes for solution-processed solar cells with high efficiency [J]. Journal of the American Chemical Society, 2015, 137 (11): 3886-3893.

[193] Shen S, Jiang P, Li Y, et al. Solution-processable organic molecule photovoltaic materials with bithienyl-benzodithiophene central unit and indenedione end groups [J]. Chemistry of Materials, 2013, 25 (11): 2274-2281.

[194] Sun K, Xiao Z, Lu S, et al. A molecular nematic liquid crystalline material for high-performance organic photovoltaics [J]. Nature Communications, 2015, 6: 6013.

[195] Zhou Z, Xu S, Song J, et al. High-efficiency small-molecule ternary solar cells with a hierarchical morphology enabled by synergizing fullerene and non-fullerene acceptors [J]. Nature Energy, 2018, 3 (11): 952-959.

[196] Hu D, Yang Q, Chen H, et al. 15.34% efficiency all-small-molecule organic solar cells with an improved fill factor enabled by a fullerene additive [J]. Energy & Environmental Science, 2020, 13 (7): 2134-2141.

[197] Deng D, Zhang Y, Wei Z, et al. Fluorination-enabled optimal morphology leads to over 11% efficiency for inverted small-molecule organic solar cells [J]. Nature Communications, 2016, 7: 13740.

[198] Hummelen J C, Knight B W, LePeq F, et al. Preparation and characterization of fulleroid and methanofullerene derivatives [J]. The Journal of Organic Chemistry, 1995, 60 (3): 532-538.

[199] Lenes M, Wetzelaer G-J, Kooistra F B, et al. Fullerene bisadducts for enhanced open-circuit voltages and efficiencies in polymer solar cells [J]. Advanced Materials, 2008, 20 (11): 2116-2119.

[200] Popescu L M, Sieval A B, Jonkman H T, et al. Thienyl analog of 1-(3-methoxycarbonyl) propyl-1-phenyl-[6, 6]-methanofullerene for bulk heterojunction photovoltaic devices in combination with polythiophenes [J]. Applied Physics Letters, 2006, 89 (21): 213507-3.

[201] Kamm V, Battagliarin G, Müllen K, et al. Polythiophene: perylene diimide solar cells-the impact of alkyl-substitution on the photovoltaic performance [J]. Advanced Energy Materials, 2011, 1 (2): 297-302.

[202] Ooi Z E, Tam T L, Shin R Y C, et al. Solution processable bulk-heterojunction solar cells using a small molecule acceptor [J]. Journal of Materials Chemistry, 2008, 18 (39): 4619-4622.

[203] Dou C, Long X, Ding Z, et al. An electron-deficient building block based on the B←N

unit: an electron acceptor for all-polymer solar cells [J]. Angewandte Chemie International Edition, 2016, 55 (4): 1436-1440.

[204] Holliday S, Ashraf R S, Nielsen C B, et al. A rhodanine flanked nonfullerene acceptor for solution-processed organic photovoltaics [J]. Journal of the American Chemical Society, 2015, 137 (2): 898-904.

[205] Feng L, Yuan J, Zou Y, et al. Thieno[3, 2-b]pyrrolo-fused pentacyclic benzotriazole-based acceptor for efficient organic photovoltaics [J]. ACS Applied Materials & Interfaces, 2017, 9 (37): 31985-31992.

[206] Yuan J, Zhang Y, Zou Y, et a. Single-junction organic solar cell with over 15% efficiency using fused-ring acceptor with electron-deficient core [J]. Joule, 2019, 3 (4): 1140-1151.

[207] Dong S, Jia T, Huang F, et al. Single-component non-halogen solvent-processed high-performance organic solar cell module with efficiency over 14% [J]. Joule, 2020, 4 (9): 2004-2016.

[208] Zhang J, Tan H S, Guo X, et al. Material insights and challenges for non-fullerene organic solar cells based on small molecular acceptors [J]. Nature Energy, 2018, 3 (9): 720-731.

[209] Wang J, Zhan, X. Fused-Ring Electron Acceptors for Photovoltaics and Beyond [J]. Accounts of Chemical Research, 2021, 54 (1), 132-143.

[210] Mori D, Benten H, Okada I, et al. Highly efficient charge-carrier generation and collection in polymer/polymer blend solar cells with a power conversion efficiency of 5. 7% [J]. Energy & Environmental Science, 2014, 7 (9): 2939-2943.

[211] Fan B, Zhong W, Ying L, et al. Surpassing the 10% efficiency milestone for 1cm$_2$ all-polymer solar cells [J]. Nature Communications, 2019, 10 (1): 4100.

[212] Zhu L, Zhong W, Qiu C, et al. Aggregation-induced multilength scaled morphology enabling 11.76% efficiency in all-polymer solar cells using printing fabrication [J]. Advanced Materials, 2019, 31 (41): 1902899.

[213] Guo Y, Li Y, Awartani O, et al. A vinylene-bridged perylenediimide-based polymeric acceptor enabling efficient all-polymer solar cells processed under ambient conditions [J]. Advanced Materials, 2016, 28 (38): 8483-8489.

[214] Guo Y, Li Y, Awartani O, et al. Improved performance of all-polymer solar cells enabled by naphthodiperylenetetraimide-based polymer acceptor [J]. Advanced Materials, 2017, 29 (26): 1700309.

[215] Zhang Z, Miao J, Ding Z, et al. Efficient and thermally stable organic solar cells based on small molecule donor and polymer acceptor [J]. Nature Communications, 2019, 10 (1): 3271.

[216] Zhang Z-G, Yang Y, Li Y, et al. Constructing a strongly absorbing low-bandgap polymer

acceptor for high-performance all-polymer solar cells [J]. Angewandte Chemie International Edition, 2017, 56 (43): 13503-13507.

[217] Fan Q, Su W, Chen S, et al. Mechanically robust all-polymer solar cells from narrow band gap acceptors with hetero-bridging atoms[J]. Joule, 2020, 4 (3): 658-672.

[218] Wang J, Cui Y, Xu Y, et al. A New Polymer donor enables binary all-polymer or ganic photovoltaic cells with 18% efficiency and excellent mechanical robustness [J]. Advanced Materials, 2022, 34(35): 2205009.

[219] Tada H, Fujishima M, Kobayashi H. Photodeposition of metal sulfide quantum dots on titanium (iv) dioxide and the applications to solar energy conversion[J]. Chemical Society Reviews, 2011, 40 (7): 4232-4243.

[220] Kamat P V, Tvrdy K, Baker D R, et al. Beyond photovoltaics: semiconductor nanoarchitectures for liquid-junction solar cells [J]. Chemical Reviews, 2010, 110 (11): 6664-6688.

[221] Zhou Y, Eck M, Kruger M. Bulk-heterojunction hybrid solar cells based on colloidal nanocrystals and conjugated polymers[J]. Energy & Environmental Science, 2010, 3 (12): 1851-1864.

[222] Huynh W U, Dittmer J J, Alivisatos A P. Hybrid nanorod-polymer solar cells [J]. Science, 2002, 295 (5564): 2425-2427.

[223] Sun B, Marx E, Greenham N C. Photovoltaic devices using blends of branched CdSe nanoparticles and conjugated polymers[J]. Nano Letters, 2003, 3 (7): 961-963.

[224] Dayal S, Kopidakis N, Olson D C, et al. Photovoltaic devices with a low band gap polymer and CdSe nanostructures exceeding 3% efficiency[J]. Nano Letters, 2009, 10 (1): 239-242.

[225] Beek W J E, Wienk M M, Janssen R A J. Efficient hybrid solar cells from zinc oxide nanoparticles and a conjugated polymer[J]. Advanced Materials, 2004, 16 (12): 1009-1013.

[226] Wu M-C, Lo H-H, Liao H-C, et al. Using scanning probe microscopy to study the effect of molecular weight of poly (3-hexylthiophene) on the performance of poly (3-hexylthiophene): TiO2 nanorod photovoltaic devices [J]. Solar Energy Materials and Solar Cells, 2009, 93 (6-7): 869-873.

[227] Li, S-S, Chang C P, Lin C C, et al. Interplay of three-dimensional morphologies and photocarrier dynamics of polymer/TiO$_2$ bulk heterojunction solar cells[J]. Journal of the American Chemical Society, 2011, 133 (30): 11614-11620.

[228] Arici E, Hoppe H, Schäffler F, et al. Morphology effects in nanocrystalline CuInSe$_2$-conjugated polymer hybrid systems [J]. Applied Physics A: Materials Science & Processing, 2004, 79 (1): 59-64.

[229] 吴京京, 程东明, 申小丹, 等. 有机太阳能电池电极修饰方法的研究进展[J]. 电子

与封装, 2010, 10（10）: 38-43.

［230］ Groenendaal L B, Friedrich J, Freitag D, et al. Poly（3, 4-ethylenedioxythiophene）and its derivatives: past, present and future［J］. Advanced Materials, 2000, 12（7）: 481-494.

［231］ Perepichka I F, Perepichka D F. Handbook of Thiophene-Based Materials［M］. New York: John Wiley & Sons, 2009: 910.

［232］ Shrotriya V, Li G, Yang Y, et al. Transition metal oxides as the buffer layer for polymer photovoltaic cells［J］. Applied Physics Letters, 2006, 88（7）: 073508-3.

［233］ Gao D, Helander M G, Wang Z-B, et al. C_{60}: LiF blocking layer for environmentally stable bulk heterojunction solar cells［J］. Advanced Materials, 2010, 22（47）: 5404-5408.

［234］ Cheun H, Fuentes-Hernandez C, Zhou Y, et al. Electrical and optical properties of ZnO processed by atomic layer deposition in inverted polymer solar cells［J］. The Journal of Physical Chemistry C, 2010, 114（48）: 20713-20718.

［235］ Saarenpaa H, Niemi T, Tukiainen A, et al. Aluminum doped zinc oxide films grown by atomic layer deposition for organic photovoltaic devices［J］. Solar Energy Materials and Solar Cells 2010, 94（8）: 1379-1383.

［236］ Norrman K, Larsen N B, Krebs F C. Lifetimes of organic photovoltaics: combining chemical and physical characterisation techniques to study degradation mechanisms［J］. Solar Energy Materials and Solar Cells, 2006, 90（17）: 2793-2814.

［237］ Jong M P, IJzendoorn L J, Voigt M J A. Stability of the interface between indium-tin-oxide and poly（3, 4-ethylenedioxythiophene）/poly（styrenesulfonate）in polymer light-emitting diodes［J］. Applied Physics Letters, 2000, 77（14）: 2255-2257.

［238］ Hau S K, Yip H-L, Baek N S, et al. Air-stable inverted flexible polymer solar cells using zinc oxide nanoparticles as an electron selective layer［J］. Applied Physics Letters, 2008, 92（25）: 253301.

［239］ Krebs F C, Fyenbo J, Jorgensen M. Product integration of compact roll-to-roll processed polymer solar cell modules: methods and manufacture using flexographic printing, slot-die coating and rotary screen printing［J］. Journal of Materials Chemistry, 2010, 20（41）: 8994-9001.

［240］ Lin Y-H, Yang P-C, Huang J-S, et al. High-efficiency inverted polymer solar cells with solution-processed metal oxides［J］. Solar Energy Materials and Solar Cells, 2011, 95（8）: 2511-2515.

［241］ Schmidt H, Flügge H, Winkler T, et al. Efficient semitransparent inverted organic solar cells with indium tin oxide top electrode［J］. Applied Physics Letters, 2009, 94（24）: 243302.

［242］ Kuwabara T, Sugiyama H, Kuzuba M, et al. Inverted bulk-heterojunction organic solar cell using chemical bath deposited titanium oxide as electron collection layer[J]. Organic Electronics, 2010, 11 (6): 1136-1140.

[243] Huang J-S, Chou C-Y, Liu M-Y, et al. Solution-processed vanadium oxide as an anode interlayer for inverted polymer solar cells hybridized with ZnO nanorods[J]. Organic Electronics, 2009, 10 (6): 1060-1065.

[244] Zuo L, Lin F, Tang W. High-efficiency nonfullerene organic solar cells with a parallel tandem configuration[J]. Adv. Mater., 2017, 29: 1702547.

[245] Krebs F C. Fabrication and processing of polymer solar cells: a review of printing and coating techniques[J]. Solar Energy Materials and Solar Cells, 2009, 93 (4): 394-412.

[246] Sanyal M, Schmidt-Hansberg B, Klein M F G, et al. In situ X-ray study of drying-temperature influence on the structural evolution of bulk-heterojunction polymer-fullerene solar cells processed by doctor-blading[J]. Advanced Energy Materials, 2011, 1 (3): 363-367.

[247] Sanyal M, Schmidt-Hansberg B, Klein M F G, et al. Effect of photovoltaic polymer/fullerene blend composition ratio on microstructure evolution during film solidification investigated in real time by X-ray diffraction[J]. Macromolecules, 2011, 44 (10): 3795-3800.

[248] Zhao K, Hu H, Spada E, et al. Highly efficient polymer solar cells with printed photoactive layer: rational process transfer from spin-coating[J]. Journal of Materials Chemistry A, 2016, 4 (41): 16036-16046.

[249] Ro H W, Downing J M, Engmann S, et al. Morphology changes upon scaling a high-efficiency, solution-processed solar cell[J]. Energy & Environmental Science, 2016, 9 (9): 2835-2846.

[250] Dong S, Zhang K, Huang F, et al. High-performance large-area organic solar cells enabled by sequential bilayer processing via nonhalogenated solvents[J]. Advanced Energy Materials, 2019, 9 (1), 1802832.

[251] Distler A, Brabec C J, Egelhaaf H-J. Organic photovoltaic modules with new world record efficiencies[J]. Progress in Photovoltaics: Research and Applications, 2020, 29 (1): 24-31.

[252] Wang Y, Tang Z, Ma W. Achieving balanced crystallization kinetics of donor and acceptor by sequential-blade coated double bulk heterojunction organic solar cells[J]. Adv. Energy Mater., 2020, 10: 2000826.

[253] Ji G, Zhao W, Ma C-Q, et al. 12.88% efficiency in doctor-blade coated organic solar cells through optimizing the surface morphology of a ZnO cathode buffer layer[J]. Journal of Materials Chemistry A, 2019, 7 (1): 212-220.

[254] 李路海. 涂布复合技术[M]. 2 版, 北京: 文化发展出版社, 2016.

[255] Wu Q, Guo J, Min J, et al. Slot-die printed non-fullerene organic solar cells with the

highest efficiency of 12.9% for low-cost PV-driven water splitting[J]. Nano Energy, 2019, 61: 559-566.

[256] Zhao H, Naveed H B, Müller-Buschbaum P, et al. Hot hydrocarbon-solvent slot-die coating enables high-efficiency organic solar cells with temperature-dependent aggregation behavior[J]. Advanced Materials, 2020, 32: 2002302.

[257] Wang G, Zhang J, Wei Z. Synergistic optimization enables large-area flexible organic solar cells to maintain over 98% PCE of the small-area rigid devices[J]. Adv. Mater., 2020, 32: 2005153.

[258] Shaheen S E, Radspinner R, Peyghambarian N, et al. Fabrication of bulk heterojunction plastic solar cells by screen printing[J]. Applied Physics Letters, 2001, 79: 2996-2998.

[259] Aernouts T, Vanlaeke P, Poortmans J, et al. Polymer solar cells: screen printing as a novel deposition technique[C]. Symposium L-Materials for Photovoltaics, MRS Online Proceedings Library (OPL), 2004, 836: L3.9.

[260] Krebs F C, Alstrup J, Spanggaard H, et al. Production of large-area polymer solar cells by industrial silk screen printing, lifetime considerations and lamination with polyethyleneterephthalate[J]. Solar Energy Materials and Solar Cells, 2004, 83 (2-3): 293-300.

[261] Sakai J, Fujinaka E, Nishimori T, et al. High efficiency organic solar cells by screen printing method[C]. IEEE Photovoltaic Specialist Conference, 2005, 125-128.

[262] Krebs F C, Spanggard H, Kjær T, et al. Large area plastic solar cell modules[J]. Materials Science and Engineering B-Solid State Materials for Advanced Technology, 2007, 138 (2): 106-111.

[263] Zhang B, Chae H, Cho S M. Screen-printed polymer: fullerene bulk-heterojunction solar cells[J]. Japanese Journal of Applied Physics, 2009, 48: 020208.

[264] Jørgensen M, Hagemann O, Krebs F C, et al. Thermo-cleavable solvents for printing conjugated polymers: Application in polymer solar cells[J]. Solar Energy Materials and Solar Cells, 2009, 93 (4): 413-421.

[265] Krebs F C, Jørgensen M, Norrman K, et al. A complete process for production of flexible large area polymer solar cells entirely using screen printing-first public demonstration[J]. Solar Energy Materials and Solar Cells, 2009, 93 (4): 422-441.

[266] Hoth C N, Choulis S A, Brabec C J, et al. High photovoltaic performance of inkjet printed polymer: fullerene blends[J]. Advanced Materials, 2007, 19 (22): 3973-3978.

[267] Hoth C N, Schilinsky P, Brabec C J, et al. Printing highly efficient organic solar cells [J]. Nano Letters, 2008, 8 (9): 2806-2813.

[268] Hoth C N, Choulis S A, Brabec C J, et al. On the effect of poly (3-hexylthiophene) regioregularity on inkjet printed organic solar cells[J]. Journal of Materials Chemistry, 2009, 19 (30): 5398-5404.

[269] Aernouts T, Aleksandrov T, Girotto C, et al. Polymer based organic solar cells using ink-jet printed active layers[J]. Applied Physics Letters, 2008, 92: 033306-3.

[270] Eggenhuisen T M, Galagan Y, Voorthuijzen W P, et al. High efficiency, fully inkjet printed organic solar cells with freedom of design[J]. J. Mater. Chem. A, 2015, 3: 7255-7262.

[271] Ganesa S, Mehta S, Gupta D. Fully printed organic solar cells - a review of techniques, challenges and their solutions[J]. Opto-Electronics Review., 2019, 27: 298-320.

[272] Chen X, Huang R, Han Y, et al. Balancing the molecular aggregation and vertical phase separation in the polymer: Nonfullerene blend films enables 13.09% efficiency of organic solar cells with Inkjet printed active layer. Advanced Energy Materials, 2022, 12(12): 2200044.

[273] Kopola P, Aernouts T, Guillerez S, et al. High efficient plastic solar cells fabricated with a high-throughput gravure printing method. Solar Energy Materials and Solar Cells, 2010, 94(10): 1673-1680.

[274] Voigt M M, Mackenzie R C I, Yau C P, et al. Gravure printing for three subsequent solar cell layers of inverted structures on flexible substrates. Solar Energy Materials and Solar Cells, 2011, 95(10): 731-734.

[275] Kapnopoulos C, Mekeridis E D, Tzounis L, et al. Fully gravure printed organic photovoltaic moudules: A straightforward process with a high potential for large scale production. Solar Energy Materials and Solar Cells, 2016, 144: 724-731.

[276] Wang Z, Han Y, Yan L, et al. High power conversion efficiency of 13.61% for 1 cm^2 flexible polymer solar cells based on patternable and mass-producible gravure-printed silver nanowire electrodes. Advanced Functional Materials, 2021, 34(4): 2007276.

[277] Pan W, Luo Q, Ma C-Q, et al. Over 1 cm^2 flexible organic solar cells [J]. J. Semiconductors, 2021, 42: 050301.

[278] Yang F, Li Y, Li Y. Large-area flexible organic solar cells [J]. NPJ Flexible Electronics, 2021, 5(1): 1-12

[279] Krebs F C. Polymer solar cell modules prepared using roll-to-roll methods: knife-over-edge coating, slot-die coating and screen printing[J]. Solar Energy Materials and Solar Cells, 2009, 93 (4): 465-475.

[280] Krebs F C, Gevorgyan S A, Alstrup J. A roll-to-roll process to flexible polymer solar cells: model studies, manufacture and operational stability studies [J]. Journal of Materials Chemistry, 2009, 19 (30): 5442-5451.

[281] Chaturvedi N, Gasparini N, Corzo D, et al. All slot-die coated non-fullerene organic solar cells with PCE 11%[J]. Adv. Funct. Mater., 2021, 31: 2009996.

[282] Lin Z, Guan W, Cai W, et al. Effect of anode interfacial modification on the performance of laminated flexible ITO-free organic solar cells [J]. Energy. Sci. Eng.,

2021，9：502-508.

[283] Mitzi D B. Templating and structural engineering in organic-inorganic perovskites[J]. Journal of the Chemical Society, Dalton Transactions, 2001, 1：1-12.

[284] Wang Q, Phung N, Di Girolamo D, et al. Enhancement in lifespan of halide perovskite solar cells[J]. Energy & Environmental Science, 2019, 12 (3)：865-886.

[285] Yin X, Song Z, Li Z, et al. Toward ideal hole transport materials：a review on recent progress in dopant-free hole transport materials for fabricating efficient and stable perovskite solar cells [J]. Energy & Environmental Science, 2020, 13 (11)：4057-4086.

[286] Wang Y, Yue Y, Han L, et al. Toward long-term stable and highly efficient perovskite solar cells via effective charge transporting materials[J]. Advanced Energy Materials, 2018, 8 (22)：1800249.

[287] Zhu L, Shang X, Lei K, et al. Doping in semiconductor oxides-based electron transport materials for perovskite solar cells application[J]. Solar RRL, 5(3)：2000605.

[288] Roy P, Sinha N K, Tiwari S, et al. A review on perovskite solar cells：Evolution of architecture, fabrication techniques, commercialization issues and status [J]. Solar Energy, 2020, 198：665-688.

[289] Samantaray N, Parida B, Soga T, et al. Recent development and directions in printed perovskite solar cells[J]. Phys. Status Solidi A, 2022, 219：2100629.

[290] Yu W, Sun X, Xiao M, et al. Recent advances on interface engineering of perovskite solar cells[J]. Nano Res., 2022, 15 (1)：85-103.

[291] Ahmad S, Kazim S, Grätzel M. Perovskite Solar Cells：Materials, Processes, and Devices[M]. New York：John Wiley & Sons, 2022.

[292] Jung J, Kim D, Lim J, et al. Highly efficient inkjet-printed organic photovoltaic cells [J]. Japanese Journal of Applied Physics, 2010, 49 (5)：05EB03.

[293] Yang M, Li Z, Reese M O, et al. Perovskite ink with wide processing window for scalable high-efficiency solar cells[J]. Nature Energy, 2017, 2：17038.

[294] Baker J, Hooper K, Meroni S, et al. High throughput fabrication of mesoporous carbon perovskite solar cells[J]. Journal of Materials Chemistry A, 2017, 5 (35)：18643-18650.

[295] De Rossi F, Baker J A, Beynon D, et al. All printable perovskite solar modules with 198 cm^2 active area and over 6% efficiency[J]. Advanced Materials Technologies, 2018, 3 (11)：1800156.

[296] Hu Y, Si S, Han H, et al. Stable large-area（10×10 cm^2）printable mesoscopic perovskite module exceeding 10% efficiency[J]. Solar RRL, 2017, 1 (2)：1600019.

[297] Mei A, Sheng Y, Han H, et al. Stabilizing perovskite solar cells to IEC61215：2016 standards with over 9, 000 h operational tracking[J]. Joule, 2020, 4 (12)：2646-2660.

［298］ Liu M, Johnston M B, Snaith H J. Efficient planar heterojunction perovskite solar cells by vapour deposition[J]. Nature, 2013, 501: 395-398.

［299］ Kim J H, Williams S T, Cho N, et al. Enhanced environmental stability of planar heterojunction perovskite solar cells based on blade-coating [J]. Advanced Energy Materials, 2015, 5 (4): 1401229.

［300］ Yang Z, Chueh C-C, Zuo F, et al. High-performance fully printable perovskite solar cells via blade-coating technique under the ambient condition[J]. Advanced Energy Materials, 2015, 5 (13): 1500328.

［301］ Deng Y, Peng E, Huang J, et al. Scalable fabrication of efficient organolead trihalide perovskite solar cells with doctor-bladed active layers [J]. Energy & Environmental Science, 2015, 8 (5): 1544-1550.

［302］ Deng Y, Dong Q, Huang J, et al. Air-stable, efficient mixed-cation perovskite solar cells with Cu electrode by scalable fabrication of active layer[J]. Advanced Energy Materials, 2016, 6 (11): 1600372.

［303］ Tang S, Deng Y, Huang J, et al. Composition engineering in doctor-blading of perovskite solar cells[J]. Advanced Energy Materials, 2017, 7 (18): 1700302.

［304］ Wu W-Q, Yang Z, Huang J, et al. Bilateral alkylamine for suppressing charge recombination and improving stability in blade-coated perovskite solar cells[J]. Science Advances, 2019, 5 (3): 8925.

［305］ Patidar R, Burkitt D, Watson T, et al. Slot-die coating of perovskite solar cells: An overview[J]. Materials Today Communications, 2020, 22: 100808.

［306］ Hwang K, Jung Y-S, Heo Y-J, et al. Toward large scale roll-to-roll production of fully printed perovskite solar cells[J]. Adv. Mater., 2015, 27 (7): 1241-1247.

［307］ Galagan Y, Di Giacomo F, Gorter H, et al. Roll-to-roll slot die coated perovskite for efficient flexible solar cells[J]. Advanced Energy Materials, 2018, 8 (32): 1801935.

［308］ Cotella G, Baker J, Watson T, et al. One-step deposition by slot-die coating of mixed lead halide perovskite for photovoltaic applications[J]. Solar Energy Materials and Solar Cells, 2017, 159: 362-369.

［309］ Qin T, Huang W, Cheng Y-B, et al. Amorphous hole-transporting layer in slot-die coated perovskite solar cells[J]. Nano Energy, 2017, 31: 210-217.

［310］ Jung Y-S, Hwang K, Heo Y-J, et al. One-step printable perovskite films fabricated under ambient conditions for efficient and reproducible solar cells [J]. ACS Applied Materials & Interfaces, 2017, 9 (33): 27832-27838.

［311］ Schmidt T M, Larsen-Olsen T T, Krebs F C, et al. Upscaling of perovskite solar cells: Fully ambient roll processing of flexible perovskite solar cells with printed back electrodes [J]. Advanced Energy Materials, 2015, 5 (15): 1500569.

［312］ Ciro J, Mejía-Escobar M A, Jaramillo F. Slot-die processing of flexible perovskite solar cells in ambient conditions[J]. Solar Energy, 2017, 150: 570-576.

[313] Barrows A T, Pearson A J, Lidzey D G, et al. Efficient planar heterojunction mixed-halide perovskite solar cells deposited via spray-deposition[J]. Energy Environ. Sci.7, 2014, 7: 2944-2950.

[314] Zuo C, Vak D, Ding L, et al. One-step roll-to-roll air processed high efficiency perovskite solar cells[J]. Nano Energy, 2018, 46: 185-192.

[315] Wei Z, Chen H, Yan K, et al. Inkjet printing and instant chemical transformation of a $CH_3NH_3PbI_3$/nanocarbon electrode and interface for planar perovskite solar cells[J]. Angewandte Chemie International Edition, 2014, 53 (48): 13239-13243.

[316] Li S-G, Jiang K-J, Song Y-L, et al. Inkjet printing of $CH_3NH_3PbI_3$ on a mesoscopic TiO_2 film for highly efficient perovskite solar cells[J]. Journal of Materials Chemistry A, 2015, 3 (17): 9092-9097.

[317] Mathies F, Eggers H, Richards B S, et al. Inkjet-printed triple cation perovskite solar cells[J]. ACS Applied Energy Materials, 2018, 1 (5): 1834-1839.

[318] Bag M, Jiang Z, Renna L A, et al. Rapid combinatorial screening of inkjet-printed alkyl-ammonium cations in perovskite solar cells[J]. Materials Letters, 2016, 164: 472-475.

[319] Mathies F, Abzieher T, Hochstuhl A, et al. Multipass inkjet printed planar methylammonium lead iodide perovskite solar cells[J]. Journal of Materials Chemistry A, 2016, 4 (48): 19207-19213.

[320] Schackmar F, Eggers H, Frericks M, et al. Perovskite solar cells with all-inkjet-printed absorber and charge transport layers[J]. Advanced Materials Technologies, 2021, 6 (2): 2000271.

[321] Karunakaran S K, Arumugam G M, Yang W, et al. Recent progress in inkjet-printed solar cells[J]. Journal of Materials Chemistry A, 2019, 7 (23): 13873-13902.

[322] Li J, Cao H-L, Jiao W-B, et al. Biological impact of lead from halide perovskites reveals the risk of introducing a safe threshold [J]. Nature Communications, 2020, 11 (1): 310.

[323] Wang R, Mujahid M, Yang Y, et al. A review of perovskites solar cell stability. Advanced Functional Materials, 2019, 29 (47): 1808843.

[324] Boyd C C, Cheacharoen R, Leijtens T, et al. Understanding degradation mechanisms and improving stability of perovskite photovoltaics[J]. Chemical Reviews, 2019, 119 (5): 3418-3451.

[325] Li N, Niu X, Chen Q, et al. Towards commercialization: the operational stability of perovskite solar cells[J]. Chemical Society Reviews, 2020, 49 (22): 8235-8286.

[326] Gollino L, Pauporté T. Lead-less halide perovskite solar cells[J]. Solar RRL, 2021, 5 (3): 2000616.

印刷发光与显示器件原理、结构与制造技术

第 **7** 章

7.1 引言

当今时代是信息时代,信息资源的利用一般都离不开信息显示的载体,即显示器。从家用的电子手表、电视机到工作场所的计算机显示器、监视器,再到公共场所的广告显示牌、交通指挥灯,以及人们使用率极高的手机等智能电子产品,显示器随处可见,已经成为现代人们生活中不可或缺的一部分。显示产业也已成为 21 世纪的经济支柱产业之一。信息显示技术经历了从早期的第一代阴极射线管(cathod ray tube, CRT),到 20 世纪 80 年代中期的第二代液晶显示屏(liquid crystal display, LCD)、等离子体显示板(plasma display panel, PDP),再到第三代有机发光二极管(organic light emitting diode, OLED)显示、量子点发光二极管(quantum-dots light emitting diode, QLED)显示和微发光二极管(micro light emitting diode, Micro-LED)显示。从最初笨重的显示器,到当前轻薄的电子纸、柔性全彩显示、三维显示,显示器件在机理上、性能上和形态上完成了一次又一次质的飞跃。

作为第三代显示的代表性技术,基于有机电致发光原理的 OLED 技术从发现到产业化经历了超过半个世纪的发展历史。最初的有机电致发光现象是在 20 世纪 50 年代由 Bernanose 等发现的[1]。通过在蒽单晶片的两侧施加 400 V 的直流电压,他们观测到了发光现象。但因单晶厚度达 $10 \sim 20$ μm,器件的驱动电压很高。1963 年,Pope 等也获得了蒽单晶的电致发光[2]。1970 年 Williams 等在 100 V 驱动电压下得到了量子效率高达 5% 的有机电致发光。1982 年 Vincett 等采用真空热蒸发法技术,以蒽单晶为原料,制备了 50 nm 厚的有机薄膜,并采用半透明的金属蒸发膜作为阳极,在 30 V 的直流电压下得到了明亮的发光[3]。但由于薄膜的质量差,电子注入差,制成的有机器件的外量子效率(external quantum efficiency, EQE)仅为 $0.03\% \sim 0.06\%$,且稳定性很差,容易被击穿。1987 年美国 Kodak 公司邓青云(C. W. Tang)博士等在他们前期工作的基础上采用空穴传输性能更好的芳香二胺 TPD 作为空穴传输层,以 Alq$_3$ 作为发光层,以在空气中稳定、功函数低的 Mg:Ag 合金为阴极,研制出了低驱动电压(~ 10 V)、高亮度(> 1000 cd · m^{-2})、高效率的(1.5 lm · W^{-1})的有机电致发光器件[4],在 OLED 研究历史上具有里程碑意义。1988 年,日本九州大学的 Adachi 等提出了夹层式多层结构的 OLED 模型[5]。1990 年英国剑桥大学 Burroughes 等成功研制出了聚合物电致发光器件[6]。这一研究使含有 OLED 的材料从有机小分子扩展到了有机聚合物,为印刷 OLED 器件奠定了基础。1998 年 Forrest 小组开发出了磷光 OLED 器件,使 OLED 的内量子效率理论上可以达到 100%[7],2001 年他们报道了内量子效率接近 100% 的蓝光 OLED[8]。2012 年,Adachi 等首次报道了新型热致延迟荧光(TADF)材料,内量子效率理论上也可以达到 100%[9]。

与第二代液晶显示相比,OLED 具有显色效果更好、自发光、器件结构简单、视角广、响应快、节能、轻薄、耐低温、抗震,可在柔性衬底上大面积制备等一系列优点,有"梦幻显示"美称。从 1987 年第一个实验室 OLED 器件到 1997 年日本先锋公司首次推出单色 OLED 商业化显示,仅用了 10 年时间。Sony 公司 2008 年在日本市场上推出了 11 in 的 OLED 电视。LG 公司 2010 年 9 月推出了 31 in 的 OLED 电视。在过去 10 年,韩国、日本、中国台湾地区纷纷建立了 OLED 产线,产品涉及电视机、MP3 播放器、手机、车载音响等。在我国,2005 年科技部将 OLED 显示技术列入"十五"计划,2012 年推出《"十二五"国家战略性新兴产业发展规划》,明确提出"加快推进 OLED 等新一代显示技术研发和产业化"。此后几年,更多政策出台,予以鼓励和支持 OLED 材料、显示面板以及工艺等方面的创新发展。2015 年出台的《中国制造 2025 重点领域技术路线》中提出"将柔性显示等新型显示材料作为发展重点";2016 年《"十三五"国家重点研发计划》提出要自主发展有机半导体显示新材料。在国家政策大力支持以及下游需求的推动下,国内企业在最近 5 年加快了 OLED 显示面板产线建设。2019 年国产 OLED 面板出货量已达 1.05 亿块,相比于 2018 年的 3200 万块翻到 3 倍多。目前中国内地已建和在建的 6 代 OLED 产线约 12 条,全部满产后总产能加起来可超过 50 万片/月。

OLED 技术在显示上的商业化成功也让 OLED 白光照明技术被广泛看好。在 OLED 技术应用于白光照明方面,Forrest 小组 2006 年报道了功率效率达到 37.6 lm·W^{-1} 的 OLED 白光器件[10],其效率超过了白炽灯的效率。日本 Konica Minoltag 公司的技术中心在 2006 年 7 月成功开发了在 1000 cd·m^{-2} 初始亮度下,发光功率效率为 64 lm·W^{-1},亮度半衰期约 10 000 h 的 OLED 白光器件。2008 年 UDC 的 OLED 白光器件的效率已达到 102 lm·W^{-1},效率方面已远高于 15 lm·W^{-1} 的白炽灯,也超过室内传统荧光灯(为 80~100 lm·W^{-1}),目前 OLED 白光器件最大功率效率已达 124 lm·W^{-1}。

传统 OLED 发光与显示采用蒸镀型方法制备,存在材料利用率低、难以实现大尺寸、良率低,以及由此带来的成本高等问题。喷墨打印作为一种高精密、无须掩模版、可图案化的直接沉积技术,具有工艺简单、成本低、适合大面积制备等优势,成为制造大尺寸 OLED 面板的最佳技术之一。目前,基于喷墨打印的 OLED 的效率和寿命均取得了巨大进展。虽然喷墨打印的蓝光器件距离实际应用仍有一定的差距，但是其红绿器件在 1000 cd·m^{-2} 下的 T$_{95}$ 寿命均已超过 8000 h，显示出其在未来商品化量产中的巨大潜力。2016 年，日本 JOLED 率先实现了喷墨打印 OLED 的量产，并开始应用于 X 射线医疗成像显示终端。我国京东方和广东聚华也都在过去三年中相继推出了喷墨打印 OLED 与基于量子点发光的 QLED 显示屏样机。

　　本章将对 OLED 发光原理、器件结构、制造技术，尤其是印刷制程的发展作一个较详细的介绍，此外还将介绍其他印刷发光显示技术的最新研究进展。

7.2　OLED 发光原理

　　有机电致发光器件属于载流子双注入型发光器件，即在外加电场的驱动下，由正负电极注入的电子与空穴（载流子）在有机层中发生复合，产生的激子发生辐射衰减而发光，所以又称为有机发光二极管（OLED）。OLED 发光过程可分为载流子注入、载流子传输、载流子的复合与激子的产生、衰减与辐射等阶段，具体过程如图 7.1 所示。

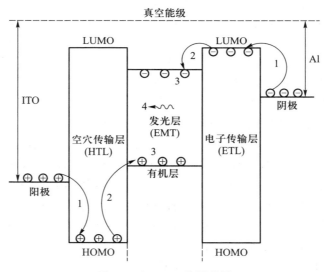

图 7.1　OLED 工作原理图

　　（1）载流子注入。电子和空穴分别从阴极和阳极的费米能级注入发光层的最低未占分子轨道（lowest unoccupied molecular orbital，LUMO）和最高占据分子轨道(highest occupied molecular orbital,HOMO)。

（2）载流子传输。载流子注入发光层之后,在直流电电场的作用下,电子和空穴分别从正极和负极相向前移。

（3）载流子复合。电子和空穴在发光层中因库仑力的束缚作用复合形成"电子-空穴对"称为激子(exciton)。

（4）激子迁移。激子在电场作用下继续迁移,将能量传递给发光分子,激发其电子从基态跃迁到高能级激发态。激发态分子以发射光子形式释放出所获得的能量而失活,从而产生发光现象。发射光的颜色是由激发态到基态的能级差所决定的。所以,OLED 发光的本质是,有机分子中被电场激发的电子从高能级的分子轨道跃迁至低能级轨道并以光子的形式释放能量的结果。

7.2.1 载流子的注入与传输

载流子的注入与传输,是指在外加电场下,电子和空穴分别从阴极和阳极向有机功能薄膜层注入,而所注入的电子和空穴分别从电子传输层和空穴传输层向发光层进行迁移的过程。

电流流经 OLED 分为两个步骤,一是电荷必须由电极注入有机层,二是在有机层内传输。因此流经有机发光二极管的电流大小是由接触界面势垒和有机材料本身的特性决定。当电极与有机层界面的势垒非常小,即为欧姆接触时,最大电流是由空间电荷限制;当界面势垒比较大,界面注入的电流远小于空间电荷限制电流时,最大电流由接触面的特性来限制,即遵循注入限制原理。

在 OLED 器件实例中,空穴从阳极注入空穴传输层的 HOMO 能级通常存在一定的注入势垒。一般来说,注入势垒在 0.4 eV 以上将对器件的 I-V 曲线形成较大影响,应考虑降低势垒。减小该处注入势垒的方法一般是采用高功函数阳极如 ITO,并用紫外臭氧或等离子处理 ITO 表面以提高阳极的功函数。研究发现,在紫外臭氧处理中紫外的辐照对 OLED 发光是不利的,真正起作用的仅是臭氧。降低阳极界面的注入势垒还可采用缓冲层(buffer layer),其HOMO 能级应介于阳极功函数与空穴传输材料 HOMO 能级之间。这种思路也可用于电子注入及器件中传输层之间注入势垒的减小。

由于有机分子没有严格的晶格周期,故其载流子是通过跳跃(hopping)机制传输的。传输电子的材料一般为缺电子体系,能接纳电子,如在共轭结构中含有孤对电子的氮、磷氧结构等;而传输空穴的材料一般含有富电子基团,如叔胺结构、大的苯共轭体系等。有机分子的载流子传输性能相对无机单晶材料已非常低,而电子传输材料比空穴传输材料迁移率还要差 1~3 个数量级,因此改进有机电子传输材料的迁移率对 OLED 性能的提高十分重要。

7.2.2　激子形成与发光

在外电场作用下,注入的电子和空穴发生相向运动。由于彼此之间的库仑吸引力的作用而相互靠近,其中一部分电子和空穴相互俘获形成"电子-空穴对",即"激子"。如果有机分子被激发时,电子自旋没有改变,即 $S=0$,则激发态分子的总自旋仍为零,分子为单重态,这就是激发单重态。若在分子激发时,跃迁的电子自旋发生翻转,则分子中电子的总自旋 $S=1$,这时分子的多重性为 $2S+1=3$,称分子处于三重态(triplet state)。有机分子的激发态可以是单重态,也可以是三重态。单重态不受外界磁场的影响,而三重态在外加磁场的作用下将分裂为 3 个分立的能态,即在无外场情况下,三重态是三重简并的。激子通过辐射衰减跃迁回到基态,以光子的形式释放出能量,即观察到发光。单重态激子的辐射跃迁发射出荧光,三重态激子的辐射跃迁发射出磷光。

7.2.3　OLED 基本性能与评测

OLED 的主要发光性能指标包括发光效率、量子效率、国际照明委员会(CIE)色坐标、驱动电压和寿命等参数。

7.2.3.1　发光效率

发光效率一般用电流效率和发光功率效率分别描述,相应单位分别为 $cd \cdot A^{-1}$ 和 $lm \cdot W^{-1}$,前者主要体现发光材料的特性,而后者则主要注重于体现器件能耗性能。

电流效率($cd \cdot A^{-1}$)计算公式如式(7.1)所示:

$$\eta_L = \frac{A \times L}{I_{OLED}} \tag{7.1}$$

式中,A 为器件有效发光面积(m^2);L 为器件发光亮度($cd \cdot m^{-2}$);I_{OLED} 为发光亮度为 L 时的工作电流(A)。

功率效率($lm \cdot W^{-1}$)计算公式如式(7.2)所示:

$$\eta_P = \frac{L_P}{I_{OLED} \times V} \tag{7.2}$$

式中,L_P 为光功率(器件前方发出);V 为电压。

对于单侧发光平面光源，$1\ \mathrm{lm} = \pi \times 1\ \mathrm{cd}$，则

$$\eta_P = \frac{\pi \times A \times L}{I_{\mathrm{OLED}} \times V} = \pi \times L$$

$$\frac{I_{\mathrm{OLED}}}{A} \times V = \frac{\pi \times L}{J \times V} \tag{7.3}$$

式中，J 为电流密度$(\mathrm{A \cdot m^{-2}})$。

由上式也可以推出电流效率和功率效率之间满足如式(7.4)的关系：

$$\eta_P = \frac{\pi \eta_L}{V} \tag{7.4}$$

7.2.3.2　量子效率

量子效率代表发射光子数与注入电子数目的比值。量子效率分别用内量子效率(η_{int})和外量子效率(η_{ext})表示。内量子效率指在发光层产生的光子数目与注入电子-空穴对数目的比值，主要体现材料发光和传输特性，描述的是器件内部激子形成与其辐射衰减的概率；外量子效率指在观测方向上射出器件表面的光子数目与注入电子-空穴对数目的比值，是在内量子效率的基础上，引入了光输出耦合效率等因素，能准确体现器件整体性能。外量子效率通常远远小于内量子效率。

7.2.3.3　发光颜色

OLED 全彩色显示效果取决于其红绿蓝三基色的性能。1931 年国际发光照明委员会(CIE)制定了一套界定和测量色彩的技术标准，也就是 1931 CIE 色坐标系统，其本质是用 3 条曲线表示一套颜色匹配函数，建立 X、Y、Z 色坐标系统，表示 X、Y、Z 三基色值如何组合以产生可见光中的所有颜色。这个体系仍很复杂，不够直观，实际上色度值仅与发光波长和纯度有关，而与总的辐射能量无关，因此在计算颜色的色度时，把 X、Y、Z 值相对于总的辐射能量 $X + Y + Z$ 进行规一化，并只需考虑它们的相对比例，也就是 x、y、z 三基色相对系数。由于 $x + y + z = 1$，从而可把颜色色度图简化为二维的色度图(图 7.2)。x 表示红色分量，y 表示绿色分量，在该体系中还标定了纯白光即 $x = y = z$ 的 E 点。

对全彩显示，三个基色均可在图 7.2 坐标中找到对应点，三基色点连线构成的三角形面积越大，则显示的颜色越丰富。对好的三基色来说，红光的色坐标一般在 $(0.65, 0.35)$ 以上，蓝光的 x、y 均小于 0.16 为佳。色坐标可以根据发光光谱曲线计算出来，目前许多光谱测试系统已可直接测取色坐标值。

在单色 OLED 器件设计中，若要追求纯的发光颜色，有几点需要注意：① 发光中心的色纯度本身要高，这取决于其光致光谱的发射峰位及半峰宽，半峰宽越窄对色纯度越有利；② 要使激子完全局限在发光中心上，如果激子

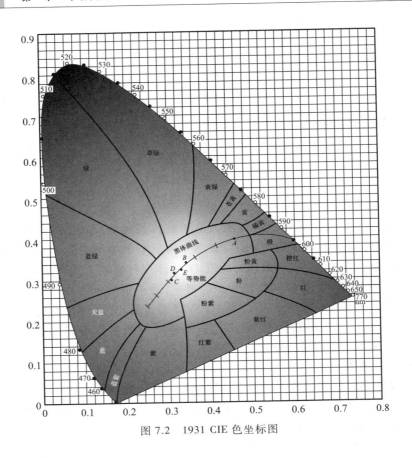

图 7.2　1931 CIE 色坐标图

扩散到非发光层上或发光层内能量传递不充分,则可能导致邻层或主体材料发射,将严重影响色纯度;③ 在器件中要在材料选择时注意能级匹配,避免层与层之间产生激基复合物,激基复合物也是影响 OLED 基色色纯度的主要因素之一。

7.3　OLED 器件结构与材料

　　OLED 器件结构设计的目的是提高器件的综合发光性能,包括高效率、长寿命、高色纯度、低驱动电压等。首先根据所需发光颜色选择发光层材料,要求材料的发光效率要高,能量传递尽可能有效。由于电极对激子有淬灭作用,因此需引入一定厚度的电子传输层与空穴传输层,使发光层远离正负电极。传输材料的选择要求材料本身的载流子迁移率高、稳定性好、且其 HOMO、LUMO 与发光层基质材料的能级要匹配,既要避免激基复合物的形成(细节将在后面章节介绍),又要尽可能使载流子的复合限制在发光层内以提高发光效率。当空穴传输材料或电子传输材料与发光材料的势垒差本身不能使载流子的复合全部发生在发光层内,或不能使产生的激子局限于发光层内时,还需引入载流子或激子阻挡层。阻挡层本身的能级差较大,载流子或激子不能通过它进行扩散。同时其 HOMO 能级需要较高,以阻挡空穴向电子传输层的注入。为了使电荷能有效注入,需要降低电极与传输层的势垒,最好能形成欧姆接触。所以电极的功函数也要与传输层的能级相匹配。因此阳极的功函数要高,而阴极的功函数要低,同时电极材料要具有环境稳定性。常用的 ITO、Al 等电极尚不能与传输层形成欧姆接触,而电极与传输层的势垒会严重影响器件驱动电压及寿命,解决的办法是在电极与传输层之间引入载流子注入层,也称缓冲层(buffer layer)。除了上述保障器件发光性能的设计,还需要考虑发射光的输出问题。

7.3.1 有机小分子 OLED 器件结构与制备

有机发光二极管,顾名思义,其结构应当是简单的二极管结构,即正极、负极,以及中间的有机发光层(emission layer, EML)。但根据以上描述的获得高效发光的原理,在正负极之间除了发光层之外还要添加电子传输层(electron transport layer, ETL)与空穴传输层(hole transport layer, HTL)。为了降低 OLED 工作电压,在 2009 年出现了 p-i-n 结构,增加了电子阻挡层(eletron block layer, EBL)与空穴阻挡层(hole block layer, HBL)[11, 12]。图 7.3(a)给出了典型 p-i-n 有机发光二极管器件的结构;各层之间的能级水平、载流子跃迁与发光层中激子淬灭发出光子的过程展示于图 7.3(b),图中 E_{vac} 为真空能级,Φ_A 为阳极功函数,Φ_C 为阴极功函数。该图进一步解释了图 7.1 所示的 OLED 工作原理,并显示了在 p-i-n 结构中 EBL 与 HBL 的能级水平恰好能分别阻挡电子与空穴向阳极与阴极的传输,将它们锁定在发光层内。有机发光层中产生的激子只有 25% 是单重态,而 75% 是三重态。只有充分使三重态激子淬灭发光才能大大提高发光效率,p-i-n 结构中的阻挡层恰好使激子在发光层中得到最大限度的利用,使得低电场下的发光效率大大提高。p-i-n 器件的启亮电压小于 2.5 V,并在 2.9 V 时亮度可达到 1000 cd · m^{-2},5.2 V 达到 10 000 cd · m^{-2}[13, 14]。

只有有机小分子材料才能实现上述复杂多层结构,因为有机小分子材料

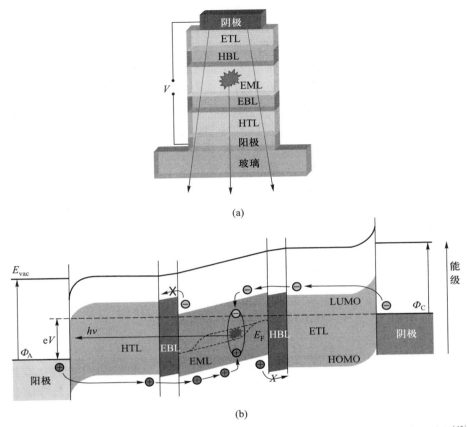

(a)

(b)

图 7.3 （a）典型的 p-i-n OLED 结构；（b）OLED 各层间的能级水平与载流子输运过程[12]

可以通过真空镀膜方式沉积，每一层薄膜有严格的界面，因此 OLED 的常规制备方法为真空沉积法，也称镀膜法，属物理气相沉积中的一种。图 7.4 是作者科研团队实验室的高真空多源热沉积系统。沉积时，系统的真空度在 $10^{-4} \sim 10^{-5}$ Pa，真空系统多由机械泵与分子泵组合而成。常用的加热源包括金属电极沉积源与有机沉积源，有机材料沉积多采用钽片舟加热，沉积时把有机材料装于石英舟内再置于加热源上，OLED 真空设备内的有机源一般以 6~9 个为佳，多源有利于制备一些结构复杂的器件包括 OLED 白光器件。金属沉积源多采用钨丝，其温度相对有机源更高。OLED 的阴极金属材料在早期主要是 Mg:Ag 复合电极，质量比约为 9:1，后来发展为 LiF/Al 或 Al/Li 合金电极。LiF/Al 电极制备方法比较简单，因而使用最广。根据作者科研团队的实际经验,有机小分子 OLED 器件的制备流程如下所述。

图 7.4　用于制备有机小分子 OLED 器件的高真空多源热沉积系统

　　首先是衬底的准备,衬底常用透明导电的 ITO 玻璃,方阻在 $10 \sim 30 \ \Omega/\square$ 为佳,ITO 玻璃作阳极时须预先刻蚀图案,可用光刻胶或透明胶纸对 ITO 进行选择性保护,然后用 $FeCl_3$–HCl 溶液或加 Zn 粉的 HCl 溶液进行刻蚀。刻蚀过的 ITO 用大量水冲洗干净,除去保护层。在制备 OLED 前,ITO 衬底需清洁处理,这一步非常关键。衬底的清洁方法是先依次用丙酮棉、洗洁精棉反复全方位擦洗整片衬底,再依次用丙酮、异丙醇(或 ITO 专用清洁剂)超声处理,然后用大量去离子水冲洗干净,清洗过程中要注意避免 ITO 面的二次污染。清洗过的 ITO 导电玻璃需用氧气等离子体处理(plasma treatment)5 min(功率为 600 W,氧气流量为 800 SCCM[①],压强为 67 Pa)或紫外臭氧处理 15 min,然后快速装入 OLED 真空沉积系统(镀膜机)中。对镀膜机抽真空到 5×10^{-4} Pa 左右,开始用热蒸发沉积的方法使有机物成膜并制备各功能层,依次是空穴传输层、发光层、电子传输层,蒸发速率控制在 $2 \sim 3 \ \text{Å} \cdot \text{s}^{-1}$。发光层掺杂时须用两源甚至三源共蒸法实现,先调节各染料掺杂剂的沉积速度并用独立的探头来监测,待其稳定后调节主体材料沉积的速度,使其与掺杂剂沉积速度形成一定的比例,也就是掺杂的浓度。在调节过程中需使用挡板,让材料不会沉积到衬底上,调好后再打开挡板进行发光层沉积。对 LiF/金属 Al 用阴极体系,控制好 1 nm 薄层的 LiF 电子注入层非常关键,LiF 的蒸发速率控制在 $0.5 \ \text{Å} \cdot \text{s}^{-1}$ 左右,Al 电极的蒸发速率控制在 $10 \ \text{Å} \cdot \text{s}^{-1}$ 左右。对薄膜沉积速率及膜厚度监控可用石英晶振系统(膜厚仪)监测。研究用的 OLED 器件发光

---

　　① 体积流量单位,全称为 standard cubic centimeter per minute,即每分钟的标准毫升数。

点面积在 2 mm×2 mm 或 3 mm×3 mm 为佳。根据经验,发光面积越小,器件的性能相对更高,但对测试会产生一定的困难。电致发光谱(EL)及 CIE 色度坐标可用荧光光谱仪测量,实验室常用的有美国 PR655、日产 MPF-4、CS2000等小型光谱设备。把带亮度测量的上述光谱仪与 KEITHLEY 2400 精密电源联合后可进行亮度-电流-电压曲线(L-I-V)测试。

7.3.2 有机聚合物 OLED 器件结构与制备

1990 年英国剑桥大学卡文迪什实验室 Richard Friend 团队首次报道了有机聚合物发光二极管(polymer light emitting diode, PLED)[6],其典型的器件结构如图 7.5(a)所示。PLED 之所以是简单的三层结构是由有机聚合物的性质所决定的。有机聚合物无法像有机小分子一样通过真空蒸镀沉积,只能通过溶液法沉积,因此难以形成如图 7.3(a)所示的多层薄膜结构。当然,如果选择合适的溶剂系统,例如采用正交性溶剂,即不同层之间的溶剂互不相溶,也有可能通过溶液法沉积多层薄膜结构[15, 16],但可选择的正交溶剂种类有限。因此,对 PLED 而言,所有载流子输运、激子产生与淬灭都发生在聚合物层内,如图 7.5(b)所示。但正是因为有机聚合物的可溶液加工性,为印刷制备有机电致发光器件开辟了一片新天地[17],本章 7.5 节将详细介绍印刷 OLED 技术及其发展。

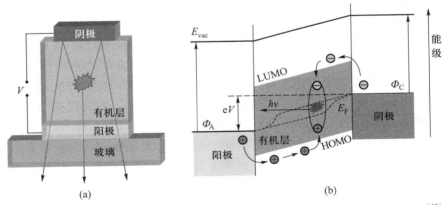

图 7.5 (a)典型的 PLED 结构;(b) PLED 各层间的能级水平与载流子输运过程[12]

7.3.3 OLED 器件功能层材料

无论 OLED 还是 PLED,其使用的材料从功能上可以大致划分为载流子注入、载流子传输和发光这几类材料。对这些材料的要求是:① 要具备适当的离化能或 HOMO 值、电子亲和势或 LUMO 值,以降低界面势垒便于电荷传输;② 对发光材料要求发光效率高,同时被激发的效率也要高,以减小电能的损耗;③ 色纯度要高,以提供更好的显示效果;④ 材料的电化学稳定性要好,以提升器件本身的工作寿命;⑤ 传输材料的迁移率要高,以减小发光响应时间,降低驱动电压以及减小器件中的发热问题等。

7.3.3.1 载流子注入类材料

为增加载流子的注入,有机小分子 OLED 器件常采用前文提及的 p-i-n 结构。即将空穴传输层掺杂氧化剂,如 $SbCl_5$[18]、$FeCl_3$[19]、碘(iodine)[20]、tetra(fluoro)-tetra(cyano) quinodimethane(F_4-TCNQ)[21] 及 tris(4-bromophenyl) aminium hexachloroantimonate(TBAHA)[22]可以造成 p 型掺杂效果,此 p 型掺杂层可以当作有效的空穴注入层。最常用的 p 型掺杂结构为 NPB 中掺入 3% 质量比的 F_4-TCNQ,由于 NPB 的 HOMO 能级与 F_4-TCNQ 的 LUMO 能级相近,因此在 HOMO 能级的电子可以跃跳到 F_4-TCNQ 的 LUMO 能级,在空穴传输层形成自由空穴,因而增加了空穴传输层的导电性[23]。而且掺杂会使能带弯曲(band bending),使得空穴可以以隧穿(tunneling)的方式注入,造成近似欧姆接触[24]。

Poly(dioxyethylene thienylene)(PEDOT:PSS)是 PLED 器件中最常用的空穴注入材料,但是该材料也有一些问题,诸如酸性过强而腐蚀 ITO 电极、空气中易吸潮、能级与发光材料匹配问题等。Lee 等将全氟化的离子交联聚合物 PFI 掺杂修饰 PEDOT:PSS,获得了性能优异的自组装空穴注入层。使用该空穴注入层的溶液加工绿光 OLED,在 1000 cd·m^{-2}亮度的条件下寿命高达 2680 h,远高于同条件下仅使用 PEDOT:PSS 的器件寿命(52 h)[25]。此外,1,4,5,8,9,11-六氮杂三苯撑六碳腈(HAT-CN)也是一种广泛用于 OLED 器件的小分子空穴注入材料[26],多用于可溶液加工的 OLED 器件中。图 7.6 是以上提到的几种空穴注入材料的分子结构。

7.3.3.2 载流子传输类材料

在 OLED 器件中,通常可以在空穴注入层与发光层中间加一层空穴传输层来降低能垒,从而有效提高器件效率。在小分子蒸镀器件的应用中,芳香多胺类化合物,如 N,N′-diphenyl-N,N′-bis(3-methylphenyl)-1,1′-diphenyl-4,

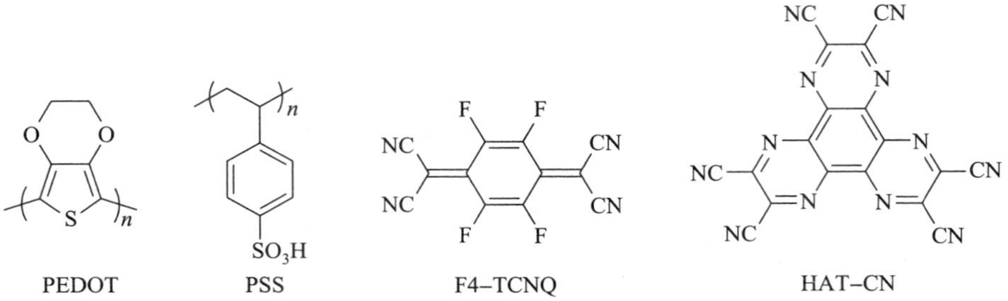

图 7.6 常用空穴注入材料分子结构

4'-diamine(TPD)、4,4'-bis[N-(1-napthyl)-N-phenyl-amino]-biphenyl(NPB)以及德国 Covion 公司在 2000 年发展的 spiro-NPB 都是最常用的空穴传输层（HTL）材料。此外，近些年来 TAPC、m-MTDATA 和 mCP 等小分子空穴传输材料也在 OLED 器件中得到了广泛的应用。除了小分子芳香多胺化合物作为 HTL 材料外，poly(9-vinyl-carbazole)(PVK)、poly[N,N'-bis(4-butylphenyl)-N,N'-bis(phenyl)-benzidine](poly-TPD)、poly(9,9-dioctylfluorene-co-N-(4-butylphenyl)diphenylamine)(TFB)等都是 PLED 器件最常用的空穴传输材料，它们的分子结构如图 7.7 所示。

对于溶液法加工的 OLED 器件，空穴传输层与上下层之间的层间互溶问题会影响多功能层器件的制备。因此，开发具有高度抗溶剂性的交联型空穴传输层材料，可以有效解决这一类问题。通过在传统小分子空穴传输层材料上引入环氧丙烷单元，可以实现在紫外光照下的阳离子开环聚合反应引发交联，形成线性的聚醚，这类代表性的交联空穴传输层材料有 N,N'-二(4-(6-((3-氧杂丁烷-3-基)-甲氧基)-己氧基)苯基)-N,N'-二(4-甲氧基苯基)二苯-4,4'-二胺（QUPD）和 N,N'-二(4-(6-((3-氧杂丁烷-3-基)甲氧基))-己基苯基)-N,N'-二苯-4,4'-二胺（OTPD）[27]。通过使用 QUPD 和 OTPD,空穴的注入势垒可以形成两段式的梯度分布,大幅度提高了器件的电流效率,实现了从 20 cd·A^{-1}到 67 cd·A^{-1}的提升,其红、绿、蓝 OLED 器件分别实现了 11%、19% 和 6% 的最大外量子效率。

除了以上的光交联策略,也可以利用热交联实现聚合物网络的形成。热交联材料通常在空穴传输层上引入苯乙烯官能团,交联温度一般高于 150 ℃,常见的有乙烯基苄基-4,4',4″-三(N-咔唑基)-三苯胺（VB-TCTA）[28]与 N,N'-二(1-萘基)-N,N'-二苯-1,1'-二苯-4,4-二胺（2-NPD）[29]。基于 VB-TCTA 制备的 OLED 白光器件,实现了 11 cd·A^{-1}的电流效率和 6% 的 EQE。2015 年,

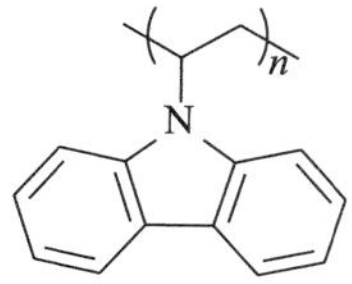

图 7.7　常用空穴传输材料的分子结构

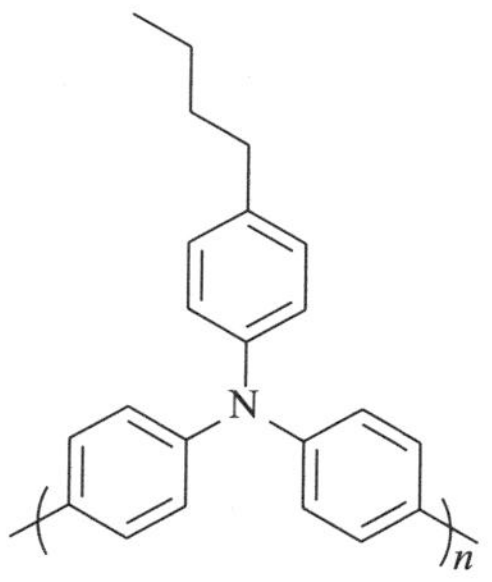

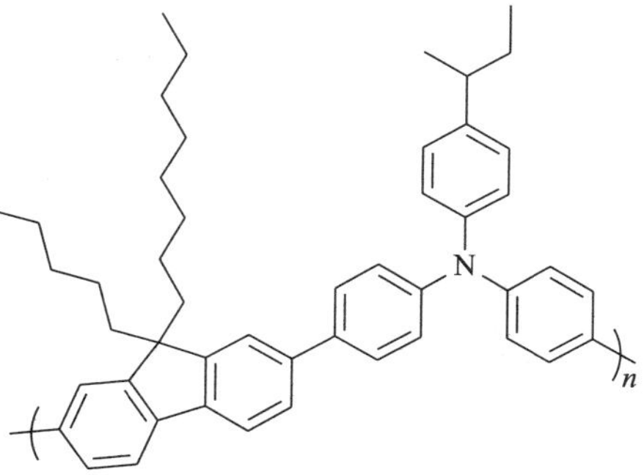

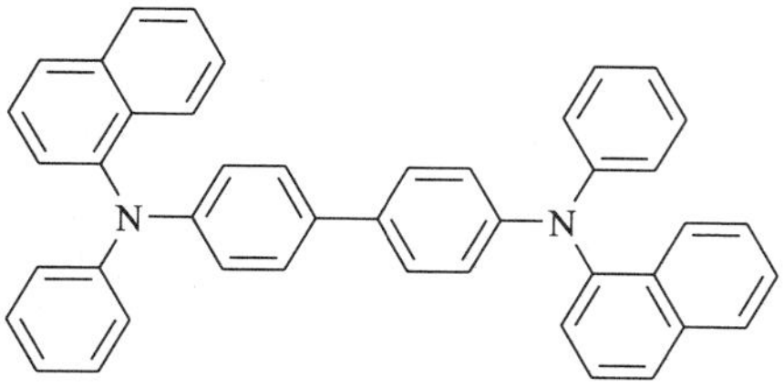

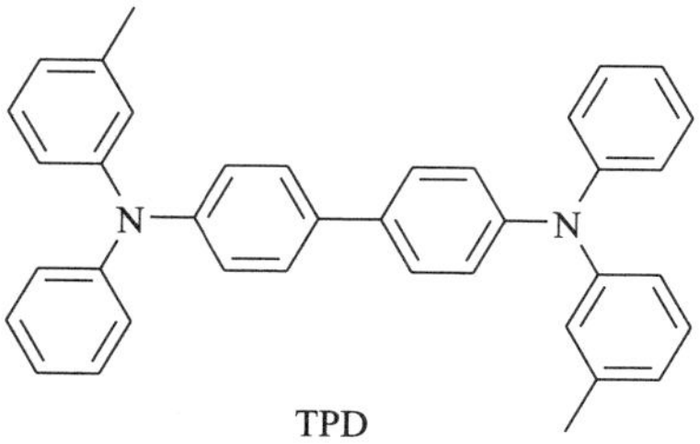

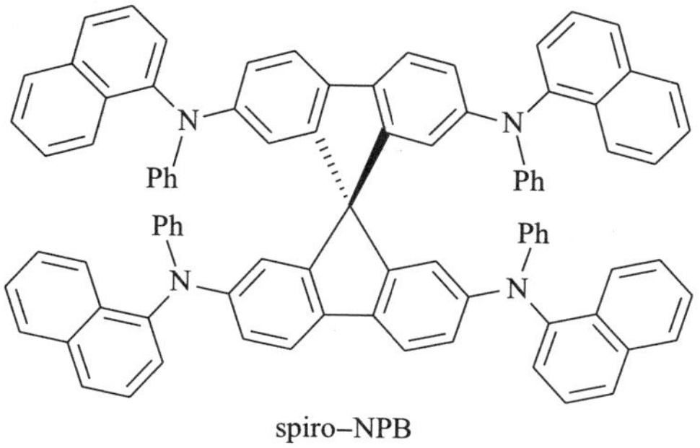

Jiang 等报道了 BCz-VB 和 BCz-MS 两个小分子 OLED 空穴传输材料[30]，其中 BCz-VB 展现出较好的器件性能，固化温度仅为 146 ℃，制备的蓝光 OLED 实现了 25 cd·A⁻¹ 的电流效率。图 7.8 展示了这些交联型小分子空穴传输材料的分子结构。

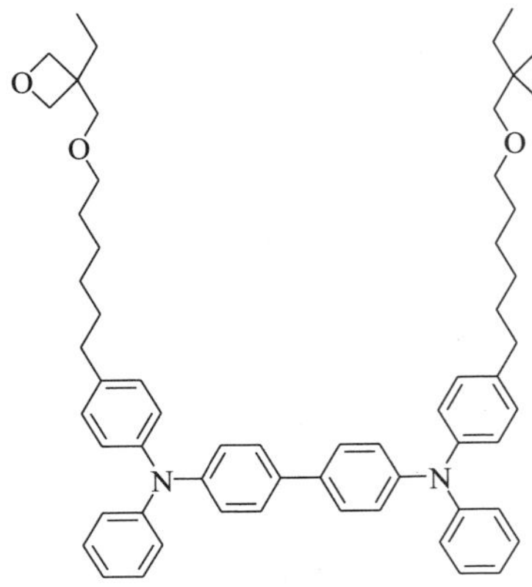

OTPD

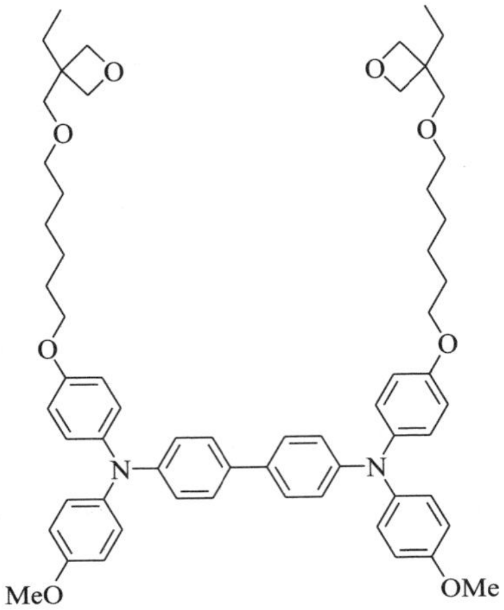

QUPD

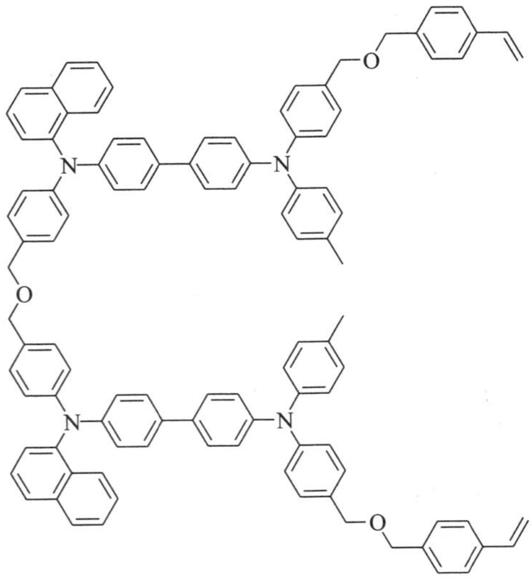

2-NPD

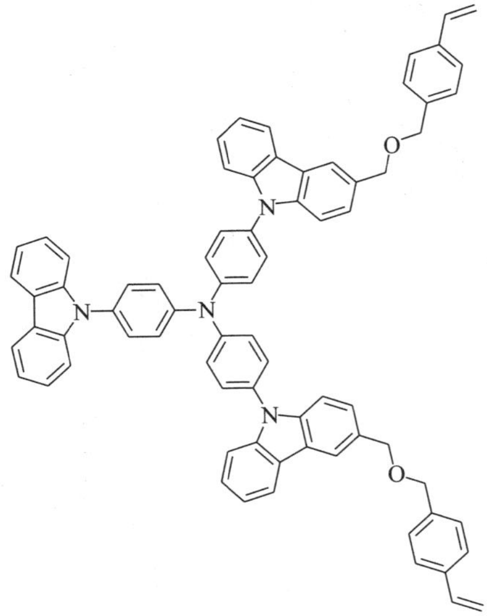

VB-TCTA

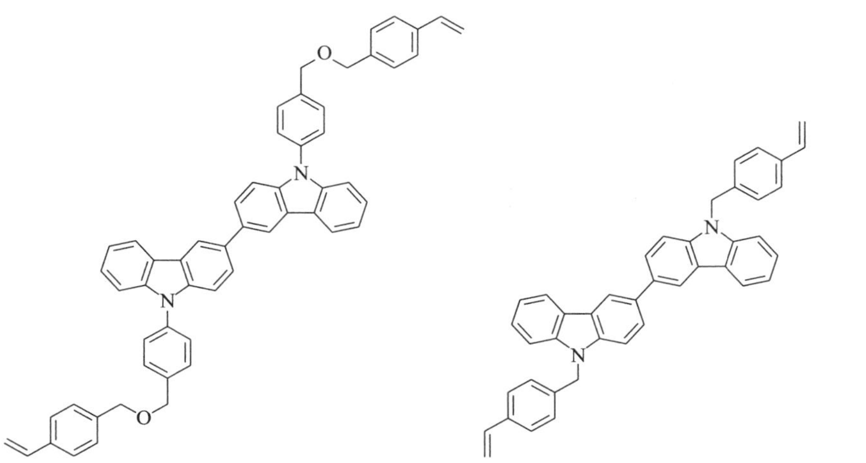

BCz–VB   BCzMS

图 7.8   交联型小分子空穴传输材料的分子结构

最常用的电子传输材料是 Kodak 公司的 tris（8-hydroxyquinoline）aluminum（Alq$_3$），它同时具有较好的发光性能。1,2,4-trazoles（TAZ）、2-（biphenyl4yl）-5-（4-tert-butylphenyl）-1,3,4-oxadiazole（PBD）、2,9-dimethyl-4,7-diphenyl-1,10-phenanthroline（BCP）与 1,3,5-tris（N-phenylbenzimidazol-2-yl）-benzene（TPBi）均是电子传输性能较好且具有一定的空穴阻挡功能的材料。另外日本 Chisso 公司开发的 PyPySPyPy 也是值得关注的新材料，其比 Alq$_3$ 更稳定，电子迁移率更高（2×10^{-3} cm · V^{-1} · s^{-1}）[31]。poly（2,7-（9,9-dioctofluorene）-alt-5,5-（4′,7′-di-2-thienylbenzo［c］［1,2,5］ thiadiazole））（PFO-DBT）则是常用的聚合物电子传输材料。它们的分子结构示于图 7.9。

除了上述常用的蒸发型小分子电子传输材料，研究人员也开发了一系列适合于溶液加工的交联型电子传输材料。2016 年，作者科研团队报道了基于苯乙烯的热交联小分子电子传输材料 DV-46PymTAZ，基于该材料制备的喷墨打印蓝光 OLED 实现了 13.8% 的 EQE 以及 31.0 cd · A^{-1} 的电流效率[32]。随后，本团队通过研究不同吡啶环上取代基位置的差异性对器件性能的影响，设计合成了 4 个交联型小分子电子传输材料 DV-35PyTAZ、DV-26PyTAZ、DV-26PyTAZ 和 DV-25PyTAZ。通过制备蓝光 OLED 器件发现，基于 DV-26PyTAZ 的器件性能最佳，在 100 cd · m^{-2} 的亮度下，可以实现超过 14% 的 EQE，其相应的喷墨打印器件也可以获得 12.1% 的 EQE[33]。2017 年，本团队又设计合成

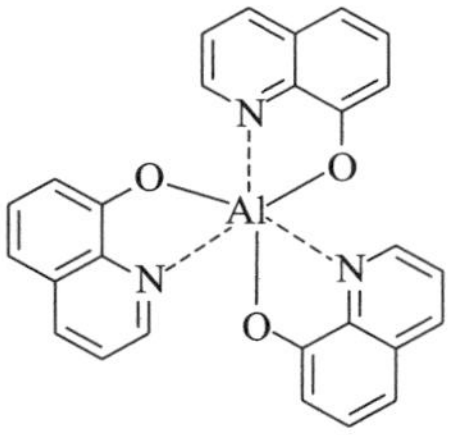
Alq_3

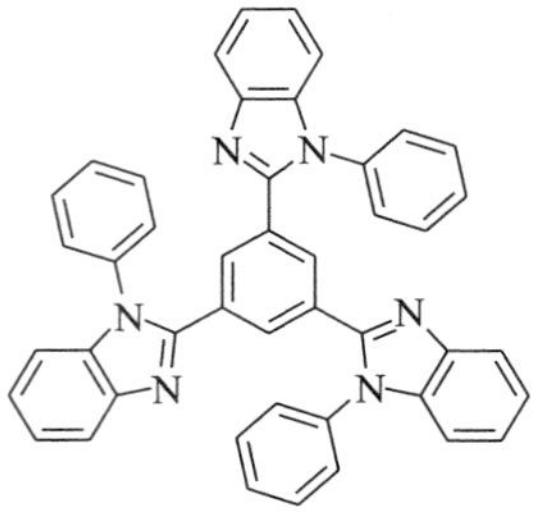
TPBI

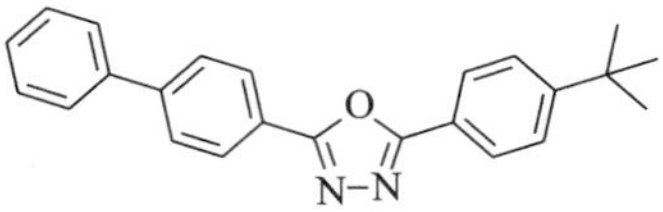
PBD

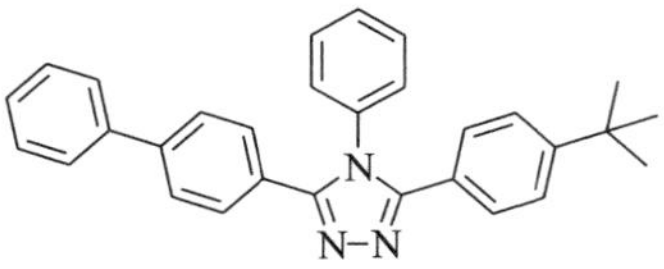
TAZ

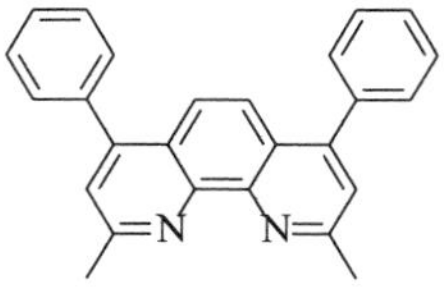
BCP

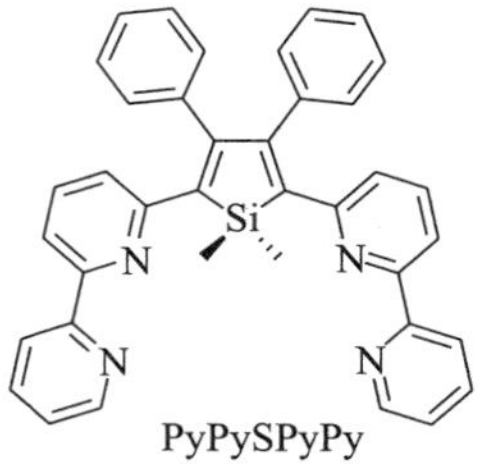
PyPySPyPy

图 7.9　常用电子传输材料的分子结构

了 TV-TmPY 交联型电子传输材料,实现了从 100 cd · m^{-2}到 1000 cd · m^{-2}下稳定的 EQE(变化率 0.7%),制备的蓝光 OLED 获得了超过 12%的 EQE,其喷墨打印器件性能也实现了最大了 8.5%的 EQE 和 18.9 cd · A^{-1}的电流效率[34,35]。图 7.10 是这些新型交联型电子传输材料的分子结构。

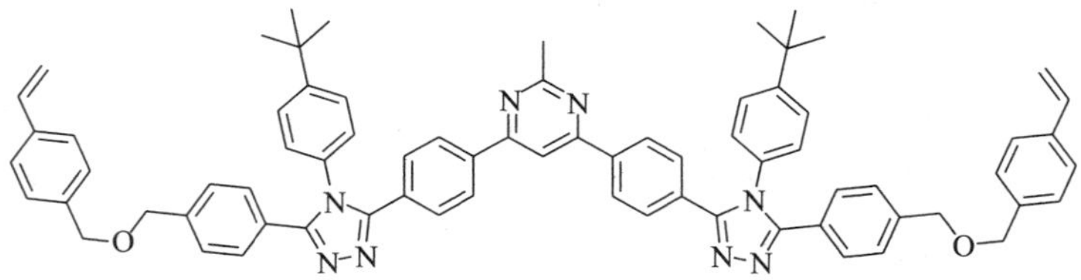
DV–46PymTAZ

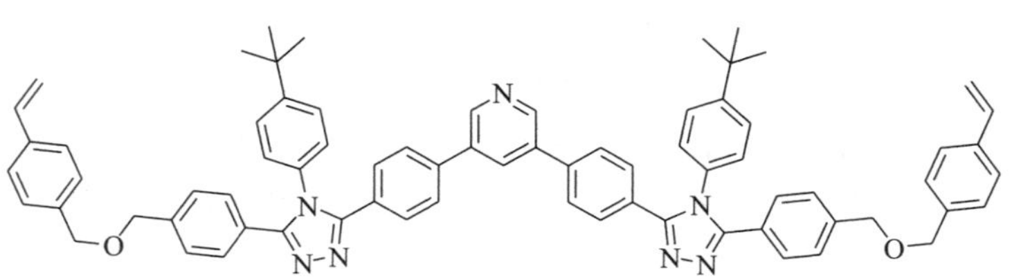
DV–35PyTAZ

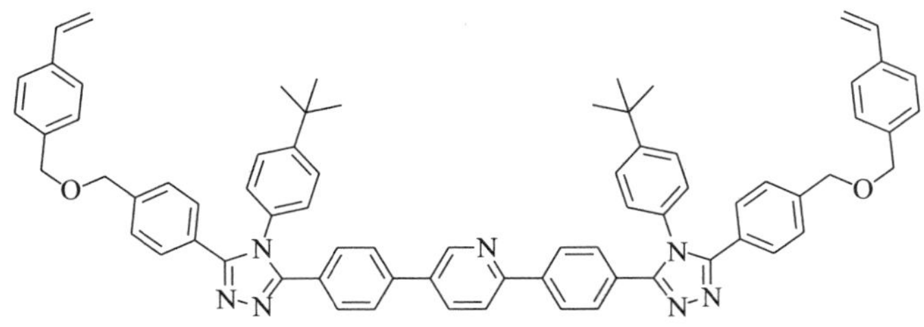

DV–25PyTAZ

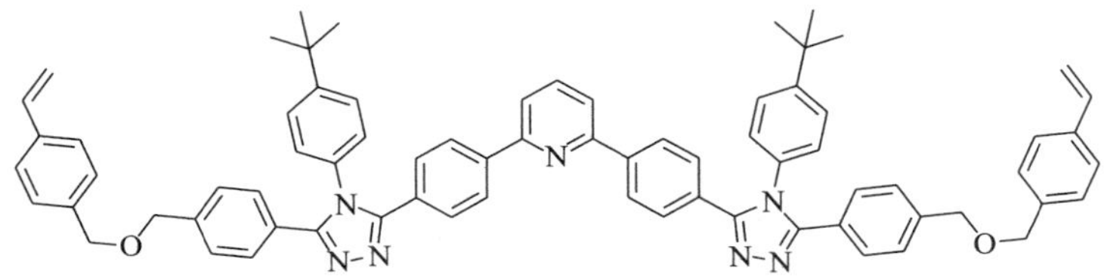

DV–26PyTAZ

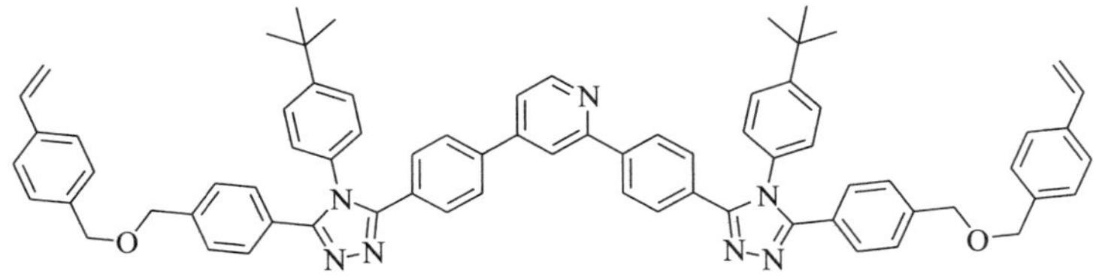

DV–24PyTAZ

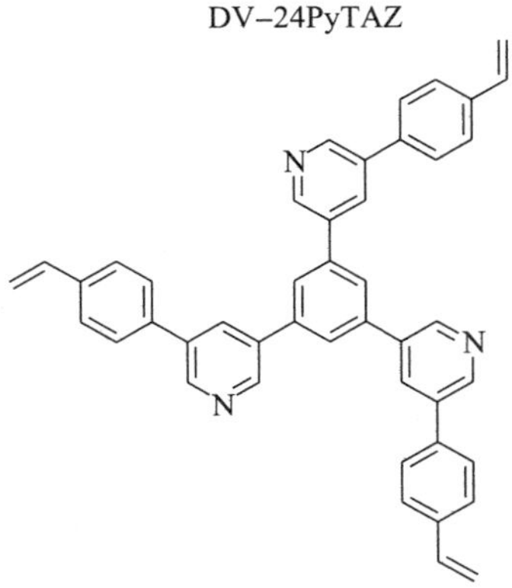

TV–TmPY

图 7.10　热交联型小分子电子传输材料的分子结构

7.3.3.3　有机发光材料

常用的发光材料主要包括荧光材料、磷光材料和热致延迟荧光（thermally

activated delayed fluorescence，TADF）材料。虽然前两类材料在效率方面取得了长足的进步，但是其缺点限制了 OLED 的进一步发展。从效率的角度来看，磷光材料是具有相对优势的选择。经典的绿色磷光材料包括磷光分子 Ir(ppy)$_3$ 及 Ir(ppy)$_2$(acac)，红光磷光材料有 PtOEP 及铱配合物系列等[36, 37]，蓝光磷光材料中最经典的为 FIrpic[38]，这 3 种材料的分子结构如图 7.11 所示。类似于小分子蒸镀器件中将磷光发光材料掺杂在主体材料中作为发光层，在聚合物器件中的发光层也通常将发光材料掺入聚合物主体作为发光层，如 PVK 等[38]。

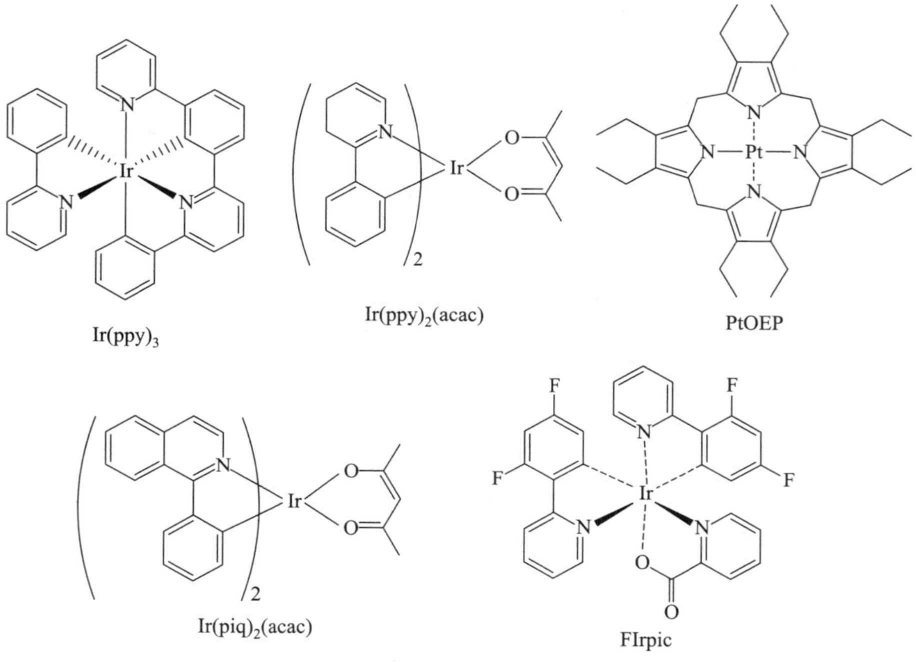

图 7.11　经典的磷发光材料及其分子结构

图 7.12 比较了第一代荧光材料、第二代磷光材料与第三代 TADF 材料的发光机理。第一代荧光材料的内量子效率仅约 25%，第二代磷光材料虽然可以实现 100% 的内量子效率，但需要价格昂贵的铱金属材料。TADF 在热激活条件下可以实现激子从三线态到单线态的反向隙间穿越，充分利用了传统荧光材料被浪费的三线态激子，内量子效率理论上可以达到 100%，有效克服了第一代荧光材料三线态激子自旋禁阻的限制和第二代磷光材料存在的价格昂贵、色度不饱和与贵金属资源紧缺的问题[9]。

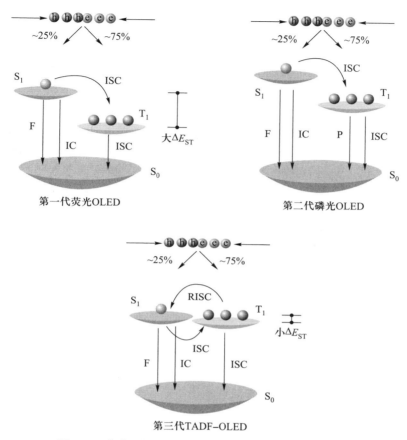

图 7.12　荧光、磷光和热致延迟荧光材料的发光机制[39]

代表性的高性能 TADF 材料的分子结构如图 7.13 所示。通常,TADF 材料具有给受体单元结构,并且两者之间具有较大的二面角或空间位阻,从而通过 HOMO 与 LUMO 能级的分离来减小单线态与三线态的能级差。在高效蓝光 TADF 材料中,Adachi 等报道了基于 DMAC-DPS 的 OLED 器件,该器件可以实现 464 nm 的最大电致发光峰[40]。此外,天蓝色的 DMAC-TRZ 可以实现最大 26.5% 的 EQE,并且其最大发光峰位于 490 nm[41]。绝大多数的绿光和黄光 TADF 材料分子内通常含有氰基或三嗪受体单元结构,比如高效绿光TADF 材料 4CzIPN 和 PXZ-TRZ[9,42]。相比于绿光 TADF 材料,红光 TADF 材料报道得相对较少,第一个具有近红外发光的 TADF 材料 TPA-DCPP 获得了9.8% 的 EQE,其最大发光峰位于 645 nm[43]。由于 TADF 材料的低成本与高效率等优势,国外 Cynora、Kyulux 等公司以及国内鼎材科技、万润股份、濮阳惠成和阿格蕾雅等公司都在积极部署 TADF 的产品研发与专利。

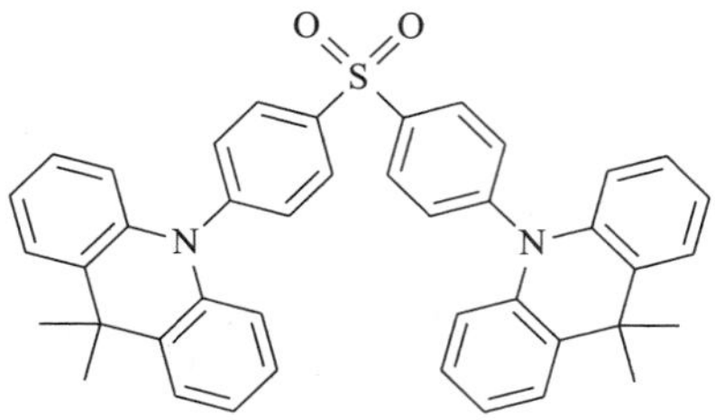

DMAC–DPS

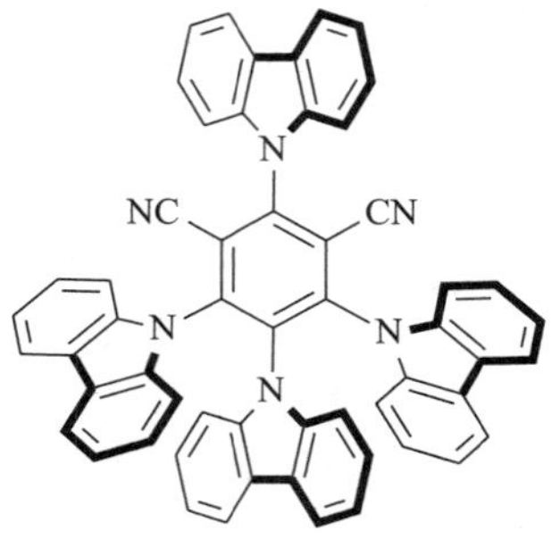

4CzIPN

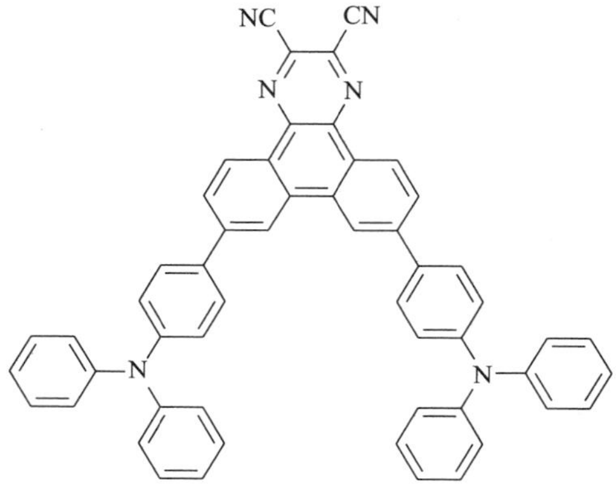

TPA–DCPP

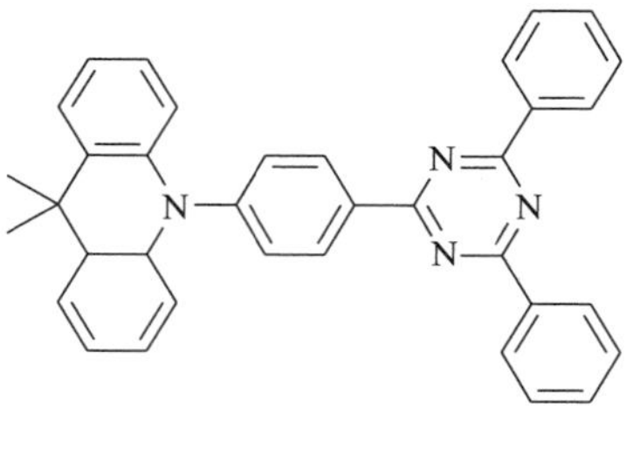

DMAC–TRZ

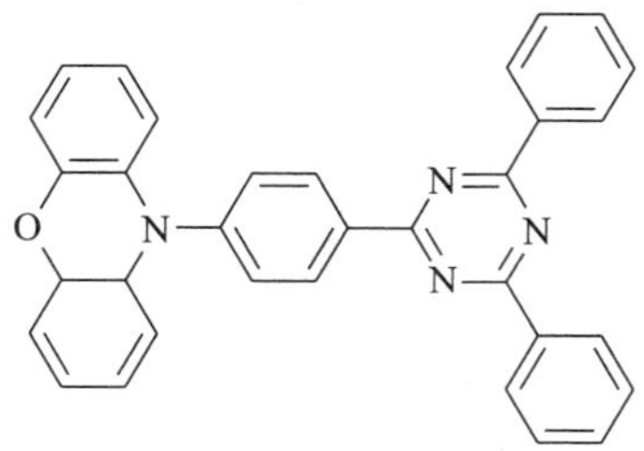

PXZ–TRZ

图 7.13　代表性 TADF 材料的化学结构式

7.3.3.4　OLED 功能层墨水

　　OLED 功能墨水,其本质是溶液化的 OLED 功能材料。当这些功能墨水在浓度、黏度、溶剂等方面满足一定条件时，可借助传统印刷工艺直接打印或涂布于基板上，实现印刷制备有机电致发光器件。OLED 墨水大多是一些高分子聚合物，如作为空穴注入层的 PEDOT:PSS；作为传输层的 PVK、MEH-PPV；发光层有聚芴、支链上含 Ir 配合物的高分子发光材料等，以及一些树枝状大分子材料、寡聚物和部分小分子材料。

把有机 OLED 功能材料制备成可印刷的墨水，首先要解决好溶解性问题。如聚合物或小分子材料上接入增溶性支链，如烷基链、醚链等。一般来说，这些辅助基团的引入不应降低材料的传输性、发光效率等性能或改变发光带宽、光谱等参数，同时还要具有优良的印刷成膜性。为了改善 OLED 功能墨水的印刷成膜性能，一方面对溶剂挥发性有严格要求，溶剂挥发过快会导致膜的粗糙度较高，膜质量不佳，挥发过慢则很难干燥，OLED 墨水中常采用多种混合溶剂，多以二甲苯、氯苯为主体辅以二氯甲烷等；另一方面 OLED 墨水中可同时含有多种功能材料，如 OLED 发光墨水 LUMATION* 1304 中就包含了发光体聚芴材料及空穴、电子传输成分等[44]。因而要求这些材料之间的相互分散性、兼容性好，在成膜干燥过程中须稳定，不能结晶、团聚或沉淀。

多层膜结构的 OLED 有利于获得高的发光效率，但只有真空蒸镀的小分子材料才能获得多层膜结构。对印刷法制备的 OLED，上层材料在印刷时会对下层材料产生侵蚀及破坏作用，这对墨水的配制带来了挑战。传统方法是使用正交性溶剂。例如，可分别采用水溶性及油溶性墨水印刷多层结构，如第一层印刷水溶剂的 PEDOT:PSS，第二层印刷二甲苯溶剂的 LUMATION* 1304，由于油水的正交性，层之间的界面不会因互溶而受损。对多层膜 OLED 墨水体系也可利用相似相溶原理，分别采用差异性较大的极性与非极性溶剂来配制，结合印刷干燥制程设计，可实现多层膜 OLED 的印刷。还有一些新的墨水设计方法，如第一层墨水中含有热或 UV 聚合单体，印刷成膜后经处理固化成膜，则不再溶于普通溶剂，再印刷第二层时对下层不会造成影响[45]。

过去 20 年中，可印刷 OLED 墨水的研究主要沿两条技术路线：① 基于有机小分子的路线，代表性的著名企业有杜邦（DuPont）与默克（Merck）；② 基于有机聚合物的路线，代表性企业为住友化学（Sumitomo）。住友化学的技术来源于剑桥大学研发的 PLED。为发展商业化 PLED，剑桥大学建立了 CDT（Cambridge Display Technology）公司，后来住友化学收购了 CDT 公司，继续致力于有机聚合物发光材料的商业化开发。杜邦公司的 OLED 材料技术被韩国 LG 化学收购。因此，目前国际上 OLED 墨水材料主要开发商为住友化学、默克与 LG 化学。表 7.1 列出了这 3 家公司在 2020 年的 OLED 墨水材料性能指标,其中寿命指标"LT_{95} 小时@ 1k cd · m^{-2}"是指起始 1000 nit[①] 发光亮度衰减到初始值 95% 的小时数。由这些数据可见,红光与绿光材料均已接近或达到实用化要求,唯一的短板是蓝光材料。国内近年来大力开展印刷显示技术的研究,科技部在 2016 年推出印刷显示关键材料与技术的国家重点研发计划,部署了印刷显示材料的开发,并于 2017 年资助成立了广州聚华印刷显示公共技术平台。

表 7.1　2020 年国际主流 OLED 墨水材料的性能指标[46]

三基色	技术指标	住友化学	默克	LG 化学
		旋涂	喷墨	喷墨
红	电流效率/(cd · A^{-1})	28	15.6	≥25
	色坐标:CIE(x,y)	(0.66,0.34)	(0.68,0.32)	(0.65,0.35)
	寿命:LT_{95} 小时@ 1k cd · m^{-2}	6000	5300	≥20 000
绿	电流效率/(cd · A^{-1})	92	84	≥75
	色坐标:CIE(x,y)	(0.33,0.62)	(0.32,0.64)	(0.30,0.66)
	寿命:LT_{95} 小时@ 1k cd · m^{-2}	17 000	11 400	≥15 000
蓝	电流效率/(cd · A^{-1})	7.8	7.1	≥7.0
	色坐标:CIE(x,y)	(0.14,0.13)	(0.14,0.14)	(0.14,0.09)
	寿命:LT_{95} 小时@ 1k cd · m^{-2}	1400	500	≥1200

7.4　OLED 白光照明技术

7.4.1　OLED 白光产生原理及实现方式

白光是一种复合光,通常由可见光谱中的多个不同基色光按一定比例混合而成,如红绿蓝三基色白光、蓝黄双色白光等。OLED 白光同样是由不同颜色发光混合得到,例如混合蓝、黄两互补色可以得到双波段白光,或混合红、蓝、绿三基色得到三波段白光。图 7.14 给出了 4 种 OLED 白光实现模式与发

---

　①　亮度单位,1 nit = 1 cd · m^{-2}。

光层结构。图 7.14（a）为多掺杂发光层（multiple dopants emissive layer）；图 7.14(b)为多重发光层（multiple emissive layers）叠加或色转换法（down conversion）；图 7.14(c)为三基色独立像素点发光的混合；图 7.14(d)为三基色单元平行组合方式,这种方式主要用于全彩色显示。

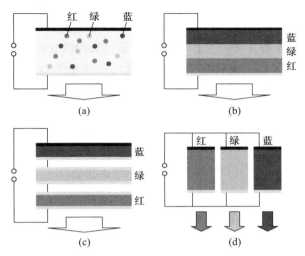

图 7.14　OLED 白光的实现模式及其发光层结构

产生白光的最简单的方式就是将 CIE 坐标图上的任意两个的光色坐标相连起来,如果通过白光的区域,即可产生白光。2002 年,Forrest 等利用天蓝色(480 nm)磷光材料 FIrpic 混合红色(620 nm)磷光材料[Btp$_2$Ir(acac)]制作了 OLED 白光器件,色坐标为(0.35,0.36),但外量子效率仅为 3.8%,显色指数 CRI 只有 50。可见这种方法得到的 OLED 白光器件虽结构简单,但效率与显色指数较低,并不适合照明。高效高显色指数 OLED 白光器件大多数结合了三波段发射的多重发光层掺杂结构。白光也可由单一发光材料获得,中国科学院长春应用化学研究所王利祥科研团队以支链的形式把一些发光体合成接枝在聚合物主链上,设计开发了一系列发白光的聚合物材料[47,48],所发射的白光非常稳定,在国际上引起了广泛关注。在 2007 年的 SID 国际显示信息会议上,Konica Minolta 公司利用新型蓝色磷光材料优化结构以提升激子复合率,再在器件外部加一个扩散片提升出光效率,制作出了功率效率高达 64 lm · W^{-1}的高效率磷光 OLED 白光器件(1000 cd · m^{-2}亮度下)。2009 年,Leo 等制备的 OLED 白光器件功率效率达到 90 lm · W^{-1},结合光输出耦合技术可以实现 124 lm · W^{-1}[49]。

多重发光层式 OLED 白光器件效率高,但结构复杂,且随着驱动电压的改变,激子复合区域可能偏移,使得白光的颜色改变。在长时间工作的情形下,容易因为各种发光层材料本身老化的寿命不一致,造成器件发光颜色的改变;此外为防止在多层白光结构中的复合区移动,常在器件结构中加入空穴阻挡层来增加载流子复合的效率,还会降低器件驱动电压[50]。也可以通过色转换法获得白光的 OLED 结构,主要是基于 OLED 蓝光,在 OLED 蓝光器件外部涂敷长波段荧光粉获得白光。色转换法获得的 OLED 白光器件结构简单,不存在器件随电压变化或器件老化而出现的白光颜色变化的问题,且采用红、绿双色混合的荧光粉时能实现很高的显色指数。但色转换法 OLED 白光对 OLED 蓝光器件的效率及寿命性能要求很高。随着 OLED 蓝光器件性能的提高,特别是佛罗里达大学的 Franky 小组在 2008 年已报道的 OLED 蓝光材料的发光功率效率突破了 50 lm · W^{-1}[51]。基于这种方法获得的 OLED 白光照明器件在简化工艺、降低成本方面有一定的优势。

7.4.2 OLED 白光照明技术重要参数

7.4.2.1 显色指数

将 OLED 白光器件用于照明或显示背光源时,有几项参数非常重要。第一个是色还原指数 CRI,又叫显色指数,是衡量照明质量的重要参数。光源对物体的显色能力称为显色性,是通过与同色温的参考或基准光源(白炽灯)下物体外观颜色的比较得出的,反映在视觉上与真实颜色的近似程度。光谱范围较广的光源能提供较佳的显色品质,而当光源光谱中缺乏物体在基准光源下所反射的主波长时,会使物体颜色产生明显的色差。色差程度愈大,光源对该色的显色性愈差。显色指数是目前定义光源显色性评价的普遍方法。标准白炽灯的显色指数定义为 100,视为理想的基准光源,评价时以 8 种标准色样来检验,比较在测试光源下与在同色温的基准下此 8 色的偏离程度,以测量该光源的显色指数。一般白光照明的要求是 CRI 大于 80。对 OLED 来说,黄光与蓝光的双波段 OLED 显然不能用于照明或背光的,而一般的三基色 OLED 器件的 CRI 可达 85 左右。通过选择适当的材料体系,使 OLED 发射光谱覆盖整个可见光时,可实现高 CRI 高达 95 以上的白光。由于 OLED 发光材料体系丰富,器件结构调节相对简单,CRI 的优化相对容易,因而高显色性能也是 OLED 白光光源的一大亮点。

7.4.2.2 发光效率及光提取

白光照明的第二个重要参数是发光效率。在全球能源日益紧缺的今天,照明能耗在整个电力消耗中占了举足轻重的位置,因此节能白光照明技术具有重要的经济和社会意义。普通白炽灯的效率只有 16 lm · W^{-1},非常耗电;荧光灯的效率在 60~80 lm · W^{-1} 之间,但产品含汞且使用寿命很短,长期使用对环境污染严重。为发展高效节能的环保照明产品,降低照明能耗,我国在 2006 年发布的《国家中长期科学和技术发展规划纲要(2006—2020 年)》中将半导体照明产品明确列为"重点领域及优先主题",启动了"十一五"半导体照明工程"863"计划。美国从 2000 年起投资 5 亿美元实施"国家半导体照明计划",目标是把固态照明的发光功率效率提高到 150 lm · W^{-1}。

发光效率高是 OLED 技术备受关注的重要原因之一。相关文献已证明,基于一些磷光材料的 OLED 器件内量子效率接近 100%[8],实验室 OLED 白光器件的最高功率效率已达到 228 lm · W^{-1}[52]。高效 OLED 白光器件的设计原理与小分子 OLED 的设计基本相同,采用理论内量子效率可达 100% 的磷光材料掺杂作为发光层,是获得高的发光效率的基本保证。与单色光不同的是,照明用白光一般包含红、蓝、绿 3 色以上发射才可复合出高 CRI 白光。对多种不同发射波长的磷光材料掺杂发光层,不同磷光材料分层掺杂相对同一层主体材料内共掺多种发光材料,能避免激子间的相互作用,更有利于提高器件发光效率。研究表明,多基色层的复合发光层结构中,若采用如 CBP 等宽带隙双极性分子的薄层把各掺杂基色发光层隔开,器件效率将进一步增加[10]。此外,OLED 器件的效率与发光层中的电子空穴平衡、激子限定等器件结构控调控、材料体系选择有重要关系。

另一方面,由于 OLED 是面发光,器件内各界面的全反射,导致器件内的发光不能有效输出。通常 OLED 器件外量子效率仅为内量子效率的 1/5 左右。因此破坏光在各界面的全反射条件,提高器件的光耦合输出效率,从而进一步提高 OLED 的功率效率一直是 OLED 白光照明产品技术开发的焦点。对 OLED 器件来说,可提取的光基本上源于有机层/ITO、ITO/玻璃及玻璃/空气界面 3 部分处的全反射光,已报道的大量的解决方案也是针对这些情况展开的。对玻璃/空气界面的全反射,解决方法是在玻璃表面进行修饰,早期已证明了棱镜状衬底能实现对点光源的完全提取[53];当在玻璃衬底上制作周期为 25 μm 的 PDMS 方形微棱镜阵列时,面光源的光耦合输出效率提高了42%[54];对于破坏 ITO/玻璃界面的全反射,已报道的方法有通过设计光学微腔可使光输出增加 40 % 以上;在玻璃衬底和 ITO 层之间引入低折射率气凝胶材料,光提取增加到原来的 1.8 倍[55];引入纳米压印及紫外光固化制备的光子晶体,光耦合输出效率增加了 50%[56]。对有机层/ITO 界面,普林斯顿大学 Sun 等报道了在 ITO 上引入微米周期 SiO$_2$ 低折射栅格(LIG)结构,如图 7.15

所示,结合玻璃表面微透镜技术,光耦合输出增加了 1.3 倍[57]。这种周期栅格结构应是最有前景的 OLED 光提取技术之一,但由于采用了光刻与刻蚀 SiO_2 的方法,工艺比较复杂。作者科研团队采用更简单的气流喷射打印 PEDOT:PSS 网栅作为光提取结构,将 OLED 功率效率提高了 2.3 倍[58],后期通过丝网印刷 PEDOT:PSS 网栅直接取代了 ITO 作为阳极,同时兼具了光提取功能,所制备的 OLED 比 ITO 阳极的器件改进 1.56 倍[59]。苏州大学唐建新团队采用蛾眼透镜阵列作为光提取结构,结合透明金属/介质复合电极,将 OLED 外量子效率提高到 72.4%,功率效率达到 168.5 lm·W^{-1},显色指数 CRI> 84[60]。

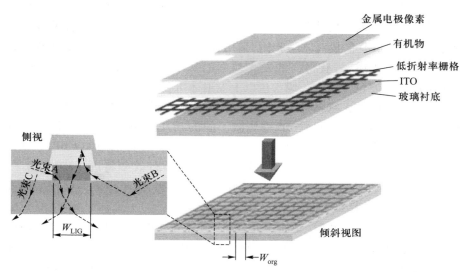

图 7.15　埋入式 SiO_2 光刻形成的 LIG 结构及其增加光耦合输出原理图[57]

7.4.2.3　发光寿命

寿命在早期一直是 OLED 产业发展的一大技术瓶颈,这源于 OLED 对环境中的水氧成分非常敏感,同时人们还对有机材料在电流下的稳定性抱一定的怀疑态度。随着封装技术的发展,目前 OLED 显示已实现产业化,并在小尺寸高端显示屏领域展现了强劲的竞争力,这些说明 OLED 显示的寿命已不再是问题。OLED 白光器件用于照明时,对亮度的要求比显示高得多,OLED 显示平均亮度在 200 cd·m^{-2} 左右,而白光照明要求亮度在 1000 cd·m^{-2} 以上,更高的亮度意味着更大的电流,OLED 在大电流驱动下寿命衰减更快。

OLED 的寿命取决于诸多因素,其中最重要的是封装,OLED 封装技术在

第 8 章将作专门介绍。OLED 寿命还与材料及结构体系有关,选用玻璃化温度较高的物理化学性能稳定的材料,在器件设计中减小电荷注入势垒、构造良好的功能层界面等对改进 OLED 寿命都非常重要。OLED 白光器件寿命研究大多是一些公司在开展。表 7.2 是国外一些公司在 2018 年发布的 OLED 白光产品技术指标,发光亮度降到 70%(L_{70})的寿命一般都在 10 000 h 以上,最高可达 50 000 h。这些结果表明,OLED 白光器件寿命已经完全可以满足实用需求。

表 7.2　国外一些公司发布的 OLED 白光产品技术指标[61]

公司名称	OLEDWorks	Osram	Kaneka	Konica Minolta	LG	Lumiotec
发光功率效率/($lm \cdot W^{-1}$)	63	40	40	45	60	30
寿命(L_{70})/10^3h @亮度/(cd/m^2)	50@3200 10@8400	20@3000	30@3000	8@1000	50@3000	30@3000
显色指数(CRI)	>90	>75	>90	>75	>90	90

7.5　印刷 OLED 技术

利用印刷方式进行有机电致发光制作的概念来源于 Burroughes 等在 1990 年发现的共轭聚合物 poly(p-phenylene vinylene)(PPV)的发光现象[62]。与有机小分子不同,聚合物材料无法通过真空蒸镀沉积,只能溶解在溶剂中通过溶液法沉积。简言之,就是将溶液化的有机功能材料印刷在指定区域,然后通过溶剂自挥发或热处理过程进行干燥固化,最终实现器件的制作,因而催生了印刷有机电致发光这一新型低成本加工方式。印刷是溶液法加工方法的一类。广义上的溶液法加工还包括旋涂等平面涂布技术。本书第 4 章已经对各种印刷方法作了介绍,本节将针对 OLED 墨水材料的特点介绍各种相应的溶液法加工方法。

7.5.1　涂布印刷

涂布是湿法沉积薄膜的主要方法。涂布法包括旋涂、浸涂、喷涂、刮涂、狭缝涂、凹版涂等多种方法，本书第4.5节对这些涂布方法已做过介绍。早期的有机电致发光器件溶液化制作主要采用旋涂方式实现。例如 Müller 等在2003 年所做的尝试[63]。他们在 ITO 上旋涂 PEDOT 作为空穴注入层并在120 ℃下进行烘烤，然后将他们自己合成的红、绿和蓝色聚合物材料溶入甲苯溶液分别作为红、绿和蓝色发光层进行旋涂，再蒸镀上金属电极，最后获得三色发光器件。由于旋涂工艺简单和设备便宜等优点，至今仍然是实验室中广泛使用的方法，而且由于旋涂中溶剂挥发快、成膜质量好，旋涂法制备的器件性能一般好于喷墨打印等印刷方法制备的器件。但旋涂无法形成图形化结构，不能直接制备图形化器件。另外，旋涂工艺无法实现大面积加工，而且材料消耗大，不适于作为产业化制造技术。由于 OLED 的功能层厚度要求在数纳米到数十纳米量级，工业级涂布技术中只有适用低黏度溶液的涂布技术能够满足要求，例如喷涂（包括喷墨打印）与凹版涂布。而电极层的厚度一般是功能层的 10 倍，因此可以采用刮涂或狭缝涂布[64]。

7.5.2　喷墨打印

喷墨打印技术由于在像素分辨率、图形精确度、材料利用率与生产效率等方面具有显著优势，并且与几乎所有类型的衬底兼容，因此是实现低成本制备全彩色 OLED 的不二选择。真空蒸镀制备全彩色显示需要通过金属荫罩（shadow mask）实现红绿蓝三基色像素的沉积，如图 7.16(a) 所示，其缺点包括：① 由于荫罩的阻挡，只有约 10% 的材料能通过荫罩孔到达衬底表面，90%的材料都浪费了（必须回收使用以节约成本）；② 金属荫罩在热蒸发过程中会受热变形，不能面积太大，而且大面积超薄金属荫罩本身的机械强度也变差；③ 为了满足载流子注入、传输、阻挡等要求，需要蒸发沉积多达 20 余层有机小分子材料，器件结构极其复杂；④ 由于蒸发沉积层厚度在纳米量级，无法覆盖衬底表面的灰尘粒子，抗缺陷能力差。而喷墨打印可直接将三色像素材料沉积到指定位置，如图 7.16(b) 所示，恰好可以弥补上述真空蒸镀的缺点：喷墨打印是按需沉积，可以节省 90% 的有机材料；喷墨打印理论上对衬底尺寸没有限制，可以实现大面积显示面板的制备；溶液法沉积的 OLED 最少只需要5 层结构；由于溶液本身具有流动性，喷墨打印的墨水可以包覆衬底上的灰尘粒子，降低显示表面缺陷的影响。

对于喷墨打印 OLED 而言，有机墨水材料的性质直接关系着喷墨打印器件的性能。喷墨打印过程中，有机墨水在压力作用下从喷嘴中流出，形成稳定的墨滴，与衬底相接触后形成薄膜。通常，使用奥内佐格数 Oh（Ohnesorge

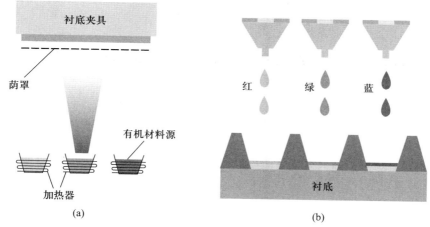

图 7.16　真空蒸镀(a)与喷墨打印(b)制备全彩色 OLED 方法比较

number)或其倒数 Z 来表征有机墨水与喷嘴之间的相互作用[65,66]。Jang 等通过观察具有不同 Z 值的有机墨水从喷嘴流出后形成墨滴的过程中发现,Z 值在 4~14 范围内的墨水具有良好的喷墨打印适性[66]。当 $Z<4$ 时,因液滴内部压力耗散严重,会产生拖尾现象;而当 Z 值过大时,则会产生卫星散落点。

在喷墨打印 OLED 器件制备过程中,有机墨水材料不仅需要通过喷嘴形成适合打印的、稳定的液滴(合适的 Z 值),还需要能够与喷墨打印的基板形成良好的相互作用并形成高质量的薄膜。因此,有效调控有机墨水材料与基板之间的相互作用十分关键。当有机墨水与基板接触后,墨滴会发生自中心向边缘的毛细流动,形成中间薄和边缘厚的"咖啡环"效应。有关咖啡环效应已在本书第 4.2.2 节作过解释。在 OLED 墨水中引入具有不同表面张力和沸点的二元溶剂体系[67],加入表面活性剂[68]或控制基板温度[69]等方法可以有效克服咖啡环效应。三基色像素的喷墨打印通常是将墨水打印在分隔像素的隔离墙(bank)内,如图 7.16(b)所示。但墨水本身包含大量溶剂,打印初始状态与溶剂干燥后的状态大不相同(图 7.17)。因此,墨水与隔离墙表面的相互作用以及墨水干燥工艺对最终功能层的形态有密切影响。

与传统热蒸镀型器件相似,喷墨打印 OLED 也是由阳极和阴极电极之间的各有机功能层堆叠构成,但层数远少于真空蒸镀小分子器件。典型的喷墨打印 OLED 器件结构如图 7.18 所示,并不是所有功能层都需要喷墨打印,通常发光层及其以下的空穴注入/传输层使用喷墨打印的方式制备,而电子注入/传输层和阴极则是通过真空热蒸镀方式制备。一般采用导电聚合物作为

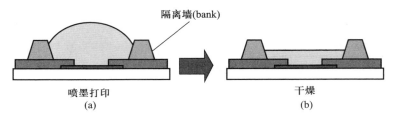

图 7.17　隔离墙内溶剂挥发前(a)与溶剂挥发后(b)的墨水表面形态

空穴传输层材料,其具有优异的可溶液加工性(喷墨打印适性)。为了避免发光层墨水对空穴注入/传输层的侵蚀,可以通过对聚合物进行化学交联来实现其抗溶剂性[70,71]。

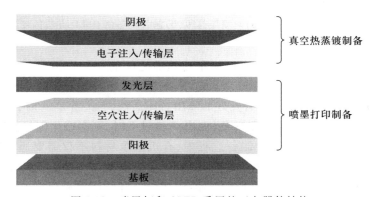

图 7.18　喷墨打印 OLED 采用的正向器件结构

　　1998 年,Hebner 等人将空穴传输材料 polyvinylcarbazol(PVK)、发光材料 coumarin 6(C6)和 coumarin 47(C_{47})等分别以 10 g · L^{-1}、0.1 g · L^{-1} 和 0.01 g · L^{-1} 的比例溶入氯仿溶液并混合作为墨水,利用 Cannon PJ-1080A 彩色喷墨打印机将其打印在聚酯纤维处理过的 ITO 衬底上,最后蒸镀 Mg/Ag (10:1)作为电极形成器件,并分别成功实现红、绿和蓝色的发光[72]。同年,Bharathan 等也利用商业打印机将 PEDOT 打印在设定区域,然后旋涂一层 Poly[2-methoxy-5-28- ethylhexyloxy-1,4-phenylene vinylene](MEH-PPV)作为缓冲层,实现了图形显示[73]。此外,他们还采用混合打印技术实现了蓝红双色 OLED,先在衬底上涂旋一层蓝光材料作为缓冲层,再在其上喷墨打印红光材料。2003 年,日本研究人员开发了一种基于聚合物发光材料的红绿蓝三色喷墨打印 OLED 器件[74]。他们发现率先打印下去的像素点可以更好地成膜,后续打印的像素点因为前列像素点蒸气压的影响,导致成膜质量较低。2006 年,Friend 等开发了一种聚合物双层结构的喷墨打印 OLED[75]。他们直接将 F8BT 的间二甲苯溶液打印在 TFB 薄膜上。相比基于 F8BT:TFB 混合溶液制备的涂旋法 OLED,这种双层结构的喷墨打印 OLED 器件的电流效率得到了提升($8.5\ cd\cdot A^{-1}$)。随后,该团队通过喷墨打印技术实现了非光刻图案化的 OLED 制备技术,实现了喷墨打印 OLED 像素化[76]。2007 年,华南理工大学彭俊彪团队通过喷墨打印制备了 1.5 in 的聚合物 OLED,实现了 96×64 的全彩色像素被动显示[77]。

　　相比于传统的荧光材料,磷光材料和 TADF 材料由于其内量子效率理论上可以达到 100%,从而提高发光效率,因此也被广泛应用于喷墨打印 OLED 的研究中。表 7.3 展示了过去 10 年中基于喷墨打印功能层的 OLED 器件性能。随着材料的不断发展,基于磷光材料和 TADF 材料的喷墨打印的 OLED 器件性能都在不断上升。其中,基于磷光材料的喷墨打印 OLED 性能基本实现了与蒸镀型 OLED 器件在 2016 年左右的水平,展示其巨大的商业应用潜力。

表 7.3　最新喷墨打印的红、绿和蓝光聚合物 OLED 器件性能总结

打印的膜层	器件结构	溶剂	最大亮度/($cd\cdot m^{-2}$)	电流效率/($cd\cdot A^{-1}$)	功率效率/($lm\cdot W^{-1}$)	外量子效率/%	年份
发光层	ITO/HTL/Ir(ppy)$_3$:CBP/BCP/Alq$_3$/LiF/Al	氯苯		40.00	29.9	11.7	2012[78]
发光层	ITO/PEDOT:PSS/NHetPHOS/TSPO1/TPBi/BCP/LiF/Al	十氢萘	1000	45.00	25.0	13.9	2016[79]
发光层	PEDOT:PSS/QUPD/TCTA:Ir(mppy)$_3$/HBL/ETL/Ca 或 Ag/SiO/Al$_2$O$_3$	甲苯 异丙醇 苯甲醚		24.00	18.0		2017[80]

续表

打印的膜层	器件结构	溶剂	最大亮度/(cd·m^{-2})	电流效率/(cd·A^{-1})	功率效率/(lm·W^{-1})	外量子效率/%	年份
电子传输层	ITO/ZnO/ETMs/26DCzPPy:Ir(dbi)$_3$/TAPC/HAT-CN/MoO$_3$/Al	茚满,1,2,3,4-四氢萘,丁基苯		23.30	8.4	11.1	2017[33]
发光层	ITO/PEDOT:PSS/PVK/TCTA:3CzPFP:Ir(mppy)$_3$/TPBi/Al	氯苯,环己基酮		29.00		9.0	2019[81]
空穴传输层、发光层	ITO/PEDOT:PSS/mCP:Ir(mppy)$_3$/TPBi/Liq/Al	氯苯,苯甲酸丁酯	2192	10.90	7.6	3.2	2019[82]
发光层	ITO/PEDOT:PSS/EML/TmPyPB/LiF/Al	环己基酮,N-甲基吡咯烷酮	9669	14.99			2019[83]
发光层	PET/ITO/PEDOT:PSS/G2/B3PYPB/LiF/Al	氯苯,苯甲酸丁酯		28.80		9.4	2020[84]
发光层	ITO/PEDOT:PSS/TFB 或 PVK/EML/TPBi/Ba/Al	邻二氯苯	4351(TFB)/1869(PVK)	17.89(TFB)/3.14(PVK)			2020[85]
空穴传输层、发光层	ITO/PEDOT:PSS/TAPC:TPBi:(fpbt)$_2$Ir(acac)/TPBi/Liq/Al	苯甲酸丁酯	5778	9.8	5.0	3.0	2020[86]
发光层	ITO/PEDOT:PSS/HTL/EML/ETL/Liq/Al	邻二氯苯,1-氯萘	2812-红 2366-绿 2286-蓝	12.3-红 18.2-绿 9.1-蓝			2021[87]

7.5.3　丝网印刷

丝网印刷相对旋涂和喷墨工艺具有速度高、成型面积大以及生产连续性强等优势,因此十分适用于大规模的工业化生产。2000 年 Pardo 等将 TPD:Polycarbonate 按 1:1 的比例混合后溶入氯仿溶液作为空穴传输层材料,用 120 目的尼龙网版印制在 ITO 玻璃上形成空穴传输层,再真空沉积发光层和金属电极,实现了单色 OLED 的发射[88]。2008 年,Lee 等用 400 目的不锈钢网版印刷制备了单层 PLED,电流效率达到 63 cd·A^{-1},但驱动电压较高,获得 650 cd·m^{-2} 的亮度需要 17.1 V 的电压[89]。传统丝网印刷只可以实现最细 50 μm 线宽的精度,对印刷材料黏度要求在数百 cP 以上,很难获得超薄膜层,自 2009 年以来很少再有丝网印刷制备 OLED 的研究报道。丝网印刷目前主要应用于电化学发光器件的制备,这方面的技术将在本书第 9 章专门介绍。

7.5.4　卷对卷印刷

随着柔性 OLED 显示技术的成熟以及在折叠手机屏的大规模使用,在柔性基材上卷对卷(roll-to-roll,R2R)方式制备 OLED 成为产业界关注的焦点。目前主流柔性 OLED 显示屏是依靠在玻璃载板上涂布聚酰亚胺然后通过剥离的方式实现的,其主要制程还是传统玻璃基板制程。随着超薄柔性玻璃基材的出现,卷对卷制程成为可能[90]。需要指出的是,无论是真空蒸镀还是印刷都可以实现卷对卷方式。即使卷对卷印刷也无法印刷所有 OLED 的功能层,一般只印刷 HIL、HTL 与 EML,而 EIL、ETL 与阴极还是通过真空蒸镀方法制备,如图 7.18 所示。在印刷方法上,可以采用凹版、柔版、喷墨或狭缝涂布等,尤其是狭缝涂布方法,在膜厚控制方面独具优势[91]。

7.5.5　印刷 OLED 显示产业技术发展

早在 1999 年,日本 Seiko Epson 公司与英国 Cambridge Display Technology 公司开始合作开发喷墨打印 OLED 技术,并于 2004 年展示了第一块使用喷墨打印制作的全彩色 40 in 聚合物 OLED 显示屏。2005 年,英国 CDT 公司和美国杜邦公司推出了基于喷墨打印技术制备的有源驱动 OLED 显示屏。其中,美国杜邦公司展出的 14.1 in 非晶硅薄膜晶体管(a-Si TFT)驱动的有源全彩色显示屏,分辨率为 106 ppi,对比度高达 2000:1,亮度为 500 cd·m^{-2},发光功率效率为 5 lm · W^{-1},亮度均匀性为 85%。2006 年,英国 CDT 公司使用多喷头喷墨工艺开发了数个 14 in 彩色显示屏原型。2007 年,日本住友化学收购了 CDT,继续研发喷墨打印 PLED 显示技术。2013 年,日本住友化学与松下(Panasonic)公司合作制备了分辨率达 423 ppi 的 56 in OLED 显示屏,其分辨率已接近由蒸镀技术所生产的 OLED 显示屏。2015 年,日本索尼与松下公司联手成立了 JOLED 公司,成为全球第一家专注于印刷 OLED 显示产业化的企业。2017 年 6 月,JOLED 公司生产出 21.6 in 4K 像素的 OLED 面板样品,亮度为 350 cd · m^{-2},质量为 500 g,对比度为 1 000 000:1。半年后,JOLED 在该公司的 4.5 代喷墨打印生产线开始量产,产品为医疗监护仪的显示屏,成为印刷 OLED 发展的里程碑。在 2020 年 Display Week 上,JOLED 展出了 14 in、22 in、27 in、32 in 全系列印刷 OLED 产品。

在国内,京东方公司于 2010 年开始开发喷墨打印 OLED 显示屏技术,是国内首家进入此领域的企业。在 2012 年至 2015 年期间,分别研制出 5 in、14 in、17 in 和 30 in 等多种规格的喷墨打印 OLED 显示屏,并搭建了喷墨打印制备 OLED 显示屏的实验线。2019 年,京东方发布了中国首款采用喷墨打印技术制备的 55 in 4K 分辨率的 OLED 显示屏样品。另一家国内显示面板生产龙头企业 TCL 于 2016 年建立了广州聚华印刷显示公共技术平台,2018 年展示了 31 in 4K 分辨率的 OLED 显示屏样品,2021 年实现了喷墨打印 65 in 8K 分辨率显示屏。在国家层面,科技部自 2014 年开始关注印刷 OLED 显示技术。2014 年由 TCL 牵头召开了第一次印刷显示关键材料与技术研讨会,后来又连续召开了两次研讨会,在此基础上形成了国家科技部印刷显示重点研发计划指南,并于 2016 年部署资助了 10 项与印刷显示相关的研发项目。作者科研团队参加了其中 5 项科研项目,将本团队多年来在印刷电子与印刷显示材料方面的科研经验融入国家印刷显示科研项目中。

7.6　其他可印刷显示技术

7.6.1　电子纸显示

电子纸(e-paper)是一种新型的显示器终端,因其在功能上主要用于文字及图片的静态显示,且外形与纸十分相似,可自由弯曲,因而获名 e-paper。电子纸是 1997 年由麻省理工学院的 Jacobson 发明的,他研制出了一种叫作“微胶囊”的装满蓝色染料和钛白晶片的中空透明球状物。通电后,这些球状物里的晶片在电场下移动到顶端或者底部,从而产生深浅不一的小点,这就是最初的电子墨水(e-ink)。电子墨水颗粒包含了黑色染料和一些更加细小的白色粒子,后者能够对不同的电荷产生感应,并朝不同的方向运动。当它们集中向某一个方向运动时,就能让原本看起来呈黑色颗粒的面变成白色[92]。理论上可通过对墨水颗粒上电荷的控制实现墨水的黑白显示效果。基于此技术,Jacobson 创建了 E-Ink 公司,开始开拓电子纸产业市场。

图 7.19 为电泳式电子纸器件结构及电子墨水示意图,电子油墨薄膜的顶部是一层透明电极,底部是电子油墨的另一个电极,无数微小透明颗粒微胶囊构成的电子墨水夹在这两个电极间。每一个微胶囊中含有白色和黑色颗粒,分别带有正电荷和负电荷。微胶囊受负电场作用时,白色颗粒带正电荷而移动到微胶囊顶部,相应位置显示为白色;黑色颗粒由于带负电荷而在电场力作用下到达微胶囊底部,使用者不能看到黑色。如果电场的作用方向相反,则显示效果也相反,即黑色显示,白色隐藏。可见,只要改变电场作用方向就能在显示黑色和白色间切换,白色部位对应于纸张的未着墨部分,而黑色则对应着纸张上的印刷图文部分。这种基于粒子在电场下游动原理的电子纸也被称为电泳显示技术。除了电泳显示技术外,其他电子纸技术还包括:胆固醇液晶显示技术(Ch-LCD)、双稳态向列项液晶技术(Bi-TNLCD)、电润湿显示技术(EWD)、电流体显示技术(EFD)、干涉调制技术(iMod)。电泳显示技术最具代表性,已量产多年,工艺成熟、成本低、性能高,与传统纸张形态最为接近。全球能够批量生产电子纸的厂商仅有中国台湾 E-Ink 公司和广州奥翼两家企业,都是采用电泳显示技术。E-Ink 公司从 2000 年开始研究彩色电子纸显示技术。早期采用了红绿蓝滤光片来体现彩色,但无论对比度还是色饱和度都很差。后期采用了蓝黄红白四色颗粒,它们分别响应不同的驱动电场,通过组合实现反射式彩色显示。该公司的彩色电子纸显示在 2019 年实现量产,到 2021 年已推出第二代 Kaleido 彩色电子纸显示产品[93]。

电润湿显示技术是利用绝缘膜能够在电压控制下从疏水性转为亲水性的性质,通过控制每一个像素腔面板下的电压来调节腔内彩色墨水的铺展[94]。在面板下铺设反射膜能够将其作为类似于电子墨水屏的反射型显示屏,其反射率可高达 50% 以上。不同于电泳墨水屏,电润湿显示的刷新速度可以达到观看视频的要求。其亮度为 LCD 的 3~4 倍,却更为节能,为产品提供更长的使用时间。荷兰飞利浦公司于 2002 年发布了该技术的专利,曾经担任飞利浦首席科学家的周国富博士于 2010 年加入华南师范大学后,在华南师范大学继续从事电润湿显示技术研究开发。2020 年 11 月,该团队对外发布已成功研制出首台可以播放全动态视频、能显示打印质量的彩色图像,同时具有低能耗

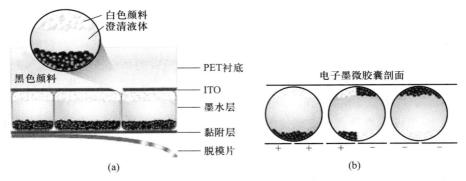

图 7.19   电泳式电子纸器件结构(a)及电子墨水(b)示意图

和护眼特性的反射式类纸显示器[95]。

印刷是制备电子纸显示屏的主要手段。在目前主流的电泳显示生产中主要用到的是涂布工艺。在该器件中,电子墨水层处于前公共电极和底部像素电极之间。通常的生产方式是先将电子墨水涂布到薄膜上,涂布方式包括:狭缝涂布、丝网涂布、喷墨打印涂布、刮刀涂布、喷涂等。通常对涂布机的精度要求比较高,要求能够做到±1 μm 的涂布精度。为了控制生产成本,根据电泳显示材料的特性,目前微胶囊电泳显示薄膜采用卷对卷的涂布方式,可以快速生产出符合产品应用需求的显示材料。另外,电子纸的很多配套材料,例如保护膜,也是采用卷对卷的印刷工艺。包括未来的柔性驱动电路薄膜晶体管,也有可能采用印刷工艺进行生产。

7.6.2   电致变色显示

电致变色(electrochromism)是在电流或电压的作用下,材料发生可逆变色的现象。1969 年 Deb 首次用无定形 WO_3 薄膜制作电致变色器件,并提出了"氧空位机理"[96]。20 世纪 70 年代人们又发现 MoO_3、TiO_2、IrO、NiO 等许多过渡金属氧化物同样具有电致变色性质。1984 年,日本的旭硝子玻璃公司首次展出了大面积"调光玻璃"和大面积薄型汉字、英文、数字电致变色显示器。1985 年,日本的 Asaki 公司研出 5×7 和 15×16 点阵电致变色显示装置并用于航班显示。近 40 年来,电致变色材料的种类越来越丰富,除过渡金属氧化物等无机电致变色材料外,人们还开发出有机共轭聚合物电致变色材料[97]。电致变色材料具有双稳态的性能,用电致变色材料做成的电致变色显示器件不仅不需要背光灯,而且显示静态图像后,只要显示内容不变化,就不会耗电,达到节能的目的。随着能源危机、污染、全球变暖等问题的日益严峻,电致变色智能窗(smart window)迅速成为研究的热点。波音 787 已经将电致变色技术应用于机舱舷窗,以取代传统手动遮光板。

电致变色器件为三明治式多层结构,典型的结构为 5 层,即在上下透明电极(ITO)之间加上电致变色层、电解质层、离子存储层,如图 7.20 所示。当在两个透明电极上施加一定的电压时,电致变色层材料在电压作用下会发生氧化还原反应,颜色发生变化,再次施加一定反偏压时,电致变色层发生电化学反应的逆过程,颜色也恢复到原态。电解质层则由特殊的导电材料组成,如包含高氯酸锂、高氯酸钠等的溶液或固体电解质材料。离子存储层在电致变色材料发生氧化还原反应时起到储存相应的反离子、保持整个体系电荷平衡的作用,离子存储层也可以是一种与前面一层电致变色材料变色性能相反的电致变色材料,这样可以起到颜色叠加或互补的作用。如电致变色层材料采用的是阳极氧化变色材料,则离子存储层可采用阴极还原变色材料。近年来,出现了将电致变色层、电解质层、离子存储层合三为一的新型聚合物胶体电致变色材料,这种 all-in-one 的器件结构大大简化了器件制备工艺[98]。

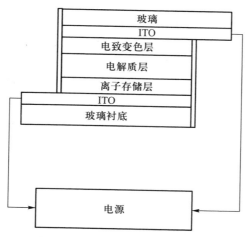

图 7.20 电致变色器件经典结构

电致变色器件最易于使用印刷方法(包括涂布)制备,特别是 all-in-one 电致变色聚合物胶体材料,狭缝、棒涂、喷涂,以及丝网印刷(平面与卷对卷)、喷墨打印等方法都已被用来制备电致变色器件[99]。即使像氧化钨等过渡金属氧化物材料也可以通过制备纳米颗粒悬浮液来印刷沉积。作者科研团队近年来也开展了印刷电致变色器件的研究,将高导电透明金属网栅电极与印刷all-in-one 电致变色器件集成,通过金属网栅加热升温来降低聚合物电解质的黏度,使变色速度提高了 5 倍[100]。

7.6.3　量子点发光与显示

量子点(quantum dot,QD)是一个由几千个或者上百万个原子所组成的纳米系统,它在 3 个维度上都在纳米量级,是一种纳米级别的半导体。量子点一般为球形或类球形,其直径在 2~20 nm 之间。常见的量子点由Ⅳ、Ⅱ~Ⅵ、Ⅳ~Ⅵ或Ⅲ~Ⅴ族元素组成,例如硅、锗、硫化镉、硒化镉、碲化镉、硒化锌、硫化铅、硒化铅、磷化铟和砷化铟量子点等。对量子点施加一定的电场或光照,它们便会发出特定频率的光。量子点的发射光谱可以通过改变量子点的尺寸大小来控制。通过改变量子点的尺寸和它的化学组成可以使其发射光谱覆盖整个可见光区。

量子点在显示技术中的一个应用是利用量子点的光致发光特性,将量子点作为液晶显示的背光照明材料,增强液晶电视的色域。目前以无机 LED 作为背光照明的液晶电视色域约为 90%,而添加量子点后可达到 110%,电视画面色彩更丰富、更鲜艳。市场上出售的量子点电视实际上是使用量子点作背光模组的电视。在液晶显示屏背光模组上添加量子点有 3 种方式,如图 7.21 所示:① 将量子点涂在蓝光 LED 上,称为"芯片封装型"[图 7.21(a)];② 涂在导光板一端,称为"侧管封装型"[图 7.21(b)];③ 涂在导光板表面,或涂了量子点的薄膜覆在导光板上,称为"光学膜集成型"[图 7.21(c)]。由于量子点是无机纳米材料,只能分散在溶液中使用,因此无论哪种集成方式,都需要用到某种印刷工艺。除了在液晶显示屏中使用量子点背光外,韩国三星在2022 年推出了 QD-OLED 显示屏。所谓 QD-OLED 是采用蓝光 OLED 作激发光源与蓝色像素,红绿像素通过蓝光激发红绿量子点发光实现,如图 7.22 所示。红绿量子点像素通过喷墨打印加工。三星已在 8.5 代(2200×2500 mm)生产线上使用 Kateeva 的喷墨打印机生产 QD-OLED 面板。

量子点在显示技术中的另一个应用方向是直接将量子点作为电致发光材料,替代有机发光材料直接实现彩色显示。量子点发光二极管(QLED)因具有非常窄的电致发光光谱,能实现更高的色纯度及更广色域,同时对环境水氧敏感度相对较低,是取代 OLED 的新一代显示技术。与有机发光材料不同,量子点材料的发光颜色可以通过调节量子点的半径实现有效的调控。量子点发光材料可以用全溶液法印刷,被认为是未来基于溶液加工显示器的主要发光

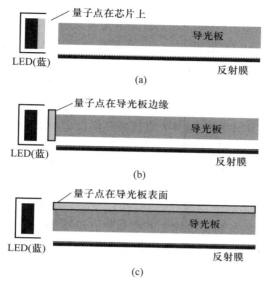

图 7.21 量子点背光结构:(a)芯片封装型;(b)侧管封装型;(c)光学膜集成型[101]

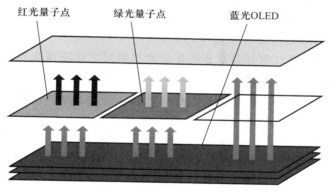

图 7.22 QD-OLED 发光原理

材料,在印刷显示技术中备受关注[102-105]。

早在 1994 年就已有 QLED 器件的研究报道,Colvin 等首次将锑化镉(CdSe)量子点与作为电荷传输层的有机聚合物 PPV 相结合,并通过改变量子点的粒径尺寸,可以使器件的发光光谱实现从红光变化到黄光[106]。在之后 20 年中,量子点材料和器件结构不断改进与发展。国内这些年由于显示产业的大规模发展,科技界对电致发光量子点显示这一前瞻性技术给予了大量关注。2014 年,浙江大学彭笑刚教授课题组采用双空穴传输层,通过溶液加工制备得到了高效率的红光 QLED,最大外量子效率为 20.5%,达到了理论预计的最大值,刷新了世界纪录[104]。2016 年华南理工大学彭俊彪团队成功制备了以 PEI 修饰的 ZnO 为电子传输层(ETL)、印刷量子点薄膜为发光层的倒置型绿色 QLED,最大电流效率为 4.5 cd·A^{-1}[107]。2017 年福州大学李福山团队以环己基苯与正癸烷为混合溶剂,实现了低启亮电压(2 V)的红光量子点器件[108]。2017 年作者科研团队通过使用基于二元溶剂(环己基苯/苗满)红光量子点墨水,在 PVK、TFB 和 poly-TPD 3 种不同空穴传输层上喷墨打印制备了红光 QLED,其中基于 PVK 的红光 QLED 实现了最大 17.0% 的外量子效率和 28.8 cd·A^{-1} 的电流效率,是当时报道的最高值[109]。2018 年 TCL 研究院钱磊团队把红光量子点器件的寿命(T_{95},亮度为 1000 cd·m^{-2})提升到了 2300 h[110],后来又成功制备了外量子效率超过 16% 的超稳定 QLED,其半衰期寿命高达 1 721 000 h[111]。2019 年河南大学杜祖亮教授团队报道了高亮度下实现高量子产率的红、绿、蓝量子器件,最大 EQE 分别为 21.6%(13 300 cd·m^{-2})、22.9%(525 500 cd·m^{-2})、8.05%(10 100 cd·m^{-2}),预示了量子点发光二极管也将适用于照明应用[112]。2019 年 TCL 在国际消费电子展(CES)上展出了全球首款喷墨打印的 31 in 高清 QLED 显示屏样机。该样机使用红、绿电致发光量子点及蓝光有机材料,采用顶发射器件结构,开口率达到 50% 以上,分辨率达到 4K(UHD),白场亮度超过 150 nit。

喷墨打印 QLED 器件方案要求在空穴传输层上印刷发光层材料。当前,QLED 主要使用 TFB、PVK 及 poly-TPD 等聚合物材料作为 HTL,这些聚合物常因相对分子质量分布的不确定性存在迁移率等差异导致的批次性问题,除严重威胁显示面板性能的一致性外,聚合物薄膜本身还不具有普适的抗溶剂性,并且 TFB 膜层较低的表面能会带来上层发光层墨水打印的铺展问题。因此,在印刷型发光显示器件制备过程中,上层发光层通常需要采用正交溶剂体系才能避免对下层的侵蚀与破坏。针对这一问题,作者科研团队设计合成了具有平面型分子结构、HOMO 能级高达 -6.2 eV、迁移率远优于 PVK 的 CBP-V 交联材料,交联后具有高的抗溶剂侵蚀能力,同时薄膜厚度相比于交联前收缩了 22%,大幅度提高了薄膜致密性,进一步提高了薄膜的载流子迁移率、降低了器件漏电流,并最终实现了双层喷墨打印的红光 QLED 器件,最大 EQE 达 11.6%,是当时报道的喷墨打印镉基量子点器件中性能最高的,同时达到对比旋涂器件性能(12.6%)的 92%[113]。为解决 HTL/QD 界面势垒这一问题,本团队进一步把 TFB 与 CBP-V 按一定比例混合,混合 HTL 热交联后展现了良好的抗溶剂能力及接近 TFB 的高迁移率,同时很好地解决了 HTL/QD 界面及

ITO/HTL 界面空穴注入势垒。红光 QLED 旋涂器件的启亮电压与驱动电压对比 TFB 器件基本相当,外量子效率从 TFB 器件的 15.9% 提升到了 22.3%,寿命相比于 TFB 器件提高了 7 倍,混合 HTL 喷墨打印器件实现了 16.9% 的 EQE[114]。此外,本团队与上海交通大学张清教授团队合作,设计合成了具有可交联基团的 c-TFB 聚合物[115]。c-TFB 在紫外光照条件下可以发生交联,实现接近 100% 的抗溶剂性。基于交联的 c-TFB 的喷墨打印红光 QLED 实现了 20.5% 的最大外量子效率。值得一提的是,该方法制备的空穴传输层也兼容喷墨打印绿光和蓝光 QLED。2021 年,本团队进一步通过调控三元非卤溶剂配方,基于 TFB 空穴传输层的喷墨打印红光 QLED 实现了 18.3% 的外量子效率[67]。南方科技大学孙小卫课题组通过调控墨水组分,开发了相对应的梯度真空退火方式,实现了红绿蓝三色 QLED 器件的制备;其中,红光 QLED 更是实现了在初始亮度为 1000 cd·m^{-2} 条件下 T$_{50}$ 寿命达到 25 178 h 的性能,是目前性能最佳的喷墨打印 QLED 器件[116]。但量子点显示器件的稳定性还面临诸多挑战,蓝光量子点还是一个显著的短板,还需要在材料与发光机理方面做大量研究[117]。

7.6.4　钙钛矿发光与显示

金属卤化物钙钛矿具有荧光量子产率高、在可见光区域的带隙可调、色纯度高、原材料便宜易得等诸多优势,被认为在显示领域潜力巨大。相比于钙钛矿太阳能电池的研究,钙钛矿发光二极管早期的研究进展较缓慢。直至 2015 年,钙钛矿 LED 才取得了显著进步。2018 年,Cao 以及 Lin 等同时报道了外量子效率(EQE)超过 20% 的近红外和绿光钙钛矿发光二极管。此后不久,EQE 为 21.6% 的红光钙钛矿发光二极管和 EQE 超过 10% 的蓝光钙钛矿发光二极管也相继问世,展现了其在显示和照明方面优异的应用前景[118-120]。

钙钛矿能够通过溶液法加工的特点使其与喷墨打印工艺相兼容,具有材料利用率高、非真空工艺、低成本、可大尺寸制造等特点,被认为是未来显示技术的重要发展方向。传统的钙钛矿发光二极管大多采用旋涂的方法来制备,然而要做到真正意义上的全彩显示,离不开喷墨打印技术。基于喷墨打印技术制备的发光二极管,其效率和稳定性目前仍落后于旋涂技术,未来需要进一步的研究。

2020 年,华南理工大学彭俊彪教授团队通过在钙钛矿量子点提纯过程中引入微量的长链配体油胺,得到了稳定的辛烷:十二烷的钙钛矿量子点墨水。利用喷墨打印技术制备了分辨率为 120 ppi 的绿光钙钛矿量子点电致发光器件,其最大亮度为 1233 cd・m^{-2},最大电流效率为 10.3 cd・A^{-1},最大外量子效率为 2.8%,证明使用喷墨打印技术制备钙钛矿量子点显示器是可行的[121]。2022 年初,该团队使用油胺溴界面层提高钙钛矿量子点薄膜的荧光量子效率,钝化钙钛矿层的缺陷,实现了器件的载流子平衡,使得基于旋涂技术制备的红光发光二极管的外量子效率从 3.6% 提升到 16.5%[122]。通过引入聚丁烯共混制备了钙钛矿量子点墨水,实现了墨水较高的黏度和沸点,且溶于正辛烷。聚丁烯的引入提高了喷墨打印钙钛矿量子点薄膜的质量,有效抑制了"咖啡环"现象,喷墨打印红光钙钛矿 LED 器件最终获得了 9.6% 的外量子效率。德国柏林洪堡大学的 List-Kratochvil 团队通过在传统空穴注入层中引入 KCl,有效改善了该层的薄膜形貌,并且该共混层可以作为钙钛矿层晶体生长模版[123]。基于此,他们将 MAPbBr$_3$:PEG 喷墨打印在该共混空穴注入层上,可以实现最大 4000 cd・m^{-2} 的亮度和低至 2.5 V 的启亮电压。2021 年,福州大学李福山教授团队提出采用 LiF 界面修饰层实现打印钙钛矿薄膜均匀性和器件电荷输运双重调控,获得了像素化均匀发射的钙钛矿发光二极管。利用在有机传输层上沉积一层极薄的 LiF 层来改善铺展性,该方法不仅实现了钙钛矿前驱液的有效铺展,而且得益于 LiF 本身对于空穴的阻挡作用,有利于改善器件电荷注入平衡[124]。在此基础上,该团队通过二元混合溶剂策略,配制了钙钛矿量子点墨水,通过喷墨打印制备了绿光 LED 器件,可以实现 3.03% 的外量子效率和 10 992 cd・m^{-2} 的最大亮度[125]。

2021 年,圣路易斯华盛顿大学 Wang 和佛罗里达州立大学 Yu 等报道了一种直接在弹性体基板上制造的钙钛矿发光二极管,其器件从底部阳极到顶部阴极的每一层都单独使用了高度可扩展的喷墨印刷工艺进行了图案化[126]。全印刷的 PeLED 具有新颖的 4 层结构(底部电极、钙钛矿发光层、缓冲层、顶部电极),没有单独的电子或空穴传输层。在空气环境下直接打印的柔性 PeLED,实现了 3.46 V 的启亮电压、10 227 cd・m^{-2} 的最大亮度和 2.01 cd・A^{-1} 的最大电流效率。该柔性器件即使弯曲到 2.5 mm 的曲率半径,也表现出出色的机械稳定性和发光稳定性,如图 7.23 所示。该工作展现了柔性钙钛矿发光二极管在可折叠显示器、智能可穿戴设备的应用前景。

2022 年,南京理工大学曾海波教授团队使用三元非卤溶剂(环烷、正十三烷和正壬烷)策略,获得了高分散性的稳定 CsPbX$_3$ 钙钛矿量子墨水,其印刷适性和成膜能力远优于二元溶剂(环烷烃和正十三烷)体系,利于形成品质更好的钙钛矿量子点薄膜[127]。通过引入低沸点高挥发性的壬烷,增加了在挥发过程中的 Marangoni 流动,缩短了墨水中溶剂挥发速率,有效抑制了"咖啡环"效应。在喷墨打印的绿色钙钛矿 QLED 中实现了 8.54% 的最大外量子效

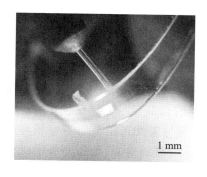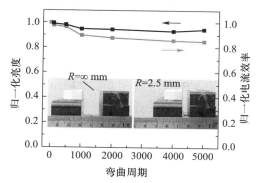

图 7.23 全打印绿光钙钛矿柔性发光二极管及其弯曲性测试[126]

率和 43 883 cd·m^{-2} 的最大亮度。该三元溶剂策略在构筑喷墨打印红色和蓝色钙钛矿 QLED 也表现出普遍适用性。

除了喷墨打印之外,刮涂方式也是一种高效廉价制备钙钛矿发光二极管的途径。2022 年,中国科学技术大学肖正国教授团队通过刮涂过饱和前驱体制造了高效和大面积的天蓝色(489 nm)钛矿发光二极管[128]。通过调整二甲基亚砜与二甲基甲酰胺的体积比可以获得过饱和的 CsPb(Br$_{0.84}$Cl$_{0.16}$)$_3$ 溶液。对这种过饱和前驱体溶液进行刮涂诱导成核,使其具有更高的成核位点和更快的结晶速率,形成的均匀薄膜具有较小的晶粒尺寸、较低的陷阱密度和较高的辐射复合率。钙钛矿发光二极管的外量子效率峰值达到 10.3%,实现了 28 cm^2 的大面积天蓝色 PeLED 的均匀发射(图 7.24)。

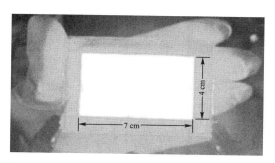

图 7.24 大面积钙钛矿发光二极管(4 cm×7 cm)[128]

7.7 小结

在有机电子学的三大主流应用领域(晶体管、光伏、显示)中,有机发光显示最先发展成熟并进入大规模产业化阶段。尽管液晶显示无论在色彩与价格方面都已足够令人满意,但 OLED 显示屏的轻薄与柔性还是赢得了市场与消费者的青睐。过去 10 年见证了 OLED 电视进入寻常百姓家,而折叠屏手机更是体现了 OLED 柔性显示的优势。OLED 显示屏不仅可以柔性化,而且在制造技术方面也迎来了颠覆性变革,即印刷制造。

目前 OLED 显示屏的制造基本是采用了更为成熟的真空蒸镀技术,但该技术的设备投资和维护费用高昂,材料浪费严重,难以实现大面积生产,因而成本居高不下。面对竞争残酷的平板显示市场环境,难以扩大竞争优势。印刷技术则部分跨越了真空蒸镀这一环节,设备投资额度可节省 60% 以上,材料可节省 90% 以上,对整个有机发光领域的发展将起到极大的推动作用,更是平板与柔性显示制造技术上的一次革命。因此,各显示产业巨头都在争相发展可降低成本和实现大面积印刷制造的 OLED 技术,并已在各个环节取得了巨大突破。日本 JOLED 宣布建成全球首条印刷式 OLED 生产线,并已经供货给医疗检测显示领域。韩国三星已将喷墨打印应用于制造 QD-OLED 显示屏的 8.5 代生产线。喷墨打印更是已广泛应用于 OLED 显示面板的聚合物封装膜制备。中国也在积极发展印刷显示,包括印刷 OLED 与印刷量子点显示,并已经在部署生产线。

在印刷 OLED 显示领域,产业界已经成为推动技术研发与进步的主角,科技界则成为配角。但在量子点和钙钛矿显示领域,科技界仍然是主角,相关研究与技术开发方兴未艾。这些新型可溶液化处理的发光显示材料展现了其在喷墨印刷发光显示器件方面的极大潜力。相比于喷墨打印 OLED 的效率与寿命,喷墨打印量子点和钙钛矿发光二极管目前仍有一定的差距,但其作为廉价可得的新型发光显示材料与器件,未来有着广阔的应用前景。

参考文献

[1] Bernanose A. Sur le mécanisme de l'électroluminescence organique[J]. Journal de Chimie Physique, 1955, 52: 396-400.

[2] Pope M, Kallmann H P, Magnante P. Electroluminescence in organic crystals[J]. The Journal of Chemical Physics, 1963, 38(8): 2042-2043.

[3] Vincett P S, Barlow W A, Hann R A, et al. Electrical conduction and low voltage blue electroluminescence in vacuum-deposited organic films[J]. Thin Solid Films, 1982, 94 (2): 171-183.

[4] Tang C W, Van Slyke S A. Organic electroluminescent diodes[J]. Applied Physics Letters, 1987, 51(12): 913-915.

[5] Adachi C, Tokito S, Tsutsui T, et al. Electroluminescence in organic films with three-layer structure[J]. Japanese Journal of Applied Physics, 1988, 27(2): L269-L271.

[6] Burroughes J H, Bradley D D C, Brown A R, et al. Light-emitting diodes based on conjugated polymers[J]. Nature, 1990, 347: 539-541.

[7] Baldo M A, O'Brien D F, Forrest S R, et al. Highly efficient phosphorescent emission from organic electroluminescent devices[J]. Nature, 1998, 395(6698): 151-154.

[8] Adachi C, Baldo M A, Forrest S R, et al. Nearly 100% internal phosphorescence efficiency in an organic light-emitting device[J]. Journal of Applied Physics, 2001, 90 (10): 5048-5051.

[9] Uoyama H, Goushi K, Adachi C, et al. Highly efficient organic light-emitting diodes from delayed fluorescence[J]. Nature, 2012, 492(7428): 234-8.

[10] Sun Y, Giebink N C, Forrest S R, et al. Management of singlet and triplet excitons for efficient white organic light-emitting devices[J]. Nature, 2006, 440(7086): 908-12.

[11] Pfeiffer M, Beyer A, Leo K, et al. Controlled doping of phthalocyanine layers by cosublimation with acceptor molecules: A systematic Seebeck and conductivity study[J]. Applied Physics Letters, 1998, 73(22): 3202-3204.

[12] Meerheim R, Lussem B, Leo K, et al. Efficiency and stability of p-i-n type organic light emitting diodes for display and lighting applications[J]. Proc. IEEE 1606, 2009, 97(9), 1606.

[13] Kido J, Matsumoto T. Bright organic electroluminescent devices having a metal-doped electron-injecting layer[J]. Applied Physics Letters, 1998, 73(20)2866-2868.

[14] Huang J, Pfeiffer M, Werner A, et al. Low-voltage organic electroluminescent devices using pin structures[J]. Applied Physics Letters, 2002, 80(1), 139-141.

[15] Kim J S, Friend R H, Burroughes J H, et al. Spin-cast thin semiconducting polymer interlayer for improving device efficiency of polymer light-emitting diodes[J]. Applied Physics Letters, 2005, 87(2): 023506.

[16] Yoshioka Y, Jabbour G E. Inkjet printing of oxidants for patterning of nanometer-thick conducting polymer electrodes[J]. Advanced Materials, 2006, 18(10): 1307-1312.

[17] Blom P W M. Polymer electronics: To be or not to be? [J] Adv. Mater. Technol., 2020, 5(6): 2000144.

[18] Ganzorig C, Fujihira M. Improved drive voltages of organic electroluminescent devices with an efficient p-type aromatic diamine hole-injection layer [J]. Applied Physics Letters, 2000, 77(25): 4211-4213.

[19] Romero D B, Schaer M, Zuppiroli L, et al. Effects of doping in polymer light-emitting diodes[J]. Applied Physics Letters, 1995, 67(12): 1659-1661.

[20] Huang F, MacDiarmid A G, Hsieh B R. An iodine-doped polymer light-emitting diode [J]. Applied Physics Letters, 1997, 71(17): 2415-2417.

[21] Blochwitz J, Pfeiffer M, Leo, K., et al. Low voltage organic light emitting diodes featuring doped phthalocyanine as hole transport material[J]. Applied Physics Letters, 1998, 73(6): 729-731.

[22] Yamamori A, Adachi C, Koyama T, et al. Doped organic light emitting diodes having a 650-nm-thick hole transport layer[J]. Applied Physics Letters, 1998, 72(17): 2147-2149.

[23] Maennig B, Pfeiffer M, Leo K, et al. Controlledp-type doping of polycrystalline and amorphous organic layers: Self-consistent description of conductivity and field-effect mobility by a microscopic percolation model[J]. Physical Review B, 2001: 64(19).

[24] Blochwitz J, Fritz T, Armstrong N R, et al. Interface electronic structure of organic semiconductors with controlled doping levels[J]. Organic Electronics, 2001, 2(2): 97-104.

[25] Han T H, Choi M R, Woo S H, et al. Molecularly controlled interfacial layer strategy toward highly efficient simple-structured organic light-emitting diodes[J]. Adv. Mater, 2012, 24(11): 1487-1493.

[26] Lin H-W, Lin W-C, Chang J-H, et al. Solution-processed hexaazatriphenylene hexacarbonitrile as a universal hole-injection layer for organic light-emitting diodes[J]. Organic Electronics, 2013, 14(4): 1204-1210.

[27] Yang X, Müller D C, Neher D, et al. Highly efficient polymeric electrophosphorescent diodes[J]. Advanced Materials, 2006, 18(7): 948-954.

[28] Niu Y H, Liu M S, Ka J W, et al. Crosslinkable hole-transport layer on conducting polymer for high-efficiency white polymer light-emitting diodes[J]. Advanced Materials, 2007, 19(2): 300-304.

[29] Cheng Y-J, Liu M S, Zhang Y, et al. Thermally cross-linkable hole-transporting materials on conducting polymer: Synthesis, characterization, and applications for polymer light-emitting devices[J]. Chemistry of Materials, 2008, 20(2): 413-422.

[30] Jiang W, Duan L, Qiu Y, et al. A high triplet energy small molecule based thermally cross-linkable hole-transporting material for solution-processed multilayer blue electrophosphorescent devices[J]. Journal of Materials Chemistry C, 2015, 3(2): 243-246.

[31] Murata H, Kafafi Z H, Uchida M. Efficient organic light-emitting diodes with undoped active layers based on silole derivatives[J]. Applied Physics Letters, 2002, 80(2): 189-191.

[32] Wei C, Zhuang J, Cui Z, et al. Highly air-stable electron-transport material for ink-jet-printed OLEDs[J]. Chemistry, 2016, 22(46): 16576-16585.

[33] Wei C, Su W, Zeng H, et al. Pyridine-based electron-transport materials with high solubility, excellent film-forming ability, and wettability for inkjet-printed OLEDs[J]. ACS Appl. Mater. & Interfaces, 2017, 9(44): 38716-38727.

[34] Xie L, Zhuang J, Su W, et al. 0.7% roll-off for solution-processed blue phosphorescent OLEDs with a novel electron transport material[J]. ACS Photonics, 2017, 4(3): 449-453.

[35] Xie L, Zhuang J, Su W, et al. Inkjet printed OLEDs based on novel cross-linkable electron transport materials[C]. SID Int. Symp. Dig. Tech. Pap., 2018, 49: 756-758.

[36] Adachi C, Baldo M A, Forrest S R, et al. High-efficiency red electrophosphorescence devices[J]. Applied Physics Letters, 2001, 78(11): 1622-1624.

[37] Lamansky S, Djurovich P, Murphy D, et al. Highly phosphorescent bis-cyclometalated iridium complexes: synthesis, photophysical characterization, and use in organic light emitting diodes[J]. Journal of American Chemistry Society, 2001, 123(18): 4304-4312.

[38] Holmes R J, Forrest S R, Tung Y J, et al. Blue organic electrophosphorescence using exothermic host-guest energy transfer[J]. Applied Physics Letters, 2003, 82(15): 2422-2424.

[39] Cai X, Su S-J. Marching toward highly efficient, pure-blue, and stable thermally activated delayed fluorescent organic light-emitting diodes[J]. Adv. Funct. Mater., 2018, 28(43): 1802558.

[40] Zhang Q, Li B, Adachi C, et al. Efficient blue organic light-emitting diodes employing thermally activated delayed fluorescence[J]. Nature Photonics, 2014, 8(4): 326-332.

[41] Tsai W L, Huang M H, Lee W K, et al. A versatile thermally activated delayed fluorescence emitter for both highly efficient doped and non-doped organic light emitting devices[J]. Chem. Commun. (Camb), 2015, 51(71): 13662-13665.

[42] Tanaka H, Shizu K, Adachi C, et al. Efficient green thermally activated delayed fluorescence(TADF) from a phenoxazine-triphenyltriazine (PXZ-TRZ) derivative[J]. Chem. Commun., 2012, 48(93): 11392-11394.

[43] Wang S, Yan X, Cheng Z, et al. Highly efficient near-infrared delayed fluorescence organic light emitting diodes using a phenanthrene-based charge-transfer compound[J]. Angewandte Chemie International Edition, 2015, 54(44): 13068-13072.

[44] Kram S L, Marshall W B, Obrien J J, et al. Composition for preparing ink comprises blend of luminescent polymer having specific weight average molecular weight, and

viscosity modifier having specific luminescent emission maximum and containing no exocyclic conjugated double bonds[P]. US2006197059-A1；US7517472-B2.

[45] Rehmann N, Ulbricht C, Köhnen A, et al. Advanced device architecture for highly efficient organic light-emitting diodes with an orange-emitting crosslinkable iridium(Ⅲ) complex[J]. Advanced Materials, 2008, 20(1)：129-133.

[46] Lee J, Zhuang J Y, Fu D, et al. The latest breakthrough of printing technology for next generation premium TV[C]. SID Symposium Digest of Technical Papers, 2020, 51(1)：508-511.

[47] Tu G L, Mei C Y, Zhou Q G, et al. Highly efficient pure-white-light-emitting diodes from a single polymer：Polyfluorene with naphthalimide moieties [J]. Advanced Functional Materials, 2006, 16(1)：101-106.

[48] Liu J, Guo X, Bu L J, et al. White electroluminescence from a single-polymer system with simultaneous two-color emission：Polyfluorene blue host and side-chain-located orange dopant[J]. Advanced Functional Materials, 2007, 17(12)：1917-1925.

[49] Reineke S, Lindner F, Leo K, et al. White organic light-emitting diodes with fluorescent tube efficiency[J]. Nature, 2009, 459(7244)：234-238.

[50] Zhang E, Xia W, Yan X. A novel lighting OLED panel design[J]. Molecules, 2016, 21：1615.

[51] Chopra N, Lee J, Zheng Y, et al. High efficiency blue phosphorescent organic light-emitting device[J]. Applied Physics Letters, 2008, 93(14)：143307.

[52] Yu Y, Xu D, Wu Z, et al. Inverted with power efficiency over 220 lm · W^{-1}. Nano Energy, 2021, 82：105660.

[53] Carr W N. Photometric figures of merit for semiconductor luminescent sources operating in spontaneous mode[J]. Infrared Physics, 1966, 6(1)：1-19.

[54] Wei M-K, Lin H-Y, Lee J-H, et al. Efficiency improvement and spectral shift of an organic light-emitting device with a square-based microlens array [J]. Optics Communications, 2008, 281(22)：5625-5632.

[55] Gather M C, Kohnen A, Meerholz K. White organic light-emitting diodes [J]. Adv. Mater., 2011, 23(2)：233-248.

[56] Jeon S, Kang J-W, Park H-D, et al. Ultraviolet nanoimprinted polymer nanostructure for organic light emitting diode application[J]. Applied Physics Letters, 2008, 92(22)：223307.

[57] Sun Y, Forrest S R. Enhanced light out-coupling of organic light-emitting devices using embedded low-index grids[J]. Nature Photonics, 2008, 2(8)：483-487.

[58] Zhou L, Su W, Cui Z, et al. Enhanced performance for organic light-emitting diodes by embedding an aerosol jet printed conductive grid[J]. J. Phys. D：Appl. Phys., 2014, 47：115504.

［59］ Zhou L, Su W, Cui Z, et al. Screen-printed poly(3,4-Ethylenedioxythiophene): Poly (Styrenesulfonate) grids as ITO-free anodes for flexible organic light-emitting diodes[J]. Advanced Functional Materials, 2018, 28(11): 1705955.

［60］ Xiang H Y, Li Y Q, Tang J X, et al. Extremely efficient transparent flexible organic light-emitting diodes with nanostructured composite electrodes[J]. Adv. Opt. Mater., 2018, 6: 1800831.

［61］ Phelan G M. OLED lighting hits the market[J]. Information Display, 2018, 34(1): 10-15.

［62］ Burroughes J H, Bradley D D C, Brown A R, et al. Light-emitting diodes based on conjugated polymers[J]. Nature, 1990, 347(6293): 539-541.

［63］ Muller C D, Falcou A, Reckefuss N, et al. Multi-colour organic light-emitting displays by solution processing[J]. Nature, 2003, 421(6925): 829-833.

［64］ Verboven W D. Printing of flexible light emitting devices: A review on different technologies and devices, printing technologies and state-of-the-art applications and future prospects[J]. Progress in Materials Science, 2021, 118: 100760.

［65］ Bergeron V V, Bonn D, Martin J Y, et al. Controlling droplet deposition with polymer additives[J]. Nature, 2000, 405(6788): 772-775.

［66］ Jang D, Kim D, Moon J. Influence of fluid physical properties on ink-jet printability. Langmuir, 2009, 25(5): 2629-2635.

［67］ Chen M, Xie L, Wei C, et al. High performance inkjet-printed QLEDs with 18.3% EQE: Improving interfacial contact by novel halogen-free binary solvent system[J]. Nano Res., 2021, 14(11): 4125-4131.

［68］ Kajiya T, Kobayashi W, Okuzono T, et al. Controlling the drying and film formation processes of polymer solution droplets with addition of small amount of surfactants[J]. J. Phys. Chem. B, 2009, 113(47): 15460-15466.

［69］ Soltman D, Subramanian V. Inkjet-printed line morphologies and temperature control of the coffee ring effect[J]. Langmuir, 2008, 24(5): 2224-2231.

［70］ Olivier S, Derue L, Geffroy B, et al. Inkjet printing of photopolymerizable small molecules for OLED applications [C]//Proc. SPIE 9566, Organic Light Emitting Materials and Devices XIX, 95661N, 22 September, 2015.

［71］ Pan Y, Liu H, Wang S, et al. Inkjet-printed alloy-like cross-linked hole-transport layer for high-performance solution-processed green phosphorescent OLEDs [J]. J. Mater. Chem. C, 2021, 9(37): 12712-12719.

［72］ Hebner T R, Wu C C, Marcy D, et al. Ink-jet printing of doped polymers for organic light emitting devices[J]. Applied Physics Letters, 1998, 72(5): 519-521.

［73］ Bharathan J, Yang Y. Polymer electroluminescent devices processed by inkjet printing: I. Polymer light-emitting logo[J]. Applied Physics Letters, 1998, 72(21): 2660-2662.

[74] Shimoda T, Morii K, Seki S, et al. Inkjet printing of light-emitting polymer displays. MRS Bulletin, 2003, 28(11): 821-827.

[75] Xia Y, Friend R H. Polymer bilayer structure via inkjet printing[J]. Applied Physics Letters, 2006, 88(16): 163508.

[76] Xia Y, Friend R H. Nonlithographic patterning through inkjet printing via holes[J]. Applied Physics Letters, 2007, 90(25): 253513.

[77] Niu Q, Shao Y, Peng J, et al. Full color and monochrome passive-matrix polymer light-emitting diodes flat panel displays made with solution processes[J]. Org. Electron., 2008, 9(1): 95-100.

[78] Jung S-H, Kim J-J. Kim H-J. High performance inkjet printed phosphorescent organic light emitting diodes based on small molecules commonly used in vacuum processes[J]. Thin Solid Films, 2012, 520(23): 6954-6958.

[79] Verma A, Zink D M, Fléchon C, et al. Efficient, inkjet-printed TADF-OLEDs with an ultra-soluble NHetPHOS complex[J]. Applied Physics A, 2016, 122(3): 191.

[80] Olivier S, Ishow E, Della-Gatta S M, et al. Inkjet deposition of a hole-transporting small molecule to realize a hybrid solution-evaporation green top-emitting OLED[J]. Org. Electron., 2017, 49: 24-32.

[81] Kang Y J, Bail R, Lee C W, et al. Inkjet printing of mixed-host emitting layer for electrophosphorescent organic light-emitting diodes[J]. ACS Appl. Mater. & Interfaces, 2019, 11(24): 21784-21794.

[82] Lin T, Sun X, Zhang D, et al. Blended host ink for solution processing high performance phosphorescent OLEDs[J]. Sci. Rep., 2019, 9(1): 6845.

[83] Liu X, Yu Z, Lai W Y, et al. Iridium(III)-complexed polydendrimers for inkjet-printing OLEDs: The influence of solubilizing steric hindrance groups[J]. ACS Appl. Mater. & Interfaces, 2019, 11(29): 26174-26184.

[84] Feng C, Zheng X, Li F, et al. Highly efficient inkjet printed flexible organic light-emitting diodes with hybrid hole injection layer[J]. Org. Electron., 2020, 85: 105822.

[85] Mu L, He M, Peng J, et al. Inkjet printing a small-molecule binary emitting layer for organic light-emitting diodes[J]. J. Mater. Chem. C, 2020, 8(20): 6906-6913.

[86] Du Z, Liu Y, Zhang D, et al. Inkjet printing multilayer OLEDs with high efficiency based on the blurred interface[J]. Journal of Physics D: Applied Physics, 2020, 53(35): 355105.

[87] Liu L, Chen D, Xie J, et al. Universally applicable small-molecule co-host ink formulation for inkjet printing red, green, and blue phosphorescent organic light-emitting diodes[J]. Org. Electron., 2021, 96: 106247.

[88] Pardo D A, Jabbour G E, Peyghambarian N. Application of screen printing in the fabrication of organic light-emitting devices[J]. Advanced Materials, 2000, 12(17):

1249-1252.

[89] Lee D H, Chae C-H, Chung, Cho S M, et al. Highly efficient phosphorescent polymer OLEDs fabricated by screen printing[J]. Displays, 2008, 29: 436-439.

[90] Wang D, Hauptmann J, May C. OLED manufacturing on flexible substrates towards roll-to-roll[J]. Processing and Manufacturing, 2019, 4(24): 1367-1375.

[91] Amruth C, Pahlevani M, Welch G C. Organic light emitting diodes(OLEDs) with slot-die coated functional layers[J]. Mater. Adv., 2021, 2: 628-645.

[92] Park J, Jacobson J M. All printed bistable reflective displays: Printable electrophoretic ink and all printed metal-insulator-metal diodes[C]//MRS Online Proceedings Library (OPL), 1998, 508: 211-217.

[93] French E H I. E Ink's technicolor moment: The road to color e-paper took two decades [J]. IEEE Spectrum, 2022, 59(2): 31-35.

[94] Lu Y, Tang B, Henzen A, et al. Progress in advanced properties of electrowetting displays. Micromachines, 2021, 12: 206.

[95] Henzen A, Zhou G, Guo Y, et al. Full color video Electrowetting e-paper display[C]// Int. Conf. Display Technologiy, 2020, 52(S1): 321-322.

[96] Deb S K. A novel electrophotographic system[J]. Applied Optics, 1969, 8(S1): 192-195.

[97] Zhu Y, Alamer F, Kumar A, et al. Electrochromic properties as a function of electrolyte on the performance of electrochromic devices consisting of a single-layer polymer[J]. Organic Electronics, 2014, 15: 1378-1386.

[98] Alesanco Y, Viñuales A, Rodriguez J, et al. All-in-one gel-based electrochromic devices: Strengths and recent developments[J]. Materials, 2018, 11(3): 414.

[99] Jensen J, Hösel M, Krebs F C, et al. Development and manufacture of polymer-based electrochromic devices[J]. Adv. Funct. Mater., 2015, 25: 2073-2090.

[100] He W, Huang C, Su W, et al. All-in-one electrochromic transparency-tuning window with an integrated metal-mesh heating film[J]. Flexible and Printed Electronics, 2022, 7(2): 025001.

[101] 季洪雷, 周青超, 钟海政, 等. 量子点液晶显示背光技术[J]. 中国光学, 2017, 10(5): 666-680.

[102] Chang S-C, Liu J, Bharathan J, et al. Multicolor organic light-emitting diodes processed by hybrid inkjet printing[J]. Advanced Materials, 1999, 11(9): 734-737.

[103] Qian L, Zheng Y, Holloway P H, et al. Stable and efficient quantum-dot light-emitting diodes based on solution-processed multilayer structures[J]. Nature Photonics, 2011, 5(9): 543-548.

[104] Dai X, Zhang Z, Peng X, et al. Solution-processed, high-performance light-emitting diodes based on quantum dots[J]. Nature, 2014, 515(7525): 96-99.

［105］ Dai X, Peng X, Jin Y, et al. Quantum-dot light-emitting diodes for large-area displays: Towards the dawn of commercialization ［J］. Advanced Materials, 2017, 29 (14): 1607022.

［106］ Colvin V L, Schlamp M C, Alivisatos A P. Light-emitting diodes made from cadmium selenide nanocrystals and a semiconducting polymer［J］. Nature, 1994, 370 (6488): 354-357.

［107］ Jiang C, Zhong Z, Peng J, et al. Coffee-ring-free quantum dot thin film using inkjet printing from a mixed-solvent system on modified ZnO transport layer for light-emitting devices［J］. ACS Appllied Materials Interfaces, 2016, 8(39): 26162-26168.

［108］ Liu Y, Li F, Xu Z, et al. Efficient all-solution processed quantum dot light emitting diodes based on inkjet printing technique. ACS Appllied Materials Interfaces, 2017, 9 (30): 25506-25512.

［109］ Xiong X, Wei C, Xie L, et al. Realizing 17.0% external quantum efficiency in red quantum dot light-emitting diodes by pursuing the ideal inkjet-printed film and interface ［J］. Org. Electron., 2019, 73: 247-254.

［110］ Cao W, Xiang C, Qian L, et al. Highly stable QLEDs with improved hole injection via quantum dot structure tailoring［J］. Nature Communications, 2018, 9(1): 2608.

［111］ Xiang C, Wu L, Qian L, et al. High efficiency and stability of ink-jet printed quantum dot light emitting diodes［J］. Nat. Commun., 2020, 11(1): 1646.

［112］ Shen H, Gao Q, Zhang Y, et al. Visible quantum dot light-emitting diodes with simultaneous high brightness and efficiency［J］. Nature Photonics, 2019, 13(3): 192-197.

［113］ Xie L, Su W, Cui Z, et al. Inkjet-printed high-efficiency multilayer QLEDs based on a novel crosslinkable small-molecule hole transport material［J］. Small, 2019, 15(16): e1900111.

［114］ Tang P, Xie L, Su W, et al. Realizing 22.3% EQE and 7-fold lifetime enhancement in QLEDs via blending polymer TFB and cross-linkable small molecules for a solvent-resistant hole transport layer［J］. ACS Appl. Mater. & Interfaces, 2020, 12 (11): 13087-13095.

［115］ Sun W, Su W, Zhang Q, et al. Photocross-linkable hole transport materials for inkjet-printed high-efficient quantum dot light-emitting diodes ［J］. ACS Appl. Mater. & Interfaces, 2020, 12(52): 58369-58377.

［116］ Jia S Q, Tang H D, Sun X W, et al. High performance inkjet-printed quantum-dot light-emitting diodes with high operational stability［J］. Adv. Opt. Mater., 2021, 9(22): 2101069.

［117］ Tian D, Wang S, Du Z, et al. A review on quantum dot light-emitting diodes: From materials to applications［J］. Adv. Optical Mater., 2022, 11(2): 2201965.

[118] Quan L N, Garcia de Arquer F P, Sargent E H, et al. Perovskites for light emission[J]. Adv. Mater., 2018, 30(45): e1801996.

[119] Veldhuis S A, Boix P P, Yantara N, et al. Perovskite materials for light-emitting diodes and lasers[J]. Adv. Mater., 2016, 28(32): 6804-6834.

[120] Du P, Gao L, Tang J. Focus on performance of perovskite light-emitting diodes[J]. Frontiers of Optoelectronics, 2020, 13(3): 235-245.

[121] Li D, Wang J, Peng J, et al. Inkjet printing matrix perovskite quantum dot light-emitting devices[J]. Adv. Mater. Technol., 2020, 5: 2000099.

[122] Li D, Wang J, Peng J, et al. Efficient red perovskite quantum dot light-emitting diode fabricated by inkjet printing[J]. Materials Futures, 2022, 1(1): 015301.

[123] Hermerschmidt F, Mathies F, Schröder V R F, et al. Finally, inkjet-printed metal halide perovskite LEDs-utilizing seed crystal templating of salty PEDOT:PSS[J]. Mater. Horiz., 2020, 7(7): 1773-1781.

[124] 郑春波, 郑鑫, 李福山, 等. 基于 LiF 修饰层的喷墨打印钙钛矿发光二极管[J]. 发光学报, 2021, 42(5): 566-574.

[125] Zheng C, Zheng X, Li F, et al. High-brightness perovskite quantum dot light-emitting devices using inkjet printing[J]. Org. Electron., 2021, 93: 106168.

[126] Zhao J, Lo L W, Wan H, et al. High-speed fabrication of all-inkjet-printed organometallic halide perovskite light-emitting diodes on elastic substrates[J]. Adv. Mater., 2021, 33(48): 2102095.

[127] Wei C, Su W, Zeng H, et al. A universal ternary-solvent-ink strategy toward efficient inkjet-printed perovskite quantum dot light-emitting diodes[J]. Adv. Mater., 2022, 34(10): 2107798.

[128] Chu S, Zhang Y, Xiao Z, et al. Large-area and efficient sky-blue perovskite light-emitting diodes via blade-coating[J]. Adv. Mater., 2022, 34(16): 2108939.

印刷电子器件封装技术

第 **8** 章

8.1　引言

　　封装是所有电子器件制造过程中必不可少的一个工艺步骤。对于传统基于无机材料的电子器件而言,封装通常是提供物理保护,例如集成电路的陶瓷封装或树脂封装。印刷电子器件封装与传统电子器件封装有两点不同:一是印刷电子器件大部分以柔性化的形态存在,衬底材料通常是以塑料为主的柔性材料,需要柔性封装材料和与柔性化兼容的封装工艺;二是印刷电子器件的封装不仅仅需要传统意义上防止划伤等物理保护,还包括防止外界环境中如微量水汽、氧气及酸液等化学成分的侵蚀作用。尤其对于有机电子材料,环境中的水氧分子会直接或通过渗透的方式进入电子器件内部,使有机电子器件中的功能材料发生化学反应,加速器件功能的衰减,俗称为"老化"。印刷有机电子器件主要有三大类:有机发光二极管(organic light emitting diode,OLED)、有机光伏(organic photovoltaic,OPV)电池、有机薄膜晶体管(organic thin film transistor,OTFT)。其他还包括有机传感器等。这些有机电子器件对环境条件要求非常高,尤其是环境中的水氧含量。OLED、OPV 电池和 OTFT 的阴极材料通常涉及 LiF/Al,Ca、Ag 等金属或 Li-Al、Mg-Ag 合金等,这类材料的化学性质相对较为活泼,长期暴露于大气中会发生氧化、与水反应而受到侵蚀生成绝缘物质,严重影响载流子的注入或电荷收集,从而影响器件的效率与寿命。而 OLED、OPV 电池和 OTFT 的有机功能材料对水氧更为敏感。有机电子器件通常在制备过程中就需要有水氧隔绝的环境,例如在无水无氧的惰性气氛手套箱或真空环境里完成。对钙钛矿太阳能电池也有同样的封装要求。

　　衡量氧气渗透率(oxygen transmission rate,OTR)的标准是每天单位面积表面渗透的体积($cm^3 \cdot m^{-2} \cdot d^{-1}$),衡量水汽渗透率(water vapor transmission rate,WVTR)的标准是每天单位面积表面渗透的质量($g \cdot m^{-2} \cdot d^{-1}$)。图 8.1 给出了 OLED、OPV 电池与钙钛矿太阳能电池(PSC)对水氧渗透率的要求,并与无机光伏与食品包装要求的水氧渗透率进行了比较[1]。以水汽渗透率为例,普通食品保鲜要求 WVTR 在 1~100 $g \cdot m^{-2} \cdot d^{-1}$ 范围内,OPV 电池与 PSC 要求 WVTR 在 10^{-3} $g \cdot m^{-2} \cdot d^{-1}$ 以下,而 OLED 要求最高,为了保证大于 10 000 h 的正常工作,需要 WVTR 在 10^{-6} $g \cdot m^{-2} \cdot d^{-1}$ 以下[2]。这个水汽渗透量相当于在一个足球场大小的面积上一个月内不超过一滴水的量。图 8.1 中也显示了对无机光伏器件的水氧渗透率要求。虽然晶硅太阳能电池的无机硅材料不会受水氧侵蚀影响,但电池表面印刷制备的银电极在潮湿环境与外加电场作用下会发生银离子迁移现象,导致银电极损坏。所以也需要一定程度的水氧阻隔封装。

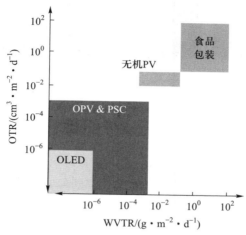

图 8.1　有机发光二极管(OLED)、有机光伏(OPV)电池、钙钛矿太阳能电池(PSC)对水氧渗透率的要求

　　为了直观展示水氧阻隔封装对改善印刷电子器件长期稳定性的影响,图8.2 和图 8.3 给出了作者科研团队以往在水氧阻隔封装研究方面的一些实验结果。图 8.2(a)展示的是刚刚制备完成的 OLED 器件发光照片,图 8.2(b)是经过封装的 OLED 持续发光两周后的照片(封装后的 $WVTR < 1 \times 10^{-5}$ g·m^{-2}·d^{-1}),图 8.2(c)是没有封装的 OLED 在两天后的发光照片。显然,未经封装的 OLED 根本无法持续工作。图 8.3(a)显示的是印刷制备的银导线在潮湿环境中在断口两端外加电场作用下发生银离子的电化学迁移,造成断口处导通的现象;图 8.3(b)显示经过封装后($WVTR = 2 \times 10^{-2}$ g·m^{-2}·d^{-1})完全消除了银迁移现象。

　　印刷电子器件的柔性化特征要求封装材料与工艺必须与柔性化兼容,传统的金属或玻璃盖板封装技术已不再适用。柔性薄膜封装是过去 10 年印刷电子,尤其是印刷有机电子封装的主流技术。柔性薄膜封装融合了有机电子的卷对卷印刷工艺、与柔性衬底兼容等要求。薄膜封装基本不增加器件质量及厚度,在维持印刷电子轻薄柔的产品特色方面优势明显;此外,薄膜封装在控制产品成本方面也颇具优势。这体现在两个方面:第一,柔性薄膜封装相对传统封装有望减少 50% 的费用;第二,对降低有机电子产品输运、安装过程

图 8.2　（a）OLED 初始发光图像；（b）封装后持续发光 2 周的图像；
（c）未封装两天后的发光图像[3]

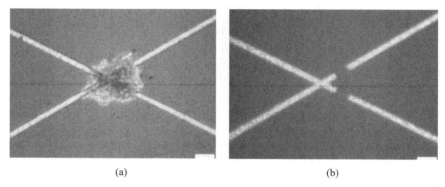

图 8.3　潮湿环境中印刷银导线在电场作用下的迁移现象：（a）未封装；（b）封装后[4]

中破损率及后续维护等方面的成本均十分有利。近年来,在新一代 OLED 显示技术,特别是以 OLED 为代表的柔性显示的产业化推动下,柔性薄膜封装技术与相关设备有了快速发展,已经从实验室走向工业化,并开始扩散到 OPV 与钙钛矿光伏产业。因此,了解柔性薄膜封装技术成为了解印刷电子技术的一个必不可少的组成部分。

8.2　印刷电子器件的老化

电子器件的老化是指器件性能随时间推移逐渐减退的现象。日常生活中最常见的老化现象是塑料的老化。以塑料为代表的高分子材料在使用过程中,由于受到热、氧、水、光、微生物、化学介质等环境因素的综合作用,材料的化学组成和结构会发生一系列变化，物理性能也会相应变坏，如发硬、发黏、变脆、变色、失去强度等。促成老化的因素包括温度、湿度、氧气、紫外光照、酸碱等化学介质，以及生物降解等。如本书第 2、3 章所介绍，印刷电子器件所使用的材料包括有机与无机材料两大类，其中有机材料中的高分子聚合物材料与塑料同类，在外界因素的作用下也会经历老化过程。由于有机电子材料的电性能直接与分子结构相关，任何外界因素导致的分子结构与组分变化都会直接导致其电性能的变化。对于 OLED、OPV 电池、PSC 与 OTFT 而言，水汽与氧气已被证实为引起器件老化衰减的最主要因素，其他如材料的稳定性、器件结构界面突变、热的影响、电化学过程等均能引起器件的老化。器件老化在宏观上表现为：OLED 器件发光面中形成黑斑，发光亮度降低，效率下降，寿命变短；OPV 或 PSC 器件的光电流变小，寿命变短；OTFT 的开关比大幅下降等。对于无机电子器件而言，老化主要发生在长期使用过程中的氧化，潮湿环境中电场作用下的电化学腐蚀或迁移，某些合金材料在高低温循环作用下发生的晶界迁移与相变等。

8.2.1　有机发光器件的老化现象及其原因

OLED 的器件老化机理研究相对较早也比较深入，这是由于 OLED 发展较早，其寿命问题一直是其产业化过程中的巨大挑战。Kodak 最早提出了 OLED 器件寿命的计算方法，即器件由某基准初始亮度（对 OLED 显示最早定义为 $100\ cd \cdot m^{-2}$）衰减到一半亮度时所需的时间为器件寿命。早期的 OLED 寿命很短，只有数分钟或几个小时。提升 OLED 器件寿命，是研究 OLED 老化机理的主要目的。最初的 OLED 老化机理研究是从探讨器件发光区域的黑斑形成原因开始的。OLED 器件发光表面最初出现少数黑斑，随着时间推移，黑斑面积逐渐扩大，导致发光区域面积逐渐减少，器件整体发光亮度下降直至最后完全失效，如图 8.4 所示[5]。

OLED 黑斑形成及器件老化的影响因素如下。

（1）衬底基片及阳极平整度的影响。

衬底及电极表面粗糙度过大，表面有尖端的突起物，在给器件施加电压时容易引起尖端放电，从而导致局部的高电流密度并产生大量焦耳热，严重时甚至引发短路，使器件无法工作。焦耳热也可能使有机材料出现晶化、界面电学性质变化、与电极发生剥离等。与电极剥离会造成电子在该部位的注入困难而产生黑斑[6,7]。由于 OLED 器件中沉积在电极表面的功能层总厚度仅在 100 nm 左右，因而通常要求电极的平整度在 1 nm 以内。

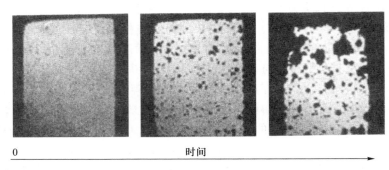

0　　　　　　　　　　　时间　　　　　　　　⟶

图 8.4　OLED 器件黑斑随时间的变化趋势

（2）颗粒污染的影响。

颗粒污染也是器件黑斑产生的重要原因,OLED 制备对器件衬底清洗洁净程度要求极高,若清洗不干净、有微小颗粒残留,或在装片过程中空气中的灰尘或器件制备设备中产生的颗粒落于衬底上,均易造成 OLED 上的黑斑。一方面是由于这些颗粒绝缘或导电性差,从而引起器件中局部点无电流通过,造成黑斑,当然若是高导电的颗粒则可能产生亮斑;另一方面,突起的颗粒还会影响器件有机功能膜层的均一性及平整度,大颗料会造成该处沉积的膜层较薄、不连续甚至不能沉积,因而也易形成黑斑,颗粒还可能在沉积有机层时使其周边出现缝隙,沉积电极时金属扩散在阴阳极间形成通路并引发短路[8]。

（3）水汽、氧气侵蚀器件的影响。

前面已介绍到有机电子器件对水氧敏感,对 OLED 的影响尤为显著。这些影响表现在阴极金属的化学反应。OLED 通常采用铝为阴极,在有水氧存在特别是水汽存在情况下,铝能与水反应而发生质变。根据原电池原理,电流能明显加速该反应。铝发生质变后导致的黑斑问题非常严重。水氧的其他影响还包括有机功能材料的氧化、载流子陷阱的形成、表面形貌的变化等[9]。OLED 器件在制备阶段就需要保持严格的水氧隔绝环境,整个制备过程要在充满惰性气体的手套箱中或真空腔室内进行。对制造车间或实验室的湿度也需要严格控制。例如在干燥的冬天,未封装的 OLED 器件寿命可达几个小时以上,而在夏天潮湿的大气环境下仅几分钟就能明显观察到黑斑,寿命可能不足一个小时。前面图 8.2（c）已经展示了环境水氧对 OLED 发光的影响。

8.2.2　有机与钙钛矿光伏器件的老化现象及其原因

影响 OPV 器件工作稳定性与寿命的因素包括光、热、水氧侵蚀。对光和热造成的有机半导体材料的退化已经有比较详细的研究[10]，包括光照引起的有机分子氧化与催化作用，会直接导致分子重组与共轭结构的破坏；热效应会引起有机小分子再结晶等。OPV 器件需要在室外太阳光照下工作，因而除了要能承受住风雨的侵蚀，还要承受紫外光对材料的分解作用与夏季长时间高温的作用。OPV 材料需要具有一定导电能力，通常是共轭体系，而紫外能量会导致双键发生断裂，从而造成材料降解。OPV 器件中广泛使用导电高分子 PEDOT:PSS 作为空穴传输层材料。PEDOT:PSS 吸收水分子后会导致其导电性下降。水分子会进一步扩散到 OPV 器件的阴极，加速 PEDOT:PSS 对 ITO 阴极的腐蚀作用。OPV 器件中使用活泼金属作电极会面临与 OLED 相同的问题，即受水氧侵蚀而氧化形成绝缘物质，极大影响金属电极的导电性。

钙钛矿分子本身是一种松散的杂化分子结构，非常容易受外界光、热与水氧的影响而分解。研究表明，在水氧与紫外辐射联合作用下，钙钛矿（$MAPbI_3$）可以分解成 HI、MA 和 PbI_2。这些产物能够溶解于水，导致不可逆转的降解，摧毁其光电转换功能；水分子扩散进入钙钛矿后还可以加速黑色钙钛矿单相体向黄色非钙钛矿多相体的转变[9]。而 PSC 中使用的有机电荷传输层材料本身也会受水氧影响，与上述对 OLED 与 OPV 器件的影响是相似的。

相对而言，OPV 器件与 PSC 对水氧的敏感程度远低于 OLED，因而封装结构对水氧阻挡的要求比 OLED 低好几个数量级（图 8.1），原因是这些器件工作中的电流电压不同导致了这种差异。电流大小直接影响水氧侵蚀金属电极的反应（原电池原理）速度。OLED 的工作电流密度约为 20 mA·cm^{-2}、电压为 5~8 V，OPV 器件为光生电流电压，开路电压大多在 1 V 以内，短路电流密度大多在几个 mA·cm^{-2}，其与水氧反应速度也相对较缓，对水氧隔离的封装要求也相对较低。

8.2.3　银电极的电化学迁移现象

在本书 3.2 节中已经介绍到，银是印刷电子制造中最普遍使用的金属导体材料。这一方面是由于银的优异导电性，另一方面是由于银的优异化学稳定性。在金属材料中，除了化学极其活泼的钾、钙、钠、镁外，常用金属中按氧化性从高到低的排序为:铝>锌>铁>锡>铅>铜>汞>银>铂>金。银是仅次于金与铂的最不容易氧化的金属。银虽然也能够氧化,但氧化过程极其缓慢。铜虽然是传统电子器件中最常用的金属导体材料,但铜的纳米形态极易氧化(3.2.1.2 节),不易制备成可印刷的墨水或浆料,因而在印刷电子中应用并不普遍。银虽然不易氧化,但在高湿与电场共同作用下会发生电化学迁移(electrochemical migration,ECM)。ECM 是电场中阳极端的金属原子离解成金属离子,然后在电场驱动下运动到电场的阴极端,重新获得电子后还原成金属原子的过程。以印刷电路板(printed circuit board,PCB)制造中常用的 4 种金属焊料:铅、锡、银、铜为例,按电化学活性从高到低排序为:银>铅>铜>锡[11]。银发生电化学迁移的可能性最大,需要给予格外关注。

　　作者科研团队早期开发了基于纳米银混合印刷制备金属网栅透明导电膜技术(4.4.3 节),并将这一技术应用于触摸屏的大规模生产制造。作为一项工业产品,集成了纳米银金属网栅的触摸屏必须经过严苛的环境测试,包括高温、高湿环境下产品的稳定性与寿命。工业界的高温高湿测试是指环境温度为 85 ℃、湿度为 85% 的所谓“双 85”测试。为了考察纳米银网格电极在潮湿环境下工作的可靠性,作者科研团队开展了银电极的电化学迁移实验,包括“双 85”实验与专门测试电化学迁移的水滴实验[12]。图 8.5 是金属网栅透明导电膜实物照片,其中网格线的断点代表相邻的网格电极间隙。当网格电极之间施加电压时,在断点处形成电场。图 8.6 是实验结果[4]。在电场与水分子同时存在的情况下,初始完好的银网格电极[图 8.6(a)]在电极间隙处

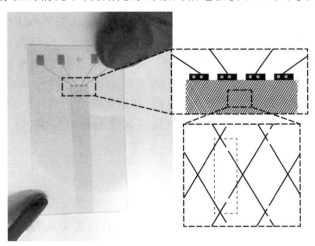

图 8.5　测试电化学迁移的银网格

发生了明显的电化学迁移,造成间隙点处的电绝缘失效,如图8.6(b)、(c)所示。因此,即使像银这种无机材料也需要一定程度的水氧隔绝保护。

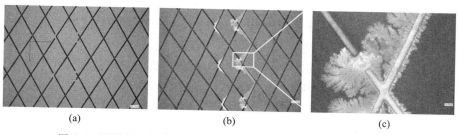

(a)   (b)   (c)

图8.6　测试银电极的电化学迁移实验结果:(a)银网格初始状态;
(b)电场区域发生电化学迁移后;(c)断点区域放大图

8.3　印刷电子器件封装原理与检测

8.3.1　封装形式与分类

封装在英文里常用"encapsulation"或"packaging"表示,具有密封、包装等含义。如前所述,印刷电子器件的封装除了发挥传统意义上的物理保护作用外,更重要的是隔绝水氧。对于OLED和OPV电池或PSC等光电器件而言,封装材料本身还必须有良好的透光性。玻璃盖板封装是最传统也是最普遍使用的封装技术。以OLED为例,传统玻璃盖板封装如图8.7(a)所示。由于OLED对水氧极其敏感,因此OLED制备完成后不能暴露于空气,须直接转移到高纯N_2或Ar的手套箱中,在器件正面有机功能层外围均匀滴涂细线状的环氧树脂作为密封胶,上面覆盖玻璃盖板,再用紫外光照射环氧树脂到完全固化。在这一过程中,一是要注意不要让树脂接触到器件功能层;二是要注意紫外光对OLED有机材料有一定降解作用,需要对有机区遮挡加以保护。玻璃有极优的水氧阻隔性能与透光性能,同时在高温下不发生形变,且容易实现大面积封装。玻璃盖板封装唯一的水氧渗透渠道是通过周边的封装胶。对于玻璃盖板封装,周边的密封可采用玻璃粉(glass frit),通过激光将玻璃粉熔融[13]。一般还会在玻璃盖板内表面贴干燥片,起一定的吸收水分的作用。玻璃盖板封装可以满足$WVTR < 10^{-6}\,g \cdot m^{-2} \cdot d^{-1}$的要求。

玻璃盖板封装的缺点是会增加OLED器件整体质量与厚度,解决方案是将玻璃盖板封装改变为薄膜贴合封装,如图 8.7(b)所示。贴合(lamination)是一项成熟的工业技术。封装薄膜可以是超薄玻璃,厚度一般不超过 50 μm。对于玻璃衬底的底发射 OLED 而言,贴合膜并不需要透光,因此也可以用不锈钢片。由于覆盖层本身没有透水性,主要的水汽来源是周边的封装胶,原理上贴合封装与玻璃盖板封装有相同的水氧阻隔效果,并且也得到了实验证明[14]。贴合封装的优点是阻隔膜与 OLED 器件制造分离,工艺上互不影响。贴合封装也适用于柔性 OLED,如图 8.7(c)所示。对于柔性 OLED 而言,贴合可以通过卷对卷方式完成,但前提是柔性衬底本身必须具备优异的水氧阻隔性能。如果是塑料衬底,则塑料薄膜本身也需要水氧阻隔封装层。

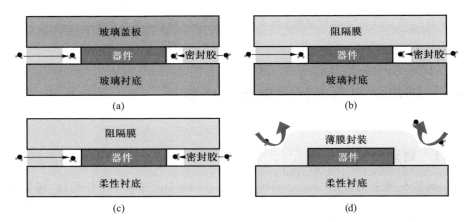

图 8.7 OLED 封装的 4 种形式:(a)玻璃盖板封装;(b)贴合封装;
(c)柔性贴合封装;(d)薄膜封装[17]

最理想的封装方式是薄膜封装(thin film encapsulation,TFE),如图 8.7(d)所示。TFE 既满足了轻薄要求,又不需要封装胶。不但适用于玻璃衬底,也适用于柔性衬底。传统塑料薄膜的防水氧性能并不高。以柔性电子器件中常用的 PET(聚对苯二甲酸乙二醇酯)、PEN(聚萘二甲酸乙二醇酯)、PI(聚酰亚胺)为例,它们的 WVTR 一般在 $10^{-1} \sim 40$ g·m^{-2}·d^{-1},远低于 OLED、OPV 或 PSC 对 WVTR 的要求[15]。20 世纪中期人们发现在塑料薄膜表面用真空沉积方法制备薄的无机层能明显改善水氧阻隔性能。人们最初只是在塑料膜表层沉积金属铝,铝箔至今仍然是常见的食品封装材料之一。到 20 世纪 80 年代,由于对食物封装的透明性与兼容微波加热等需求,透明氧化物涂层如 SiO$_x$、AlO$_x$ 得到了长足发展,成为增加塑料薄膜水氧阻隔性能的常规方法[16]。通常,这种含氧化物功能涂层塑料的水汽渗透率在 10^{-2} g·m^{-2}·d^{-1}。

随着有机电子器件,特别是 OLED 对水渗透阻挡性能提出了约 4 个数量级以上的要求,这种单层膜结构也向着多层膜结构演变。

8.3.2 水氧阻隔机理

用薄膜阻挡层把电子器件与环境中的水氧进行隔离实现封装效果,本质上是通过控制环境中的水氧向器件内部的渗透速率来实现的。水氧通过单层或多层膜结构渗透到器件内部,从动力学上讲,压强差及水氧浓度差是其渗透的动力。水氧渗透可描述为两步过程,首先是膜层对水氧的吸附,然后是水氧向膜内部的扩散[18]。对于单层膜,渗透率 P 是溶解度系数 S 与扩散系数 D 的乘积[19]:

$$P = S \cdot D \tag{8.1}$$

式(8.1)中溶解度系数与扩散系数均是材料的内在属性,文献中渗透率往往表述为某给定压强、温度下的渗透体积,气体的渗透率单位常用 $cm^3 \cdot m^{-2} \cdot d^{-1}$,水汽渗透率则是在某给定温度、湿度下的渗透质量,单位用 $g \cdot m^{-2} \cdot d^{-1}$。

该渗透过程也可表达为菲克扩散定律与亨利定律,图 8.8(a)给出了单层膜的压力(P)与浓度(c)的边界条件,从而渗透通量 J 与浓度 c 呈正比:

$$J = -D \cdot \nabla(c) \tag{8.2}$$

根据亨利定律,假设 J 与浓度相关,c 与分压存在线性关系,$c = S\Delta P$,则可推出静态下单层膜的渗透通量:

$$J = \frac{DS(P_0 - P_1)}{L} \tag{8.3}$$

由式(8.3)可见,渗透通量与薄膜两侧的压力差呈正比,与膜厚呈反比,同时与扩散系数和溶解度系数呈正比。通过该方程对时间求导可推算单层膜的渗透延迟时间[20],与膜厚及扩散系数有关。多层膜的情况可假设渗透通量对每层膜一致,是累计求和的结果[图 8.8(b)]。实际情况要复杂得多,这里我们只需要定性地理解水氧渗透到器件的量与渗透延迟时间有关,延迟时间又与膜厚即水氧渗透经历的路径长度有关即可。

实际应用中的封装薄膜材料分为无机薄膜及有机聚合物薄膜两类。作为水氧阻隔封装的无机薄膜主要包括 SiO_x、SiN_x 与 Al_2O_3。有机聚合物主要是光刻胶类的聚合物材料。有机聚合物的晶格结构是动态变化的,聚合物长链纠缠在一起及晶格随时间变动使得水氧可以沿着空隙快速渗透,这也是为什么聚合物塑料膜达不到水氧隔阻效果的根本原因。无机薄膜晶格结构是固定的,理想状态下的无机薄膜可以满足 $WVTR < 10^{-6}\ g \cdot m^{-2} \cdot d^{-1}$ 的要求,但

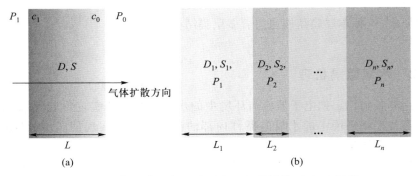

图 8.8 气体经膜层渗透原理图：(a) 单层模；(b) 多层膜

实际制备的薄膜总是有缺陷，特别是针孔(pin hole)缺陷。以 10 cm×10 cm 的 OLED 发光面积为例，需要针孔密度控制在 10^{-4} cm^{-2} 以下才能保证 OLED 在数千小时发光寿命下无黑斑[21]。无机薄膜生长质量与生长方式有关，用溅射、热沉积、PECVD、原子层沉积出来的同材质的薄膜，在膜致密程度、表面针孔及缺陷密度、表面形貌以及粗糙度有十分大的差距。无机阻挡薄膜的水氧可以通过疏松的晶格间隙与针孔缺陷渗透，因此封装用无机膜首先要求必须成膜致密，且致密的缺陷或针孔数目与直径也相对较小，膜层的扩散系数 D 较小，以利于水氧阻挡性能提高。

SiO$_x$，SiN$_x$ 是最常见的薄膜材料，性能高且成本较低，已在诸多领域得到了广泛的应用，其薄膜生长技术也已相当成熟。相对而言，等离子体增强化学气相沉积(plasma enhanced chemical vapor deposition，PECVD)获得的 SiO$_x$，SiN$_x$ 薄膜比溅射、电子束热蒸发沉积薄膜要致密得多。即使如此，由图 8.9 所示的 PECVD 生长的 SiO$_x$ 的透射电子显微镜(transmission electron microscope，TEM)照片可知，其表面纳米尺度针孔非常明显[22]。一旦缺陷形成，将在膜后续生长的过程中完整复制下来，也就是说若形成针孔，增加膜的厚度，针孔不会消失，而是形成穿孔。

图 8.10(a)～(c)给出了 PECVD 生长的 SiO$_x$ 原子力显微镜图像，从中可以观察到明显的空隙与晶粒，从而形成如图 8.10(d)所示的水氧渗透通道。根据水氧分子尺寸(水分子 0.33 nm，氧分子 0.32 nm)，这种纳米至微米的针孔造成的水氧渗透是没法满足 OLED 器件封装要求的。因而提高薄膜的水氧阻挡性能需采用多层膜的复合结构。

对于多层膜结构，特别是有机与无机交替结构的柔性薄膜，聚合物有机层的水氧阻挡性能相对于无机层可以忽略。理论上这种结构好像并不能改

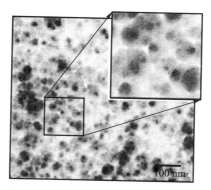

图 8.9 PECVD 生长的 SiO$_x$ 的 TEM 图

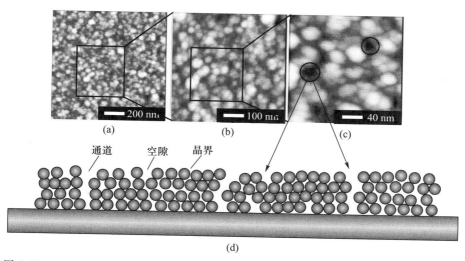

图 8.10 PECVD 在玻璃衬底上生长的 SiO$_x$ 的 AFM 图:(a)~(c)不同分辨率下观察到的
针孔结构;(d) SiO$_x$ 膜针孔缺陷造成的水氧渗透通道示意图

进阻挡性能,而实际上这种结构的阻隔效果却十分明显,特别是无机与有机
多层交替结构的水氧阻挡性能可以提高 3~4 个数量级,达到 OLED 封装要
求。这主要是交替结构使得无机膜上的少量针孔发生错位,从而水氧渗透通
过的路程从膜厚的数微米延长到毫米量级(图 8.11)。按照膜层渗透理论,渗
透路径增加使渗透时间大大增加,即提升了水氧隔阻性能。采用高平整度的
聚合物层在一定程度上还有利于减少无机层的缺隙态,进一步提高阻挡效

果,从原理到相关实验结果也非常吻合。细节内容将在多层薄膜封装章节做进一步介绍。

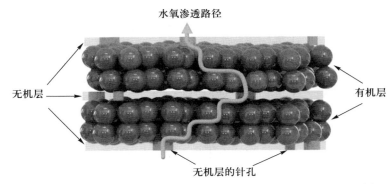

图 8.11　无机、有机、无机多层交替阻隔膜的水氧渗透路径示意图[1]

8.3.3　水氧渗透阻挡性能测试

制备高质量水氧阻隔封装薄膜的前提是能够准确测量薄膜的水氧透过率。商业化水氧测试测试设备很少,主要是 AMETEK Mocon 公司的 Aquatran型 WVTR analyzer 与 OTR Analyzer[23]。图 8.12(a)是该公司的水汽渗透测量仪。图 8.12(b)说明了该仪器的测试原理:将待测样品膜置于干腔与湿腔之间,一侧通干燥氮气(干腔),另一侧通潮湿氮气或放置含水海绵(湿腔);湿腔内的水经样品膜渗透到干腔,在气流的带动下到达水传感探头,水含量传感探头是采用压力调整了的红外传感器,通过探测水分子红外吸收强度产生电信号,而电信号与水汽的浓度成正比。这种方法测试简单快捷,但 WVTR 测试下限只能达到 5×10^{-5} g·m^{-2}·d^{-1},还达不到 OLED 封装膜检测限的要求。

实验室测量水氧渗透的方法有多种,例如失重法、库仑法、质谱法、同位素法等[17],已报道用质谱法可以测到的 WVTR 下限为 1.9×10^{-7} g·m^{-2}·d^{-1}[24],但目前广泛用于 OLED 封装水氧渗透测试的方法为钙(Ca)膜腐蚀测试法[25]。Ca 是非常活泼的金属,与水和氧都能反应,其反应式为:

$$2Ca + O_2 \Longrightarrow 2CaO$$
$$Ca + 2H_2O \Longrightarrow Ca(OH)_2 + H_2$$

一般水氧侵蚀的 Ca 中,O_2 反应的成分少于 5%,因而通常主要评估水渗透的量,而把氧的渗透速率(OTR)忽略。严格意义上来说,Ca 膜腐蚀测试法

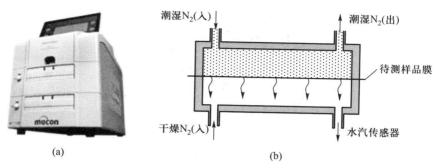

图 8.12 （a）Mocon Aquatran-3 型 WVTR 测试设备；（b）测试装置原理图

中水和氧与 Ca 的反应是同时发生、不可能分开的，因而应称之为有效水汽渗透速率（effective WVTR）。水汽对钙的侵蚀可以通过两种方式测量，一种是电学方法，测其电导的变化；另一种是光学方法，测其光学透明度的变化。图 8.13（a）是电学测量实验装置示意图。基于电导率随时间变化计算水汽渗透速率表达式[25]为

$$\text{WVTR} = -n \frac{M(\text{H}_2\text{O})}{M(\text{Ca})} \delta\rho \frac{l}{b} \frac{\text{d}(1/R)}{\text{d}t} \tag{8.4}$$

式中，n 是参与每个钙分子反应的水分子数，由于反应是双分子过程，$n=2$；$M(\text{H}_2\text{O})$ 与 $M(\text{Ca})$ 分别为 H_2O 与 Ca 的摩尔分子量；δ 是钙的质量密度（$1.55 \text{ g} \cdot \text{cm}^{-3}$）；$\rho$ 是钙的电阻系数（$3.4 \times 10^{-8} \text{ }\Omega \cdot \text{m}$）；$l$ 是钙膜的长度；b 是钙膜的宽度；$[\text{d}(1/R)]/(\text{d}t)$ 是 Ca 的电导随时间变化率。图 8.13（b）～（d）是典型的 Ca 电导随时间变化曲线，其中图 8.13（b）的膜层结构为 SiO_x（100 nm）$/\text{Al}_2\text{O}_3$（50 nm）$/\text{parylene}$（1 μm）；图 8.13（c）的膜层结构为 SiN_x（100 nm）$/\text{Al}_2\text{O}_3$（50 nm）$/\text{parylene}$（1 μm）；图 8.13（d）的膜层结构为 SiO_x（100 nm）$/\text{Al}_2\text{O}_3$（10 nm）$/\text{parylene}$（1 μm）[26]。已报道钙侵蚀的电学测试方法可以测到的 WVTR 下限为 $3 \times 10^{-7} \text{ g} \cdot \text{m}^{-2} \cdot \text{d}^{-1}$[27]。

　　由于钙膜吸收水分子后其光学透明度增加，也可以用光学方法估算水汽渗透率。通过光学显微镜或相机采集钙膜受水汽侵蚀的照片，再用程序分析钙膜透明区即腐蚀区的比例，推算渗入水的量及渗透速率。图 8.14 是吸收水分子前后钙膜的透明度比较。只是透明区与非透明区的比例为估算值，且存在膜局部很难判定的情况，因此误差相对较大，但由于方法简单直观，因此在 OLED 产业领域应用较多。

　　除了以上介绍的电学与光学方法外，Ca 膜在吸收水氧后质量增加，若能

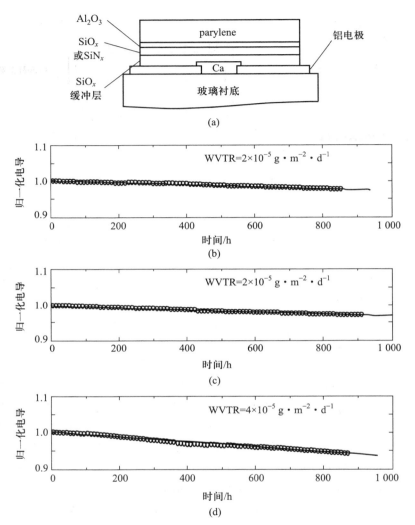

图 8.13　基于 Ca 腐蚀法测量薄膜水氧渗透(电学方法)：(a) 测试方法原理示意图；
(b)~(d)归一化的电导随时间变化曲线

称量出质量变化则可精准地测定有效水汽渗透速率。只是这种质量变化往往在纳克量级，而最精密的天平最低也只在微克量级。作者科研团队利用石英微天平原理发明了一种"称重法"的水氧渗透检测方法[28]。石英微天平广泛用于膜厚分析、生物检测等众多领域。本方法是在石英晶振片中心区蒸镀 Ca 膜，然后把晶片放置在待测盒内用待测膜与胶密封，密封口设计有环氮气

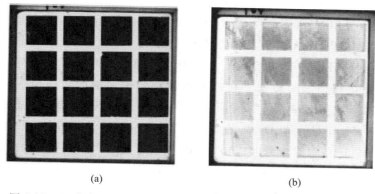

图 8.14　Ca 膜腐蚀法光学测试水氧渗透：（a）受侵蚀前；（b）受侵蚀后

流保护，水氧只能透过待测样品渗入盒内，渗入的水氧与晶振片上的 Ca 反应质量增加。石英微天平的工作原理实际上是检测晶振的振动频率，晶振具有压电效应及质量负荷效应，即当晶振负重增加时，频率线性降低，从而根据频率的变化计算质量变化。以频率为 6 MHz 的晶振为例，可精确到 0.1 Hz 的频率变化，对应的质量可到 0.1 ng，可以满足 OLED 薄膜水氧渗透检测限的要求，测试周期也比光学分析 Ca 膜法要短得多。

8.4　柔性薄膜封装

8.4.1　单层无机薄膜封装

从性能上看，无机材料最适于做薄膜封装阻挡层，单层膜封装的优势在于工艺简单，一步到位，但无机膜层制备过程中产生的缺陷使得抗水氧渗透性能降低。实现单层薄膜封装的关键是改善无机层的质量及成膜工艺。无机单层膜的制备方法主要集中在物理气相沉积（PVD）、等离子体增强化学气相沉积（PECVD）、原子层沉积（ALD）、等离子增强的 ALD（PEALD）。PECVD 的优势在于较高的膜生长速度，其成膜速度大约是 ALD 的 100 倍左右。用 PECVD 沉积单层阻挡膜的最常规材料是 SiO_x 或 SiN_x，可以实现低温下沉积，能够满足有机电子封装对低温的要求，在有机电子封装研究中颇受重视[29,30]，但因存在缺陷态，其 WVTR 超过了 $0.01\ g\cdot m^{-2}\cdot d^{-1}$，增加膜厚并不能改善水氧阻隔性能。一种改进方案是在 PECVD 制备 SiO_x 过程中以六甲基二硅氧烷（HDMSO）和 O_2 为前驱体，形成 80% 的 SiO_x 与 20% 有机硅脂的复合膜，封装的 OLED 器件寿命在 65 ℃、85% 湿度下可以达到 7500 h[31]。

采用 ALD 与 PEALD 方法制备基于氧化铝（AlO_x）无机薄膜并用于 OLED 水氧阻隔封装最早见于 2005 年[32]。ALD 生长膜结构致密，共形性好，缺陷数目很少，能在相当低的温度下在样品表面均匀覆盖成膜。在相同厚度下，Al_2O_3 膜比 SiN_x 膜的 WVTR 可以低 3 个数量级[33]。已报道用 ALD 在 PEN 衬底上生长 25 nm 厚的 Al_2O_3 膜，在 38 ℃ 下测得 WVTR 性能达到 1.7×10^{-5} g·m^{-2}·d^{-1}，估计在室温下可以达到 5×10^{-6} g·m^{-2}·d^{-1}[34]。ALD 的封装可以在 100 ℃ 下进行，几乎对 OLED 性能不产生任何负面影响。ALD 法制备水氧渗透阻挡膜的性能可以说是目前所有方法中效果最好的，但其最大问题在于沉积速度太慢，这对低成本、规模化封装要求的有机电子产业来说还不是一个最佳的选择。近年来高产率 ALD 设备的研发有了快速发展，使 ALD 技术开始进入 OLED 显示屏的产业化封装领域。有关 PECVD 与 ALD 薄膜沉积技术将在本章后面作详细介绍。

8.4.2　多层薄膜封装

多层薄膜封装实质是多个单层膜组合形式的封装。最简单的双层封装就是在单层封装的基础上再用其他方法或材料再沉积其他的阻挡材料层，当然这也包括多种材料以及多种方法联用的组合封装。例如用 ALD 生长的 Al_2O_3/ZrO_2、Al_2O_3/TiO_2、Al_2O_3/SiO_2 双层结构表现出很好的阻挡性能，WVTR 均在 5×10^{-5} g·m^{-2}·d^{-1} 以下[33]。但如前所述，无机薄膜本身难免有缺陷，尤其是应用于柔性 OLED 或 OPV 封装时，器件弯曲会在无机封装薄膜中产生更多缺陷。以单层 Al_2O_3 为例，当弯曲导致 Al_2O_3 膜产生 1% 的应变时，WVTR 会由 10^{-4} g·m^{-2}·d^{-1} 下降到 10^{-1} g·m^{-2}·d^{-1}，采用有机与无机复合薄膜封装则可以改善弯曲下的封装性能[17]。一方面是由于有机层的缓冲作用，另一方面是有机层增加了水分子的渗透路径长度，延缓了渗透时间，如图 8.11 所示。

有机无机交叠柔性封装结构最早由 Affinito 等在 1996 年报道[35]。他们将真空沉积聚合物层与真空沉积无机氧化物层结合，实现了透明的防水氧渗透结构。其中有机层沉积技术是通过真空蒸镀液态聚合物单体，蒸汽先在物体表面冷凝后再结合光照聚合成固态膜实现交叠结构的。液态气相沉积与紫外固化成膜过程称为 PML（polymer multi-layer）过程。用真空沉积的单体聚合物在光聚合成膜后表面非常平整，在有机层上沉积的无机膜几乎没有缺陷。后来 Vitex 公司将这一方法商业化,采用真空磁控溅射沉积的 Al_2O_3 为无机层,真空沉积的 UV 单体光聚合物为有机层,有机层与无机层交替沉积,成为最早的商业化 OLED 薄膜封装技术(商标名称为 Barix™)[图 8.15(a)]。当有机/无机层的交替对数(dyad)达 4 时,Ca 测试法表明其 WVTR 已基本达到 10^{-6} g·m^{-2}·d^{-1}[图 8.15(b)][36]。当然有机/无机交替对数也并非越多越好,超过 5 对后 WVTR 基本不再有太大改进。Barix™是 OLED 显示产业最早使用的薄膜封装技术,拥有这一技术的 Vitex 公司于 2010 年被三星移动显示(Samsung Mobile Display)公司收购。我国显示面板企业也曾采购过该公司的封装设备,如图 8.16 所示。

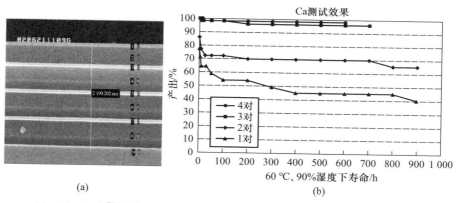

(a)　　　　　　　　　　　　(b)

图 8.15　Barix™封装:(a) 磁控溅射的 AlO_x 与 UV 单体光聚合膜多层结构;
(b) 无机/有机层的交替对数对 Ca 膜的保护效果

图 8.16　Vitex 的柔性薄膜封装设备 Guardian™ R&D 系统

8.4.3　薄膜封装技术进展

在过去 10 年中, OLED 材料与显示技术有了飞速发展, 已经开始大规模产业化, OLED 显示屏在手机与电视领域已开始大规模应用。同时, OPV 器件与 PSC 在光电转换效率方面有了大幅度进步, 并已经向大尺寸规模化制备方向发展。这些有机电子器件的共同特点是需要长时间稳定工作, 而它们的工作寿命直接与水氧阻隔封装性能相关联。因此极大推动了薄膜封装技术的研究开发。这一领域的发展主要围绕以下几个核心要点: ① 柔性结构; ② 优秀的水氧渗透阻挡性能; ③ 低温成膜以便与器件兼容; ④ 简化封装流程与提高封装效率。其中最重要的参数是水氧渗透阻挡速率, 其关键技术在于致密无针孔的无机膜生长。即使采用有机/无机多层膜对结构, 无机膜的质量也决定了多层膜整体的防水性能。图 8.17 是作者科研团队的一个实验结果[3], 其中质量差的 Al_2O_3 无机膜即使用了 3 对膜也比高质量无机膜的 WVTR 差 3 个数量级。有关无机膜 PECVD 与 ALD 制备技术将在后面章节详细介绍。

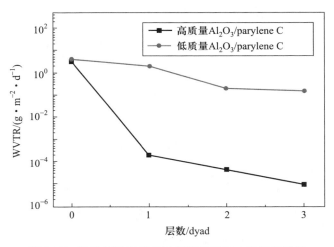

图 8.17　无机膜质量对多层阻隔膜膜的水汽渗透影响

相对于有限种类的无机封装薄膜, 在多对膜系统中有机膜材料与技术有更多的创新。美国通用电气公司 (GE) 发展了一种成分渐变的阻挡结构, 有机/无机多层膜同时用 PECVD 在 55 ℃下沉积。其有机层通过有机硅氧烷前驱体在 Ar 气氛下获得 SiO_xC_y 柔性有机硅交联体; 无机层以 2% 的硅烷 (He 气流)在 NH$_3$、O$_2$ 气氛下制备,成分为 SiO$_x$N$_y$,该膜的 WVTR 可以达到 5×10^{-6} ~ 5×10^{-5} g·m^{-2}·d^{-1}。作者科研团队基于类似原理,使用 ICP-PECVD 以有机硅氧烷为前驱体,在不同气氛下分别制备有机硅聚合层、无机硅阻挡层及混合过渡层结构,实现同源同腔一次性完成这种成分交替的多层封装结构。用这一方法实现了 4 对交替膜的 WVTR 为 4.8×10^{-5} g·m^{-2}·d^{-1}。

另一种制备有机层的方案是采用 CVD 生长的聚对二甲苯基(parylene)[37]。parylene 既具备有机层的性质又具备像 ALD 一样的均匀覆盖成膜性能。采用三层 SiO$_x$/SiN$_x$+parylene+三层 SiO$_x$/SiN$_x$ 的夹心膜层结构,在 25 ℃、40% 相对湿度下,可以保持 WVTR 在 2.1×10^{-6} g·m^{-2}·d^{-1} 长达 75 d,而且弯曲 5000 次仍不影响其水氧阻隔性能。作者科研团队也研究了 parylene 作为有机层的水氧阻隔性能。采用聚氯代对二甲苯(parylene C)与 ALD 生长的 Al$_2$O$_3$ 为膜对组合,三对膜获得小于 1×10^{-5} g·m^{-2}·d^{-1} 的 WVTR 性能(图 8.18)[3]。

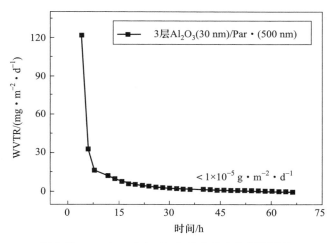

图 8.18　parylene C 与 Al$_2$O$_3$组合的水汽阻隔性能

水氧分子在聚合物层中的渗透路径可以通过掺杂进一步延长,如图 8.19 所示。这些掺杂物通常是片状纳米材料,例如陶土(clay)、石墨烯片、氧化锌、氧化镁或氧化铝[1]。这类复合材料的制备方法包括熔融、溶液分散、原位聚合等[38]。实验发现,这种有机聚合物与无机纳米片体的复合材料不仅可以增加水分子的渗透路径,而且本身也能吸收一部分水分子。仅复合材料构成的单层薄膜也能够提供 WVTR = 1×10^{-4} g·m^{-2}·d^{-1} 的阻隔能力[39],而且这类复合有机材料可以通过溶液法沉积,大大降低了水氧阻隔封装的成本。

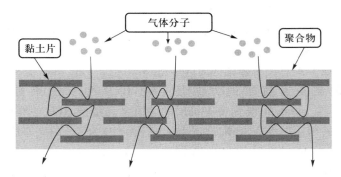

图 8.19 聚合物与片状纳米材料复合作为水氧阻隔材料原理示意图

8.4.2 节提到的 Barix™ 虽然是最早产业化的薄膜封装技术,但并不是最理想的技术。通过真空蒸镀沉积的有机层厚度不足以提供足够长的水分子渗透路径,所以需要 4~5 对有机/无机膜层,而且这种封装的成本太高。例如,图 8.16 所示的研发型设备售价高达 2 000 万元(人民币)以上。2017 年荷兰国立研究机构 Holst Center 报道了一种三明治结构的多层薄膜封装技术[21]。所谓"三明治"是将有机层夹在两个无机层之间。无机层是用 PECVD 沉积的 100 nm 厚的 SiN_x,有机层是 20 μm 厚的可紫外固化的丙烯酸酯(acrylate)。这个有机层并不是真空蒸镀沉积,而是喷墨打印沉积,因此可以有足够的厚度。在 20 ℃、50% 湿度环境下测试封装后的 OLED 寿命可达 10 000 h,而单层 SiN_x 封装的 OLED 寿命不足数小时。这一技术大大简化了薄膜封装工艺与成本,已经成为当前 OLED 显示面板制造企业普遍采用的水氧阻隔封装技术。

8.4.4 柔性薄膜力学性质与抗弯曲性能

柔性封装薄膜除了要求有效透水率低,还必须在经历一定的机械形变后能维持原来的阻隔性能。虽然无机层用于封装能提供最好的水氧渗透阻挡效果,但在柔性方面却受到限制。这些脆性的无机层在封装结构中所能承受的形变应力很小,仅为薄膜制备过程中的 1.2%~2%[15]。以 100 μm 厚的 PET 表面沉积 100 nm SiO_2 薄膜为例,PET 和 SiO_2 的杨氏模量分别为 5.53 Gpa、73 Gpa,计算得到在 4 mm 的弯曲半径下 SiO_2 薄膜产生的应变为 1.3%。对封装薄膜的抗弯曲性能考查,主要是通过在一定弯曲半径下做多次重复实验,如弯曲 1000 次后测试薄膜水氧阻隔性能的变化是多少,以考验膜的界面稳定性状况。这个测试很简单,但对封装实际应用非常重要。因而对低 WVTR 的 OLED 及 OPV 薄膜封装,必须具有高的机械性能,而了解薄膜机械形变的一些基本测试方法,对研究薄膜的相关力学性能是很有必要的。

一般而言,封装层折裂后水氧将从裂缝中渗入,导致器件快速老化。对透明的封装结构,弯曲形变后产生的裂缝很难直接观测到,即使用光学显微镜也很难发现。一个可取的方法是在衬底与封装结构之间,蒸镀薄层的金属 Ca,在弯曲形变后,若有裂缝,水氧首先将从缝隙处渗入,该部分的 Ca 首先被侵蚀,可以用光学方法观察到,如图 8.20。

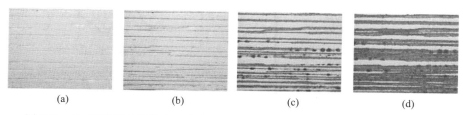

图 8.20 Ca 膜薄膜封装并在经多次卷曲后一段时间内的显微镜照片:(a) 1 min;
(b) 10 min;(c) 30 min;(d) 1 h

柔性薄膜封装结构具有柔性特点,可以弯曲形变,但这个形变是有限度的,对形变测试要求弯曲再恢复后所有性能应回复到原来状况。典型的形变测试方法是通过两点弯曲轮廓测断裂半径,如图 8.21(a) 所示,但其曲率半径是变化的,而 $X-Y-\theta$ 弯曲测试系统比两点法改进了这一点,如图 8.21(b) 和 (c) 所示[40]。

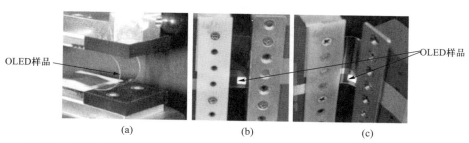

图 8.21 (a) 两点弯曲轮廓法柔性结构测试装置;(b)、(c) $X-Y-\theta$ 弯曲测试系统

Grego 等报道了在 130 μm 厚的 PEN 衬底上沉积 100 nm 的 SiN_xO_y 膜并进行 $X-Y-\theta$ 弯曲测试,其测试原理与结果如图 8.22(a) 所示。实验表明,SiN_xO_y 膜断裂半径约为 7 mm。进一步研究发现,在无机膜上涂一层环氧树

脂,其力学性能得到了明显改善[图 8.22(b)],断裂半径约为 5 mm,在弯曲到曲率半径 6 mm 时仍未产生任何负面影响[40],进一步证明了有机层在多层膜对封装结构中的力学缓冲作用。

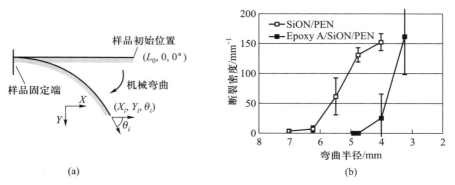

(a)　　　　　　　　　　　　　　(b)

图 8.22　(a) X-Y-θ 弯曲测试原理图示;(b) 在 SiO_xN_y 上增加环氧层改善力学性能的实测曲线

弯曲后薄膜内部各部分的受力情况如图 8.23 所示。膜的应力主要表现为两种,以膜的中心轴线为界,一部分受到张应力(tensile stress),另一部分受到压应力(compressive stress),中性轴线(neutral axis)上受力很小。所以在多层膜结构中,尽量将容易断裂的无机层安排在中性轴层面附近,可以减少弯曲造成的封装膜裂缝[17]。

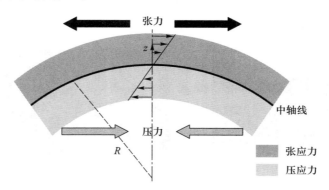

图 8.23　薄膜弯曲各区域受力情况示意图

8.5 薄膜封装常用生长技术及原理

薄膜封装,其实质是高水氧阻挡性能复合柔性结构的薄膜生长、沉积制备技术。前面介绍过,无机层的质量是薄膜性能的关键,而薄膜质量与材料有关,更与薄膜的制备方法有关。从前面的介绍可以发现,目前真正可用于薄膜封装的薄膜生长手段并不多,这里对几种最常用的技术及设备作如下简单介绍。

8.5.1 PECVD

PECVD 是一种具有工业生产规模的高质量薄膜生长技术,其生长的 SiO_x 和 SiN_x 膜具有成膜致密、膜生长速度快以及膜黏附性能好等特点,因而非常适合封装薄膜制备,在有机电子封装领域很受重视。PECVD 原理上是借助微波或射频等使薄膜前驱体材料在等离子条件下裂解成化学活性很强的成分,再发生化学反应,在基片上沉积出所期望的薄膜。为了使化学反应能在较低的温度下进行,利用了等离子体的活性来促进反应,因而这种 CVD 称为等离子体增强化学气相沉积。PECVD 技术具有一系列优点,如衬底温度低,沉积速率快,成膜质量好、针孔较少、不易龟裂。

PECVD 根据等离子源的不同,沉积膜的条件与质量也有差异。最常见的 PECVD 通常是加热型,等离子源是平板电容式的,其沉积膜的温度多在 $300\sim500\ ^\circ\mathrm{C}$ 以上,在低于 $100\ ^\circ\mathrm{C}$ 时沉积的膜疏松、缺陷态多,因而不适用于有机电子封装。对于要求在低于 $120\ ^\circ\mathrm{C}$ 生长高质量薄膜的 PECVD,须采用高密度等离子源,可以是电感耦合等离子体(inductively coupled plasma,ICP)或微波电子回旋共振(electron cyclotron resonance,ECR)等离子源。这种等离子体产生的电子密度高达 10^{11} 量级,因而在低温下成膜也很致密。尤其是 ICP-PECVD,在集成电路与 MEMS 芯片加工中应用极为普遍。

目前主流 ICP-PECVD 系统都是为芯片制造设计的,只能沉积氧化硅和氮化硅等无机薄膜。作者科研团队早在 2011 年与中国科学院微电子研究所合作开发了可用于有机电子封装的低温 ICP-PECVD 系统,实现了同源同腔一次性完成有机无机交替的多层封装薄膜沉积。其过程是先在 N_2 或 NH_3 气氛下沉积高致密的 SiN 或 SiNO 无机水氧阻挡层,然后通以 HMDSO 或 TEOS 等前驱体气体,前驱体分子在高浓度 Ar/He 等离子体作用下发生裂解,裂解成分在生长区发生化学反应,并相互交联在衬底上生成有机硅交联聚合物薄膜。随着 PECVD 装置中的气体成分改变,在衬底上沉积的薄膜成分也会相应改变,从而可以在同一个装置中得到无机层、聚合物层和过渡层多层膜结构。例如,在含氮与 He 气一定比例的混合气氛下实现 $SiN_xC_yH_z$ 有机无机成分混杂结构的生长,并在调节气体比例的动态条件下实现成分渐变结构的生长。再以这 3 种结构的生长优化条件为基础,沉积有机/无机多层交叠结构及过渡结构的有机/无机多层交叠结构,可以实现封装薄膜对水渗透速率低于 5×10^{-6} g·m^{-2}·d^{-1}。

须注意的是,等离子轰击对有机材料损害较大,应尽可能减少封装薄膜沉积过程中对有机电子器件功能层的破坏。可以在室温惰性气氛下先沉积 300 nm 左右的 parylene 以有效减弱等离子的损伤,进一步消除沉积过程中微量的氧作用于金属电极,还可以一定程度上消除致密的封装层与电极之间的应力作用。此外在沉积第一层时适度降低等离子体功率并减少衬底上产生自偏压,也能进一步降低对器件的损伤。

8.5.2　Parylene CVD

Parylene 是聚对二甲苯材料系列的统称,属于一种具有完全线形、高度结晶的高聚物。parylene 用真空化学气相沉积工艺制备,能涂覆到各种形状的表面,包括尖锐的棱边,裂缝里和内表面。这种室温沉积制备的 0.1~100 μm 薄膜层,厚度均匀、致密、无针孔、透明、无应力、不含助剂、不损伤工件、有优异的电绝缘性和防护性,是目前最有效的防潮、防霉、防腐、防盐雾涂层材料之一。parylene CVD 成膜工艺最早应用于半导体工业的外延生长,整个过程是气态反应,又在真空条件下进行,因而可以获得非常均匀的膜层。为提高膜的黏附力,该工艺还需引进一种偶联剂。parylene CVD 系统组成如图 8.24 所示。沉积过程大体可分为三步:

(1) 真空及 120 ℃条件下将固态原料升华成气态;

(2) 650 ℃条件下将气态原料裂解成具有反应活性的单体;

(3) 气态单体在室温下沉积并聚合。

根据分子结构的不同,parylene 可分为 N 型、C 型、D 型、HT 型等多种类型。N 型 parylene 是对二甲苯的高聚物,能够有效地在各种细缝或盲孔表面形成薄膜。它的介电常数极低(2.65)、耗散因子小;同时具有较佳的润滑效果,主要用于橡胶、光学领域。在对二甲苯链的侧环上添加一个氯原子,就得到了 C 型 parylene(简写为 parylene C)。C 型 parylene 具有非常低的水分子和

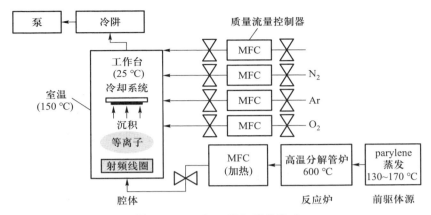

图 8.24 parylene CVD 系统组成

腐蚀性气体的透过率，沉积生长速率也比 N 型快得多，是目前应用最广、防护效果最好的 parylene。D 型 parylene 是在对二甲苯链的侧环上拥有两个氯原子的 parylene，因而在更高温度下具有相对更好的物理及电性能，同时与 N、C 型相比，具有更好的热稳定性。8.4.3 节已提到 parylene C 作为封装薄膜的有机层，其特点是表面光滑，黏附性能好，且是在室温下沉积，沉积速度很快，已在 OLED 封装领域使用。图 8.25 是作者科研团队制备的 parylene C 与 ALD Al$_2$O$_3$ 膜对组合的横截面扫描电镜图片[3]。可以看出，parylene C 层具有优异的平整性，确保膜对组合的水氧封装性能。

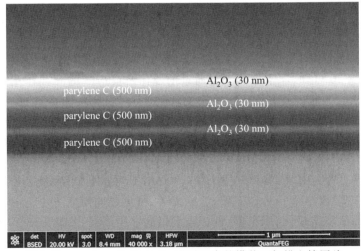

图 8.25 parylene C 与 Al$_2$O$_3$ 膜对组合的横截面扫描电镜图片

8.5.3 ALD

ALD 是 atomic layer deposition 的简称,即原子层沉积。顾名思义,ALD 是通过原子层累积生长起来的。ALD 本质上仍是一种化学气相沉积,只是前驱体及反应气不是同时而是交错到达衬底表面发生化学反应成膜。其原理非常简单,如图 8.26 所示。以 80 ℃ 沉积 AlO_x 为例,前驱体为三甲基铝(TMA)与水蒸气,分别独立控制进气及流量。生长时先抽真空,然后在 80 ℃ 下通过快速质量流量控制器给真空腔体一个三甲基铝(TMA)的脉冲(pulse),时间为0.015 s,流量为 20 SCCM。由于衬底表面处于真空中,因而吸附能力较大,但进气脉冲时间很短,只能在衬底上吸附单分子层。接下来抽真空 30 s,将衬底及腔内的三甲基铝分子排除干净(purge)。然后再给一个水汽脉冲,时间与流量相同,表面吸附单分子水层,并与第一层三甲基铝水分子反应成 Al—O 共价键,形成第一层 AlO_x。如此反复循环,每个周期沉积的膜厚为 0.1 nm,经过大量循环就实现了 AlO_x 薄膜的沉积。

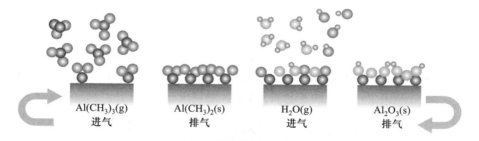

| $Al(CH_3)_3(g)$ | $Al(CH_3)_2(s)$ | $H_2O(g)$ | $Al_2O_3(s)$ |
| 进气 | 排气 | 进气 | 排气 |

图 8.26 原子层沉积 AlO_x 过程

由图 8.26 可知,原子层沉积是通过前驱体及反应气的脉冲作用交替到达衬底表面,运用饱和吸附及化学反应实现膜生长,膜质量非常致密,几乎无缺陷。考虑到前驱体源的反应活性与温度有关,薄膜虽可在室温下生长,但完全反应需一定时间,因而温度越高,膜的生长所需时间也更短一些。仍以TMA 与水反应为例,生长一个分子层的 AlO_x,在 80 ℃ 下需 60 s,150 ℃ 下需40 s,200 ℃ 下需 16 s,250 ℃ 下需 10 s,300 ℃ 下需 6 s。每生长一个循环即一个分子层的厚度(0.1 nm),基本与温度无关,可见不同温度下生长的膜中的分子键长、键角基本相同,膜的质量也基本相同。但考虑到抽气过程中需要除去上个环节的反应物残留,温度越低,解吸附速度越慢,抽真空需要的时间越长,否则未除尽前一种反应气就会导致缺陷或非致密的膜,高温下有利于残留气的完全去除,因而膜的实际质量也相对更好一些。

ALD 在近些年得到了快速的发展,目前已可制备各种致密氧化物薄膜,如 AlO_x、SiO_x、SiN_x、TiO_x、VO_x 等等,在很多领域已得到广泛应用。但 ALD 用于薄膜封装,在沉积速度上仍是一个大的挑战。作者科研团队早期采用 Cambridge Nanotech 公司的 Savannah-100 型 ALD 设备,沉积 50 nm 厚的 Al_2O_3 花费了 8.5 h[3]。这显然无法应用于大规模 OLED 或 OPV 的薄膜封装。采用等离子体增强的 ALD 设备(PEALD)可以在低温下将成膜速度提高百倍,虽仍比 PECVD 慢,但膜的质量非常致密,成为工业界首选的薄膜封装设备。与上述加热型 ALD 不同的是,PEALD 过程用氧气取代水汽,通过氧等离子体与 TMA 反应生成 AlO_x。沉积 20 nm 厚的 Al_2O_3 的膜只需要 17 s,并且水氧阻隔性能也相当不错(WVTR = 5×10^{-3} $g \cdot m^{-2} \cdot d^{-1}$)[41]。

另一种提高 ALD 产率的技术是空间分隔型 ALD(spatial ALD,SALD)。图 8.26 所示的 ALD 过程是时间分隔型,即 TMA 与 H_2O 按时间顺序进入腔体参与反应。而 SLAD 则按空间排列顺序参与反应,如图 8.27(a)所示[42]。通

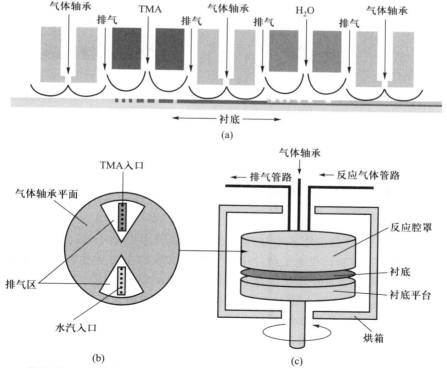

图 8.27　空间分割型 ALD:(a)反应过程;(b)气源位置;(c)反应系统结构

过移动衬底,分别与空间分隔排列的 TMA 与 H_2O 气源发生反应,生成 AlO_x 单分子层。实际的气源排布方式如图 8.27(b)所示,图 8.27(c)是 SALD 系统结构示意图。衬底通过旋转分别处于 TMA 与 H_2O 的气源位置,实现空间分离的反应。如果将气源分布在一个同轴面上,则可以实现柔性衬底的卷对卷 ALD,如图 8.28(a)所示[43]。芬兰 Beneq 公司已经开发出基于这一原理的商业 PEALD 设备,如图 8.28(b)所示[44]。

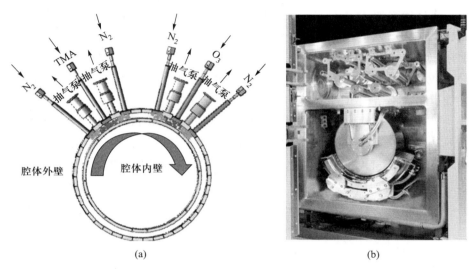

(a)   (b)

图 8.28 卷对卷 PEALD:(a) 原理示意图;(b) Beneq 公司的商业 PEALD 产品内部结构照片

8.6 印刷电子器件的薄膜封装

印刷电子器件分为印刷有机电子器件与印刷无机电子器件两大类。如本章引言所述,印刷有机电子器件中需要隔绝水氧的主要是有机电子功能材料,印刷无机电子器件中需要隔绝水氧的主要是印刷银电极。而对银电极隔绝水氧的封装要求远低于有机功能材料隔绝水氧的要求。所以对封装技术的研究集中于有机电子器件的水氧隔绝封装。在 OLED、OPV、OTFT 三大类有机电子器件中,OLED 显示已进入大规模工业化制造阶段,OLED 的水氧阻隔封装已经成为不可或缺的工业生产环节。OPV 以及后起之秀的钙钛矿光伏技术近年来有了大幅度进步,它们的光电转换效率已经接近追平晶硅太阳能电池。下一步的大规模工业化制造与应用必须解决寿命与稳定性问题,而这些问题直接与高效能、低成本水氧阻隔封装技术相关联。本章前面各节已经对柔性薄膜封装技术做了基本介绍,本节将重点介绍这些技术在 OLED 与 OPV 中的应用概况。

8.6.1 柔性 OLED 薄膜封装

OLED 薄膜封装代表了对水氧阻隔封装的最高要求。OLED 应用主要有两类:显示与照明。OLED 照明尽管有柔性、轻薄等优势,但与固态发光二极管 LED 照明相比,成本居高不下,其中水氧阻隔封装的成本占据主要部分。OLED 照明由于需要长时间工作在高电流状态,对水氧阻隔封装的要求更高。相比之下,OLED 显示由于具有不同于传统液晶显示的明显优势,使显示屏产品附加值增高,因此优先于照明进入消费市场,并开始大规模量产,因而薄膜封装技术也必须适应大生产的需求。

OLED 显示屏主要包括 4 部分:衬底、驱动背板(backplane)、OLED 发光像素、薄膜封装层,图 8.29 所示是其横截面结构。驱动背板为薄膜晶体管阵列,通常是先制备好驱动背板,然后在上面沉积并图形化 OLED 像素,最后进行薄膜封装。对 OLED 显示薄膜封装的要求除了最基本的水氧阻隔能力外(WVTR$<10^{-6}$ g·m^{-2}·d^{-1})还包括:① 具有足够好的柔性,因为 OLED 显示对传统液晶显示的优势就是可以柔性化,对于折叠手机类的应用,要求弯曲半径达到 1 mm;② 具有高透光性,以降低因封装薄膜造成的亮度损失;③ 能够大面积高产率制备。

在产业化封装薄膜制备方面有两条技术路线:离线制备与在线制备[45]。所谓离线制备是单独制备有机/无机交替多层封装薄膜,然后通过贴合(lamination)方式实现 OLED 封装,封装膜制备与 OLED 制备互不影响。这一技术路线看似简单,但实际实施起来难度很大。这主要是由于离线卷对卷制备的薄膜质量难以保证,存在包括如何消除静电电荷积累、如何避免基材收放卷过程中产生薄膜表面缺陷以及大面积宽幅制备等问题。因此,虽然一直有厂家开发这种封装薄膜,但并没有在显示产业获得大规模应用。

所谓在线制备是将薄膜封装作为 OLED 显示面板产线的一道工序,在线完成水氧阻隔封装。早期 Vitex 公司开发的设备(图 8.16)就是一种在线封装,但所制备的 Barix 封装层至少需要有机/无机 4 对以上薄膜。目前 OLED 显示产业基本都采用"无机—有机—无机"的三明治封装层结构,从早期 Barix™ 需要多达 11 层薄膜沉积减少到目前的只有 3 层。无机层主要采用

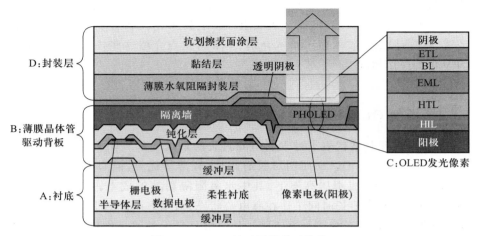

图 8.29　OLED 显示屏横截面结构

PECVD 方法制备的 SiN$_x$ 层。有机层制备有两种技术路线:喷墨打印有机层路线与 PECVD 制备有机层路线。喷墨打印有机层技术最早由荷兰 Holst 国家研究中心提出[21],目前已被国内外主要 OLED 显示面板产商在 6 代生产线上所采用。本书图 4.2(c)是美国 Kateeva 公司专为喷墨打印有机封装层研制的大型喷墨打印机。

喷墨打印环节需要在非真空环境下完成,增加了在封装层中产生缺陷的概率,而且中断了 OLED 生产线的连续性。因此,目前产业界开始关注全 PECVD 封装膜制备技术。在同一 PECVD 腔体中,通以不同气体会分别产生无机层与有机层。无机层是 SiN$_x$,有机层是等离子体聚合的硅氧烷(HMDSO),加上 PECVD 生长的 SiON$_x$ 作为黏附层与应力释放层。用喷墨打印方法制备的有机层厚度达 20 μm,而 PECVD 制备的有机层则只有 1～2 μm。这一技术路线已在 4.5 代线设备上演示,封装膜通过了在弯曲半径 2.5 mm 下 20 万次的弯折实验[45]。

ALD 技术可以制备更高质量的无机膜,但沉积速率慢是主要缺点。尽管近年来多家厂商开发了空间分隔的 ALD(SALD)技术,但能够沉积的衬底尺寸有限。以目前 OLED 显示屏主流生产线——6 代线为例,衬底尺寸为 1500 mm×1850 mm,如何在大面积衬底上实现 SALD 是对设备商是一个极大挑战。但 ALD 的优势是有可能通过沉积单层膜实现水氧阻隔,对未来 OLED 显示大规模产业化仍具有吸引力。另一种单层阻隔膜的技术路线是溶液法沉积复合有机膜。图 8.19 显示了这种复合膜的内部结构,即无机片状纳米材料与有机聚合物复合,通过涂布或喷墨打印等方法沉积成膜。也有报道将全氢聚硅氮烷(PHPS)涂布成膜后经过紫外辐照转化成无机膜(silica)作为水氧阻隔封装膜,实现了 8.63×10^{-3} g·m^{-2}·d^{-1} 的水汽渗透率[46]。当然,正如本书第 3 章中所介绍的,许多无机氧化物材料都可以制备成溶液并通过印刷或涂布方法沉积成膜,经过退火工艺或者等离子处理等方法形成无机膜。这种溶液法加工单层封装膜技术已经在 2.5 代 OLED 生产线上实验成功,可以获得 5×10^{-6} g·m^{-2}·d^{-1} 的阻隔效果,并在 3 mm 弯曲半径下通过了 20 万次的弯折测试[45]。尽管这种溶液法沉积的单层封装膜在阻隔性能上还稍逊于多层膜,但可以应用于柔性驱动背板一侧的水氧阻隔封装,其优势是工艺简单、设备投资低、成膜速率高。虽然 OLED 柔性薄膜封装已进入大生产阶段,但这方面的技术开发仍在持续。在保证满足柔性 OLED 显示的封装要求前提下,今后的发展方向是如何降低封装成本与提高生产率,并从 OLED 显示向 OLED 照明领域推广。

8.6.2 柔性 OPV 薄膜封装

OPV 器件对水氧阻隔的要求几乎与 OLED 是一样的,只是 OPV 器件允许的 WVTR 与 OTR 下限略高于 OLED(图 8.1)。水氧渗透对 OLED 的影响是发光面出现黑斑,对 OPV 器件的影响则是光电转换效率下降。图 8.30(a) 为不同封装单元(膜对)数目下 OPV 器件寿命测试曲线。OPV 器件为 pentccene/C$_{60}$ 器件,测试环境为 20 ℃的温度与 50%的湿度,实验室模拟太阳光源,通过间断时间测试器件的衰减状况。对未封装的 OPV 器件,其效率在 50 h 后已衰减到了 20% 以下,在 8 d 后几乎彻底失效。对于 1 个膜对(SiN$_x$/parylene)封装的器件,大约 1 000 h 后衰减了 50%,进一步增加封装单元为 2 个膜对时,器件寿命大约提高了一倍,但仍达不到实际应用水平。当封装单元数为 3 对时,OPV 器件在 7 000 h 后仅衰减了 10%,相应的 Ca 模测试表明 3 个单元封装薄膜的 WVTR 为 $(7.3 \pm 5.0) \times 10^{-6}$ g·m^{-2}·d^{-1}。可以推定,对 pentccene/C$_{60}$ 的 OPV 器件,封装层结构的 WVTR 优于 10^{-5} g·m^{-2}·d^{-1},足以使器件寿命满足实用水平。

引入 ALD 生长的高质量 AlO$_x$ 致密膜,使得封装的 OPV 器件寿命在工作 6 000 h 后仍基本观测不到器件效率的衰降,如图 8.30(b) 所示。实验发现,含 SiO$_x$ 的混合封装器件在 7 000 h 后开始出现明显衰减趋势,这个器件在 7 000 h 左右发现封装层出现了一个缺陷,水氧经此渗透导致器件快速老化。产生缺陷的原因可能是 SiO$_x$ 在生长时就在该处形成了微小缺陷,界面黏附力不足,软硬界面之间的应力较大,长时间后出现突变造成了剥离现象。对比两种混合结构封装器件,可知 SiN$_x$ 封装的器件比 SiO$_x$ 封装的器件效率更高,寿命更长。这可能源于两点:一是 SiN$_x$ 膜比 SiO$_x$ 更致密,缺陷更少,因而寿命更长;二是 SiO$_x$ 膜生长过程涉及氧源,造成器件效率略有损失。OPV 封装工艺中还需考虑温度的影响。把温度控制在低于 120 ℃,则封装过程对器件性能几乎没有负面影响。须注意的是,当采用 CVD parylene 封装膜时,CVD 腔内真空度有限,有一定的水氧环境,此时在腔内应设有相应的除水氧措施,如置放 CaO 吸水剂等。

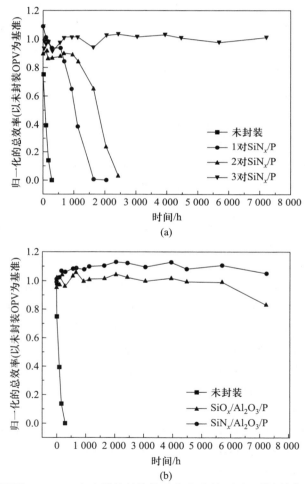

图 8.30 OPV(pentccene/C$_{60}$)器件封装前后寿命比较:(a) 不同封装膜对数目的寿命曲线;(b) 混合无机膜封装的寿命曲线[47]

对 OPV 器件而言,采用玻璃基板与玻璃盖板封装形式已没有任何意义,因为这不但增加了 OPV 模组的质量,也不具有柔性化,失去了与晶硅光伏的竞争优势。考虑到 OPV 器件与 OLED 的相似性,无论采用真空蒸镀沉积或溶液法沉积,轻薄柔性是其最主要的特点,因此需要柔性薄膜封装。对于卷对卷制备的柔性薄膜光伏,贴合式封装是最适合的封装方式[14]。具有水氧阻隔功能的封装膜与光伏薄膜分别制备,然后贴合组装并切割成光伏模组。图 8.31 说明了此类柔性光伏模组的 4 种水氧渗透渠道[1]。

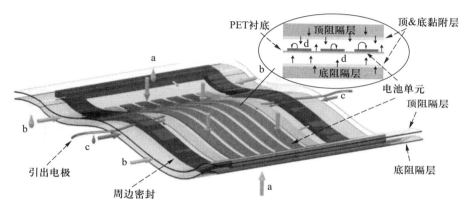

a—通过柔性基材与封装膜;b—通过模组周边的缝隙;c—通过电极引线点;d—柔性基材、黏结材料与光伏材料本身释放水氧

图 8.31 柔性 OPV 模组的水氧渗透渠道[1]

与图 8.29 的 OLED 结构比较,OPV 没有驱动背板,因此衬底与顶层贴合薄膜的水氧阻隔能力同样重要。如果不追求光伏模组的透明度,衬底可以采用柔性玻璃或柔性不锈钢片,从而省去衬底的水氧阻隔需求,否则柔性基材也需要水氧阻隔层。由于模组的光电转换层通常为条形图案(图 8.31),目前工业界已经成熟的窄幅面水氧阻隔膜可以直接用来作为沉积 OPV 层的薄膜衬底,以及作为表面覆盖膜与光伏薄膜进行卷对卷贴合封装。光伏模组的电极引线可以通过暴露一部分光电转换层与外部电路连接,如图 8.32(a)所示。但实验发现这种仅通过贴合而周边没有密封的封装(部分封装)会造成模组寿命大大降低[48]。更好的方案是周边加密封层(全封装),如图 8.32(b)所示,同时也解决了电极引线点的密封问题。至于内部光伏材料与贴合胶本身的水汽释放问题,可以通过增加吸湿材料来消除。这类解决方案很多,包括作者科研团队也开发了一种在器件内部集成干燥剂的方法[49]。

从实用角度出发,OPV 模组对封装的要求实际上要比 OLED 更苛刻,因

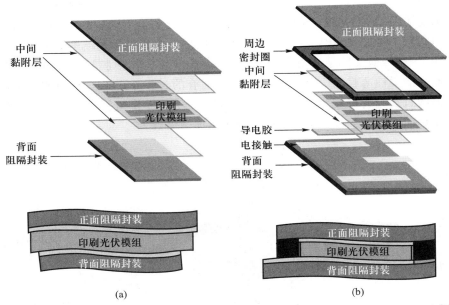

图 8.32   光伏模组的电极引线封装方式：(a) 周边无密封贴合；(b) 周边有密封贴合[1]

为 OPV 模组需要长时间持续工作在室外环境。目前晶硅光伏模组的寿命为
25 年,如果 OPV 要与晶硅光伏竞争,寿命起码要保证 10 年,这对 OPV 模组的
稳定性与寿命提出极大挑战。除了有机光伏材料本身的本征寿命与稳定性
需要提高外,另一个决定因素即高质量水氧阻隔封装。尽管 OLED 水氧阻隔
封装已经大规模产业化,但同样技术难以应用于 OPV,其决定因素是成本。
以晶硅光伏的发电成本为参照系,OPV 器件除了其轻薄柔性与大面积的优势
外,还要体现出低成本优势。而如果采用 OLED 工业所使用的封装技术,封装
本身有可能占到 OPV 模组的大部分制造成本。所以 OPV 模组主要采用如上
所述的贴合方法,而非 OLED 制造中的原位真空沉积封装层的方法。为了进
一步降低封装成本,近年来通过溶液法直接沉积封装层的技术受到关注。例
如,将全氢聚硅氮烷(PHPS)涂布成膜后经过紫外辐照转化成无机膜(silica)
作为水氧阻隔封装膜[46,50]。也可以在聚合物材料中掺入无机纳米材料,特别
是片状无机纳米材料,如黏土片[38]、石墨烯[51]、云母片[52]甚至玻璃片[53]等。
通过溶液法沉积光电转换层与水氧阻隔封装层为实现全印刷 OPV 模组展现
了希望。本节只讨论了 OPV 模组的水氧阻隔封装,钙钛矿本身是一种有机与
无机杂化材料,钙钛矿太阳能电池(PSC)与 OPV 模组有同样的水氧阻隔封装

需求(图8.1),所有关于OPV模组的封装问题与相关技术也同样适用于PSC[1]。

8.7 小结

无论是基于无机材料还是有机材料的印刷电子器件都需要某种形式的封装,而有机电子器件(晶体管、发光与显示、光伏)与印刷纳米银的器件更需要水氧阻隔封装来防止器件老化失效。从有机电子封装技术发展来看,经历了传统玻璃盖板刚性封装、无机层薄膜刚性封装,到后来的柔性薄膜封装,结构上也从最初的单层发展到多层交错结构。早期Vitex的多层膜封装技术虽然有效,但工艺复杂,成本高企。在OLED显示产业化的推动下,过去10年见证了水氧阻隔封装技术的跨越式发展。目前无机—有机—无机的三明治结构成为OLED产业界封装技术的主流。在无机层薄膜制备方面,PECVD与ALD方法平行发展,但各有优势与不足。PECVD是相对成熟的技术,在集成电路加工中已大量使用。ALD技术在近年来为适应OLED大规模产业化制造而有了显著进步,包括发展出PEALD与SALD,目的是提高沉积速率与增大基材尺寸。在有机层沉积方面,喷墨打印发挥了关键作用,成为工业界普遍采用的技术。

虽然目前的薄膜封装技术已经能够满足OLED电视的轻薄化需求,但随着折叠屏手机的出现,柔性OLED显示对薄膜封装提出了更高要求,包括要求薄膜封装层内应力低,可以经受20万次反复弯折,并且弯曲半径小于1 mm;要求封装薄膜透明性好;要求能够大面积、高速率沉积薄膜,以降低生产成本。目前水氧阻隔膜已经只有三层,但未来单层阻隔膜,甚至溶液型阻隔材料通过涂布或印刷沉积,不仅会大幅度降低OLED显示的封装成本,也给OLED白光照明、OPV和钙钛矿光伏的大规模应用带来了希望。

参考文献

[1] Sutherland L J, Weerasinghe H C, Simon G P. A review on emerging barrier materials and encapsulation strategies for flexible perovskite and organic photovoltaics[J]. Adv. Energy Mater., 2021, 11: 2101383.

[2] Burrows P E, Graff G L, Gross M E, et al. Gas permeation and lifetime tests on polymer-

based barrier coatings [C]//Organic Light-Emitting Materials and Devices Ⅳ, Proc. SPIE 4105.

[3] Wu J, Su W, Cui Z. Effcient multi-barrier thin film encapsulation of OLED using alternating Al_2O_3 and polymer layers[J]. RSC Adv., 2018, 8: 5721-5727.

[4] Fei F, Su W, Cui Z. Flexible barrier layer to prevent silver mesh transparent conductive films from electrochemical migration[J]. SID Tech Digest, 2017, 48(1):1793-1796.

[5] 陈金鑫, 黄孝文. OLED 有机电致发光材料与器件[M]. 北京:清华大学出版社,2007.

[6] Lee S T, Gao Z Q, Hung L S. Metal diffusion from electrodes in organic light-emitting diodes[J]. Applied Physics Letters, 1999, 75 (10): 1404-1406.

[7] Popovic Z D, Aziz H, Hu N X, et al. Long-term degradation mechanism of tris (8-hydroxyquinoline) aluminum-based organic light-emitting devices[J]. Synthetic Metals, 2000, 111: 229-232.

[8] McElvain J, Antoniadis H, Hueschen M R, et al. Formation and growth of black spots in organic light-emitting diodes[J]. J. Appl. Phys., 1996, 80 (10): 6002-6007.

[9] Lu Q, Liu Z, Chen W. A review on encapsulation technology from organic light emitting diodes to organic and perovskite solar cells[J]. Adv. Funct. Mater., 2021, 31: 2100151.

[10] Wang K, Li Y, Li Y. Challenges to the stability of active layer materials in organic solar cells[J]. Macromol. Rapid Commun., 2020, 41: 1900437.

[11] Medgyes B l, Ille's B Z, Harsa'nyi G B. Electrochemical migration behaviour of Cu, Sn, Ag and Sn63/Pb37[J]. J. Mater. Sci.: Mater. Electron., 2012, 23: 551-556.

[12] Medgyes B, Hajdu I, Berényi R, et al. Electrochemical migration of silver on conventional and biodegradable substrates in microelectronics[C]//IEEE Proceedings of 37th Int. Spring Seminar on Electronics Technology, 2014: 256-260.

[13] Chiu C-L, Lin M-S, Wu Y-C. Hermetic seal of organic light emitting diode with glass frit [J]. Molecules, 2022, 27: 76.

[14] Park M-H, Kim J-Y, Lee T-W. Flexible lamination encapsulation[J]. Adv. Mater., 2015, 27: 4308-4314.

[15] Lewis J S, Weaver M S. Thin-film permeation-barrier technology for flexible organic light-emitting devices[J]. IEEE J Selected Topics in Quantum Electronics, 2004, 10 (1): 45-57.

[16] Krug T G. Transparent barriers for food packaging [C]//33rd Annual Technical Conference of the Society of Vacuum Coaters, 1990, 163-169.

[17] Jeong E G, Kwon J H, Kang K S, et al. A review of highly reliable flexible encapsulation technologies towards rollable and foldable OLEDs[J]. J. Information Display, 2020, 21 (1): 19-32.

[18] Hanika M, Langowski H C, Moosheimer U, et al. Inorganic layers on polymeric films-Influence of defects and morphology on barrier properties[J]. Chemical Engineering &

Technology, 2003, 26（5）: 605-614.

[19] Roberts A P, Henry B M, Sutton A P, et al. Gas permeation in silicon-oxide/polymer （SiO$_x$/PET）barrier films: role of the oxide lattice, nano-defects and macro-defects[J]. Journal of Membrane Science, 2002, 208（1-2）: 75-88.

[20] Crank J. The mathematics of Diffusion[M]. Oxford: Clarendon University Press, 1975.

[21] van den Weijer P, Bouten P C P, Unnikrishnan S, et al. High-performance thin-film encapsulation for organi light-emitting diodes[J]. Organic Electronics, 2017, 44: 94-98.

[22] Erlat A G, Spontak R J. SiO$_x$ gas barrier coatings on polymer substrates: Morphology and gas transport considerations[J]. J. Phys. Chem. B, 1999, 103: 6047-6055.

[23] 水氧渗透测试设备提供商: AMETEK mocon[EB/OL]. 来自 AMETEK mocon 网站.

[24] Zhang X D, Lewis J S, Parke C B, et al. Measurement of reactive and condensable gas permeation using a mass spectrometer[J]. J. Vac. Sci. Technol. A, 2008, 26（5）: 1128-1137.

[25] Paetzold R, Winnacker A. Permeation rate measurements by electrical analysis of calcium corrosion[J]. Rev. Sci. Instrum., 2003, 74（12）: 5147-5150.

[26] Kim N, Potscavage W J, Domercq B, et al. A hybrid encapsulation method for organic electronics[J]. Appl. Phys. Lett., 2009, 94: 163308.

[27] Nisato G, Bouten P C P, Slikkerveer P J, et al. Evaluating high performance diffusion barriers: The calcium test[C]//Proc. Int. Display Workshop/Asia Display, 2001, 61: 1435.

[28] 苏文明, 崔铮, 张东煜. 用于检测器件封装水氧渗透指标的方法及其检测装置: 201010237106.5[P]. 2010.

[29] Leterrier Y. Durability of nanosized oxygen-barrier coatings on polymers-Internal stresses [J]. Progress in Materials Science, 2003, 48（1）: 1-55.

[30] Sobrinho A S D, Latreche M. Czeremuszkin G. Transparent barrier coatings on polyethylene terephthalate by single and dual frequency plasma-enhanced chemical vapor deposition[J]. Journal of Vacuum Science & Technology A, 1998, 16（6）: 3190-3198.

[31] Mandlik P, Gartside J, Han L, et al. A single-layer permeation barrier for organic light-emitting displays[J]. Applied Physics Letters, 2008, 92: 103309.

[32] Park S H, Hwang C S, Lee J I, et al. Ultrathin film encapsulation of an OLED by ALD [J]. Electrochemical and Solid-State Letters, 2005, 8（2）: H21-H23.

[33] Yu D, Yang Y-Q, Chen Z, et al. Recent progress on thin-film encapsulation technologies for organic electronic devices[J]. Optics Communications, 2016, 362: 43-49.

[34] Carcia P F, Reilly M H, Groner M D, et al. Ca test of Al$_2$O$_3$ gas diffusion barriers grown by atomic layer deposition on polymers[J]. Applied Physics Letters, 2006, 89（3）: 031915.

[35] Affinito J D, Gross M E, Coronado C A, et al. A new method for fabricating transparent

barrier layers[J]. Thin Solid Films., 1996, 290: 63-67.

[36] Suen C-S, Chu X. Multilayer thin film barrier for protection of flex-electronics[J]. Solid State Technology, 2008, 51 (3): 36.

[37] Chen T N, Wu D S, Horng R H, et al. Improvements of permeation barrier coatings using encapsulated parylene interlayers for flexible electronic applications[J]. Plasma Processes and Polymers, 2007, 4: 180-185.

[38] Cui Y, Kumar S, Konac B R, et al. Gas barrier properties of polymer/clay nanocomposites[J]. RSC Adv., 2015, 5: 63669.

[39] Seethamraju S, Ramamurthy P C, Madras G. Flexible poly (vinyl alcohol-co-ethylene)/ modified MMT moisture barrier composite for encapsulating organic devices [J]. RSC Adv., 2013, 3: 12831-12838.

[40] Grego S, Lewis J, Vick E, et al. Development and evaluation of bend-testing techniques for flexible-display applications[J]. Journal of the Society for Information, Display, 2005, 13: 575-581.

[41] Langereis E, Creatore M, Heil S B S, et al. Plasma-assisted atomic layer deposition of Al_2O_3 moisture permeation barriers on polymers [J]. Appl. Phys. Lett., 2006, 89: 081915.

[42] Poodt P. Spatial atomic layer deposition: A route towards further industrialization of atomic layer deposition[J]. Journal of Vacuum Science & Technology A, 2012, 30: 010802.

[43] Sharma K, Hall R A. Spatial atomic layer deposition on flexible substrates using a modular rotating cylinder reactor [J]. Journal of Vacuum Science & Technology A, 2015, 33: 01A132.

[44] 商业PEALD 设备产品信息[EB/OL]. 来自 BeneQ 网站.

[45] Ghaffarzadeh K. Barrier films and thin film encapsulation: key technology, trends[EB/OL]. 来自 IDTechEx 网站, 2019.7.24.

[46] Kim J, Jang J H, Kim J-H, et al. Inorganic encapsulation method using solution-processible polysilazane for flexible solar cell[J]. ACS Appl. Energy Mater., 2020, 3 (9): 9257-9263.

[47] kim N. Fabrication and characterization of thin film encapsulation for organic electronics. Dissertation of Georgia Institute of Technology, 2009, Chapter 8, 110-120.

[48] Tanenbaum M, Dam H F, Krebs F, et al. Edge sealing for low cost stability enhancement of roll-to-roll processed flexible polymer solar cell modules[J]. Solar Energy Materials and Solar Cells, 2012, 97: 157-163.

[49] 苏文明, 崔铮, 费斐, 等. 薄膜封装器件: 201410093342.2[P]. 2014.

[50] Channa I A, Distler A, Zaiser M, et al. Thin film encapsulation of organic solar cells by direct deposition of polysilazanes from solution [J]. Adv. Energy Mater., 2019, 9: 1900598.

［51］ Yuwawech K, Wootthikanokkhan J, Tanpicha S. Functionalized graphene nanoplatelets as a barrier enhancing filler in organic photovoltaic encapsulant［J］. J. Appl. Polym. Sci., 2021, 138 (18): e50351.

［52］ Channa I A, Chandio A D, Rizwan M, et al. Solution processed PVB/Mica flake coatings for the encapsulation of organic solar cells［J］. Materials, 2021, 14: 2496.

［53］ Channa I A, Distler A, Egelhaaf H-J. Solution processed oxygen and moisture barrier based on glass flakes for encapsulation of organic (opto-) electronic devices［J］. Flex. Print. Electron., 2021, 6: 025006.

印刷可拉伸电子技术

第 **9** 章

9.1　引言

　　自 1959 年第一块集成电路诞生以来,由硅基微电子技术带来的工业革命与社会进步已经持续了 60 多年。基于传统硅材料的刚性电子已经深入到社会生活的各个方面。随着人类社会的发展,尤其是人类本身对于健康的更高要求,催生了对各种电子系统的柔性化需求。柔性电子已经成为电子学的一个热门研究领域。而在智能穿戴、智慧医疗和人机交互等新兴应用领域中,不仅要求电子系统的柔性化,而且要求电子系统具有在拉伸、压缩、扭曲等复杂形变下保持正常功能的能力。然而,传统的硅基芯片与刚性电子元器件及电路难以承受大的形变,不适合同面料、人体或者硅胶等柔软、非平面组织进行集成。例如,人体皮肤可以发生约 30% 的形变[1],关节处甚至达到 100% 形变[2],这大大超过常规电子材料 1%～3% 的失效形变[3]。为了使电子系统能够集成到服饰服装、人体皮肤和软体机器人表面,甚至是植入人体组织内部,要求电子系统具有一定的可拉伸性。具有这一特性的电子器件及系统称为可拉伸电子,也有人称之为可延展电子或者弹性电子[4]。近年来研究开发柔性可拉伸电子器件已经成为电子行业关注的热点。在 *Web of Science* 核心数据库中以"stretchable Electronics"为主题进行检索,2004 年相关论文只有 5 篇,随后逐年增长,到 2021 年与可拉伸电子主题相关的论文已达到 777 篇(图 9.1)。

　　电子器件实现可拉伸的方式主要有两种:一种是系统可拉伸,另一种是本征可拉伸。所谓系统可拉伸是利用巧妙的力学链接结构将具有不同功能的电子元件组合成一个整体上可拉伸的系统。比如通过可拉伸的互联导线将多个不具有拉伸性的微电子元件连接起来形成岛-桥结构,其中"岛"是刚性功能电子器件,"桥"是可拉伸互联导线。或者设计成开放网格式的结构利用面内转动实现可拉伸。这种实现方式依靠链接结构变形来承受大的应变,优点是形变状态下功能电子器件的电学特性稳定,但结构设计及制造工艺复杂[5,6]。所谓本征可拉伸是直接利用可拉伸的电子功能材料实现拉伸特性,获得应变下的导电、光电或半导体性能。这种方法制备的器件本身可拉伸,并且工艺相对简单,适合利用印刷技术实现大面积工程化制备。但目前本征可拉伸的电子功能材料有限,而且其电子性能远不如对应的刚性电子材料。以弹性导体为例,将导电填料与弹性聚合物混合,在弹性介质内部形成导电网络,利用导电渗流原理可实现能够拉伸的复合弹性导体[7,8],但是由于大量弹性树脂的存在使得其本身导电性较差,并且拉伸电学稳定性有限。目前这

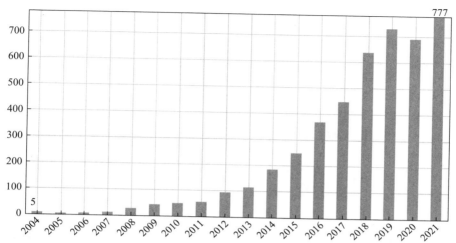

图 9.1 2004 年以来可拉伸电子发表论文数(按年度统计,数据来自 *Web of Science* 核心数据库,检索"stretchable electronics"主题)

两种制备策略代表了可拉伸电子学研究领域的两个主要研究方向,互有侧重、相辅相成。

在过去 10 多年中,可拉伸电子的研究始终沿着结构设计与材料创新这两个方向发展,对应于以上提到的通过结构设计实现系统可拉伸与通过材料创新实现本征可拉伸两条路线。图 9.2 分别将结构设计与材料创新方面的可拉伸电子发表论文中的典型结果按年代列出。每种结构所援引的参考文献可依据给出的编号在本章参考文献列表中找到。可拉伸电子的兴起最初得益于金属或者硅基等刚性材料的减薄和结构设计。科学家们在 2006 年开创性地将硅基材减薄并精巧地利用力学屈曲原理将无机器件中的导线或者功能组件设计成波浪状。这种波浪形貌的形成能够使得柔性无机电子在预拉伸方向的拉伸能力得到很大的提高[9,10]。这种通过力学结构设计提高无机导体材料拉伸能力的思路,逐渐发展成为可拉伸电子设计加工的一种重要策略(图 9.2 左侧实例)。

可拉伸电子的发展同时得益于新材料技术的巨大进步。一方面兼具可拉伸性与电子功能的新型聚合物材料不断涌现,另一方面各种无机纳米电子材料与弹性聚合物复合,获得能够在拉伸、弯曲、压缩和扭转等形变下仍然保持良好电性能的新型复合材料。这些新材料的出现为实现本征可拉伸电子器件提供了基础材料[11],同时能够通过印刷加工的方法实现各种本征可拉伸电子器件的加工制备（图 9.2 右侧实例）[12,13]。本章主要介绍印刷可拉伸电子方面的相关内容，包括实现可拉伸电子的结构设计和材料选择，可拉伸电子的印刷制备技术，以及可拉伸电子技术在晶体管、太阳能电池、发光与显示等领域的应用实例。

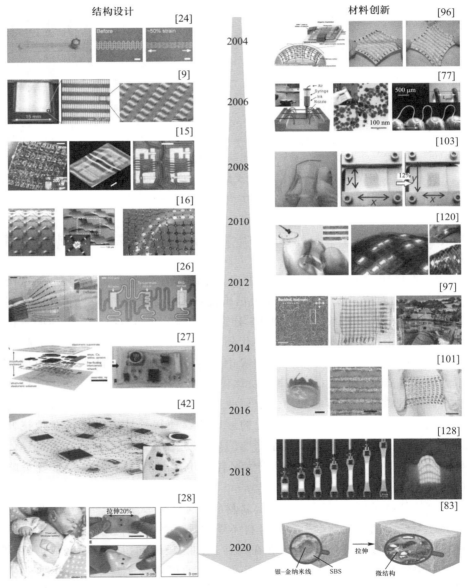

图 9.2   可拉伸电子发展的历史路线简图

9.2 可拉伸电子结构设计

实现可拉伸电子器件的主要结构包括:屈曲褶皱结构。蛇形线结构、螺旋结构、剪折纸结构、织物针织结构。关于结构设计的相关内容已经有多篇综述文章进行了总结[5,6],本节只对这几种结构的实现方法进行简单描述,不作深入探讨。

9.2.1 屈曲褶皱结构

实现功能层的屈曲褶皱结构一般先通过转印技术将功能层转印到预先拉伸的弹性衬底表面,然后通过衬底的回弹收缩使平面功能层产生屈曲褶皱。根据功能层与预拉伸衬底交联贴附方式的不同,可以实现两种类型的褶皱结构:① 功能层跟预拉伸衬底整面贴合,随着预应变的释放,功能层跟随弹性衬底一起形变,形成二维面内屈曲褶皱结构[14,15],如图 9.3(a)所示;② 功能层与预拉伸衬底只在特定区域贴合,当预应变释放后,未贴合的区域发生屈曲形变,如图 9.3(b)所示[10,16]。除了二维平面上的屈曲褶皱结构,一维纤维状表面屈曲结构的研究也越来越多,其构筑方法跟平面结构类似,也是将功能层涂覆或者转移到预应变的纤维表面,通过应变的释放在其表面形成规律的波纹结构[17],如图 9.3(c)所示。

除了机械预拉伸外,还有其他一些方式来实现弹性衬底的预拉伸和收缩,如溶剂溶胀法[18],即将弹性衬底预先通过溶剂进行充分的溶胀,待功能层转印到其表面后,再通过加热的方法将溶剂挥发去除,使弹性衬底收缩;热处理法[19],即选择具有热收缩特性的衬底,待功能层转印到其表面后,通过热处理的方式实现衬底的收缩。作者科研团队 2020 年通过静电纺丝技术构筑了聚偏氟乙烯-六氟丙烯共聚物(PVDF-HFP)纳米纤维膜,结合真空抽滤技术在纤维膜表面均匀沉积了银纳米线(AgNW)薄膜,构筑了全方位可拉伸导电薄膜,如图 9.4 所示[20]。由于纺丝过程中高压静电场对射流的牵引[图 9.4(a)],使得纤维膜具有很强的内应力,受热后发生剧烈收缩,相应带动表面 AgNW 发生均匀收缩,得到如图 9.4(b)所示的褶皱结构。得益于褶皱结构的产生,电极拉伸幅度达到 500%[图 9.4(c)],而且能够满足全方向拉伸下电学的一致性[图 9.4(d)]。需要指出的是,相对于机械预拉伸方法,这些诱导衬底收缩的方式均较难实现屈曲振幅及周期的精确调控。由于上述屈曲结构

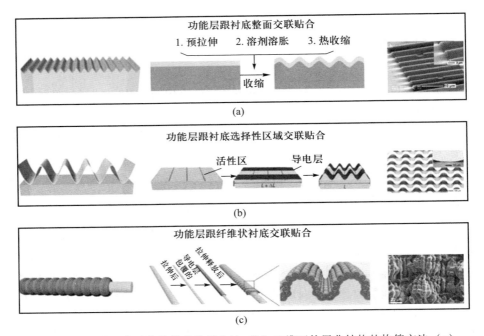

图 9.3　（a）二维面内屈曲结构的构筑方法；（b）二维面外屈曲结构的构筑方法；（c）一维纤维衬底表面屈曲结构的构筑方法

实现方法简单，是可拉伸电子器件较常用的一种手段，目前已经成功实现了可拉伸超级电容器、可拉伸发光器件和表皮电极等的制备[21-23]。

9.2.2　蛇形线结构

　　相比较于屈曲褶皱结构，蛇形线结构[图 9.5（a）]不需要衬底预应变来实现可拉伸，大多通过微加工工艺实现[24]。蛇形线结构一般作为可拉伸电子系统中的连接导线来使用，将各个微电子器件连接起来形成岛桥结构，如图 9.5（b）所示[25]。蛇形线作为可拉伸的"桥"，功能单元作为不可拉伸的"岛"。在外力作用下发生形变的过程中，可拉伸的桥结构承载了全部应变，使得功能器件单元不受外应力作用。美国西北大学 Rogers 教授和黄永刚教授在这一领域做出了开创性工作，他们通过微加工方法制备出了各种蛇形导线结构，并用超薄聚酰亚胺（PI）层保护，使得蛇形导线在反复拉伸过程中不会发生破坏，从而保持稳定的电学特性[26-28]。

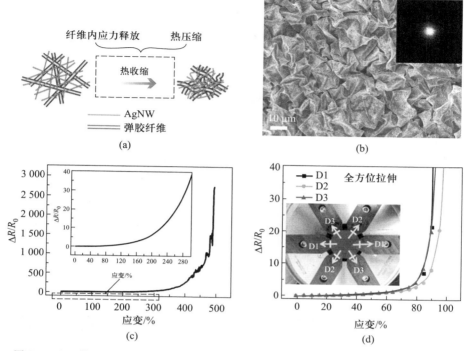

图 9.4 （a）静电纺丝纳米纤维膜热收缩原理；（b）制备得到的可拉伸电极表面 SEM 照片（内插图为傅里叶变换图）；（c）电极在拉伸状态下的电阻变化；（d）不同方向拉伸时电阻的变化

为了进一步提高蛇形线结构的拉伸幅度，黄永刚教授在 2013 年提出自相似多级结构，理论上互联导线采用自相似的多级结构，可在有限面积上实现无限长的导线，从而可极大增加系统的拉伸性[29]。图 9.5（c）是一种四级（$n = 4$）自相似蛇形导线。一级结构为最简单蛇形导线，二级、三级和四级按照相似理论得到。理论上自相似结构在施加拉伸时可以按照级数由大到小分级展开。比如对于二级自相似导线来说，当受到拉伸时，二级结构首先展开，此时一级结构不会展开，仅发生弯曲和扭转变形，只有当二级结构完全展开时，一级结构才开始展开。此结论可以推广到 n 级自相似导线，当 n 级结构展开时，$n-1$ 级和小于 $n-1$ 级的结构仅发生弯曲和扭转，只有当 n 级结构完全展开时，$n-1$ 级才开始展开，但 $n-2$ 级及小于 $n-2$ 级的结构仅发生弯曲和扭转，以此类推，直至一级结构也完全展开，系统的延展性才达到最大。图 9.5（d）是利用自相似蛇形线结构制备的可拉伸无机硅基太阳能电池。每个电池单元作为岛结构,之间通过蛇形自相似导线作为桥结构实现硅基太阳能电池阵列的多方向拉伸。在 300% 拉伸幅度下,整个电池阵列输出的电压几乎不发生变化,并且多次拉伸循环后,性能仍然非常稳定[30]。

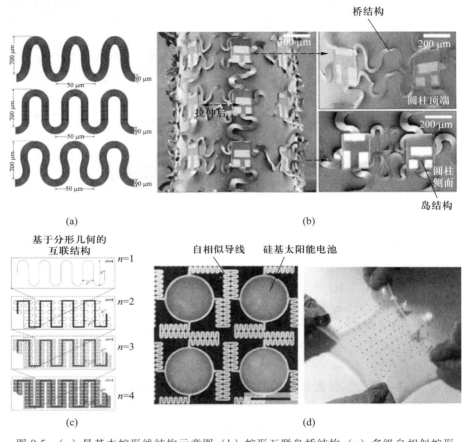

图 9.5　(a) 最基本蛇形线结构示意图;(b) 蛇形互联岛桥结构;(c) 多级自相似蛇形结构;(d) 自相似蛇形线作为互联导线的硅基太阳能电池阵列

　　除了微加工的方法外,作者科研团队 2021 年提出了一种可拉伸的透明导电薄膜制造新方法。该方法起源于作者科研团队早期发明的混合印刷柔性金属网栅透明导电膜技术[31]。后期该技术得到不断发展[32,33],包括制备出全球最低方阻(86% 透光率)的金属网栅型透明导电膜[34]。图 9.6(a) 给出了可拉伸透明导电薄膜的制造工艺流程:① 通过纳米压印制备出蛇形凹槽结构;② 将银墨水填充在凹槽底部形成一层导电种子层;③ 通过电镀铜工艺在

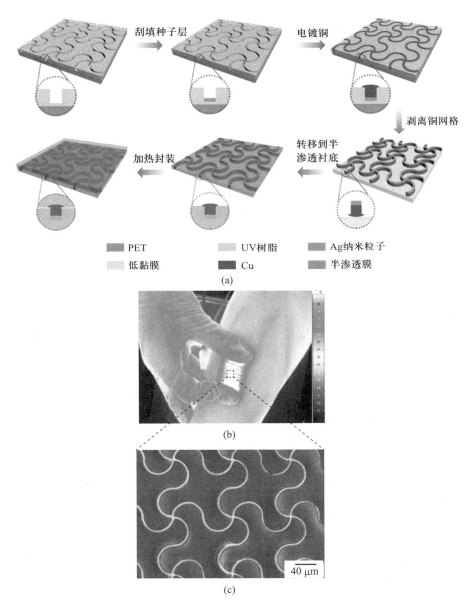

图 9.6 （a）蛇形铜网格可拉伸加热膜制备流程；（b）贴敷在表皮压缩状态下加热
红外照片；（c）蛇形铜网格的 SEM 照片

凹槽内部生成蛇形铜导线网格;④ 通过转移薄膜将铜网格从凹槽中剥离;⑤ 将铜网格从中间薄膜转移到可拉伸衬底上;⑥ 表面封装得到可拉伸透明导电薄膜。该透明导电膜已应用于皮肤热疗[图 9.6(b)][35]。由于铜导线的蛇形结构[图 9.6(c)],该薄膜能够贴敷于人体皮肤并且在拉伸或压缩状态下仍能保持正常的加热效应。

9.2.3　螺旋结构

除了屈曲褶皱结构与蛇形线自相似结构外,螺旋结构也是可拉伸电子经常使用的一种结构。制备过程如图 9.7(a)所示,将不可拉伸的导电纤维通过缠绕的方法形成螺旋结构,然后将功能材料涂覆于螺旋结构表面[图 9.7(b)]。由于螺旋结构本身的可拉伸性,其拉伸和回缩过程中不会对表面涂覆的功能材料产生应力,因此保证了形变过程中电学特性的稳定。目前对于这种简易的螺旋结构应用最多的是跟弹性柱状材料结合,实现可拉伸的纤维状功能器件[图 9.7(c)][36]。复旦大学彭慧胜教授课题组在螺旋结构的纤维状器件方面做了很多出色的工作[37-39]。他们在 2013 年通过将碳纳米管纤维精巧地以螺旋结构缠绕在可拉伸的聚合物纤维表面而作为纤维状的可拉伸电极,同时在表面涂覆一层固态电解质,然后再缠绕一层螺旋的碳纳米纤维,形成可拉伸的超级电容器纤维器件,实现了 100% 幅度的拉伸。实验室数据表明,75%拉伸幅度下,电容值仅发生轻微下降。在 1000 次循环拉伸回缩后,电容值降低也只有不到 10%。这种纤维状超级电容器能够跟普通纱线一同编织,得到真正意义上的可穿戴超级电容器[40]。

除了通过缠绕的方法实现简易的螺旋结构外,美国西北大学黄永刚教授和清华大学张一慧教授在 2015 年利用预拉伸衬底结合二维蛇形线结构实现了复杂螺旋结构的制备[41]。图 9.7(d)展示了利用二维蛇形线组装三维螺旋线的方法,首先将设计的二维蛇形线结构转印到预拉伸的弹性体表面,选择性地将特定点位与预应变的衬底进行连接,当衬底恢复到其初始状态时,二维结构转变为三维的螺旋结构。通过控制衬底预应变幅度、蛇形线结构和固定点位置,可以得到多种复杂图形的螺旋结构,如图 9.7(e)和 9.7(f)所示。也有研究利用螺旋结构作为可拉伸电子系统中的互联导线。2017 年 Jang 等报道了具有自组装三维螺旋互联的混合可拉伸柔性电路系统[42]。系统中的电子元件通过螺旋导线互联,实现了高的延展性,该系统可以实现双向 144%的可恢复弹性形变,可以随皮肤发生各种变形。

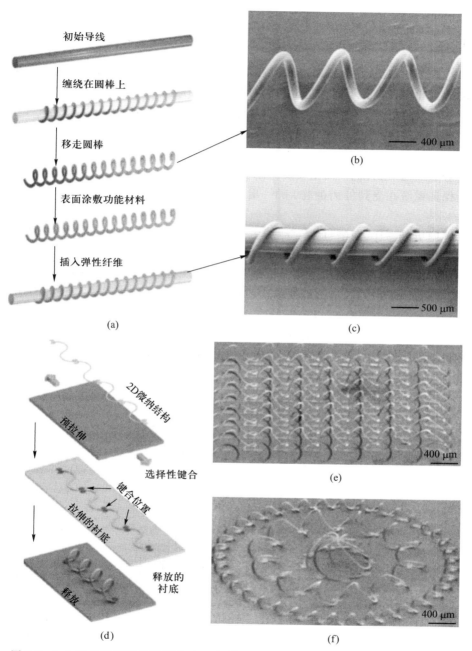

图 9.7 （a）简易螺旋制备示意图；（b）螺旋结构电镜照片；（c）一维可拉伸器件电镜
照片；（d）复杂螺旋结构制备示意图；（e）、（f）二维平面上复杂螺旋结构照片

9.2.4　剪折纸结构

　　折纸和剪纸(kirigami)是一种古老的中国民间艺术,人们可以根据每张纸的折叠和剪裁位置不同创造出各种各样的三维造型。研究人员以此为启发,创造性地将折纸和剪纸结构作为一种独特的力学结构应用于制备多种可拉伸电子器件,比如可折叠超级电容器、可拉伸锂离子电池、可拉伸晶体管等。图 9.8(a)展示了最简单的一种折纸结构,它主要靠在相邻面之间的折痕处发生弯曲而变形,其他平面主要发生刚性转动[图 9.8(b)],并不会发生变形,从而保证系统在受到外力的作用下,集成在上面的器件不会发生破坏[图 9.8(c)][43]。

　　同折纸一样,剪纸也是一种历史悠久的民间艺术,通常使用剪刀或者刻刀在纸张上剪刻花纹来创造出美丽的图案。与折纸结构相比,剪纸结构中存在镂空的结构,使得整体在展开状态下可以实现进一步的变形,如屈曲、扭转和剪切等[图 9.8(d)],而折纸结构由于需要保持纸面的完整性,在展开状态下的变形会受到纸面自身长度的限制。因此剪纸结构往往比折纸结构具有更大的延展性。通过控制剪裁的几何结构[图 9.8(e)],可以实现不同的拉伸幅度[图 9.8(f)]。比如只有 4 个裁切单元时,拉伸幅度仅有 45%,但是当增加到 12 个裁切单元时,拉伸幅度会增加到 215%[44]。

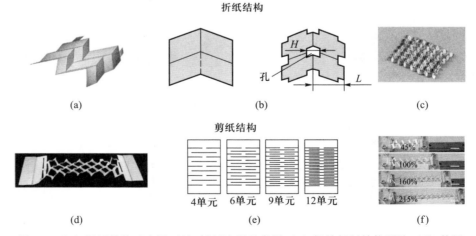

图 9.8　(a)折纸结构示意图;(b)折纸流程示意图;(c)铜箔折纸结构照片;(d)剪纸结构示意图;(e)不同剪纸几何结构示意图;(f)不同几何结构对应的拉伸幅度测试

9.2.5 织物针织结构

除了上面介绍的几种结构设计外,类似多孔网络状的纺织结构也是可拉伸电子的实现方式之一。纺织品本身是非常柔软的,可以从不同角度弯曲、折叠和拉伸,因此越来越多的电子产品集成到纺织品中,实现多样化的可穿戴应用。纺织品的编织方法非常多,主要包括机织、针织和非织造,其中针织结构由于其特殊的纱线套串方式,使得其具有很好的拉伸特性,如图 9.9(a)所示[45]。图 9.9(b)对比了单根纱线、机织物和针织物的应力应变曲线,可以非常清楚地发现针织结构具有更小的杨氏模量和更大的延展性[45]。得益于多孔纺织结构优异的拉伸特性,越来越多的研究者将其作为可拉伸器件的衬

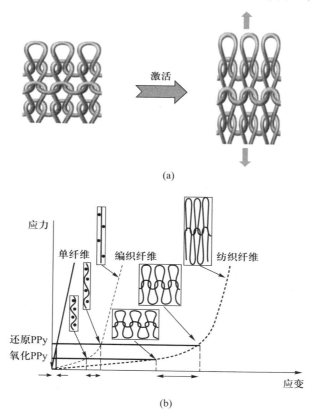

图 9.9 (a)针织结构织物拉伸示意图;(b)单根纤维、机织结构和针织结构应力应变曲线

底材料,实现了可拉伸超级电容器、太阳能电池和人工肌肉等应用。中国科学院纳米能源与系统研究所王中林教授团队提出了一种基于纺织结构的柔性混合能源系统,集成了摩擦发电和太阳能电池,适用于可穿戴电子器件的能源获取[46,47]。

9.3　本征可拉伸导电材料

除了利用力学结构来实现器件的可拉伸,现在越来越多的研究关注于利用本身具有拉伸特性的导体或者半导体材料来构建本征可拉伸的电子器件。本节主要从导电水凝胶、导电高分子、液态金属、纳米复合物 4 个方面进行说明。

9.3.1　导电水凝胶

水凝胶(hydrogel)是一种由亲水性高分子通过共价键、氢键或者配位键等作用,交联形成具有三维网络结构的软性材料。由于水凝胶具有独特的多孔结构及良好的柔韧性,自 20 世纪 60 年代发现以来,已经作为细胞外基质、细胞培养物和药物释放载体等在组织工程领域得到了广泛的应用。随着柔性电子的兴起,越来越多的研究关注于将水凝胶应用到可穿戴电子、表皮电子及植入电子领域,实现健康监测、生物传感和能源收集等应用。比如水凝胶具有很强的黏性[图 9.10(a)],可以跟人体皮肤进行可靠的贴附,非常适合应用于长期佩戴、连续工作的可穿戴器件中[48]。再比如水凝胶具有超强的延展特性,可以拉伸到原长度的 7 倍[图 9.10(b)、(c)][49],同时水凝胶具有高度的生物相容性,因此比较适合应用到植入式生物电子器件中。但是传统的水凝胶导电性较差,不足以满足电子器件的应用需求,因此通过在水凝胶中引入导电物质来提高其导电性。导电水凝胶的实现方式主要分为 3 种:① 引入导电聚合物形成聚合物基导电水凝胶;② 引入导电纳米材料形成复合型导电水凝胶;③ 引入导电离子形成离子型导电水凝胶。

聚合物基导电水凝胶是将导电高分子掺杂在水凝胶三维网络中聚合而成,其不仅拥有较高的电导率,而且还具有水凝胶本身的各种优异特性。常用导电高分子有聚苯胺(PANI)、聚吡咯(PPy)、聚(3,4-乙烯二氧噻吩):聚苯乙烯磺酸盐(PEDOT:PSS)等。Lee 等在 2015 年以 PEDOT:PSS 为导电物质,与聚丙烯酰胺形成交联网络,制备了具有高电导率的可拉伸导电水凝胶,水

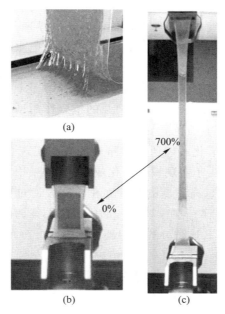

图 9.10 (a)水凝胶的黏性;(b)、(c)水凝胶的拉伸性

凝胶的电导率为 1×10^{-2} S·cm^{-1},且拉伸应变可达到 525%[50]。Han 等在 2018 年将 PPy 在纳米纤维素上进行组装后与聚乙烯醇/硼酸溶液进行多重复配,制备了具有高电导率的多功能复合水凝胶,其电导率达到 3.73×10^{-2} S·cm^{-1},而且在硼酸酯键的动态共价交联作用下,水凝胶具有较好的自愈合性,在被切断后接触 20 s 可以自动愈合形成完整的水凝胶[51]。

复合型导电水凝胶将高导电性能的纳米材料掺入到水凝胶中,形成导电渗流网络,能够有效提高水凝胶的导电性能和机械性能。常用的纳米导电材料包括金属基纳米材料(金属及其金属氧化物纳米颗粒、纳米线、纳米棒等)和碳基纳米材料(碳纳米管、氧化石墨烯、碳纳米纤维等)。金属基纳米材料虽然能够有效地提高水凝胶的导电性能,但金属材料在水凝胶潮湿的环境中极易被腐蚀,导致其电学性能的下降。碳基纳米材料由于其优异的电导率、环境稳定性和生物相容性,被认为是导电水凝胶的理想填充物。Li 等在 2019 年报道了一种由锂皂石和氧化石墨烯双交联的共聚物水凝胶,所得水凝胶具有优异的导电性能、机械拉伸性能和良好的自愈合性能,利用该水凝胶作为电解质设计的超级电容器不仅具有 1 000% 的超高机械拉伸性能,而且在红外光照射和加热条件下都能实现重复的可愈合性能[52]。

离子型导电水凝胶是将离子盐（如 NaCl、LiCl 等）溶解到水凝胶中形成的。该方法制备的水凝胶的导电性依赖于离子电导率，不需要额外加入导电聚合物或者导电纳米材料，因此可以获得透明的导电水凝胶。此类水凝胶因为没有纳米颗粒的加入，更有利于实现植入式生物电子器件的应用。Wu 等在 2017 年将海藻酸钠、碳酸钠引入到聚丙烯酸和氯化钙溶液中搅拌后得到了白色的黏性水凝胶，海藻酸钠与 Ca^{2+} 间强的螯合作用增强了凝胶网络的力学性能，研究发现其不仅具有优异导电性，且可以发生塑性变形和自主愈合[53]。

导电水凝胶的图形化一般通过推挤打印方式实现，本书 4.2.5 节对该打印方法有专门介绍。为了实现快速固化成型，大多采用紫外固化类型的水凝胶。如图 9.11(a) 所示，高黏度的紫外固化水凝胶通过机械力或者气压从打印头中挤压出来，配合高精度移动平台形成打印图案，并原位进行紫外固化，以防止水凝胶流动[54]。这种方式打印出来的图形分辨率都较低，基本处于亚

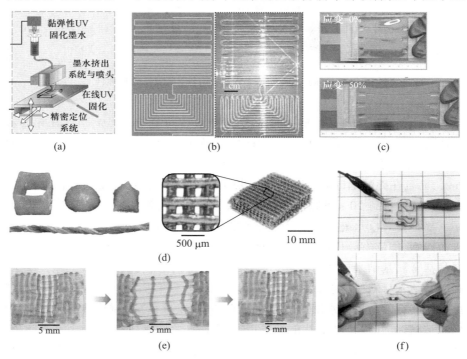

图 9.11　(a) 水凝胶打印设备示意图；(b) 设计图形和实际打印图形比较；(c) 弹性衬底表面打印水凝胶电极用作应变传感器；(d) 3D 打印各种水凝胶三维结构；(e) 打印双层水凝胶立体结构拉伸回复照片；(f) 打印可拉伸导电水凝胶电路

毫米级别[图 9.11(b)]。打印成型的水凝胶电极具有优异的拉伸特性[图
9.11(c)]。除了二维平面打印,还可以利用 3D 打印的方式实现各种不同的
三维水凝胶结构[图 9.11(d)],甚至实现不同组分的混合叠加打印,打印的复
合结构表现出优异的拉伸回复特性[图 9.11(e)][55]。除了传统的推挤打印
方法之外,还可以利用模版辅助紫外固化的方式实现导电水凝胶的图形化制
备,如图 9.11(f)所示[49]。

9.3.2 导电聚合物

导电聚合物是一种具有导电性能的高分子材料,其单双键交替的共轭结
构使得离域的 π 键电子或空穴不受原子束缚,可以在高分子链上自由移动,
从而使得高分子具备导电性质。本书第 2.2 节已经介绍了各种类型的导电高
分子材料。常见的导电高分子材料包括聚乙炔(PA)、聚吡咯(PPy)、聚苯胺
(PANi)、聚噻吩(PTh)、聚 3,4-乙撑二氧噻吩/聚对苯乙烯磺酸(PEDOT:
PSS)等,其分子结构如图 9.12(a)所示[56]。

尽管导电高分子材料在力学、光学、电学、热学以及生物学等方面有着优
异的特性,然而本征态的导电高分子材料并不具有可拉伸性,比如 PEDOT:
PSS 薄膜的断裂伸长率不足 5%,在 20%应变幅度下膜层表面出现大量的裂痕
[图 9.12(b)][57],这大大限制了其在可拉伸电子领域的应用。因此,开发可
拉伸的聚合物基导电材料成为有机电子研究领域的一大热点。以 PEDOT:
PSS 材料为例,目前实现其本征可拉伸性的方法以掺杂策略为主。根据掺杂
材质的不同可以分为极性溶剂掺杂、表面活性剂掺杂、离子液体掺杂和软物
质掺杂。

(1)极性溶剂掺杂。在所有化学掺杂手段中,极性溶剂掺杂是提高
PEDOT:PSS 电学特性最常见的方法,其作用机理是添加极性溶剂诱导有序链
构象来促使 PEDOT 导电颗粒聚集和增大,从而形成更加顺畅的导电通路,电
导率因此得以提升。但是存在的问题是导电颗粒的聚集和增大必然会使得
薄膜变脆,断裂伸长率降低。通过掺杂含氟表面活性剂 Zonyl 可以有效降低
聚合物链之间的相互作用并增加自由体积,从而实现优异的可拉伸性。斯坦
福大学鲍哲南团队在 2012 年通过添加 5 wt.% DMSO 和 1 wt.% Zonyl FS-300,
成功制备出了一种可拉伸并且高导电的 PEDOT:PSS 薄膜。该薄膜能够承受
5 000 次的拉伸循环(10%拉伸应变),而电阻保持基本不变(方块电阻为
240 Ω/□)。在 DMSO 和 Zonyl 共同作用下,既提高了 PEDOT:PSS 薄膜的
电导率又改善了其拉伸性[58]。Suchol 等在 2015 年研究了 DMSO 和 Zonyl

对 PEDOT:PSS 薄膜力学和电学性能的影响。通过优化 DMSO 和 Zonyl 的掺杂浓度,获得了 35% 的本征拉伸性能和 153 Ω/□ 的方块电阻[图 9.12 (c)][59]。

（2）离子液体掺杂。离子液体掺杂是使 PEDOT:PSS 薄膜同时获得高导电性和高拉伸性的又一常用方法,这一策略也为可拉伸有机导体的制备提供了一种新的思路。离子液体有两个作用:① 提高 PEDOT:PSS 薄膜的导电性能;② 改善 PEDOT:PSS 薄膜的延展能力。早在 2007 年 Markus 等就研究了将离子液体作为小分子添加剂在 PEDOT:PSS 中以增强导电作用。将不同百分比的 5 种离子液态(1-丁基-3-甲基咪唑四氟硼酸盐和 1-丁基-3-甲基咪唑鎓溴化盐等)加入 PEDOT:PSS 水溶液中,电导率会提升两个数量级[60]。斯坦福大学鲍哲南教授团队 2017 年利用多种离子液体掺杂办法实现了可拉伸有机导体方面的突破。经过双(三氟甲烷)磺酰亚胺锂盐掺杂的 PEDOT:PSS 薄膜在 0% 应变下电导率达到 3 100 S·cm^{-1},在 100% 应变下电导率增加到 4 100 S·cm^{-1},即使在高达 600% 的大应变下仍然能够保持超过 100 S·cm^{-1} 的导电性能。在 1 000 次循环拉伸-释放测试中(100% 应变),电导率基本保持不变。实验表明离子液体可以诱导小的 PEDOT 三维导电网络的形成[图 9.12(d)],提高电导率同时也改善了拉伸特性[61]。

（3）软物质掺杂。将 PEDOT:PSS 溶液与软物质如聚乙二醇(PEG)、聚环氧乙烷(PEO)、聚乙烯醇(PVA)、聚丙烯酰胺(PAAM)以及一些超分子聚合物等共混,同样会大大增加 PEDOT:PSS 材料的可拉伸性能。例如,Li 等在 2015 年通过将 PEDOT:PSS 水溶液与 PEG、PEO、PVA 混合,制备了多种可拉伸 PEDOT:PSS 薄膜。结果表明,软物质均可以大幅度提升 PEDOT:PSS 的拉伸能力。最优化的是 PVA(89 K)掺杂的 PEDOT:PSS 薄膜,断裂伸长率高达 50%,同时具有最佳的导电率(172 S·cm^{-1})[62]。Lee 等在 2016 年将 PEDOT:PSS 分散在乙二醇溶液中,与聚丙烯酰胺一起凝胶化,成功制备了均质的 PEDOT:PSS 凝胶,在 0.01 S·cm^{-1} 导电率下可拉伸性达到 300% 以上[50]。Wu 等在 2017 年对 PEDOT:PSS 掺杂 N-丙烯酰基甘氨酸(PNAGA)以及 2-丙烯酰胺-2-甲基丙烷磺酸(AMPS),原位聚合形成超分子聚合物基导电凝胶,由于体系中存在多重氢键交联,展现出优异的机械拉伸/压缩强度及超高拉伸特性,压缩应变达 1700%[63]。

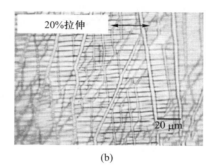

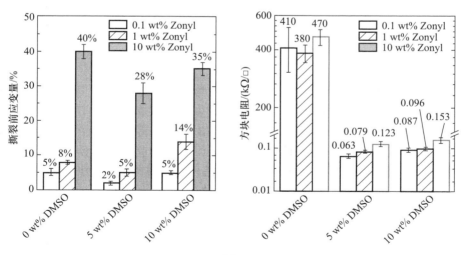

(c)

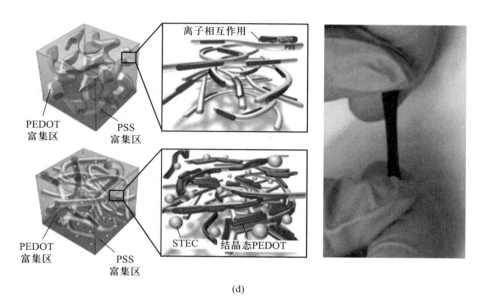

图 9.12 （a）几种常见导电高分子的化学式；（b）PEDOT:PSS 薄膜 20% 应变下膜层表面光学照片；（c）PEDOT:PSS 薄膜中不同浓度的 DMSO 和 Zonyl 对应的拉伸裂痕应变幅度（左）和方块电阻（右）；（d）有无离子液体掺杂的 PEDOT:PSS 薄膜内部形态结构（左）和拉伸状态下的 PEDOT:PSS 薄膜（右）

9.3.3　液态金属

液态金属通常指的是熔点低于 200 ℃ 的低熔点合金，其中室温液态金属的熔点更低，在室温下即呈液态，如水一样能够自由流动。与水相比，液态金属具有更优异的导热和导电性能，且液相温度区间宽广，近年来受到广泛关注[64]。目前，熔点低于室温的镓基合金是使用范围最广的液态金属，包括镓铟合金与镓铟锡合金。本书第 3.2.5 节已经介绍了作为导电墨水的镓基合金，并在表 3.4 中比较了典型液态金属的熔点、电导率、黏度、表面张力等性能参数，同时与水做了比较。从该表中可知，镓铟锡合金和镓铟合金熔点分别为 10.5 ℃ 和 15.5 ℃，沸点却达到 1000 ℃ 以上。室温下液态金属的杨氏模量小于 1 Pa，这与纯水的黏度处于相同的数量级。液态金属的表面张力比水的表面张力大一个数量级。同时液态金属具有优异的导电性。

　　液态金属可以通过印刷形成电子元器件之间的互联导线，从而实现可拉伸的电子系统。理论上只要材料足够多，液态金属的可拉伸性基本不受限制。但由于液态金属的高表面张力与低黏度，无法用传统丝网印刷机或压电式喷墨打印机印刷成图案。一种解决办法是将液态金属微滴分散于某些溶剂中，获得低表面张力的墨水。喷墨打印后的图形经过机械碾压后使这些微液滴破碎，形成连续液态金属层，即所谓"机械烧结"[65]。本书第3.2.5节已经介绍了一种利用圆珠笔工作原理的挤压式液态金属打印方法[66]，图9.13（a）是用该方法打印的液态金属导线图形。其他印刷方法还包括：① 微接触式转印，先将液态金属黏附于PDMS印章上，然后转印到另一可拉伸衬底表面[67]；② 掩模喷雾沉积，将雾化的液态金属通过图案化荫罩（shadow mask）沉积到衬底上[68]；③ 图形化表面能沉积：利用表面亲疏水性质将液态金属选择性黏附到衬底上，图9.13（b）是用该方法制备的可拉伸生物电极[69]。利用镓在空气中氧化形成的氧化镓层保护，还可以实现液态金属的3D打印[70]。Zhu等利用中空的SEBS纤维作为模版，将镓铟合金液态金属通过微针注入［图9.14（a）］，在800%的拉伸幅度下仍然保持一定的导电性［图9.14（b）］[71]。由于液态金属优异的导电性与可拉伸性，在柔性与可拉伸电子中得到越来越广泛的应用[72]。

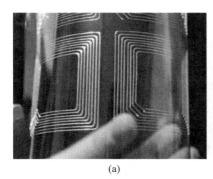
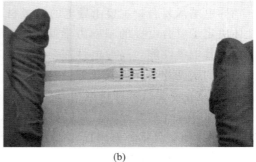

(a)　　　　　　　　　　　　(b)

图9.13　（a）喷墨打印制备的液态金属导线；（b）拉伸状态下的液态金属互联导线

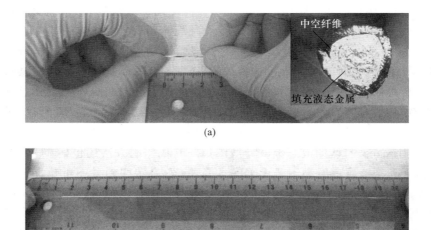

图 9.14　（a）将液态金属灌注在中空弹性纤维中（内插图为截面）；（b）将 2 cm 复
合纤维拉伸到 20 cm

9.3.4　纳米复合物

　　导电纳米复合物主要由导电的纳米材料和弹性聚合物混合构成，其中弹性体决定了复合电极的基础力学性能；而导电填料的物理特性、形状和密度会影响其电学性能。高导电性需要高填充量的导电填料，然而，这会增加复合材料的刚度并会降低其拉伸性能。为了同时获得优异的拉伸性和较高的导电性，应在电学性能和机械变形性之间保持恰当的平衡。越来越多的研究开始关注并设计弹性导电复合材料，主要从纳米材料的选择（如导电性、长径比和纯度）和复合状态的调控（比如填料分布均匀性、填充物取向性、导电网络的构建等）两个方面着手。常见的弹性体有热塑性聚氨酯（TPU）、苯乙烯嵌段共聚物（SBS）、聚二甲基硅氧烷（PDMS）、天然橡胶（NR）和丁腈橡胶（NBR）等。常见导电填料按照成分分类主要分为金属填料、碳材料填料和导电高分子填料。金属填料主要有金、银、铜或镓铟合金等；碳材料主要包括石墨烯、碳纳米管和导电炭黑等；导电高分子主要有聚乙炔、聚苯胺、聚噻吩、聚吡咯和聚呋喃等。按照形貌分主要有零维填料、一维填料和二维填料，如：金属纳米颗粒和纳米炭黑粒子是零维填料，金属纳米线和碳纳米管是一维填料，石墨烯和金属纳米片是二维填料。导电填料还可以按照材料的状态（如固态、液态)、尺寸(如微米、纳米)等不同性质分类。不同的成分、形貌、状态和尺寸所对应的导电填料性质千差万别,由此所对应的弹性导电复合材料开发设计和加工工艺也不尽相同。

在弹性聚合物中构建导电网络一般有两种方法,简称为自上而下和自下而上。自上而下的方法一般是将导电填料以简单的共混方法与弹性体复合,利用导电填料不能完全均匀分散的特性构筑导电网络。通常导电填料的添加需要达到一定含量,电导率才会发生明显变化。共混方法制备工艺简单,适合利用印刷工艺实现大规模制备,但是这种方法制备的可拉伸导电复合材料电导率较低,导电填料用量大,大形变下电学稳定性较差。自下而上的方法主要是将导电填料预先以某种方式组装成多孔三维网络,然后将弹性聚合物溶液浇注其中,待其渗透后进行固化。例如利用冷冻干燥方法直接将纳米线导电填料预先制备成三维导电网络,再将弹性体包覆导电网络形成可拉伸导电复合材料。自下而上的方法制备的可拉伸导电复合材料具有导电填料用量少、电导率高和大应变导电稳定性强的优点,但是存在的问题是预先构筑三维导电网络并不容易。综上,无论是自下而上还是自上而下,在弹性体中构筑高效和高稳定性的导电网络是制备高性能可拉伸导电复合材料的关键之一。

可拉伸导电复合材料的导电机理主要和导电填料的形状、种类和导电填料在弹性体中的状态即导电网络有关。可拉伸导电复合材料的导电机理主要有三类:通路导电、渗流阈值理论和隧道效应理论。对于由导电填料预先形成导电网络的弹性复合导电材料,由于其在聚合物基体中是三维网络通路,所以能够使载流子高效定向传输,实现复合材料的高导电性。此类可拉伸导电复合材料的导电机理比较简单,主要是载流子在导电网络中的传输。对于由零维导电填料制备的共混型导电复合材料,有限量的导电填料分散在聚合物基体中难以完全接触形成导电通路,但仍然可以存在导电性,这一现象可以由渗流阈值理论来解释。该理论揭示了复合导电材料的电性能与导电填料份数的关系[73,74],如式(9.1)所示:

$$\sigma = \sigma_0 (V_f - V_c)^s \tag{9.1}$$

式中,σ 是复合材料的电导率;σ_0 是导电填料的电导率;V_f 是填料的体积分数;V_c 是体积分数的渗流阈值;s 是拟合指数,与导电填料的形貌尺寸、维度相关。

随着导电填料含量的逐渐升高,复合材料的电导率缓慢变化;当导电填料含量增加到某一值时,复合材料的电导率发生急剧变化,复合材料内部形成导电网络,这时导电填料的含量被称为渗流阈值[75]。但是对于填料个体表面包覆有机物时仍能导电的现象,渗流阈值理论并不能进行解释,于是科学家提出了隧道效应理论[76],即当导电材料间隙足够小时,电子可以在热振动下克服势垒,隧穿通过介电层实现导通。当然并不是所有情况都可以发生隧道效应实现导电,当导电填料个体间距大于某一值或导电填料含量较低时,无法产生隧道电流实现导电。

　　可拉伸导电复合材料中的导电填料种类繁多、性能各异,不同的填料形状和填料组合所制备的复合材料在导电性和导电稳定性方面性能各异。图 9.15 总结了从零维、一维到二维导电纳米填充材料在弹性体中的微观分布,以及拉伸后的变化。下面分别给予详细介绍。

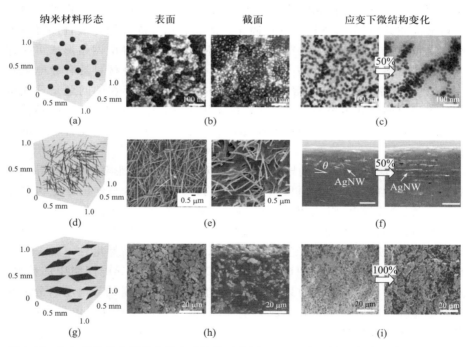

图 9.15　(a) 零维纳米颗粒分散在弹性体示意图;(b) 金纳米颗粒分散在聚氨酯中表面截面 SEM 照片;(c) 50% 应变幅度下聚氨酯内部金纳米颗粒的重排 TEM 照片;(d) 一维纳米线分散在弹性体中的示意图;(e) 银纳米线导电网络嵌在 PDMS 中表面和截面 SEM 照片;(f) 50% 应变幅度下纳米线导电网络结构变化 SEM 照片;(g) 二维纳米片分散在弹性体中示意图;(h) 银片分散在氟橡胶中表面和截面 SEM 照片;(i) 100% 拉伸幅度下银片微结构变化 SEM 照片

9.3.4.1 零维导电填料

零维纳米导电材料主要为各种颗粒状的材料,包括金属基和碳基的纳米颗粒。这些纳米颗粒均匀分布在弹性聚合物基体内,形成导电网络[图 9.15(a)][77]。一般使用的弹性聚合物材料主要有 PDMS、苯乙烯嵌段共聚物、聚氨酯、氟橡胶等。为了同时兼顾导电性和拉伸性,密歇根大学 Kim 等在 2013 年制备了包含聚氨酯和金纳米颗粒的逐层组装的拉伸导体[图 9.15(b)]。这种纳米颗粒组成的导电网络表现出优异的导电性和可拉伸性。在应变达到 110% 的情况下,该复合导体的电导率能够保持在 2400 S·cm^{-1}。研究发现复合导体在应变过程中纳米颗粒沿着拉伸方向发生了重新排布,如图 9.15(c)所示,这就揭示了其在大应变下仍然具有较好导电性的原因[78]。

炭黑也是一种常用的低成本导电材料,具有低密度、化学稳定性好等特点,经常作为导电填料进行添加。香港科技大学的温维佳团队 2007 年将纳米至微米级的炭黑颗粒和银颗粒组成的混合物与 PDMS 混合制成导电橡胶,同时利用软光刻工艺实现了三维的图形化,最终应用在了三维微器件中[79]。洛桑联邦理工学院的 Jun 等通过薄膜铸造和 CO$_2$ 激光烧蚀工艺制备了炭黑+Ecoflex 弹性导电复合材料,其最大拉伸幅度高达 500%,可通过电容或电阻来监测应变,在超过 10 000 次的循环测试中性能仍保持稳定[80]。需要指出的是,零维的纳米颗粒作为导电填充物来制备弹性导体在应变电学稳定性方面并不具备优势。因此,目前绝大多数已报道的工作是利用其应变电阻变化较大的特性来做应变传感器,而非作为可拉伸导体。

9.3.4.2 一维导电填料

跟零维的纳米颗粒相比,一维导电填料具有高的长径比和高的导电性,能够在弹性介质内部形成有效的导电网络[图 9.15(d)],实现高的应变电阻稳定性。常用的一维导电填料包括金属基(铜、银、金)纳米线和多壁或单壁碳纳米管。相对于其他金属基纳米线材料,银纳米线(AgNW)具有最优的导电性和相对成熟的合成工艺。因此,AgNW 已成为可拉伸电子领域最常用的导电填料[81]。

AgNW 在弹性介质中构建导电网络主要有两种方式:① 自上而下,即 AgNW 直接分散在弹性聚合物溶液中,然后一体浇注烘干成型;② 自下而上,即预先通过印刷或各种溶液法沉积方法构建好 AgNW 导电网络,然后再浇注弹性聚合物溶液,最后烘干成型。对于第一种"自上而下"方式,由于纳米线在合成时表面包覆了一层聚乙烯吡咯烷酮(PVP),因此通常都是分散在极性溶剂(如水、乙醇、异丙醇)中。然而绝大多数弹性聚合物[比如苯乙烯-丁二烯-苯乙烯嵌段共聚物(SBS)、氟橡胶等]的溶解都是利用非极性溶剂(如环己烷、二氯甲烷等),因此 Choi 等在 2015 年利用配体交换(ligand exchange)反应对 AgNW 表面进行了改性。利用四氟硼酸亚硝(NOBF$_4$)将银纳米线表面的 PVP 交换为己胺(HAm),实现了纳米线在 SBS/丙酮溶液中的均匀分散,填充体积分数约为 20 vol.%时,电导率达到约 11 000 S·cm^{-1}[82]。他们在 2018 年报道通过室温干燥和己胺的加入,对 Au-Ag 纳米线/SBS 复合材料溶剂挥发相分离过程进行了调控,实现了非均匀分布导致的相互独立的微结构,正是在这些微结构的帮助下,使得弹性复合材料实现了 41 850 S·cm^{-1}(最高可达 72 600 S·cm^{-1})的电导率和 266%(最高可达 840%)的拉伸幅度[83]。

对于第二种"自下而上"方式,首选需要构筑 AgNW 导电网络。已报道有多种构筑方法,比如旋涂、滴涂、喷涂、刮涂、印刷(喷墨、丝网、凹版)、抽滤、冷冻干燥等[84-89]。作者科研团队在这方面做了一系列研究[90-94]。例如,通过丝网印刷在玻璃片表面形成 AgNW 导电网络图形,然后在其表面浇注液态的 PDMS,静置待液态 PDMS 渗透到 AgNW 网络孔洞中后再加热固化,等完全固化后从玻璃衬底表面揭开,即可得到可拉伸的导电电极。SEM 观察显示,AgNW 无序地嵌在 PDMS 内部形成导电网络[图 9.15(e)]。AgNW/PMDS 复合电极在 100%拉伸情况下,电阻增加 3 倍左右。实验发现,初次拉伸 100%后电阻无法回缩到初始值,但后续在 50%幅度内反复拉伸,则电阻几乎保持不变。这是因为在初始拉伸后电极表面形成了规整的屈曲褶皱结构,从而保证了 50%拉伸范围内电阻保持稳定[90]。Lee 等在 2015 年通过 SEM 原位观察了 AgNW/PMDS 复合电极拉伸状态下银纳米线导电网络微观结构的变化[图 9.15(f)],显示嵌入在 PDMS 内部无序排列的纳米线在 50%拉伸应变下呈现出沿着拉伸方向的取向现象,这一微观结构的变化很好地解释了一维导电纳米材料作为弹性复合导体填料的优势所在[95]。

由于 AgNW 高长径比的特性,直接图案化印刷比较困难,作者科研团队在 2020 年提出了丝网印刷与真空抽滤相结合的方法,解决了一维纳米线材料图形化困难的共性问题[92,94]。首先根据目标图形定制印刷网版,需要注意的是网版漏墨区的图形为目标图形的反结构及镜像结构;然后在滤膜表面丝网印刷 PDMS 溶液,固化后 PDMS 薄膜紧密贴敷在滤膜表面起到图形化模版的作用;最后抽滤 AgNW 分散液,在高真空作用下,AgNW 仅沉积在没有 PDMS 覆盖的区域,得到目标图形的 AgNW 图案[图 9.16(a)]。这一方法有如下 4 点优势:① 在不破坏纳米线自身结构的情况下实现高分辨图形(~50 μm);② 高效利用纳米线;③ 可以精确调控单位面积纳米线沉积量;④ 几乎可以实现任意图形。除此之外,这个方法还具有普适性,可以实现 AgNWs、CNT、

CuNW 和石墨烯等多种一维二维纳米材料的图形化[92]。当 AgNW 沉积量较低时（<15 μg·cm^{-2}），转印到 PDMS 衬底上的 AgNW 图形呈透明状态，如图 9.16（b）所示。对于高 AgNW 沉积量（>0.5 mg·cm^{-2}），可以将液态 PDMS 溶液浇注到 AgNW 导电网络上，待充分渗透后固化剥离实现可拉伸电极的制备，包括大尺寸复杂可拉伸电路板的制备[图 9.16（c）][94]。

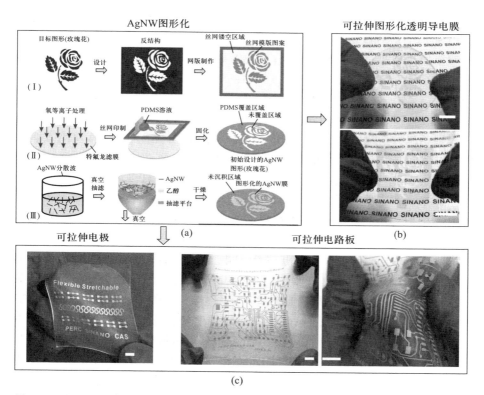

图 9.16 （a）丝网印刷结合真空抽滤实现 AgNW 图形化示意图；（b）制备得到的可拉伸图形化透明导电膜照片；（c）制备得到的可拉伸电极和可拉伸电路板拉伸状态下的照片

除了银纳米线，碳纳米管（carbon nanotube，CNT）也是一种具有高长径比和优异导电性的一维碳材料，很容易在弹性体中形成导电网络，实现可拉伸的复合导电材料[96,97]。Lin 等在 2013 年将 CNT 与热塑性聚氨酯溶液混合后得到复合材料，多次预拉伸促使复合材料中的碳纳米管进行定向排列，接着进行退火处理得到弹性导电复合材料。所得复合材料的最大电导率接近 1000 S·cm^{-1}，形变率达 200% 时仍然能保持较高的导电性[98]。Zhou 等在

2017 年利用贴附在 PDMS 衬底表面单壁碳纳米管薄膜开发了超灵敏应变传感器,利用拉伸出现微裂痕的原理首次实现了传感器应变系数超过 10^7[99]。

9.3.4.3　二维导电填料

常用的二维片状导电填料包括银纳米/微米片、石墨烯等[100-103]。二维片状填料也同样能够在弹性体内部形成导电网络通路[图 9.15(g)]。日本东京大学 Someya 教授在可印刷弹性导体方面做出了很多出色的工作[100-102],比如 2015 年他们通过微米银片作为导电填料,利用氟橡胶作为弹性聚合物介质,同时添加一种非离子表面活性剂,制备了导电浆料并通过丝网印刷得到可拉伸导电结构。该复合体系中的表面活性剂对于可拉伸导体的拉伸电学性质非常关键,添加表面活性剂能够实现 200% 拉伸幅度下正常导电,不添加表面活性剂在 25% 左右拉伸幅度下就失去了导电性。后续研究发现,表面活性剂使得银纳米片/氟橡胶复合体系在干燥固化过程中发生相分离,使绝大多数的银纳米片迁移到弹性体的表面,相当于在氟橡胶弹性体表面嵌入了一层银纳米片,从而增强了弹性导体的导电性。从 SEM 图片可以清楚看出相分离银纳米片聚集在表面的形貌[图 9.15(h)]。尽管在拉伸下表面银片层会发生裂痕[图 9.15(i)],但是仍然保持着一定的导电通路,实现正常导电[101]。他们在 2017 年进一步研究发现,微米级的银片中原位生成了银纳米颗粒,这些生成的纳米颗粒有利于银片导电网络中电子的传输,实现了初始电导率为 6168 S·cm^{-1} 的印刷弹性导体,并且在 400% 拉伸应变下,电导率仍然达到 935 S·cm^{-1}[100]。作者科研团队在 2021 年以异佛尔酮为有机溶剂,在弹性氟共聚物(PVDF-HFP)中加入纳米银片作为导电填料,采用水基氟表面活性剂制备了弹性导电浆料,其中银片、PVDF-HFP、异佛尔酮和氟表面活性剂的最佳质量配比为 3:1:3.5:1。通过丝网印刷在弹性织物(表面有 TPU 覆膜)上得到可拉伸电极,如图 9.17(a)所示。印刷电极的表面微观形态如图 9.17(b)所示,很明显银片聚集在表面形成富银聚集区,确保了印刷电极的高导电性。在 130 ℃下烧结 10 min 后,导电层厚度约为 6.9 μm,方块电阻为 0.234 Ω/□,计算的电导率高达 6193 S·cm^{-1}。印刷在织物表面的电极(1.0 cm×0.5 cm)电阻随着拉伸应变的增加而增加,即使拉伸到 350% 也能保持导电性[图 9.17(c)]。在 0~100% 应变范围内,电极电阻从 0.9 Ω 增加到 8.3 Ω(50% 应变)和 27.8 Ω(100% 应变)[图 9.17(d)][104]。

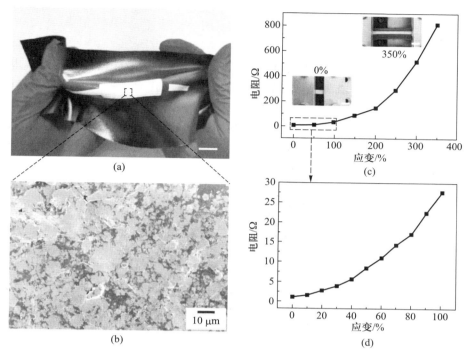

图 9.17　（a）弹性织物表面印刷可拉伸电极照片；（b）印刷电极表面 SEM 照片；（c）、（d）织物电极电阻随拉伸应变的变化

9.4　可拉伸电子器件与系统

前面各节分别从结构和材料两方面介绍了如何实现一个可拉伸电子系统，但实际上主要说明了实现"桥"的技术路径，即将电子器件"岛"通过不同的可拉伸导电结构或可拉伸导电材料连接起来的方法。真正的可拉伸电子系统应该是电子器件本身就具有可拉伸性。由于各种不同电子器件功能的复杂性，要保持这些功能在拉伸下不变化难上加难，但这方面的研究一直在持续，在过去 10 年中也取得了一定成果。本节从可拉伸晶体管、光伏、发光三种类别的器件介绍这方面的研究进展，并阐述实现可拉伸电子系统的基本方法。

9.4.1　可拉伸薄膜晶体管

晶体管是所有电子系统的基本单元器件。尽管基于硅晶体管的集成电路已无所不在,但基于薄膜晶体管的柔性电子系统代表了一类全新应用,近年来受到广泛关注并开展了大量研究工作。本书第 5 章已经全面介绍了薄膜晶体管的原理、制备技术与应用,而可拉伸薄膜晶体管是柔性薄膜晶体管的特例,要求晶体管不但具有柔性,而且在经过一定的拉伸应变下仍然能保持原有的性能。图 9.18 列举了自 2011 年以来可拉伸薄膜晶体管的研究进展。

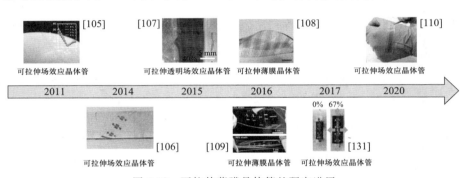

图 9.18　可拉伸薄膜晶体管的研究进展

若要使晶体管在拉伸后仍能保持原有性能,要求组成晶体管的基本材料也必须具有拉伸后电性能不变的特征,即具有本征可拉伸的性质。Lee 等在 2011 年报道了可拉伸石墨烯薄膜晶体管[105]。他们首先通过逐层转移的方法将石墨烯沉积于 PDMS 弹性衬底表面,用光刻技术和氧等离子体的方法将石墨烯图案化为对应的源漏电极和沟道形状,并使用气流喷射打印技术依次沉积离子凝胶电介质和 PEDOT:PSS 栅电极[图 9.19(a)],由此构建出完整的晶体管[图 9.19(b)]。所制备的薄膜晶体管初始平均空穴迁移率达到 1188 $cm^2 \cdot V^{-1} \cdot s^{-1}$,电子迁移率达到 422 $cm^2 \cdot V^{-1} \cdot s^{-1}$。由于石墨烯和离子凝胶具有一定的拉伸性,因此制备的薄膜晶体管在沿晶体管沟道方向拉伸 5% 范围内基本保持稳定,如图 9.19(c)所示。然而石墨烯本身的可拉伸性有限,当应变超过 7% 时,石墨烯薄膜产生微裂纹,器件的性能也随之下降。

Xu 等在 2014 年使用单壁碳纳米管作为沟道材料,金属薄膜作为电极,离子凝胶作为电介质,通过波浪形褶皱结构实现了场效应晶体管的可拉伸性。制备流程如下:先在玻璃基板上刮涂沉积半导体型单壁碳纳米管,然后将其

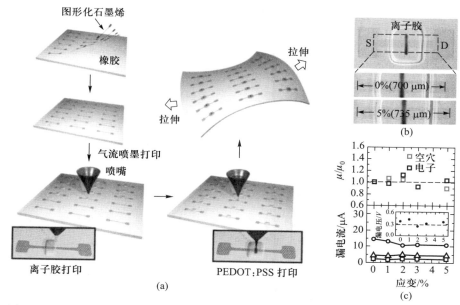

图 9.19 （a）可拉伸石墨烯薄膜晶体管的制备流程图；（b）器件沿沟道方向拉伸 5% 前后的显微镜图；（c）归一化的空穴和电子迁移率以及电流和电压随不同拉伸幅度的变化

转印到预先拉伸的 PDMS 衬底上。通过释放 PDMS 衬底的应变，使得碳纳米管薄膜在 PDMS 上形成波浪褶皱结构，并利用同样的方法造就金/铬薄膜电极的波浪褶皱结构，最后将离子凝胶滴涂在相应的电极上作为介质层，即完成可拉伸场效应晶体管的制备。在没有应变的情况下，器件的迁移率和开关比分别达到 $6.9\ \mathrm{cm^2 \cdot V^{-1} \cdot s^{-1}}$ 和 3.0×10^4。当被拉伸至 50% 时仍能保持良好的性能。然而，超过 50% 的拉伸幅度后，离子凝胶薄膜中形成一些裂纹，导致器件的性能随之下降[106]。

2015 年 Liang 等制备了可拉伸的透明场效应晶体管[107]。其方法是利用喷涂制备的 AgNW/PUA 复合材料作为可拉伸透明电极，半导体型单壁碳纳米管作为晶体管沟道材料，制备流程如图 9.20（a）所示。晶体管对波长 550 nm 的可见光透过率大于 90%，初始平均迁移率高达 $27\ \mathrm{cm^2 \cdot V^{-1} \cdot s^{-1}}$，并且平均开关比达到 7200。沿沟道方向和垂直沟道方向均可承受最大 50% 的拉伸应变，但迁移率分别从 $32.7\ \mathrm{cm^2 \cdot V^{-1} \cdot s^{-1}}$ 降至 $16.2\ \mathrm{cm^2 \cdot V^{-1} \cdot s^{-1}}$［图 9.20（b）］和从 $28.2\ \mathrm{cm^2 \cdot V^{-1} \cdot s^{-1}}$ 降至 $15.0\ \mathrm{cm^2 \cdot V^{-1} \cdot s^{-1}}$［图 9.20（c）］。所制备的晶体管成功应用于驱动聚合物发光二极管，聚合物发光二极管的初始亮度为

196 cd・m^{-2},当薄膜晶体管沿沟道方向拉伸 30%时,发光亮度下降到 63 cd・m^{-2}。当拉伸幅度超过 50%时,由于介电层的断裂,器件也随之失效。

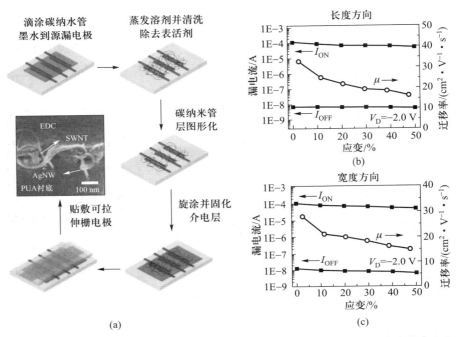

图 9.20　(a) 可拉伸场效应晶体管的制备流程(b)、(c) 器件的 I_{ON}、I_{OFF} 和迁移率(μ) 沿沟道宽度(b)和长度(c)方向拉伸的变化关系图

2016 年,Chortos 等利用碳纳米管作为电极和沟道材料,TPU 作为衬底和电介质,制备了全碳基的可拉伸薄膜晶体管。他们采取涂覆的方法将碳纳米管嵌入到 TPU 衬底中,制备的器件晶体管的平均开关比达到了(1.3 ± 0.34)×10^4,迁移率为 0.18 ± 0.03 cm^2・V^{-1}・s^{-1}。制备的器件展现出良好的拉伸稳定性,在平行和垂直于电荷传输方向均可以将器件拉伸至 100%应变,而开关电流均只减小约 50%[108]。同年 Cai 等开发出可拉伸的薄膜晶体管和集成逻辑电路,以复合材料 PDMS/BaTiO$_3$ 为栅极介电层,在平行和垂直于沟道方向拉伸超过 50%的应变下,器件和逻辑电路的性能没有出现明显的下降[109]。

Molina-Lopez 等在 2019 年报道了用超薄的 SEBS 作为可拉伸衬底、PVDF-HFP 作为栅极电解质、喷墨打印 PEDOT:PSS 作为源电极、半导体型单壁碳纳米管和共轭聚合物作为有源层的三明治结构可拉伸晶体管。平均场效应迁移率高达 27 ± 5 cm^2・V^{-1}・s^{-1},开关比超过了 10^4。由于栅电极之间连接部分结构容易断裂,当拉伸方向垂直于单壁碳纳米管时,器件不能保持良好的机械稳定性,但可以利用其离子类型的转换周期来模拟突触间信息的传递[110]。

以上介绍的几种可拉伸薄膜晶体管基本上是基于纳米复合材料。无论是石墨烯或碳纳米管都不是本征可拉伸材料,而是与弹性材料复合后具备了一定的拉伸性能。2016 年斯坦福大学鲍哲楠教授团队合成出一类具有可拉伸性的共轭半导体聚合物材料。他们将非共价性氢键引入传统共轭半导体聚合物分子中,这些氢键具有一定应变性能,赋予了共轭半导体聚合物的可拉伸性,如图 9.21 所示[111]。用这种材料制备的有机薄膜晶体管最高迁移率达到 $0.6 \ cm^2 \cdot V^{-1} \cdot s^{-1}$,开关比大于 10^5。在 100% 的应变条件下,晶体管的迁移率有所下降,但并没有完全失效,而且在 500 次反复拉伸下(25%应变)仍能保持正常工作。

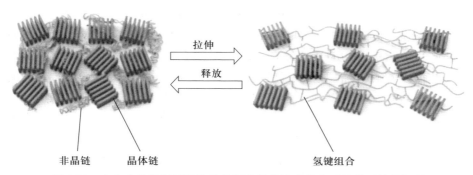

非晶链　　晶体链　　　　　　　　　　氢键组合

图 9.21　由非共价性氢键连接的共轭半导体聚合物分子及其可拉伸机理

9.4.2　可拉伸光伏器件

可穿戴电子需要供电电源,当电子部分已经柔性化并具有可拉伸性后,希望供电电源也具有柔性与可拉伸性的特征。传统电池显然做不到这一点。近年来有机光伏与钙钛矿光伏器件已经不难做到柔性化,如何进一步做到可拉伸化成为一个研究热点。有关有机与钙钛矿柔性光伏器件及其制备技术已经在本书第 6 章作了介绍,可拉伸光伏则是柔性光伏的特例。图 9.22 列举了可拉伸光伏器件的研究进展,可见这些年不断有这方面的研究工作发表。

实际上,前面介绍的各种可拉伸电子实现方式都可以应用于制备可拉伸的光伏器件。例如,Kaltenbrunner 等在 2012 年将制备好的薄膜有机太阳能电池贴附到预拉伸的衬底上,通过释放预拉伸衬底形成波浪褶皱结构[112]。制

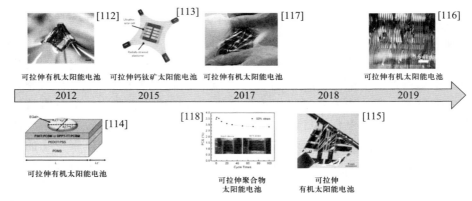

图 9.22 印刷技术制备可拉伸太阳能电池的研究进展

备方法是依次在 1.4 μm 厚 Polyethylene terephthalate（PET）衬底上旋涂 PEDOT：PSS 和 poly（3-hexylthiophene）（P3HT），（6，6）-phenyl-C61-butyric acid methyl ester（PCBM），蒸镀 Ca/Ag 作为阴极，最后将超薄的光伏薄膜贴附到 100 μm 厚预拉伸的丙烯酸弹性衬底上（3 M VHB 4905）。图 9.23（a）是预拉伸状态的薄膜光伏（左），以及拉伸 30%（中）与拉伸 50% 后回缩状态（右）下的薄膜光伏。回缩产生的褶皱是该光伏薄膜能够被拉伸的前提。拉伸状态下的器件展示了出色的性能，其中开路电压 V_{oc} 为 0.58 V，闭路电流 I_{sc} 为 11.9 mA·cm^{-2}，填充因子 FF 为 61%，光电转换效率 η 为 4.2%（各项参数的定义详见本书第 6 章）。回缩后光伏薄膜失去了平整性，各参数有所变化，其中 I_{sc} 与 η 随回缩量增加而下降，但 FF 与 V_{oc} 变化不大［图 9.23（b）］。在 50% 应变下反复拉伸回缩 22 次，各参数退化不大［图 9.23（c）］。该团队在 2015 年又开发出超薄可拉伸的钙钛矿太阳能电池。制备的薄膜光伏在回缩到 44% 时仍能保持良好的性能[113]。Lipomi 等则直接在预拉伸的 PDMS 衬底上依次沉积了 PEDOT：PSS 透明电极、P3HT：PCBM 有源层以及镓铟（EGaIn）液态金属来制备有机太阳能电池。同样也是通过释放预应变使其产生波浪褶皱结构来实现器件的拉伸性[114]。其他还包括东京大学 Someya 教授等报道的一系列工作[115,116]。还有将织物为衬底来制备光伏器件。例如，Jinno 等在 2017 年通过溶液法制备了超薄的有机太阳能电池，将其封装在两层弹性体材料之间并转移至织物上，所制备的织物太阳能电池展示了良好的水洗性和可拉伸性[117]。

利用预拉伸产生的屈曲褶皱结构实现光伏器件的可拉伸是因为光伏材

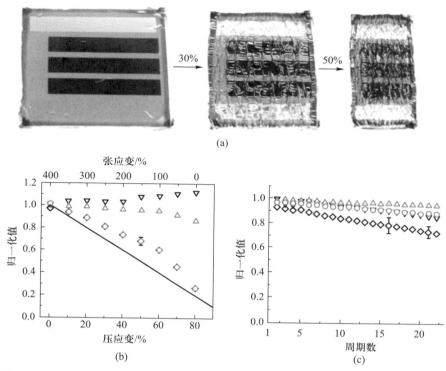

图 9.23　（a）预拉伸弹性衬底上的薄膜有机光伏（左）、回缩 30%（中）及回缩 50%（右）
状态下的薄膜有机光伏外观；（b）不同回缩状态下的 I_{sc}（圆圈）、FF（正三角）、η（菱形）、
V_{oc}（倒三角）；（c）上述参数在 50% 应变下反复拉伸回缩后的变化（50% 应变）

料本身不具有拉伸性。2017 年，Li 等报道了本征可拉伸的光伏器件。他们利
用单壁碳纳米管/银纳米线/PUA 作为透明电极，接着依次旋涂 PETDOT：
PSS，Thieno［3，4-b］-Thiophene/Benzodithiophene（PTB7）和［6，6］-Phenyl-C71-
Butyric acid Methyl ester（PC71BM）的混合溶液，最后将乙氧基聚乙酰亚胺
（PEIE）旋涂在顶部的透明电极上，通过层压的方式置于活性层之上，制备的
器件可以承受 100% 的拉伸应变[118]。

　　除此之外，9.2.4 节介绍的剪折纸（kirigami）设计概念也被应用于构建可
拉伸的光伏器件。例如，中国科学院宁波材料技术与工程研究所宋伟杰研究
员团队设计制备了可拉伸的钙钛矿太阳能电池。通过可以面外变形的
kirigami 结构有效地提高了钙钛矿太阳能电池的拉伸性能，显著降低了器件的
拉伸应力。这一特点赋予了器件较高的机械变形能力，包括拉伸能力（应变

可达 200 %）、扭曲能力（角度可达 450°）和弯曲能力（弯曲半径可达 0.5 mm）。即使经过 100%拉伸后,器件仍然可以正常工作[119]。

9.4.3 可拉伸发光器件

除了上述提到的薄膜晶体管和光伏器件,可拉伸发光器件也是可拉伸电子学的重要组成部分,是可穿戴电子系统的信息输出窗口。图 9.24 展示了可拉伸发光器件的研究进展。

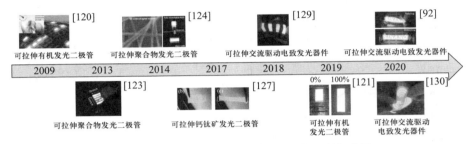

图 9.24 印刷技术制备可拉伸发光器件的研究进展

实现发光器件的可拉伸基本按照系统可拉伸与本征可拉伸两条技术路线发展。所谓系统可拉伸即通过岛桥结构实现发光器件阵列的整体可拉伸性,其中发光面不具备可拉伸性,连接发光面阵列的导线可以拉伸。发光器件可以是无机发光二极管（LED）或有机发光二极管（OLED）。例如,作者科研团队利用在 PDMS 上印刷的可拉伸银导线将 LED 灯珠连接成阵列,构成可拉伸的发光阵列[图 9.25（a）]。Sekitani 等报道了用印刷碳纳米管浆料制备可拉伸电极,将 OLED 单元连接成发光阵列[图 9.25（b）],其中每个 OLED 单元有独立的有机晶体管驱动电路[120]。

系统可拉伸的发光阵列并不难实现,难的是如何使发光面本身具有可拉伸性。一种方式是利用波浪褶皱结构可以实现发光面的可拉伸性。吉林大学孙洪波教授团队在 2019 年开发了一种辊轮辅助黏合压印（roller-assisted adhesion imprinting,RAI）技术来制备可拉伸有机发光二极管。与传统热压印或紫外固化压印技术不同,RAI 工艺在预拉伸的弹性衬底上选择性压附发光薄膜,衬底回缩后导致发光薄膜产生波浪褶皱结构,使发光薄膜具有可拉伸性。所制备的 OLED 可以拉伸到 100%,并在 20%拉伸的情况下,经历 35 000 次拉伸循环后,电流效率只下降了 5%[121]。同样基于褶皱结构的还有可拉伸的量子点发光二极管[122]。

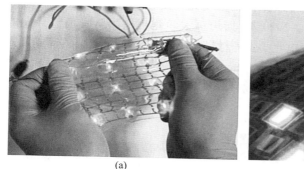
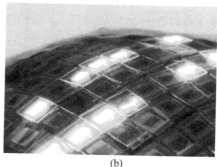

(a)   (b)

图 9.25 （a）可拉伸 LED 发光阵列；（b）可拉伸 OLED 发光阵列

  美国加州大学洛杉矶分校裴启兵教授团队在 2013 年报道了一种由商业发光聚合物（Super Yellow）与乙氧基化三羟甲基丙烷三丙烯酸酯等复合的电化学发光材料，其本身在拉伸下仍能保持发光。结合 AgNW 与 PUA 复合的半透明电极，构建了本征可拉伸的聚合物发光二极管，如图 9.26 所示[123]。发光面拉伸应变达 120% 时仍能正常发光，只是发光亮度有所下降。下降的主要原因是透明电极拉伸后电阻增加，导致驱动电流密度下降。2014 年，该团队进一步引入氧化石墨烯来焊接复合透明电极中的银纳米线，防止拉伸过程中银纳米线之间发生分离或滑动造成电阻升高。所制备的聚合物发光二极管

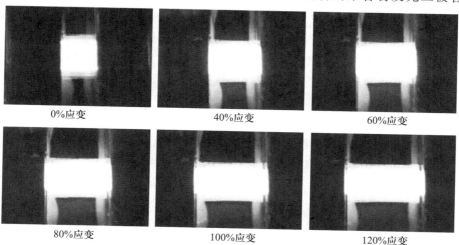

0%应变   40%应变   60%应变
80%应变   100%应变   120%应变

图 9.26 本征可拉伸电化学发光单元在不同拉伸应变下的发光照片

在拉伸 130% 的情况下仍然可以保持正常发光亮度,并可以经受经过 40% 应变下 100 次的循环拉伸[124]。2020 年,斯坦福大学鲍哲楠团队将他们开发的可拉伸有机晶体管与可拉伸电化学发光材料集成,制备出可拉伸的主动式发光阵列[125]。2022 年,该团队进一步将"Super Yellow"与弹性聚合物聚氨酯(PU)混合,开发出高亮度的可拉伸全聚合物发光二极管。亮度可达 7450 cd · m^{-2},可拉伸 100%,如图 9.27 所示[126]。

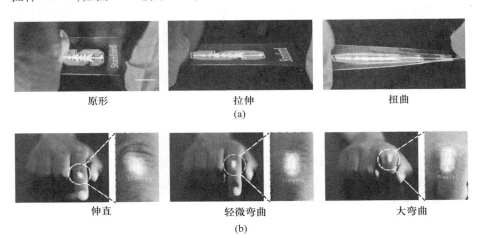

图 9.27　与聚氨酯混合的本征可拉伸发光演示:(a) 拉伸与扭曲;(b) 贴敷于弯曲手指上

除了聚合物发光二极管以外,2017 年 Bade 等通过使用有机金属卤化物-钙钛矿/聚合物复合材料作为发光层,报道了首个本征可拉伸钙钛矿发光二极管。发光器件为简单的三明治结构,上下为基于 PEDOT:PSS 的透明电极,中间为钙钛矿发光层。器件的开启电压为 2.4 V,并且最大亮度可以达到 15 960 cd · m^{-2},最大电流效率可以达到 2.7 cd · A^{-1}。器件在拉伸 40% 的情况下,依然可以保持良好的发光性能[127]。

基于无机 ZnS:Cu 材料的交流驱动电致发光因其器件结构简单、特殊的发光原理和适合大面积印刷制备而广泛地应用于柔性可拉伸发光领域[128]。2018 年,Song 等基于旋涂和转印制备了 AgNW/PDMS 透明电极,用丝网印刷 ZnS:Cu/PDMS 作为发光层,制备了一系列的多彩色的可拉伸电致发光器件[129]。南京大学孔德圣团队利用全丝网印刷工艺制备了多彩色和可拉伸的电致发光器件。首先将银线喷涂在玻璃衬底上,得到高电导率的银线网络电极。接着,直接在电极表面丝网印刷热塑性弹性体浆料图案作为掩模。然后对银线电极进行湿法刻蚀,得到具有精密图案的银线电极。中间的发光层则直接采用丝网印刷的工艺,所制备的器件表现出出色的可拉伸性和具有较低的工作电压(40 V),并制备了贴敷于皮肤表面的声音同步感应显示系统,能够产生响应音乐节奏的发光图案[130]。

作者科研团队在可拉伸无机 ZnS:Cu 交流电致发光器件方面也进行了一系列研究。图 9.28(a)是利用可拉伸图形化透明导电膜作为顶电极构筑的交流电致发光器件,发光层的厚度为 48.3 μm[图 9.28(b)]。图形化发光器件在、弯折、扭曲、拉伸 3 种不同状态均能稳定正常的工作[图 9.28(c)],在 70% 拉伸应变下,器件的亮度只降低了 5.8%[图 9.28(d)][92]。

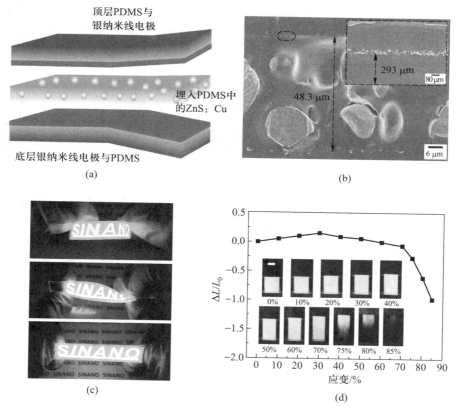

图 9.28　(a)可拉伸电致发光器件构筑结构示意图;(b)器件截面 SEM 照片;(c)显示"SINANO"字母的电致发光器件机械挠折性的实物图;(d)器件在拉伸状态下的亮度变化

作者科研团队进一步尝试了在弹性织物表面印刷制备大尺寸高亮度电致发光器件。器件结构如图 9.29(a)所示,通过丝网印刷自下而上依次构筑底电极、发光层、介电层、透明顶电极和封装层,总厚度仅为 100 μm 左右[图 9.29(b)]。发光亮度达到 270 cd · m^{-2}(3 cm×1 cm,130 V,8000 Hz),并且在扭曲与拉伸状态下仍能保持正常发光[图 9.29(c)]。在此基础上通过模拟卷对卷(roll-to-roll)印刷工艺实现了在弹性织物表面连续化、大尺寸(10 cm× 10 cm)发光面的印刷制备[图 9.29(d)],展示了未来工程化应用前景[104]。

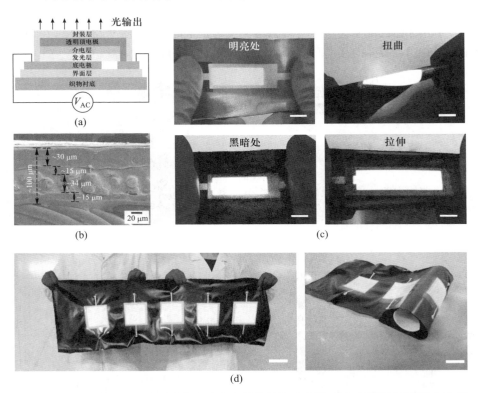

图 9.29　(a) 织物表面全印刷制备电致发光器件结构示意图;(b) 印刷器件截面 SEM 照片;(c) 器件各种状态下发光照片;(d) 模拟卷对卷印刷的大尺寸发光器件照片

9.4.4　可拉伸电子系统制备方法

　　所谓电子系统是一个将不同电子器件用导线连接起来的整体。一个可拉伸的电子系统包括可拉伸的衬底、可拉伸的连接导线与可拉伸的电子器件,但大多数情况下不能全部满足这三个条件。因此可拉伸电子系统的制备方法也有所区别,一般分为三种情况:

第一种情况是导电材料与构成电子器件的基础材料都具有可拉伸性,例如 9.3 节介绍的各种本征可拉伸导电材料以及以上介绍的可拉伸晶体管、光伏或发光材料,则可拉伸电子系统的制备非常简单,即直接在可拉伸衬底上按常规方法加工制备,包括印刷或传统微加工方法。印刷加工方法在本书第 4 章已有详细介绍,微加工方法就是微电子集成电路的加工方法,包括薄膜沉积、光刻与刻蚀等工艺。文献[125]报道的可拉伸主动式有机发光二级管阵列就是一个典型的例子,该系统的发光器件、晶体管器件与连接导线均具有可拉伸性,可以通过喷墨打印和旋涂等溶液法加工方法直接在弹性衬底上制备完成。

第二种情况是导电材料与电子器件功能材料本身都不具有可拉伸性,可拉伸电子系统需要通过岛桥结构来实现。作为"桥"的连接导线需要在预拉伸的弹性衬底上制备完成,工艺流程如图 9.30(a)所示。将预先拉伸的弹性衬底固定于刚性衬底上,通过镀膜与图形化加工(光刻+刻蚀)形成连接导线结构,将弹性衬底剥离,释放回缩的弹性衬底导致表面的导线结构产生屈曲褶皱或剪折纸结构的变形,奠定了以后系统可拉伸的基础。系统的可拉伸量即是弹性衬底的预拉伸量。当然,如果将连接导线设计成蛇形线结构,即使不预先拉伸弹性衬底也可以允许制备的连线导线有一定的拉伸性,如图 9.5、图 9.6 所示。至于非弹性电子器件的集成,可以有多种方式。如果是商业分离元件,例如集成电路、电阻或电容,则直接通过贴片方式转移到弹性衬底上。图 9.25(a)所示的可拉伸 LED 阵列是一个典型例子。如果是实验室制备的元器件,其制备与集成过程如图 9.30(b)所示。在硅基等刚性衬底上可以按常规方法制备电子器件,不过器件层下面要设置一个牺牲层。制备好器件后会将下面的牺牲层腐蚀到只剩一个支撑器件的锚点,然后用一个黏弹性印章将器件拔起,转印到已经制备了连接导线的弹性衬底上。本书 4.4.2 节已经介绍了类似的转印技术。一个典型例子是图 9.25(b)所示的可拉伸 OLED 阵列,其中 OLED 单元与可拉伸连线分别制备,通过转印集成为可拉伸的 OLED 阵列。

刚性功能器件与可拉伸连接导线集成面临一个棘手问题是如何保证刚性器件在拉伸过程中不脱落。作者科研团队开发的一种解决方案是利用不同刚度的弹性体(PDMS)来封装刚性器件与连接导线。如图 9.31 所示,用高刚度的 PDMS 封装刚性器件,例如 LED 器件,用低刚度的 PDMS 封装连接导线,并在高刚度与低刚度 PDMS 之间建立刚度的梯度变化,从而可以保证拉伸时刚性器件无脱落。图 9.25(a)即为使用这一方法构建的可拉伸 LED 发光阵列,在强力拉扯下也未发生 LED 脱落现象。

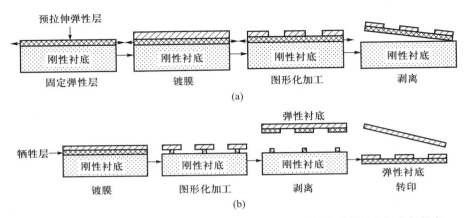

图 9.30 （a）可拉伸导电结构的制备工艺流程；（b）刚性电子器件的制备与转印

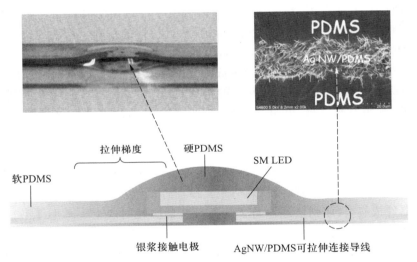

图 9.31 用不同刚度的 PDMS 封装可拉伸系统的刚性元件

9.5 小结

可拉伸电子是对传统电子的颠覆，目前仍在研究领域范畴。可拉伸电子要真正从研究走向应用必须要解决以下几个问题。

（1）拉伸电阻稳定性问题。对于很多功能电路来说,拉伸导线发生电阻变化会对整个系统发生影响,而印刷制备的可拉伸电极、表面的导电层与弹性衬底间弱的黏附力导致在多次循环拉伸后电极层脱附,降低了电学性能。解决问题的关键是如何减少多次循环拉伸后出现的裂纹而保持原有的导电通路,这需要从材料方面入手,提高黏附力,从而提高导体的拉伸性能,消除应变疲劳问题。

（2）可拉伸导线跟商业芯片集成问题。传统商业芯片跟电路板都是通过焊接连接的,但是对于可拉伸电子来说,衬底往往是硅胶基的,因此无法进行焊接,所以必须发展一种新型的黏结材料来实现硬质传统商业芯片跟柔性衬底上印刷电极间的可靠连接。

（3）拉伸限度问题。印刷可拉伸电子在应力作用下能够发生形变,但是不能无条件地一直形变下去,因此必须考虑最大拉伸限度问题,即设定在某拉伸幅度下发生形变不影响整个体系的工作,所以如何巧妙设计拉伸限度非常重要。

（4）拉伸形变过程中软硬界面分离问题。可拉伸电子在形变过程中如何有效实现硬质芯片区域的应变隔离非常关键,因为在反复拉伸回缩过程中,如果硬质芯片发生脱离,将对整个电路系统发生影响。

可拉伸电子未来主要向 3 个方向发展:① 基于硅胶基的柔性可拉伸电子,主要应用是软体机器人和贴敷表皮生理监测;② 纺织面料基的智能服装,主要应用是智能可穿戴电子;③ 基于导电水凝胶和导电聚合物基的可拉伸电子,主要应用是可植入和组织贴敷式电子器件。

参考文献

[1] Kim D H, Lu N, Rogers J A, et al. Epidermal electronics [J]. Science, 2011, 333 (6044): 838-843.

[2] Mengüç Y, Park Y-L, Pei H, et al. Wearable soft sensing suit for human gait measurement [J]. The International Journal of Robotics Research, 2014, 33 (14): 1748-1764.

[3] Suo Z. Mechanics of stretchable electronics and soft machines [J]. MRS Bull., 2012, 37 (3): 218-225.

[4] Rogers J A, Someya T, Huang Y. Materials and mechanics for stretchable electronics [J]. Science, 2010, 327: 1603-1607.

[5] Wang C, Wang C, Huang Z, et al. Materials and structures toward soft electronics [J]. Adv. Mater., 2018, 30 (50): e1801368.

［6］ Ma Y, Zhang Y, Cai S, et al. Flexible hybrid electronics for digital healthcare［J］. Adv. Mater., 2020, 32（15）: e1902062.

［7］ Wu W. Stretchable electronics: functional materials, fabrication strategies and applications ［J］. Science and Technology of Advanced Materials, 2019, 20（1）: 187-224.

［8］ Choi S, Han S I, Kim D, et al. High-performance stretchable conductive nanocomposites: materials, processes, and device applications［J］. Chem. Soc. Rev., 2019, 48（6）: 1566-1595.

［9］ Khang D Y, Jiang H, Rogers J A, et al. A stretchable form of single-crystal silicon for high-performance electronics on rubber substrates［J］. Science, 2006, 311（5758）: 208-212.

［10］ Sun Y, Choi W M, Huang Y Y, et al. Controlled buckling of semiconductor nanoribbons for stretchable electronics［J］. Nature Nanotechnology, 2006, 1（3）: 201-207.

［11］ Joo H, Jung D, Kim D H, et al. Material design and fabrication strategies for stretchable metallic nanocomposites［J］. Small, 2020, 16（11）: e1906270.

［12］ Gao M, Li L, Song Y. Inkjet printing wearable electronic devices［J］. Journal of Materials Chemistry C, 2017, 5（12）: 2971-2993.

［13］ Fernandes D F, Majidi C, Tavakoli M. Digitally printed stretchable electronics: a review ［J］. Journal of Materials Chemistry C, 2019, 7（45）: 14035-14068.

［14］ Choi W M, Huang Y Y, Rogers J A, et al. Biaxially stretchable "wavy" silicon nanomembranes［J］. Nano Lett., 2007, 7（6）: 1655-1663.

［15］ Kim D H, Huang Y Y, Rogers J A, et al. Stretchable and foldable silicon integrated circuits［J］. Science, 2008, 320（5875）: 507-511.

［16］ Park S I, Xiong Y, Kim R H, et al. Printed assemblies of inorganic light-emitting diodes for deformable and semitransparent displays［J］. Science, 2009, 325（5943）: 977-981.

［17］ Chen Y, Peng R, You Z. Hierarchically buckled sheath-core fibers for superelastic electronics, sensors, and muscles［J］. Science 2015, 349（6246）: 396-400.

［18］ Gao N, Zhang X, Liao S, et al. Polymer swelling induced conductive wrinkles for an ultrasensitive pressure sensor［J］. ACS Macro. Lett., 2016, 5（7）: 823-827.

［19］ Park S-J, Kim J, Chu M, et al. Flexible piezoresistive pressure sensor using wrinkled carbon nanotube thin films for human physiological signals［J］. Advanced Materials Technologies, 2018, 3（1）: 1700158.

［20］ Ding C, Yuan W, Su W, et al. Omnidirectionally stretchable electrodes based on wrinkled silver nanowires through the shrinkage of electrospun polymer fibers［J］. Journal of Materials Chemistry C, 2020, 8（47）: 16798-16807.

［21］ Hong J Y, Kim W, Choi D, et al. Omnidirectionally stretchable and transparent graphene electrodes［J］. ACS Nano, 2016, 10（10）: 9446-9455.

［22］ Hu X, Dou Y, Li J, et al. Buckled structures: Fabrication and applications in wearable electronics[J]. Small, 2019, 15 (32): e1804805.

[23] Kim B S, Pyo J B, Son J G, et al. Biaxial stretchability and transparency of ag nanowire 2D mass-spring networks prepared by floating compression[J]. ACS Applied Materials & Interfaces, 2017, 9 (12): 10865-10873.

[24] Gray D S, Tien J, Chen C S. High-conductivity elastomeric electronics[J]. Adv. Mater., 2004, 16 (5): 393-397.

[25] Kim D-H, Kim Y-S, Wu J, et al. Ultrathin silicon circuits with strain-isolation layers and mesh layouts for high-performance electronics on fabric, vinyl, leather, and paper[J]. Adv. Mater., 2009, 21 (36): 3703-3707.

[26] Kim D H, Lu N, Ghaffari R, et al. Materials for multifunctional balloon catheters with capabilities in cardiac electrophysiological mapping and ablation therapy [J]. Nature Materials, 2011, 10 (4): 316-323.

[27] Xu S, Zhang Y, Jia L, et al. Soft microfluidic assemblies of sensors, circuits, and radios for the skin[J]. Science, 2014, 344 (6179): 70-74.

[28] Chung H U, Rwei A Y, Hourlier-Fargette A, et al. Skin-interfaced biosensors for advanced wireless physiological monitoring in neonatal and pediatric intensive-care units [J]. Nat. Med., 2020, 26 (3): 418-429.

[29] Zhang Y, Fu H, Hunag Y, et al. A hierarchical computational model for stretchable interconnects with fractal-inspired designs [J]. J. Mech. Phys. Solids, 2014, 72, 115-130.

[30] Xu S, Zhang Y, Cho J, et al. Stretchable batteries with self-similar serpentine interconnects and integrated wireless recharging systems [J]. Nature Communications, 2013, 4: 1543.

[31] Cui Z, Gao Y. Hybrid printing of high resolution metal mesh as transparent conductor for touch panel and OLED[C] Dig. Tech. Pap.—Soc. Inf. Disp. Int. Symp., 2015, 46: 398.

[32] Chen X, Su W, Cui Z, et al. Hybrid printing metal-mesh transparent conductive films with lower energy photonically sintered copper/tin ink[J]. Sci. Rep., 2017, 7 (1): 13239.

[33] Chen X, Guo, Su W, Cui Z, et al. Embedded Ag/Ni metal-mesh with low surface roughness as transparent conductive electrode for optoelectronic applications [J]. ACS Applied Materials & Interfaces, 2017, 9 (42): 37048-37054.

[34] Chen X, Guo, Su W, Cui Z, et al. Printable high-aspect ratio and high-resolution Cu grid flexible transparent conductive film with figure of merit over 80 000[J]. Adv. Electron. Mater., 2019, 1800991.

[35] Chen X, Yin Y, Yuan W, et al. Transparent thermotherapeutic skin patch based on highly conductive and stretchable copper mesh heater[J]. Advanced Electronic Materials, 2021, 7 (12): 2100611.

［36］ Zhang Z, Yang Z, Peng H, et al. Stretchable polymer solar cell fibers［J］. Small, 2015, 11（6）: 675-680.

［37］ Yang Z, Deng J, Peng H, et al. Stretchable, wearable dye-sensitized solar cells［J］. Adv. Mater., 2014, 26（17）: 2643-2647.

［38］ Chen X, Qiu L, Peng H, et al. Novel electric double-layer capacitor with a coaxial fiber structure［J］. Adv. Mater., 2013, 25（44）: 6436-6441.

［39］ Xu Y, Zhang Y, Peng H, et al. Flexible, stretchable, and rechargeable fiber-shaped zinc-air battery based on cross-stacked carbon nanotube sheets［J］. Angewandte Chemie-International Edition, 2015, 54（51）: 15390-15394.

［40］ Yang Z, Deng J, Peng H, et al. A highly stretchable, fiber-shaped supercapacitor［J］. Angewandte Chemie-International Edition, 2013, 52（50）: 13453-13457.

［41］ Xu S, Huang Y, Rogers J A, et al. Assembly of micro/nanomaterials into complex, three-dimensional architectures by compressive buckling［J］. Science, 2015, 347（6218）: 154-159.

［42］ Jang K I, Huang Y, Rogers J A, et al. Self-assembled three dimensional network designs for soft electronics［J］. Nature Communications, 2017, 8: 15894.

［43］ Iwata Y, Iwase E. Stress-free stretchable electronic device using folding deformation［C］. IEEE 30th International Conference on Micro Electro Mechanical Systems（MEMS）, 2017: 231-234.

［44］ Guo H, Yeh M H, Wang Z L, et al. All-in-one shape-adaptive self-charging power package for wearable electronics［J］. ACS Nano, 2016, 10（11）: 10580-10588.

［45］ Maziz A, Concas A, Khaldi A, et al. Knitting and weaving artificial muscles［J］. Science Advances, 2017, 3（1）: e1600327.

［46］ Cheng R, Dong K, Wang Z L, et al. High output direct-current power fabrics based on the air breakdown effect［J］. Energy Environ. Sci., 2021, 14（4）: 2460-2471.

［47］ Dong K, Peng X, Wang Z L, et al. Fiber/fabric-based piezoelectric and triboelectric nanogenerators for flexible/stretchable and wearable electronics and artificial intelligence［J］. Adv. Mater., 2020, 32（5）: e1902549.

［48］ Yuk H, Zhang T, Lin S, et al. Tough bonding of hydrogels to diverse non-porous surfaces［J］. Nature Materials, 2016, 15（2）: 190-196.

［49］ Yuk H, Zhang T, Parada G A, et al. Skin-inspired hydrogel-elastomer hybrids with robust interfaces and functional microstructures［J］. Nature Communications, 2016, 7: 12028.

［50］ Lee Y Y, Kang H Y, Gwon S H, et al. A strain-insensitive stretchable electronic conductor: PEDOT: PSS/acrylamide organogels［J］. Adv. Mater., 2016, 28（8）: 1636-1643.

［51］ Ding Q, Xu X, Yue Y, et al. Nanocellulose-mediated electroconductive self-healing hydrogels with high strength, plasticity, viscoelasticity, stretchability, and biocompatibility toward multifunctional applications[J]. ACS Applied Materials & Interfaces, 2018, 10 (33): 27987-28002.

[52] Li H, Lv T, Sun H, et al. Ultrastretchable and superior healable supercapacitors based on a double cross-linked hydrogel electrolyte[J]. Nature Communications, 2019, 10 (1): 536.

[53] Lei Z, Wang Q, Sun S, et al. A bioinspired mineral hydrogel as a self-healable, mechanically adaptable ionic skin for highly sensitive pressure sensing[J]. Adv. Mater., 2017, 29 (22): 1700321.

[54] Tian K, Bae J, Bakarich S E, et al. 3D printing of transparent and conductive heterogeneous hydrogel-elastomer systems[J]. Adv. Mater., 2017, 29 (10): 1604827.

[55] Hong S, Sycks D, Chan H F, et al. 3D Printing of highly stretchable and tough hydrogels into complex, cellularized structures[J]. Adv. Mater., 2015, 27 (27): 4035-4040.

[56] Sim K, Rao Z, Ershad F, et al. Rubbery electronics fully made of stretchable elastomeric electronic materials[J]. Adv. Mater., 2020, 32 (15): e1902417.

[57] Lipomi D J, Lee J A, Bao Z, et al. Electronic properties of transparent conductive films of PEDOT: PSS on stretchable substrates[J]. Chem. Mater., 2012, 24 (2): 373-382.

[58] Vosgueritchian M, Lipomi D J, Bao Z. Highly conductive and transparent PEDOT:PSS films with a fluorosurfactant for stretchable and flexible transparent electrodes[J]. Adv. Funct. Mater., 2012, 22 (2): 421-428.

[59] Savagatrup S, Chan E, Renteria-Garcia S M, et al. Plasticization of PEDOT:PSS by common additives for mechanically robust organic solar cells and wearable sensors[J]. Adv. Funct. Mater., 2015, 25 (3): 427-436.

[60] Döbbelin M, Marcilla R, Salsamendi M, et al. Influence of ionic liquids on the electrical conductivity and morphology of PEDOT:PSS films[J]. Chem. Mater., 2007, 19 (9): 2147-2149.

[61] Wang Y, Zhu C, Bao Z, et al. A highly stretchable, transparent, and conductive polymer [J]. Science Advances, 2017, 3 (3): e1602076.

[62] Li P, Sun K, Ouyang J. Stretchable and conductive polymer films prepared by solution blending[J]. ACS Applied Materials & Interfaces, 2015, 7 (33): 18415-18423.

[63] Wu Q, Wei J, Xu B, et al. A robust, highly stretchable supramolecular polymer conductive hydrogel with self-healability and thermo-processability[J]. Sci. Rep., 2017, 7: 41566.

[64] Li H, Liu J, Revolutionizing heat transport enhancement with liquid metals: Proposal of a new industry of water-free heat exchangers[J]. Frontiers in Energy, 2011, 5 (1): 20-42.

[65] Boley J W, White E L, Kramer R K. Mechanically sintered gallium-indium nanoparticles [J]. Adv. Mater., 2015, 27 (14): 2355-2360.

[66] Zheng Y, He Z Z, Liu J, et al. Personal electronics printing via tapping mode composite

liquid metal ink delivery and adhesion mechanism[J]. Sci. Rep., 2014, 4: 4588.

[67] Tabatabai A, Fassler A, Usiak C, et al. Liquid-phase gallium-indium alloy electronics with microcontact printing[J]. Langmuir, 2013, 29 (20): 6194-200.

[68] Zhang Q, Gao Y, Liu J. Atomized spraying of liquid metal droplets on desired substrate surfaces as a generalized way for ubiquitous printed electronics[J]. Appl. Phys. A, 2013, 116 (3): 1091-1097.

[69] Wang S, Nie Y, Kong D, et al. Intrinsically stretchable electronics with ultrahigh deformability to monitor dynamically moving organs [J]. Science Advances, 2022, 8 (13): eabl5511.

[70] Park Y G, An H S, Kim J Y, et al. High-resolution, reconfigurable printing of liquid metals with three-dimensional structures[J]. Science Advances, 2019, 5 (6): 2844.

[71] Zhu S, So J-H, Mays R, et al. Ultrastretchable fibers with metallic conductivity using a liquid metal alloy core[J]. Adv. Funct. Mater., 2013, 23 (18): 2308-2314.

[72] Dickey M D. Stretchable and soft electronics using liquid metals[J]. Adv. Mater., 2017, 29: 1606425.

[73] Taherian R. Development of an equation to model electrical conductivity of polymer-based carbon nanocomposites[J]. ECS Journal of Solid State Science and Technology, 2014, 3 (6): M26-M38.

[74] Ioselevich A S, Kornyshev A A. Approximate symmetry laws for percolation in complex systems: Percolation in polydisperse composites[J]. Physical Review E, 2002, 65 (2 Pt 1): 021301.

[75] Deng H, Lin L, Fu Q, et al. Progress on the morphological control of conductive network in conductive polymer composites and the use as electroactive multifunctional materials [J]. Prog. Polym. Sci., 2014, 39 (4): 627-655.

[76] Zhang R, Baxendale M, Peijs T. Universal resistivity-strain dependence of carbon nanotube/polymer composites[J]. Physical Review B, 2007, 76 (19): 195433.

[77] Ahn B Y, Duoss E B, Rogers J A, et al. Omnidirectional printing of flexible, stretchable, and spanning silver microelectrodes[J]. Science, 2009, 323 (5921): 1590-1593.

[78] Kim Y, Zhu J, Yeom B, et al. Stretchable nanoparticle conductors with self-organized conductive pathways[J]. Nature, 2013, 500 (7460): 59-63.

[79] Niu X Z, Peng S L, Liu L Y, et al. Characterizing and patterning of PDMS-based conducting composites[J]. Adv. Mater., 2007, 19 (18): 2682-2686.

[80] Shintake J, Piskarev Y, Jeong S H, et al. Ultrastretchable strain sensors using carbon black-filled elastomer composites and comparison of capacitive versus resistive sensors[J]. Advanced Materials Technologies, 2017, 3 (3): 1700284.

[81] Sharma N, Nair N M, Nagasarvari G. A review of silver nanowire-based composites for flexible electronic applications[J]. Flex. Print. Electron., 2022, 7: 014009.

［82］ Choi S, Park J, Hyun W, et al. Stretchable heater using ligand-exchanged silver nanowire nanocomposite for wearable articular thermotherapy［J］. ACS Nano, 2015, 9（6）: 6626-6633.

［83］ Choi S, Han S I, Jung D, et al. Highly conductive, stretchable and biocompatible Ag-Au core-sheath nanowire composite for wearable and implantable bioelectronics［J］. Nature Nanotechnology, 2018, 13（11）: 1048-1056.

［84］ Huang Q, Al-Milaji K N, Zhao H. Inkjet printing of silver nanowires for stretchable heaters［J］. ACS Applied Nano Materials, 2018, 1（9）: 4528-4536.

［85］ Oh J Y, Lee D, Hong S H. Ice-templated bimodal-porous silver nanowire/PDMS nanocomposites for stretchable conductor［J］. ACS Applied Materials & Interfaces, 2018, 10（25）: 21666-21671.

［86］ Xu F, Zhu Y. Highly conductive and stretchable silver nanowire conductors［J］. Adv. Mater., 2012, 24（37）: 5117-5122.

［87］ Wang J, Yan C, Kang W, et al. High-efficiency transfer of percolating nanowire films for stretchable and transparent photodetectors［J］. Nanoscale, 2014, 6（18）: 10734-10739.

［88］ Yang M, Kim S W, Zhang S, et al. Facile and highly efficient fabrication of robust Ag nanowire – elastomer composite electrodes with tailored electrical properties［J］. Journal of Materials Chemistry C, 2018, 6（27）: 7207-7218.

［89］ Li W, Zhang H, Silva R P, et al. Recent progress in silver nanowire networks for flexible organic electronics［J］. J. Mater. Chem. C, 2020, 8: 4636-4674.

［90］ Yuan W, Wu X, Cui Z, et al. Printed stretchable circuit on soft elastic substrate for wearable application［J］. Journal of Semiconductors, 2018, 39（1）: 015002.

［91］ Yuan W, Lin J, Cui Z, et al. Preparation of flexible and stretchable circuit via printing method based on silver nanowires［J］. Scientia Sinica Physica, Mechanica & Astronomica, 2016, 46（4）: 044611.

［92］ Lin Y, Yuan W, Li F, et al. Facile and efficient patterning method for silver nanowires and its application to stretchable electroluminescent displays［J］. ACS Applied Materials & Interfaces, 2020, 12（21）: 24074-24085.

［93］ 袁伟, 顾唯兵, 崔铮, 等. 硅胶基衬底表面高分辨复杂可延展电路的印刷制备［J］. 科技导报, 2017, 35（17）: 73-79.

［94］ Lin Y, Yuan W, Su W, et al. High-resolution and large-size stretchable electrodes based on patterned silver nanowires composites［J］. Nano Research, 2022, 15: 4590-4598.

［95］ Lee S, Shin S, Lee S, et al. Ag nanowire reinforced highly stretchable conductive fibers for wearable electronics［J］. Adv. Funct. Mater., 2015, 25（21）: 3114-3121.

［96］ Sekitani T, Noguchi Y, Hata K, et al. A rubberlike stretchable active matrix using elastic conductors［J］. Science, 2008, 321（5895）: 1468-1472.

［97］ Lipomi D J, Vosgueritchian M, Bao Z, et al. Skin-like pressure and strain sensors based on transparent elastic films of carbon nanotubes[J]. Nature Nanotechnology, 2011, 6 (12): 788-792.

[98] Lin L, Liu S, Fu S, et al. Fabrication of highly stretchable conductors via morphological control of carbon nanotube network[J]. Small, 2013, 9 (21): 3620-3629.

[99] Zhou J, Yu H, Xu X, et al. Ultrasensitive, stretchable strain sensors based on fragmented carbon nanotube papers[J]. ACS Applied Materials & Interfaces, 2017, 9 (5): 4835-4842.

[100] Matsuhisa N, Inoue D, Someya T, et al. Printable elastic conductors by in situ formation of silver nanoparticles from silver flakes[J]. Nature Materials, 2017, 16 (8): 834-840.

[101] Matsuhisa N, Kaltenbrunner M, Someya T, et al. Printable elastic conductors with a high conductivity for electronic textile applications[J]. Nature Communications, 2015, 6: 7461.

[102] Jin H, Matsuhisa N, Someya T, et al. Enhancing the performance of stretchable conductors for e-textiles by controlled ink permeation[J]. Adv. Mater., 2017, 29 (21): 1605848.

[103] Kim K S, Zhao Y, Jang H, et al. Large-scale pattern growth of graphene films for stretchable transparent electrodes[J]. Nature, 2009, 457 (7230): 706-710.

[104] Ma F, Lin Y, Yuan W, et al. Fully printed, large-size alternating current electroluminescent device on fabric for wearable textile display[J]. ACS Applied Electronic Materials, 2021, 3 (4): 1747-1757.

[105] Lee S K, Kim B J, Jang H, et al. Stretchable graphene transistors with printed dielectrics and gate electrodes[J]. Nano Lett., 2011, 11 (11): 4642-4646.

[106] Xu F, Wu M Y, Safron N S, et al. Highly stretchable carbon nanotube transistors with ion gel gate dielectrics[J]. Nano Lett., 2014, 14 (2): 682-686.

[107] Liang J, Li L, Pei Q, et al. Intrinsically stretchable and transparent thin-film transistors based on printable silver nanowires, carbon nanotubes and an elastomeric dielectric[J]. Nature Communications, 2015, 6: 7647.

[108] Chortos A, Koleilat G I, Bao Z, et al. Mechanically durable and highly stretchable transistors employing carbon nanotube semiconductor and electrodes[J]. Adv. Mater., 2016, 28 (22): 4441-4448.

[109] Cai L, Zhang S, Yu Z, et all. Fully printed stretchable thin-film transistors and integrated logic circuits[J]. ACS Nano, 2016, 10 (12): 11459-11468.

[110] Molina-Lopez F, Gao T Z, Bao Z, et al. Inkjet-printed stretchable and low voltage synaptic transistor array[J]. Nature Communications, 2019, 10 (1): 2676.

[111] Oh J Y, Rondeau-Gagné S, Bao Z. Intrinsically stretchable and healable semiconducting polymer for organic transistors[J]. Nature, 2016, 539: 411-415.

[112] Kaltenbrunner M, White M S, Glowacki E D, et al. Ultrathin and lightweight organic

solar cells with high flexibility[J]. Nature Communications, 2012, 3: 770.

[113] Kaltenbrunner M, Adam G, Glowacki E D, et al. Flexible high power-per-weight perovskite solar cells with chromium oxide-metal contacts for improved stability in air [J]. Nature Materials, 2015, 14 (10): 1032-1039.

[114] Lipomi D J, Chong H, Bao Z, et al. Toward mechanically robust and intrinsically stretchable organic solar cells: Evolution of photovoltaic properties with tensile strain[J]. Sol. Energy Mater. Sol. Cells, 2012, 107: 355-365.

[115] Park S, Heo S W, Someya T, et al. Self-powered ultra-flexible electronics via nano-grating-patterned organic photovoltaics[J]. Nature, 2018, 561 (7724): 516-521.

[116] Jiang Z, Fukuda K, Someya T, et al. Durable ultraflexible organic photovoltaics with novel metal-oxide-free cathode[J]. Adv. Funct. Mater., 2018, 29 (6): 1808378.

[117] Jinno H, Fukuda K, Someya T, et al. Stretchable and waterproof elastomer-coated organic photovoltaics for washable electronic textile applications [J]. Nature Energy, 2017, 2 (10): 780-785.

[118] Li L, Liang J, Pei Q, et al. A solid-state intrinsically stretchable polymer solar cell[J]. ACS Applied Materials & Interfaces, 2017, 9 (46): 40523-40532.

[119] Li H, Wang W, Song W, et al. Kirigami-based highly stretchable thin film solar cells that are mechanically stable for more than 1000 cycles[J]. ACS Nano, 2020, 14 (2): 1560-1568.

[120] Sekitani T, Nakajima H, Someya T, et al. Stretchable active-matrix organic light-emitting diode display using printable elastic conductors[J]. Nat Mater, 2009, 8 (6): 494-499.

[121] Yin D, Feng J, Sun H B, et al. Roller-assisted adhesion imprinting for high-throughput manufacturing of wearable and stretchable organic light-emitting devices[J]. Advanced Optical Materials, 2019, 8 (4): 1901525.

[122] Li Y F, Feng J, Sun H B, et al. Stretchable organometal-halide-perovskite quantum-dot light-emitting diodes[J]. Adv. Mater., 2019, 31 (22): e1807516.

[123] Liang J, Yu Z, Pei Q, et al. Elastomeric polymer light-emitting devices and displays [J]. Nature Photonics, 2013, 7 (10): 817-824.

[124] Liang J, Li L, Pei Q, et al. Silver nanowire percolation network soldered with graphene oxide at room temperature and its application for fully stretchable polymer light-emitting diodes[J]. ACS Nano, 2014, 8 (2): 1590-1600.

[125] Liu J, Zhang Z, Bao Z, et al. Fully stretchable active-matrix organic light-emitting electrochemical cell array[J]. Nature Communications, 2020, 11: 3362.

[126] Zhang Z, Wang W, Bao Z, et al. High-brightness all-polymer stretchable LED with charge-trapping dilution[J]. Nature, 2022, 603: 624-630.

[127] Bade S G R, Shan X, Yu Z, et al. Stretchable light-emitting diodes with organometal-

halide-perovskite-polymer composite emitters [J]. Adv. Mater., 2017, 29 (23): 1607053.

[128] Larson C, Peele B, Li S, et al. Highly stretchable electroluminescent skin for optical signaling and tactile sensing[J]. Science, 2016, 351 (6277): 1071-1074.

[129] Song S, Shim H, Lim S K, et al. Patternable and widely colour-tunable elastomer-based electroluminescent devices[J]. Sci. Rep., 2018, 8 (1): 3331.

[130] Zhao C, Zhou Y, Kong D, et al. Fully screen-printed, multicolor, and stretchable electroluminescent displays for epidermal electronics [J]. ACS Applied Materials & Interfaces, 2020, 12 (42): 47902-47910.

印刷电子技术的应用与发展前景

第 **10** 章

10.1　引言

　　前面各章分别介绍了印刷电子学所涉及的材料、工艺与设备、典型电子与光电子器件的原理与制作方法,以及印刷电子器件封装等技术领域。印刷电子学是一个与实际应用紧密联系的学科。国外近年来对印刷电子技术的重视主要是源于其广阔的、吸引人的应用前景。印刷电子技术的大面积、柔性化、低成本、绿色环保与数字化制造特征可以带来许多新颖的、传统加工方法无法实现或很难低成本实现的应用。当然,这些应用是否最终能成功转化为产品进入市场而被用户所接受,还受到其他因素的制约。自本书第 1 版出版以来已经 10 余年过去了,回头来看,过去 10 年印刷电子在应用市场上的那些成功与失败的例子能够让我们对各种印刷电子材料与技术本身的优势和劣势有更清楚的认识。本章按照柔性显示、光伏、电子器件与电路、集成智能系统以及有机照明这 5 个应用领域介绍了过去 10 年印刷电子技术在应用市场的发展变化,所介绍的例子都是已经形成产品的实际应用。通过这些应用实例总结了印刷电子技术发展过程中所面临的主要挑战,并对未来印刷电子技术的发展方向做了展望。

10.2　印刷电子技术应用领域

　　国际有机和印刷电子协会(OE-A)在 2011 年发布的"有机与印刷电子发展路线图"(第 4 版)中界定了 5 大应用领域[1]:有机光伏(organic photovoltaic)、柔性显示(flexible display)、照明(lighting)、电子元器件(electronics & components)、集成智能系统(integrated smart systems),并对这 5 大应用领域在当时的发展水平与未来短期、中期、长期(2020 年以后)的发展趋势做了评价与预测。该组织在过去 10 年中定期更新该有机与印刷电子发展路线图,跟踪和预测有机与印刷电子技术的应用发展,到 2020 年已发布了第 8 版路线图[2]。该组织由来自全球超过 30 个国家的 200 余个科研与企业会员单位组成,所发布的路线图汇总了会员的意见,因而具有相当程度的代表性。本书第 1 版曾引用了当时的 OE-A 路线图,如今再次引用该组织 2020 年发布的第 8 版路线图来说明这些应用领域到 2020 年为止的发展水平,以及该路线图对今后的预测(表 10.1)。

表 10.1　当前与未来有机与印刷电子应用预测*

应用分类	目前水平 （截止到 2020 年）	短期预测 （2021—2023 年）	中期预测 （2024—2026 年）	长期预测 （2027 年以后）
柔性显示	折叠手机，电子纸显示	大尺寸 OLED 显示，可卷绕显示，汽车内饰曲面显示	模内电子显示	柔性量子点显示，柔性 Micro-LED 显示
有机光伏	集成光伏产品，便携式充电器，卷对卷印刷有机光伏	建筑面墙光伏，大面积光伏薄膜，有机光伏供电	用于建筑的半透明光伏，光伏用于自供能传感器	颜色与形状可定制光伏，适应于各种表面的光伏，并于薄膜电池集成
电子器件与电路	印刷存储，RFID 天线，印刷电池，显示背板电路，各种传感器、手机壳天线、超薄硅芯片	光传感器，可拉伸导体、电阻，3D 触控，有机晶体管背板驱动，3D 与大面积柔性电子，主动式触控传感	印刷锂离子电池，印刷超级电容器，手势控制传感器	复杂可拉伸电子，印刷复杂逻辑电路
集成智能系统	智能温湿度标签传感器，血液分析传感器，近场通信标签，柔性混合电子，人机界面	汽车构件埋入式传感器，表皮贴敷式传感器（人体运动监控），泛在智能，睡眠监控	在医院环境使用的贴敷式病人监控系统，智能物流标签	智能定位标签，呼吸分析
有机照明	柔性 OLED 白光模组，刚性红光汽车尾灯	柔性红光汽车尾灯，透明 OLED 照明，汽车内饰照明	3D OLED 光源，OLED 发光标签，医用 OLED	OLED 用于飞机与火车内饰照明

*引自国际有机和印刷电子协会发布的"有机与印刷电子发展路线图"（第 8 版,2020）[2]

　　作者科研团队自 2010 年以来亲历了印刷电子技术与应用的发展,对表 10.1 中列举的应用实例有亲身体验,下面是我们对这 5 大类应用的观察与评价。

10.2.1　柔性显示

有机电子最成功的市场应用就是基于有机发光二极管（organic light emitting diode，OLED）的柔性显示。OLED 本身的薄膜体系使得在柔性基材上制备发光层成为可能，而手机的普及为柔性显示提供了绝佳的应用场景。尽管早在 10 多年前日本索尼公司就已经展示了可卷绕的显示样品（见本书第 1 版图 9.2），但那个样品本身遍布缺陷，显示质量很差。随着有机发光材料与制备工艺的进步，柔性显示首先用在了曲面屏手机。虽然只是手机边框处的少许弯曲，但要求显示屏本身必须具有弯曲性能。然后工业界开始研究能够减小显示屏弯曲半径的各项技术，一直到 2020 年发布折叠屏手机产品。折叠屏是对柔性显示技术的终极考验。显示屏在折叠线处的曲率半径不足 1.5 mm（内折），并要能够经受不低于 20 万次的弯折。早期的折叠手机产品在上市后不久即出现可见折痕甚至断裂现象。因此在折叠方式上出现了外折方案以增大屏幕的弯曲半径，以及卷轴屏方案。在屏幕材料方面也有塑料薄膜与超薄玻璃两种选择。除了屏幕材料，驱动 OLED 像素的晶体管阵列以及阻隔水氧渗透的薄膜封装都需要能够抗弯折，目前这些材料与技术趋于成熟，生产厂家的目标已转向提高产品良率、减低成本，从而降低折叠屏手机售价，以期进入更广大的消费者市场。

柔性显示并不等同于印刷显示。目前的柔性显示产品基本上还是通过真空蒸镀方式沉积有机发光材料，在玻璃载板上制备，然后剥离成为柔性显示屏。而通过喷墨打印制备的 OLED 显示屏也并不一定是柔性显示屏。日本 JOLED 是全球首个推出喷墨打印显示屏产品的公司，其显示屏并不是柔性的。2020 年国内 TCL 华星光电首次展示了 31 in 喷墨打印可卷绕 OLED 显示屏（图 10.1）。当然这还只是样品，不是推向市场的产品，但大规模量产喷墨打印的柔性显示屏已经可以期待（见 7.5.5 节）。需要指出的是，即使喷墨打印已经开始应用于柔性显示的制造，但也并没有全部取代真空蒸镀工艺（见图 7.19）。尤其是背板驱动电路部分，薄膜晶体管的制造仍然依赖于非晶硅、低温多晶硅与金属氧化物等需要真空沉积与光刻的材料与工艺。印刷有机、碳纳米管与金属氧化物薄膜晶体管的材料与技术还没有成熟到进入产业化的阶段（见 5.6.5 节）。

表 10.1 中提到，截至 2020 年市场上的柔性显示还包括电子纸显示。实际上早在 2009 年英国 Plastic Logic 公司就已经推出柔性电子纸产品，其核心技术是基于剑桥大学 Richard Friend 团队研制的喷墨打印制备有机薄膜晶体

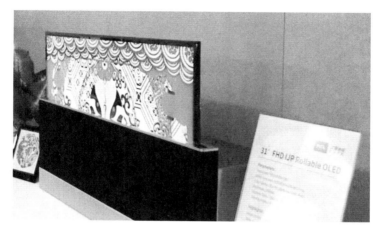

图 10.1　喷打印制备的 31 in 可卷绕 OLED 显示屏（TCL 华星光电）

管（organic thin film transistor，OTFT）技术[3]。Plastic Logic 公司曾一度获得 1 亿美元的投资并已在德国建厂，准备大规模量产基于印刷制造工艺的电子纸阅读器（QUE ProReader）。但由于苹果公司的平板计算机产品 iPad 抢先推向市场，iPad 与 QUE ProReader 的外观与造型相近，而且 iPad 的彩色显示与视频功能大大优于 QUE ProReader 的。Plastic Logic 公司迫不得已于 2010 年 8 月宣布取消其 QUE ProReader 电子阅读器的上市，并停止生产该产品。尽管如此，柔性电子纸显示这一技术并没有消失，Plastic Logic 公司现在仍有柔性电子纸显示产品，包括智能标签、指示牌、可穿戴显示等（图 10.2）[4]。其他公司包括电子纸龙头企业 E-Ink 也都有柔性电子纸产品。电子纸生产工艺本身与印刷密切相关（见 7.6.1 节），但 Plastic Logic 公司采用了印刷 OTFT 作为驱动背板，而不是传统的非晶硅 TFT 背板技术。

　　表 10.1 中预测在 2021—2023 年将出现大尺寸 OLED 显示、可卷绕显示与汽车内饰曲面显示，这些目前都已成为现实。韩国 LG 公司已推出 88 in OLED 电视产品，以及可收放的卷绕式 OLED 电视。至于汽车内饰曲面显示，英国的 FlexEnable 公司已经推出了柔性液晶显示，用于汽车中的控制面板显示[5]。该技术的特点是采用剑桥大学早期开发的印刷有机晶体管 OTFT 作为驱动背板，故称之为 OLCD。基于 OLED 技术的弯曲显示屏也成为大多数品牌汽车尤其是电动汽车的标配。关于柔性显示的中长期发展预测，表 10.1 所提到的模内电子显示是指将显示屏与注塑（in-mold）构件集成。实际上，柔性显示以及发展中的可拉伸显示都将能够提供显示与物体的共形集成，实现

图 10.2　Plastic Logic 公司的柔性电子纸显示产品

"显示无所不在"的愿景。表 10.1 中关于 2027 年以后的柔性量子点显示与柔性 Micro LED 显示现在已经发生。如 7.6.3 节所介绍，量子点显示与 OLED 显示只是材料上的区别，其喷墨打印制造工艺已趋于成熟。至于柔性 Micro LED 显示，只是将微米尺度的 LED 与柔性衬底集成，这方面也已经有成熟的制造技术，而且大面积薄膜式 LED 透明显示已经出现，例如橱窗广告显示。玻璃基的透明显示已经有产品展示。显示领域的应用发展会比表 10.1 中的预测快得多。

10.2.2　有机光伏

有机光伏是最早实现大面积印刷制备的电子产品。美国 Konarka 公司在 2008 年向市场推出了基于柔性塑料衬底的印刷有机光伏产品，主要是面向低端消费类产品，例如，将有机薄膜太阳能电池做在背包壳上或户外帐篷表面，用于给笔记本计算机或手机充电。但有机光伏产品的低效率（3% 左右，硅太阳能电池可以达到 25%）和低寿命（1 年左右，硅太阳能电池是 25 年）抵消了其柔性与轻薄对用户的吸引力。在大规模投资后由于迟迟不能打开市场，Konarka 公司于 2012 年宣布破产。在过去 10 年中陆续也有一些公司试图将有机光伏产业化，但都没有形成规模。表 10.1 中提到的集成有机光伏产品或便携式充电器，虽然有产品问世，但均为小众产品。从经济角度看，有机光伏的发电成本远高于晶硅光伏，但其具有轻薄与柔性的优势，有可能覆盖在建筑面墙上产生电能，而晶硅光伏模组只能安放在屋顶上。德国 Heliatek 公司开发了卷对卷真空蒸镀沉积工艺,所制备的薄膜有机光伏已经开始应用于建筑面墙发电[6]。有机光伏的另一大特点是具有半透明性。实验室中已经展示了光电转化效率为 9.8% 并且 50% 透明的有机太阳能电池[7]。未来的发展趋势是在建筑玻璃面墙上也覆盖能发电的光伏薄膜。与晶硅太阳能电池相比,有机光伏还有一个优势就是在室内弱光环境下仍可以产生电能。随着家居越来越智能化,大量的传感器需要供电电源。如果利用室内光发电给这些智能器件或传感器供电,可以省却定期更换电池的烦恼。瑞典 Epishine 公司已经开发了这类轻便小巧的有机光伏模组,用于室内物联网终端的供电[8]。

表 10.1 只列举了有机光伏。实际上可以与晶硅光伏互补的不仅仅是有机光伏,还包括多晶硅、锑化镉(CdTe)、铜铟镓硒(CIGS),以及近年来的后起之秀钙钛矿薄膜光伏。这些光伏技术中铜铟镓硒与钙钛矿光伏可以通过印刷制备,而又以钙钛矿光伏的材料来源丰富、光电转换效率高、制程简单等优点而受到广泛重视。目前钙钛矿光伏的转换效率已经达到 25.7%(见 6.6 节)。钙钛矿太阳能电池中的功能层与 OPV 电池类似,具有厚度较低(300~500 nm)的特点,因此非常适合于使用刮涂/狭缝涂布技术进行印刷沉积。澳大利亚联邦科学与工业研究组织(CSIRO)已经使用狭缝涂布的方式制备了光电转化效率达到 15% 的钙钛矿太阳能电池。最近几年科研人员对于钙钛矿太阳能电池的研究不断深入,使用刮涂技术已制备出了光电转化效率到达 20% 的钙钛矿太阳能电池[9]。钙钛矿太阳能电池的主要优势是转换效率潜力大、电池制作工艺简单、成本低。可沉积在玻璃上或塑料薄膜上,还可通过控制各层材料的厚度和材质来实现不同程度的透明度、颜色,更便于和建筑物融为一体,有望成为高楼大厦幕墙装饰、车辆有色玻璃贴膜等的替代品。所以,表 10.1 中预测的未来应用更可能被钙钛矿光伏取代,而不是有机光伏。当然,有机光伏的研究近年来发展很快,最新发表的单层有机光伏光电转换效率已达 19.31%(2023 年 3 月,香港理工大学),未来是否能在效率、成本、寿命等方面与钙钛矿光伏媲美还要拭目以待。

10.2.3 电子器件与电路

电子器件与电路是印刷电子技术渗透最广,也是应用范围最广的领域。众所周知,传统的印刷电路板(printed circuit board,PCB)并不是印刷制备的,而是光刻与腐蚀附着在环氧树脂板上的铜膜形成的。尽管 PCB 制造已经是一个非常成熟的工业,但因为制造过程中排放的腐蚀液对环境形成巨大危害,我国东南沿海一些省份已经不再批准建立新的 PCB 制造企业,现有 PCB 企业也均被要求增建环保设施,做到污染物零排放。因此,利用金属导电墨水印刷制备电路成为一种绿色环保的替代技术。印刷金属导线早在 10 年前就已经是成熟的工业制造技术。晶硅太阳能电池是面电极,就是靠印刷导电银浆制备的。但这些导电银浆需要高温烧结,对于晶硅衬底而言高温烧结不是问题。过去 10 年蓬勃发展起来的是基于无机纳米材料的导电墨水或浆料,包括纳米银、铜、碳纳米管、石墨烯等,本书第 3 章对这类无机纳米导电材料有详细介绍。将这些纳米导电材料分散在溶剂中或者它们的前驱体中制备成墨水,可以在低温下烧结形成导电结构,从而可以在普通塑料衬底上构建导电电路。图 10.3(a)是在普通 PET 衬底上印刷形成的键盘薄膜开关电路(苏州斯普兰蒂电子公司产品)。这些本来是传统 PCB(包括柔性 PCB)的应用领域,现在已经被印刷导电电路所替代。低温导电墨水不仅可以在普通塑料上印刷,还可以在纸基材料上印刷。图 10.3(b)是作者科研团队用自己开发的低温导电银浆在纸基材料上卷对卷印刷的射频识别(radio frequency identification data,RFID)标签天线(苏州创印电子公司产品),该产品已经用于仓储物流管控。国外也已有多家企业提供印刷 RFID 产品,例如芬兰的造纸企业 Stora Enso 提供纸基印刷 RFID 标签 ECO RFID。传统 PCB 行业也开始引入印刷制备电路技术,尤其是喷墨打印制备电路。喷墨打印的数字化制造能力可以在不需要模版的情况下快速制作样品,对小批量电路打样具有吸引力,相关材料与技术也有了快速发展[10]。仅从印刷电路的导电墨水市场来看,2020 年全球导电墨水的市场已经达到 24.4 亿美元,预计到 2028 年将达到

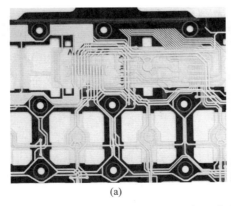
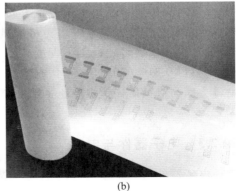

(a)　　　　　　　　　　　　　　　　(b)

图 10.3　(a) 印刷导电银浆制备的薄膜开关电路;(b) 在纸上印刷的 RFID 天线

37.7 亿美元。图 10.4 是 2021 年全球导电墨水按应用划分的市场份额,其中印刷 RFID 使用的导电墨水已占到 26.76%[11]。可见这个市场不再由晶硅光伏一种应用主导,尤其是基于纳米导电材料的墨水在 3D 与模内电路(in-mold electronics)、可穿戴电子与可拉伸电子产品中发挥越来越关键的作用。

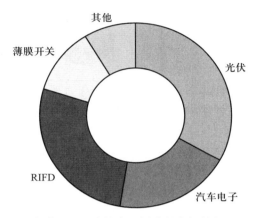

图 10.4　全球导电墨水按应用划分的市场份额(2021 年)

　　自 2007 年苹果公司将触摸屏技术引入其手机与平板电脑产品之后,触摸屏已成了大多数电子设备显示界面的标配。触摸屏的核心元件是透明导电膜。不仅是显示界面,透明导电膜也是 OLED 照明、薄膜太阳能电池、电子书、透明电磁波屏蔽膜、透明加热膜等不可缺少的重要功能性材料。传统的透明导电膜均用真空溅射沉积氧化铟锡(ITO)制成。ITO 导电膜柔性差,透明度与导电性互相制约,铟又属于稀有金属,所以自 2010 年以来,科技界与工业界一直在努力开发非 ITO 的透明导电材料。已知可以制备透明导电膜并且不需要真空溅射沉积的材料与技术包括:导电高分子(PEDOT:PSS)、碳纳米管、石墨烯、银纳米线与金属网栅。在制备工艺方面,除了石墨烯需要高温化学气相沉积之外,导电高分子、碳纳米管与纳米银线均可以用涂布方法成膜,然后利用激光烧蚀形成导电电极图案。国内外均有企业推出相关的透明导电膜产品。图 10.5 比较了这些材料相对于 ITO 的导电性与制造成本,其中金属网栅(metal mesh)透明导电膜的制造成本最低、导电性最高。金属网栅还有一个优点,即导电性与透光性相对独立。其他材料需要通过增加厚度来提高导电性,但厚度增加会导致透光性降低。金属网栅可以通过增加网格间距来增加透光性,通过增加网线本身的导电性来增加整体导电性,两者是独立可调的。

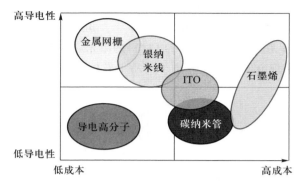

图 10.5　各种透明导电膜技术的导电性与制造成本比较

　　金属网栅透明导电膜可以有多种制造方法。例如，利用纳米银浆的自组装过程产生网格或利用纳米银墨水的"咖啡环"效应形成网格，也有利用凹版转印方法直接印出纳米银金属网栅。但真正应用于产品生产的还是基于传统的制造方法，即在蒸镀了金属薄膜的基材表面实施黄光制程（光刻加腐蚀），形成金属网格。作者科研团队研发了一种新型混合印刷技术：通过纳米压印方法在基材上制备微米级沟槽，然后在沟槽中填入纳米银浆，由此形成金属网栅（见图 4.30）。该技术的发明专利获得了 2014 年中国专利金奖。与上述金属网栅制备技术相比，这一新技术的最大优势是可以形成高深宽比金属网线，即在不增加线宽的前提下增加金属材料载量，从而同时获得高导电性与高透光性[12]。该项技术的另一个优势是可以卷对卷大规模制备。2013年，当时的国内触摸屏龙头企业南昌欧菲光公司基于这一技术建成了卷对卷制备金属网栅透明导电膜的生产线（图 10.6）。基于混合印刷的金属网栅透明导电膜的触摸屏也成功商业化，在国内外多个知名品牌计算机中得到应用。作者科研团队近年来已经将这种高导电高透明金属网栅进一步应用于透明电磁屏蔽与透明加热[13,14]中。

　　除了印刷制备导电电路，印刷也可以制备电子器件，其中最核心的电子器件是晶体管。可以印刷的晶体管包括有机晶体管、碳纳米管晶体管与金属氧化物晶体管。本书第 5 章详细介绍了印刷晶体管的材料与工艺。从应用角度来看，目前只有印刷有机薄膜晶体管在电子纸与柔性液晶显示背板驱动系统中的获得了商业化应用（见 10.2.1 节）。印刷碳纳米管与金属氧化物薄膜晶体管仍然处于研发阶段。印刷晶体管商业化应用的主要障碍是大规模制备的晶体管性能一致性差，不能满足电路设计的要求。电路设计的前提是每个晶体管都能够提供其物理模型可以预测的性能，硅基晶体管能够保证这一

图 10.6　卷对卷印刷制备金属网栅型触摸屏透明导电膜

点,因而可以通过设计构建大规模集成电路,而印刷的晶体管做不到。因此,表 10.1 将印刷复杂逻辑电路作为 2027 年以后的远景目标。

电子器件除了晶体管之外还包括各种传感器以及电阻、电容与电感等元件。印刷传感器最大宗的产品是用于糖尿病人血液检测的血糖试纸。根据 IDTechEx 的市场数据,2016 年全球的血糖试纸消耗量已达 200 亿片。血糖试纸一般包括 4 层结构:电极层、酶层、导血层、标识层。制造流程为:首先在 PET 基材上印刷电极和介电材料,然后在电极表面印上酶层,再用双面胶加工成一个吸血槽并覆盖上亲水膜,最后加表面覆盖层并印上产品标识文字。试纸的核心部分即检测电极是通过丝网印刷导电浆料制备的,酶层可以通过丝网印刷或点胶方式沉积。其他如压力传感器与温度传感器都可以通过印刷制备。图 10.7 是印刷制备的智能塑胶地板(苏州创印电子公司产品),其中集成了压力传感功能,可以感知人在上面行走的状态,这种智能地板已经在养老社区获得应用。传统电路中电阻、电容或电感均可以通过印刷直接集成到 PCB 上。锂电池与超级电容器中会用到大量纳米材料,例如碳纳米管导电剂,这些纳米材料通常做成浆料形式,通过涂布或印刷集成到这些储能产品中。未来在可穿戴电子中用到的可拉伸电极、发电、发光都可以通过印刷制备(见第 9 章)。

图 10.7 大面积丝网印刷的具有压力感知功能的智能塑胶地板

10.2.4 柔性集成智能系统

以上所介绍的只是通过印刷制备的导电电路与单元器件。要形成一个完整的系统,还需要包括信号放大与传输电路、电源、存储单元,有的还要包括信息显示单元。图 10.8 是挪威 Thin Film Electronics 公司早期开发的柔性温度标签产品(该公司目前为 Ensurge Micropower ASA)。图 10.8(a)是标签的系统组成,包括温度传感器、有机铁电存储器、电子纸显示屏、薄膜电池以及近场射频通信电路。图 10.8(b)是该温度标签的外观,其中,除了印刷制备的电路与射频天线外,温度传感器与有机存储均通过印刷制备。印刷薄膜锌锰电池也已是成熟产品,例如国内江苏恩福赛柔性电子公司生产的印刷纸电池产品[15]。信息显示部分可以采用成熟的电子纸显示技术。印刷智能系统或者更广义的柔性智能系统的短板是信号处理电路。如前所述,印刷晶体管的性能与一致性还不能满足构建复杂电路的要求,因此目前集成智能系统还无法做到全柔性或全印刷,还需要依赖硅基集成电路来实现系统的某些功能。因此,与集成电路集成的柔性混合电子是目前柔性集成智能系统发展的方向。

所谓柔性混合电子(flexible hybrid electronics,FHE)是印刷电子与商业集成电路的结合。如图 10.9 所示,在 FHE 中可以印刷制备的包括电路、天线、传感器、电池或储能单元、显示,而信号放大、处理与传输通过集成电路实现[16]。由于大多数集成电路都具有较小的尺寸,而印刷的电路或元器件可以

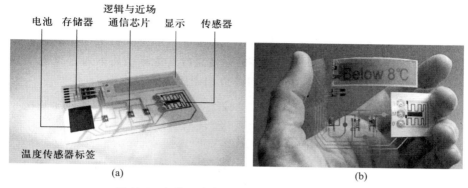

电池　存储器　逻辑与近场通信芯片　显示　传感器

温度传感器标签

(a)　　　　　　　　　　(b)

图 10.8　智能温度标签：(a)系统组成；(b)实例

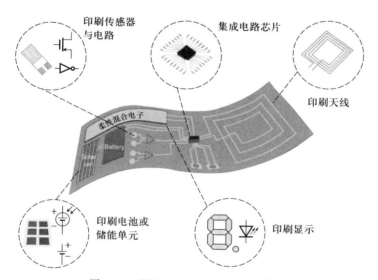

印刷传感器与电路

集成电路芯片

印刷天线

柔性混合电子

Battery

印刷电池或储能单元

印刷显示

图 10.9　柔性混合电子组成示意图[16]

在柔性基材上实现，集成后的系统则具有了整体柔性，甚至可拉伸性。作者科研团队在国内较早开展了柔性混合电子的研究。例如，图 10.10(a)是一个在只有 2 μm 厚的塑料薄膜衬底上由印刷互联构建的蓝牙电路，其中所有电子元器件包括蓝牙芯片都是商业元器件，功能完全有保证。这种超薄的柔性电子系统可以完全贴敷在皮肤上。通过在这个蓝牙电路上搭载温度传感器和柔性薄膜电池，实现了可贴敷人体温度测量并无线发射到手机上的功能。印刷的优势是可以低成本批量化加工制造，图 10.10(b)是在柔性透明塑料

PET 衬底上批量制备的蓝牙电路阵列,每一个都是单独的可无线发射信号的电路系统[17]。由此可见,柔性混合电子兼具集成电路的强大功能与印刷电子的柔性低成本优势,是柔性集成智能系统快速进入市场获得应用的捷径。根据表 10.1 的预测,未来将有越来越多的柔性集成智能系统进入可穿戴电子领域,例如表皮贴敷式传感器,在智慧医疗应用中发挥重要作用。

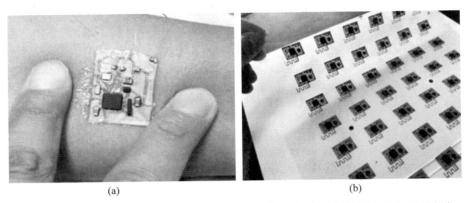

(a) (b)

图 10.10　(a) 在柔性衬底上印刷互联的蓝牙电路;(b) 在塑料薄膜上批量印刷制备的蓝牙电路[17]

10.2.5　有机照明

所谓有机照明是指基于白光 OLED 的照明。以平面发光为特点的 OLED 具有更容易实现白光、超薄光源和任意形状光源的优点,同时具有高效、环保、安全等优势。OLED 照明与传统的照明方式相比有更多的优点,例如无紫外辐射、无红外辐射、光线柔和、无眩光、无频闪、光谱丰富、显色质量高等。这些特点使得 OLED 照明在对光源有高质量需求的地方可以大显身手,如护眼灯具、博物馆照明、医疗照明等领域。OLED 除了具有平面照明的特点,更易于实现柔性、大面积、轻、薄等各类照明系统的个性化设计和生产。不仅可以作为室内外通用照明、背光源和装饰照明等,甚至可以制备富有艺术性的柔性发光墙纸、可单色或彩色发光的窗户、可穿戴的发光警示牌等梦幻般的产品。因此,通用电气、飞利浦、欧司朗(OSRAM)、三星、LG、松下、索尼等国际大公司及各研究机构和大学都不遗余力地参与 OLED 照明的开发,欧美政府也给予积极支持,纷纷出台具体的联合开发项目。美国能源部从 2000 年开始实行“固态照明(solid-state lighting)”计划,开展对无机半导体 LED 和有机 LED 照明的研发和应用。欧盟在 2004 年开始了“OLLA(organic LEDs for lighting）"项目,并于 2008 年初完成,共有来自奥地利、法国、德国、英国、荷兰、比利时的 15 家企业和研究机构参与了研究。2008 年末,欧盟在此基础上提出了"OLED100.eu"项目,向白光照明产业化技术指标发起冲击:发光功率效率达到 100 lm·W^{-1}、寿命超过 10^5 h、面积大于 100 cm×100 cm、成本低于每平方米 100 欧元。

随着政府与企业的大力投入,OLED 照明产品开始出现在市场上。从 2014 年 3 月在德国法兰克福举行的照明与建筑展上,已经可以看到在 OLED 照明器件方面所取得的进展。由日本三菱化学和先锋(Pioneer)合资的 Verbatim 公司展出一款称之为 Velve 新的白光照明面板,其底层采用了液体涂布工艺,而发光层与顶层仍采用真空热蒸发工艺沉积。韩国 LG 化学展出了面积为 320 mm×320 mm 的大型 OLED 照明面板,厚度仅为 1 mm,发光功率效率为 60 lm·W^{-1},均匀性大于 85%,寿命(LT$_{70}$)可达 4000 h。还展出了另一种可弯曲的柔性 OLED 照明面板,尺寸为 210 mm×50 mm。在 2016 年的展会上,LG、欧司朗、住友化学、OLEDWorks 等企业展出了 OLED 照明产品。日本柯尼卡美能达于 2013 年就曾展出了全球最薄的以塑料为基材的 OLED 照明面板,并在 2014 年投资建立了以湿法涂布为主的卷对卷白光与彩色 OLED 生产线。2017 年,柯尼卡美能达与日本先锋(Pioneer)成立合资公司(Konica Minolta Pioneer OLED Inc.)主推印刷 OLED 照明产品。

目前,国内也有不少相关企业从事 OLED 照明行业。宇瑞化学与 LG 深度合作,通过采用 LG 的 OLED 照明面板生产、推广 OLED 照明设备。源自清华大学 OLED 项目组的塑光科技,已在 OLED 照明领域突破了制约产业化的关键技术,如新型有机功能材料、高效率白光器件、光取出技术、生产工艺等,在终端应用灯具设计、车载照明领域已取得多项成果。除此之外,南京第壹有机光电、哈尔滨欧昇光电、苏州方昇光电都在重点自主研发 OLED 照明技术与相应的设备。2019 年 10 月 1 日,国家市场监督管理总局(国家标准化管理委员会)发布的《有机发光二极管照明术语和文字符号》正式实施。该标准规定了 OLED 照明优先采用的术语及其定义、文字符号及其单位,以及适用于 OLED 作为光源的照明领域,包括材料、结构、工艺设备和性能等。该国家标准的发布实施有助于提升 OLED 照明行业内外合作沟通效率,推动 OLED 照明行业迈入新的台阶。

OLED 进军普通照明市场,价格是主要障碍。OLED 照明价格过高,主要是因为 OLED 照明材料成本居高不下;主流的蒸镀制程效率未能提升,因此材料利用率不高;再加上 OLED 需要极高要求的水氧阻隔封装(见第 8 章),进而增加了 OLED 照明生产成本。以普通照明灯为例,OLED 照明面临着无机

LED 照明的强有力竞争。无机 LED 虽然是点光源,但通过导光板等方式也可以实现面光源照明。无机 LED 也可以通过柔性混合电子的组装方式做到柔性化。而同样规格的照明灯,OLED 照明的市场价格是无机 LED 照明的 10 倍。最新的市场动向是,OLED 照明已经在汽车照明等高端市场领域打开突破口。OLED 照明的面发光与柔性化特点很适合汽车照明的需求,而且汽车使用的照明对价格相对不敏感。如果将 OLED 照明用于尾灯和车头灯,容易实现形状复杂的时尚设计。OLED 作为汽车尾灯已经先后在奥迪、宝马、奔驰的高端车型上量产,为消费者带来时尚、安全等高品质体验的同时,也彰显了汽车品牌的自身辨识度。2018 年 2 月,韩国 LGD 公司宣布与德国戴姆勒公司签署了供货合同,已将照明产能增至此前的 30 倍,力争向日德汽车巨头供货。2021 款奥迪 Q5 已经用上了 OLED 车尾灯。国内首个采用 OLED 尾灯的量产车型红旗 H9 于 2020 年上市。根据表 10.1 中的预测,未来 OLED 照明将进一步延伸到 3D 照明与各种运输工具的内饰照明。截至 2020 年,全球 OLED 照明的市场已达到 6700 万美元,预计到 2027 年可以达到 2.9 亿美元[18]。

另一个商业化突破口有可能是利用图形化印刷 OLED 的优势,根据用户需求制备形态各异的柔性发光标签。德国初创公司 Inuru 充分利用了印刷电子技术的优势,将印刷 OLED 与印刷辅助电路相结合,可以根据用户需求制备出任意形状的超薄发光标签,如图 10.11 所示。这些发光标签不仅包括控制

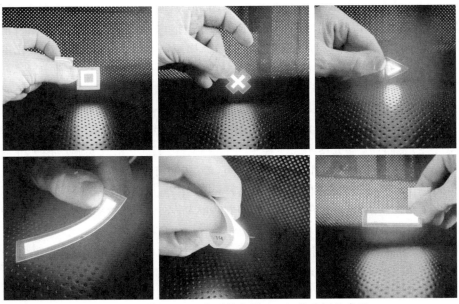

图 10.11   德国 Inuru 公司的印刷 OLED 发光标签产品

电路,而且包括印刷制备的电池,总厚度不超过 0.5 mm。由于这些发光标签的超薄与柔性特点,可以用在智能包装领域,体现特异性与智能化。如果用普通 LED 实现任意形状的发光面,不仅需要多颗 LED 芯片,而且需要特制的导光结构,在柔性、厚度与成本方面并不见得有优势。

10.3 印刷电子技术面临的挑战

在 2012 年出版的本书第 1 版中,作者总结了印刷电子技术在 4 个方面的挑战,包括材料、工艺、封装与标准。10 余年后的今天,经过科技界与工业界的努力,印刷电子技术在这 4 个方面都取得了长足的进步,但与实际应用的需求仍有差距。

在印刷电子材料方面,过去 10 年进步最大的是印刷导电材料。纳米银导电墨水与银浆,包括基于银的纳米粒子、纳米线与纳米片已获得广泛应用。在各种柔性基材表面的导电电路都可以通过印刷纳米银来实现。基于纳米银的低温银浆已开始在晶硅光伏中用于印刷面电极。碳纳米管与石墨烯也通过制备成浆料在导热与导电产品中获得应用,例如基于碳纳米管的锂电池导电剂。但低成本纳米铜墨水或浆料并没有如预期地取代纳米银。由于铜纳米粒子的易氧化性,尽管铜本身的成本远低于银,但为了防止铜纳米粒子氧化所采取的措施,包括用银包覆铜纳米粒子、在惰性气氛下烧结或采用光子烧结,使得印刷铜墨水的成本并不显得比印刷银更有优势。在半导体材料方面,有机半导体在过去 10 年中有了显著进步,无论小分子还是聚合物有机半导体的载流子迁移率都有了显著提高,但有机半导体的环境稳定性与印刷晶体管的性能一致性仍然是实用化方面的短板。同样问题也存在于碳纳米管与金属氧化物半导体材料。尽管这两种材料具有更高的载流子迁移率与更好的环境稳定性,但大面积印刷制备的一致性仍然满足不了实际应用的要求。通常是采用涂布的方法制备成薄膜,然后再通过光刻与刻蚀实现高精度图形化。另外,以上 3 种半导体材料仍然不能同时具备 n 型与 p 型半导体的高性能。n 型有机半导体、n 型半导体型碳纳米管与 p 型金属氧化物半导体的性能都还远不如 p 型有机半导体、p 型半导体型碳纳米管与 n 型金属氧化物半导体的性能。这些原因造成了印刷薄膜晶体管远没有成熟到可以构建复杂的逻辑电路。因此,结合了集成电路的柔性混合电子成为更贴近实用化的技术方案。在光电材料方面,OLED 与量子点墨水已经成熟到可以在产业化显示器件中应用的水平,但光伏材料,包括有机与钙钛矿,仍然存在寿命与长期稳定性的问题,延缓了印刷薄膜光伏的产业化进程。

在印刷工艺与设备方面,过去 10 年涌现了大量专门针对印刷电子的新工艺与新设备。基于静电场和挤出型喷墨打印已经可以实现 1 μm 的印刷分辨率。基于凹版转印的卷对卷印刷已经能够印刷小至 250 nm 的图形(见本书第 4 章)。但这个尺度水平远不能与最新一代集成电路(3 nm)的加工水平相比。国际有机和印刷电子协会(OE-A)曾经在会员中征询是否印刷电子也可以有一个类似集成电路产业的"摩尔定律",即用电路尺寸来衡量技术水平的进步。但由于印刷电子应用的多样化,难以找到一个像集成电路中晶体管的沟道尺寸这样的单一指标来衡量技术的进步[2]。一方面印刷方法本身难以像集成电路光刻技术那样可以持续提高图形化分辨率,另一方面印刷电子材料在更小图形尺寸下也未必还有实用价值。除了分辨率的限制,印刷多层结构的层与层对准精度在过去 10 年中进步有限,特别是高速卷对卷印刷中的套印精度,目前在 10 μm 的水平,进一步提高的难度相当大。高速印刷下的在线实时电性能监测也是技术难点。多层材料印刷还存在如何避免层之间的溶剂侵蚀问题。第 7 章中介绍了采用正交溶剂或热交联方法避免不同 OLED 材料的互相影响,但这些方法并不具有普适性。光子烧结技术在过去 10 年中有了长足发展,无论红外还是紫外闪灯都已开始在印刷电子产线中获得应用,但高昂的设备成本也是需要考虑的因素。发展低温烧结材料仍然是印刷电子技术追求的目标。

印刷电子封装主要是有机电子的水氧阻隔封装,过去 10 年由于 OLED 显示的产业化,水氧阻隔膜沉积技术有了显著发展,包括大面积卷对卷原子层沉积(atomic layer deposition,ALD)技术、喷墨打印有机缓冲层与 PECVD 无机层技术。目前的水氧阻隔膜技术虽然可以满足 OLED 显示的要求,但成本是主要障碍。有机与钙钛矿光伏也需要水氧阻隔封装,但它们对封装成本更敏感。发展低成本水氧阻隔封装材料与技术对有机与钙钛矿光伏的商业化具有关键意义。

在印刷电子产业标准方面,国际电工委员会(IEC)于 2012 年成立了专门针对印刷电子的标准化委员会(IEC-TC119)。中国也是该标准委员会成员国之一。过去 10 年中,该标准委员会已经发布了 27 项标准,另有 23 项标准在讨论中[19]。但由于印刷电子技术与产品的多样性,这些标准的普适性与实用性还有待观察。

早在 10 年前作者出版本书第 1 版时,印刷电子由于其颠覆性的增材制造特点曾倍受电子行业的关注。英国市场调查公司 IDTechEX 曾在 2010 年预言,印刷电子的市场未来将会像微电子一样爆发式增长,到 2019 年市场份额可达到 570 亿美元。如今已经 13 年过去了，印刷电子的市场并没有如期地爆发式增长。根据英国市场调查公司 IDTechEx 的报告，2019 年全球的柔性、印刷、有机电子市场规模总和为 371 亿美元，但其中显示产品的市场份额是 308 亿美元，占比达 83%[20]。而基于 OLED 技术的显示屏主要是通过真空蒸镀方式生产的，严格意义上还不能称之为印刷电子产品。一些早期有高显示度的印刷电子技术与产品，例如美国 Kovio 公司的印刷纳米硅 RFID 标签、美国 Konarka 公司的印刷有机太阳能电池等，都没有等到市场爆发，公司就破产了，而开发出印刷有机铁电存储器的挪威 Thin Film Electronics 公司也被其他公司收购了。这些产业化技术未能成功的原因有很多，但其中重要的一条是如何面对市场的竞争。印刷电子这一概念尽管很吸引人，但如果不是创造了一种前所未有的产品，则必然要面对现有技术与产品的竞争，包括功能与成本方面的竞争。例如，印刷 RFID 标签要面对现有的极低成本的 RFID 标签的竞争，印刷有机光伏要面对现有高效率低价格的晶硅光伏的竞争。印刷电子产品有其产品形态（柔性化、塑料基、纸基）的特点，但也有电子功能方面的劣势。以 RFID 标签为例，传统 RFID 芯片小于毫米见方，可以集成数万个晶体管。而全印刷的 RFID 标签除了印刷的天线外，在有限的标签面积上只能印刷 1000 余个晶体管，其性能自然远不能与集成了数万个晶体管的 RFID 芯片相比。而且芝麻大小的 RFID 芯片也可以安装在柔性的 RFID 天线上，实现柔性的 RFID 标签。所以，印刷电子市场化面临的挑战是如何创造具有差异化、给予用户新的使用体验的产品，可以与现有微电子技术互补的产品。近年来被产业界力推的柔性混合电子技术正是认识到印刷电子本身的短板，通过与集成电路等成熟固体器件的结合来补足其短板。

10.4　总结与展望

与传统电子技术比较，印刷电子技术是一种"颠覆性"技术（disruptive technology）。由于材料与制备工艺的变革，印刷电子技术与传统电子制造技术之间不存在延续性，与传统平面媒体印刷技术也只是"形似"而已。10 余年前，印刷电子技术并不为大众所熟悉，但过去 10 年中 3D 打印技术的推广应用与柔性电子技术的兴起，间接使科技界与产业界了解并熟悉了印刷电子技术。这是由于 3D 打印与印刷电子制造同属于增材制造技术，而印刷也是制备柔性电子的一种重要方法。

印刷的增材制造属性已经在多个传统制造领域产生影响。例如，由于传统 PCB 行业受到污染环境的困扰,正在寻求绿色印刷、增材制造的路径。至少在 RFID 领域,越来越多的终端用户要求使用绿色制造的并且可降解的产品,这就排除了传统在塑料基材上腐蚀铝箔制造 RFID 天线的方法。传统使用真空溅射 ITO 透明电极的领域现在越来越多地被使用印刷涂布纳米银线或金属网格的透明电极产品所取代。传统依赖真空蒸镀的 OLED 显示面板的制造现在有了喷墨打印的替代技术。钙钛矿光伏材料的进步使印刷成为制造这种新型薄膜太阳能电池的唯一选择。

基于柔性显示技术的折叠手机燃起了全社会对柔性电子技术的想象力与期待。柔性电子技术进一步推动了可穿戴电子技术的发展,从早期的手表、手环发展成为可在皮肤表面贴敷、可以与纺织面料结合的可穿戴电子产品,为智慧医疗与智慧生活提供了新的装备。基于柔性电子技术的各类柔性传感器可以为物联网提供更多应用场景。实现柔性电子器件或系统的方法包括在传统芯片加工技术基础上的剥离与转印,但印刷无疑是制造柔性电子产品的最简单而且成本最低的方法。特别是柔性混合电子,由于结合了集成电路,在满足柔性化的同时,在功能上也不输于传统刚性电子系统[17]。

印刷电子是一个新的领域,本身发展不过 10 余年。印刷电子是多种现有技术的综合体,不像有些新技术,需要经过数十年的研发才能最终走向产业化。印刷电子在多个应用领域的产业化已初露端倪。尽管过去数年的市场现实与早期的乐观预测有较大差距,但全球科技界与产业界对印刷电子的关注度并没有减弱,反而越来越高涨。自 2009 年以来,国际有机和印刷电子协会(OE-A)每年都会组织"大面积有机印刷电子国际会议与会展(LOPE-C)",吸引众多参会者与参展单位参加。在 2022 年 3 月举办的最新一届 LOPE-C 上,尽管全球新型冠状病毒疫情仍未结束,却吸引了来自 35 个国家的近 2000 人参会,以及来自 23 个国家的 156 家企业和研究机构到会展示新技术与新产品[21]。早期曾预测印刷电子技术有可能催生某个或某些"杀手级"应用(killer application),从而推动市场爆发式增长。现在看来,印刷电子技术可能更多地以潜移默化的方式渗透到不同产业与应用领域中,为不同的产品在功能、形态或成本方面增添竞争优势。德国一家专注于柔性与印刷电子技术市场的调查公司 TechBlick 在其公司网页上列举了多达 17 类相关应用与产品,每一类都有多个实际产品图片佐证[22]。作者相信,未来印刷电子技术会有广阔的发展前景。本书前面各章从材料、工艺、器件与应用等方面对印刷电子技术做了全面,系统的介绍,目的是增加中国科技界与工业界对印刷电子技术的了解与关注,共同发展中国的印刷电子技术以及相关联的产业。

参考文献

[1] OE-A roadmap for organic and printed electronics[EB/OL]. 4th ed. Organic Electronics Association (OE-A), 2011.

[2] OE-A roadmap for organic and printed electronics[EB/OL]. 8th ed. Organic Electronics Association (OE-A), 2020.

[3] Sirringhaus H, Kawase T, Friend R H, et al. High-resolution inkjet printing of all-polymer transistor circuits[J]. Science, 2000, 290: 2123-2126.

[4] Plastic Logic[EB/OL]. 来自 Plastic Logic 网站.

[5] FlexEnable[EB/OL]. 来自 FlexEnable 网站.

[6] Heliatek[EB/OL]. 来自 Heliatek 网站.

[7] Liu Q, Gerling L G, Zhan X, et al. Light harvesting at oblique incidence decoupled from transmission in organic solar cells exhibiting 9.8% efficiency and 50% visible light transparency[J]. Adv. Energy Mater., 2020, 10: 1904196.

[8] Epishine[EB/OL]. 来自 Epishine 网站.

[9] Wu W-Q, Yang Z Rudd, P N, et al. Bilateral alkylamine for suppressing charge recombination and improving stability in blade-coated perovskite solar cells[J]. Science Advances, 2019, 5 (3): eaav8925.

[10] 杨登科, 傅莉, 袁学礼, 等. 喷墨打印制备电路板的研究进展[J]. 电子元件与材料, 2021, 40 (10): 962-974.

[11] Savastano D. The conductive ink market is showing growth[EB/OL]. 来自 ink World 网站.

[12] Chen X, Su W, Cui Z, et al. Printable high-aspect ratio and high-resolution Cu grid flexible transparent conductive film with figure of merit over 80 000[J]. Adv. Electron. Mater., 2019: 1800991.

[13] Xu S, Su W, Sun H B, et al. Cross-wavelength invisibility integrated with various invisibility tactics[J]. Sci. Adv., 2020, 6: eabb3755.

[14] Chen X L, Yuan W, Su W, et al. Transparent thermotherapeutic skin patch based on highly conductive and stretchable copper mesh heater[J]. Advanced Electronic Materials, 2021, 7 (12): 2100611.

[15] 江苏恩福赛柔性电子[EB/OL]. 来自恩福赛柔性电子公司官方网站.

[16] Khan Y, Thielens A, Muin S, et al. A new frontier of printed electronics: Flexible hybrid electronics[J]. Adv. Mater., 2020, 32: 1905279.

[17] 崔铮. 柔性混合电子——基于印刷加工实现柔性电子制造[J]. 材料导报, 2020, 34 (1): 01009-01013.

［18］ OLED lighting panels—Global market trajectory & analytics［EB/OL］. 来自 Research and Markets 网站.

［19］ International Electrotechnical Commission［EB/OL］. 来自 IEC 网站.

［20］ Flexible, printed and organic electronics 2020-2030：Forecasts, technologies, markets ［EB/OL］. 来自 IDTechEx 网站, 2019.

［21］ "The printed electronics industry drives innovation in many industries"［EB/OL］. 来自 Printed Electronics Now 网站.

［22］ The future of electronics RESHAPED［EB/OL］. 来自 TechBlick 网站.

郑重声明

高等教育出版社依法对本书享有专有出版权。任何未经许可的复制、销售行为均违反《中华人民共和国著作权法》，其行为人将承担相应的民事责任和行政责任；构成犯罪的，将被依法追究刑事责任。为了维护市场秩序，保护读者的合法权益，避免读者误用盗版书造成不良后果，我社将配合行政执法部门和司法机关对违法犯罪的单位和个人进行严厉打击。社会各界人士如发现上述侵权行为，希望及时举报，我社将奖励举报有功人员。

反盗版举报电话　　　　　　　　　（010）58581999　58582371

反盗版举报邮箱　　　　　　　　　dd@ hep.com.cn

通信地址　　　　　　　　　　　　北京市西城区德外大街 4 号
　　　　　　　　　　　　　　　　高等教育出版社法律事务部

邮政编码　　　　　　　　　　　　100120

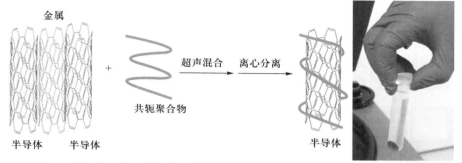

图 3.7　共轭聚合物包覆法分离 SWNT 示意图（右图显示实际分离效果）

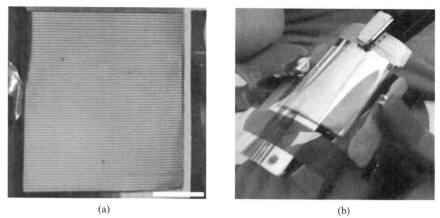

(a)　　　　　　　　　　　　　　(b)

图 5.40　（a）柔性 64×64 主动驱动有机发光器件点亮时的光学照片（图中标尺为 5 mm）；（b）在弯折情况下的发光特性[114]

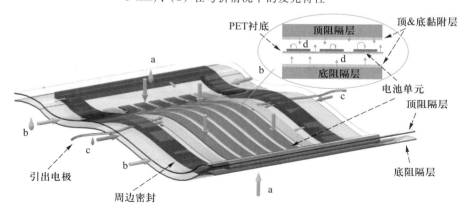

a—通过柔性基材与封装膜；b—通过模组周边的缝隙；c—通过电极引线点；d—柔性基材、黏结材料与光伏材料本身释放水氧

图 8.31　柔性 OPV 模组的水氧渗透渠道[1]

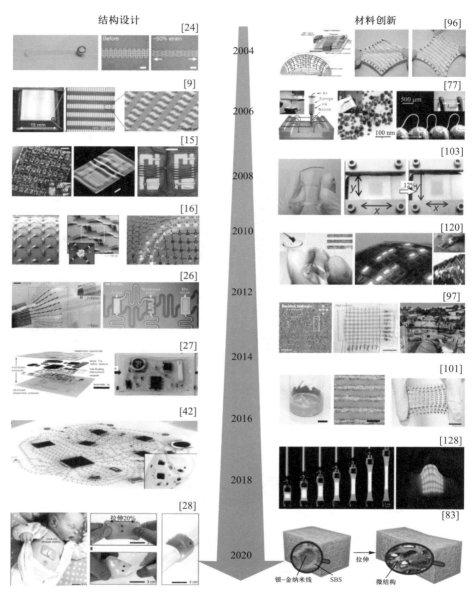

图 9.2　可拉伸电子发展的历史路线简图

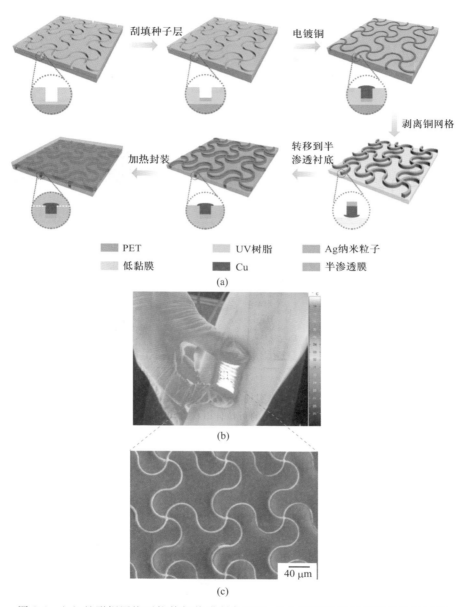

图 9.6 （a）蛇形铜网格可拉伸加热膜制备流程；（b）贴敷在表皮压缩状态下加热
红外照片；（c）蛇形铜网格的 SEM 照片

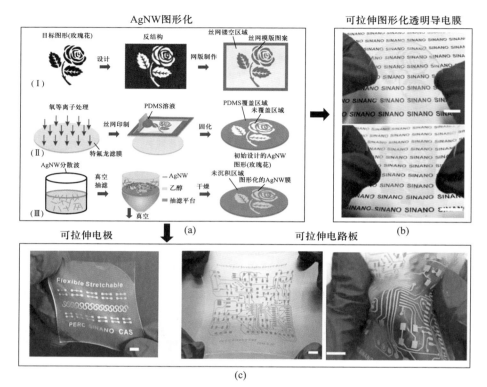

图 9.16 （a）丝网印刷结合真空抽滤实现 AgNW 图形化示意图；（b）制备得到的可拉伸图形化透明导电膜照片；（c）制备得到的可拉伸电极和可拉伸电路板拉伸状态下的照片

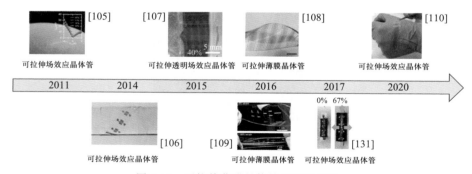

图 9.18 可拉伸薄膜晶体管的研究进展

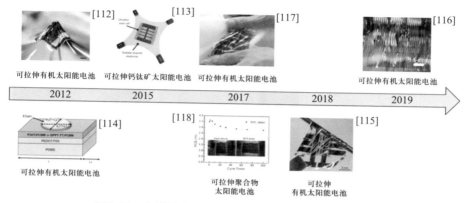

图 9.22　印刷技术制备可拉伸太阳能电池的研究进展

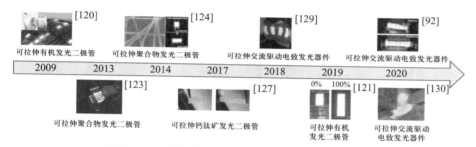

图 9.24　印刷技术制备可拉伸发光器件的研究进展

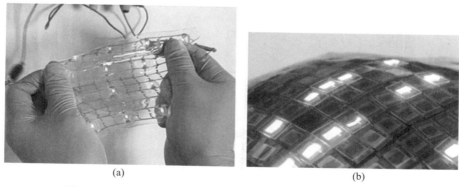

图 9.25　(a) 可拉伸 LED 发光阵列;(b) 可拉伸 OLED 发光阵列

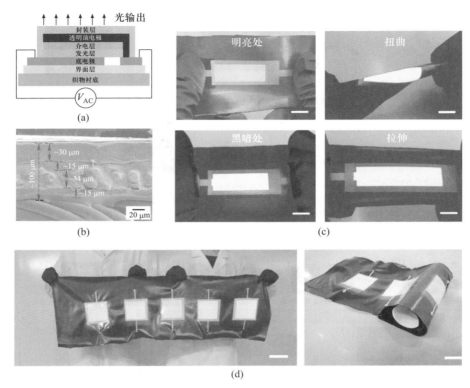

图 9.29 （a）织物表面全印刷制备电致发光器件结构示意图；（b）印刷器件截面 SEM 照片；（c）器件各种状态下发光照片；（d）模拟卷对卷印刷的大尺寸发光器件照片

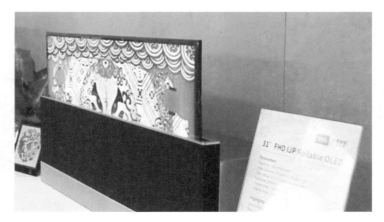

图 10.1 喷打印制备的 31 in 可卷绕 OLED 显示屏（TCL 华星光电）

图 10.6 卷对卷印刷制备金属网栅型触摸屏透明导电膜

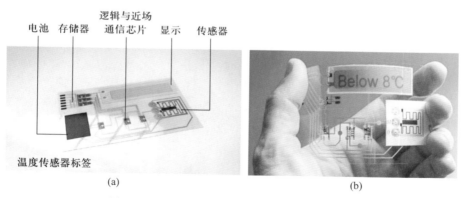

图 10.8 智能温度标签：(a)系统组成；(b)实例

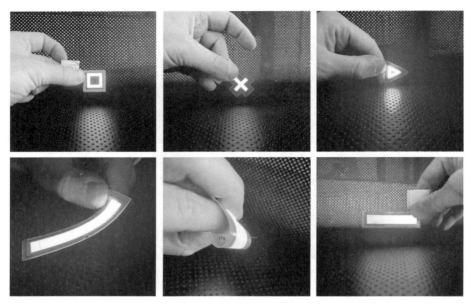

图 10.11　德国 Inuru 公司的印刷 OLED 发光标签产品

HEP NANO

纳米科学与技术著作系列
HEP Series in Nanoscience & Nanotechnology

> 已出书目

□ 时间分辨光谱基础
　　郭础

ISBN 978-7-04-036009-7

□ 有序介孔分子筛材料
　　赵东元、万颖、周午纵　著

ISBN 978-7-04-036543-6

□ 纳米科技基础（第二版）
　　陈乾旺　编著

ISBN 978-7-04-038650-9

□ Nanomaterials for Tumor Targeting Theranostics:
　A Proactive Clinical Perspective
　肿瘤靶向诊治纳米材料：前瞻性临床展望
　（英文版，与 World Scientific 合作出版）
　谭明乾、吴爱国　主编

ISBN 978-7-04-042924-4

□ Printed Electronics: Materials, Technologies and Applications
　印刷电子学：材料、技术及其应用（英文版，与 Wiley 合作出版）
　Zheng Cui, et al.

ISBN 978-7-04-045645-5

□ Multifunctional Nanocomposites for Energy and
　Environmental Applications
　多功能纳米复合材料及其在能源和环境中的应用
　（英文版，与 Wiley 合作出版）
　Edited by Zhanhu Guo, Yuan Chen, and Na Luna Lu

ISBN 978-7-04-050588-7

□ Polymer-Based Multifunctional Nanocomposites and
　Their Applications
　基于聚合物的多功能纳米复合材料（英文版，与 Elsevier 合作出版）
　Edited by Kenan Song, Chuntai Liu, and John Zhanhu Guo

ISBN 978-7-04-052588-5